U0220178

高端装备关键基础理论及技术丛书
·
传动与控制

极端环境下的
电液伺服控制理论
与性能重构

ELECTRO HYDRAULIC CONTROL THEORY AND ITS PERFORMANCE
RECONSTRUCTION UNDER EXTREME ENVIRONMENT

阎耀保　原佳阳　李长明

上海科学技术出版社

内 容 提 要

本书系统地论述了极端环境下的电液伺服控制理论与性能重构。主要内容有概论、三通射流管阀、四通射流管阀、射流管电液伺服阀及其尺寸链分析方法、极端温度下电液伺服阀尺寸链重构与零偏漂移、随机振动环境下电液伺服阀的零偏漂移、三维离心环境下电液伺服阀的零偏漂移、电液伺服阀的冲蚀磨损与黏着磨损、紧凑型旋转直驱式压力伺服阀、极端小尺寸双级溢流阀、振动环境下的极端小尺寸减压阀、液压伺服作动器等。附录列出了新型工作介质[液压油、磷酸酯液压油、喷气燃料(燃油)航空煤油、航天煤油、淡水与海水、压缩气体、燃气发生剂]的牌号、成分与性能。本书内容翔实、图文并茂、深入浅出,侧重系统性、逻辑性、专业性、前沿性,前瞻性理论与实践试验案例紧密结合,重大装备核心基础零部件(元器件)事例丰富、翔实。

本书可供从事重大装备、重大工程、重点领域整机用高端流体传动与控制系统和装置的研究、设计、制造、试验及管理的科技人员阅读,也可供航空、航天、舰船、机械、能源、海洋、交通等专业的师生参考。

图书在版编目(C I P)数据

极端环境下的电液伺服控制理论与性能重构 / 阎耀保,原佳阳,李长明著. -- 上海 : 上海科学技术出版社,2023.1
 (高端装备关键基础理论及技术丛书. 传动与控制)
 ISBN 978-7-5478-5914-8

Ⅰ. ①极… Ⅱ. ①阎… ②原… ③李… Ⅲ. ①电液伺服系统-控制系统-研究 Ⅳ. ①TH137.7

中国版本图书馆CIP数据核字(2022)第220221号

极端环境下的电液伺服控制理论与性能重构
阎耀保 原佳阳 李长明 著

上海世纪出版(集团)有限公司
上海 科 学 技 术 出 版 社   出版、发行
(上海市闵行区号景路 159 弄 A 座 9F - 10F)
邮政编码 201101   www.sstp.cn
上海盛通时代印刷有限公司印刷
开本 787×1092 1/16 印张 29.75
字数 750 千字
2023 年 1 月第 1 版   2023 年 1 月第 1 次印刷
ISBN 978 - 7 - 5478 - 5914 - 8/TH · 98
定价:280.00 元

本书如有缺页、错装或坏损等严重质量问题,请向印刷厂联系调换

前言 | FOREWORD

高端装备高新技术处于价值链的高端和产业链的核心环节。核心基础零部件(元器件)是国家"制造强国战略""工业强基"和我国高端装备制造产业的重点突破瓶颈之一。在极端环境下服役,为重大装备配套的高性能、高可靠性的电液伺服系统及其元件必须具备机载振动、冲击、极端温度等特殊环境下的服役性能。这里所指的极端环境包括极端环境温度、极端介质温度、振动、冲击、加速度、极端尺寸、特殊流体等特殊服役过程。只有追根溯源,弄清定律、定理的由来,阐释原理和机理机制,尤其是定律是如何发现的、元件是如何发明的,在实践中碰到新问题、新需求,才能在传承前人知识的基础上创造新原理、新元件和新装置。专注于第一线现场如极端环境背后的"真问题"并静心研究,方能取得"真成果"。著者十年如一日潜心研究极端环境下的电液伺服控制理论与高端液压元件,这些实际经验和成果难以只从书面上学来,也不能从外国买来,只能靠自己在实践中总结并精心梳理,靠自己全面、系统地归纳科学研究中建立和应用的基础理论与设计方法。

针对百余年来高端装备一直被国外垄断和我国国家重大需求的现状,本书著者结合多年来从事重大装备和系统研制过程中的实践经验,包括所承担的国家重点研发计划、国家自然科学基金、航空基金、上海市浦江人才计划、科研院所基础研究和型号任务,及时地总结了三十余年潜心研究电液伺服控制理论的基础成果与实践案例,涉及航空、航天、舰船、智能机械和海洋装备等方面。

全书共分为12章。第1章着重阐述了液压流体力学与流体传动与控制的由来及其史学史,即该学科历史背后的人物史,以及极端环境下电液伺服控制理论与性能重构的演变过程,读者可以了解古往今来人们认识问题、分析问题和解决问题的背景与过程,以及科学精神与文化传承。第2、3章主要介绍了两种典型基础射流元件的数学模型、基本特征特性及实践试验案例。第4章叙述了射流管伺服阀数学模型、动静态特性及尺寸链分析方法,以及力矩马达气隙和射流前置级不对称性对零偏的影响。第5章阐述了高温环境下的尺寸链重构、极端低温下温漂的线性回归分析方法、极端温度下零偏漂移机理及实践试验案例。第6、7章着重介绍了振动环境和离心环境下的分析方法、数学模型和特征特性、零偏漂移的抑制措施。第8章介绍了射流前置级和液压滑阀功率级的冲蚀磨损机理与计算方法、反馈杆小球黏着磨损量计算方法、性能重构及其实践试验案例。第9章描述了研制的旋转直驱式压力伺服阀原理、数学模型、稳定性判据和优化设计实践试验案例。第10、11章介绍了极端小尺寸双级溢流阀与振动环境下的极端小尺寸减压阀,包括极端小尺寸液压阀的特殊性和分析方法。第12章阐述了并联双杆液压伺服作动器、集成式伺服作动器能源配置方法,液压伺服作动器自动回中与锁紧协同,宽温域下电磁液动换向阀的尺寸链与设计案例。为便于读者了解电液伺服系统的新型工作介质,附录列出了新型液压油、磷酸酯液压油、喷气燃料(燃油)航空煤油、航天煤油、自然水(淡水与海水)、压缩气体(空气、氮气、惰性气体)、燃气发生剂的成分和特性。

本书旨在为我国从事重大装备和系统研究、设计、制造、试验和管理的专业技术人员提供有益的前瞻性基础理论和实践案例,也希望对探索极端环境下电液伺服控制及其高端元件目前未知的基础理论、技术途径或解决方案,破解重大装备、重点领域整机理论和关键技术难题,提高我国核心基础零部件(元器件)的原始创新能力起到一定的促进作用。

本书由阎耀保教授(同济大学)、原佳阳博士(中航工业南京伺服控制系统有限公司)、李长明博士(航空工业金城南京机电液压工程研究中心)根据多年的实践经验和科学研究成果,系统凝练撰写而成,包括著者与上海航天控制技术研究所傅俊勇研究员、张鑫彬研究员,中国航发长春控制科技有限公司肖强研究员、徐杨高级工程师、陆畅高级工程师,同济大学阎耀保教授研究室毕业生王玉博士等同仁的共同研究成果。第1、6、7、11、12章由阎耀保撰写,第2、3、4、5章由李长明撰写,第8、9、10章及附录由原佳阳撰写。同济大学阎耀保教授研究室博士研究生李双路、郭文康、李聪、刘小雪、张玄、王东,硕士毕业生何承鹏、章志恒、谢帅虎、邹为宏、夏飞燕、张小伟进行成果归纳和资料整理工作。在出版过程中得到了上海科学技术出版社、中国学位与研究生教育学会研究重点课题、同济大学研究生教育研究与改革项目和上海市教育委员会的大力支持和帮助。

本书素材来源于我国第一线科技工作者的基础理论和实践成果,力图记述已形成和显现的典型事实和理论体系,探索将我国科学研究成果向研究生教材转化。本书作为同济大学博士研究生教材、硕士研究生教材已在教学中连续使用,旨在立德树人,激发和培养科学精神、家国情怀和使命担当。

限于著者水平,书中难免有不妥和错误之处,恳请读者批评、指正。

著 者
2022 年 4 月

目录 | CONTENTS

第 1 章
概　论

1.1　液压流体力学与液压元件

1.1.1　液压流体力学

　　纵观世界液压元件发明史,其经历了从流体力学到流体控制、从原理到元件、从复杂高端元件到一般工业基础件的发展过程。人们从最初接触自然界中的水开始,到认识和归纳流体静力学、流体动力学的知识,形成了较为完整的液压流体力学,包括流体的物理性质,液压流体力学基础如流体连续性方程、伯努利方程、动量定理,管道中流液特征,孔口流动和缝隙流动如薄壁小孔、缝隙、平行平板间隙和圆柱环形间隙的流动,以及平行圆盘间和倾斜平板间隙的流动、气穴现象和液压冲击等典型液压流体力学现象。

　　公元前 1500 年,古埃及人发明了用于计时的水钟,在中国也称"刻漏""漏壶"。人们利用特殊容器来记录将水漏完的时间(泄水型),或者利用底部不开口的容器来记录将水装满的时间(受水型),如图 1-1 所示。中国的水钟,最初为泄水型,后来泄水型与受水型同时并用或两者合一。水钟最初用于祭祀,用于了解夜晚的时间。水钟在希腊和罗马宫廷发挥了宝贵的作

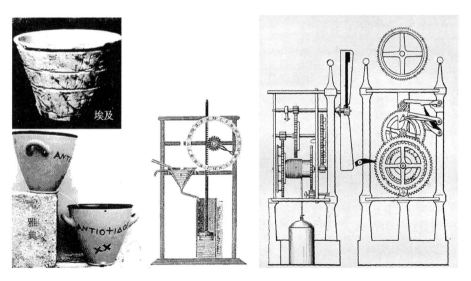

图 1-1　古代水钟及其水压伺服机构

用,被用来确保发言者讲话不超时;如果议程临时中断,譬如中途研究一下文件等,就要用蜡将出水管堵住,直到发言重新开始。在罗马举行运动会时,水钟被用来为赛跑计时。后来,人们发明了利用虹吸现象、杠杆原理、齿轮传动来实现泄水型容器与受水型容器之间水的反馈的机构,并实现连续计时,这是人类发明的第一个液压伺服机构。

流体静力学可追溯到古希腊哲学家阿基米德定律。有一天,他在踏入澡盆发现水位随之上升后,想到可以用测定固体在水中排水量的办法,突然悟出了浮力定律,大声喊出了"Eureka(恍然大悟、顿悟)",意思是"找到办法了"(图 1-2)。阿基米德浮力定律一直到 1627 年才传入中国。阿基米德(公元前 287—公元前 212),古希腊哲学家、数学家、物理学家、力学家,静态力学和流体静力学的奠基人,并且享有"力学之父"的美称。阿基米德和高斯、牛顿并列为世界三大数学家。阿基米德曾说过"给我一个支点,我就能撬起整个地球"。阿基米德确立了静力学和流体静力学的基本原理,给出许多求几何图形重心,包括由一抛物线和其平行弦线所围成图形的重心的方法。阿基米德证明物体在液体中所受浮力等于它所排开液体的重量,这一结果后被称为阿基米德定律。他还给出正抛物旋转体浮在液体中平衡稳定的判据。阿基米德发明的机械有引水用的水螺旋,能牵动满载大船的杠杆滑轮机械,能说明日食、月食现象的地球-月球-太阳运行模型。但他认为机械发明比纯数学低级,因而没写这方面的著作。阿基米德还采用不断分割法求椭球体、旋转抛物体等的体积,这种方法已具有积分计算的雏形。

图 1-2　古希腊哲学家阿基米德发现浮力定律

我国流体静力学应用事例有秦昭王(公元前 325—公元前 251)将水灌入洞中利用浮力寻找木球的事例,还有曹冲(196—208)称象。"二十四史"之前四史《三国志》有文字记载:"冲少聪察,生五六岁,智意所及,有若成人之智。时孙权曾致巨象,太祖欲知其斤重,访之群下,咸莫能出其理。冲曰:'置象大船之上,而刻其水痕所至,称物以载之,则校可知矣。复称他物,则象重可知也。'太祖大悦,即施行焉。"该书记载说,孙权送给曹操一头大象,成年人都想不出方法称象。曹冲有着超出其年龄的聪慧,用物理方法完成了称象。实际上,曹冲所用的方法就是利用流体力学的浮力定律和数学的等量代换法。用许多石头代替大象,在船舷上刻划记号,让大象与石头产生等量的吃水深度效果,再一次一次称出石头的重量,使"大"转化为"小",分而治之,这一难题就得到圆满的解决。

液压理论和应用技术的发源可追溯到 17 世纪的欧洲。法国人帕斯卡(Blaise Pascal, 1623—1662)在 1646 年演示了著名的裂桶试验。如图 1-3 所示,他将 10 m(32.8 ft)长的空心细管垂直插入装满水的木桶中并做好密封,之后向细管加水。尽管只用了一杯水注入垂直的空心细管,但随着管子中水位上升,木桶最终在内部压力下被冲破开裂,桶里的水就从裂缝中流了出来。这证明了所设想的静水压力取决于高度差而非流体重量,当时这个结果对许多人来说是不可思议的。在此基础上,帕斯卡在 1654 年发现了流体静压力可传递力和功率,封闭容腔内部的静压力可以等值地传递到各个部位,即帕斯卡定律。帕斯卡 1623 年出生于法国多姆山省,法国数学家、物理学家、哲学家、散文家。16 岁时发现著名的帕斯卡六边形定理:内接于一个二次曲线的六边形的三双对边的交点共线。17 岁时写成《圆锥曲线论》(1640),是研究德札尔格(G. Desargues)射影几何工作心得的论文。这些工作是自希腊阿波罗尼奥斯(Apollonius)以来圆锥曲线论的最大进步。1642 年,他设计并制作了一台能自动进位的加减法计算装置,被称为世界上第一台数字计算器。1654 年,他开始研究几个方面的数学问题,在无穷小分析上深入探讨了不可分原理,得出求不同曲线所围面积和重心的一般方法,并以积分学的原理解决了摆线问题,于 1658 年完成《论摆线》。他的论文手稿对莱布尼茨(G. Leibniz)建立微积分学有很大启发。在研究二项式系数性质时,写成《算术三角形》向巴黎科学院提交,后收入他的全集,并于 1665 年发表。其中给出的二项式系数展开后人称"帕斯卡三角形",实际它已在约1100 年由中国的贾宪所知。在与费马(P. Fermat)的通信中讨论赌金分配问题,对早期概率论的发展颇有影响。他还制作了水银气压计(1646),写了液体平衡、空气的重量和密度等方向的论文(1651—1654)。自 1655 年隐居修道院,写下《思想录》(1658)等经典著作。1662 年,帕斯卡逝世,终年 39 岁。后人为纪念帕斯卡,用他的名字来命名国际单位制中压强的基本单位"帕斯卡"(Pa),简称"帕"($1\ \text{Pa}=1\ \text{N/m}^2$)。

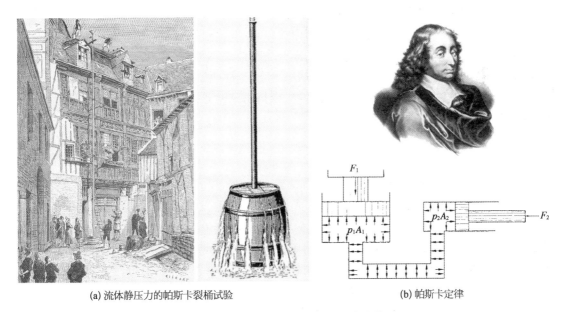

(a) 流体静压力的帕斯卡裂桶试验　　　　　　(b) 帕斯卡定律

图 1-3　流体静压力传递的帕斯卡定律

流体力学是研究流体的平衡和流体的机械运动规律及其在工程实际中应用的一门学科。流体力学研究的对象是流体,包括液体和气体。流体力学在许多工业部门都有着广泛的应用。从古代流体力学看,16 世纪以后西方国家处于上升阶段,工农业生产有了很大的发展,对于流体平衡和运动规律的认识才随之有所提高。

18—19 世纪，人们沿着两条途径建立了流体运动的系统理论。一条途径是一些数学家和力学家，以牛顿力学理论和数学分析为基本方法，建立了理想液体运动的系统理论，称为"水动力学"或古典流体力学。代表人物有瑞士物理学家伯努利(D. I. Bernouli，1700—1782)、瑞士数学家欧拉(L. Euler，1707—1783)等。1738 年，伯努利给出理想流体运动的能量方程；1755 年，欧拉导出理想流体运动微分方程。1827—1845 年，纳维(C. L. M. H. Navier，1785—1836)和斯托克斯(G. G. Stokes，1819—1903)导出纳维-斯托克斯方程(Navier-Stokes equations)，描述黏性不可压缩流体动量守恒的运动方程，简称 N-S 方程。黏性流体的运动方程首先由法国力学家纳维在 1827 年提出，只考虑了不可压缩流体的流动。法国数学家泊松(S. D. Poisson，1781—1840)在 1831 年提出可压缩流体的运动方程。法国力学家圣维南(Saint-Venant，1797—1886)与英国数学家斯托克斯在 1845 年独立提出黏性系数为一常数的形式。2000 年，三维空间中的 N-S 方程组光滑解的存在性问题被美国克雷数学研究所设定为七个千禧年大奖难题之一。

另一途径是一些土木工程师根据实际工程的需要，凭借实地观察和室内试验，建立实用的经验公式，以解决实际工程问题。这些成果被总结成以实际液体为对象的重实用的水力学。代表人物有皮托(H. Pitot)、谢才(A. de Chezy)、达西(H. Darcy)等。1732 年，皮托发明了量测流体流速的皮托管。1856 年，达西提出了线性渗流的达西定律。1883 年，雷诺(O. Reynolds)发表了关于层流、紊流两种流态的系列试验结果，又于 1895 年导出了紊流运动的雷诺方程。1904 年，普朗特(L. Prandtl)提出边界层概念，创立了边界层理论。这一理论既明确了理想流体的适用范围，又能计算实际物体运动时的阻力。

侧重于理论分析的流体力学称为理论流体力学；侧重于工程应用的流体力学称为工程流体力学，其中采用各种元器件控制封闭空间内流体运动的流体力学称为液压流体力学。最早的流体力学又称为水力学，主要研究没有摩擦的理想流体的流动，且局限于数学分析，局限在水及其应用领域。经典分析理想流体运动的水力学与实际流体(液体和气体)研究相结合，形成流体力学。现代流体力学是水动力学的基本原理与试验数据的结合，试验数据可以用来验证理论或为数学分析提供基础数据。

1.1.2 液压元件

1) 流体传动与控制学科的由来

从公元前到公元后人类开始认识自然，大约 5 000 年前发明了文字，逐步形成文化和自然科学，走进了文明。源于人们对地球生活的认知，公元前 250 年古希腊数学家阿基米德发现浮力定律，202 年曹冲称象，其中阿基米德浮力定律直到 1627 年才传入中国，这距离发现该定律约 1 880 年的时间。1654 年，法国物理学家帕斯卡发现静止流体可以传递力和功率的规律。1738 年，伯努利建立无黏性流体的能量方程。1821—1845 年，纳维和斯托克斯导出了黏性流体的运动方程，即 N-S 方程。1883 年，雷诺提出了层流、紊流两种流态及其判定准则。1904 年，普朗特提出边界层概念，明确了理想流体的适用范围，可用于计算实际物体运动时的阻力。至此，薪火相传，人们花了 200 多年时间就已经形成了较为完善的流体力学理论。此后的近百年，相继发明了各种液压元件。1911 年，英国 H. S. Hele Shaw 申请径向柱塞泵与马达专利；1935 年，瑞士 Hans Thoma 发明斜轴式轴向柱塞泵；1931 年，美国 H. F. Vickers 发明先导式溢流阀；1942 年，美国 Jean Mercier 发明皮囊式蓄能器。后来发现了电、磁现象和磁材料。

1925 年，德国 Askania 发明射流管阀结构；1946 年，英国 Tinsiey 获得两级阀专利；1950 年，美国 W. C. Moog 发明双喷嘴挡板式电液伺服阀；1957 年，R. Atchley 研制两级射流管伺服阀；1970 年，Moog 公司开发两级偏转板伺服阀；1996 年，日本 K. Araki 研制气动伺服阀；1995 年，S. Hayashi 研究双级溢流阀的稳定性与现象。1965 年以来，我国航天第 803 所、第 18 所、航空第 609 所等相继研制各种液压伺服机构及其电液伺服阀，并为国家重大工程提供了具有自主知识产权的核心元器件保障。日新月异，科学家发明各种液压元件和机器，形成工业基础并改变世界只用了 80 多年的时间。

流体传动与控制专业是以流体（液体、气体）作为工作介质，进行液、气、机、电的能量与信息一体化传递和控制的交叉学科。机械学是利用物理定律研究各类机械产品功能综合、定量描述和性能控制，应用机械系统相关知识和技术，发展新的设计理论与方法的基础技术科学。从流体传动与控制专业的历史来看，美国 MIT 的 Blackburn 等总结前人所做的大量液压技术和实践的成果，1960 年撰写了液压理论和技术专著《流体动力控制》，为后继液压产品的基础研究和应用研究做了良好的铺垫，从此开始可以在大学课堂上集中讲授流体传动与控制的相关知识，教育史上直接通过高校来培养液压专业的技术人才，并形成了流体传动与控制专业。

从我国流体传动与控制专业历史来看，1981 年开始招收和培养本专业硕士研究生，1983 年开始招收和培养本专业博士研究生，上海交通大学、西安交通大学、华中科技大学、哈尔滨工业大学、浙江大学成为我国第一批流体传动与控制专业博士学位授权点。我国高校和工业界最初是将苏联、美国、德国、日本等地的著作翻译成中文版，同时我国科技工作者结合自己所取得的科研成果和大学人才培养需要，组织集体撰写和编著了一些代表性著作和专业教材，这些初期的编著和教材为我国专业人才培养和工业进步发挥了重要作用。西安交通大学史维祥从苏联留学回国后，以苏联军工机床与工具中的液压传动为例，归纳撰写了关于流体传动控制方面的专著《液压随动系统》（上海科学技术出版社，1965）；上海交通大学严金坤编写教材《液压元件》（1979），还将非对称阀、蓄能器与管路系统科研成果撰写编著《液压动力控制》（1986）；曲以义翻译日本荒木献次论文并撰写专业教材《气压伺服系统》（1986）；陆元章以煤炭机械为主编著《液压系统的建模与分析》（1989）；哈尔滨工业大学李洪人参考美国 H. E. Merritt 书籍主编教材《液压控制系统》（1981）；北京航空航天大学王占林等编写专业教材《飞机液压传动与伺服控制》（1979）；浙江大学盛敬超编写《液压流体力学》（1980）。我国航天科技工作者在中华人民共和国成立以来坚持独立自主、自力更生方针，走出了自己的技术道路，形成了重要的理论体系与实践经验。20 世纪 80 年代，国家组织专家和工程技术人员，编著了《导弹与航天丛书》；宇航出版社出版了液体弹道导弹与运载火箭系列丛书，包括流体传动与控制专业的经典著作《电液伺服机构制造技术》（1992）、《电液伺服阀制造工艺》（1988）、《推力矢量控制伺服系统》（1995）等。

典型的液压传动系统由能源部分、控制部分、执行机构、辅助装置和工作介质五个部分组成（图 1-4）。其中能源部分由电动机或柴油机或燃气轮机等初级能源、液压泵组成，将电能等能源转换为机械能驱动液压泵，再转换为液压能，电动机等驱动液压泵高速旋转并从油箱吸油，通过液压泵的出口排出液压油，将承载能量和信息的流体工作介质输送至控制部分。控制部分由各种控制阀组成，如溢流阀、单向阀、减压阀、分流阀、节流阀等，实现液压负载需要的流体的参数控制，包括压力、流量、方向。执行机构主要有与负载直接相连的液压马达、液压油缸等,用于传递液体压力或流量,实现负载的运动控制。辅助装置由油箱、油滤、管件、蓄能器、冷却器、密封件等组成。工作介质是指液压系统中传递能量和信息的液压油,流体传动系统按工作介质可分为液压系统(日本等地称为油压系统)、水压系统和气动系统。与机械传动、电传动相比,液压传动具有重量轻、结构紧凑的特点,例如采用相同功率的液压马达的体积只有电动机的 12%~13%。液压泵转速 2 500~3 000 r/min,额定压力 24 MPa,其功率重量比为 1.5~2 N/kW,而相同功率的电动机的功率重量比为 15~20 N/kW,液压泵功率重量比只有电动机的 10%。此外,液压传动转动惯量小、快速性好,可以实现大范围的无级调速,传递运动平稳、安全,便于实现自动化,具有溢流阀过载保护,安全性高。

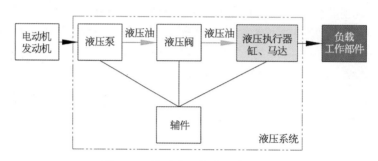

图 1-4　典型液压传动系统构成图

2) 电液伺服阀

18 世纪末至 19 世纪初,欧洲人发明了单级射流管阀及单级单喷嘴挡板阀、单级双喷嘴挡板阀,如图 1-5 所示。第二次世界大战期间,随着新材料的出现,人们发明了螺线管、力矩马达,之后双级电液伺服阀(serovalve)、带反馈的双级电液伺服阀相继问世。例如 Askania 调节器公司及 Askania-Werke 发明并申请了射流管阀的专利。Foxboro 发明了喷嘴挡板阀并获得专利。如今这两种结构多数用于电液伺服阀的前置级,控制功率级滑阀的运动。德国 Siemens 发明了一种具有永磁马达及接收机械与电信号两种输入的双输入阀,并开创性地使用在航空领域。第二次世界大战末期,伺服阀阀芯由螺线管直接驱动,属于单级开环控制。随着理论和技术的成熟,特别是军事需要,电液伺服阀发展迅速。1946 年,英国 Tinsiey 获得了两级阀的专利;美国 Raytheon 和 Bell 航空发明了带反馈的两级电液伺服阀;MIT 采用力矩马达代替螺线管,驱动电液伺服阀需要的消耗功率更小、线性度更好。1950 年,W. C. Moog 发明了单喷嘴两级伺服阀。1953—1955 年,T. H. Carson 发明了机械反馈式两级伺服阀;W. C. Moog 发明了双喷嘴两级伺服阀;Wolpin 发明了干式力矩马达,消除了原来浸在油液内的力矩马达由油液污染带来的可靠性问题。1957 年, R. Atchley 利用 Askania 射流管原理研制了两级射流管伺服阀,并于 1959 年研制了三级电反馈伺服阀。

20 世纪 60 年代,电液伺服阀大多数为具有反馈及力矩马达的两级伺服阀。第一级与第二级形成反馈的闭环控制;出现弹簧管后产生了干式力矩马达;第一级的机械对称结构减小了温度、压力变化对零位的影响。航空航天和军事领域出现了高可靠性的多余度电液伺服阀。Moog 公司在 1963 年起陆续推出了工业用电液伺服阀,阀体多采用铝材或钢材;第一级独立,方便调整与维修;工作压力有 14 MPa、21 MPa、35 MPa。Vickers 公司研制了压力补偿比例阀。Rexroth、Bosch 研制了用两个线圈分别控制阀芯两方向运动的比例阀。20 世纪 80 年代之前,电液伺服阀力矩马达的磁性材料多为镍铝合金,输出力有限。目前多采用稀土合金磁性

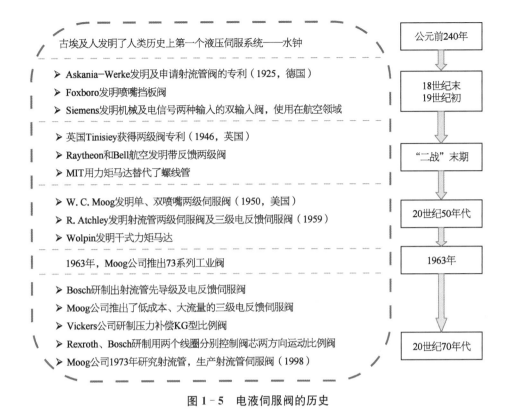

图 1-5 电液伺服阀的历史

材料,力矩马达的输出力大幅提高。

电液伺服阀种类较多,目前主要有双喷嘴挡板式电液伺服阀、射流伺服阀、直动型电液伺服阀、电反馈电液伺服阀及动圈式/动铁式/单喷嘴电液伺服阀。喷嘴挡板式电液伺服阀的主要特点表现在结构较简单、制造精密、特性可预知、无死区、无摩擦副、灵敏度高、挡板惯量小、动态响应高,缺点是挡板与喷嘴间距小、抗污染能力差。射流伺服阀的主要特点表现在喷口尺寸大、抗污染性能好、容积效率高、失效对中、灵敏度高、分辨力高,缺点是加工难度大、工艺复杂。表 1-1 为喷嘴挡板式电液伺服阀和射流伺服阀的先导级最小尺寸对比。图 1-6 为喷嘴挡板式电液伺服阀、射流管伺服阀和偏转板伺服阀的最小尺寸。可见,喷嘴挡板式电液伺服阀性能好、对油液清洁度要求高,常用在导弹、火箭等的舵机电液伺服机构场合。射流伺服阀抗污染能力强,特别是先通油、先通电均可,阀内没有喷嘴挡板式电液伺服阀那样的碰撞部件,只有一个喷嘴,即使发生堵塞也能做到“失效对中”和“事故归零”,即具有“失效→归零”“故障→安全”的独特能力,广泛应用于各种舰船、飞机及军用战斗机的作动器控制。

表 1-1 喷嘴挡板式电液伺服阀和射流伺服阀的先导级最小尺寸

先导级最小尺寸	位 置	大小/mm	油液清洁度要求	堵 塞 情 况
喷嘴挡板式电液伺服阀	喷嘴与挡板之间的间隙	0.03~0.05	NAS6 级	污染颗粒较大时易堵塞
射流伺服阀(射流管伺服阀与偏转板伺服阀)	喷嘴处	0.2~0.4	NAS8 级	可通过 0.2 mm 的颗粒大小

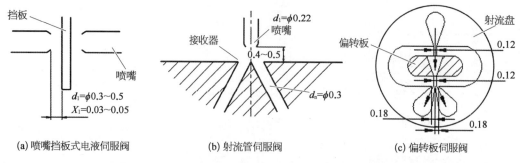

(a) 喷嘴挡板式电液伺服阀　　(b) 射流管伺服阀　　(c) 偏转板伺服阀

图1-6　喷嘴挡板式电液伺服阀、射流管伺服阀、偏转板伺服阀的最小尺寸（单位：mm）

　　美国在第二次世界大战前后,考虑军事用途和宇宙开发的需要,美国空军先后组织40余个早期机构开发和研制了各种形式的单级电液伺服阀和双级电液伺服阀,撰写各种内部研究报告,并详细记录了美国20世纪50年代电液伺服阀研制和结构演变的过程,这期间电液伺服阀的新结构多、新产品多、应用机会多。涉及电液伺服元件新结构、新原理、各单位试制产品,以及各类电液伺服元件的数学模型、传递函数、功率键合图、大量的试验数据。美国空军近年解密的资料显示,1955—1962年先后总结了8本电液伺服阀和电液伺服机构的国防科技报告,详细记载了美国空军这一时期各种电液伺服阀的研究过程、原理、新产品及其应用情况,由于涉及军工顶级技术和宇航技术机密,保密期限长达50年。如1958年美国Cadillac Gage公司开发了FC-200型喷嘴挡板式电液伺服阀(图1-7)。1957年,美国R. Atchley将

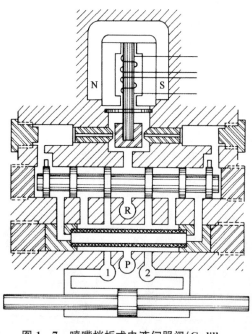

干式力矩马达和射流管伺服阀组合,发明了Askania射流管原理的两级射流管电液伺服阀。如图1-8所示,通过力矩马达组件驱动一级射流管伺服阀,一级阀驱动二级主阀,在一级组件和二级组件之间,设有机械反馈弹簧组件来反馈并稳定主阀芯的运动状态。1970年,Moog公司开发两级偏转板伺服阀,提高抗污染能力,如图1-9所示。通过力矩马达驱动一级偏转板伺服阀,一级阀驱动二级主阀,两级阀之间设有用于反馈的锥形弹簧杆。偏转板伺服阀的核心部分是射流盘和偏转板两个功能元件,射流盘是一个开有人字孔的圆片,孔中包括射流喷嘴、两个接收通道和回油腔,两个接收通道由分油劈隔离,分油劈正对射流喷嘴出口的中心。力矩马达控制带V形槽的偏转板摆动来改变接收器射流流束的分配,从而控制主阀。1973年,Moog公司开始研究射流管原理,直到1998年才批量制造射流管伺服阀。

图1-7　喷嘴挡板式电液伺服阀(Cadillac Gage FC-200,1958)

　　电液伺服阀及伺服机构应用于导弹与火箭的姿态控制。当时的电液伺服阀由一个伺服电机拖动。由于伺服电机惯量大,电液伺服阀成为控制回路中响应最慢但最重要的元件。20世纪50年代初,出现了快速反应的永磁力矩马达,形成了电液伺服阀的雏形。电液伺服机构有

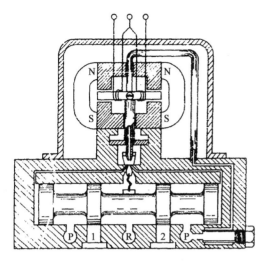

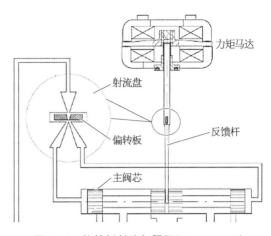

图 1-8　射流管伺服阀(R. Atchley,1957)　　　　图 1-9　偏转板射流伺服阀(Moog,1970)

机结合精密机械、电子技术和液压技术,形成了控制精度高、响应快、体积小、重量轻、功率放大系数高的显著优点,在航空航天、军事、舰船、工业等领域得到了广泛应用。图 1-10 为我国自行研制的长征系列运载火箭伺服阀控制伺服作动器。图 1-11 为我国自行研制的载人航天运载火箭的三余度动压反馈式伺服阀,它将电液伺服阀的力矩马达、反馈元件、滑阀副做成多套,万一发生故障可以随时切换,保证液压系统正常工作。冗余动压反馈电液流量伺服阀为带双余度动压反馈结构和三余度前置级的两级式力反馈电液伺服阀,其可靠性高、阻尼与刚度性能好、动作响应快、控制精度高,适用于可靠性要求高、负载惯性大的高精度液压伺服控制系统。图 1-12 的电液流量伺服阀是液压伺服控制系统中的电液转换元件,用于将输入的微小电气信号转换为流量输出。小流量电液伺服阀系列产品采用壳体-阀套一体式设计,具有体积小、重量轻、响应快、精度高等优点,适用于各类小流量需求液压伺服控制系统。图 1-13 为我国自行研制的航天中小型推力电液伺服机构,作为运载火箭控制系统中的执行机构,其根据输入的电信号指令输出一定比例的机械力和位移,用于推摆发动机,实现火箭飞行的姿轨控制,适用于中小型推力的运载火箭控制系统。

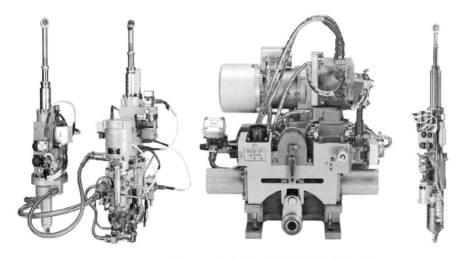

图 1-10　中国长征系列运载火箭伺服阀控制伺服作动器

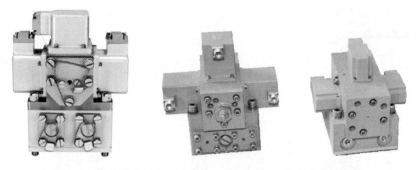

图 1‐11 中国航天运载火箭的三余度动压反馈式电液伺服阀

图 1‐12 中国航天小流量电液伺服阀

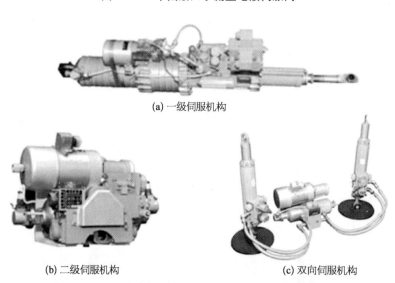

(a) 一级伺服机构

(b) 二级伺服机构　　　　　　　　　(c) 双向伺服机构

图 1‐13 中国航天中小型推力的电液伺服机构

　　高端液压元件是指在极端环境下完成必需的服役性能的核心基础液压元件,所指的极端环境包括极端环境温度、极端工作介质温度、特殊流体、极端尺寸与极端空间、振动、冲击、加速度、辐射等特殊服役环境。高端液压元件主要指为重大装备配套的、影响关键技术性能的高性能液压元件。国外高端液压元件主要由国家和行业组织联合研究、开发并形成国家制造能力,已经装备本国核心装备。例如电液伺服元件,美国空军在 1950 年前后组织 40 余家机构联合研制,形成了系列电液伺服元件产品,并已装备航空航天领域。当时归纳凝练了一系列包括元件与系统的数学模型、传递函数、功率键合图及大量实践和试验结果等丰富内容的科技报告。由于这些科技报告设置了国家保密期限 50 年,国外只能购买个别产品,无法得知其产品机理和工作过程的细节。目前,美国的电液伺服元件水平至少领先其他国家 30 余年。

我国对基础件尤其是高端液压元件重要地位的认识较晚,长期缺乏机理研究和工匠制作工艺的系列探索。液压元件产品主要集中在低端产品上。在高端液压元件产品领域,甚至工程机械的液压元件关键基础件上,几乎被美国、德国、日本等机械强国所垄断。在高端液压件、气动元件、密封件领域,目前我国仍需大量进口。如挖掘机行业所需的液压件(双联变量柱塞泵、柱塞马达、整体式多路阀、高压油缸、先导比例阀及回转接头等)几乎全部依靠进口;大型冶金成套设备的大型液压系统基本上由用户指定或者选用进口液压元件。从目前发展现状看,我国高端产品的技术对外依存度高达 50% 以上,95% 的高档数控系统、80% 的芯片、几乎全部 100% 的高档液压件、密封件和发动机都依靠进口。为此,2015 年 5 月 8 日,国务院正式颁布《中国制造 2025》,实施制造强国战略第一个十年的行动纲领。我国已经将核心基础零部件(元器件)列为工业强基工程核心部分与工业基石。

3) 伺服机构与伺服系统

第二次世界大战期间及战后,军工需求促使伺服机构和伺服系统的问世,喷嘴挡板元件、反馈装置、两级电液伺服阀相继诞生。20 世纪 50—60 年代,电液伺服控制技术在军事应用中大显身手,如雷达驱动、制导平台驱动及导弹发射架控制,以及后来的导弹飞行控制、雷达天线定位、飞机飞行控制、雷达磁控管腔动态调节及飞行器的推力矢量控制等。电液伺服作动器用于空间运载火箭的导航和控制。电液伺服控制装置如带动压反馈的伺服阀、冗余伺服阀、三级伺服阀及伺服作动器等均在这一时期有了大的发展。20 世纪 70 年代,集成电路及微处理器赋予机器以数学计算研究和处理能力,电液控制技术向信息化、数字化方向发展。

伺服机构(servo mechanism)也称为液压动力机构,是通常由液压控制元件、伺服作动器(执行机构)、负载等部件组合而成的液压驱动装置。伺服系统(servo system)通常由控制器、控制元件、伺服作动器、传感器、负载等部件构成,是通过闭环回路控制方式实现负载的位置、速度或加速度控制的机械系统。如图 1-14 为电液伺服阀控制作动器的飞行器舵面控制框图,输入信号按照作动器一定比例输入至电子放大器,驱动电液伺服阀带动液压放大器,从而驱动飞行器舵面作动器,通过线形位置反馈构成闭环控制回路控制飞行器舵面偏转和飞行方向。作动器也有图 1-15 的电液伺服阀控制旋转作动器。控制对象可以是机床刀具、枪炮转台、舰船舵机、雷达天线等。电液伺服阀和作动器用于多种控制用途。液压驱动和电动马达驱动相比较,液压驱动具有较快的动态响应、较小的体积、较大的功率重量比,这些显著特点也促成了液压技术广泛用于飞机控制。

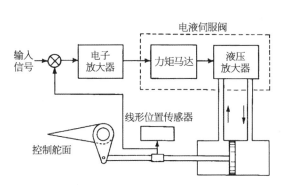

图 1-14　电液伺服阀控制作动器的
飞行器舵面控制框图

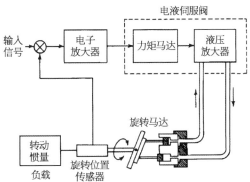

图 1-15　电液伺服阀控制旋转作动器框图

随着液压产品的应用和技术理论的发展,航空领域出现了一批代表性的航空航天液压产品专业制造单位,如飞控系统作动器 Moog/GE Aviation 公司、起落架 Messier-Dowty 公司、液压系统 Parker/Hamilton Sundstrand 公司、A380 液压系统 Vickers 公司等。尤其是近年来,波音787 飞机通过应用新一代液压和刹车系统,将工作压力由以往的 3 000 Psi(1 Psi≈0.006 895 MPa)增加到 5 000 Psi,有效降低了机载液压产品的重量。采用左系统、中央系统、右系统三套独立的系统构成,中央系统完全由两个电增压泵提供压力,特别是该飞机还采用了一套冲压空气涡轮驱动泵紧急液压能源系统等新技术。液压元件的几何参数与性能关系的代表性研究中,日本荒木献次(1971,1979)研究了具有力反馈的双级气动/液压伺服阀,采用弹簧和容腔补偿方法将频宽从 70 Hz 提高到 190 Hz,特别进行了滑阀不均等重合量(正重合、零重合及负重合)和阀控缸频率特性的系列研究。作者进行了一系列液压伺服阀和气动伺服阀的几何结构重叠量的专题研究,取得了部分结构参数与性能之间的关系。1980 年以来,针对非对称油缸两腔流量的非对称性及其换向压力突变,各地学者陆续研究了非对称液压缸及其系统特性(如 T. J. Viersma),采用非对称节流窗口、非对称增益、现代控制等方法实现伺服阀和非对称油缸的匹配。1990 年以来,国内学者还将非对称液压伺服阀控非对称液压缸系统应用于人造板生产线、航空航天领域和车辆控制。

未来的环境友好型重大装备、飞行器用伺服机构及其高端元件将面临复杂的极端环境,如在极端尺寸、高加速度、高温、高压、高速重载、辐射等极端环境的复合作用下,能否正常工作及如何工作,涉及诸多目前未知的流体控制基础理论与关键核心技术,流体控制的性能重构和机制将是复杂多样的。为此,面向世界科技前沿和国家重大装备需求,探讨极端环境下高端液压元件目前未知的诸多关键基础问题,并为未来更加苛刻、复杂工况下工作的重大装备伺服机构及其高端元件的研制提供急需的、目前未知的基础理论将具有重要的实践意义和应用前景。

1.2 极端环境下电液伺服元件的性能演化与系统的性能调控

1.2.1 极端环境下电液伺服元件的性能演化

百余年来,我国重大工程急需的高端装备一直被国外垄断。高端电液伺服阀是指在极端环境下服役、为重大装备配套的高性能、高可靠性的电液伺服元件,要求其能够在机载振动、冲击、极端温度等特殊环境下完成必需的服役性能。所指的极端环境包括极端环境温度、极端介质温度、振动、冲击、加速度、热辐射、极端尺寸、特殊流体等特殊服役过程。高端电液伺服元件是进行信息与能量转换的多领域(机-电-液-磁-热-控等)物理综合集成元件,其具有零件复杂、偶件精密、尺寸链多维等特点。电液伺服阀作为液压伺服系统的核心控制元件,服役工况复杂,包含电-磁-力-位移-液压等多种信息与能量转换过程,伺服机构流道复杂、配合偶件精密。核心基础零部件(元器件)是我国"制造强国战略""工业强基"和我国高端装备制造产业的重点突破瓶颈之一。国外高端液压元件最初由国家组织研究并形成国家制造能力,装备本国核心装备。例如美国空军先后组织研制电液伺服阀,并装备航空航天领域,但实施严格的保密和封锁。

　　高端装备高新技术处于价值链的高端和产业链的核心环节。高端液压元件随着航空、航天、舰船及军事用途而诞生。飞行器、舰船、重大装备往往需要承受各种服役环境的考验，甚至要求长期在各种极端环境下正常工作。重大装备高端液压阀在宽温域即极端低温至极端高温的大温度范围下服役。宽温域是指由整机环境、高端液压阀部件及其内部流体所构成的热力学温度场。一般地面电子器件的环境温度在 $-20 \sim 55℃$，或者 $-50 \sim 60℃$。地面液压系统的油温一般在 $80℃$ 或 $105℃$ 以下。但是航空发动机燃油温度 $2\ 000℃$，波音 737 环境温度达 $-72 \sim 54℃$，军用飞机液压阀的环境温度在 $-55 \sim 250℃$，液压油温度可达 $140℃$。新一代运载火箭采用液氧煤油作为燃料，煤油温度 $3\ 600℃$（图 1-16）。导弹舵机试验或遥测油温达到 $160℃$，运载火箭电液伺服机构的油温甚至达到 $250℃$。美国空军科技报告显示，1958 年美国空军电液伺服阀的试验温度已经达到 $340℃$，瞬时高达 $537℃$（图 1-17）。油液温度的界限已经远远超出人们目前的想象。

图 1-16　载人航天运载火箭伺服机构与低温冰冻试验飞行器

(a) 飞机起落架及其制动压力伺服阀

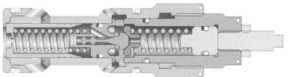

(b) 运载火箭煤油介质伺服机构及整体集成式大流量多级溢流阀

图 1-17　典型伺服机构及其高端液压阀

摩擦和磨损对高端制造等领域影响深远,据统计,约 80% 机械部件失效由于磨损和泄漏造成。防空导弹的最大加速度为 $85g$,固体火箭发动机的加速度达 $250g$,电液伺服阀射流管直角处流体质点的离心加速度高达 $1\,160g$。导弹或火箭的可靠性和安全性要求极高,例如伺服系统可靠性要求 0.999,而液压阀则高达 0.999 9,载人航天更高达 0.999 99。据不完全统计,伺服机构中 70%~80% 的故障是由于电液伺服阀在各种极端环境下无法保持性能而引起的。关键器件及其可靠性是未来 5~10 年的重要任务之一。

1.2.1.1　力矩马达电磁材料及其性能演化

力矩马达是高端电液元件的核心驱动部件。19 世纪人们开始认识磁与电现象,英国法拉第发现电磁感应定律,麦克斯韦建立电磁场的理论。第二次世界大战期间,Bell、Moog、Cadillac、Hughes、Wolpin 等基于电、磁、力、位移转换原理研制力矩马达,促进了电液伺服阀的诞生(图 1-18)。电-磁-力-位移转换器件的性能取决于磁材料性能。磁场是磁性材料原子内的电子运动和基本粒子(质子、中子、电子)的自旋而产生的。磁性方向一致的原子所聚集的磁性材料区域称为磁畴,它是磁性材料的基本单元。永磁体性能取决于磁畴结构(图 1-19)。天然永磁体由各向异性的小型磁畴组成,磁能小,通过充磁可实现强磁性。充磁时,在外磁场作用下,磁畴同向平行排列,对外呈现强磁性,如图 1-20 所示。1931 年,日本 T. Mishima 开发镍铝合金永磁材料 AlNiCo,功率密度较低。1967 年,美国出现稀土永磁材料,如矫顽力较高的 $SmCo_5$ 和 Sm_2Co_{17}、磁能积和磁极化强度较大的钕铁硼永磁体 NdFeB,并相继用于力矩马达。

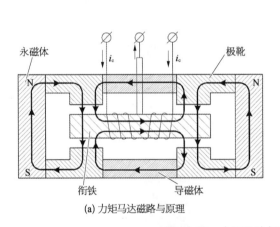

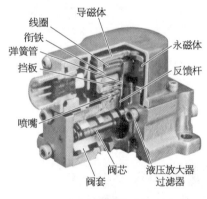

(a) 力矩马达磁路与原理　　　　　　　(b) 电液伺服阀剖面图(Moog31)

图 1-18　力矩马达与电液伺服阀

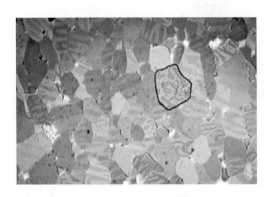

图 1-19　NeFeB 磁畴结构(灰度表示磁性方向)

高温、外磁场、振动、时效、机械应力等极端环境容易导致磁畴杂乱无章地排列(图 1-21)和永磁体的磁性能衰退,甚至出现不可逆退磁。19 世纪末,法国居里发现高温下永磁体磁性退化现象,尤其是铁磁性的临界温度即居里温度,超过该温度时将出现不可逆退磁并失去磁性,如 NdFeB 的居里温度 312℃。1995 年,美国空军将工作温度超过 400℃的 Sm_2Tm_{17} 高温永磁材料应用于新一代飞行器。2001 年,德国 M. Katter 发现氢能使磁性材料局部的晶间相脆化,钕氢氧化物易引起

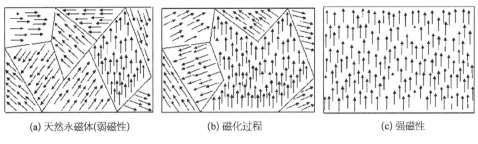

(a) 天然永磁体(弱磁性)　　　(b) 磁化过程　　　(c) 强磁性

图 1-20 永磁体充磁强化过程

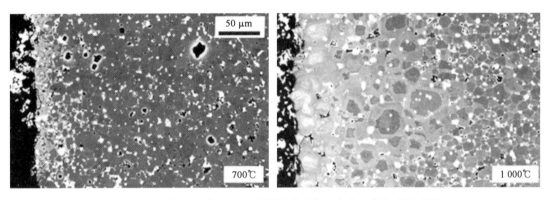

图 1-21 高温导致 NdFeB 材料的磁畴分布杂乱无章和磁性减弱

体积膨胀,导致永磁体基质颗粒剥落腐蚀,引起磁性退化。外磁场和辐射的作用将打乱原有磁畴结构,导致磁性减弱。2004 年,清华大学试验发现交变磁场频率越高,NdFeB 失磁越多;2008 年,芬兰 Ruoho 建立交变磁场下失磁的经验模型。在室温下长期放置,磁畴也会发生局部偏转,磁性能下降。1960 年,美国 Kronenberg 发现铝镍钴和钡铁氧体材料永磁体的矫顽力高,且细长形状时磁性退化较弱。1998 年,Della 得到了时效磁性退化过程的试验模型。目前,经过特殊处理后的永磁体在更高服役温度下性能可得到保证。考虑冲击、时间效应、极端高低温、应力等诸多综合效应,需要从分子晶格层面来分析磁畴变化与永磁体综合性能。电-磁-力-位移转换器全寿命周期的性能如何演变,可从分子晶格、磁畴、电-磁机理、服役环境来研究磁性材料充磁和磁性演化过程,建立材料磁性演变特性的表征与模型。

1.2.1.2 高端液压元件精密偶件的磨损

全寿命周期中,零件磨损导致尺寸链微观或宏观变化,直接影响电液伺服阀性能。磨损是一种由固体、液体或气体相互接触时机械和化学作用引起材料迁移或剥落的固体表面损坏现象。磨损有五种形式。

磨粒磨损指颗粒物或硬的微凸体颗粒物与零件表面相互作用而造成的材料流失现象(图 1-22)。电液伺服阀滑阀副的阀芯与阀套相对运动次数超过 1 000 万次,1~3 μm 的配合间隙中嵌入固体颗粒后将导致滑阀副磨损、泄漏增加、倾斜、卡滞等问题。1961 年,美国 Rabinowicz 提出磨粒磨损量的物理模型;1987 年,G. Sundararajan 试验证实磨粒滚动形成塑性变形和磨损。

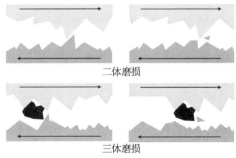

图 1-22 磨粒磨损机理

　　黏着磨损指两个零件相对运动时,由于固相焊合作用使材料从一个表面转移到另一个表面,最后断裂、疲劳或腐蚀而脱落的现象(图1-23)。1973年,美国Suh提出表面剪切分层的黏着磨损量计算方法。1992年,美国陆军在燃油介质中添加重芳烃去除溶解的氧和水来增加油液润滑,提高了液压泵柱塞副的抗黏着磨损能力。

　　腐蚀磨损指零件与介质发生化学或电化学作用的损伤或损坏现象。2005年,美国航天局发现含碳氢的燃料对铜有严重腐蚀。高端液压元件采用燃油、水等特殊介质,腐蚀问题突出(图1-24)。

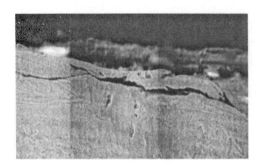

图1-23　黏着磨损造成材料片状脱落　　　　　图1-24　燃油阀阀芯的腐蚀磨损

　　疲劳磨损指材料由于循环交变应力引起晶格滑移而脱落的现象。1993年,美国Wilbur通过类金刚石薄膜涂层来提高钢材抗疲劳磨损性能。2012年,Moog公司采用硬质合金和蓝宝石材料替代不锈钢,制作伺服阀反馈杆球头,并提出采用球头和滑阀的"球-孔"配合替代原来的"球-槽"配合方案,增加接触面积、提高寿命,球头磨损的高频循环试验次数高达10亿次(图1-25)。

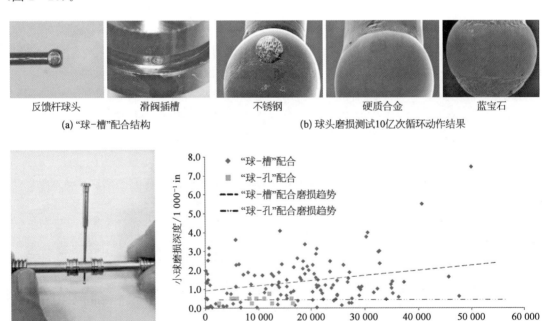

图1-25　电液伺服阀反馈杆球头磨损试验10亿次的结果(Moog公司,2012)

冲蚀磨损指高速流体携带固体或气体粒子对靶材冲击而造成表面材料流失的现象(图 1 - 26)。1960 年,Finnie 提出冲蚀微切削理论。1963 年,Bitter 提出切削磨损和塑性变形磨损复合的冲蚀磨损理论。20 世纪 70 年代,人们开始研究液压元件的冲蚀磨损,美国 Tabakoff 试验研究涡轮叶片的冲蚀磨损和抗蚀措施。1998 年,英国 Bath 大学试验观测了滑阀副冲蚀磨损和节流锐边的钝化过程。国内同济大学、西工大、兰理工、燕山大学等探索电液伺服阀内部冲蚀磨损量的计算方法,发现使用清洁度 14/11 级油液 200 h 后,滑阀节流锐边冲蚀磨损最大深度可达 4 μm,磨损质量 20 mg(图 1 - 26)。电液伺服阀零件精密、流道复杂,滑阀节流口、射流喷嘴、接收器、挡板等部位因固体颗粒高速冲击而发生形状和尺寸的改变,进而造成性能衰退。目前有待研究高温、高压、高污染等极端环境下关键零件冲蚀磨损的分析方法与精确模型。

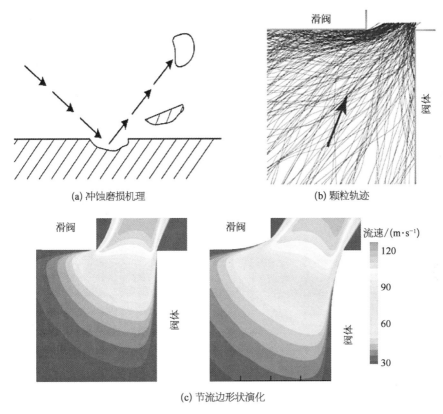

(a) 冲蚀磨损机理

(b) 颗粒轨迹

(c) 节流边形状演化

图 1 - 26　滑阀节流锐边冲蚀磨损(同济大学,2017)

1.2.1.3　电液伺服元件的疲劳寿命

疲劳破坏是指材料某点或某些点承受扰动应力或应变,在足够多的循环扰动作用之后形成裂纹或完全断裂的局部、永久结构变化的过程。德国 Wöhler 提出应力幅和极限循环次数的疲劳寿命 S - N 曲线。20 世纪以来,相继出现了线性累积损伤理论、弹塑性疲劳裂纹扩展理论。2015 年,Sticchi 提出在结构件薄弱部位引入残余应力来抵消工作应力,延长薄弱部位疲劳寿命。在温度冲击下,材料自由膨胀和收缩受到约束而产生交变应力,造成损伤并断裂的过程称为热疲劳。热疲劳受温度梯度、温度频率、材料热膨胀系数及零件几何结构约束条件的影响,亟待深入研究其机理。金属在高温和应力同时作用下,应力保持不变时,随时间延长其非弹性变形量缓慢增加,即热疲劳蠕变现象。美国宇航局研究了高温合金材料 B1900＋HF 热机疲劳即热应力疲劳行为。国军标规定了电液伺服阀疲劳寿命试验要求,我国工业界近年才开始着手压力冲击下的疲劳寿命试验,某型铝合金阀体寿命 4.9 万次(图 1 - 27)。目前通过有限元计算,对复杂零部件如阀体、阀套进行网格划分和加载模型、材料特性如应力疲劳寿命 S - N 曲线参数设定,计算得到冲击载荷下的应力分布、应变分布、疲劳寿命分布图(图 1 - 27)。弹簧管是一级阀与二级阀之间信息传递的核心部件,但其厚度仅有 60 μm、直径 2.6 mm 的细长薄壁结构,通油后短时间内极易破裂并导致伺服阀漏油失效(图 1 - 28)。长期处于极端温度、振动、冲击、极端尺寸等环境下服役,高端电液伺服阀整体集成式复杂零件和精密偶件尤其容易遭遇疲劳破坏(图 1 - 27)。目前亟待解析高端电液伺服阀在温度冲击、压力冲击、振动冲击及其多物理场耦合时的疲劳机理与疲劳寿命预测模型。

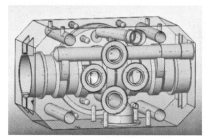 

(a) 整体集成式阀体复杂油路　　　　　(b) 疲劳裂纹与油液泄漏(4.9万次压力脉冲试验)

(c) 阀体底面应变　　　　　　　　　　(d) 阀体底面疲劳寿命
(对称分布,最大寿命次数4万~5万次)　　(供油口约1 mm处,应变1.297 μm)

图 1 - 27　电液伺服阀在压力冲击下的疲劳寿命试验结果(7075 铝阀体,42 MPa)

1.2.1.4　宽温域下电液伺服元件的服役性能

宽温域服役要求对高端液压阀的工作流体、密封件和精密部件材料提出了更高的要求(图 1 - 29)。温度升高,液压油黏度急剧下降,润滑性能急剧下降,同时还易析出固体颗粒或释放腐蚀性物质。油液热膨胀系数即温度每上升 1℃,液压油的体积膨胀量约为 7/10 000。RP - 3 航空煤油在－30~120℃时运动黏度从 6.7 mm²/s 变为 0.67 mm²/s,相差 10 倍。YH - 10 液压油在－50~150℃时运动黏度从 1 200 mm²/s 变为 2 mm²/s,相差数百倍。高温加速了 O 形密封圈如丁腈橡胶的化学降解,高温导致金属材料疲劳寿命降低。浙大、浙工大、南京机电液压中心等引入断裂力学分析航空作动器 O 形密封材料失效。美国对 NiCrMoV 钢进行疲劳裂纹扩展试验,发现 24~400℃时疲劳裂纹扩展速率显著增加;日本通过试验发现环境温度影响碳钢材料的疲劳寿命。极端温度、宽温域的温度冲击将引起零部件材料、流体介质的物理化学性质变化,有待深入研究材料特性与复杂零部件性能之间的关系、流体热力学性能与流体控制特性的关系。

(a) 弹簧管

(b) 弹簧管在高压与热应力下泄漏

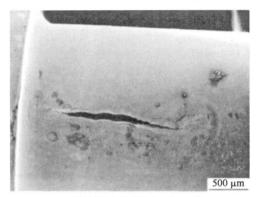
(c) 弹簧管的疲劳破坏（工作50 h）

图 1 - 28   电液伺服阀弹簧管在交变应力与热应力作用下的疲劳破坏试验

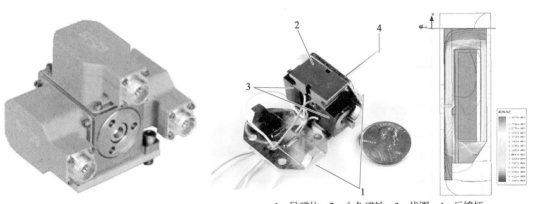

(a) 外形

1—导磁体；2—永久磁铁；3—线圈；4—反馈杆
(b) 力矩马达及磁场

图 1 - 29   采用三余度前置级的电液伺服阀及其力矩马达

电液伺服阀在温度场中服役。导弹与火箭的环境温度在 $-40\sim60℃$，国军标《飞机电液流量伺服阀通用规范》(GJB 3370—1998)中飞机环境温度为 $-55℃$ 或 $-30\sim T℃$。空客 A320 环境温度在 $-68\sim52℃$，波音 737 环境温度达 $-72\sim54℃$（图 1 - 30）。地面液压系统一般油温在 $80℃$ 或 $105℃$ 以下。飞机液压系统油温达到 $-55\sim135℃$，如空客 A320 油温为 $-54\sim121℃$，Moog 公司 G761 射流管伺服阀使用油温为 $-40\sim135℃$。导弹舵机系统的试验和遥测油温高达 $160℃$，火箭伺服机构的油温达到 $250℃$。美国空军科技报告显示，1958 年电液伺服阀的试验温度就已经到达340℃。宽温域下高端液压阀性能重构是指液压阀在宽温域及多物理场(包括温度场、压力场、磁场、流场、几何形状等)下诸精密零部件的性能参数与几何尺寸相互协同、达成一种新的平衡状态,即宽温域下复杂零部件形貌形性重构,零件与零件之间协同平衡,构成新的几何尺寸与力学关系,液压阀实现性能重构。液压元件制造、装配、调试完成后,在极端低温、极端高温、温度冲击下能否正常工作,直接决定了飞行器的服役性能和飞行任务的成败。极端低温、极端高温、温度冲击将引起精密零件微观尺寸链的不确定性与重构,进而造成电液伺服阀形貌形性的结构与性能演化,导致"跑冒滴漏"、零偏零漂,甚至特性不规则、不可重复现象(图1-31)。该现象背后的物理机制亟待深入研究。

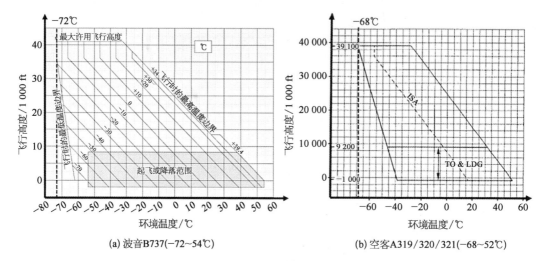

(a) 波音B737(−72~54℃)　　　　(b) 空客A319/320/321(−68~52℃)

图1-30　飞机的环境温度

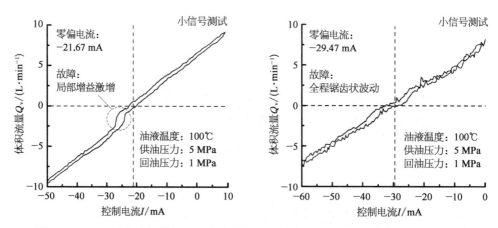

图1-31　飞行器电液伺服阀高温试验中出现的特性不规则、不可重复现象(同济大学)

高端液压阀在宽温域下控制高压流体的运动,其复杂零部件承受热环境和应力载荷的双重作用。1840年前后,欧洲 Duhamel 和 Neumann 提出热弹性理论。物体受热时温度升高而向外膨胀变形,各部分之间位置相互制约而产生应力即热应力,如燃气涡轮盘及涡轮叶片等。物体在温度场与外部应力场共同作用时,采用热力学、弹性力学即热弹性力学理论可求解温度场得到热应力,可在几何约束条件下进行物体热传导方程和热弹性运动方程的求解。磁性物质在外磁场作用下由于磁畴结构和磁化状态发生改变,其体积和形状发生变化,称为磁弹性效应现象。磁性物质温度随磁场强度的改变而变化，发生磁热效应现象。

　　波兰 Jasinski 分析了液压阀的间隙随热冲击温度的动态变化过程，意大利 Rito 通过试验研究了−40℃和 70℃时飞机电传液压操纵系统及液压阀油液温度、环境温度的敏感性。哈工大李松晶通过流场发现温度升高导致油液黏度降低，加剧了喷嘴挡板伺服阀前置级空化现象，严重时引发高频自激振荡，北交大试验测试了油温−40～150℃内喷嘴挡板阀固定节流孔的流量系数。同济大学、燕山大学分析了流体 120℃时喷嘴挡板式电液伺服阀的温度场分布与内泄漏原因（图 1−32），以及电液伺服阀入口油温−40℃、150℃时阀腔的流体温度与速度分布规律，发现阀腔内流体温度和速度呈旋涡状且局部温升 5～8℃（图 1−33、图 1−34）。高端液压阀处于复杂的电、磁、热、流、力环境下，各精密零部件及电磁铁受力状态复杂，宽温域下复杂零部件的多场耦合行为将造成服役性能随环境而发生变化，亟待采用热/磁弹性理论进行精密零部件力学表征研究。

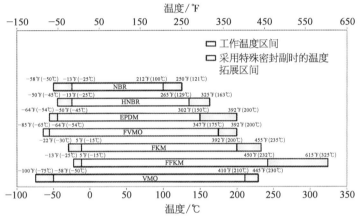

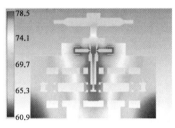

(a) 各种橡胶密封件适用的温度范围　　　　　(b) 电液伺服阀部件温度分布

图 1−32　油液入口温度 120℃时电液伺服阀各部件的温度场分布

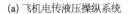

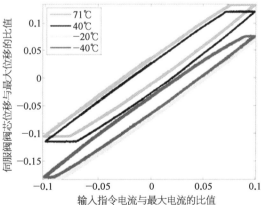

(a) 飞机电传液压操纵系统　　　　　(b) 高低温下 DDV 伺服阀位移试验(−40～70℃)

图 1−33　飞机电传液压操纵系统及高低温下 DDV 伺服阀试验结果

　　近年来有学者研究电液伺服阀零件在温度场作用下的形貌形性关系。弹簧管材料铍青铜 QBe2−CY 在 120℃时的应力松弛性能即残余应力与时间有关。温度及温升率影响 1Cr18Ni9Ti

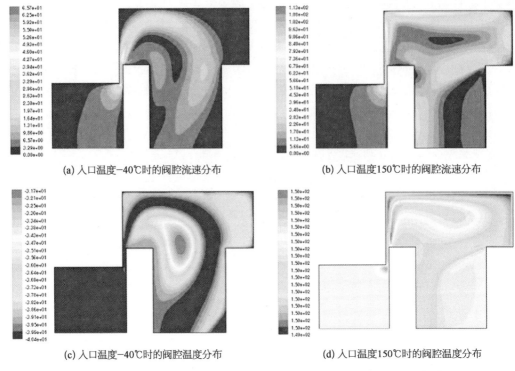

(a) 入口温度-40℃时的阀腔流速分布   (b) 入口温度150℃时的阀腔流速分布

(c) 入口温度-40℃时的阀腔温度分布   (d) 入口温度150℃时的阀腔温度分布

图1-34　电液伺服阀高/低温供油时节流口两侧阀腔内流体流速分布与温度分布

不锈钢材料的强度,21～400℃下摩擦因数和磨损率随温度升高而先增大后减小;当温升率大于1℃/10 min时出现明显的热膨胀滞后现象。钛合金 TC4 的摩擦系数随温度升高而降低。阀体阀套的加工残余应力在温度场作用下将得到释放,使装配尺寸链重构,引发电液伺服阀零偏漂移或卡滞。亟待研究在温度冲击和压力冲击复合作用下整体集成式复杂零件的疲劳寿命特征与计算方法,分析温度场与零件残余应力、复杂零件尺寸链、形貌形性的关系,建立在温度场作用下液压元件的性能演化模型,寻找控形控性设计方法与措施。

1.2.1.5　复杂运动环境下流体的流动与控制

复杂运动环境是指整机具有高加速度、振动、冲击、离心或者复合运动的复杂条件。当电液伺服阀随整机做复杂运动时,阀体在做复杂运动,滑阀阀芯做复杂运动的同时还相对于阀体做某种有规则的相对运动,流体质点随整机做复杂运动,还按照控制信号做某种有规律的运动,即动系相对于定系的牵连运动(图1-35)。流体在运动环境下的特性研究由来已久。1905 年,人们开始认识由地球自转引起的地球物理现象,如河岸冲刷、洋流、漩涡等。后来研究旋转机械如旋转弯管内流体的流动。1951 年,德国 Ludwieg 求解考虑流体质点惯性的边界层方程,发现管道旋转时实际压力损失大;1954 年,英国 Barua 发现旋转直管中的流体因科氏力产生二次流,并造成涡旋。日本 Ishigaki 分析小曲率弯管内二次流场与结构参数的关系。近年来,同济大学、西交大、华中科大提出在整机振动、冲击、加速度环境下电液伺服阀各零部件受到阀体牵连运动时的分析方法,并得到了工作时的数学模型和基本特性。目前的研究考虑了阀芯、阀套、弹簧等零件在运动环境下的牵连运动及其对流体控制的影响,没有考虑流体质点的加速度力。某射流伺服阀射流管转角半径 4.8 mm、流体流速 7.4 m/s,则流体质点在该转角处的离心加速度高达 1 160g。电液伺服阀随整机处于复杂运动环境时,阀腔内的流体除本身流动加速度外,还受到环境附加牵连运动的高达上百 g 的惯性加速度,影响弹簧管容腔油液惯性力和综合刚度,严重影响滑阀两端容腔油液的运动和阀芯位置的精确控制。为了取得复杂运动环境对高端液压元件性能的影响,需要研究考虑流体质点加速度时流体运动方程的建立方法、求解方法和流动特性。

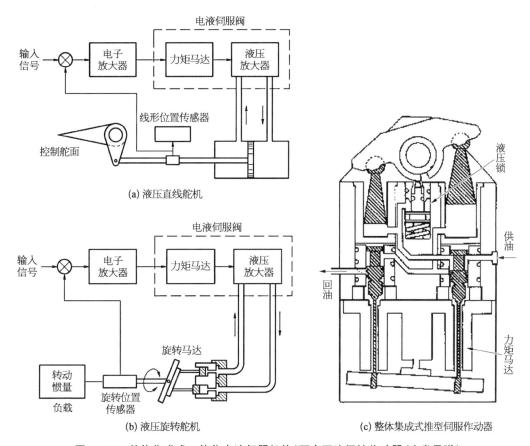

(a) 液压直线舵机

(b) 液压旋转舵机

(c) 整体集成式推型伺服作动器

图 1-35　整体集成式一体化电液伺服机构(两个双边阀控作动器/麻雀导弹)

复杂运动环境下射流伺服阀射流前置级处的环状负压现象和卡门涡街现象将更加复杂。高速射流射入静止液体,速度梯度导致产生紊流边界层,流体相互卷吸产生涡旋并造成环状负压现象;射流流经偏导板后出现不稳定的边界层分离,在偏导板的下游产生一系列旋涡,即卡门涡街;卡门涡街、负压区域、旋涡等与壁面和可动件相互耦合,产生自激振荡,将引发整阀的啸叫和不稳定。20 世纪 60 年代,美国空军试验研究射流管阀及射流放大器结构与静动态性能。1997 年,中航工业 609 所试验发现偏转板阀存在啸叫和振动现象;近年来,同济大学、浙大、哈工大、巴斯大学研究表明偏转板增加圆角可以有效降低由负压现象、旋涡和空化导致的压力波动和反馈杆组件振动现象,采用矩形截面挡板可以提高结构稳定性。目前,喷嘴射流涡旋、负压现象产生机理和抑制措施的理论极其缺乏,亟待研究复杂运动环境下射流流场振荡、啸叫的分析方法。

1.2.1.6　高端液压元件零部件协同与尺寸链重构

高端液压阀由若干精密零部件组成,其结构复杂、尺寸精度高,批产性能一致性要求高。关键尺寸和空间尺寸链决定了阀的基本性能。尺寸链是指装配过程中各按一定顺序排列而成的封闭尺寸组。尺寸链按其构成空间位置可分为线性尺寸链、平面尺寸链、空间尺寸链。高端液压阀电-磁-力-位移-液压的信息与能量转换器件主要包括四个部分,即电磁铁/力矩马达等电-磁-力-机械转换器,喷嘴挡板阀、射流管阀、偏转板阀等前置级液压放大器,滑阀、球阀、锥阀等功率级主阀,以及在前置级和功率级之间起信息反馈作用的力反馈组件。各部分零部件结构复杂、精度要求高,配合尺寸多为微米尺度(如喷嘴挡板式电液伺服阀最小间隙为 $0.03 \sim 0.05$ mm,射流管伺服阀和偏转板伺服阀的最小间隙分别为 0.22 mm 和 0.12 mm,阀芯阀套重叠量和间隙仅数微米,弹簧管壁厚仅有数十微米,力传递组件反馈小球与阀芯之间几乎要求零间隙配合),空间尺寸形状、装配精度要求极高,射流管即使仅 $1 \mu m$ 的安装误差也会引起两腔压力高达 0.12 MPa 的不对称性。高端液压阀尺寸链组成环多、空间结构复杂、形位公差和尺寸公差并存。零部件设计制造后经检验合格,其尺寸与公差(即尺寸范围)是确定的。液压阀的每个精密零部件尺寸是确定的,具有确定性;装配后液压阀关键配合尺寸链(如间隙值)的名义值和公差具有确定性。批产液压阀装配后的每个精密零部件尺寸按某种规律分布,公差范围内的具体尺寸各不相同,具有不确定性;关键配合尺寸链(如间隙值)的具体尺寸各不相同,具有不确定性。

极端环境如宽温域下服役时由于热胀冷缩、压力载荷等多场耦合,高端液压阀精密零部件将在不确定条件下进行尺寸链重构,诸精密零部件相互协同的情况将变得更为复杂。液压阀具有多种关键尺寸,如阀芯阀套轴向重叠量、径向间隙、节流口开度、固定容腔与可变容腔、各种配合如过盈配合等。液压阀最小配合间隙处于微米级,如伺服阀在 $1 \sim 4 \mu m$,普通液压阀在 $1 \sim 23 \mu m$。根据加工方法、加工位置和加工者不同,零部件尺寸和形位误差按一定概率分布,如正态分布、三角分布、均匀分布、瑞利分布和偏态分布等。近年来,采用计算机辅助技术研究公差累积对尺寸链的影响,分析装配尺寸链的公差设计方法,以及装配偏差的传递模型及质量评价方法,并用于机床、汽车车身、航空发动机等。日本 E. Urata 通过试验测试电液伺服阀装配误差引起四个气隙不均等时的力矩马达性能,归纳了装配要求(图 1-36);图 1-37 为考虑零部件尺寸公差及其按正态分布时 30 余套力矩马达的零偏值分布规律试验结果。1998 年,法国 Samper 提出考虑弹性变形的三维公差模型。浙大谭建荣、徐兵建立了装配特征参数与伺服阀弹簧管刚度性能的映射关系与高温优化方法。图 1-38 为某飞机液压滑阀采用通径 $\phi 13$ mm 的阀套,在油液温度 $-40 \sim 150 ℃$ 作用下阀套径向轮廓最大变形量为 $2.9 \mu m$,在压力

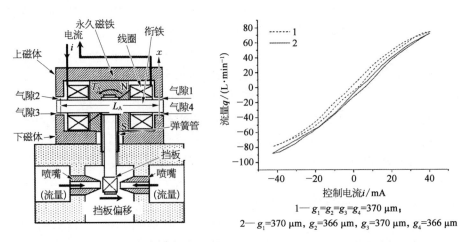

图 1-36　电液伺服阀不均等气隙装配误差 3 μm 时的输出流量试验结果

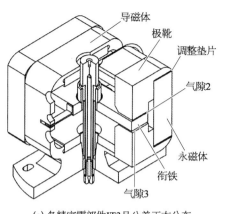

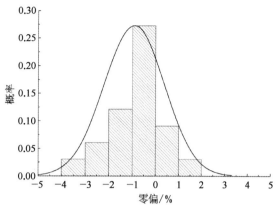

(a) 各精密零部件IT3且公差正态分布　　　　　　(b) 试验值零偏处于[-5%，5%]的概率区间内

图 1-37　力矩马达零部件尺寸公差及其分布规律对零偏影响的试验结果

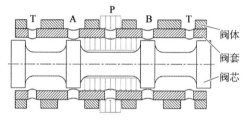

(a) 24 MPa压力下阀套变形量2.2 μm　　　　　　(b) -40~150℃油温时阀套轮廓热变形量2.9 μm

图 1-38　高低温油液和压力作用下某飞机液压滑阀(ϕ13 mm)的配合间隙

油 24 MPa 作用下最大变形量为 2.2 μm。液压阀精密零部件三维结构复杂、偶件配合形式多样,可以引入概率论和数理统计学理论与方法,建立各关键零部件的尺寸链数学表达和误差分布规则,探索高端液压阀的误差传递过程,研究宽温域、复杂零部件公差与尺寸链及其分布概率、批量制造工艺和阀性能尤其是一致性之间的映射关系和规律。

　　零件制造过程中,材料的晶格与晶相在力或温度作用下状态变化不一致时,会产生应力;零件加工成型后,材料内部的晶格与晶相一般无法回到原来的状态,这种残留作用与影响产生的应力,称为残余应力。1951 年,Henriksen 发现机械和热效应作用形成残余应力,材料内部温度场、应力场发生激烈非均匀瞬变,使得整体热膨胀/收缩不均匀、内部微观组织演化不均匀、点阵畸变等,从而产生自平衡。加工和热处理过程不同,形成的残余应力不同。可以通过热力学和弹性力学方法进行规则形状零件的热变形计算,如将滑阀副简化为同心圆柱和圆筒得出轴向和径向的变形量表达式,用于电液伺服阀零漂定量分析,还可通过有限元计算油温升高时的阀芯和阀套径向间隙值。液压阀零部件形状复杂,经过切削、拉拔、焊接等多种加工与装配工艺过程,残余应力构成复杂。对于复杂零部件的热变形,目前尚无定量模型与精确计算方法。亟待研究宽温域下温度场、压力场、残余应力场等多场耦合下复杂零部件形性表征、数学模型和尺寸链重构规律。

　　高端液压阀复杂零部件之间的约束状态复杂,涉及压配(如衔铁与弹簧管、弹簧管与反馈杆之间)、紧固偶件、整体集成式诸零件、焊接(如力矩马达的永磁体和导磁体之间)等多种工艺的几何形貌与力学关系。宽温域下服役时,复杂零部件处于机-电-液-磁-热等耦合状态,阀芯阀套在径向和轴向均受到温度场和压力场的复合作用而构成新的平衡状态,如通径 ϕ13 mm

的阀套,在油液温度-40~150℃作用下阀套径向轮廓变形量2.9 μm,在压力油24 MPa作用下变形量2.2 μm;弹簧管作为两级阀之间信息传递的核心零件,弹簧管颈部壁厚仅60 μm,在高压油和宽温域下径向尺寸及过盈量变化数部件协同关系重构;某飞机电磁阀磁铁推杆和杆套的缝隙仅为100 μm,在温度场、预应力和压力下曾发生滞后、卡顿现象;力矩马达四个气隙尺寸0.37 mm,宽温域下微米级误差造成气隙左右或上下不对称/不均等配合时将导致漏磁和零偏现象,永磁体磁通的实际利用率仅20%,甚至5%。复杂零部件在加工、装配过程后材料内部的晶格与晶相无法回到原来的状态,会产生残余应力,如阀芯阀套表面的切削残余应力、力矩马达焊接点的焊接残余应力、采用拉拔工艺加工的射流管的残余应力。阀体为7075铝材,阀套、阀芯为90Cr18MoV钢,弹簧管为铍青铜QBe2;如阀套淬火半精磨时的残余应力值450 MPa,内孔精磨珩磨加工的残余应力值900 MPa,磨削时散热较差、烧伤产生的残余应力值1 200 MPa,各个方向的残余应力复合构成阀套的残余应力;阀芯外圆淬火精磨加工的残余应力值850 MPa。液压阀装配时各零部件达成配合状态时会形成预应力,如螺纹紧固件造成阀套、阀体的预应力。宽温域下各复杂零部件由于材料热胀冷缩产生变形造成热应力。宽温域下高端液压阀零部件之间的尺寸链重构及协同规则与温度场、预应力、残余应力、交变应力等密切相关。可深入研究复杂零部件的加工方法与残余应力等应力场的关系,并准确掌握复杂零部件及其各部位相应的加工工艺措施。更进一步,建立残余应力在宽温域下的释放特征及零部件尺寸链的定量模型,形成诸复杂零部件在残余应力等复合应力场下形性形貌的协同规则。

1.2.2 极端环境下电液伺服系统的性能调控

高端电液伺服阀是航空航天、舰船和重大装备电液伺服系统的核心基础零部件(元器件)。航空要求"一次故障工作,二次故障安全",飞行器发射要求真正做到"稳妥可靠,万无一失"。导弹或火箭电液伺服阀的可靠度指标高达0.999 9,载人航天更高,达0.999 99。只有把所有的科学问题都认识清楚,才能彻底解决。全寿命过程电液伺服系统的服役性能尤其是极端环境下的性能演化规律所涉及的基础理论一直是一个悬而未决的问题。力矩马达的电-磁-力-位移的信息与能量转换过程涉及复杂的服役工况,需要准确的特征表达与定量的物理模型。目前力矩马达用钕铁硼稀土永磁材料NdFeB常温性能优异,但高温性能较差,强振动冲击、外界交变磁场会使永磁体发生不可逆退磁。磁材料、磁畴、磁体加工工艺(固溶/热磁/回火处理、精加工、振动、充磁、稳磁)、磁路设计、力矩马达气隙不对称不均等结构都严重影响力矩马达性能。可以着重从分子晶格层面分析磁畴变化与永磁体综合性能,研究温度场、磁场、振动冲击、时间效应的服役环境下力矩马达的电-磁-力-位移-液压的信息与能量转换机理及性能演化规律。

据统计,当今工业化国家依然有高达约80%机械部件失效由于磨损造成,约25%能源因摩擦消耗掉。高端液压元件越来越高功率、密度化、高压化、小型化,流体速度更快,响应频率更高,导致精密偶件、运动副间隙、节流口、复杂流道的磨损问题与元件疲劳寿命问题越来越突出。电液伺服阀核心部件磨损,如反馈杆末端小球磨损(10亿次)、前置级磨损、功率级滑阀磨损(1 000万次以上),急需建立分析方法和预测模型。弹簧管是一级阀与二级阀之间信息传递的核心部件,但其厚度仅有60 μm,直径2.6 mm,细长薄壁结构极易破裂并导致伺服阀失效。需要深入研究磨粒磨损的材料去除机理、接触表面相对滑动速度和法向载荷与黏着磨损量的映射关系、交变接触应力与疲劳磨损的关系、冲蚀磨损的定量计算方法,尤其是研究复合磨损的计算方法和数学模型。探索磨损增长过程与元件服役性能演化的关系,建立全寿命过程抗磨耐蚀的性能调控措施。国军标规定了电液伺服阀疲劳寿命试验要求,工业界近年才开始着手压力冲击下的疲劳寿命试验,某型铝合金阀体寿命 4.9 万次。目前亟待探索电液伺服系统及其高端电液伺服阀在温度冲击、压力冲击、振动冲击下的失效条件、失效模式、疲劳破坏机理与寿命预测模型,尤其是建立不确定条件下多种冲击复合作用时的疲劳寿命演化模型。

伺服机构及其高端电液伺服阀的极端低温/环境温度−40℃,甚至−72℃;极端高温/油温160℃,甚至达到250℃或340℃。极端低温、极端高温、温度冲击将引起精密零件尺寸链微观尺度的不确定性重构,造成电液伺服阀形貌形性的结构和性能演化,导致"跑冒滴漏"、零偏零漂,甚至特性不规则、不可重复或者卡滞现象。亟待研究在温度场作用下整体集成式复杂零件的疲劳特征,研究温度场对残余应力、复杂零件形貌形性表征、航空煤油与航天煤油流体控制特性和元件性能演化的作用规律,探索电液伺服机构及其电液伺服阀的控形控性设计方法与措施。

阀控缸动力机构的特性研究由来已久。美国 H. R. Merrit 提出阀控缸数学模型以来,各地学者相继研究采用不对称阀或软件补偿方法控制不对称缸,即使是对称阀控对称缸,大多没有考虑工作介质热力学问题。航空发动机燃油温度 2 000℃,伺服作动器及液压阀受热辐射后环境温度达 250℃。宽温域下流体与流体之间、流体与形成流动空间的金属零部件之间、液压阀与环境之间存在实质性的动态热交换。目前的研究考虑流体之间的自身产热和传热,以及温度对阀芯、阀套、弹簧、阀体等零件的影响,但没有考虑宽温域环境对流体控制方程的影响。为了掌握宽温域下高端液压阀的性能,需要考虑流体、阀体和外界环境之间的热交换(图 1 - 39),研究考虑热交换时流体运动方程的建立方法、求解方法和流动特性,研究考虑热交换时的负压现象和卡门涡街、振荡啸叫现象的成因和抑制措施。

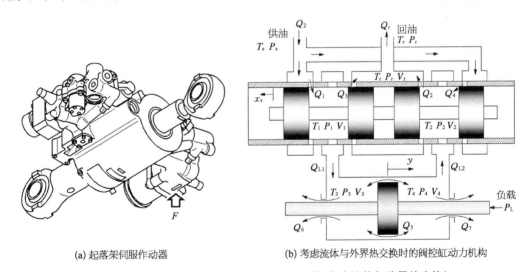

(a) 起落架伺服作动器　　　　(b) 考虑流体与外界热交换时的阀控缸动力机构

图 1 - 39　起落架伺服作动器阀控缸动力机构(考虑流体与外界热交换)

伺服系统及其电液伺服阀如何在极端环境下工作一直是导弹与火箭姿态控制中很棘手的问题。飞行器加速度达到 85g 甚至 250g。电液伺服阀射流管直角处的流体质点加速度高达1 160g。电液伺服阀处于复杂运动环境时,流体质点除本身流动加速外,还受到运动环境附加牵连的高达上百 g 的惯性加速度,影响弹簧管容腔油液惯性力与综合刚度,严重影响滑阀两端容腔油液的惯性运动与阀芯位置的精确控制。为此,急需探索如何建立考虑流体质点加速度时的流体运动方程、求解方法;考虑环境振动,研究振动环境下电液伺服机构的数学模型;考虑环境牵连运动、考虑流体质点加速度,研究离心环境下电液伺服机构的数学模型;研究元件级、系统级整体集成式一体化电液伺服机构设计方法。复杂运动环境下射流环状负压现象和卡门涡街现象变得更加复杂,引起射流流场的振荡、啸叫。弄清射流放大器自激振荡的机理及负压现象和卡门涡街现象的产生条件,取得振动、冲击、加速度环境下电液伺服阀性能偏移漂移和全寿命周期性能演化规律,可为研制高可靠性和高适应性的电液伺服系统提供基础理论,对未来更为苛刻环境条件下电液伺服系统性能做出定性分析和定量预测。

伺服机构及其高端液压阀的极端低温环境为 -40℃,甚至 -72℃;极端高温油液温度 160℃,甚至 250℃或 340℃。宽温域下阀套阀芯的轴向遮盖量与径向间隙将发生变化,阀体与阀套、阀套与阀芯的径向配合尺寸和轴向配合尺寸均会产生显著变化。液压油的热膨胀系数,即温度每上升 1℃时其体积膨胀量约为 $7/10\,000$,宽温域下如温差 200℃时的体积膨胀量为 14%;如果不采取其他措施,封闭容腔的压强将上升约 200 MPa,导致材料失效而漏油。热辐射环境下,需要考虑环境与阀体、零部件、工作介质之间的热传递,建立考虑传热学的流体运动方程。极端低温、极端高温、温度冲击将引起诸零部件协同不均衡及精密零部件尺寸链微观尺度的不确定性重构,造成伺服机构及其液压阀形貌形性的结构和性能演化,导致"跑冒滴漏"、零偏零漂,甚至特性不规则、不可重复或者卡滞现象。亟待研究在温度场作用下伺服机构整体集成式复杂零部件的疲劳特征及疲劳寿命分析方法,研究温度场对残余应力、复杂零部件形貌形性表征、疲劳寿命和伺服机构及其高端液压阀性能重构的作用机制和规律,探索电液伺服系统的控形控性理论与设计方法。

参 考 文 献

[1] 訚耀保.高端电液伺服元件性能衰减与强化的基础研究[R].国家自然科学基金资助项目结题报告(51775383),2022.

[2] 訚耀保.极端环境下飞行器电液伺服阀特性研究[R].国家自然科学基金资助项目结题报告(50775161),2011.

[3] 訚耀保.射流伺服阀流场分析[R].航空科学基金项目结题报告(20120738001),2014.

[4] 訚耀保.液压产品几何参数、工艺方法与产品性能之间的映射关系研究[R].航空科学基金项目结题报告(20090738003),2012.

[5] 訚耀保.偏转板射流伺服阀和射流管伺服阀的基础理论研究[R].国家自然科学基金资助项目结题报告(51475332),2019.

[6] 訚耀保.45 MPa 以上的氢气增压、压力控制和调节技术研究[R].国家高技术研究发展计划(863 计划)课题验收报告(2007AA05Z119),2010.

[7] 訚耀保.燃料电池汽车车载超高压减压阀组集成设计理论研究[R].上海市白玉兰科技人才基金总结报告(2008B110),2009.

[8] 訚耀保,等.地下连续墙与复杂地层桩基础施工关键装备研发与产业化[R].国家科技支撑计划总结报告(2011BAJ02B06-05),2016.

[9] 訚耀保.飞行器舵机系统关键基础理论研究[R].上海市浦江人才计划(A 类)总结报告(06PJ14092),2008.

[10] 訚耀保.极端环境下的电液伺服控制理论及应用技术[M].上海:上海科学技术出版社,2012.

[11] 訚耀保.高端液压元件理论与实践[M].上海:上海科学技术出版社,2017.

[12] 郭生荣,訚耀保.先进流体动力控制[M].上海:上海科学技术出版社,2017.

[13] 阎耀保.高速气动控制理论和应用技术[M].上海：上海科学技术出版社,2014.
[14] 阎耀保.海洋波浪能综合利用——发电原理与装置[M].上海：上海科学技术出版社,2013.
[15] 阎耀保,李双路,章志恒,等.力反馈电液伺服阀反馈小球磨损特性研究[J].华中科技大学学报(自然科学版),2020,48(11)：37-42.
[16] 阎耀保,李聪.射流管伺服阀前置级不对称性对零偏的影响[J].华南理工大学学报(自然科学版),2021,49(5)：111-119.
[17] 阎耀保,郭文康,李锐华.考虑漏磁的力矩马达磁路建模方法及特性分析[J].哈尔滨工程大学学报,2020,41(12)：1840-1846.
[18] 阎耀保,郭文康,胡云堂,等.考虑电涡流效应的射流管伺服阀建模及频率特性[J].航空动力学报,2020,35(8)：1777-1785.
[19] 阎耀保,李双路,陆畅,等.并联双杆液压缸偏载力和径向力分析[J].中南大学学报(自然科学版),2020,51(6)：1509-1517.
[20] 阎耀保,李聪.极端低温下电液伺服阀温漂特性分析[J].飞控与探测,2020,3(1)：80-85.
[21] 阎耀保,邹为宏,刘洪宇.振动环境下小尺寸减压阀的建模与分析[J].飞控与探测,2019,2(6)：74-81.
[22] 阎耀保,谢帅虎,原佳阳,等.宽温域下三位四通电磁液动换向阀的几何尺寸链与卡滞特性[J].飞控与探测,2019,2(3)：95-102.
[23] 阎耀保,李聪,李长明.力矩马达气隙误差对电液伺服阀零偏的影响[J].华中科技大学学报(自然科学版),2019,47(3)：55-61.
[24] 阎耀保,王玉.三维离心环境下射流管伺服阀的零偏特性[J].上海交通大学学报,2017,51(8)：984-991.
[25] 阎耀保.喷嘴挡板式电液伺服阀结构的演变过程[J].流体传动与控制,2017(1)：54-59,61.
[26] 阎耀保.射流管伺服阀欧美专利分析[J].液压气动与密封,2012,32(2)：68-73.
[27] 阎耀保,李长明,江金林.三维离心环境下的电液伺服阀特性分析[J].机械工程学报,2015,51(2)：169-177.
[28] 阎耀保,付嘉华,金瑶兰.射流管伺服阀前置级冲蚀磨损数值模拟[J].浙江大学学报,2015,49(12)：2252-2260.
[29] 阎耀保,范春红山,张曦. Dynamic stiffness spring analysis foe feedback spring pole in a jet pipe electro-hydraulic servovalve[J].中国科学技术大学学报,2012,42(9)：699-705.
[30] 阎耀保,原佳阳,傅俊勇.先导阀前腔串加阻尼孔的新型双级溢流阀特性分析[J].吉林大学学报,2017,47(1)：129-136.
[31] 荒木獻次,阎耀保,陈剑波. Development of a new type of relief valve in hydraulic servosystem(油圧サーボシステム用の新しいリリーフ弁)[C]//日本機械学会.Proceedings of Dynamic and Design Conference 1996(D&D'96),機械力学・計測制御講演論文集：Vol A,No96-5Ⅰ.福岡,1996：231-234.
[32] 阎耀保,水野毅,乌建中,等.具有不均等负重合量的非对称气动伺服阀压力特性研究[J].中国机械工程,2007,18(18)：2169-2173.
[33] YIN Y B, YUAN J Y, GUO S R. Numerical study of solid particle erosion in hydraulic spool valves[J]. Wear,2017，392：174-189.
[34] YIN Y B. Analysis and modeling of a compact hydraulic poppet valve with a circular balance piston[C]//Proceedings of the SICE Annual Conference, SICE 2005 Annual Conference in Okayama, Society of Instrument and Control Engineers (SICE). Tokyo, 2005：189-194.
[35] 阎耀保,张丽,傅俊勇.一种高压气动减压阀：201110011195.6[P].2014-03-05.
[36] 阎耀保,张玄,李双路.一种双向快速作动的大流量液压动力机构：ZL202110344909.9[P].2021-12-07.
[37] 阎耀保,张玄,刘小雪.一种大流量轴配流伺服阀：ZL202110307359.3[P].2021-12-31.
[38] 阎耀保,李双路,原佳阳,等.一种空投物体下落过程仿真方法：ZL201910900309.9[P].2021-07-20.
[39] 阎耀保,李长明,夏飞燕.一种适应变温度场的射流管电液伺服阀：ZL201810094948.6[P].2020-06-02.
[40] 阎耀保,夏飞燕,李长明.一种可调试喷嘴轴位置的射流管伺服阀及调试方法：ZL201710177608.5[P].2018-07-03.
[41] 阎耀保,李长明,夏飞燕,等.一种双冗余反弹射偏导板伺服阀：ZL201710072977.8[P].2018-05-08.
[42] 阎耀保,李长明,张阳.一种射流管伺服阀喷嘴与接收孔对中检验方法：ZL201610534415.6[P].2018-02-09.
[43] 阎耀保,郭文康,陆亮.一种耐高压动磁式双向比例电磁铁：ZL201811253579.7[P].2019-10-18.
[44] 阎耀保,章志恒,李双路,等.一种液压回中锁紧作动缸结构：ZL201911190343.8[P].2020-11-27.
[45] 阎耀保,李双路,李长明.一种设有四棱锥台状导流槽的偏转板伺服阀放大器：ZL201922093924.1[P].2020-10-02.
[46] 阎耀保,李双路.一种液压缸位移传感器冷却流量控制装置：ZL201910555488.7[P].2020-07-07.

[47] 李长明.射流式电液伺服阀基础理论研究[D].上海:同济大学,2019.

[48] 原佳阳.极端环境下高端液压阀性能及其演变的基础研究[D].上海:同济大学,2019.

[49] 王玉.射流管伺服阀静态特性和零偏零漂机理研究[D].上海:同济大学,2019.

[50] 张曦.极限工况下电液伺服阀特性研究[D].上海:同济大学,2013.

[51] WANG Y, YIN Y B. Performance reliability of jet pipe servo valve under random vibration environment [J]. Mechatronics, 2019(64): 1 – 13.

[52] JOHNSON B A, AXELROD L R, WEISS P A. Hydraulic servo control valves: part 4 research on servo valves and servo systems[R]. United States Air Force, WADC Technical Report 55 – 29, 1957.

[53] AXELROD L R, JOHNSON D R, KINNEY W L. Hydraulic servo control valves: part 5 simulation, pressure control, and high-temperature test facility design[R]. United States Air Force, WADC Technical Report 55 – 29, 1957.

[54] 荒木献次.具有不均等负重合阀的气动圆柱滑阀控气缸的频率特性(第1、2、3、4报)(日文)[J].油压与空气压, 1979,10(1): 57 – 63;10(6): 361 – 367;1981,12(4): 262 – 276.

[55] VIERSMA T J. Analysis, synthesis and design of hydraulic servosystems and pipelines, elsevier scientific publishing company[D]. The Netherlands: Deft University of Technology, 1980.

[56] 严金坤.液压动力控制[M].上海:上海交通大学出版社,1986.

[57] 屠守锷.液体弹道导弹与运载火箭(电液伺服机构、电液伺服机构制造技术)[M].北京:中国宇航出版社,1992.

[58] 曾广商,沈卫国,石立,等.高可靠三冗余伺服机构系统[J].航天控制,2005,23(1): 35 – 40.

[59] 航天工业总公司.空空导弹制导和控制舱通用规范:GJB 1401—1992[S].1992.

[60] 航天工业总公司.运载火箭通用规范:GJB 2364—1995[S].1995.

[61] 中国石油化工股份公司科技开发部.10 号航空液压油:SH 0358—1995(2005)[S].北京:中国石化出版社, 2011.

[62] 国家质量监督检验检疫总局,中国国家标准化管理委员会.3 号喷气燃料:GB 6537—2006[S].北京:中国标准出版社,2007.

[63] 国防科学技术委员会.高闪点喷气燃料规范:GJB 560A—1997[S].1997.

[64] 马瀚英.航天煤油[M].北京:中国宇航出版社,2003.

[65] 朱忠惠,陈孟荤.推力矢量控制伺服系统[M].北京:中国宇航出版社,1995.

[66] 《中国航空材料手册》委员会.中国航空材料手册[M].北京:中国标准出版社,2002.

[67] 欧阳小平,刘玉龙,薛志全,等.航空作动器 O 形密封材料失效分析[J].浙江大学学报(工学版),2017,51(7): 1361 – 1367.

[68] 费业泰.机械热变形理论及应用[M].北京:国防工业出版社,2009.

[69] URATA E. Influence of unequal air-gap thickness in servo valve torque motors [J]. Proceedings of the Institution of Mechanical Engineers: Part C Journal of Mechanical Engineering Science, 2007, 221(11): 1287 – 1297.

[70] 穆玉康,苏琦,徐兵,等.直驱式电液伺服阀用线性力马达耐高温优化设计[J].北京理工大学学报,2020,40(5): 477 – 480.

[71] VAUGHAN N D, POMEROY P E, TILLEY D G. The contribution of erosive wear to the performance degradation of sliding spool servovalves[J]. Proceedings of the Institution of Mechanical Engineers: Part J Journal of Engineering Tribology, 1998, 212(6): 437 – 451.

[72] 冀宏,张硕文,刘新强,等.固体颗粒对射流偏转板伺服阀前置级冲蚀磨损的影响[J].兰州理工大学学报,2018, 44(6): 44 – 48.

[73] 朱姗姗,李德才,崔红超,等.空间飞行器磁性液体阻尼减振器减振性能的研究[J].振动与冲击,2017(10): 121 – 126.

[74] 权凌霄,孔祥东,俞滨,等.液压管路流固耦合振动机理及控制研究现状与发展[J].机械工程学报,2015, 51(18): 175 – 183.

[75] 徐兵,宋月超,杨华勇.复杂出口管道柱塞泵流量脉动测试原理[J].机械工程学报,2012,48(22): 162 – 167.

[76] 李松晶,彭敬辉,张亮.伺服阀力矩马达衔铁组件的振动特性分析[J].兰州理工大学学报,2010,36(3): 38 – 41.

第 2 章
三通射流管阀

　　三通射流管阀有三个与外部连接的通道，即供油口、回油口和控制口，通过改变射流口与接收器之间的轴间距离来改变控制口的接收流量。射流管压力伺服阀是控制作动器系统如航空飞行器刹车系统压力的核心部件之一，其前置级为三通射流管阀。我国射流管压力伺服阀研究和制造缺乏基本的设计准则，目前尚无三通射流管阀的数学模型，大多依赖试验摸索，成本高、周期长，严重阻碍了射流管压力伺服阀的研制和应用。

　　本章在自由紊动射流结构经验公式的基础上，根据流体的能量转换过程，建立了三通射流管阀的数学模型，介绍三通射流管阀的结构参数与空载流量、断载恢复压力及能量回收率之间的映射关系。分析不同结构参数组合下三通射流管阀的特性，提出最佳的结构参数组合范围。通过所建立的数学模型，可以准确地掌握三通射流管阀的性能，降低研发成本，缩短研制周期。

2.1　概　　述

　　三通射流管阀的雏形出现在 1925 年，德国人 Askania-Werke 发明并申请了专利，用于控制气压回路的通断。三通射流管阀输出功率较小，后来一般用作压力伺服阀的前置级，通过射流管的偏摆实现对所在回路压力的控制。射流管压力伺服阀抗污染能力突出，响应较为迅速，广泛用于军、民用飞机的起落架控制系统。国内外起初采用试验手段研究三通射流管阀。1951 年，日本古屋善正试验探索了接收口尺寸、接收器形状对三通射流管阀空载接收流量和断载恢复压力的影响。1961 年，美国麻省理工学院动态控制实验室以液压油为介质，对三通射流管阀进行了详细的试验测试。1970 年，英国 A. Lichtarowicz 等人分别以液压油、空气为流体介质，对三通射流管阀进行了三方面的性能测试，包括空载流量回收、断载恢复压力、综合能量回收。1996 年，曾广商提出射流管伺服阀前置级接收流量、恢复压力与接收孔和射流流束重叠面积近似成正比。2014 年，日本 Yu Shibata 等采取 3D 建模——CFD 仿真和试验方法相结合，研究四通射流管阀的流量特性、压力特性、液动力及流场、压力场。2015 年，訚耀保等忽略流体介质的黏性，建立四通射流管阀的简化数学模型，分析射流喷嘴直径、接收孔直径及射流喷嘴偏移量对喷嘴出口流速、左右接收孔恢复压力的影响，得到了射流管伺服阀前置级的压力特性。三通射流管阀通过试验研究已经用于工程实际。本章将建立三通射流管阀的数学模型，考察其结构参数与空载接收流量、断载恢复压力特性、能量回收效率之间的关系，形成三通射流管阀设计依据。

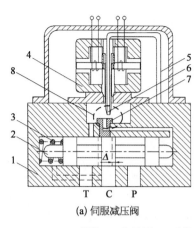 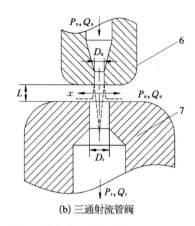

(a) 伺服减压阀   (b) 三通射流管阀

1—阀体;2—主阀芯;3—弹簧;4—力矩马达;5—导油管;6—射流管;
7—单孔接收器;8—三通射流管阀

图 2 – 1　伺服减压阀中的三通射流管阀结构示意图

射流管伺服减压阀结构示意如图 2 – 1a 所示,主要由阀体、主阀芯、弹簧、力矩马达、导油管、射流管及单孔接收器构成,它有一个供油口 P、一个负载口 C、一个回油口 T。由于核心控制部分为射流管与单孔接收器所组成的三通射流管阀,一般将此种减压阀称为射流管伺服减压阀。射流管伺服减压阀基本工作原理如下:

(1) 无电流输入时,单孔接收器内无高速流体进入,弹簧推动主阀芯至最右侧,滑阀开口 Δ 为 0,负载口 C 与回油口 T 相通,负载腔压力等于回油压力,此时为非工作状态,无压力输出。

(2) 当有控制电流输入时,射流管顺时针偏转,高速流体进入接收器,形成的压力 P_r 作用于阀芯右端面,推动阀芯向左移动,从而使滑阀开口 Δ 大于 0,负载口 C 与供油口 P 相通,在负载腔输出压力 P_c,同时负载腔压力 P_c 与弹簧共同作用于阀芯左端面。当阀芯左、右端面所受的力相等时,主阀芯停止移动,此时负载腔压力 P_c 与控制电流成正比。

三通射流管阀结构如图 2 – 1b 所示,主要由射流喷嘴和单孔接收器等部件组成,高速流束由射流喷嘴喷出后穿过同种流体进入单孔接收器推动负载。图中 P_s、P_e、P_r 分别为供油压力、回油背压、恢复压力(MPa);Q_s、Q_e、Q_r 分别为供油流量、泄漏流量、接收流量(m³/s);D_n、D_r 分别为射流孔、接收孔直径(m);x 为射流喷嘴/射流断面的摆动位移(m)。随着射流管的摆动,到达接收孔的能量随之改变,进而改变了射流管阀推动后续负载的能力。如图 2 – 1b 所示,定义射流喷嘴与接收孔对中时,即 $x = 0$ 时,三通射流管阀处于零位。当接收器的出口完全开放且无负载压力时,通过接收孔流入进而从接收器出口流出的流量称为三通射流管阀的空载接收流量。当接收器的出口完全封闭时,接收器控制腔内形成的压力称为三通射流管阀的断载恢复压力。接收孔入口处所接收的射流束所具有的能量与射流喷嘴出口处射流束所具有的能量之比称为三通射流管阀的能量回收率。当喷嘴偏移时,喷嘴偏移量与空载接收流量之间的关系称为三通射流管阀的流量特性,喷嘴偏移量与断载恢复压力之间的关系称为三通射流管阀的压力特性。

本章首先考察处于零位时的三通射流管阀空载接收流量、断载恢复压力及能量回收率的大小,进而以此为依据,选择用于伺服阀前置级的三通射流管阀的结构类型,最后研究该类型三通射流管阀的压力特性、流量特性。

2.2 数 学 模 型

2.2.1 圆形射流基础

射流指从喷口喷出,进入周围同种或别种流体域的一股运动流体。从不同角度分析,可以考察其不同维度的性质,进而将其归纳为不同的类型,例如:根据其雷诺数的大小可分为层流射流和湍流射流;根据喷口的断面形状可分为平面射流、圆形射流及矩形射流等;根据射流流体的压缩性可分为不可压缩射流与可压缩射流;根据所进入流体域的性质划分,进入同种流体称为淹没射流,否则为非淹没射流;根据流体域的固体边界划分,在相对无限空间内称为自由射流,在相对有限空间内则称为非自由射流或有限空间射流。本章所涉及的是有限空间内的圆形、不可压缩、湍流、淹没射流,为方便表述,将其简称为圆形射流。

圆形射流基本结构如图 2-2 所示,其形成过程大致如下:射流以初始速度 v_0 喷入周围静止流体,由于黏性的作用,原来处于静止状态的流体被卷入射流中,两者产生相互掺混、动量交换、能量传递。由喷口边界开始向内外扩展的掺混区称为剪切层;其中心部分尚未受到掺混影响的区域称为势流核。由于势流核内仍保持射流出口的速度,又称之为等速核心区。随着离喷口距离的增加,掺混继续发展,直至射流轴线处受到影响,等速核心区保持到此处为止。此后掺混完全发展。从轴向看,自喷口至等速核心区末端称为射流初始段,掺混完全覆盖的区域称为射流主体段,两者中间有一个较短的过渡段。圆形射流的轴向速度 v 分布如图 2-2 所示,v_m 为射流轴线的轴向速度。

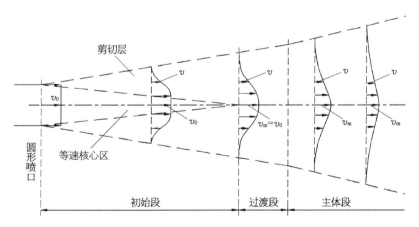

剪切层
等速核心区
圆形喷口
初始段 过渡段 主体段

图 2-2 圆形射流结构示意图

由于能量密度较高,这里集中分析射流初始段。圆形射流初始段结构如图 2-3 所示。图中 D_n、R_n 分别为喷嘴直径、半径(m);L 为距喷嘴界面的距离(m);v 为射流纵向时均速度(m/s);v_0 为射流初始速度(m/s);R 为射流流束 L 断面内任一点至射流轴线的距离(m);R_1 为射流等速核心区 L 断面内边界的半径(m);R_2 为射流剪切层 L 断面外边界的宽度(m)。

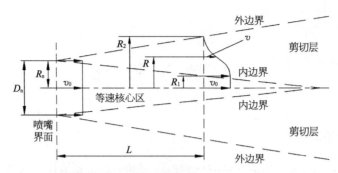

图 2 - 3 圆形射流初始段结构示意图

关于紊动射流结构的学术记载,最早可追溯到 1883 年 O. Reynolds 对水在平直管道中流动稳定性满足条件的试验研究。1920 年,G. I. Taylor 研究了流体的掺混,并于 1935 年前后提出了关于紊流的统计学理论。1925 年,Plandtl 提出了混合长度半经验理论,次年 Tollmien 应用该理论分析了紊动射流束与静止流体的混合问题,其分析结果于 1935 年被 Förthmann 的试验所证实。上述研究均针对紊流或紊动射流的主体段,未涉及紊动射流的初始段。

针对紊动射流初始段结构的研究始于 A. M. Kuethe,1935 年取得了圆形淹没射流初始段速度分布的近似计算方法。1944 年,Squire 与 Trouncer 拓展了 A. M. Kuethe 的研究成果,取得了圆形射流周围流体匀速流动时其初始段的速度分布计算公式。此外,Zalmanzon 与 Simikova 对圆形气动射流初始段结构进行了研究。

根据相关文献中的研究结果,在断面 L 处射流等速核心区内边界的半径为

$$R_1 = 0.95R_n - 0.097L \tag{2-1}$$

射流外边界的半径为

$$R_2 = 1.07R_n + 0.158L \tag{2-2}$$

在等速核心区内,即当 $0 \leqslant R \leqslant R_1$ 时,其纵向时均速度为

$$v = v_0 \tag{2-3}$$

由伯努利方程得,喷嘴射流初始速度为

$$v_0 = C_v \sqrt{\frac{2(P_s - P_e)}{\rho}} \tag{2-4}$$

式中 C_v——流速系数,与喷嘴结构有关,在收缩角度为 13.5°时该值为 0.97;

ρ——流体密度(kg/m³)。

在剪切层内,即当 $R_1 < R \leqslant R_2$ 时,其纵向时均速度分布如式(2-5)给出的余弦函数:

$$v = \frac{1}{2}v_0\left(1 - \cos\frac{R_2 - R}{R_2 - R_1}\pi\right) \tag{2-5}$$

2.2.2 空载接收流量计算方法

取三通射流管阀接收器的接收断面,则流量接收示意如图 2 - 4 所示。令到达接收界面的射流流束流量为

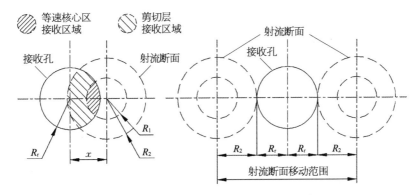

图 2 - 4　三通射流管阀流量/能量接收示意图

$$Q_{\mathrm{r}} = \int_{A_{\mathrm{j}}} v \mathrm{d}A_{\mathrm{j}} \qquad (2-6)$$

式中　A_{j}——到达接收界面的射流流束断面面积(m^2)。

　　由图可知接收器的流量由等速核心区流量和剪切层流量组成,即

$$Q_{\mathrm{r}} = Q_{\mathrm{p}} + Q_{\mathrm{m}} \qquad (2-7)$$

式中　Q_{p}——等速核心区接收流量(m^3/s);

　　　　Q_{m}——剪切层接收流量(m^3/s)。

　　需要说明的是,当接收器与射流喷嘴距离太近($L \leqslant R_{\mathrm{n}}$)时,两者之间的间隙会起到明显的阻尼作用,此种情况不在此处研究范围之内。这里只讨论接收器与射流喷嘴之间的间隙起不到阻尼作用的情况。定义与接收面重合的射流断面移动范围如下:

$$-(R_{\mathrm{r}} + R_2) \leqslant x \leqslant R_{\mathrm{r}} + R_2 \qquad (2-8)$$

式中　R_{r}——接收孔半径(m)。

　　随着射流喷嘴偏移量 x 的变化,射流断面与接收孔的相对位置将会出现几种不同型式。例如当射流喷嘴与接收器对中时(图 2-5a),等速核心区接收区域形状为圆形,剪切层接收区域形状为环形。当喷嘴偏移少许(图 2-5b),剪切层接收区域为偏心环形。当喷嘴偏移量进一步加大(图 2-5c),等速核心区接收区域为橄榄形,剪切层接收区域为弧形。当喷嘴偏移量再加大(图 2-5d),等速核心区接收区域消失,而剪切层接收区域变为橄榄形。接收流量的计算需要使用不同的方法处理。以下按照等速核心区与剪切层的接收区域形状分类,各自进行分析。

2.2.2.1　等速核心区接收流量

　　由式(2-3)知,在等速核心区内,射流纵向时均速度 $v = v_0$,则等速核心区流量为

$$Q_{\mathrm{p}} = v_0 A_{\mathrm{p}} \qquad (2-9)$$

式中　A_{p}——接收孔所接纳的等速核心区面积(m^2)。

　　1) 圆形等速核心区接收流量

　　圆形等速核心区接收区域的面积为

$$A_{\mathrm{pc}} = \pi R_{\mathrm{p}}^2 \qquad (2-10)$$

式中　R_{p}——接收孔所接纳的等速核心区半径(m),此处 R_{p} 既可能等于接收孔直径 R_{r},也可

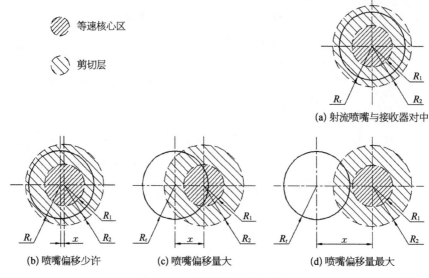

(a) 射流喷嘴与接收器对中

(b) 喷嘴偏移少许   (c) 喷嘴偏移量大   (d) 喷嘴偏移量最大

图 2 - 5   流量接收型式示意图

能等于射流流束在接收界面处的等速核心区半径 R_1,视情形而定。

圆形等速核心区接收流量为

$$Q_{pc} = v_0 \pi R_p^2 \qquad (2-11)$$

2) 橄榄形等速核心区接收流量

如图 2 - 5d 所示,橄榄形等速核心区接收区域 A_{po} 为接收孔与等速核心区相交重叠而成。根据解析几何方法,对该种情况按照图 2 - 6 展开分析。

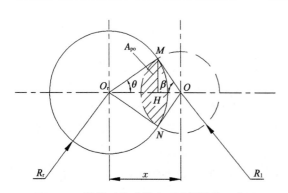

图 2 - 6   橄榄形等速核心区流量接收示意图

橄榄形接收面积等于扇形 MO_rN 与扇形 MON 面积之和减去四边形 MO_rNO 的面积,即

$$A_{po} = A_{sMO_rN} + A_{sMON} - A_{qMO_rNO} \qquad (2-12)$$

其中,

$$A_{sMO_rN} = \pi R_r^2 (\theta/180) \qquad (2-13)$$

$$A_{sMON} = \pi R_1^2 (\beta/180) \qquad (2-14)$$

$$A_{qMO_rNO} = x R_r \sin\theta \qquad (2-15)$$

直角三角形 MO_rH 与 MOH 的直角边均为 MH,则

$$\sqrt{O_rM^2 - O_rH^2} = \sqrt{OM^2 - OH^2}$$

即

$$\sqrt{R_r^2 - O_rH^2} = \sqrt{R_1^2 - OH^2} \qquad (2-16)$$

而

$$O_{\mathrm{r}}H + OH = x \tag{2-17}$$

由式(2-16)、式(2-17),得

$$O_{\mathrm{r}}H = (R_{\mathrm{r}}^2 - R_1^2 + x^2)/2x \tag{2-18}$$

$$OH = (R_1^2 - R_{\mathrm{r}}^2 + x^2)/2x \tag{2-19}$$

则在直角三角形 $MO_{\mathrm{r}}H$ 与 MOH 内,可求得

$$\theta = \arccos \frac{O_{\mathrm{r}}H}{O_{\mathrm{r}}M} = \arccos \frac{x^2 + R_{\mathrm{r}}^2 - R_1^2}{2xR_{\mathrm{r}}} \tag{2-20}$$

$$\beta = \arccos \frac{OH}{OM} = \arccos \frac{x^2 + R_1^2 - R_{\mathrm{r}}^2}{2xR_1} \tag{2-21}$$

由式(2-12)~式(2-15)及式(2-20)、式(2-21)即可得出椭圆形等速核心区的接收面积为

$$A_{\mathrm{po}}(R_{\mathrm{r}}, R_1, x) = \pi R_{\mathrm{r}}^2(\theta/180) + \pi R_1^2(\beta/180) - xR_{\mathrm{r}}\sin\theta \tag{2-22}$$

将式(2-22)代入式(2-9),得椭圆形等速核心区的接收流量为

$$Q_{\mathrm{po}}(R_{\mathrm{r}}, R_1, x) = v_0\big[\pi R_{\mathrm{r}}^2(\theta/180) + \pi R_1^2(\beta/180) - xR_{\mathrm{r}}\sin\theta\big] \tag{2-23}$$

2.2.2.2　剪切层接收流量

由式(2-5)可知,在距离喷口一定尺寸 L 的射流断面上,剪切层纵向时均速度 v 随 R 变化,不为恒值,应用积分方法求解。

1) 环形剪切层接收流量

在图 2-5a 中,剪切层接收区域为环形,按照图 2-7 展开分析。环形剪切层接收区域的内边界为半径为 R_{c} 的圆,外边界为半径为 R_{c}' 的圆,一般 R_{c} 即为 R_1。

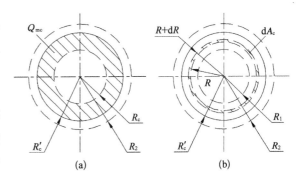

图 2-7　环形剪切层流量接收示意图

如图 2-7b 所示,环状微元面积 $\mathrm{d}A_{\mathrm{c}}$ 为半径为 $R+\mathrm{d}R$ 的圆与半径为 R 的圆的面积之差,即

$$\mathrm{d}A_{\mathrm{c}} = A_{R+\mathrm{d}R} - A_R \tag{2-24}$$

半径 $R+\mathrm{d}R$ 区域的圆面积为

$$A_{R+\mathrm{d}R} = \pi(R+\mathrm{d}R)^2 \tag{2-25}$$

半径 R 区域的圆面积为

$$A_R = \pi R^2 \tag{2-26}$$

则环状区域微元面积为

$$\mathrm{d}A_{\mathrm{c}} = \pi\big[2R\,\mathrm{d}R + (\mathrm{d}R)^2\big] \tag{2-27}$$

其中 $(\mathrm{d}R)^2$ 为高阶无限小量,可以略去,则

$$dA_c = 2\pi R\, dR \tag{2-28}$$

由式(2-5)、式(2-28)得环形剪切层接收区域流量为

$$Q_{mc}(R_1, R'_c) = \int_{R_1}^{R'_c} v\, dA_c = v_0 \int_{R_1}^{R'_c} \frac{1}{2}\left[1 - \cos\frac{(R_2-R)\pi}{R_2-R_1}\right] 2\pi R\, dR \tag{2-29}$$

整理得(详细过程见 A. 环形区域接收剪切层流量计算式推导过程)

$$Q_{mc}(R_1, R'_c) = \pi v_0\left[\frac{1}{2}(R_c'^2 - R_1^2) + CR'_c\sin\alpha'_c - C^2(1+\cos\alpha'_c)\right] \tag{2-30}$$

其中，$C = (R_2 - R_1)/\pi$，$\alpha'_c = (R_2 - R'_c)\pi/(R_2 - R_1)$。

A. 环形区域接收剪切层流量计算式推导过程

根据式(2-29)，环形区域接收剪切层流量为

$$Q_{mc}(R_1, R'_c) = \int_{R_1}^{R'_c} v\, dA_c = v_0 \int_{R_1}^{R'_c} \frac{1}{2}\left[1 - \cos\frac{(R_2-R)\pi}{R_2-R_1}\right] 2\pi R\, dR \tag{A-1}$$

对其进行求解如下：

$$Q_{mc}(R_1, R'_c) = \pi v_0 \int_{R_1}^{R'_c}\left[1 - \cos\frac{(R_2-R)\pi}{R_2-R_1}\right] R\, dR = \pi v_0\left[\int_{R_1}^{R'_c} R\, dR - \int_{R_1}^{R'_c} R\cos\frac{(R_2-R)\pi}{R_2-R_1}\, dR\right]$$

$$= \pi v_0\left[\frac{1}{2}(R_c'^2 - R_1^2) - \int_{R_1}^{R'_c} R\cos\frac{(R_2-R)\pi}{R_2-R_1}\, dR\right] \tag{A-2}$$

对于 $\displaystyle\int_{R_1}^{R'_c} R\cos\frac{(R_2-R)\pi}{R_2-R_1}\, dR$，应用换元积分法，令

$$\alpha = \frac{(R_2-R)\pi}{R_2-R_1} \tag{A-3}$$

当 $R = R_1$ 时，$\alpha = \pi$；当 $R = R'_c$ 时，$\alpha = (R_2 - R'_c)\pi/(R_2 - R_1)$。令 $\alpha'_c = (R_2 - R'_c)\pi/(R_2 - R_1)$。由式(A-3)，可得

$$R = R_2 - \frac{R_2-R_1}{\pi}\alpha,\quad d\alpha = \frac{-\pi}{R_2-R_1}dR,\quad dR = -\frac{R_2-R_1}{\pi}d\alpha \tag{A-4}$$

令 $C = (R_2 - R_1)/\pi$，则

$$dR = -C\, d\alpha,\quad R = R_2 - C\alpha,\quad C\alpha'_c = R_2 - R'_c \tag{A-5}$$

将换元后的被积表达式及积分区间代入原定积分，则

$$\int_{R_1}^{R'_c} R\cos\frac{(R_2-R)\pi}{R_2-R_1}\, dR$$

$$= -C\int_{\pi}^{\alpha'_c}(R_2 - C\alpha)\cos\alpha\, d\alpha = C\int_{\alpha'_c}^{\pi}(R_2 - C\alpha)\cos\alpha\, d\alpha = C\left(R_2\int_{\alpha'_c}^{\pi}\cos\alpha\, d\alpha - C\int_{\alpha'_c}^{\pi}\alpha\cos\alpha\, d\alpha\right)$$

$$= C\left[R_2\sin\alpha\Big|_{\alpha'_c}^{\pi} - C\left(\alpha\sin\alpha\Big|_{\alpha'_c}^{\pi} - \int_{\alpha'_c}^{\pi}\sin\alpha\, d\alpha\right)\right] = C\left[-R_2\sin\alpha'_c - C\left(-\alpha'_c\sin\alpha'_c + \cos\alpha\Big|_{\alpha'_c}^{\pi}\right)\right]$$

$$= C[-R_2\sin\alpha'_c - C(-\alpha'_c\sin\alpha'_c - 1 - \cos\alpha'_c)] = -C[(R_2 - C\alpha'_c)\sin\alpha'_c - C(1+\cos\alpha'_c)]$$

$$= -C[R'_c\sin\alpha'_c - C(1+\cos\alpha'_c)] = -CR'_c\sin\alpha'_c + C^2(1+\cos\alpha'_c)$$

$$\tag{A-6}$$

将式(A-6)代入式(A-2),得环形区域接收剪切层流量为

$$Q_{\mathrm{mc}}(R_1, R'_{\mathrm{c}}) = \pi v_0 \left[\frac{1}{2}(R'^{2}_{\mathrm{c}} - R^2_1) + CR'_{\mathrm{c}}\sin\alpha'_{\mathrm{c}} - C^2(1 + \cos\alpha'_{\mathrm{c}}) \right] \qquad (\text{A}-7)$$

2) 弧形剪切层接收流量

在图 2-5c 中,剪切层接收区域为弧形,按照图 2-8 展开分析。弧形区域内边界与半径为 R_{a} 的圆相切,外边界与半径为 R'_{a} 的圆相切。

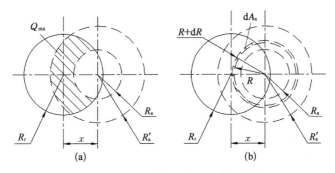

图 2-8　弧形剪切层流量接收示意图

如图 2-8b 所示,弧元面积 $\mathrm{d}A_{\mathrm{a}}$ 为半径为 $R+\mathrm{d}R$ 的圆与接收孔的重叠面积 $A'_{R+\mathrm{d}R}$ 减去半径为 R 的圆与接收孔的重叠面积 A'_R,即

$$\mathrm{d}A_{\mathrm{a}} = A'_{R+\mathrm{d}R} - A'_R \qquad (2-31)$$

由式(2-22)可知,半径为 $R+\mathrm{d}R$ 的圆与接收孔的重叠面积为

$$A'_{R+\mathrm{d}R} = \pi R^2_{\mathrm{r}}(\theta'/180) + \pi(R+\mathrm{d}R)^2(\beta'/180) - xR_{\mathrm{r}}\sin\theta' \qquad (2-32)$$

半径为 R 的圆与接收孔的重叠面积为

$$A'_R = \pi R^2_{\mathrm{r}}(\theta'/180) + \pi R^2(\beta'/180) - xR_{\mathrm{r}}\sin\theta' \qquad (2-33)$$

其中 θ'、β' 由式(2-20)、式(2-21)类比可得

$$\theta' = \arccos\left[(x^2 + R^2_{\mathrm{r}} - R^2)/2xR_{\mathrm{r}}\right], \quad \beta' = \arccos\left[(x^2 + R^2 - R^2_{\mathrm{r}})/2xR\right]$$

则弧元面积为

$$\mathrm{d}A_{\mathrm{a}} = \pi\left[2R\,\mathrm{d}R + (\mathrm{d}R)^2\right](\beta'/180) \qquad (2-34)$$

其中 $(\mathrm{d}R)^2$ 为高阶无限小量,可以略去,则

$$\mathrm{d}A_{\mathrm{a}} = (\beta'/180)2\pi R\,\mathrm{d}R \qquad (2-35)$$

由式(2-5)、式(2-35)得弧形剪切层接收区域流量为

$$Q_{\mathrm{ma}}(R_{\mathrm{a}}, R'_{\mathrm{a}}) = \int_{R_{\mathrm{a}}}^{R'_{\mathrm{a}}} v\,\mathrm{d}A_{\mathrm{a}} = v_0\int_{R_{\mathrm{a}}}^{R'_{\mathrm{a}}} \frac{1}{2}\left[1 - \cos\frac{(R_2 - R)\pi}{R_2 - R_1}\right]\frac{\beta'}{180}2\pi R\,\mathrm{d}R \qquad (2-36)$$

此处需要特别说明的是,β' 为 R 的反余弦函数,且含有 R 的负一次方项,当前无法求得原函数,则式(2-36)无法积分。为了使积分得以进行,不妨将 β' 化作常数 β_{eq} 近似处理,方法如下:分别取 β_1、β_2 为内、外边界 R_{a}、R'_{a} 所对应的角度,而后取 β_{eq} 为两者之和的倍数,倍数为 λ。即

$$\beta_1 = \arccos[(x^2 + R_\mathrm{a}^2 - R_\mathrm{r}^2)/2xR_\mathrm{a}], \ \beta_2 = \arccos[(x^2 + R_\mathrm{a}'^2 - R_\mathrm{r}^2)/2xR_\mathrm{a}'], \ \beta_\mathrm{eq} = \lambda(\beta_1 + \beta_2)$$

整理得（详细过程见 B. **弧形区域接收剪切层流量计算式推导过程**）

$$Q_\mathrm{ma}(R_\mathrm{a}, R_\mathrm{a}') = \frac{\beta_\mathrm{eq}\pi v_0}{180}\left[\frac{1}{2}(R_\mathrm{a}'^2 - R_\mathrm{a}^2) - C(R_\mathrm{a}\sin\alpha_\mathrm{a} - R_\mathrm{a}'\sin\alpha_\mathrm{a}') + C^2(\cos\alpha_\mathrm{a} - \cos\alpha_\mathrm{a}')\right]$$

$$(2-37)$$

其中，$\alpha_\mathrm{a} = (R_2 - R_\mathrm{a})\pi/(R_2 - R_1)$，$\alpha_\mathrm{a}' = (R_2 - R_\mathrm{a}')\pi/(R_2 - R_1)$。

B. 弧形区域接收剪切层流量计算式推导过程

根据式(2-36)，得弧形剪切层接收区域流量为

$$Q_\mathrm{ma}(R_\mathrm{a}, R_\mathrm{a}') = \int_{R_\mathrm{a}}^{R_\mathrm{a}'} v\,\mathrm{d}A_\mathrm{a} = v_0\int_{R_\mathrm{a}}^{R_\mathrm{a}'}\frac{1}{2}\left[1 - \cos\frac{(R_2-R)\pi}{R_2-R_1}\right]\frac{\beta'}{180}2\pi R\,\mathrm{d}R \tag{B-1}$$

此处需要说明的是，β' 为 R 的反余弦函数，且含有 R 的负一次方项，当前无法求得原函数，则式(2-36)无法积分。为了使积分得以进行，将 β' 化作常数 β_eq 近似处理，方法如下：分别取 β_1、β_2 为内、外边界 R_a、R_a' 所对应的角度，而后取 β_eq 为两者之和的倍数，倍数为 λ。即

$$\beta_1 = \arccos[(x^2 + R_\mathrm{a}^2 - R_\mathrm{r}^2)/2xR_\mathrm{a}], \ \beta_2 = \arccos[(x^2 + R_\mathrm{a}'^2 - R_\mathrm{r}^2)/2xR_\mathrm{a}'], \ \beta_\mathrm{eq} = \lambda(\beta_1 + \beta_2)$$

对其进行整理如下：

$$Q_\mathrm{ma}(R_\mathrm{a}, R_\mathrm{a}') = \frac{\beta_\mathrm{eq}\pi v_0}{180}\int_{R_\mathrm{a}}^{R_\mathrm{a}'}\left[1 - \cos\frac{(R_2-R)\pi}{R_2-R_1}\right]R\,\mathrm{d}R = \frac{\beta_\mathrm{eq}\pi v_0}{180}\left[\int_{R_\mathrm{a}}^{R_\mathrm{a}'}R\,\mathrm{d}R - \int_{R_\mathrm{a}}^{R_\mathrm{a}'}R\cos\frac{(R_2-R)\pi}{R_2-R_1}\mathrm{d}R\right]$$

$$= \pi v_0\left[\frac{1}{2}(R_\mathrm{a}'^2 - R_\mathrm{a}^2) - \int_{R_\mathrm{a}}^{R_\mathrm{a}'}R\cos\frac{(R_2-R)\pi}{R_2-R_1}\mathrm{d}R\right]$$

$$(B-2)$$

对于 $\displaystyle\int_{R_\mathrm{a}}^{R_\mathrm{a}'}R\cos\frac{(R_2-R)\pi}{R_2-R_1}\mathrm{d}R$，应用换元积分法，令

$$\alpha = \frac{(R_2-R)\pi}{R_2-R_1} \tag{B-3}$$

当 $R = R_\mathrm{a}$ 时，$\alpha = (R_2 - R_\mathrm{a})\pi/(R_2 - R_1)$；当 $R = R_\mathrm{a}'$ 时，$\alpha = (R_2 - R_\mathrm{a}')\pi/(R_2 - R_1)$。

令 $\alpha_\mathrm{a} = (R_2 - R_\mathrm{a})\pi/(R_2 - R_1)$，$\alpha_\mathrm{a}' = (R_2 - R_\mathrm{a}')\pi/(R_2 - R_1)$。

由式(B-3)，可得

$$R = R_2 - \frac{R_2 - R_1}{\pi}\alpha, \ \mathrm{d}\alpha = \frac{-\pi}{R_2-R_1}\mathrm{d}R, \ \mathrm{d}R = -\frac{R_2-R_1}{\pi}\mathrm{d}\alpha \tag{B-4}$$

令 $C = (R_2 - R_1)/\pi$，则

$$\mathrm{d}R = -C\,\mathrm{d}\alpha, \ R = R_2 - C\alpha, \ C\alpha_\mathrm{a} = R_2 - R_\mathrm{a}, \ C\alpha_\mathrm{a}' = R_2 - R_\mathrm{a}' \tag{B-5}$$

将换元后的被积表达式及积分区间代入原定积分，则

$$\int_{R_\mathrm{a}}^{R_\mathrm{a}'}R\cos\frac{(R_2-R)\pi}{R_2-R_1}\mathrm{d}R$$

$$= -C\int_{\alpha_\mathrm{a}}^{\alpha_\mathrm{a}'}(R_2 - C\alpha)\cos\alpha\,\mathrm{d}\alpha = C\int_{\alpha_\mathrm{a}'}^{\alpha_\mathrm{a}}(R_2 - C\alpha)\cos\alpha\,\mathrm{d}\alpha = C\left(R_2\int_{\alpha_\mathrm{a}'}^{\alpha_\mathrm{a}}\cos\alpha\,\mathrm{d}\alpha - C\int_{\alpha_\mathrm{a}'}^{\alpha_\mathrm{a}}\alpha\cos\alpha\,\mathrm{d}\alpha\right)$$

$$= C\left[R_2\sin\alpha\,\Big|_{\alpha_\mathrm{a}'}^{\alpha_\mathrm{a}} - C\left(\alpha\sin\alpha\,\Big|_{\alpha_\mathrm{a}'}^{\alpha_\mathrm{a}} - \int_{\alpha_\mathrm{a}'}^{\alpha_\mathrm{a}}\sin\alpha\,\mathrm{d}\alpha\right)\right]$$

$$
\begin{aligned}
&= C\left[R_2\left(\sin\alpha_{\mathrm a}-\sin\alpha_{\mathrm a}'\right)-C\left(\alpha_{\mathrm a}\sin\alpha_{\mathrm a}-\alpha_{\mathrm a}'\sin\alpha_{\mathrm a}'+\cos\alpha\Big|_{\alpha_{\mathrm a}'}^{\alpha_{\mathrm a}}\right)\right]\\
&= C\left[R_2\left(\sin\alpha_{\mathrm a}-\sin\alpha_{\mathrm a}'\right)-\left(C\alpha_{\mathrm a}\sin\alpha_{\mathrm a}-C\alpha_{\mathrm a}'\sin\alpha_{\mathrm a}'\right)-C\left(\cos\alpha_{\mathrm a}-\cos\alpha_{\mathrm a}'\right)\right]\\
&= C\left[R_2\sin\alpha_{\mathrm a}-R_2\sin\alpha_{\mathrm a}'-\left(R_2-R_{\mathrm a}\right)\sin\alpha_{\mathrm a}+\left(R_2-R_{\mathrm a}'\right)\sin\alpha_{\mathrm a}'-C\left(\cos\alpha_{\mathrm a}-\cos\alpha_{\mathrm a}'\right)\right]\\
&= C\left[R_{\mathrm a}\sin\alpha_{\mathrm a}-R_{\mathrm a}'\sin\alpha_{\mathrm a}'-C\left(\cos\alpha_{\mathrm a}-\cos\alpha_{\mathrm a}'\right)\right]\\
&= C\left(R_{\mathrm a}\sin\alpha_{\mathrm a}-R_{\mathrm a}'\sin\alpha_{\mathrm a}'\right)-C^2\left(\cos\alpha_{\mathrm a}-\cos\alpha_{\mathrm a}'\right)
\end{aligned}
$$

$$(\text{B-6})$$

将式(B-6)代入式(B-2),得弧形剪切层接收区域流量为

$$
Q_{\mathrm{ma}}(R_{\mathrm a},\ R_{\mathrm a}')=\frac{\beta_{\mathrm{eq}}\pi v_0}{180}\left[\frac12\left(R_{\mathrm a}'^{\,2}-R_{\mathrm a}^2\right)-C\left(R_{\mathrm a}\sin\alpha_{\mathrm a}-R_{\mathrm a}'\sin\alpha_{\mathrm a}'\right)+C^2\left(\cos\alpha_{\mathrm a}-\cos\alpha_{\mathrm a}'\right)\right] \quad(\text{B-7})
$$

3) 偏心环形剪切层接收流量

在图 2-5b 中,剪切层接收区域为偏心环形,按照图 2-9a、b、c 所示,将偏心环形看作环形与弧形的组合,则该区域的接收流量可分别求取,而后相加即可。其中环形剪切层接收区域的内边界为半径为 $R_{\mathrm c}$ 的圆,外边界为半径为 $R_{\mathrm c}'$ 的圆,一般 $R_{\mathrm c}$ 即为 R_1;弧形区域内边界与半径为 $R_{\mathrm a}$ 的圆相切,外边界与半径为 $R_{\mathrm a}'$ 的圆相切,显然 $R_{\mathrm c}'$ 与 $R_{\mathrm a}$ 相等。

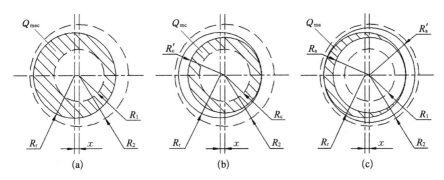

图 2-9 偏心环形剪切层流量接收示意图

则偏心环形的剪切层接收区域流量为

$$Q_{\mathrm{mec}}=Q_{\mathrm{mc}}+Q_{\mathrm{ma}} \quad(2\text{-}38)$$

将式(2-30)、式(2-37)代入上式,得

$$Q_{\mathrm{mec}}(R_1,\ R_{\mathrm c}';\ R_{\mathrm a},\ R_{\mathrm a}')=Q_{\mathrm{mc}}(R_1,\ R_{\mathrm c}')+Q_{\mathrm{ma}}(R_{\mathrm a},\ R_{\mathrm a}') \quad(2\text{-}39)$$

4) 橄榄形剪切层接收流量

在图 2-5d 中,剪切层接收区域为橄榄形,按照图 2-10 展开分析。假设该接收区域的内边界与半径为 $R_{\mathrm o}$ 的圆相切,外边界与半径为 $R_{\mathrm o}'$ 的圆相切。微元面积 $\mathrm dA_{\mathrm o}$ 等于半径为 $R+\mathrm dR$ 的圆与接收孔的重叠面积减去半径为 R 的圆与接收孔的重叠面积,即微元面积 $\mathrm dA_{\mathrm o}$ 为弧元面积。则该种情况下的流量与弧形剪切层区域接收流量计算方法相同,即橄榄形剪切层接收区域流量为

$$Q_{\mathrm{mo}}=Q_{\mathrm{ma}} \quad(2\text{-}40)$$

将式(2-37)代入上式,得

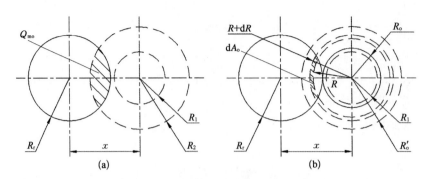

图 2-10　橄榄形剪切层流量接收示意图

$$Q_{mo}(R_o, R'_o) = \frac{\beta'}{180}\pi v_0 \left[\frac{1}{2}(R'^2_o - R^2_o) - C(R_o\sin\alpha_o - R'_o\sin\alpha'_o) + C^2(\cos\alpha_o - \cos\alpha'_o)\right]$$

$$(2-41)$$

其中，$\alpha_o = (R_2 - R_o)\pi/(R_2 - R_1)$，$\alpha'_o = (R_2 - R'_o)\pi/(R_2 - R_1)$。

2.2.3　断载恢复压力计算方法

将三通射流管阀的接收器出口封闭后，接收孔内的压力 P_r 称为断载恢复压力。如图 2-11 所示，在不同的情况下，射流流束的整体或部分进入接收孔，随着流束速度（动能）逐渐降低，其压强逐渐升高，某些情况下还会出现局部损失（图 2-11c）。

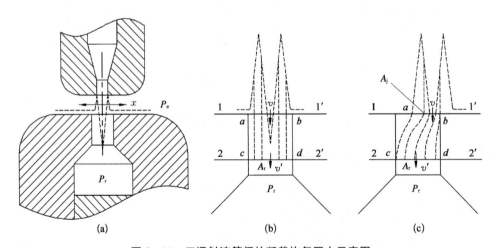

图 2-11　三通射流管阀的断载恢复压力示意图

按图 2-11 沿接收孔壁面和 1-1' 及 2-2' 断面取研究对象，即接收孔所接收的流束。根据伯努利方程，对接收流束的两个断面积分，即得其能量关系式如下：

$$\int_{Q_r}\left(\frac{P_e}{\rho} + \frac{v^2}{2} + gz_1\right)\rho\mathrm{d}Q_r = \int_{Q_r}\left(\frac{P_r}{\rho} + \frac{v'^2}{2} + gz_2\right)\rho\mathrm{d}Q_r + \int_{Q_r}gh_m\rho\mathrm{d}Q_r \quad (2-42)$$

式中　　g——重力加速度（m/s²）；

z_1、z_2——断面 1-1' 及 2-2' 所处的位置（m）；

v'——流束通过断面 2-2' 时的速度（m/s）；

h_m——流道断面突然扩大造成的能量损失(m^2/s^2)。

由于断面 1-1′ 与 2-2′ 之间的距离(z_1-z_2)非常短,接收流量束的位置势能变化可以忽略不计。假设流束到达断面 2-2′ 时,其速度 v' 已经降低至 0,即流束的动能已经完全转化为压强势能。如图 2-11c 所示,沿接收孔壁面,在流束流经断面 1-1′ 至 2-2′ 的过程中,可看作流道断面突然扩大,干扰了流体的正常运动,造成了局部能量损失 h_m,其表达式如下:

$$h_m = \left(1 - \frac{A_j}{A_r}\right)^2 \frac{v^2}{2g} \tag{2-43}$$

式中　A_j——到达接收孔的射流流束断面面积,即整个射流流束断面与接收孔在接收界面的重叠面积(m^2);

　　　A_r——接收孔断面面积(m^2),$A_r = \pi R_r^2$。

综上所述,即可得到恢复压力 P_r 的表达式:

$$P_r = P_e + \frac{\displaystyle\int_{Q_r} \frac{v^2}{2}\rho dQ_r - \left(1 - \frac{A_j}{A_r}\right)^2 \int_{Q_r} \frac{v^2}{2}\rho dQ_r}{Q_r} \tag{2-44}$$

令到达接收界面的射流流束动能为 E_r,则

$$E_r = \int_{Q_r} \frac{v^2}{2}\rho dQ_r \tag{2-45}$$

将式(2-45)代入式(2-44),得断载恢复压力为

$$P_r = P_e + \frac{E_r}{Q_r} - \left(1 - \frac{A_j}{A_r}\right)^2 \frac{E_r}{Q_r} \tag{2-46}$$

由式(2-46)可知,恢复压力由三部分组成:一部分由环境压力引起,一部分由到达接收界面的射流流束动能引起,另一部分由于流道断面的突然扩大而损失掉了。

由于 $dQ_r = v dA_j$,则动能为

$$E_r = \frac{\rho}{2}\int_{A_j} v^3 dA_j \tag{2-47}$$

如图 2-4 所示,到达接收界面的射流流束动能由等速核心区动能和剪切层动能组成,即

$$E_r = E_p + E_m \tag{2-48}$$

式中　E_r——到达接收孔的射流流束动能[$kg \cdot (m/s)^2$];

　　　E_p——到达接收孔的等速核心区射流流束动能[$kg \cdot (m/s)^2$];

　　　E_m——到达接收孔的剪切层射流流束动能[$kg \cdot (m/s)^2$]。

随着射流喷嘴偏移量的变化,射流断面与接收孔的相对位置将会出现几种不同型式(图 2-5),则到达接收界面的射流流束动能的计算亦需要分别处理。

2.2.3.1　等速核心区动能

在等速核心区内,射流纵向时均速度 $v = v_0$,则等速核心区动能为

$$E_p = \frac{\rho}{2}v_0^3 A_p \tag{2-49}$$

对于圆形等速核心区接收区域,其面积见式(2-10),则到达圆形等速核心区接收区域的动能为

$$E_{\mathrm{pc}} = \frac{\rho}{2} v_0^3 \pi R_{\mathrm{p}}^2 \qquad (2-50)$$

对于橄榄形等速核心区接收区域(图2-6),其面积见式(2-22),则到达橄榄形等速核心区接收区域的动能为

$$E_{\mathrm{po}}(R_{\mathrm{r}}, R_1, x) = \frac{\rho}{2} v_0^3 [\pi R_{\mathrm{r}}^2(\theta/180) + \pi R_1^2(\beta/180) - x R_{\mathrm{r}} \sin\theta] \qquad (2-51)$$

2.2.3.2　剪切层动能

在距离喷口一定尺寸 L 的射流断面上,剪切层纵向时均速度 v 随 R 变化,不为恒值。由式(2-46)得到达接收界面剪切层动能通式为

$$E_{\mathrm{m}} = \frac{\rho}{2} \int_{A_{\mathrm{m}}} v^3 \mathrm{d}A_{\mathrm{m}} \qquad (2-52)$$

式中　A_{m}——剪切层接收区域。

1) 环形接收区域剪切层动能

如图2-5a所示,剪切层接收区域为环形。环形剪切层内半径 R_{c} 为 R_1,其外半径为 R_{c}'。按照图2-7展开分析。将剪切层纵向时均速度式(2-5)、环形微元面积表达式(2-28)代入剪切层动能通式(2-52),可得到达环形接收区域的剪切层动能为

$$E_{\mathrm{mc}}(R_1, R_{\mathrm{c}}') = \frac{\rho}{2} \int_{R_1}^{R_{\mathrm{c}}'} v^3 \mathrm{d}A_{\mathrm{c}} = \frac{\rho}{2} v_0^3 \int_{R_1}^{R_{\mathrm{c}}'} \frac{1}{8} \left[1 - \cos\frac{(R_2 - R)\pi}{R_2 - R_1} \right]^3 2\pi R \mathrm{d}R \quad (2-53)$$

整理得(详细过程见 C. 环形区域接收剪切层能量计算式推导过程)

$$\begin{aligned}
E_{\mathrm{mc}}(R_1, R_{\mathrm{c}}') = \frac{\pi \rho v_0^3}{8} &\left\{ \frac{1}{2}(R_{\mathrm{c}}'^2 - R_1^2) + \frac{3}{2} C \left[R_2(\pi - \alpha_{\mathrm{c}}') - \frac{1}{2} R_{\mathrm{c}}' \sin 2\alpha_{\mathrm{c}}' \right] \right. \\
&+ C R_{\mathrm{c}}' \sin\alpha_{\mathrm{c}}' \left(4 - \frac{1}{3}\sin^2\alpha_{\mathrm{c}}' \right) - C^2 \left(\frac{1}{9}\cos^3\alpha_{\mathrm{c}}' + \frac{11}{3}\cos\alpha_{\mathrm{c}}' + \frac{299}{72} \right) \\
&\left. - \frac{3}{4} C^2 \left(\pi^2 - \alpha_{\mathrm{c}}'^2 - \frac{1}{2}\cos 2\alpha_{\mathrm{c}}' \right) \right\}
\end{aligned}$$

$$(2-54)$$

C. 环形区域接收剪切层能量计算式推导过程

根据式(2-53),环形接收区域剪切层动能为

$$E_{\mathrm{mc}}(R_1, R_{\mathrm{c}}') = \frac{\rho}{2} \int_{R_1}^{R_{\mathrm{c}}'} v^3 \mathrm{d}A_{\mathrm{c}} = \frac{\rho}{2} v_0^3 \int_{R_1}^{R_{\mathrm{c}}'} \frac{1}{8} \left[1 - \cos\frac{(R_2 - R)\pi}{R_2 - R_1} \right]^3 2\pi R \mathrm{d}R \qquad (\mathrm{C}-1)$$

对其进行整理如下:

$$\begin{aligned}
&E_{\mathrm{mc}}(R_1, R_{\mathrm{c}}') \\
&= \frac{\pi \rho v_0^3}{8} \int_{R_1}^{R_{\mathrm{c}}'} \left[1 - \cos\frac{(R_2 - R)\pi}{R_2 - R_1} \right]^3 R \mathrm{d}R \\
&= \frac{\pi \rho v_0^3}{8} \int_{R_1}^{R_{\mathrm{c}}'} \left[R - 3R\cos\frac{(R_2 - R)\pi}{R_2 - R_1} + 3R\cos^2\frac{(R_2 - R)\pi}{R_2 - R_1} - R\cos^3\frac{(R_2 - R)\pi}{R_2 - R_1} \right] \mathrm{d}R
\end{aligned}$$

$$= \frac{\pi\rho\upsilon_0^3}{8}\left[\int_{R_1}^{R_c'}R\mathrm{d}R - 3\int_{R_1}^{R_c'}R\cos\frac{(R_2-R)\pi}{R_2-R_1}\mathrm{d}R + 3\int_{R_1}^{R_c'}R\cos^2\frac{(R_2-R)\pi}{R_2-R_1}\mathrm{d}R - \int_{R_1}^{R_c'}R\cos^3\frac{(R_2-R)\pi}{R_2-R_1}\mathrm{d}R\right]$$

$$= \frac{\pi\rho\upsilon_0^3}{8}\left[\frac{1}{2}(R_c'^2-R_1^2) - 3\int_{R_1}^{R_c'}R\cos\frac{(R_2-R)\pi}{R_2-R_1}\mathrm{d}R + 3\int_{R_1}^{R_c'}R\cos^2\frac{(R_2-R)\pi}{R_2-R_1}\mathrm{d}R - \int_{R_1}^{R_c'}R\cos^3\frac{(R_2-R)\pi}{R_2-R_1}\mathrm{d}R\right]$$

$$\text{(C-2)}$$

令

$$I_1 = \int_{R_1}^{R_c'}R\cos\frac{(R_2-R)\pi}{R_2-R_1}\mathrm{d}R, \ I_2 = \int_{R_1}^{R_c'}R\cos^2\frac{(R_2-R)\pi}{R_2-R_1}\mathrm{d}R, \ I_3 = \int_{R_1}^{R_c'}R\cos^3\frac{(R_2-R)\pi}{R_2-R_1}\mathrm{d}R$$

则

$$E_{\mathrm{mc}}(R_1, R_c') = \frac{\pi\rho\upsilon_0^3}{8}\left[\frac{1}{2}(R_c'^2-R_1^2) - 3I_1 + 3I_2 - I_3\right] \tag{C-3}$$

应用换元积分法,分别求解 I_1、I_2、I_3。令

$$\alpha = \frac{(R_2-R)\pi}{R_2-R_1} \tag{C-4}$$

当 $R = R_1$ 时,$\alpha = \pi$;当 $R = R_c'$ 时,$\alpha = (R_2-R_c')\pi/(R_2-R_1)$。令 $\alpha_c' = (R_2-R_c')\pi/(R_2-R_1)$。
由式(C-4),可得

$$R = R_2 - \frac{R_2-R_1}{\pi}\alpha, \ \mathrm{d}\alpha = \frac{-\pi}{R_2-R_1}\mathrm{d}R, \ \mathrm{d}R = -\frac{R_2-R_1}{\pi}\mathrm{d}\alpha \tag{C-5}$$

令 $C = (R_2-R_1)/\pi$,则

$$\mathrm{d}R = -C\mathrm{d}\alpha, \ R = R_2 - C\alpha, \ C\alpha_c' = R_2 - R_c' \tag{C-6}$$

C.1　求解 I_1

由 A 中的式(A-6),可知

$$I_1 = -CR_c'\sin\alpha_c' + C^2(1+\cos\alpha_c') \tag{C-7}$$

C.2　求解 I_2

将换元后的被积表达式及积分区间代入原定积分 I_2,得

$$I_2 = -C\int_\pi^{\alpha_c'}(R_2-C\alpha)\cos^2\alpha\mathrm{d}\alpha = C\int_{\alpha_c'}^\pi(R_2-C\alpha)\cos^2\alpha\mathrm{d}\alpha$$

$$= C\left(R_2\int_{\alpha_c'}^\pi\cos^2\alpha\mathrm{d}\alpha - C\int_{\alpha_c'}^\pi\alpha\cos^2\alpha\mathrm{d}\alpha\right) \tag{C-8}$$

其中

$$\cos^2\alpha = \frac{1}{2}(\cos 2\alpha + 1) \tag{C-9}$$

则

$$\int_{\alpha_c'}^\pi\cos^2\alpha\mathrm{d}\alpha$$

$$= \frac{1}{2}\int_{\alpha_c'}^\pi(1+\cos 2\alpha)\mathrm{d}\alpha = \frac{1}{2}\left[\alpha\Big|_{\alpha_c'}^\pi + \frac{1}{2}\int_{\alpha_c'}^\pi\cos 2\alpha\mathrm{d}(2\alpha)\right] = \frac{1}{2}\left(\pi-\alpha_c'+\frac{1}{2}\sin 2\alpha\Big|_{\alpha_c'}^\pi\right)$$

$$= \frac{1}{2}\left(\pi-\alpha_c'-\frac{1}{2}\sin 2\alpha_c'\right) \tag{C-10}$$

$$\int_{\alpha'_c}^{\pi} \alpha \cos^2 \alpha \, \mathrm{d}\alpha$$

$$= \frac{1}{2} \int_{\alpha'_c}^{\pi} \alpha (1 + \cos 2\alpha) \mathrm{d}\alpha = \frac{1}{2} \int_{\alpha'_c}^{\pi} (\alpha + \alpha \cos 2\alpha) \mathrm{d}\alpha = \frac{1}{2} \left(\frac{1}{2} \alpha^2 \Big|_{\alpha'_c}^{\pi} + \int_{\alpha'_c}^{\pi} \alpha \cos 2\alpha \, \mathrm{d}\alpha \right)$$

$$= \frac{1}{2} \left[\frac{1}{2} (\pi^2 - \alpha'^2_c) + \frac{1}{2} \alpha \sin 2\alpha \Big|_{\alpha'_c}^{\pi} - \frac{1}{2} \int_{\alpha'_c}^{\pi} \sin 2\alpha \, \mathrm{d}\alpha \right] \qquad \text{(C-11)}$$

$$= \frac{1}{4} \left(\pi^2 - \alpha'^2_c - \alpha'_c \sin 2\alpha'_c + \frac{1}{2} \cos 2\alpha \Big|_{\alpha'_c}^{\pi} \right)$$

$$= \frac{1}{4} \left[\pi^2 - \alpha'^2_c - \alpha'_c \sin 2\alpha'_c + \frac{1}{2} (1 - \cos 2\alpha'_c) \right]$$

将式(C-10)、式(C-11)代入式(C-8)，得

$$I_2 = C \left\{ \frac{1}{2} R_2 \left(\pi - \alpha'_c - \frac{1}{2} \sin 2\alpha'_c \right) - \frac{1}{4} C \left[\pi^2 - \alpha'^2_c - \alpha'_c \sin 2\alpha'_c + \frac{1}{2} (1 - \cos 2\alpha'_c) \right] \right\}$$

$$= C \left\{ \frac{1}{2} R_2 (\pi - \alpha'_c) + \frac{1}{4} (C\alpha'_c - R_2) \sin 2\alpha'_c - \frac{1}{4} C \left[\pi^2 - \alpha'^2_c + \frac{1}{2} (1 - \cos 2\alpha'_c) \right] \right\} \qquad \text{(C-12)}$$

$$= C \left\{ \frac{1}{2} R_2 (\pi - \alpha'_c) - \frac{1}{4} R'_c \sin 2\alpha'_c - \frac{1}{4} C \left[\pi^2 - \alpha'^2_c + \frac{1}{2} (1 - \cos 2\alpha'_c) \right] \right\}$$

C.3 求解 I_3

将换元后的被积表达式及积分区间代入原定积分 I_3，得

$$I_3 = -C \int_{\pi}^{\alpha'_c} (R_2 - C\alpha) \cos^3 \alpha \, \mathrm{d}\alpha = C \int_{\alpha'_c}^{\pi} (R_2 - C\alpha) \cos^3 \alpha \, \mathrm{d}\alpha$$

$$= C \left(R_2 \int_{\alpha'_c}^{\pi} \cos^3 \alpha \, \mathrm{d}\alpha - C \int_{\alpha'_c}^{\pi} \alpha \cos^3 \alpha \, \mathrm{d}\alpha \right) \qquad \text{(C-13)}$$

以下分别求解 $\int_{\alpha'_c}^{\pi} \cos^3 \alpha \, \mathrm{d}\alpha$，$\int_{\alpha'_c}^{\pi} \alpha \cos^3 \alpha \, \mathrm{d}\alpha$。其中

$$\cos^3 \alpha = \cos^2 \alpha \cdot \cos \alpha = (1 - \sin^2 \alpha) \cos \alpha \qquad \text{(C-14)}$$

则

$$\int_{\alpha'_c}^{\pi} \cos^3 \alpha \, \mathrm{d}\alpha = \int_{\alpha'_c}^{\pi} (1 - \sin^2 \alpha) \cos \alpha \, \mathrm{d}\alpha = \int_{\alpha'_c}^{\pi} (1 - \sin^2 \alpha) \mathrm{d}\sin \alpha = \left(\sin \alpha - \frac{1}{3} \sin^3 \alpha \right) \Big|_{\alpha'_c}^{\pi}$$

$$= -\sin \alpha'_c \left(1 - \frac{1}{3} \sin^2 \alpha'_c \right) \qquad \text{(C-15)}$$

对于 $\int_{\alpha'_c}^{\pi} \alpha \cos^3 \alpha \, \mathrm{d}\alpha$，借用式(C-15)的结果，采用分部积分法，令

$$u = \alpha, \quad \mathrm{d}v = \cos^3 \alpha \, \mathrm{d}\alpha \qquad \text{(C-16)}$$

则

$$\mathrm{d}u = \mathrm{d}\alpha, \quad v = \sin \alpha - \frac{1}{3} \sin^3 \alpha$$

$$\int_{\alpha'_c}^{\pi} \alpha \cos^3 \alpha \, \mathrm{d}\alpha = \left[\alpha \left(\sin \alpha - \frac{1}{3} \sin^3 \alpha \right) \right]_{\alpha'_c}^{\pi} - \int_{\alpha'_c}^{\pi} \left(\sin \alpha - \frac{1}{3} \sin^3 \alpha \right) \mathrm{d}\alpha$$

$$= -\alpha'_c \sin \alpha'_c \left(1 - \frac{1}{3} \sin^2 \alpha'_c \right) - \int_{\alpha'_c}^{\pi} \sin \alpha \, \mathrm{d}\alpha + \frac{1}{3} \int_{\alpha'_c}^{\pi} \sin^3 \alpha \, \mathrm{d}\alpha$$

$$= -\alpha'_c \sin \alpha'_c \left(1 - \frac{1}{3} \sin^2 \alpha'_c \right) + \cos \alpha \Big|_{\alpha'_c}^{\pi} - \frac{1}{3} \int_{\alpha'_c}^{\pi} (1 - \cos^2 \alpha) \mathrm{d}(\cos \alpha)$$

$$
\begin{aligned}
&= -\alpha'_c \sin \alpha'_c \left(1 - \frac{1}{3}\sin^2\alpha'_c\right) + \frac{2}{3}\cos\alpha \Big|_{\alpha'_c}^{\pi} + \frac{1}{9}\cos^3\alpha \Big|_{\alpha'_c}^{\pi} \\
&\hspace{8.5cm} \text{(C-17)} \\
&= -\alpha'_c \sin \alpha'_c \left(1 - \frac{1}{3}\sin^2\alpha'_c\right) - \frac{1}{9}\cos^3\alpha'_c - \frac{2}{3}\cos\alpha'_c - \frac{7}{9}
\end{aligned}
$$

将式(C-15)、式(C-17)代入式(C-13),得

$$
\begin{aligned}
I_3 &= C\left\{-R_2\sin\alpha'_c\left(1-\frac{1}{3}\sin^2\alpha'_c\right) + C\left[\alpha'_c\sin\alpha'_c\left(1-\frac{1}{3}\sin^2\alpha'_c\right) + \frac{1}{9}\cos^3\alpha'_c + \frac{2}{3}\cos\alpha'_c + \frac{7}{9}\right]\right\} \\
&= C\left[-R_2\sin\alpha'_c\left(1-\frac{1}{3}\sin^2\alpha'_c\right) + C\alpha'_c\sin\alpha'_c\left(1-\frac{1}{3}\sin^2\alpha'_c\right) + C\left(\frac{1}{9}\cos^3\alpha'_c + \frac{2}{3}\cos\alpha'_c + \frac{7}{9}\right)\right] \\
&= C\left[-R_2\sin\alpha'_c\left(1-\frac{1}{3}\sin^2\alpha'_c\right) + (R_2-R'_c)\sin\alpha'_c\left(1-\frac{1}{3}\sin^2\alpha'_c\right) + C\left(\frac{1}{9}\cos^3\alpha'_c + \frac{2}{3}\cos\alpha'_c + \frac{7}{9}\right)\right] \\
&= C\left[-R'_c\sin\alpha'_c\left(1-\frac{1}{3}\sin^2\alpha'_c\right) + C\left(\frac{1}{9}\cos^3\alpha'_c + \frac{2}{3}\cos\alpha'_c + \frac{7}{9}\right)\right]
\end{aligned}
$$

$$\hspace{13cm}\text{(C-18)}$$

C.4　环形区域接收剪切层动能

将式(C-7)、式(C-12)、式(C-18)代入式(C-3),得环形接收区域剪切层动能为

$$
\begin{aligned}
E_{mc}(R_1, R'_c) = \frac{\pi\rho v_0^3}{8}\Bigg\{ &\frac{1}{2}(R'^2_c - R_1^2) + \frac{3}{2}C\left[R_2(\pi - \alpha'_c) - \frac{1}{2}R'_c\sin 2\alpha'_c\right] \\
&+ CR'_c\sin\alpha'_c\left(4 - \frac{1}{3}\sin^2\alpha'_c\right) - C^2\left(\frac{1}{9}\cos^3\alpha'_c + \frac{11}{3}\cos\alpha'_c + \frac{299}{72}\right) \hspace{0.5cm}\text{(C-19)} \\
&- \frac{3}{4}C^2\left(\pi^2 - \alpha'^2_c - \frac{1}{2}\cos 2\alpha'_c\right)\Bigg\}
\end{aligned}
$$

2) 弧形接收区域剪切层动能

如图 2-5c 所示,剪切层接收区域为弧形。弧形剪切层内边界与半径为 R_a 的圆相切,外边界与半径为 R'_a 的圆相切。按照图 2-8 展开分析。将剪切层纵向时均速度式(2-5)、弧元面积表达式(2-35)代入剪切层动能通式(2-52),可得到达弧形接收区域的剪切层动能为

$$
E_{ma}(R_a, R'_a) = \frac{\rho}{2}\int_{R_a}^{R'_a} v^3 \, dA_a = \frac{\rho}{2}v_0^3\int_{R_a}^{R'_a}\frac{1}{8}\left[1 - \cos\frac{(R_2-R)\pi}{R_2-R_1}\right]^3 \frac{\beta'}{180}2\pi R \, dR
$$

$$\hspace{13cm}\text{(2-55)}$$

整理得(详细过程见 D. 弧形区域接收剪切层能量计算式推导过程)

$$
\begin{aligned}
E_{ma}(R_a, R'_a) = \frac{1}{8}\frac{\pi\beta_{eq}}{180}\rho v_0^3\Bigg\{ &\frac{1}{2}(R'^2_a - R_a^2) + \frac{3}{2}CR_2(\alpha_a - \alpha'_a) + \frac{3}{4}C(R_a\sin 2\alpha_a - R'_a\sin 2\alpha'_a) \\
&+ C\left[R'_a\sin\alpha'_a\left(4 - \frac{1}{3}\sin^2\alpha'_a\right) - R_a\sin\alpha_a\left(4 - \frac{1}{3}\sin^2\alpha_a\right)\right] \\
&- \frac{3}{4}C^2\left[\alpha_a^2 - \alpha'^2_a + \frac{1}{2}(\cos 2\alpha_a - \cos 2\alpha'_a)\right] \\
&+ C^2\left[\frac{1}{9}(\cos^3\alpha_a - \cos^3\alpha'_a) + \frac{11}{3}(\cos\alpha_a - \cos\alpha'_a)\right]\Bigg\}
\end{aligned}
$$

$$\hspace{13cm}\text{(2-56)}$$

D. 弧形区域接收剪切层能量计算式推导过程

根据式(2-55),弧形接收区域剪切层动能为

$$E_{ma}(R_a, R_a') = \frac{\rho}{2}\int_{R_a}^{R_a'} v^3 \, dA_a = \frac{\rho}{2}v_0^3 \int_{R_a}^{R_a'} \frac{1}{8}\left[1-\cos\frac{(R_2-R)\pi}{R_2-R_1}\right]^3 \frac{\beta'}{180}2\pi R\,dR \tag{D-1}$$

此处需要说明的是,β'为R的反余弦函数,且含有R的负一次方项,当前无法求得原函数,则式(2-36)无法积分。为了使积分得以进行,将β'化作常数β_{eq}近似处理,方法如下:分别取β_1、β_2为内、外边界R_a、R_a'所对应的角度,而后取β_{eq}为两者之和的倍数,倍数为λ。 即

$$\beta_1 = \arccos[(x^2+R_a^2-R_r^2)/2xR_a], \ \beta_2 = \arccos[(x^2+R_a'^2-R_r^2)/2xR_a'], \ \beta_{eq} = \lambda(\beta_1+\beta_2)$$

对式(D-1)求解如下:

$$E_{ma}(R_a, R_a')$$

$$= \frac{1}{8}\frac{\pi\beta_{eq}}{180}\rho v_0^3 \int_{R_a}^{R_a'}\left[1-\cos\frac{(R_2-R)\pi}{R_2-R_1}\right]^3 R\,dR$$

$$= \frac{1}{8}\frac{\pi\beta_{eq}}{180}\rho v_0^3 \int_{R_a}^{R_a'}\left[R-3R\cos\frac{(R_2-R)\pi}{R_2-R_1}+3R\cos^2\frac{(R_2-R)\pi}{R_2-R_1}-R\cos^3\frac{(R_2-R)\pi}{R_2-R_1}\right]dR \tag{D-2}$$

$$= \frac{1}{8}\frac{\pi\beta_{eq}}{180}\rho v_0^3\left[\frac{1}{2}(R_a'^2-R_a^2)-3\int_{R_a}^{R_a'}R\cos\frac{(R_2-R)\pi}{R_2-R_1}dR+3\int_{R_a}^{R_a'}R\cos^2\frac{(R_2-R)\pi}{R_2-R_1}dR\right.$$

$$\left.-\int_{R_a}^{R_a'}R\cos^3\frac{(R_2-R)\pi}{R_2-R_1}dR\right]$$

令

$$I_1 = \int_{R_a}^{R_a'}R\cos\frac{(R_2-R)\pi}{R_2-R_1}dR, \ I_2 = \int_{R_a}^{R_a'}R\cos^2\frac{(R_2-R)\pi}{R_2-R_1}dR, \ I_3 = \int_{R_a}^{R_a'}R\cos^3\frac{(R_2-R)\pi}{R_2-R_1}dR$$

则

$$E_{ma}(R_a, R_a') = \frac{1}{8}\frac{\pi\beta_{eq}}{180}\rho v_0^3\left[\frac{1}{2}(R_a'^2-R_a^2)-3I_1+3I_2-I_3\right] \tag{D-3}$$

应用换元积分法,分别求解I_1、I_2、I_3。令

$$\alpha = \frac{(R_2-R)\pi}{R_2-R_1} \tag{D-4}$$

当$R=R_a$时,$\alpha=(R_2-R_a)\pi/(R_2-R_1)$;当$R=R_a'$时,$\alpha=(R_2-R_a')\pi/(R_2-R_1)$。令$\alpha_a=(R_2-R_a)\pi/(R_2-R_1)$, $\alpha_a'=(R_2-R_a')\pi/(R_2-R_1)$。

由式(D-4),可得

$$R = R_2 - \frac{R_2-R_1}{\pi}\alpha, \ d\alpha = \frac{-\pi}{R_2-R_1}dR, \ dR = -\frac{R_2-R_1}{\pi}d\alpha \tag{D-5}$$

令$C = (R_2-R_1)/\pi$,则

$$dR = -C\,d\alpha, \ R = R_2 - C\alpha, \ C\alpha_a = R_2-R_a, \ C\alpha_a' = R_2-R_a' \tag{D-6}$$

D.1 求解 I_1

由 B 中的式(B-6),可知

$$I_1 = C(R_a\sin\alpha_a - R_a'\sin\alpha_a') - C^2(\cos\alpha_a - \cos\alpha_a') \tag{D-7}$$

D.2 求解 I_2

将换元后的被积表达式及积分区间代入原定积分I_2,得

$$I_2 = -C\int_{\alpha_a}^{\alpha_a'}(R_2 - C\alpha)\cos^2\alpha \, \mathrm{d}\alpha = C\int_{\alpha_a'}^{\alpha_a}(R_2 - C\alpha)\cos^2\alpha \, \mathrm{d}\alpha \tag{D-8}$$

$$= C\left(R_2\int_{\alpha_a'}^{\alpha_a}\cos^2\alpha \, \mathrm{d}\alpha - C\int_{\alpha_a'}^{\alpha_a}\alpha\cos^2\alpha \, \mathrm{d}\alpha\right)$$

其中

$$\cos^2\alpha = \frac{1}{2}(\cos 2\alpha + 1) \tag{D-9}$$

则

$$\int_{\alpha_a'}^{\alpha_a}\cos^2\alpha \, \mathrm{d}\alpha = \frac{1}{2}\int_{\alpha_a'}^{\alpha_a}(1+\cos 2\alpha)\mathrm{d}\alpha = \frac{1}{2}\left(\alpha\Big|_{\alpha_a'}^{\alpha_a} + \frac{1}{2}\sin 2\alpha\Big|_{\alpha_a'}^{\alpha_a}\right)$$

$$= \frac{1}{2}\left[\alpha_a - \alpha_a' + \frac{1}{2}(\sin 2\alpha_a - \sin 2\alpha_a')\right] \tag{D-10}$$

$$\int_{\alpha_a'}^{\alpha_a}\alpha\cos^2\alpha \, \mathrm{d}\alpha = \frac{1}{2}\int_{\alpha_a'}^{\alpha_a}\alpha(1+\cos 2\alpha)\mathrm{d}\alpha = \frac{1}{2}\left(\int_{\alpha_a'}^{\alpha_a}\alpha \, \mathrm{d}\alpha + \int_{\alpha_a'}^{\alpha_a}\alpha\cos 2\alpha \, \mathrm{d}\alpha\right)$$

$$= \frac{1}{2}\left[\frac{1}{2}(\alpha_a^2 - \alpha_a'^2) + \frac{1}{2}\alpha\sin 2\alpha\Big|_{\alpha_a'}^{\alpha_a} - \frac{1}{2}\int_{\alpha_a'}^{\alpha_a}\sin 2\alpha \, \mathrm{d}\alpha\right]$$

$$= \frac{1}{4}\left(\alpha_a^2 - \alpha_a'^2 + \alpha_a\sin 2\alpha_a - \alpha_a'\sin 2\alpha_a' + \frac{1}{2}\cos 2\alpha\Big|_{\alpha_a'}^{\alpha_a}\right) \tag{D-11}$$

$$= \frac{1}{4}\left[\alpha_a^2 - \alpha_a'^2 + \alpha_a\sin 2\alpha_a - \alpha_a'\sin 2\alpha_a' + \frac{1}{2}(\cos 2\alpha_a - \cos 2\alpha_a')\right]$$

将式(D-10)、式(D-11)代入式(D-8),得

$$I_2 = C\left\{\frac{1}{2}R_2\left[\alpha_a - \alpha_a' + \frac{1}{2}(\sin 2\alpha_a - \sin 2\alpha_a')\right]\right.$$

$$\left. - \frac{1}{4}C\left[\alpha_a^2 - \alpha_a'^2 + \alpha_a\sin 2\alpha_a - \alpha_a'\sin 2\alpha_a' + \frac{1}{2}(\cos 2\alpha_a - \cos 2\alpha_a')\right]\right\}$$

$$= C\left\{\frac{1}{2}R_2(\alpha_a - \alpha_a') + \frac{1}{4}(R_a\sin 2\alpha_a - R_a'\sin 2\alpha_a') - \frac{1}{4}C\left[\alpha_a^2 - \alpha_a'^2 + \frac{1}{2}(\cos 2\alpha_a - \cos 2\alpha_a')\right]\right\} \tag{D-12}$$

D.3　求解 I_3

将换元后的被积表达式及积分区间代入原定积分 I_3,得

$$I_3 = -C\int_{\alpha_a}^{\alpha_a'}(R_2 - C\alpha)\cos^3\alpha \, \mathrm{d}\alpha = C\int_{\alpha_a'}^{\alpha_a}(R_2 - C\alpha)\cos^3\alpha \, \mathrm{d}\alpha$$

$$= C\left(R_2\int_{\alpha_a'}^{\alpha_a}\cos^3\alpha \, \mathrm{d}\alpha - C\int_{\alpha_a'}^{\alpha_a}\alpha\cos^3\alpha \, \mathrm{d}\alpha\right) \tag{D-13}$$

以下分别求解 $\int_{\alpha_a'}^{\alpha_a}\cos^3\alpha \, \mathrm{d}\alpha$, $\int_{\alpha_a'}^{\alpha_a}\alpha\cos^3\alpha \, \mathrm{d}\alpha$。其中

$$\cos^3\alpha = \cos^2\alpha \cdot \cos\alpha = (1-\sin^2\alpha)\cos\alpha \tag{D-14}$$

则

$$\int_{\alpha_a'}^{\alpha_a}\cos^3\alpha \, \mathrm{d}\alpha = \int_{\alpha_a'}^{\alpha_a}(1-\sin^2\alpha)\cos\alpha \, \mathrm{d}\alpha = \int_{\alpha_a'}^{\alpha_a}(1-\sin^2\alpha)\mathrm{d}(\sin\alpha) = \left(\sin\alpha - \frac{1}{3}\sin^3\alpha\right)\Big|_{\alpha_a'}^{\alpha_a}$$

$$= \sin\alpha_a - \sin\alpha_a' - \frac{1}{3}(\sin^3\alpha_a - \sin^3\alpha_a') \tag{D-15}$$

对于 $\int_{\alpha'_a}^{\alpha_a} \alpha\cos^3\alpha\,\mathrm{d}\alpha$，借用式(D-15)的结果，采用分部积分法，令

$$u=\alpha,\quad \mathrm{d}v=\cos^3\alpha\,\mathrm{d}\alpha \tag{D-16}$$

则

$$\mathrm{d}u=\mathrm{d}\alpha,\quad v=\sin\alpha-\frac{1}{3}\sin^3\alpha$$

$$
\begin{aligned}
\int_{\alpha'_a}^{\alpha_a}\alpha\cos^3\alpha\,\mathrm{d}\alpha &= \alpha\left(\sin\alpha-\frac{1}{3}\sin^3\alpha\right)\Big|_{\alpha'_a}^{\alpha_a}-\int_{\alpha'_a}^{\alpha_a}\left(\sin\alpha-\frac{1}{3}\sin^3\alpha\right)\mathrm{d}\alpha \\
&= \alpha\left(\sin\alpha-\frac{1}{3}\sin^3\alpha\right)\Big|_{\alpha'_a}^{\alpha_a}+\cos\alpha\Big|_{\alpha'_a}^{\alpha_a}+\frac{1}{3}\int_{\alpha'_a}^{\alpha_a}\sin^2\alpha\cdot\sin\alpha\,\mathrm{d}\alpha \\
&= \alpha\left(\sin\alpha-\frac{1}{3}\sin^3\alpha\right)\Big|_{\alpha'_a}^{\alpha_a}+\cos\alpha\Big|_{\alpha'_a}^{\alpha_a}-\frac{1}{3}\int_{\alpha'_a}^{\alpha_a}(1-\cos^2\alpha)\mathrm{d}(\cos\alpha) \\
&= \alpha\left(\sin\alpha-\frac{1}{3}\sin^3\alpha\right)\Big|_{\alpha'_a}^{\alpha_a}+\cos\alpha\Big|_{\alpha'_a}^{\alpha_a}-\frac{1}{3}\cos\alpha\Big|_{\alpha'_a}^{\alpha_a}+\frac{1}{9}\cos^3\alpha\Big|_{\alpha'_a}^{\alpha_a} \\
&= \alpha_a\left(\sin\alpha_a-\frac{1}{3}\sin^3\alpha_a\right)-\alpha'_a\left(\sin\alpha'_a-\frac{1}{3}\sin^3\alpha'_a\right)+\frac{2}{3}(\cos\alpha_a-\cos\alpha'_a)+\frac{1}{9}(\cos^3\alpha_a-\cos^3\alpha'_a) \\
&= \alpha_a\sin\alpha_a-\alpha'_a\sin\alpha'_a-\frac{1}{3}(\alpha_a\sin^3\alpha_a-\alpha'_a\sin^3\alpha'_a)+\frac{2}{3}(\cos\alpha_a-\cos\alpha'_a)+\frac{1}{9}(\cos^3\alpha_a-\cos^3\alpha'_a)
\end{aligned}
\tag{D-17}
$$

将式(D-15)、式(D-17)代入式(D-13)，得

$$
\begin{aligned}
I_3 &= C\left\{R_2\left[\sin\alpha_a-\sin\alpha'_a-\frac{1}{3}(\sin^3\alpha_a-\sin^3\alpha'_a)\right]-C\left[\alpha_a\sin\alpha_a-\alpha'_a\sin\alpha'_a-\frac{1}{3}(\alpha_a\sin^3\alpha_a-\alpha'_a\sin^3\alpha'_a)\right.\right. \\
&\quad \left.\left.+\frac{2}{3}(\cos\alpha_a-\cos\alpha'_a)+\frac{1}{9}(\cos^3\alpha_a-\cos^3\alpha'_a)\right]\right\} \\
&= C\left[(R_a\sin\alpha_a-R'_a\sin\alpha'_a)-\frac{1}{3}(R_a\sin^3\alpha_a-R'_a\sin^3\alpha'_a)\right]-C^2\left[\frac{2}{3}(\cos\alpha_a-\cos\alpha'_a)+\frac{1}{9}(\cos^3\alpha_a-\cos^3\alpha'_a)\right]
\end{aligned}
\tag{D-18}
$$

D.4　弧形区域接收剪切层动能

将式(D-7)、式(D-12)、式(D-18)代入式(D-3)，得弧形接收区域剪切层动能为

$$
\begin{aligned}
E_{\mathrm{ma}}(R_a,R'_a) &= \frac{1}{8}\frac{\pi\beta_{\mathrm{eq}}}{180}\rho v_0^3\left\{\frac{1}{2}(R'^2_a-R_a^2)+\frac{3}{2}CR_2(\alpha_a-\alpha'_a)+\frac{3}{4}C(R_a\sin2\alpha_a-R'_a\sin2\alpha'_a)\right. \\
&\quad +C\left[R'_a\sin\alpha'_a\left(4-\frac{1}{3}\sin^2\alpha'_a\right)-R_a\sin\alpha_a\left(4-\frac{1}{3}\sin^2\alpha_a\right)\right] \\
&\quad -\frac{3}{4}C^2\left[\alpha_a^2-\alpha'^2_a+\frac{1}{2}(\cos2\alpha_a-\cos2\alpha'_a)\right] \\
&\quad \left.+C^2\left[\frac{1}{9}(\cos^3\alpha_a-\cos^3\alpha'_a)+\frac{11}{3}(\cos\alpha_a-\cos\alpha'_a)\right]\right\}
\end{aligned}
\tag{D-19}
$$

3) 偏心环形接收区域剪切层动能

如图2-5b所示，剪切层接收区域为偏心环形。按照图2-9分析，偏心环形可看作环形

与弧形的组合,则该区域的动能可分别求取,而后相加即可。其中环形剪切层接收区域的内边界为半径为 R_c 的圆,外边界为半径为 R_c' 的圆,一般 R_c 即为 R_1;弧形区域内边界与半径为 R_a 的圆相切,外边界与半径为 R_a' 的圆相切,显然 R_c' 与 R_a 相等。到达偏心环形接收区域的剪切层动能为

$$E_{mec} = E_{mc} + E_{ma} \tag{2-57}$$

将环形剪切层动能式(2-54)、弧形剪切层动能式(2-56)代入上式,即得偏心环形接收区域的剪切层动能为

$$E_{mec}(R_1,\ R_c';\ R_a,\ R_a') = E_{mc}(R_1,\ R_c') + E_{ma}(R_a,\ R_a') \tag{2-58}$$

4)橄榄形接收区域剪切层动能

如图 2-5d 所示,剪切层接收区域为橄榄形。按照图 2-10 展开分析。假设该接收区域的内边界与半径为 R_o 的圆相切,外边界与半径为 R_o' 的圆相切。微元面积 dA_o 等于半径为 $R+dR$ 的圆与接收孔的重叠面积减去半径为 R 的圆与接收孔的重叠面积,即微元面积 dA_o 为弧元面积,则橄榄形接收区域剪切层动能与弧形接收区域剪切层动能计算方法相同,即橄榄形接收区域剪切层动能为

$$E_{mo} = E_{ma} \tag{2-59}$$

将弧形剪切层动能式(2-56)代入上式,可得

$$\begin{aligned}
E_{mo}(R_o,\ R_o') = \frac{1}{8}\frac{\pi\beta_{eq}}{180}\rho v_0^3 &\left\{ \frac{1}{2}(R_o'^2 - R_o^2) + \frac{3}{2}CR_2(\alpha_o - \alpha_o') + \frac{3}{4}C(R_o\sin 2\alpha_o - R_o'\sin 2\alpha_o') \right.\\
&+ C\left[R_o'\sin\alpha_o'\left(4 - \frac{1}{3}\sin^2\alpha_o'\right) - R_o\sin\alpha_o\left(4 - \frac{1}{3}\sin^2\alpha_o\right) \right]\\
&- \frac{3}{4}C^2\left[\alpha_o^2 - \alpha_o'^2 + \frac{1}{2}(\cos 2\alpha_o - \cos 2\alpha_o') \right]\\
&\left. + C^2\left[\frac{1}{9}(\cos^3\alpha_o - \cos^3\alpha_o') + \frac{11}{3}(\cos\alpha_o - \cos\alpha_o') \right] \right\}
\end{aligned} \tag{2-60}$$

2.2.4 静态特性

经上述分析可知,三通射流管阀的空载流量及断载压力函数可以分别表示为

$$Q_r = f_1(R_n,\ R_r,\ L,\ P_s,\ x)$$
$$P_r = f_2(R_n,\ R_r,\ L,\ P_s,\ x)$$

其中,喷嘴半径 R_n、接收孔半径 R_r、喷嘴与接收器的距离 L 均为结构参数,在结构确定的情况下,上述三项参数为常数。在供油压力 P_s 恒定时,空载流量 Q_r 与断载压力 P_r 便仅与喷嘴摆动距离 x 相关。

经前两节分析可知,当喷嘴与接收器之间距离 L 一定时,在射流喷嘴的全偏移行程内,接收器的接收区域有所不同,空载接收流量、断载恢复压力计算方法则因之而异。由图 2-2 可知,在射流喷嘴尺寸不变的前提下,随着喷嘴与接收器之间距离 L 的变大,射流流束剪切层的

外边界半径 R_2 不断扩大,内边界半径 R_1 不断减小。则相同半径的接收器处在不同射流断面内时,接收区域的边界不一致,则接收流量计算方法也有所区别。故此首先应根据三通射流管阀的结构参数进行类型划分。

2.2.4.1　射流口与接收口配合类型

令射流内边界宽度为 0,即

$$R_1 = 0 \tag{2-61}$$

此时,由式(2-1)可得等速核心区的长度为

$$L = 9.79R_n \tag{2-62}$$

令剪切层宽度与等速核心区直径相同,即

$$R_2 - R_1 = 2R_1 \tag{2-63}$$

可得射流断面与喷嘴之间的距离为

$$L = 3.964R_n \tag{2-64}$$

由此,假定射流喷嘴半径 R_n 不变,根据接收器半径 R_r 的变化、接收孔与喷嘴间距 L 的变化划分,可得10种不同规格的三通射流管阀。如图2-2所示,当接收孔与喷嘴间距 $R_n < L \leqslant 3.964R_n$ 时,按照接收孔尺寸由小到大,包括下列五种:

(1) Ⅰ型,$0 < R_r \leqslant (R_2 - R_1)/2$。

(2) Ⅱ型,$(R_2 - R_1)/2 < R_r \leqslant R_1$。

(3) Ⅲ型,$R_1 < R_r \leqslant (R_2 + R_1)/2$。

(4) Ⅳ型,$(R_2 + R_1)/2 < R_r \leqslant R_2$。

(5) Ⅴ型,$R_r > R_2$。

如图2-2所示,当接收孔与喷嘴间距 $3.964R_n < L \leqslant 9.79R_n$ 时,按照接收孔尺寸由小到大,包括下列五种:

(1) Ⅵ型,$0 < R_r \leqslant R_1$。

(2) Ⅶ型,$R_1 < R_r \leqslant (R_2 - R_1)/2$。

(3) Ⅷ型,$(R_2 - R_1)/2 < R_r \leqslant (R_2 + R_1)/2$。

(4) Ⅸ型,$(R_2 + R_1)/2 < R_r \leqslant R_2$。

(5) Ⅹ型,$R_r > R_2$。

以下在射流喷嘴的全偏移行程内,分别对各型三通射流管阀的空载接收流量、断载恢复压力特性展开分析。

2.2.4.2　空载接收流量与断载压力特性

1) Ⅰ型三通射流管阀

射流喷嘴半径 R_n 为定值,接收孔半径 $0 < R_r \leqslant (R_2 - R_1)/2$,接收孔与喷嘴间距 $R_n < L \leqslant 3.964R_n$。根据接收孔接收区域的变化,可将射流喷嘴的偏移行程划分为六个阶段,如图2-12所示。

(1) 当射流喷嘴偏移量 $x = 0$ 时(图2-12a),接收器的接收流量为圆形等速核心区流量,即

$$Q_r = Q_{pc} \tag{2-65}$$

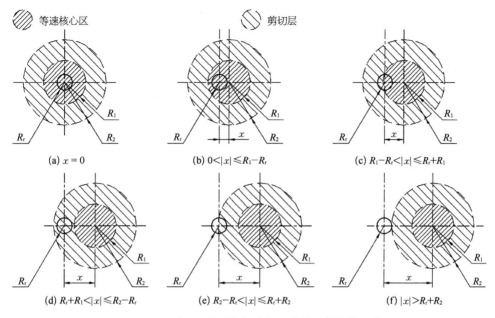

图 2 - 12　Ⅰ型三通射流管阀全行程内的流量接收示意图

圆形等速核心区边界为接收孔半径 R_r,由式(2-11)可得

$$Q_{pc} = v_0 \pi R_r^2 \qquad (2-66)$$

将式(2-66)代入式(2-65),得此时接收器的接收流量为

$$Q_r = v_0 \pi R_r^2 \qquad (2-67)$$

再求其断载恢复压力,此时射流动能为圆形等速核心区动能,即

$$E_r = E_{pc} \qquad (2-68)$$

圆形等速核心区边界为接收孔半径 R_r,由式(2-50)可得

$$E_{pc} = \frac{\rho}{2} v_0^3 \pi R_r^2 \qquad (2-69)$$

将式(2-69)代入式(2-68),得此时到达接收孔的射流动能为

$$E_r = \frac{\rho}{2} v_0^3 \pi R_r^2 \qquad (2-70)$$

此时,接收面积为

$$A_j = A_r = \pi R_r^2 \qquad (2-71)$$

将式(2-67)、式(2-70)、式(2-71)代入断载恢复压力通式(2-46),得

$$P_r = P_e + \frac{\rho}{2} v_0^2 \qquad (2-72)$$

(2)当射流喷嘴偏移量 $0 < |x| \leqslant R_1 - R_r$ 时(图 2-12b),接收器的接收区域仍为圆形等速核心区,圆形等速核心区接收区域半径为 R_r,接收面积见式(2-71),则总接收流量见式

(2-67),断载恢复压力见式(2-72)。

(3) 当射流喷嘴偏移量 $R_1 - R_r < |x| \leqslant R_r + R_1$ 时(图 2-12c),接收区域为橄榄形等速核心区和弧形剪切层之和,则总的接收流量为

$$Q_r = Q_{po} + Q_{ma} \tag{2-73}$$

橄榄形等速核心区接收流量见式(2-23)。弧形剪切层接收区域内边界与半径为 R_1 的圆相切,外边界与半径为 $R_r + x$ 的圆相切,则其边界条件可写为

$$\left.\begin{array}{l} R_a = R_1 \\ R'_a = R_r + x \end{array}\right\} \tag{2-74}$$

将弧形剪切层接收区域边界条件代入式(2-37),得弧形区域剪切层接收流量为

$$Q_{ma}(R_1, R_r + x) = v_0 \frac{\pi\beta_{eq}}{180} \left\{ \frac{1}{2}\left[(R_r + x)^2 - R_1^2\right] + C(R_r + x)\sin\alpha_1 - C^2(1 + \cos\alpha_1) \right\} \tag{2-75}$$

其中,$\alpha_1 = (R_2 - R_r - x)\pi/(R_2 - R_1)$。

将式(2-23)、式(2-75)代入式(2-73),得总接收流量为

$$Q_r = Q_{po}(R_r, R_1, x) + Q_{ma}(R_1, R_r + x) \tag{2-76}$$

由于接收区域为橄榄形等速核心区和弧形剪切层之和,则总射流动能为

$$E_r = E_{po} + E_{ma} \tag{2-77}$$

橄榄形等速核心区射流动能见式(2-51)。将弧形剪切层接收区域边界条件代入式(2-56),得

$$\begin{aligned} E_{ma}(R_1, R_r + x) = \frac{1}{8} \frac{\pi\beta_{eq}}{180} \rho v_0^3 \Bigg\{ & \frac{1}{2}\left[(R_r + x)^2 - R_1^2\right] + \frac{3}{2}CR_2(\pi - \alpha_1) - \frac{3}{4}C(R_r + x)\sin 2\alpha_1 \\ & + C(R_r + x)\left(4\sin\alpha_1 - \frac{1}{3}\sin^3\alpha_1\right) - C^2\left(\frac{1}{9}\cos^3\alpha_1 + \frac{11}{3}\cos\alpha_1 + \frac{34}{9}\right) \\ & - \frac{3}{4}C^2\left[\pi^2 - \alpha_1^2 + \frac{1}{2}(1 - \cos 2\alpha_1)\right] \Bigg\} \end{aligned} \tag{2-78}$$

将式(2-51)、式(2-78)代入式(2-77),得到达接收孔界面的射流总动能为

$$E_r = E_{po}(R_r, R_1, x) + E_{ma}(R_1, R_r + x) \tag{2-79}$$

此时,如式(2-71)所示,$A_j = A_r = \pi R_r^2$。

将式(2-71)、式(2-76)、式(2-79)代入断载恢复压力通式(2-46),得

$$P_r = P_e + \frac{E_{po}(R_r, R_1, x) + E_{ma}(R_1, R_r + x)}{Q_{po}(R_r, R_1, x) + Q_{ma}(R_1, R_r + x)} \tag{2-80}$$

(4) 当射流喷嘴偏移量 $R_r + R_1 < |x| \leqslant R_2 - R_r$ 时(图 2-12d),接收流量为圆形剪切层流量。经分析知圆形剪切层流量与橄榄形剪切层流量计算并无不同,而橄榄形剪切层流量与弧形剪切层流量计算方法相同,则总的接收流量为

$$Q_r = Q_{ma} \tag{2-81}$$

圆形剪切层接收区域内边界与半径为 $x - R_r$ 的圆相切,外边界与半径为 $x + R_r$ 的圆相切,则其边界条件可写作

$$\left. \begin{array}{l} R_a = x - R_r \\ R'_a = x + R_r \end{array} \right\} \tag{2-82}$$

将圆形剪切层边界条件式(2-82)代入弧形剪切层流量计算通式(2-37),再代入式(2-81),得总接收流量为

$$
\begin{aligned}
Q_r &= Q_{ma}(x - R_r,\ x + R_r) \\
&= v_0 \frac{\pi \beta_{eq}}{180} \{ 2xR_r - C[(x - R_r)\sin \alpha_2 - (x - R_r)\sin \alpha_1] + C^2(\cos \alpha_2 - \cos \alpha_1) \}
\end{aligned} \tag{2-83}
$$

其中,$\alpha_2 = (R_2 + R_r - x)\pi/(R_2 - R_1)$。

再求其断载恢复压力,此时到达接收孔界面的射流动能为圆形剪切层动能,则射流总动能为

$$E_r = E_{ma} \tag{2-84}$$

将圆形剪切层边界条件式(2-82)代入式(2-56),再代入式(2-84),得射流总动能为

$$
\begin{aligned}
E_r &= E_{ma}(x - R_r,\ x + R_r) \\
&= \frac{1}{8} \frac{\pi \beta_{eq}}{180} \rho v_0^3 \Big\{ 2R_r x + \frac{3}{2} C R_2 (\alpha_2 - \alpha_1) + \frac{3}{4} C[(x - R_r)\sin 2\alpha_2 - (x + R_r)\sin 2\alpha_1] \\
&\quad + C\Big[(x + R_r)\Big(4\sin \alpha_1 - \frac{1}{3}\sin^3 \alpha_1 \Big) - (x - R_r)\Big(4\sin \alpha_2 - \frac{1}{3}\sin^3 \alpha_2 \Big) \Big] \\
&\quad - \frac{3}{4} C^2 \Big[\alpha_2^2 - \alpha_1^2 + \frac{1}{2}(\cos 2\alpha_2 - \cos 2\alpha_1) \Big] \\
&\quad + C^2 \Big[\frac{1}{9}(\cos^3 \alpha_2 - \cos^3 \alpha_1) + \frac{11}{3}(\cos \alpha_2 - \cos \alpha_1) \Big] \Big\}
\end{aligned} \tag{2-85}
$$

此时,如式(2-71)所示,$A_j = A_r = \pi R_r^2$。

将式(2-71)、式(2-83)、式(2-85)代入断载恢复压力通式(2-46),得

$$P_r = P_e + \frac{E_{ma}(x - R_r,\ x + R_r)}{Q_{ma}(x - R_r,\ x + R_r)} \tag{2-86}$$

(5) 当射流喷嘴偏移量 $R_2 - R_r < |x| \leqslant R_r + R_2$ 时(图 2-12e),接收流量为橄榄形剪切层流量,与弧形剪切层流量计算方法相同,则总的接收流量通式同式(2-81)。橄榄形剪切层接收区域内边界与半径为 $x - R_r$ 的圆相切,外边界半径为 R_2,则其边界条件可写作

$$\left. \begin{array}{l} R_o = x - R_r \\ R'_o = R_2 \end{array} \right\} \tag{2-87}$$

将橄榄形剪切层接收区域边界条件代入橄榄形剪切层流量计算通式(2-41),再代入式(2-81),得总接收流量为

$$Q_{\mathrm{r}} = Q_{\mathrm{mo}}(x-R_{\mathrm{r}}, R_2) = v_0 \frac{\pi \beta_{\mathrm{eq}}}{180} \left\{ \frac{1}{2} [R_2^2 - (x-R_{\mathrm{r}})^2] - C(x-R_{\mathrm{r}})\sin\alpha_2 + C^2(\cos\alpha_2 - 1) \right\}$$

$$(2-88)$$

再求其断载恢复压力,此时到达接收孔界面的射流动能为橄榄形剪切层动能,与弧形剪切层动能相同,则射流总动能通式见式(2-84)。将橄榄形剪切层接收区域边界条件代入式(2-60),再代入式(2-84),得射流总动能为

$$
\begin{aligned}
E_{\mathrm{r}} &= E_{\mathrm{mo}}(x-R_{\mathrm{r}}, R_2) \\
&= \frac{1}{8} \frac{\pi \beta_{\mathrm{eq}}}{180} \rho v_0^3 \left\{ \frac{1}{2} [R_2^2 - (x-R_{\mathrm{r}})^2] + \frac{3}{2} C R_2 \alpha_2 + \frac{3}{4} C(x-R_{\mathrm{r}})\sin 2\alpha_2 \right. \\
&\quad - C(x-R_{\mathrm{r}})\left(4\sin\alpha_2 - \frac{1}{3}\sin^3\alpha_2\right) + C^2\left(\frac{1}{9}\cos^3\alpha_2 + \frac{11}{3}\cos\alpha_2 - \frac{34}{9}\right) \\
&\quad \left. - \frac{3}{4} C^2 \left[\alpha_2^2 + \frac{1}{2}(\cos 2\alpha_2 - 1)\right] \right\}
\end{aligned}
$$

$$(2-89)$$

此时,借用上节中橄榄形接收区域面积的计算方法,射流接收界面面积 A_{j} 求解如下:

$$\theta_3 = \arccos[(x^2 + R_{\mathrm{r}}^2 - R_2^2)/2xR_{\mathrm{r}}] \qquad (2-90)$$

$$\beta_3 = \arccos[(x^2 + R_2^2 - R_{\mathrm{r}}^2)/2xR_2] \qquad (2-91)$$

射流接收界面面积为

$$A_{\mathrm{j}}(R_{\mathrm{r}}, R_2, x) = \pi R_{\mathrm{r}}^2(\theta_3/180) + \pi R_2^2(\beta_3/180) - xR_{\mathrm{r}}\sin\theta_3 \qquad (2-92)$$

将式(2-88)、式(2-89)、式(2-92)代入断载恢复压力通式(2-46),得断载恢复压力为

$$P_{\mathrm{r}} = P_{\mathrm{e}} + \left\{ 1 - \left[1 - \frac{A_{\mathrm{j}}(R_{\mathrm{r}}, R_2, x)}{\pi R_{\mathrm{r}}^2} \right]^2 \right\} \frac{E_{\mathrm{mo}}(x-R_{\mathrm{r}}, R_2)}{Q_{\mathrm{mo}}(x-R_{\mathrm{r}}, R_2)} \qquad (2-93)$$

(6) 当射流喷嘴偏移量 $|x| > R_{\mathrm{r}} + R_2$ 时(图 2-12f),接收器的接收口与射流断面不再有交集,则接收流量为

$$Q_{\mathrm{r}} = 0 \qquad (2-94)$$

此时接收孔内无能量输入,则断载恢复压力即为环境压力 P_{e}:

$$P_{\mathrm{r}} = P_{\mathrm{e}} \qquad (2-95)$$

2) Ⅱ型三通射流管阀

射流喷嘴半径 R_{n} 为定值,接收孔半径 $(R_2 - R_1)/2 < R_{\mathrm{r}} \leqslant R_1$,接收孔与喷嘴间距 $R_{\mathrm{n}} < L \leqslant 3.964 R_{\mathrm{n}}$。根据接收孔接收区域的变化,可将射流喷嘴的偏移行程划分为六个阶段,如图 2-13 所示。

(1) 当射流喷嘴偏移量 $x = 0$ 时(图 2-13a),接收器的接收区域为圆形等速核心区,边界为接收孔半径 R_{r},则接收流量同式(2-67),接收能量同式(2-70),射流接收面积见式(2-71),则断载恢复压力同式(2-72)。

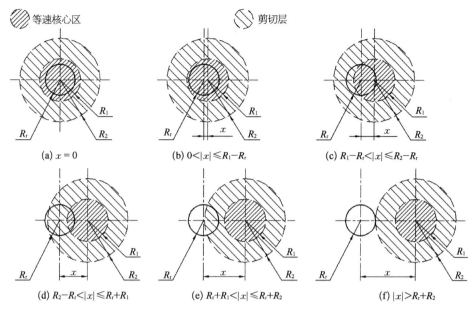

图 2-13　Ⅱ型三通射流管阀全行程内的流量接收示意图

(2) 当射流喷嘴偏移量 $0<|x|\leqslant R_1-R_r$ 时(图 2-13b),接收器的接收区域仍为圆形等速核心区,边界为接收孔半径 R_r,则接收流量见式(2-67),接收能量同式(2-70),射流接收面积见式(2-71),则断载恢复压力见式(2-72)。

(3) 当射流喷嘴偏移量 $R_1-R_r<|x|\leqslant R_2-R_r$ 时(图 2-13c),接收器的接收区域为橄榄形等速核心区和弧形剪切层之和。

橄榄形等速核心区面积同式(2-22);弧形剪切层接收区域边界条件同式(2-74),则总接收流量计算式同式(2-76),射流总动能计算式同式(2-79);接收面积见式(2-71),则断载恢复压力同式(2-80)。

(4) 当射流喷嘴偏移量 $R_2-R_r<|x|\leqslant R_r+R_1$ 时(图 2-13d),接收流量为橄榄形等速核心区流量与弧形剪切层流量之和,则总的接收流量通式见式(2-73)。

橄榄形等速核心区接收流量见式(2-23)。弧形剪切层接收区域内边界与半径为 R_1 的圆相切,外边界与半径为 R_2 的圆相切,则其边界条件可写作

$$\left.\begin{array}{l}R_a=R_1\\R'_a=R_2\end{array}\right\} \tag{2-96}$$

将弧形剪切层接收区域边界条件式代入式(2-37),得

$$Q_{ma}(R_1, R_2)=v_0 \frac{\pi\beta_{eq}}{180}\left[\frac{1}{2}(R_2^2-R_1^2)-2C^2\right] \tag{2-97}$$

将式(2-23)、式(2-97)代入式(2-73),得总接收流量为

$$Q_r=Q_{po}(R_r, R_1, x)+Q_{ma}(R_1, R_2) \tag{2-98}$$

再求其断载恢复压力,此时到达接收孔界面的射流动能为橄榄形等速核心区和弧形剪切层动能之和,则总射流动能通式同式(2-77)。

橄榄形等速核心区射流动能见式(2-51)。将弧形剪切层接收区域边界条件代入式(2-56)，得弧形接收区域剪切层动能为

$$E_{\text{ma}}(R_1, R_2) = \frac{1}{8} \frac{\pi \beta_{\text{eq}}}{180} \rho v_0^3 \left[\frac{5}{4}(R_2^2 - R_1^2) - \frac{68}{9} C^2 \right] \tag{2-99}$$

将式(2-51)、式(2-99)代入式(2-77)，得到达接收孔界面的射流总动能为

$$E_{\text{r}} = E_{\text{po}}(R_{\text{r}}, R_1, x) + E_{\text{ma}}(R_1, R_2) \tag{2-100}$$

借用橄榄形接收区域面积的计算方法，可求得射流接收界面面积 A_{j}，见式(2-92)。将接收面积式(2-92)、总接收流量式(2-98)、射流总动能式(2-100)代入断载恢复压力通式(2-46)，得此时的断载恢复压力为

$$P_{\text{r}} = P_{\text{e}} + \left\{ 1 - \left[1 - \frac{A_{\text{j}}(R_{\text{r}}, R_2, x)}{\pi R_{\text{r}}^2} \right]^2 \right\} \frac{E_{\text{po}}(R_{\text{r}}, R_1, x) + E_{\text{ma}}(R_1, R_2)}{Q_{\text{po}}(R_{\text{r}}, R_1, x) + Q_{\text{ma}}(R_1, R_2)}$$

$$\tag{2-101}$$

（5）当射流喷嘴偏移量 $R_{\text{r}} + R_1 < |x| \leqslant R_{\text{r}} + R_2$ 时（图2-13e），接收区域为橄榄形剪切层，橄榄形剪切层接收区域边界条件与式(2-87)相同，则总接收流量表达式同式(2-88)，射流总动能同式(2-89)，射流接收界面面积 A_{j} 见式(2-92)，断载恢复压力同式(2-93)。

（6）当射流喷嘴偏移量 $|x| > R_{\text{r}} + R_2$ 时（图2-13f），接收器的接收口与射流断面不再有交集，则接收流量为0，同式(2-94)。此时接收孔内无能量输入，则断载恢复压力即为环境压力 P_{e}，同式(2-95)。

3）Ⅲ型三通射流管阀

射流喷嘴半径 R_{n} 为定值，接收孔半径 $R_1 < R_{\text{r}} \leqslant (R_2 + R_1)/2$，接收孔与喷嘴间距 $R_{\text{n}} < L \leqslant 3.964 R_{\text{n}}$。根据接收孔接收区域的变化，可将射流喷嘴的偏移行程划分为六个阶段，如图2-14所示。

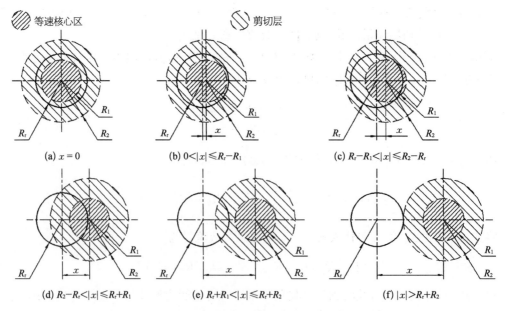

图2-14　Ⅲ型三通射流管阀全行程内的流量接收示意图

（1）当射流喷嘴偏移量 $x=0$ 时（图 2-14a），接收器的接收流量为圆形等速核心区与环形剪切层流量之和，即

$$Q_r = Q_{pc} + Q_{mc} \qquad (2-102)$$

其中圆形等速核心区半径为 R_1，则由式（2-11）得

$$Q_{pc}(R_1) = v_0 \pi R_1^2 \qquad (2-103)$$

环形剪切层区域内边界与半径为 R_1 的圆相切，外边界与半径为 R_r 的圆相切，则其边界条件可写作

$$\left.\begin{array}{l} R_c = R_1 \\ R'_c = R_r \end{array}\right\} \qquad (2-104)$$

将环形剪切层区域边界条件代入式（2-30），得

$$Q_{mc}(R_1, R_r) = \pi v_0 \left[\frac{1}{2}(R_r^2 - R_1^2) + CR_r \sin \alpha_3 - C^2(1 + \cos \alpha_3) \right] \qquad (2-105)$$

其中，$\alpha_3 = (R_2 - R_r)\pi/(R_2 - R_1)$。

将式（2-103）、式（2-105）代入式（2-102），得总接收流量为

$$Q_r = Q_{pc}(R_1) + Q_{mc}(R_1, R_r) \qquad (2-106)$$

再求其断载恢复压力，此时到达接收孔界面的射流动能为圆形等速核心区和环形剪切层动能之和，即总射流动能为

$$E_r = E_{pc} + E_{mc} \qquad (2-107)$$

圆形等速核心区半径为 R_1，则由式（2-50）得

$$E_{pc}(R_1) = \frac{\rho}{2} v_0^3 \pi R_1^2 \qquad (2-108)$$

将环形剪切层区域边界条件代入环形剪切层动能通式（2-54），得

$$\begin{aligned} E_{mc}(R_1, R_r) = \frac{\pi \rho v_0^3}{8} &\left\{ \frac{1}{2}(R_r^2 - R_1^2) + \frac{3}{2}C\left[R_2(\pi - \alpha_3) - \frac{1}{2}R_r \sin 2\alpha_3 \right] \right. \\ &+ CR_r \sin \alpha_3 \left(4 - \frac{1}{3}\sin^2 \alpha_3 \right) - C^2\left(\frac{1}{9}\cos^3 \alpha_3 + \frac{11}{3}\cos \alpha_3 + \frac{299}{72} \right) \\ &\left. - \frac{3}{4}C^2\left(\pi^2 - \alpha_3^2 - \frac{1}{2}\cos 2\alpha_3 \right) \right\} \end{aligned}$$

$$(2-109)$$

将式（2-108）、式（2-109）代入式（2-107），得到达接收孔界面的射流总动能为

$$E_r = E_{pc}(R_1) + E_{mc}(R_1, R_r) \qquad (2-110)$$

接收面积见式（2-71），$A_j = A_r = \pi R_r^2$。将接收面积式（2-71）、总接收流量式（2-106）、射流总动能式（2-110）代入断载恢复压力通式（2-46），得断载恢复压力为

$$P_r = P_e + \frac{E_{pc}(R_1) + E_{mc}(R_1, R_r)}{Q_{pc}(R_1) + Q_{mc}(R_1, R_r)} \qquad (2-111)$$

(2) 当射流喷嘴偏移量 $0 < |x| \leqslant R_r - R_1$ 时(图 2 - 14b),接收器的接收流量为圆形等速核心区与偏心环形剪切层流量之和。将偏心环形视为环形与弧形的组合,则总的接收流量为

$$Q_r = Q_{pc} + Q_{mc} + Q_{ma} \tag{2-112}$$

圆形等速核心区半径为 R_1,该部分接收流量表达式为式(2 - 103)。

环形剪切层区域内边界与半径为 R_1 的圆相切,外边界与半径为 $R_r - x$ 的圆相切,则其边界条件可写作

$$\left. \begin{array}{l} R_c = R_1 \\ R'_c = R_r - x \end{array} \right\} \tag{2-113}$$

将环形剪切层区域边界条件代入式(2 - 30),得环形区域剪切层接收流量为

$$Q_{mc}(R_1, R_r - x) = \pi v_0 \left\{ \frac{1}{2} \left[(R_r - x)^2 - R_1^2 \right] + C(R_r - x)\sin\alpha_4 - C^2(1 + \cos\alpha_4) \right\} \tag{2-114}$$

其中, $\alpha_4 = (R_2 - R_r + x)\pi/(R_2 - R_1)$。

弧形剪切层区域内边界与半径为 $R_r - x$ 的圆相切,外边界与半径为 $R_r + x$ 的圆相切,则其边界条件可写作

$$\left. \begin{array}{l} R_a = R_r - x \\ R'_a = R_r + x \end{array} \right\} \tag{2-115}$$

将弧形剪切层区域边界条件代入式(2 - 37),得弧形区域剪切层接收流量为

$$Q_{ma}(R_r - x, R_r + x)$$

$$= v_0 \frac{\pi\beta_{eq}}{180} \left\{ 2xR_r - C \left[(R_r - x)\sin\alpha_4 - (R_r + x)\sin\alpha_1 \right] + C^2(\cos\alpha_4 - \cos\alpha_1) \right\} \tag{2-116}$$

将式(2 - 103)、式(2 - 114)、式(2 - 116)代入式(2 - 112),得总的接收流量为

$$Q_r = Q_{pc}(R_1) + Q_{mc}(R_1, R_r - x) + Q_{ma}(R_r - x, R_r + x) \tag{2-117}$$

再求其断载恢复压力,此时到达接收孔界面的射流动能为圆形等速核心区和环形剪切层及弧形剪切层动能之和,即总射流动能为

$$E_r = E_{pc} + E_{mc} + E_{ma} \tag{2-118}$$

圆形等速核心区半径为 R_1,则该部分射流动能同式(2 - 108)。将环形剪切层区域边界条件代入环形剪切层动能通式(2 - 54),得

$$E_{mc}(R_1, R_r - x) = \frac{\pi\rho v_0^3}{8} \left\{ \frac{1}{2} \left[(R_r - x)^2 - R_1^2 \right] + \frac{3}{2} C \left[R_2(\pi - \alpha_4) - \frac{1}{2}(R_r - x)\sin 2\alpha_4 \right] \right.$$

$$+ C(R_r - x)\sin\alpha_4 \left(4 - \frac{1}{3}\sin^2\alpha_4 \right) - C^2 \left(\frac{1}{9}\cos^3\alpha_4 + \frac{11}{3}\cos\alpha_4 + \frac{299}{72} \right)$$

$$\left. - \frac{3}{4} C^2 \left(\pi^2 - \alpha_4^2 - \frac{1}{2}\cos 2\alpha_4 \right) \right\} \tag{2-119}$$

将弧形剪切层区域边界条件式代入弧形剪切层动能通式(2-56)，得

$$
\begin{aligned}
&E_{\mathrm{ma}}(R_{\mathrm{r}}-x,\ R_{\mathrm{r}}+x)\\
&=\frac{1}{8}\ \frac{\pi\beta_{\mathrm{eq}}}{180}\rho v_0^3\Bigg\{2xR_{\mathrm{r}}+\frac{3}{2}CR_2(\alpha_4-\alpha_1)+\frac{3}{4}C\big[(R_{\mathrm{r}}-x)\sin2\alpha_4-(R_{\mathrm{r}}+x)\sin2\alpha_1\big]\\
&\quad+C\Big[(R_{\mathrm{r}}+x)\Big(4\sin\alpha_1-\frac{1}{3}\sin^3\alpha_1\Big)-(R_{\mathrm{r}}-x)\Big(4\sin\alpha_4-\frac{1}{3}\sin^3\alpha_4\Big)\Big]\\
&\quad-\frac{3}{4}C^2\Big[\alpha_4^2-\alpha_1^2+\frac{1}{2}(\cos2\alpha_4-\cos2\alpha_1)\Big]\\
&\quad+C^2\Big[\frac{1}{9}(\cos^3\alpha_4-\cos^3\alpha_1)+\frac{11}{3}(\cos\alpha_4-\cos\alpha_1)\Big]\Bigg\}
\end{aligned}
$$
$$(2-120)$$

将式(2-108)、式(2-119)、式(2-120)代入式(2-118)，得到达接收孔界面的射流总动能为

$$E_{\mathrm{r}}=E_{\mathrm{pc}}(R_1)+E_{\mathrm{mc}}(R_1,\ R_{\mathrm{r}}-x)+E_{\mathrm{ma}}(R_{\mathrm{r}}-x,\ R_{\mathrm{r}}+x) \qquad (2-121)$$

接收面积见式(2-71)，$A_{\mathrm{j}}=A_{\mathrm{r}}=\pi R_{\mathrm{r}}^2$。 将接收面积式(2-71)、总接收流量式(2-117)、射流总动能式(2-121)代入断载恢复压力通式(2-46)，得断载恢复压力为

$$P_{\mathrm{r}}=P_{\mathrm{e}}+\frac{E_{\mathrm{pc}}(R_1)+E_{\mathrm{mc}}(R_1,\ R_{\mathrm{r}}-x)+E_{\mathrm{ma}}(R_{\mathrm{r}}-x,\ R_{\mathrm{r}}+x)}{Q_{\mathrm{pc}}(R_1)+Q_{\mathrm{mc}}(R_1,\ R_{\mathrm{r}}-x)+Q_{\mathrm{ma}}(R_{\mathrm{r}}-x,\ R_{\mathrm{r}}+x)} \qquad (2-122)$$

（3）当射流喷嘴偏移量 $R_{\mathrm{r}}-R_1<|x|\leqslant R_2-R_{\mathrm{r}}$ 时（图 2-14c），接收器的接收区域为橄榄形等速核心区与弧形剪切层之和。

橄榄形等速核心区面积同式(2-22)；弧形剪切层接收区域边界条件同式(2-74)，则总接收流量计算式同式(2-76)，射流总动能计算式同式(2-79)；接收面积见式(2-71)，则断载恢复压力同式(2-80)。

（4）当射流喷嘴偏移量 $R_2-R_{\mathrm{r}}<|x|\leqslant R_{\mathrm{r}}+R_1$ 时（图 2-14d），接收器的接收区域为橄榄形等速核心区与弧形剪切层之和。

橄榄形等速核心区面积同式(2-22)；弧形剪切层接收区域边界条件同式(2-96)，则总接收流量计算式同式(2-98)，到达接收孔界面的射流总动能同式(2-100)；射流接收界面面积 A_{j} 见式(2-92)，则断载恢复压力同式(2-101)。

（5）当射流喷嘴偏移量 $R_{\mathrm{r}}+R_1<|x|\leqslant R_2+R_{\mathrm{r}}$ 时（图 2-14e），接收区域为橄榄形剪切层，橄榄形剪切层接收区域边界条件与式(2-87)相同，则总接收流量表达式同式(2-88)，射流总动能同式(2-89)，射流接收界面面积 A_{j} 见式(2-92)，断载恢复压力同式(2-93)。

（6）当射流喷嘴偏移量 $|x|>R_{\mathrm{r}}+R_2$ 时（图 2-14f），接收器的接收口与射流断面不再有交集，则接收流量为 0，同式(2-94)。此时接收孔内无能量输入，则断载恢复压力即为环境压力 P_{e}，同式(2-95)。

4）Ⅳ型三通射流管阀

射流喷嘴半径 R_{n} 为定值，接收孔半径 $(R_2+R_1)/2<R_{\mathrm{r}}\leqslant R_2$，接收孔与喷嘴间距 $R_{\mathrm{n}}<L\leqslant3.964R_{\mathrm{n}}$。根据接收孔接收区域的变化，可将射流喷嘴的偏移行程划分为六个阶段，如图 2-15 所示。

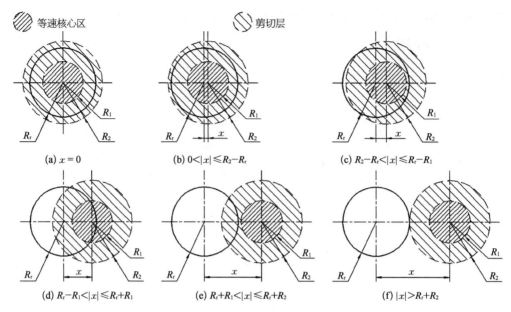

图 2-15　Ⅳ型三通射流管阀全行程内的流量接收示意图

（1）当射流喷嘴偏移量 $x=0$ 时（图 2-15a），接收器的接收区域为圆形等速核心区与环形剪切层之和。圆形等速核心区半径为 R_1，环形剪切层区域边界条件同式（2-104），则接收流量同式（2-106），接收能量同式（2-110），射流接收面积同式（2-71），则断载恢复压力同式（2-111）。

（2）当射流喷嘴偏移量 $0<|x|\leqslant R_2-R_r$ 时（图 2-15b），接收器的接收区域为圆形等速核心区与偏心环形剪切层之和，偏心环形可视为环形与弧形的组合。圆形等速核心区半径为 R_1，环形剪切层区域边界条件同式（2-113），弧形剪切层区域边界条件同式（2-115），则接收流量同式（2-117），接收能量同式（2-121），射流接收面积同式（2-71），则断载恢复压力同式（2-122）。

（3）当射流喷嘴偏移量 $R_2-R_r<|x|\leqslant R_r-R_1$ 时（图 2-15c），接收器的接收流量为圆形等速核心区与偏心环形剪切层流量之和，将偏心环形视为环形与弧形的组合，则总接收流量通式同式（2-112）。

圆形等速核心区半径为 R_1，该部分接收流量表达式为式（2-103）。环形剪切层区域边界条件见式（2-113），则环形剪切层接收流量见式（2-114）。弧形剪切层区域内边界与半径为 R_r-x 的圆相切，外边界与半径为 R_2 的圆相切，则其边界条件可写作

$$\left.\begin{aligned}R_a&=R_r-x\\R_a'&=R_2\end{aligned}\right\}\qquad(2-123)$$

将弧形剪切层区域边界条件代入式（2-37），得弧形区域剪切层接收流量为

$$Q_{ma}(R_r-x,\ R_2)=v_0\frac{\pi\beta_{eq}}{180}\left\{\frac{1}{2}\left[R_2^2-(R_r-x)^2\right]-C(R_r-x)\sin\alpha_4+C^2(\cos\alpha_4-1)\right\}$$

$$(2-124)$$

将式（2-103）、式（2-114）、式（2-124）代入式（2-112），得总接收流量为

$$Q_r = Q_{pc}(R_1) + Q_{mc}(R_1, R_r - x) + Q_{ma}(R_r - x, R_2) \qquad (2-125)$$

再求其断载恢复压力,此时到达接收孔界面的射流动能为圆形等速核心区和环形剪切层及弧形剪切层动能之和,即总射流动能见式(2-118)。

圆形等速核心区半径为 R_1,则该部分射流动能同式(2-108)。环形剪切层区域边界条件见式(2-113),则环形剪切层射流动能见式(2-119)。将弧形剪切层区域边界条件式代入弧形剪切层动能通式(2-56),得

$$E_{ma}(R_r - x, R_2) = \frac{1}{8} \frac{\pi \beta_{eq}}{180} \rho v_0^3 \left\{ \frac{1}{2} \left[R_2^2 - (R_r - x)^2 \right] + \frac{3}{2} C R_2 \alpha_4 + \frac{3}{4} C(R_r - x) \sin 2\alpha_4 \right.$$
$$- C(R_r - x) \left(4 \sin \alpha_4 - \frac{1}{3} \sin^3 \alpha_4 \right) + C^2 \left(\frac{1}{9} \cos^3 \alpha_4 + \frac{11}{3} \cos \alpha_4 - \frac{34}{9} \right)$$
$$\left. - \frac{3}{4} C^2 \left[\alpha_4^2 + \frac{1}{2} (\cos 2\alpha_4 - 1) \right] \right\}$$

$$(2-126)$$

将式(2-108)、式(2-119)、式(2-126)代入式(2-118),得到达接收孔界面的射流总动能为

$$E_r = E_{pc}(R_1) + E_{mc}(R_1, R_r - x) + E_{ma}(R_r - x, R_2) \qquad (2-127)$$

借用橄榄形接收区域面积的计算方法,可求得射流接收界面面积 A_j 见式(2-92)。将接收面积式(2-92)、总接收流量式(2-125)、射流总动能式(2-127)代入断载恢复压力通式(2-46),得此时的断载恢复压力为

$$P_r = P_e + \left\{ 1 - \left[1 - \frac{A_j(R_r, R_2, x)}{\pi R_r^2} \right]^2 \right\} \frac{E_{pc}(R_1) + E_{mc}(R_1, R_r - x) + E_{ma}(R_r - x, R_2)}{Q_{pc}(R_1) + Q_{mc}(R_1, R_r - x) + Q_{ma}(R_r - x, R_2)}$$

$$(2-128)$$

(4) 当射流喷嘴偏移量 $R_r - R_1 < |x| \leqslant R_r + R_1$ 时(图 2-15d),接收器的接收区域为橄榄形等速核心区与弧形剪切层之和。

橄榄形等速核心区面积同式(2-22);弧形剪切层接收区域边界条件同式(2-96),则总接收流量计算式同式(2-98),到达接收孔界面的射流总动能同式(2-100);射流接收界面面积 A_j 见式(2-92),则断载恢复压力同式(2-101)。

(5) 当射流喷嘴偏移量 $R_r + R_1 < |x| \leqslant R_r + R_2$ 时(图 2-15e),接收区域为橄榄形剪切层,橄榄形剪切层接收区域边界条件与式(2-87)相同,则总接收流量表达式同式(2-88),射流总动能同式(2-89),射流接收界面面积 A_j 见式(2-92),断载恢复压力同式(2-93)。

(6) 当射流喷嘴偏移量 $|x| > R_r + R_2$ 时(图 2-15f),接收器的接收口与射流断面不再有交集,则接收流量为 0,同式(2-94)。此时接收孔内无能量输入,则断载恢复压力即为环境压力 P_e,同式(2-95)。

5) V 型三通射流管阀

射流喷嘴半径 R_n 为定值,接收孔半径 $R_r > R_2$,接收孔与喷嘴间距 $R_n < L \leqslant 3.964 R_n$。根据接收孔接收区域的变化,可将射流喷嘴的偏移行程划分为六个阶段,如图 2-16 所示。

(1) 当喷嘴偏移量 $x = 0$ 时(图 2-16a),接收器的接收区域为整个射流断面,包括圆形等速

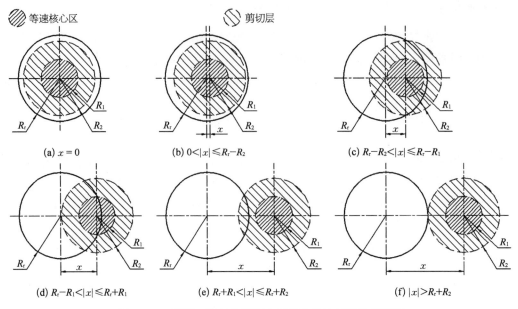

图 2-16 V型三通射流管阀全行程内的流量接收示意图

速核心区与环形剪切层。总接收流量通式为式(2-102)。

其中圆形等速核心区半径为 R_1,则由式(2-10)得其接收流量见式(2-103)。环形剪切层区域内边界与半径为 R_1 的圆相切,外边界与半径为 R_2 的圆相切,则其边界条件可写作

$$
\left.\begin{array}{l}
R_c = R_1 \\
R'_c = R_2
\end{array}\right\}
\tag{2-129}
$$

将环形剪切层区域边界条件代入式(2-30),得该部分接收流量为

$$
Q_{mc}(R_1, R_2) = \pi v_0 \left[\frac{1}{2}(R_2^2 - R_1^2) - 2C^2 \right]
\tag{2-130}
$$

将式(2-103)、式(2-130)代入式(2-102),得总接收流量为

$$
Q_r = Q_{pc}(R_1) + Q_{mc}(R_1, R_2)
\tag{2-131}
$$

再求其断载恢复压力,此时到达接收孔界面的射流动能为圆形等速核心区和环形剪切层动能之和,即总射流动能通式见式(2-107)。

圆形等速核心区半径为 R_1,则由式(2-50)得其射流动能见式(2-108)。将环形剪切层区域边界条件代入环形剪切层动能通式(2-54),得

$$
E_{mc}(R_1, R_2) = \frac{\pi \rho v_0^3}{8} \left[\frac{5}{4}(R_2^2 - R_1^2) - \frac{68}{9}C^2 \right]
\tag{2-132}
$$

将式(2-108)、式(2-132)代入式(2-107),得到达接收孔界面的射流总动能为

$$
E_r = E_{pc}(R_1) + E_{mc}(R_1, R_2)
\tag{2-133}
$$

接收面积为

$$A_j = \pi R_2^2 \tag{2-134}$$

将接收面积式(2-134)、总接收流量式(2-131)、射流总动能式(2-133)代入断载恢复压力通式(2-46),得断载恢复压力为

$$P_r = P_e + \left[1 - \left(1 - \frac{R_2^2}{R_r^2} \right)^2 \right] \frac{E_{pc}(R_1) + E_{mc}(R_1, R_2)}{Q_{pc}(R_1) + Q_{mc}(R_1, R_2)} \tag{2-135}$$

(2) 当射流喷嘴偏移量 $0 < |x| \leqslant R_r - R_2$ 时(图2-16b),接收器的接收区域仍为整个射流断面,包括圆形等速核心区与环形剪切层。圆形等速核心区半径为 R_1,环形剪切层区域边界条件同式(2-129),则总接收流量同式(2-131),射流总动能同式(2-133);射流接收面积同式(2-134),则断载恢复压力同式(2-135)。

(3) 当射流喷嘴偏移量 $R_r - R_2 < |x| \leqslant R_r - R_1$ 时(图2-16c),接收器的接收区域为圆形等速核心区与偏心环形剪切层之和,偏心环形可视为环形与弧形的组合。

圆形等速核心区半径为 R_1,环形剪切层区域边界条件同式(2-113),弧形剪切层接收区域边界同式(2-123),则总接收流量同式(2-125),总接收射流动能同式(2-127);总射流接收面积同式(2-92),则断载压力同式(2-128)。

(4) 当射流喷嘴偏移量 $R_r - R_1 < |x| \leqslant R_r + R_1$ 时(图2-16d),接收器的接收区域为椭圆形等速核心区与弧形剪切层之和。

椭圆形等速核心区面积同式(2-22);弧形剪切层接收区域边界条件同式(2-96),则总接收流量计算式同式(2-98),射流总动能计算式同式(2-100);接收面积见式(2-92),则断载恢复压力同式(2-101)。

(5) 当射流喷嘴偏移量 $R_r + R_1 < |x| \leqslant R_r + R_2$ 时(图2-16e),接收区域为椭圆形剪切层,椭圆形剪切层接收区域边界条件与式(2-87)相同,则总接收流量表达式同式(2-88),射流总动能同式(2-89),射流接收界面面积 A_j 见式(2-92),断载恢复压力同式(2-93)。

(6) 当射流喷嘴偏移量 $|x| > R_r + R_2$ 时(图2-16f),接收器的接收口与射流断面不再有交集,则接收流量为0,同式(2-94)。此时接收孔内无能量输入,则断载恢复压力即为环境压力 P_e,同式(2-95)。

6) Ⅵ型三通射流管阀

射流喷嘴半径 R_n 为定值,接收孔半径 $0 < R_r \leqslant R_1$,接收孔与喷嘴间距 $3.964 R_n < L \leqslant 9.79 R_n$。根据接收孔接收区域的变化,可将射流喷嘴的偏移行程划分为六个阶段,如图2-17所示。

(1) 当射流喷嘴偏移量 $x = 0$ 时(图2-17a),接收器的接收区域为圆形等速核心区,边界为接收孔半径 R_r,则总接收流量同式(2-67),总接收能量同式(2-70),射流接收面积同式(2-71),则断载恢复压力同式(2-72)。

(2) 当射流喷嘴偏移量 $0 < |x| \leqslant R_1 - R_r$ 时(图2-17b),接收器的接收区域仍为圆形等速核心区,边界为接收孔半径 R_r,则总接收流量同式(2-67),总接收能量同式(2-70),射流接收面积同式(2-71),则断载恢复压力同式(2-72)。

(3) 当射流喷嘴偏移量 $R_1 - R_r < |x| \leqslant R_r + R_1$ 时(图2-17c),接收器的接收区域为椭圆形等速核心区和弧形剪切层之和。

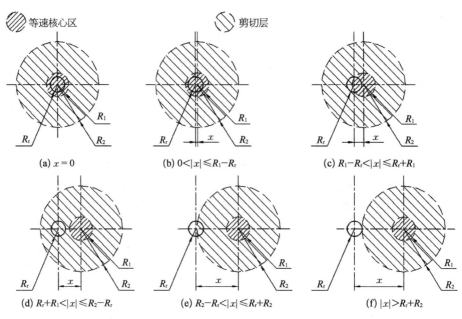

图 2‑17 Ⅵ型三通射流管阀全行程内的流量接收示意图

　　橢圆形等速核心区面积同式(2‑22)，弧形剪切层接收区域边界条件同式(2‑74)，则总接收流量同式(2‑76)，射流总动能同式(2‑79)；接收面积见式(2‑71)，则断载恢复压力同式(2‑80)。

　　(4) 当射流喷嘴偏移量 $R_r + R_1 < |x| \leqslant R_2 - R_r$ 时(图 2‑17d)，接收区域为圆形剪切层。圆形剪切层接收区域边界条件同式(2‑82)，则总接收流量同式(2‑83)，射流总动能同式(2‑85)，接收孔接收面积同式(2‑71)，断载恢复压力同式(2‑86)。

　　(5) 当射流喷嘴偏移量 $R_2 - R_r < |x| \leqslant R_r + R_2$ 时(图 2‑17e)，接收区域为橢圆形剪切层，橢圆形剪切层接收区域边界条件与式(2‑87)相同，则总接收流量表达式同式(2‑88)，射流总动能同式(2‑89)，射流接收界面面积 A_j 见式(2‑92)，断载恢复压力同式(2‑93)。

　　(6) 当射流喷嘴偏移量 $|x| > R_r + R_2$ 时(图 2‑17f)，接收器的接收口与射流断面不再有交集，则接收流量为0，同式(2‑94)。此时接收孔内无能量输入，则断载恢复压力即为环境压力 P_e，同式(2‑95)。

　　7) Ⅶ型三通射流管阀

　　射流喷嘴半径 R_n 为定值，接收孔半径 $R_1 < R_r \leqslant (R_2 - R_1)/2$，接收孔与喷嘴间距 $3.964R_n < L \leqslant 9.79R_n$。根据接收孔接收区域的变化，可将射流喷嘴的偏移行程划分为六个阶段，如图 2‑18 所示。

　　(1) 当射流喷嘴偏移量 $x = 0$ 时(图 2‑18a)，接收器的接收区域为圆形等速核心区与环形剪切层之和。

　　圆形等速核心区半径为 R_1，环形剪切层区域边界条件同式(2‑104)，则总接收流量同式(2‑106)，射流总动能同式(2‑110)；接收孔接收面积同式(2‑71)，则断载恢复压力同式(2‑111)。

　　(2) 当射流喷嘴偏移量 $0 < |x| \leqslant R_r - R_1$ 时(图 2‑18b)，接收器的接收区域为圆形等速核心区与偏心环形剪切层之和，偏心环形可视为环形与弧形的组合。

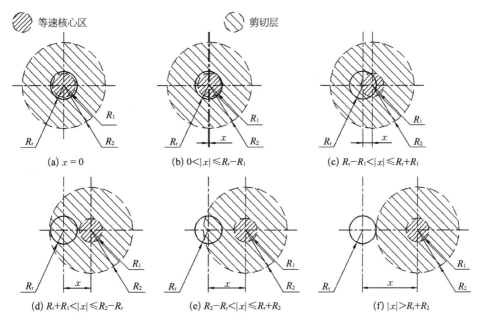

图 2-18 Ⅶ型三通射流管阀全行程内的流量接收示意图

圆形等速核心区半径为 R_1，环形剪切层区域边界条件同式（2-113），弧形剪切层区域边界条件同式（2-115），则总接收流量同式（2-117），射流总动能同式（2-121）；接收孔接收面积同式（2-71），则断载恢复压力同式（2-122）。

（3）当射流喷嘴偏移量 $R_r-R_1<|x|\leqslant R_r+R_1$ 时（图 2-18c），接收器的接收区域为橄榄形等速核心区与弧形剪切层之和。

橄榄形等速核心区面积同式（2-22）；弧形剪切层接收区域边界条件同式（2-74），则总接收流量同式（2-76），射流总动能同式（2-79）；接收面积见式（2-71），则断载恢复压力同式（2-80）。

（4）当射流喷嘴偏移量 $R_r+R_1<|x|\leqslant R_2-R_r$ 时（图 2-18d），接收区域为圆形剪切层。圆形剪切层接收区域边界条件同式（2-82），则总接收流量同式（2-83），射流总动能同式（2-85），接收孔接收面积同式（2-71），断载恢复压力同式（2-86）。

（5）当射流喷嘴偏移量 $R_2-R_r<|x|\leqslant R_r+R_2$ 时（图 2-18e），接收区域为橄榄形剪切层，橄榄形剪切层接收区域边界条件与式（2-87）相同，则总接收流量表达式同式（2-88），射流总动能同式（2-89），射流接收界面面积 A_j 见式（2-92），断载恢复压力同式（2-93）。

（6）当射流喷嘴偏移量 $|x|>R_r+R_2$ 时（图 2-18f），接收器的接收口与射流断面不再有交集，则接收流量为 0，同式（2-94）。此时接收孔内无能量输入，则断载恢复压力即为环境压力 P_e，同式（2-95）。

8）Ⅷ型三通射流管阀

射流喷嘴半径 R_n 为定值，接收孔半径 $(R_2-R_1)/2<R_r\leqslant(R_2+R_1)/2$，接收孔与喷嘴间距 $3.964R_n<L\leqslant9.79R_n$。根据接收孔接收区域的变化，可将射流喷嘴的偏移行程划分为六个阶段，如图 2-19 所示。

（1）当射流喷嘴偏移量 $x=0$ 时（图 2-19a），接收器的接收区域为圆形等速核心区与环形剪切层之和。

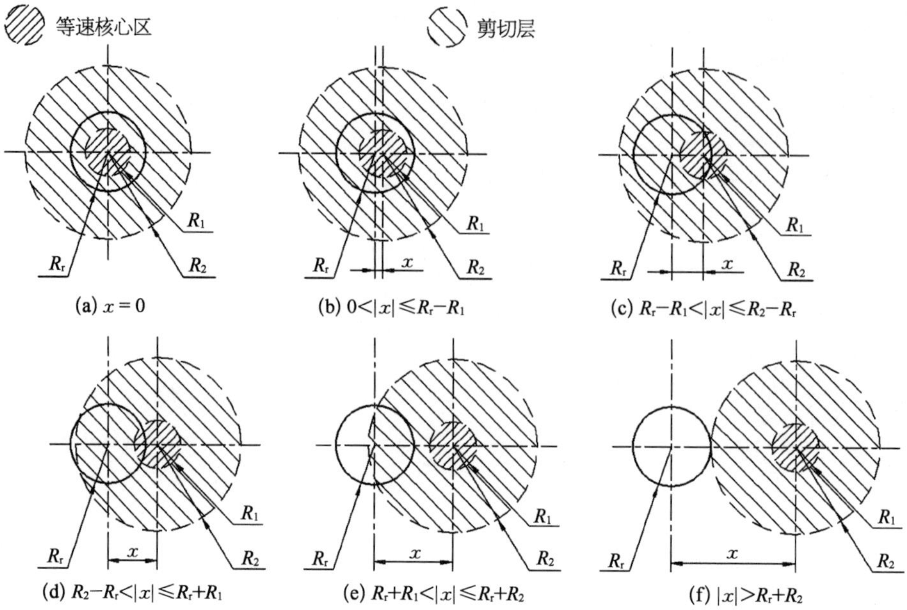

图 2 - 19 Ⅷ型三通射流管阀全行程内的流量接收示意图

圆形等速核心区半径为 R_1，环形剪切层区域边界条件同式(2-104)，则总接收流量同式(2-106)，射流总动能同式(2-110)；接收孔接收面积同式(2-71)，则断载恢复压力同式(2-111)。

(2) 当射流喷嘴偏移量 $0 < |x| \leqslant R_r - R_1$ 时(图 2-19b)，接收器的接收区域为圆形等速核心区与偏心环形剪切层之和，偏心环形可视为环形与弧形的组合。

圆形等速核心区半径为 R_1，环形剪切层区域边界条件同式(2-113)，弧形剪切层区域边界条件同式(2-115)，则总接收流量同式(2-117)，射流总动能同式(2-121)；接收孔接收面积同式(2-71)，则断载恢复压力同式(2-122)。

(3) 当射流喷嘴偏移量 $R_r - R_1 < |x| \leqslant R_2 - R_r$ 时(图 2-19c)，接收器的接收区域为椭圆形等速核心区与弧形剪切层之和。

椭圆形等速核心区面积同式(2-22)；弧形剪切层接收区域边界条件同式(2-74)，则总接收流量计算式同式(2-76)，射流总动能计算式同式(2-79)；接收面积见式(2-71)，则断载恢复压力同式(2-80)。

(4) 当射流喷嘴偏移量 $R_2 - R_r < |x| \leqslant R_r + R_1$ 时(图 2-19d)，接收器的接收区域为椭圆形等速核心区与弧形剪切层之和。

椭圆形等速核心区面积同式(2-22)；弧形剪切层接收区域边界条件同式(2-96)，则总接收流量同式(2-98)，射流总动能同式(2-100)；接收面积见式(2-92)，则断载恢复压力同式(2-101)。

(5) 当射流喷嘴偏移量 $R_r + R_1 < |x| \leqslant R_r + R_2$ 时(图 2-19e)，接收区域为椭圆形剪切层，椭圆形剪切层接收区域边界条件与式(2-87)相同，则总接收流量表达式同式(2-88)，射流总动能同式(2-89)，射流接收界面面积 A_j 见式(2-92)，断载恢复压力同式(2-93)。

(6) 当射流喷嘴偏移量 $|x| > R_r + R_2$ 时(图 2-19f)，接收器的接收口与射流断面不再有交集，则接收流量为0，同式(2-94)。此时接收孔内无能量输入，则断载恢复压力即为环境压

力 P_e,同式(2-95)。

9) Ⅸ型三通射流管阀

射流喷嘴半径 R_n 为定值,接收孔半径 $(R_2+R_1)/2 < R_r \leqslant R_2$,接收孔与喷嘴间距 $3.964R_n <$ $L \leqslant 9.79R_n$。根据接收孔接收区域的变化,可将射流喷嘴的偏移行程划分为六个阶段,如图 2-20 所示。

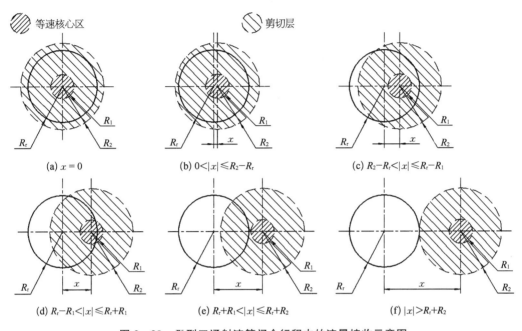

图 2-20 Ⅸ型三通射流管阀全行程内的流量接收示意图

(1) 当射流喷嘴偏移量 $x=0$ 时(图 2-20a),接收器的接收区域为圆形等速核心区与环形剪切层之和。

圆形等速核心区半径为 R_1,环形剪切层区域边界条件同式(2-104),则总接收流量同式(2-106),射流总动能同式(2-110);接收孔接收面积同式(2-71),则断载恢复压力同式(2-111)。

(2) 当射流喷嘴偏移量 $0 < |x| \leqslant R_2 - R_r$ 时(图 2-20b),接收器的接收区域为圆形等速核心区与偏心环形剪切层之和,偏心环形可视为环形与弧形的组合。

圆形等速核心区半径为 R_1,环形剪切层区域边界条件同式(2-113),弧形剪切层区域边界条件同式(2-115),则总接收流量同式(2-117),射流总动能同式(2-121);接收孔接收面积同式(2-71),则断载恢复压力同式(2-122)。

(3) 当射流喷嘴偏移量 $R_2 - R_r < |x| \leqslant R_r - R_1$ 时(图 2-20c),接收器的接收区域为圆形等速核心区与偏心环形剪切层之和,偏心环形可视为环形与弧形的组合。

圆形等速核心区半径为 R_1,环形剪切层区域边界条件同式(2-113),弧形剪切层接收区域边界条件同式(2-123),则总接收流量同式(2-125),总接收射流动能同式(2-127);总射流接收面积同式(2-92),则断载压力同式(2-128)。

(4) 当射流喷嘴偏移量 $R_r - R_1 < |x| \leqslant R_r + R_1$ 时(图 2-20d),接收器的接收区域为橄榄形等速核心区与弧形剪切层之和。

橄榄形等速核心区面积同式(2-22);弧形剪切层接收区域边界条件同式(2-96),则总接收流量同式(2-98),射流总动能同式(2-100);接收面积见式(2-92),则断载恢复压力同式(2-101)。

(5)当射流喷嘴偏移量$R_r+R_1<|x|\leqslant R_r+R_2$时(图2-20e),接收区域为橄榄形剪切层,橄榄形剪切层接收区域边界条件与式(2-87)相同,则总接收流量表达式同式(2-88),射流总动能同式(2-89),射流接收界面面积A_j见式(2-92),断载恢复压力同式(2-93)。

(6)当射流喷嘴偏移量$|x|>R_r+R_2$时(图2-20f),接收器的接收口与射流断面不再有交集,则接收流量为0,同式(2-94)。此时接收孔内无能量输入,则断载恢复压力即为环境压力P_e,同式(2-95)。

10)X型三通射流管阀

射流喷嘴半径R_n为定值,接收孔半径$R_r>R_2$,接收孔与喷嘴间距$3.964R_n<L\leqslant9.79R_n$。根据接收孔接收区域的变化,可将射流喷嘴的偏移行程划分为六个阶段,如图2-21所示。

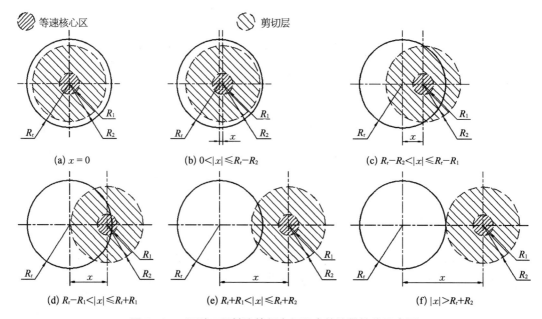

图2-21　X型三通射流管阀全行程内的流量接收示意图

(1)当喷嘴偏移量$x=0$时(图2-21a),接收器的接收区域为整个射流断面,包括圆形等速核心区与环形剪切层。圆形等速核心区半径为R_1,环形剪切层区域边界条件同式(2-129),则总接收流量同式(2-131),射流总动能同式(2-133);射流接收面积同式(2-134),则断载恢复压力同式(2-135)。

(2)当射流喷嘴偏移量$0<|x|\leqslant R_r-R_2$时(图2-21b),接收器的接收区域仍为整个射流断面,包括圆形等速核心区与环形剪切层。圆形等速核心区半径为R_1,环形剪切层区域边界条件同式(2-129),则总接收流量同式(2-131),射流总动能同式(2-133);射流接收面积同式(2-134),则断载恢复压力同式(2-135)。

(3)当射流喷嘴偏移量$R_r-R_2<|x|\leqslant R_r-R_1$时(图2-21c),接收器的接收区域为圆形等速核心区与偏心环形剪切层之和,偏心环形可视为环形与弧形的组合。

圆形等速核心区半径为 R_1，环形剪切层区域边界条件同式(2-113)，弧形剪切层接收区域边界同式(2-123)，则总接收流量同式(2-125)，总接收射流动能同式(2-127)；总射流接收面积同式(2-92)，则断载压力同式(2-128)。

（4）当射流喷嘴偏移量 $R_r - R_1 < |x| \leqslant R_r + R_1$ 时(图 2-21d)，接收器的接收区域为橄榄形等速核心区与弧形剪切层之和。

橄榄形等速核心区面积同式(2-22)，弧形剪切层接收区域边界条件同式(2-96)，则总接收流量同式(2-98)，射流总动能同式(2-100)；接收面积见式(2-92)，则断载恢复压力同式(2-101)。

（5）当射流喷嘴偏移量 $R_r + R_1 < |x| \leqslant R_r + R_2$ 时(图 2-21e)，接收区域为橄榄形剪切层，橄榄形剪切层接收区域边界条件与式(2-87)相同，则总接收流量表达式同式(2-88)，射流总动能同式(2-89)，射流接收界面面积 A_j 见式(2-92)，断载恢复压力同式(2-93)。

（6）当射流喷嘴偏移量 $|x| > R_r + R_2$ 时(图 2-21f)，接收器的接收口与射流断面不再有交集，则接收流量为 0，同式(2-94)。此时接收孔内无能量输入，则断载恢复压力即为环境压力 P_e，同式(2-95)。

2.2.4.3　结构特征与特性的映射关系

为便于比较，将上节十种三通射流管阀的结构参数、射流喷嘴偏移阶段划分及相对应的空载流量计算式列于表 2-1～表 2-10。

表 2-1　Ⅰ型三通射流管阀静态特性

结　构　参　数	喷嘴偏移行程	空载接收流量 Q_r	断载恢复压力 P_e
$R_n =$ Constant	(1) $x = 0$	式(2-67)	式(2-72)
$0 < R_r \leqslant (R_2 - R_1)/2$	(2) $0 < |x| \leqslant R_1 - R_r$	式(2-67)	式(2-72)
$R_n < L \leqslant 3.964 R_n$	(3) $R_1 - R_r < |x| \leqslant R_r + R_1$	式(2-76)	式(2-80)
	(4) $R_r + R_1 < |x| \leqslant R_2 - R_r$	式(2-83)	式(2-86)
	(5) $R_2 - R_r < |x| \leqslant R_r + R_2$	式(2-88)	式(2-93)
	(6) $|x| > R_r + R_2$	式(2-94)	式(2-95)

表 2-2　Ⅱ型三通射流管阀静态特性

结　构　参　数	喷嘴偏移行程	空载接收流量 Q_r	断载恢复压力 P_e
$R_n =$ Constant	(1) $x = 0$	式(2-67)	式(2-72)
$(R_2 - R_1)/2 < R_r \leqslant R_1$	(2) $0 < |x| \leqslant R_1 - R_r$	式(2-67)	式(2-72)
$R_n < L \leqslant 3.964 R_n$	(3) $R_1 - R_r < |x| \leqslant R_2 - R_r$	式(2-76)	式(2-80)
	(4) $R_2 - R_r < |x| \leqslant R_r + R_1$	式(2-98)	式(2-101)
	(5) $R_r + R_1 < |x| \leqslant R_r + R_2$	式(2-88)	式(2-93)
	(6) $|x| > R_r + R_2$	式(2-94)	式(2-95)

表 2-3 Ⅲ型三通射流管阀静态特性

结 构 参 数	喷嘴偏移行程	空载接收流量 Q_r	断载恢复压力 P_e
$R_n=$ Constant	(1) $x=0$	式(2-106)	式(2-111)
$R_1<R_r\leqslant(R_2+R_1)/2$	(2) $0<|x|\leqslant R_r-R_1$	式(2-117)	式(2-122)
$R_n<L\leqslant 3.964R_n$	(3) $R_r-R_1<|x|\leqslant R_2-R_r$	式(2-76)	式(2-80)
	(4) $R_2-R_r<|x|\leqslant R_r+R_1$	式(2-98)	式(2-101)
	(5) $R_r+R_1<|x|\leqslant R_r+R_2$	式(2-88)	式(2-93)
	(6) $|x|>R_r+R_2$	式(2-94)	式(2-95)

表 2-4 Ⅳ型三通射流管阀静态特性

结 构 参 数	喷嘴偏移行程	空载接收流量 Q_r	断载恢复压力 P_e
$R_n=$ Constant	(1) $x=0$	式(2-106)	式(2-111)
$(R_2+R_1)/2<R_r\leqslant R_2$	(2) $0<|x|\leqslant R_2-R_r$	式(2-117)	式(2-122)
$R_n<L\leqslant 3.964R_n$	(3) $R_2-R_r<|x|\leqslant R_r-R_1$	式(2-125)	式(2-128)
	(4) $R_r-R_1<|x|\leqslant R_r+R_1$	式(2-98)	式(2-101)
	(5) $R_r+R_1<|x|\leqslant R_2+R_r$	式(2-88)	式(2-93)
	(6) $|x|>R_r+R_2$	式(2-94)	式(2-95)

表 2-5 Ⅴ型三通射流管阀静态特性

结 构 参 数	喷嘴偏移行程	空载接收流量 Q_r	断载恢复压力 P_e
$R_n=$ Constant	(1) $x=0$	式(2-131)	式(2-135)
$R_r>R_2$	(2) $0<|x|\leqslant R_r-R_2$	式(2-131)	式(2-135)
$R_n<L\leqslant 3.964R_n$	(3) $R_r-R_2<|x|\leqslant R_r-R_1$	式(2-125)	式(2-128)
	(4) $R_r-R_1<|x|\leqslant R_r+R_1$	式(2-98)	式(2-101)
	(5) $R_r+R_1<|x|\leqslant R_r+R_2$	式(2-88)	式(2-93)
	(6) $|x|>R_r+R_2$	式(2-94)	式(2-95)

表 2-6 Ⅵ型三通射流管阀静态特性

结 构 参 数	喷嘴偏移行程	空载接收流量 Q_r	断载恢复压力 P_e
$R_n=$ Constant	(1) $x=0$	式(2-67)	式(2-72)
$0<R_r\leqslant R_1$	(2) $0<|x|\leqslant R_1-R_r$	式(2-67)	式(2-72)
$3.964R_n<L\leqslant 9.79R_n$	(3) $R_1-R_r<|x|\leqslant R_r+R_1$	式(2-76)	式(2-80)
	(4) $R_r+R_1<|x|\leqslant R_2-R_r$	式(2-83)	式(2-86)
	(5) $R_2-R_r<|x|\leqslant R_r+R_2$	式(2-88)	式(2-93)
	(6) $|x|>R_r+R_2$	式(2-94)	式(2-95)

表 2 - 7　Ⅶ型三通射流管阀静态特性

结 构 参 数	喷嘴偏移行程	空载接收流量 Q_r	断载恢复压力 P_e
$R_n =$ Constant	(1) $x = 0$	式(2 - 106)	式(2 - 111)
$R_1 < R_r \leqslant (R_2 - R_1)/2$	(2) $0 < \lvert x \rvert \leqslant R_r - R_1$	式(2 - 117)	式(2 - 122)
$3.964 R_n < L \leqslant 9.79 R_n$	(3) $R_r - R_1 < \lvert x \rvert \leqslant R_r + R_1$	式(2 - 76)	式(2 - 80)
	(4) $R_r + R_1 < \lvert x \rvert \leqslant R_2 - R_r$	式(2 - 83)	式(2 - 86)
	(5) $R_2 - R_r < \lvert x \rvert \leqslant R_r + R_2$	式(2 - 88)	式(2 - 93)
	(6) $\lvert x \rvert > R_r + R_2$	式(2 - 94)	式(2 - 95)

表 2 - 8　Ⅷ型三通射流管阀静态特性

结 构 参 数	喷嘴偏移行程	空载接收流量 Q_r	断载恢复压力 P_e
$R_n =$ Constant	(1) $x = 0$	式(2 - 106)	式(2 - 111)
$(R_2 - R_1)/2 < R_r \leqslant (R_2 + R_1)/2$	(2) $0 < \lvert x \rvert \leqslant R_r - R_1$	式(2 - 117)	式(2 - 122)
$3.964 R_n < L \leqslant 9.79 R_n$	(3) $R_r - R_1 < \lvert x \rvert \leqslant R_2 - R_r$	式(2 - 76)	式(2 - 80)
	(4) $R_2 - R_r < \lvert x \rvert \leqslant R_r + R_1$	式(2 - 98)	式(2 - 101)
	(5) $R_r + R_1 < \lvert x \rvert \leqslant R_r + R_2$	式(2 - 88)	式(2 - 93)
	(6) $\lvert x \rvert > R_r + R_2$	式(2 - 94)	式(2 - 95)

表 2 - 9　Ⅸ型三通射流管阀静态特性

结 构 参 数	喷嘴偏移行程	空载接收流量 Q_r	断载恢复压力 P_e
$R_n =$ Constant	(1) $x = 0$	式(2 - 106)	式(2 - 111)
$(R_2 + R_1)/2 < R_r \leqslant R_2$	(2) $0 < \lvert x \rvert \leqslant R_2 - R_r$	式(2 - 117)	式(2 - 122)
$3.964 R_n < L \leqslant 9.79 R_n$	(3) $R_2 - R_r < \lvert x \rvert \leqslant R_r - R_1$	式(2 - 125)	式(2 - 128)
	(4) $R_r - R_1 < \lvert x \rvert \leqslant R_r + R_1$	式(2 - 98)	式(2 - 101)
	(5) $R_r + R_1 < \lvert x \rvert \leqslant R_r + R_2$	式(2 - 88)	式(2 - 93)
	(6) $\lvert x \rvert > R_r + R_2$	式(2 - 94)	式(2 - 95)

表 2 - 10　Ⅹ型三通射流管阀静态特性

结 构 参 数	喷嘴偏移行程	空载接收流量 Q_r	断载恢复压力 P_e
$R_n =$ Constant	(1) $x = 0$	式(2 - 131)	式(2 - 135)
$R_r > R_2$	(2) $0 < \lvert x \rvert \leqslant R_r - R_2$	式(2 - 131)	式(2 - 135)
$3.964 R_n < L \leqslant 9.79 R_n$	(3) $R_r - R_2 < \lvert x \rvert \leqslant R_r - R_1$	式(2 - 125)	式(2 - 128)
	(4) $R_r - R_1 < \lvert x \rvert \leqslant R_r + R_1$	式(2 - 98)	式(2 - 101)
	(5) $R_r + R_1 < \lvert x \rvert \leqslant R_r + R_2$	式(2 - 88)	式(2 - 93)
	(6) $\lvert x \rvert > R_r + R_2$	式(2 - 94)	式(2 - 95)

经比较可知,Ⅳ型阀与Ⅸ型阀、Ⅴ型阀与Ⅹ型阀除了其接收器与喷嘴的距离有差异外,其余结构参数、射流喷嘴偏移阶段划分及相对应的空载流量、断载恢复压力全部相同。则将接收器与喷嘴的距离范围合并,Ⅳ型阀与Ⅸ型阀统一归为Ⅳ型阀,Ⅴ型阀与Ⅹ型阀统一归为Ⅴ型阀。统一后的Ⅳ型阀与Ⅹ型阀的规格及静态特性见表2-11、表2-12。

表2-11 统归后的Ⅳ型三通射流管阀静态特性

结 构 参 数	喷嘴偏移行程	空载接收流量 Q_r	断载恢复压力 P_e
$R_n =$ Constant	(1) $x=0$	式(2-106)	式(2-111)
$(R_2+R_1)/2 < R_r \leqslant R_2$	(2) $0 < \|x\| \leqslant R_2-R_r$	式(2-117)	式(2-122)
$R_n < L \leqslant 9.79R_n$	(3) $R_2-R_r < \|x\| \leqslant R_r-R_1$	式(2-125)	式(2-128)
	(4) $R_r-R_1 < \|x\| \leqslant R_r+R_1$	式(2-98)	式(2-101)
	(5) $R_r+R_1 < \|x\| \leqslant R_r+R_2$	式(2-88)	式(2-93)
	(6) $\|x\| > R_r+R_2$	式(2-94)	式(2-95)

表2-12 统归后的Ⅴ型三通射流管阀静态特性

结 构 参 数	喷嘴偏移行程	空载接收流量 Q_r	断载恢复压力 P_e
$R_n =$ Constant	(1) $x=0$	式(2-131)	式(2-135)
$R_r > R_2$	(2) $0 < \|x\| \leqslant R_r-R_2$	式(2-131)	式(2-135)
$R_n < L \leqslant 9.79R_n$	(3) $R_r-R_2 < \|x\| \leqslant R_r-R_1$	式(2-125)	式(2-128)
	(4) $R_r-R_1 < \|x\| \leqslant R_r+R_1$	式(2-98)	式(2-101)
	(5) $R_r+R_1 < \|x\| \leqslant R_r+R_2$	式(2-88)	式(2-93)
	(6) $\|x\| > R_r+R_2$	式(2-94)	式(2-95)

由此,假定射流喷嘴半径 R_n 不变,根据接收器半径 R_r 的变化、接收孔与喷嘴间距 L 的变化划分,最终可得八种不同规格的三通射流管阀。

当接收孔与喷嘴间距 $R_n < L \leqslant 3.964R_n$ 时,按照接收孔尺寸由小到大,包括三种:① Ⅰ型,$0 < R_r \leqslant (R_2-R_1)/2$;② Ⅱ型,$(R_2-R_1)/2 < R_r \leqslant R_1$;③ Ⅲ型,$R_1 < R_r \leqslant (R_2+R_1)/2$。

当接收孔与喷嘴间距 $R_n < L \leqslant 9.79R_n$ 时,按照接收孔尺寸由小到大,包括两种:① Ⅳ型,$(R_2+R_1)/2 < R_r \leqslant R_2$;② Ⅴ型,$R_r > R_2$。

当接收孔与喷嘴间距 $3.964R_n < L \leqslant 9.79R_n$ 时,按照接收孔尺寸由小到大,包括三种:① Ⅵ型,$0 < R_r \leqslant R_1$;② Ⅶ型,$R_1 < R_r \leqslant (R_2-R_1)/2$;③ Ⅷ型,$(R_2-R_1)/2 < R_r \leqslant (R_2+R_1)/2$。

2.3 推荐结构及其特性

以圆形自由紊动射流结构的经验公式为基础,根据式(2-1)~式(2-135)可以对不同规格的三通射流管阀的空载接收流量、断载恢复压力、能量回收率等进行数学计算和理论分析。

2.3.1　最优结构

图 2 - 22 为三通射流管阀处于零位时的无因次空载接收流量 Q_r/Q_s 与 L、R_r/R_n 的关系曲线族，其中 L 为喷嘴与接收器的距离，R_r/R_n 为接收孔半径与喷嘴半径之比。

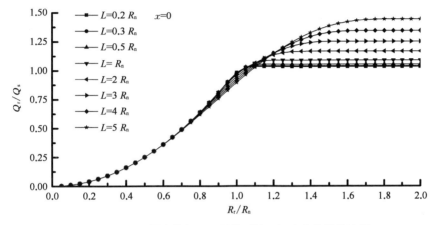

图 2 - 22　三通射流管阀处于零位时的无因次空载接收流量

由图 2 - 22 可知，当喷嘴与接收器的距离 L 一定时，随着接收孔的增大，空载接收流量 Q_r 随之增大；当接收孔的半径 R_r 接近剪切层外边界半径 R_2 时，流量增长变缓；当 $R_r = R_2$ 时，空载接收流量达到最大值；当 $R_r > R_2$ 时，空载接收流量等于前述最大值，且保持不变；除非喷嘴与接收器的距离 L 为 0，空载接收流量最大值均大于供给流量 Q_s。当接收器半径 R_r 一定时，空载接收流量大致可分为三种情况：① 当接收孔半径与喷嘴半径之比 $R_r/R_n < 0.6$ 时，不同喷嘴与接收器距离 L 下的空载接收流量相同，其原因在于此时的 Q_r 均为等速核心区的流量，与 L 无关；② 当 $R_r/R_n > 1.1$ 时，接收器距离喷嘴越远，空载接收流量越大；③ 当 R_r/R_n 处于 0.6 与 1.1 之间时，接收器距离喷嘴越近，空载接收流量越大。

图 2 - 23 为三通射流管阀处于零位时的无因次断载恢复压力 P_r/P_s 与 L、R_r/R_n 的关系曲线族。由图可知，当喷嘴与接收器的距离 L 一定时，断载恢复压力 P_r 的变动大致可分三个阶段。为方便说明，以 L 为 $0.2R_n$ 为例：① AB 段，当 R_r/R_n 小于某一定值（约为 0.95），即 R_r 不大于等速核心区外边界半径 R_1 时，P_r 维持恒定值，与供油压力 P_s 相等；② BC 段，当 R_r/R_n 在 0.95 与 1.15 之间，即 R_r 大于等速核心区外边界半径 R_1 而小于剪切层外边界半径 R_2 时，P_r 按照余弦曲线下降；③ CD 段，当 $R_r/R_n > 1.15$，即 R_r 大于剪切层外边界半径 R_2 时，P_r 按照某一斜率下降。对于不同的喷嘴与接收器的距离，L 越大，其对应的 AB 段范围越窄，而对应的 BC 段越宽。当接收器半径 R_r 一定时，断载恢复压力大致可分为三种情况：① 当接收孔半径与喷嘴半径之比 $R_r/R_n < 0.6$ 时，不同喷嘴与接收器距离 L 下的断载恢复压力相同，其原因在于此时的 P_r 均为等速核心区的能量所致，与 L 无关；② 当 R_r/R_n 处于 0.6 与 1.3 之间时，接收器距离喷嘴越近，断载恢复压力 P_r 越大；③ 当 $R_r/R_n > 1.3$ 时，断载恢复压力 P_r 与 L 的定性关系不唯一。

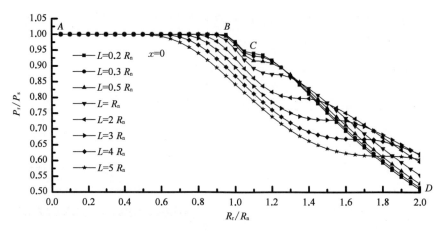

图 2‑23　三通射流管阀处于零位时的无因次断载恢复压力

图 2‑24 为三通射流管阀处于零位时的无因次能量回收 E_r/E_s 与 L、R_r/R_n 的关系曲线族。由图可知,当喷嘴与接收器的距离 L 一定时,随着接收孔的增大,能量回收率 E_r/E_s 随之增大;当接收孔的半径 R_r 接近剪切层外边界半径 R_2 时,能量回收率增长变缓;当 $R_r=R_2$ 时,能量回收率达到最大值;当 $R_r>R_2$ 时,能量回收率等于前述最大值,且保持不变;除非喷嘴与接收器的距离 L 为 0,总回收能量 E_r 最大值均小于供给能量 E_s。当接收器半径 R_r 一定时,能量回收率大致可分为两种情况:① 当接收孔半径与喷嘴半径之比 $R_r/R_n<0.6$ 时,不同喷嘴与接收器距离 L 下的能量回收率相同,其原因在于此时的 E_r 均为等速核心区能量,与 L 无关;② 当 $R_r/R_n>0.6$ 时,接收器距离喷嘴越近,能量回收率越高。

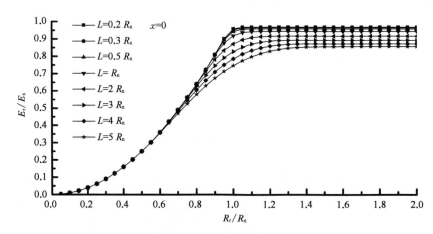

图 2‑24　三通射流管阀处于零位时的无因次能量回收

图 2‑25 为三通射流管阀处于零位、接收器与喷嘴的距离 L 与喷嘴半径 R_n 相等时的无因次空载接收流量、断载恢复压力及能量回收三条曲线在同一坐标系下的呈现。由图可知,对于确定的结构尺寸 L,若要取得较大的空载接收流量和回收能量,则接收孔半径 R_r 须取较大值;而若要取得较大的断载恢复压力,则接收孔半径须取较小值;若既要较大的空载接收流量/回收能量,又要较大的断载恢复压力,则接收孔半径须取某一折中值,这一折中值是存在的。例如:空载接收流量曲线与断载恢复压力曲线相交于点 F,此处 Q_r/Q_s、P_r/P_s 均约为 96%,R_r/R_n 约为 0.98,此时 E_r/E_s 约为 90%;能量回收率曲线与断载恢复压力曲线相交于点 G,此

处 E_r/E_s、P_r/P_s 均约为 93%，R_r/R_n 约为 1.03，此时 Q_r/Q_s 约为 100%。如果对空载接收流量、断载恢复压力及能量回收均欲得较高值，则沿 P_r/P_s 曲线在点 F 与点 G 之间取一点即可。由此可将点 F、点 G 所对应的 R_r/R_n 取值区间称为综合性能最优取值区。

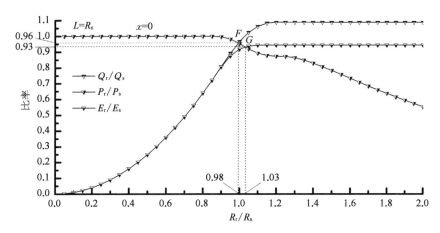

图 2-25　三通射流管阀处于零位时的综合性能曲线 $(L=R_n)$

图 2-26 为三通射流管阀处于零位 $(x=0)$ 时的无因次空载接收流量、断载恢复压力及能量回收三组曲线在同一坐标系下的呈现。由图可得，当接收器与喷嘴的距离 L 越大时，空载接收流量比、断载恢复压力比及能量回收率均取得较大值所对应的 R_r/R_n 取值范围越宽；但 Q_r/Q_s、P_r/P_s 及 E_r/E_s 均取值相对较低。例如，当 $L=5R_n$ 时，空载流量接收曲线与断载恢复压力曲线相交于 H 点，此处 Q_r/Q_s、P_r/P_s 略高于 85%，能量回收率略高于 70%；能量回收率曲线与断载恢复压力曲线相交于 I 点，此处 E_r/E_s、P_r/P_s 均已低于 80%。由此可知，三通射流管阀的接收器与喷嘴的距离 L 应小于 $5R_n$。

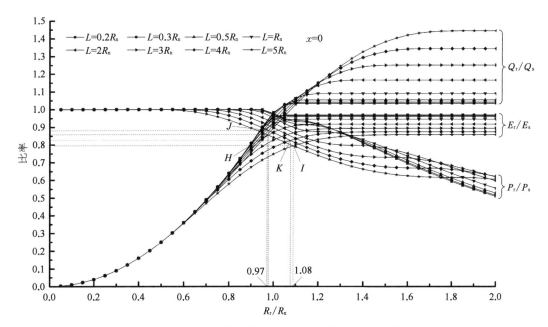

图 2-26　三通射流管阀处于零位时的综合性能曲线

再看当 $L=4R_n$ 时,空载流量接收曲线与断载恢复压力曲线相交于 J 点,此处 Q_r/Q_s、P_r/P_s 高于 88%,能量回收率高于 75%;能量回收率曲线与断载恢复压力曲线相交于 K 点,此处 E_r/E_s、P_r/P_s 约为 83%。由此可知,三通射流管阀的接收器与喷嘴的距离 L 在不大于 $4R_n$ 时是可以接受的。

但是三通射流管阀的接收器与喷嘴的距离 L 是越小越好吗?答案是否定的。射流管阀抗污染能力强于喷嘴挡板阀的原因在于前者的最小尺寸比后者大。喷嘴挡板阀的最小尺寸为喷嘴与挡板之间的间隙,如果三通射流管阀的接收器与喷嘴的距离 L 小于喷嘴的孔径 $2R_n$,则 L 将取代射流管的喷嘴孔径成为最小尺寸。若 L 无限减小,则射流管阀的抗污染能力就会降低至喷嘴挡板阀。因此射流管阀的接收器与喷嘴的距离 L 应不小于喷嘴的孔径 $2R_n$。

同时由图 2-26 还可以看出,不同的接收器与喷嘴的距离 L 所对应的 R_r/R_n 综合性能最优取值区均处于 1 附近。该处的空载接收流量比、断载恢复压力比及能量回收率比较均衡,可同时取得较高值。

最后来确定优选出的结构($R_r/R_n \approx 1$,$2R_n \leqslant L < 4R_n$)属于哪一种规格的三通射流管阀,以便对其展开针对性的分析。首先根据接收器与喷嘴的距离 L 可以确定该结构在 Ⅰ 型至 Ⅴ 型范围之内。以下通过计算接收孔半径 R_r 的节点值来最终确定规格。R_r 的节点值包括 0、$(R_2-R_1)/2$、R_1、$(R_2+R_1)/2$、R_2,其中 R_1、R_2 分别见式(2-1)、式(2-2)。

由式(2-1)、式(2-2),可知

$$(R_2-R_1)/2=0.06R_n+0.127\ 5L \tag{2-136}$$

$$(R_1+R_2)/2=1.01R_n+0.030\ 5L \tag{2-137}$$

将 $L=2R_n$ 代入式(2-1)、式(2-2)、式(2-136)、式(2-137),可得

$$(R_2-R_1)/2=0.63R_n \tag{2-138}$$

$$R_1=0.756R_n \tag{2-139}$$

$$(R_1+R_2)/2=1.071R_n \tag{2-140}$$

$$R_2=1.386R_n \tag{2-141}$$

显然,R_r 在 R_1 与 $(R_2+R_1)/2$ 之间,对照三通射流管阀规格表,可知最优综合性能属于 Ⅲ 型三通射流管阀。

2.3.2　Ⅲ型三通射流管阀及其特性

根据上一节的分析,优选出的结构($R_r/R_n \approx 1$,$2R_n \leqslant L < 4R_n$)属于 Ⅲ 型三通射流管阀,由此可根据表 2-3 中的公式对其展开数值计算与理论分析。

图 2-27 与图 2-28 分别为三通射流管阀($R_r/R_n=1$)的无因次空载接收流量特性与断载恢复压力特性。由式(2-8)可知,喷嘴的最大偏移行程为

$$x_{\max}=R_r+R_2 \tag{2-142}$$

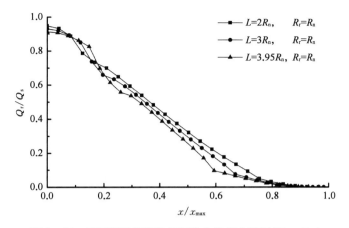

图 2‑27 三通射流管阀的无因次空载接收流量($R_r = R_n$)

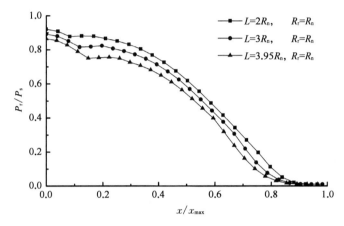

图 2‑28 三通射流管阀的无因次断载恢复压力($R_r = R_n$)

由图 2‑27 可知,三通射流管阀的空载接收流量大致与喷嘴偏移距离呈比例,喷嘴与接收器之间的距离越短,两者成比例的范围越大。例如当 $L = 2R_n$ 时,线性段约占总行程的 75%;当 $L = 3R_n$ 时,线性段约占总行程的 65%;当 $L = 3.95R_n$ 时,线性段约占总行程的 50%。由图 2‑28 可知,三通射流管阀的断载恢复压力大致与喷嘴偏移距离呈余弦函数关系。当喷嘴偏移距离至最大行程约 80% 处时,空载接收流量已经接近于 0(小于 5%),而断载恢复压力则不小于供油压力的 5%。

值得注意的是,当接收孔与喷嘴半径相等时,不论是空载流量特性曲线,还是断载恢复压力曲线,总是不太平滑。详细考察发现转折点均发生在喷嘴偏移不同阶段的交界点处。以 $L = 3.95R_n$、$R_r = R_n$ 的三通射流管阀空载流量曲线为例(图 2‑29),在 b、c、d、e 各阶段的交界点 J_1、J_2、J_3 处,均为斜率的大幅变动点,有必要对此加以消除。由图可知,c 阶段的存在导致了 J_1、J_2 两处转折点,d 阶段的存在导致了 J_2、J_3 两处转折点。J_3 点处于工作行程的末段,压力、流量均较小,不必过度关注;J_1、J_2 两点处于工作行程的主体段,压力、流量均较高,必须加以关注,如果能将其消除即可大幅改善整个曲线的平滑度。由表 2‑3 可知,喷嘴偏移量 x 在 c 阶段的行程范围为

$$R_r - R_1 < |x| \leqslant R_2 - R_r$$

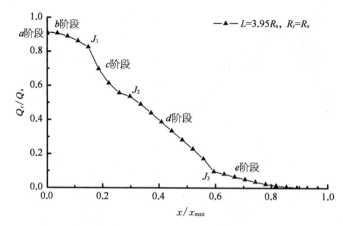

图 2-29 三通射流管阀的无因次空载接收流量图($L=3.95R_n$, $R_r=R_n$)

如果

$$R_r - R_1 = R_2 - R_r$$

即可将 c 阶段的行程范围缩短为 0,此时,

$$R_r = (R_1 + R_2)/2 \qquad (2-143)$$

将式(2-137)代入,可得

$$R_r = 1.01R_n + 0.030\,5L \qquad (2-144)$$

代入不同的 L 值,即可取得相应的 R_r/R_n 比值。对比式(2-140)与式(2-143)可知,由式(2-144)求得的 R_r/R_n 比值恰好为Ⅲ型与Ⅳ型三通射流管阀的分界值,但满足式(2-144)的结构参数仍属于Ⅲ型三通射流管阀。

以 L 值分别为 $2R_n$、$3R_n$、$3.95R_n$ 为例,代入式(2-144),得相匹配的 R_r/R_n 比值分别为 1.071、$1.101\,5$、$1.130\,5$。根据表 2-3 中的公式对其展开数值计算,得结构参数匹配后的三通射流管阀空载流量特性、断载恢复压力特性分别如图 2-30、图 2-31 所示。与图 2-27、图 2-28 对比可知,结构参数匹配后的三通射流管阀空载流量特性曲线、断载恢复压力特性曲线均已较为平滑。

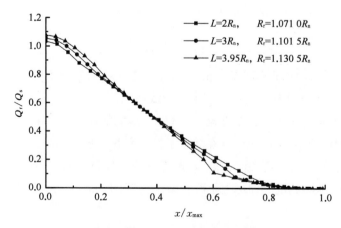

图 2-30 三通射流管阀的无因次空载接收流量($R_r \neq R_n$)

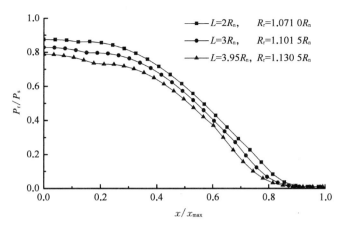

图 2-31 三通射流管阀的无因次断载恢复压力 ($R_r \neq R_n$)

2.4 实 践 试 验

2.4.1 试验装置及方法

历次试验研究中,诺丁汉大学对喷嘴与接收孔对中式的三通射流管阀特性所进行的测试较为系统,且资料公开较为详细。试验核心部件如图 2-32 所示,1 为测试腔,2 为固定螺纹孔,3 为可螺旋伸缩式供油喷嘴,4 为固定接收孔。各组供油喷嘴与接收孔的半径及半径之比见表 2-13;两者均为锐边,环周宽度小于 0.005 mm;喷嘴导流段为 3 mm,接收孔导流段长度约为 $2D_r$。各组试验的射流流束于喷嘴出口处的雷诺数 Re 见表 2-13。试验流体介质为航空煤油(牌号 AVTUR 2482),为了防止供油喷嘴出口处产生气穴,背压设定为 1.38 MPa。

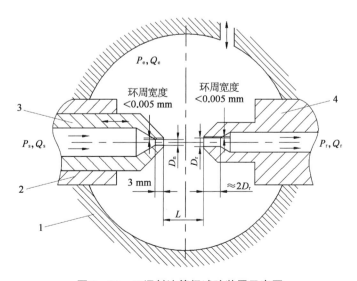

图 2-32 三通射流管阀试验装置示意图

表 2‑13　三通射流管阀静态试验主要参数

参　　数	编　　　　号				
	1	2	3	4	5
R_r/mm	0.54	0.803	1.045	0.78	1.435
R_n/mm	0.78	0.78	0.78	0.54	0.78
R_r/R_n	0.69	1.03	1.34	1.45	1.84
Re	60 000	60 000	60 000	40 000	60 000

　　试验时,首先选定一组供油喷嘴和接收孔;而后将供油喷嘴拧入固定螺纹孔,将接收孔固定在测试腔中;供油喷嘴入口处接通压力油源,接收孔出口处不接任何负载,仅接流量计;正/反向旋转供油喷嘴以调整两者的间距 L,从而测得不同间距 L 所对应的空载接收流量 Q_r。与上述过程类似,将接收孔出口封闭,仅接压力计,正/反向旋转供油喷嘴即可测得不同间距 L 所对应的断载恢复压力 P_r。完毕后,更换一组供油喷嘴和接收孔,即可进行下一组的测试。测试中及时记录测得的流量/压力值,以及其与结构参数的对应关系。

2.4.2　试验结果与分析

　　三通射流管阀空载接收流量试验值与本书理论计算值对比结果如图 2‑33 所示,为了便于对比,试验值与理论计算值均化作无因次值。由图 2‑33 可知,当接收孔与喷嘴半径之比 $R_r/R_n=0.69$ 时,空载接收流量 Q_r 的理论结果与试验结果趋势一致,相差较小(小于 5%);当 $R_r/R_n=1.03$ 时,Q_r 的试验值有波动,与理论计算值趋势一致,相差不大(小于 10%);当 $R_r/R_n=1.34$、1.45 时,Q_r 的测试结果与理论结果趋势一致,差值总体由小变大,最大差值在 $L=9.5R_n$ 处约为 20%;当 $R_r/R_n=1.84$ 时,Q_r 的试验值与理论值趋势大致相似,差值总体由大变小而后由小变大,两者在 L 约为 $3.5R_n$ 有交点。值得注意的是,当 $R_r/R_n>1$,即接收孔比喷嘴孔径更大时,在一段行程内的 Q_r 的测试值比理论值大,例如曲线 5 与 5′ 的 OC 段,曲线 3

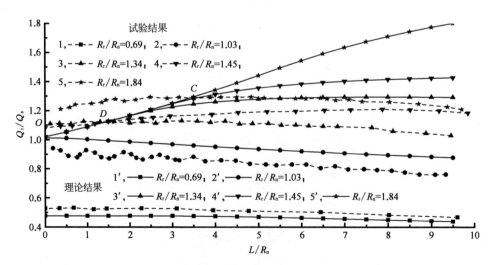

图 2‑33　无因次空载接收流量试验结果与理论结果对比

与 $3'$、曲线 4 与 $4'$ 的 OD 段。其原因在于在这段行程内射流流束剪切层的宽度小于接收孔径（图 2-34），理论值计算的是接收孔距射流喷嘴 L_c 处射流流束的流量 Q_c，而流量计测试的是距射流喷嘴 L_r 处的流量 Q_r。由于流体存在黏性，在剪切作用下，部分流体由孔口被卷吸而进入接收孔，成为射流流束的一部分，即流量 Q_r 为 Q_c 与 ΔQ_c 之和。

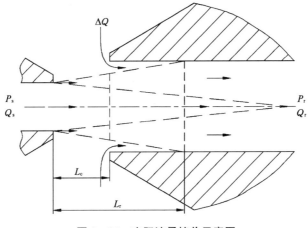

图 2-34　实际流量接收示意图

三通射流管阀断载恢复压力试验值与理论计算值对比结果如图 2-35 所示，为了便于对比，试验值与理论计算值均化作无因次值。由图 2-35 可知，当接收孔与喷嘴半径之比 $R_r/R_n = 0.69$ 时，断载恢复压力 P_r 的理论结果与试验结果高度吻合。当 $R_r/R_n = 1.03$、1.34、1.45 时，P_r 的试验值略高于理论计算值，变化趋势一致。当 $R_r/R_n = 1.84$ 时，P_r 的试验值略高于理论计算值，试验曲线与计算曲线起伏趋势大体一致。

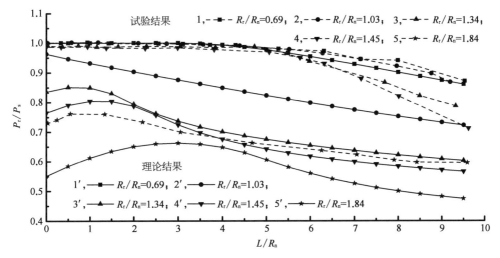

图 2-35　无因次断载恢复压力试验结果与理论结果对比

本章在自由紊动射流经验公式的基础上，提出通过积分方法求解三通射流管阀空载接收流量表达式，根据流束的伯努利方程求得了三通射流管阀的断载恢复压力与回收能量表达式，从而建立了三通射流管阀的数学模型，为理论分析三通射流管阀的特性奠定了基础。具体结论如下：

（1）根据无因次空载接收流量比、断载恢复压力比及能量回收率分析了射流喷嘴与接收器对中时的三通射流管阀特性，确定了三通射流管阀的各结构参数之间的最佳比例区间。

（2）三通射流管阀的喷嘴与接收器之间的距离在2～4倍的喷嘴半径之间，接收孔径与喷嘴孔径之比在1附近时，可取得射流喷嘴与接收器对中时的最优综合性能。

（3）三通射流管阀喷嘴摆动时，其空载接收流量曲线、断载恢复压力曲线可能局部不平滑。通过精心匹配结构参数，可以消除上述曲线的不平滑段。精心匹配结构参数后的三通射流管阀，其空载接收流量在相当大范围内与喷嘴偏移距离呈线性；其断载恢复压力与喷嘴偏移距离大致呈余弦函数关系。

（4）试验验证中，空载接收流量理论计算结果与试验结果基本一致，相对差值不大；断载恢复压力试验曲线与理论曲线对比中，有一组曲线高度吻合，余者试验值略高于理论计算值，试验曲线与计算曲线起伏趋势一致。

参 考 文 献

[1] 阎耀保.喷嘴挡板式电液伺服阀结构的演变过程[J].流体传动与控制，2017(1)：54-59,61.

[2] 阎耀保,李长明.对称负重合型气动伺服阀零位流动状态分析[J].航空学报，2015,36(11)：3724-3733.

[3] 阎耀保,王玉.三维离心环境下射流管伺服阀的零偏特性[J].上海交通大学学报，2017,51(8)：984-991.

[4] 阎耀保,李长明,江金林.三维离心环境下的电液伺服阀特性分析[J].机械工程学报，2015,51(2)：169-177.

[5] 阎耀保,王玉.射流管伺服阀前置级压力特性[J].航空动力学报，2015,30(12)：3058-3064.

[6] 阎耀保,谢帅虎,原佳阳,等.宽温域下三位四通电磁液动换向阀的几何尺寸链与卡滞特性[J].飞控与探测，2019,2(3)：95-102.

[7] 阎耀保,李聪.射流管伺服阀前置级不对称性对零偏的影响[J].华南理工大学学报(自然科学版)，2021,49(5)：111-119.

[8] 阎耀保,张曦,李长明.一维离心环境下电液伺服阀零偏值分析[J].中国机械工程，2012,23(10)：1142-1146.

[9] 阎耀保,赵燕,刘华,等.正开口气动伺服阀控缸匀速运动时的负载特性[J].流体传动与控制，2013,2：1-4.

[10] 李长明,阎耀保.三通射流管阀断载压力特性分析[C]//中国航空学会流体传动与控制学术会议论文集.上海，2016：162-171.

[11] 李长明,阎耀保.三通射流管阀空载流量特性分析[C]//中国航空学会流体传动与控制学术会议论文集.上海，2016：172-180.

[12] 李长明,阎耀保,汪明月,等.高温环境对射流管伺服阀偶件配合及特性的影响[J].机械工程学报，2018，54(20)：251-261.

[13] LI C M, YIN Y B. Mechanism of static characteristics changing of four-way jet-pipe valve due to erosion[C]// Proceedings of the 2016 IEEE/CSAA International Conference on Aircraft Utility Systems (AUS). Beijing, 2016：670-675.

[14] LI C M, YIN Y B. Static characteristics of four-way jet-pipe valve[C]//Proceedings of the 2016 IEEE/CSAA International Conference on Aircraft Utility Systems (AUS). Beijing, 2016：1197-1202.

[15] YIN Y B, LI C M, PENG B X. Analysis of pressure characteristics of hydraulic jet pipe servo valve[C]// Proceedings of the 12th International Conference on Fluid Control, Measurement and Visualization(FLUCOME 2013), Nara, 2013：1-10.

[16] YIN Y B, LI C M. Characteristics of hydraulic servo-valve under centrifugal environment[C]//Proceedings of the 8th International Conference on Fluid Power Transmission and Control (ICFP 2013). Beijing：Beijing World Publishing Corporation, 2013：39-44.

[17] YIN Y B, LI H J, LI C M. Modeling and analysis of hydraulic speed regulating valve[C]//Proceedings of the 2013 International Conference on Advances in Construction Machinery and Vehicle Engineering (ICACMVE 2013). Jilin, 2013：208-216.

[18]　訚耀保,夏飞燕,李长明.一种可调试喷嘴轴线位置的射流管伺服阀及调试方法:ZL201710177608.5[P].2018 - 07 - 03.

[19]　訚耀保,李长明,夏飞燕,等.一种双冗余反弹射流偏导板伺服阀:ZL201710072977.8[P].2018 - 05 - 08.

[20]　訚耀保,李长明,张阳.一种射流管伺服阀喷嘴与接收器对中检验方法:ZL201610534415.6[P].2018 - 02 - 09.

[21]　訚耀保,李长明.气动伺服阀阀芯阀套重合量间接测量方法及其应用:ZL200810041108.X[P].2014 - 09 - 17.

[22]　訚耀保,孟伟.喷嘴挡板伺服阀的喷嘴挡板间隙的一种间接测量方法:ZL200910197384.X[P].2012 - 02 - 29.

[23]　訚耀保,李玲,孟伟.带阻尼节流器的喷嘴挡板阀:ZL201020119629.5[P].2011 - 01 - 19.

[24]　李长明,訚耀保,李聪.一种带静压支承的反弹射流式偏导板电液伺服阀:ZL201810510138.4[P].2019 - 09 - 27.

[25]　李长明,訚耀保,李双路.一种具有加速度零偏漂移抑制功能的电液伺服阀:ZL201810278459.6[P].2019 - 08 - 02.

[26]　李长明,訚耀保,郭文康.一种三通射流管伺服阀射流轴线轨迹调试装置及方法:ZL201810123205.7[P].2020 - 06 - 26.

[27]　訚耀保,李长明,夏飞燕.一种适应变温度场的射流管电液伺服阀:ZL201810094948.6[P].2020 - 06 - 02.

[28]　訚耀保,李双路,李长明.一种设有四棱锥台状导流槽的偏转板伺服阀放大器:ZL201922093924.1[P].2020 - 10 - 02.

[29]　李长明.射流式电液伺服阀基础理论研究[D].上海:同济大学,2019.

[30]　王玉.射流管伺服阀静态特性和零偏零漂机理研究[D].上海:同济大学,2019.

[31]　原佳阳.极端环境下高端液压阀性能及其演变的基础研究[D].上海:同济大学,2019.

[32]　訚耀保.高端液压元件理论与实践[M].上海:上海科学技术出版社,2017.

[33]　訚耀保.极端环境下的电液伺服控制理论及应用技术[M].上海:上海科学技术出版社,2012.

[34]　古屋善正.自动制御に用いられむる噴射管の特性に及受流部の形について[J].日本機械学会論文集(B編),1951,18(69):53 - 57.

[35]　曾广商,何友文,等.射流管伺服阀研制[J].液压与气动,1996(3):6 - 8.

[36]　盛敬超.液压流体力学[M].北京:机械工业出版社,1980.

[37]　ASKANIA-WERKE A G. Device for regulating the drawing-off of gas from gas-producing apparatus:GB232937 [P]. 1925 - 12 - 03.

[38]　CURTISS A C. An experimental study of the design parameters of hydraulic jet-pipe valves[D]. Massachusetts Institute of Technology, 1961.

[39]　LICHTAROWICZ A, PEARCE I D, KIRK M F. Characteristics of jet pipe valves[C]//Fourth Cranfield Fluidics Conference. Coventry, 1970:B5.69 - B5.87.

[40]　SHIBATA Y, TANAKA K, NAKADA T. Vortex flows and turbulence models of oil jet impinging on a wall with holes[C]//Proceedings of the 9th JFPS International Symposium on Fluid Power. Matsue, 2014:2B2 - 5.

[41]　SQUIRE H B, TROUNCER J. Round jets in a general stream[R]. British Aeronautical Research Committee Report and Memoranda:No 1974, 1944.

[42]　REYNOLDS O. An experimental investigation of the circumstances which determine whether the motion of water shall be direct or sinuous and of the law of resistance in parallel channels[J]. Tansaction of Royal Society (London), A 174, 1883, 2(51):935 - 982.

[43]　TAYLOR G I. Diffusion by continuous movement[C]//Proceeding of the London Mathematical Society, 1920, 20:196 - 211.

[44]　TAYLOR G I. Statistical theory of turbulence Ⅰ - Ⅴ[C]//Proceedings of Royal Society(London), A 151, 1935:421 - 435;1936:156 - 172, 307.

[45]　PLANDTL L. The mechanics of viscous fluids[M]. Julius Springer, 1935.

[46]　TOLLMIEN W. Berechnung der turbulenten Ausbreitungsvorgänge[J]. ZAMM Bd, 1926, Ⅳ:468 - 485.

[47]　FÖRTHMANN E. Über turbulente Strahlausbreitung[J]. Ing Arch Bd, 1934, Ⅴ:42 - 51.

[48]　KUETHE A M. Investigation of the turbulent mixing regions formed by jets[J]. Journal of Applied Mechanics, 1935, 2(3):A87 - 95.

[49]　ZALMANSON L A, SEMIKOVA A I. Investigation of the characteristics of pneumatic jet elements[J]. Automation and Remote Control, 1959, 20(4).

第 3 章
四通射流管阀

　　射流管伺服阀是控制作动器系统如飞机液压控制系统的关键零件之一,广泛应用于发动机燃油计量、舵面控制等领域,其前置级为四通射流管阀。同三通射流管阀相似,当前缺少四通射流管阀的数学模型,射流管伺服阀的研究和制造还缺乏基本的设计准则,整机性能还不能通过理论进行预测和评估,大多依靠试验来获取经验,成本高、周期长且难以控制。

　　本章以三通射流管阀数学模型为基础,四通射流管阀可看作具有共用射流喷嘴的两个三通射流管阀组成的差动联结体,考虑两接收孔夹角的大小,建立了四通射流管阀的数学模型。按照四通射流管阀各结构对称均等与否,可划分为不同类型,介绍不同类型的四通射流管阀各结构参数对空载接收流量特性、断载恢复压力特性的影响。

3.1　概　　述

　　四通射流管阀的雏形最早出现在 1925 年,德国人 Askania-Werke 发明并申请了专利,用于控制气压回路的换向。1957 年,美国人 R. Atchley 将四通射流管阀用作前置级液压放大器开发了两级射流管电液伺服阀,通过力矩马达带动射流管的偏摆改变高速流束方向以推动主阀芯移动。相比于喷嘴挡板式伺服阀,射流管电液伺服阀内最小流道尺寸较大,抗污染能力较强,由此迅速取代前者用于军、民航空器的发动机燃油计量、舵面控制等场合。鉴于其良好的效果,国内外相关单位也先后研制成功,并扩散用于船舶、机床、冶金等行业。针对四通射流管伺服阀的研究,国内外学者主要采用试验手段进行。1952 年,日本野口浩作等以油为介质,试验分析了 Askania 射流放大器的压力特性、流量特性及压力-流量特性等。1961 年,美国麻省理工学院动态控制实验室以液压油为介质,对四通射流管阀进行了详细的试验测试。1996年,曾广商提出射流管伺服阀前置级接收流量、恢复压力与接收孔和射流流束重叠面积近似成正比。2014 年,日本学者采取 3D 建模-CFD 仿真和试验方法相结合,研究四通射流管阀的流量特性、压力特性、液动力及流场、压力场。2015 年,为分析射流管伺服阀前置级的压力特性,阎耀保等将流体介质视为无黏性流体,建立了四通射流管阀的简化数学模型,分析了射流喷嘴直径、接收孔直径,以及射流喷嘴偏移量对喷嘴出口流速、左右接收孔恢复压力的影响。

　　尽管四通射流管阀已经用于工程实际中,也有少数学者对其做过试验研究,或建立了简化的数学模型,但是用于表达其工作机理的详细数学模型则未见报道,故本章建立四通射流管阀的数学模型,考察其结构参数与空载接收流量、断载恢复压力特性之间的关系,最后对四通射流管阀的压力特性进行试验验证。

四通射流管阀结构简图如图 3-1 所示,它有一个供油口 P、两个负载口 A 和 B、一个回油口 T,通常称为四通阀;又因该阀由射流管 8 和接收器 9 组成,射流管为可动部件,故称为四通射流管阀。接收器 9 中两个接收孔之间是具有一定厚度的分流劈 16。图中,P_s、P_e、P_r' 分别为供油压力、回油背压、恢复压力(MPa);Q_s、Q_e、Q_r' 分别为供油流量、泄漏流量、接收流量(m^3/s);L 为射流喷嘴与接收器的距离(m);D_n 为射流喷嘴孔直径(m);D_{r1}、D_{r2} 分别为左、右接收孔直径(m);φ_1、φ_2 分别为左、右接收孔轴线与接收器中垂线的夹角(°);x_n 为射流喷嘴摆动位移(m)。四通射流管阀工作时,压力流体由 P 口进入射流管,经过收缩段,通过导流段流出喷嘴形成高速射流束,流体的压力能转化为动能;射流束到达接收器后,由分流劈分隔进入两接收孔,高速射流束又逐渐转化为压力流体。当射流管左右摆动时,两接收孔由于接收的能量不同而形成压差,从而可以推动负载。

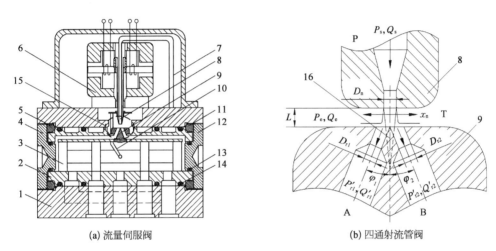

(a) 流量伺服阀　　　　　(b) 四通射流管阀

图 3-1　流量伺服阀中的四通射流管阀结构示意图

四通射流管阀一般功率较小,推动负载能力有限,故通常作为射流管流量伺服阀的前置放大器来使用,如图 3-1a 所示。图中 1 为阀体,2 为阀套,3 为阀芯,4、12 为左、右端盖,5、11 为左、右锁紧环,6 为力矩马达,7 为导油管,8 为射流管,9 为接收器,10 为反馈杆,13、14 为密封圈。其中射流管 8 与接收器 9 就构成了一个典型的四通射流管阀 15。对于射流管流量伺服阀,当有控制电流加载时,力矩马达驱动射流管旋转一定的角度而偏离零位,由此导致左、右两接收孔所接收的能量不再相等,从而使阀芯两端产生压差,进而推动阀芯。阀芯通过反馈杆拖动射流管反向旋转。当力矩马达、弹簧管、反馈杆之间达到新的力矩平衡时,阀芯停止移动。此时,阀芯的位移与控制电流成比例。

3.2　数　学　模　型

四通射流管阀可以视为共用同一个射流喷嘴的两个三通射流管阀的差动联结体,则通过先对两个三通射流管阀分别分析,再对其空载接收流量、断载恢复压力等特性做差值即可得出四通射流管阀的特性。

3.2.1 单孔空载接收流量、能量计算方法

如图 3-2 所示,由于左、右接收孔轴线与接收器界面中垂线呈夹角 φ_1、φ_2,则接收孔在接收界面内呈椭圆形,其短轴半径 a_1、a_2 分别与接收孔半径 R_{r1}、R_{r2} 相等,而长轴半径 $b_1 = R_{r1}/\cos\varphi_1$, $b_2 = R_{r2}/\cos\varphi_2$。令

$$K_1 = 1/\cos\varphi_1, \quad K_2 = 1/\cos\varphi_2$$

则

$$b_1 = K_1 R_{r1}, \quad b_2 = K_2 R_{r2}$$

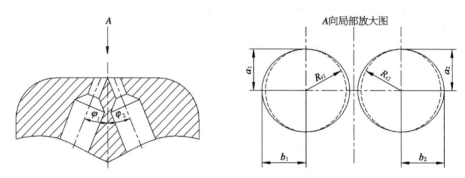

图 3-2 四通射流管阀接收界面示意图

则椭圆形接收口的面积 A_r' 与对应圆形接收口的面积 A_r 成比例,即

$$A_{r1}' = K_1 A_{r1}, \quad A_{r2}' = K_2 A_{r2}$$

为简化计算,令椭圆形接收口的接收流量 Q_r' 与对应圆形接收口接收流量 Q_r 成比例,即

$$Q_{r1}' = K_1 Q_{r1}, \quad Q_{r2}' = K_2 Q_{r2} \tag{3-1}$$

则椭圆形接收口的接收能量 E_r' 与对应圆形接收口接收能量 E_r 也近似成比例,即

$$E_{r1}' = K_1 E_{r1}, \quad E_{r2}' = K_2 E_{r2} \tag{3-2}$$

圆形接收口接收流量 Q_r 与接收能量 E_r 的计算方法详情可见第 2 章。

3.2.2 单孔断载恢复压力计算方法

将四通射流管阀的接收器出口封闭后,接收孔内的压力 $P_{rk}'(k=1,2)$ 称为断载恢复压力。如图 3-3 所示,在不同的情况下,射流流束的整体或部分进入接收孔,随着流束速度(动能)逐渐降低,其压强逐渐升高,某些情况下还会出现局部损失。

以左/右接收孔为例,如图沿接收孔壁面和 $1-1'$ 及 $2-2'(3-3')$ 断面取研究对象,即左接收孔所接收的流束。根据伯努利方程,对接收流束的两个断面积分,即得其能量关系式为

$$\int_{Q_{rk}'}\left(\frac{P_e}{\rho} + \frac{v^2}{2} + gz_1\right)\rho\,\mathrm{d}Q_{rk}' = \int_{Q_{rk}'}\left(\frac{P_{rk}'}{\rho} + \frac{v'^2}{2} + gz_2\right)\rho\,\mathrm{d}Q_{rk}' + \int_{Q_{rk}'}gh_m\rho\,\mathrm{d}Q_{rk}' \tag{3-3}$$

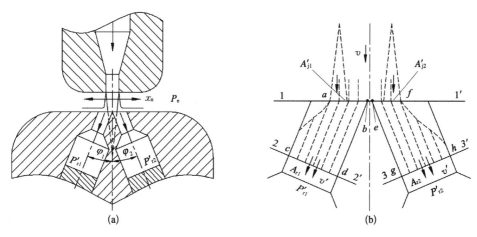

图 3-3　四通射流管阀断载恢复压力示意图

式中　g——重力加速度(m/s^2)；

z_1、z_2——断面 $1-1'$ 及 $2-2'$ 所处的位置(m)；

v'——流束通过断面 $2-2'$ 时的速度(m/s)；

h_m——局部能量损失(m^2/s^2)；

Q'_{rk}——左、右接收孔的空载接收流量(m^3/s)，$k=1$，2。

由于断面 $1-1'$ 与 $2-2'$ 之间的距离(z_1-z_2)非常短，接收流量束的位置势能变化可以忽略不计。假设流束到达断面 $2-2'$ 时，其速度 v' 已经降低至 0，即流束的动能已经完全转化为压强势能。

如图 3-3b 所示，沿接收孔壁面，在流束流经断面 $1-1'$ 至 $2-2'$ 的过程中，流道断面突然扩大，干扰了流体的正常运动，造成局部能量损失 h_{m1}，其表达式如下：

$$h_{m1}=\zeta_1\frac{v^2}{2g} \tag{3-4}$$

$$\zeta_1=\left(1-\frac{A'_{jk}}{A_{rk}}\right)^2 \tag{3-5}$$

式中　ζ_1——流道断面扩大导致的局部能量损失系数，其表达式见式(3-5)，量纲为无因次；

A'_{jk}——到达接收孔的射流流束断面面积，即整个射流流束断面与椭圆形接收孔在接收界面的重叠面积(m^2)；

A_{rk}——接收孔断面面积(m^2)，$A_{rk}=\pi R_{rk}^2$。

如图 3-3b 所示，在流束流经断面 $1-1'$ 至 $2-2'$ 的过程中，流道出现了折弯，迫使流束改变方向，干扰了流体的正常运动，造成局部能量损失 h_{m2}，其表达式如下：

$$h_{m2}=\zeta_2\frac{v^2}{2g} \tag{3-6}$$

式中　ζ_2——流道折弯导致的局部能量损失系数，量纲为无因次，该系数与流道折弯的角度 φ 相关，为经验系数。

综上所述，即可得到恢复压力 P'_{rk} 的表达式为

$$P'_{rk} = P_e + \frac{\int_{Q'_{rk}} \frac{v^2}{2} \rho dQ'_{rk} - \left[\left(1 - \frac{A'_{jk}}{A_{rk}}\right)^2 + \zeta_2\right] \int_{Q'_{rk}} \frac{v^2}{2} \rho dQ'_{rk}}{Q'_{rk}} \qquad (3-7)$$

令到达接收界面的射流流束动能为 E'_{rk}，则

$$E'_{rk} = \int_{Q'_{rk}} \frac{v^2}{2} \rho dQ'_{rk} \qquad (3-8)$$

将式(3-8)代入式(3-7)，得四通射流管阀的单孔断载恢复压力为

$$P'_{rk} = P_e + \frac{E'_{rk}}{Q'_{rk}} - \left[\left(1 - \frac{A'_{jk}}{A_{rk}}\right)^2 + \zeta_2\right] \frac{E'_{rk}}{Q'_{rk}} \qquad (3-9)$$

由式(3-9)可知，四通射流管阀的单孔断载恢复压力由四部分组成：一部分由环境压力引起，一部分由到达接收界面的射流流束动能引起，一部分由于流道断面的突然扩大损失掉了，一部分由于流道的折弯而损失掉了。

3.2.3 全工作行程的数学模型

取四通射流管阀接收器的接收断面，则流量/能量接收示意如图3-4所示。在接收断面中，等速核心区半径为 R_1，剪切层外边界半径为 R_2；四通射流管阀处于零位时，射流束轴线的冲击点为 C，分流劈左、右半侧的厚度分别为 Δ_1、Δ_2。由于射流喷嘴与接收器之间的距离 L 非常小，则射流束移动的距离即可视为射流喷嘴的偏移距离 x_n。

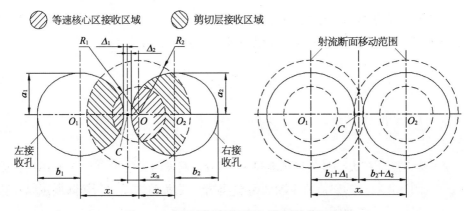

图3-4 四通射流管阀流量/能量接收示意图

在接收界面内，射流喷嘴偏移过程中，令射流束轴线与接收孔轴线的距离为 x_k，其下标

$$k = 1, 2$$

其中射流束轴线与左接收孔轴线的距离为

$$x_1 = b_1 + \Delta_1 + x_n \qquad (3-10)$$

射流束轴线与右接收孔轴线的距离为

$$x_2 = b_2 + \Delta_2 - x_n \qquad (3-11)$$

射流喷嘴的偏移行程范围为

$$-(b_1+\Delta_1)\leqslant x_n\leqslant b_2+\Delta_2 \qquad (3-12)$$

根据上一章的结论,以三通射流管阀的射流喷嘴半径 R_n 为基准值,接收孔径与喷嘴孔径之比 R_r/R_n 在 1 附近,喷嘴与接收器之间的距离 L 为 2~4 倍的喷嘴半径 R_n 时,可取得射流喷嘴与接收器对中时的最优综合性能。该结构属于 Ⅲ 型三通射流管阀,即以射流喷嘴半径 R_n 为基准值,接收孔半径 $R_1 < R_r \leqslant (R_2+R_1)/2$,接收孔与喷嘴间距 $2R_n \leqslant L \leqslant 3.964R_n$。则四通射流管阀的结构参数参照 Ⅲ 型三通射流管阀而定,即以射流喷嘴半径 R_n 为基准值,接收孔径与喷嘴孔径之比 R_{ri}/R_n 在 1 附近且 $R_1 < R_{rk} \leqslant (R_2+R_1)/2$,接收孔与喷嘴间距 $2R_n \leqslant L \leqslant 3.964R_n$。

为了简化计算,先将接收界面的椭圆形接收口简化为圆形接收口,而后根据式(3-1)、式(3-2)进行修正。参照第 2 章,根据接收孔接收区域的变化,可将射流喷嘴的偏移行程划分为六个阶段,建立四通射流管阀全工作行程的数学模型。

(1) 在接收断面中,当射流束轴线与接收孔轴线的距离 $x_k=0$ 时(图 3-5a),接收孔的接收流量为圆形等速核心区与环形剪切层流量之和:

$$Q_{rk}=Q_{pc}+Q_{mc} \qquad (3-13)$$

式中　Q_{rk}——左/右接孔收在接收断面的流量($\mathrm{m^3/s}$),$k=1,2$;

　　　Q_{pc}——圆形等速核心区接收流量($\mathrm{m^3/s}$);

　　　Q_{mc}——环形剪切层接收流量($\mathrm{m^3/s}$)。

圆形等速核心区半径为 R_1,则由式(2-11)得

$$Q_{pc}(R_1)=v_0\pi R_1^2 \qquad (3-14)$$

环形剪切层区域内边界与半径为 R_1 的圆相切,外边界与半径为 R_r 的圆相切,则其边界条

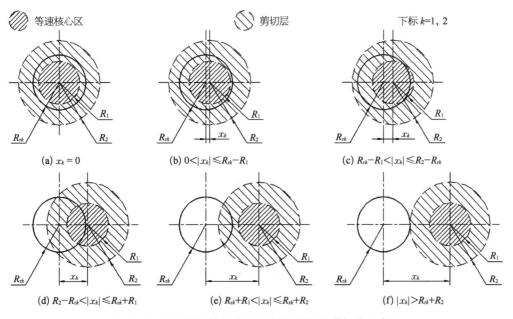

(a) $x_k=0$ 　　(b) $0<|x_k|\leqslant R_{rk}-R_1$ 　　(c) $R_{rk}-R_1<|x_k|\leqslant R_2-R_{rk}$

(d) $R_2-R_{rk}<|x_k|\leqslant R_{rk}+R_1$ 　　(e) $R_{rk}+R_1<|x_k|\leqslant R_{rk}+R_2$ 　　(f) $|x_k|>R_{rk}+R_2$

图 3-5 四通射流管阀全行程内的流量/能量接收示意图

件可写作

$$
\left.\begin{array}{r}
R_{\mathrm{c}}=R_1 \\
R'_{\mathrm{c}}=R_{rk}
\end{array}\right\}
\tag{3-15}
$$

将环形剪切层区域边界条件代入式(2-30),得

$$
Q_{\mathrm{mc}}(R_1,\ R_{rk})=\pi v_0\left[\frac{1}{2}(R_{rk}^2-R_1^2)+CR_{rk}\sin\alpha_k-C^2(1+\cos\alpha_k)\right]
\tag{3-16}
$$

其中,$C=(R_2-R_1)/\pi$,$\alpha_k=(R_2-R_{rk})\pi/(R_2-R_1)$。

将式(3-14)、式(3-16)代入式(3-13),得总接收流量为

$$
Q_{rk}=Q_{\mathrm{pc}}(R_1)+Q_{\mathrm{mc}}(R_1,\ R_{rk})
\tag{3-17}
$$

再求其断载恢复压力,此时到达接收孔界面的射流动能为圆形等速核心区和环形剪切层动能之和,即总射流动能为

$$
E_{rk}=E_{\mathrm{pc}}+E_{\mathrm{mc}}
\tag{3-18}
$$

式中 E_{rk}——到达左/右接收孔的射流流束动能[kg·(m/s)^2],$k=1,2$;

$\qquad E_{\mathrm{pc}}$——到达接收孔的圆形等速核心区射流流束动能[kg·(m/s)^2];

$\qquad E_{\mathrm{mc}}$——到达接收孔的环形剪切层射流流束动能[kg·(m/s)^2]。

圆形等速核心区半径为R_1,则由式(2-50)得

$$
E_{\mathrm{pc}}(R_1)=\frac{\rho}{2}v_0^3\pi R_1^2
\tag{3-19}
$$

将环形剪切层区域边界条件代入环形剪切层动能通式(2-54),得

$$
\begin{aligned}
E_{\mathrm{mc}}(R_1,\ R_{rk})=\frac{\pi\rho v_0^3}{8}\bigg\{&\frac{1}{2}(R_{rk}^2-R_1^2)+\frac{3}{2}C\left[R_2(\pi-\alpha_k)-\frac{1}{2}R_{rk}\sin2\alpha_k\right]\\
&+CR_{rk}\sin\alpha_k\left(4-\frac{1}{3}\sin^2\alpha_k\right)-C^2\left(\frac{1}{9}\cos^3\alpha_k+\frac{11}{3}\cos\alpha_k+\frac{299}{72}\right)\\
&-\frac{3}{4}C^2\left(\pi^2-\alpha_k^2-\frac{1}{2}\cos2\alpha_k\right)\bigg\}
\end{aligned}
\tag{3-20}
$$

将式(3-19)、式(3-20)代入式(3-18),得到达接收孔界面的射流总动能为

$$
E_{rk}=E_{\mathrm{pc}}(R_1)+E_{\mathrm{mc}}(R_1,\ R_{rk})
\tag{3-21}
$$

此时,接收孔的接收面积为

$$
A'_{jk}=A_{rk}
\tag{3-22}
$$

将式(3-1)、式(3-2)、式(3-17)、式(3-21)、式(3-22)代入断载恢复压力通式(3-9),得四通射流管阀的单孔断载恢复压力为

$$P'_{rk} = P_e + (1 - \zeta_2) \frac{E_{pc}(R_1) + E_{mc}(R_1, R_{rk})}{Q_{pc}(R_1) + Q_{mc}(R_1, R_{rk})} \tag{3-23}$$

（2）在接收断面中，当射流束轴线与接收孔轴线的距离 $0 < |x_k| \leqslant R_{rk} - R_1$ 时（图 3-5b），接收器的接收区域为圆形等速核心区与偏心环形剪切层之和。将偏心环形视为环形与弧形的组合，则总的接收流量为

$$Q_{rk} = Q_{pc} + Q_{mc} + Q_{ma} \tag{3-24}$$

圆形等速核心区半径为 R_1，该部分接收流量表达式为式（3-14）。

环形剪切层区域内边界与半径为 R_1 的圆相切，外边界与半径为 $R_{rk} - x_k$ 的圆相切，则其边界条件可写作

$$\left. \begin{array}{l} R_c = R_1 \\ R'_c = R_{rk} - x_k \end{array} \right\} \tag{3-25}$$

将环形剪切层区域边界条件代入式（2-30），得环形区域剪切层接收流量为

$$Q_{mc}(R_1, R_{rk} - x_k) = \pi v_0 \left\{ \frac{1}{2} \left[(R_{rk} - x_k)^2 - R_1^2 \right] + C(R_{rk} - x_k) \sin \alpha_{k1} - C^2 (1 + \cos \alpha_{k1}) \right\} \tag{3-26}$$

其中，$\alpha_{k1} = (R_2 - R_{rk} + x_k)\pi/(R_2 - R_1)$。

弧形剪切层区域内边界与半径为 $R_{rk} - x_k$ 的圆相切，外边界与半径为 $R_{rk} + x_k$ 的圆相切，则其边界条件可写作

$$\left. \begin{array}{l} R_a = R_{rk} - x_k \\ R'_a = R_{rk} + x_k \end{array} \right\} \tag{3-27}$$

将弧形剪切层区域边界条件代入式（2-37），得弧形区域剪切层接收流量为

$$Q_{ma}(R_{rk} - x_k, R_{rk} + x_k)$$
$$= v_0 \frac{\pi \beta_{eq}}{180} \{ 2x_k R_{rk} - C[(R_{rk} - x_k) \sin \alpha_{k1} - (R_{rk} + x_k) \sin \alpha_{k2}] + C^2 (\cos \alpha_{k1} - \cos \alpha_{k2}) \} \tag{3-28}$$

其中，$\alpha_{k2} = (R_2 - R_{rk} - x_k)\pi/(R_2 - R_1)$，$\beta_{eq} = \lambda(\beta_1 + \beta_2)$，$\beta_1 = \arccos[(x_k^2 + R_a^2 - R_{rk}^2)/2x_k R_a]$，$\beta_2 = \arccos[(x_k^2 + R_a'^2 - R_{rk}^2)/2x_k R_a']$。

将式（3-14）、式（3-26）、式（3-28）代入式（3-24），得总的接收流量为

$$Q_{rk} = Q_{pc}(R_1) + Q_{mc}(R_1, R_{rk} - x_k) + Q_{ma}(R_{rk} - x_k, R_{rk} + x_k) \tag{3-29}$$

再求其断载恢复压力，此时到达接收孔界面的射流动能为圆形等速核心区和环形剪切层及弧形剪切层动能之和，即总射流动能为

$$E_{rk} = E_{pc} + E_{mc} + E_{ma} \tag{3-30}$$

圆形等速核心区半径为 R_1，则该部分射流动能同式（3-19）。

将环形剪切层区域边界条件代入环形剪切层动能通式（2-54），得

$$E_{mc}(R_1, R_{rk} - x_k) = \frac{\pi\rho v_0^3}{8} \left\{ \frac{1}{2} \left[(R_{rk} - x_k)^2 - R_1^2 \right] + \frac{3}{2} C \left[R_2(\pi - \alpha_{k1}) - \frac{1}{2}(R_{rk} - x_k)\sin 2\alpha_{k1} \right] \right.$$

$$+ C(R_{rk} - x_k)\sin\alpha_{k1}\left(4 - \frac{1}{3}\sin^2\alpha_{k1}\right) - C^2\left(\frac{1}{9}\cos^3\alpha_{k1} + \frac{11}{3}\cos\alpha_{k1} + \frac{299}{72}\right)$$

$$\left. - \frac{3}{4}C^2\left(\pi^2 - \alpha_{k1}^2 - \frac{1}{2}\cos 2\alpha_{k1}\right) \right\}$$

$$(3-31)$$

将弧形剪切层区域边界条件代入弧形剪切层动能通式(2-56),得

$$E_{ma}(R_{rk} - x_k, R_{rk} + x_k)$$

$$= \frac{1}{8}\frac{\pi\beta_{eq}}{180}\rho v_0^3\left\{ 2x_k R_{rk} + \frac{3}{2}CR_2(\alpha_{k1} - \alpha_{k2}) + \frac{3}{4}C\left[(R_{rk} - x_k)\sin 2\alpha_{k1} - (R_{rk} + x_k)\sin 2\alpha_{k2}\right] \right.$$

$$+ C\left[(R_{rk} + x_k)\left(4\sin\alpha_{k2} - \frac{1}{3}\sin^3\alpha_{k2}\right) - (R_{rk} - x_k)\left(4\sin\alpha_{k1} - \frac{1}{3}\sin^3\alpha_{k1}\right)\right]$$

$$- \frac{3}{4}C^2\left[\alpha_{k1}^2 - \alpha_{k2}^2 + \frac{1}{2}(\cos 2\alpha_{k1} - \cos 2\alpha_{k2})\right]$$

$$\left. + C^2\left[\frac{1}{9}(\cos^3\alpha_{k1} - \cos^3\alpha_{k2}) + \frac{11}{3}(\cos\alpha_{k1} - \cos\alpha_{k2})\right] \right\}$$

$$(3-32)$$

将式(3-19)、式(3-31)、式(3-32)代入式(3-30),得到达接收孔界面的射流总动能为

$$E_{rk} = E_{pc}(R_1) + E_{mc}(R_1, R_{rk} - x_k) + E_{ma}(R_{rk} - x_k, R_{rk} + x_k) \qquad (3-33)$$

接收面积见式(3-22),$A'_j = A_{rk}$。将式(3-1)、式(3-2)、式(3-29)、式(3-33)、式(3-22)代入断载恢复压力通式(3-9),得四通射流管阀的单孔断载恢复压力为

$$P'_{rk} = P_e + (1 - \zeta_2)\frac{E_{pc}(R_1) + E_{mc}(R_1, R_{rk} - x_k) + E_{ma}(R_{rk} - x_k, R_{rk} + x_k)}{Q_{pc}(R_1) + Q_{mc}(R_1, R_{rk} - x_k) + Q_{ma}(R_{rk} - x_k, R_{rk} + x_k)}$$

$$(3-34)$$

(3) 在接收断面中,当射流束轴线与接收孔轴线的距离 $R_r - R_1 < |x_k| \leqslant R_2 - R_r$ 时(图 3-5c),接收器的接收区域为橄榄形等速核心区与弧形剪切层之和,则总的接收流量为

$$Q_{rk} = Q_{po} + Q_{ma} \qquad (3-35)$$

橄榄形等速核心区接收流量为

$$Q_{po}(R_{rk}, R_1, x_k) = v_0\left[\pi R_{rk}^2(\theta/180) + \pi R_1^2(\beta/180) - x_k R_{rk}\sin\theta\right] \qquad (3-36)$$

其中,$\theta = \arccos[(x_k^2 + R_{rk}^2 - R_1^2)/2x_k R_{rk}]$,$\beta = \arccos[(x_k^2 + R_1^2 - R_{rk}^2)/2x_k R_1]$。

弧形剪切层接收区域内边界与半径为 R_1 的圆相切,外边界与半径为 $R_{rk} + x_k$ 的圆相切,则其边界条件可写为

$$\left.\begin{array}{l} R_a = R_1 \\ R'_a = R_{rk} + x_k \end{array}\right\} \qquad (3-37)$$

将弧形剪切层接收区域边界条件代入式(2-37),得弧形区域剪切层接收流量为

$$Q_{\mathrm{ma}}(R_1,\ R_{rk}+x_k)=v_0\ \frac{\pi\beta_{\mathrm{eq}}}{180}\left\{\frac{1}{2}\big[(R_{rk}+x_k)^2-R_1^2\big]+C(R_{rk}+x_k)\sin\alpha_{k2}-C^2(\cos\alpha_{k2}+1)\right\}$$

$$(3-38)$$

将式(3-36)、式(3-38)代入式(3-35),得总接收流量为

$$Q_{rk}=Q_{\mathrm{po}}(R_{rk},\ R_1,\ x_k)+Q_{\mathrm{ma}}(R_1,\ R_{rk}+x_k)\tag{3-39}$$

再求其断载恢复压力,此时到达接收孔界面的射流动能为橄榄形等速核心区和弧形剪切层动能之和,则总射流动能为

$$E_{rk}=E_{\mathrm{po}}+E_{\mathrm{ma}}\tag{3-40}$$

橄榄形等速核心区射流动能为

$$E_{\mathrm{po}}(R_{rk},\ R_1,\ x_k)=\frac{\rho}{2}v_0^3\big[\pi R_{rk}^2(\theta/180)+\pi R_1^2(\beta/180)-x_k R_{rk}\sin\theta\big]\tag{3-41}$$

将弧形剪切层接收区域边界条件代入式(2-56),得弧形接收区域剪切层动能为

$$E_{\mathrm{ma}}(R_1,\ R_{rk}+x_k)$$

$$=\frac{1}{8}\ \frac{\pi\beta_{\mathrm{eq}}}{180}\rho v_0^3\left\{\frac{1}{2}\big[(R_{rk}+x_k)^2-R_1^2\big]+\frac{3}{2}CR_2(\pi-\alpha_{k2})+-\frac{3}{4}C(R_{rk}+x_k)\sin 2\alpha_{k2}\right.$$

$$+C(R_{rk}+x_k)\Big(4\sin\alpha_{k2}-\frac{1}{3}\sin^3\alpha_{k2}\Big)-C^2\Big(\frac{1}{9}\cos^3\alpha_{k2}+\frac{11}{3}\cos\alpha_{k2}+\frac{34}{9}\Big)$$

$$\left.-\frac{3}{4}C^2\Big[\pi^2-\alpha_{k2}^2+\frac{1}{2}(1-\cos 2\alpha_{k2})\Big]\right\}$$

$$(3-42)$$

将式(3-41)、式(3-42)代入式(3-40),得到达接收孔界面的射流总动能为

$$E_{rk}=E_{\mathrm{po}}(R_{rk},\ R_1,\ x_k)+E_{\mathrm{ma}}(R_1,\ R_{rk}+x_k)\tag{3-43}$$

接收面积见式(3-22),$A_j'=A_{rk}$。将式(3-1)、式(3-2)、式(3-39)、式(3-43)、式(3-22)代入断载恢复压力通式(3-9),得四通射流管阀的单孔断载恢复压力为

$$P_{rk}'=P_e+(1-\zeta_2)\ \frac{E_{\mathrm{po}}(R_{rk},\ R_1,\ x_k)+E_{\mathrm{ma}}(R_1,\ R_{rk}+x_k)}{Q_{\mathrm{po}}(R_{rk},\ R_1,\ x_k)+Q_{\mathrm{ma}}(R_1,\ R_{rk}+x_k)}\tag{3-44}$$

(4) 在接收断面中,当射流束轴线与接收孔轴线的距离 $R_2-R_r<|x_k|\leqslant R_r+R_1$ 时(图3-5d),接收器的接收区域为橄榄形等速核心区与弧形剪切层之和,则总的接收流量通式见式(3-35)。

橄榄形等速核心区接收流量见式(3-36)。弧形剪切层接收区域内边界与半径为 R_1 的圆相切,外边界与半径为 R_2 的圆相切,则其边界条件可写作

$$\left.\begin{array}{r}R_a=R_1\\ R_a'=R_2\end{array}\right\}\tag{3-45}$$

将弧形剪切层接收区域边界条件代入式(2-37),得

$$Q_{\mathrm{ma}}(R_1,\ R_2,\ x_k)=v_0\,\frac{\pi\beta_{\mathrm{eq}}}{180}\left\{\frac{1}{2}(R_2^2-R_1^2)-2C^2\right\} \tag{3-46}$$

将式(3-36)、式(3-46)代入式(3-35),得总接收流量为

$$Q_{\mathrm{rk}}=Q_{\mathrm{po}}(R_{\mathrm{rk}},\ R_1,\ x_k)+Q_{\mathrm{ma}}(R_1,\ R_2,\ x_k) \tag{3-47}$$

再求其断载恢复压力,此时到达接收孔界面的射流动能为橄榄形等速核心区和弧形剪切层动能之和,则总射流动能通式见式(3-40)。

橄榄形等速核心区射流动能见式(3-41)。将弧形剪切层接收区域边界条件代入式(2-56),得弧形接收区域剪切层动能为

$$E_{\mathrm{ma}}(R_1,\ R_2,\ x_k)=\frac{1}{8}\,\frac{\pi\beta_{\mathrm{eq}}}{180}\rho v_0^3\left[\frac{5}{4}(R_2^2-R_1^2)-\frac{68}{9}C^2\right] \tag{3-48}$$

将式(3-41)、式(3-48)代入式(3-40),得到达接收孔界面的射流总动能为

$$E_{\mathrm{rk}}=E_{\mathrm{po}}(R_{\mathrm{rk}},\ R_1,\ x_k)+E_{\mathrm{ma}}(R_1,\ R_2,\ x_k) \tag{3-49}$$

射流接收界面面积为

$$A'_{jk}(R_{\mathrm{rk}},\ R_2,\ x_k)=K_k\left[\pi R_{\mathrm{rk}}^2(\theta_3/180)+\pi R_2^2(\beta_3/180)-x_k R_{\mathrm{rk}}\sin\theta_3\right] \tag{3-50}$$

其中,$\theta_3=\arccos[(x_k^2+R_{\mathrm{rk}}^2-R_2^2)/2x_k R_{\mathrm{rk}}]$,$\beta_3=\arccos[(x_k^2+R_2^2-R_{\mathrm{rk}}^2)/2x_k R_2]$。

将式(3-1)、式(3-2)、式(3-47)、式(3-49)、式(3-50)代入断载恢复压力通式(3-9),得四通射流管阀的单孔断载恢复压力为

$$P'_{\mathrm{rk}}=P_{\mathrm{e}}+\left\{1-\left[1-\frac{A'_{jk}(R_{\mathrm{rk}},\ R_2,\ x_k)}{A_{\mathrm{rk}}}\right]^2-\zeta_2\right\}\frac{E_{\mathrm{po}}(R_{\mathrm{rk}},\ R_1,\ x_k)+E_{\mathrm{ma}}(R_1,\ R_2,\ x_k)}{Q_{\mathrm{po}}(R_{\mathrm{rk}},\ R_1,\ x_k)+Q_{\mathrm{ma}}(R_1,\ R_2,\ x_k)} \tag{3-51}$$

(5)在接收断面中,当射流束轴线与接收孔轴线的距离 $R_{\mathrm{r}}+R_1<|\,x_k\,|\leqslant R_2+R_{\mathrm{r}}$ 时(图3-5e),接收区域为橄榄形剪切层。接收流量为橄榄形剪切层流量,则总的接收流量通式为

$$Q_{\mathrm{rk}}=Q_{\mathrm{mo}} \tag{3-52}$$

橄榄形剪切层接收区域内边界与半径为 x_k-R_{rk} 的圆相切,外边界半径为 R_2,则其边界条件可写作

$$\left.\begin{aligned}R_{\mathrm{o}}&=x_k-R_{\mathrm{rk}}\\ R'_{\mathrm{o}}&=R_2\end{aligned}\right\} \tag{3-53}$$

将上述剪切层接收区域边界条件代入橄榄形剪切层流量计算通式(2-41),再代入式(3-52),得总接收流量为

$$\begin{aligned}Q_{\mathrm{rk}}&=Q_{\mathrm{mo}}(x_k-R_{\mathrm{rk}},\ R_2)\\ &=v_0\,\frac{\pi\beta_{\mathrm{eq}}}{180}\left\{\frac{1}{2}\left[R_2^2-(x_k-R_{\mathrm{rk}})^2\right]-C(x_k-R_{\mathrm{rk}})\sin\alpha_{k3}+C^2(\cos\alpha_{k3}-1)\right\}\end{aligned}$$

$$\tag{3-54}$$

其中，$\alpha_{k3}=(R_2+R_{rk}-x_k)\pi/(R_2-R_1)$。

再求其断载恢复压力，此时到达接收孔界面为橄榄形剪切层动能，则射流总动能通式为

$$E_{rk}=E_{mo} \tag{3-55}$$

将接收区域边界条件代入式(2-60)，再代入式(3-54)，得射流总动能为

$$
\begin{aligned}
E_{rk}&=E_{mo}(x_k-R_{rk},\ R_2)\\
&=\frac{1}{8}\ \frac{\pi\beta_{eq}}{180}\rho v_0^3\left\{\frac{1}{2}\left[R_2^2-(x_k-R_{rk})^2\right]+\frac{3}{2}CR_2\alpha_{k3}+\frac{3}{4}C(x_k-R_{rk})\sin 2\alpha_{k3}\right.\\
&\quad -C(x_k-R_{rk})\left(4\sin\alpha_{k3}-\frac{1}{3}\sin^3\alpha_{k3}\right)+C^2\left(\frac{1}{9}\cos^3\alpha_{k3}+\frac{11}{3}\cos\alpha_{k3}-\frac{34}{9}\right)\\
&\quad \left.-\frac{3}{4}C^2\left[\alpha_{k3}^2+\frac{1}{2}(\cos 2\alpha_{k3}-1)\right]\right\}
\end{aligned}
\tag{3-56}
$$

射流接收界面面积同式(3-50)。将式(3-1)、式(3-2)、式(3-54)、式(3-56)、式(3-50)代入断载恢复压力通式(3-9)，得四通射流管阀的单孔断载恢复压力为

$$P'_{rk}=P_e+\left\{1-\left[1-\frac{A'_{jk}(R_{rk},\ R_2,\ x_k)}{A_{rk}}\right]^2-\zeta_2\right\}\frac{E_{mo}(x_k-R_{rk},\ R_2)}{Q_{mo}(x_k-R_{rk},\ R_2)} \tag{3-57}$$

(6) 在接收断面中，当射流束轴线与接收孔轴线的距离 $|x_k|>R_r+R_2$ 时(图3-5f)，接收器的接收口与射流断面不再有交集，则四通射流管阀的单孔接收流量为

$$Q'_{rk}=0 \tag{3-58}$$

此时接收孔内无能量输入，则四通射流管阀的单孔断载恢复压力 P_e 为

$$P'_{rk}=P_e \tag{3-59}$$

在射流喷嘴的整个偏移行程中，四通射流管阀的负载流量 Q_L 即两接收孔流量之差为

$$Q_L=Q'_{r2}-Q'_{r1} \tag{3-60}$$

四通射流管阀的负载压力 P_L 即两接收孔恢复压力之差为

$$P_L=P'_{r2}-P'_{r1} \tag{3-61}$$

3.3　典型结构及其特性

由图3-1可知，四通射流管阀由射流喷嘴和接收器构成，其中喷嘴，左、右接收孔直径分别为 R_n、R_{r1}、R_{r2}；左、右接收孔轴线与接收器中垂线的夹角分别为 φ_1、φ_2。当 $R_{r1}=R_{r2}$，且 $\varphi_1=\varphi_2$ 时，定义接收器为结构对称，否则定义接收器为结构不对称。由图3-4可知，四通射流管阀处于零位时，射流束轴线的冲击点为 C，分流劈左、右半侧的厚度分别为 Δ_1、Δ_2。当 $\Delta_1=$

Δ_2 时,定义分流劈为厚度均等,否则定义分流劈为厚度不均等。由此可以定义不同型式的四通射流管阀。当 $R_{r1}=R_{r2}$,$\varphi_1=\varphi_2$,$\Delta_1=\Delta_2$ 时,定义为对称均等型四通射流管阀;当 $R_{r1}=R_{r2}$,$\varphi_1=\varphi_2$,$\Delta_1\neq\Delta_2$ 时,定义为对称不均等型四通射流管阀;当 $\Delta_1=\Delta_2$,$\varphi_1=\varphi_2$,$R_{r1}\neq R_{r2}$ 或 $\Delta_1=\Delta_2$,$\varphi_1\neq\varphi_2$,$R_{r1}=R_{r2}$ 时,定义为均等不对称型四通射流管阀。上述三种通称为规则型四通射流管阀,其余称之为不规则型四通射流管阀。以下集中研究规则型四通射流管阀。

根据式(3-1)~式(3-61)可以对不同型式的四通射流管阀的流量及压力特性进行数学计算和理论分析。

3.3.1 对称均等型

图 3-6 与图 3-7 分别为接收器结构尺寸相同而分流劈厚度不同的对称均等型四通射流管阀的断载恢复压力、空载接收流量特性曲线族,为了便于对比,均化为无因次形式。

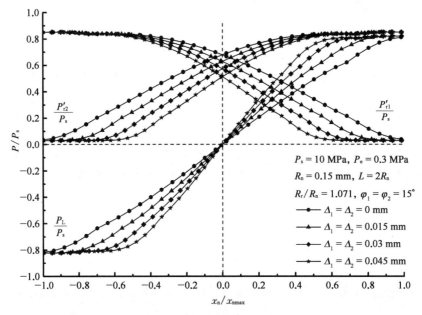

图 3-6 对称均等型四通射流管阀的无因次压力特性

由图 3-6 可知,四通射流管阀的左、右接收孔的压力(P_{r1}'、P_{r2}')曲线相交于零位,负载压力 P_L 在零位时为零。随着分流劈半厚度 Δ_1、Δ_2 的增大,左、右接收孔在零位的压力值大致呈均匀下降趋势:当分流劈厚度为零时,两接收孔在零位的压力值为供油压力 P_s 的 67.9%;当分流劈半厚度增大到 0.1 倍的喷嘴半径 R_n 时,两接收孔在零位的压力值为供油压力 P_s 的 62.9%;当分流劈半厚度增大到 0.2 倍的喷嘴半径 R_n 时,两接收孔在零位的压力值为供油压力 P_s 的 57.4%;当分流劈半厚度增大到 0.3 倍的喷嘴半径 R_n 时,两接收孔在零位的压力值为供油压力 P_s 的 51.3%。随着分流劈半厚度 Δ_1、Δ_2 的增大,四通射流管阀的负载压力饱和行程范围依次变宽;在非饱和范围内,负载压力曲线线性度显著提高,且负载压力增益显著增大。

由图 3-7 可知,四通射流管阀左、右接收孔的流量(Q_{r1}'、Q_{r2}')曲线相交于零位,负载流量 Q_L 在零位时为零。随着分流劈半厚度 Δ_1、Δ_2 的增大,左、右接收孔在零位的流量值大致呈均

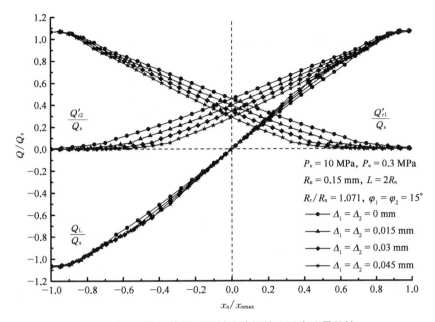

图 3-7 对称均等型四通射流管阀的无因次流量特性

匀下降趋势：当分流劈厚度为零时，两接收孔在零位的接收流量值为供油流量 Q_s 的 45.4%；当分流劈半厚度增大到 0.1 倍的喷嘴半径 R_n 时，两接收孔在零位的接收流量值为供油流量 Q_s 的 39.7%；当分流劈半厚度增大到 0.2 倍的喷嘴半径 R_n 时，两接收孔在零位的接收流量值为供油流量 Q_s 的 34.1%；当分流劈半厚度增大到 0.3 倍的喷嘴半径 R_n 时，两接收孔在零位的接收流量值为供油流量 Q_s 的 28.7%。随着分流劈半厚度 Δ_1、Δ_2 的增大，四通射流管阀的负载流量饱和行程范围基本不变，负载流量增益逐渐增大，但增大幅度不明显，各负载流量曲线线性度差别不大。

3.3.2 对称不均等型

图 3-8 与图 3-9 分别为接收器结构尺寸相同而射流轴线冲击点不同的对称不均等型四通射流管阀的断载恢复压力、空载接收流量特性曲线族，为了便于对比，均化为无因次形式。

由图 3-8 与图 3-9 可知，对称不均等型四通射流管阀分流劈的半厚度直接决定了左、右接收孔的压力及流量（P'_{r1}、P'_{r2} 与 Q'_{r1}、Q'_{r2}）曲线相交点（A_1、A_2、A_3 与 A_4、A_5、A_6）的横坐标，即负载压力 P_L 与负载流量 Q_L 为零时的射流喷嘴偏移量。当分流劈总厚度（Δ_1 与 Δ_2 之和）一定时，随着分流劈半厚度 Δ_1、Δ_2 的不同组合，左、右接收孔的压力、流量曲线及四通射流管阀负载压力、流量曲线呈左右平移之势。以分流劈半厚度 Δ_1、Δ_2 均为 0.01 mm 的压力及流量曲线族为基准，当射流轴线冲击点左移 0.02 mm 时，分流劈半厚度 Δ_1、Δ_2 分别变为 −0.01 mm、0.03 mm，其对应的压力及流量曲线族向右平移 0.02 mm；相反，当射流轴线冲击点右移 0.02 mm 时，分流劈半厚度 Δ_1、Δ_2 分别变为 0.03 mm、−0.01 mm，其对应的压力及流量曲线族向左平移 0.02 mm。只要接收器结构尺寸相同，不论射流冲击点如何左右移动，四通射流管阀的负载压力饱和行程范围均相同，负载压力零位增益均相同，负载压力曲线线性度均相同；负载流量饱和行程范围均相同，负载流量零位增益均相同，负载流量曲线线性度均相同。

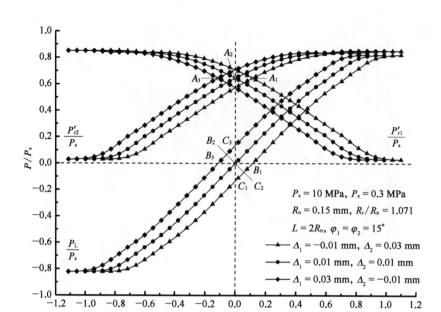

图 3 - 8 对称不均等型四通射流管阀的无因次压力特性

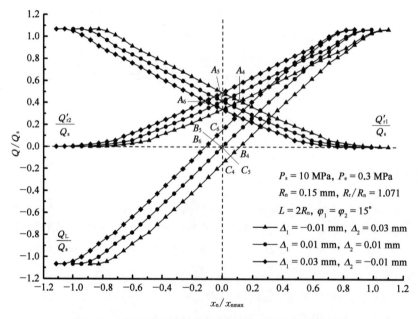

图 3 - 9 对称不均等型四通射流管阀的无因次流量特性

3.3.3 均等不对称型

图 3 - 10 与图 3 - 11 分别为接收器分流劈厚度相同而左、右接收孔尺寸不相同的均等不对称型四通射流管阀的断载恢复压力、空载接收流量特性曲线族，为了便于对比，均化为无因次形式。由图 3 - 10 可知，当分流劈的左、右半厚度相同时，左、右接收孔的尺寸大小直接决定了左、右接收孔的断载恢复压力（P'_{r1}、P'_{r2}）曲线相交点（E_1、E_2）的横坐标，即负载压力 P_L 为零时的射流喷嘴偏移量，定义为负载压力零偏值。当左接收孔直径小于右接收孔直径时，两孔

恢复压力曲线相交于零位右方;反之,左接收孔直径大于右接收孔直径时,两孔恢复压力曲线相交于零位左方。两者的负载压力增益在零位附近差别不大。

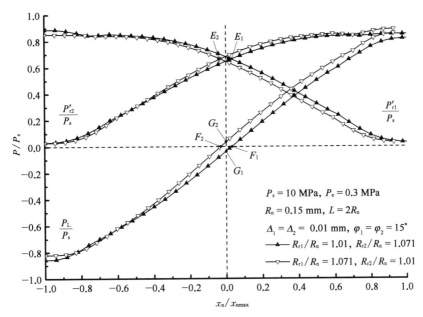

图 3 - 10　均等不对称型四通射流管阀的无因次压力特性

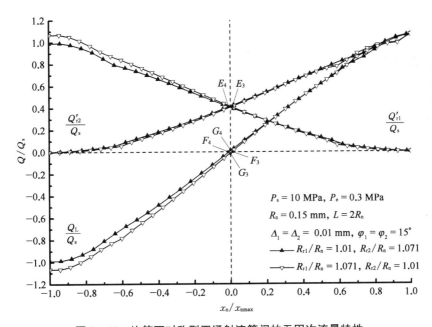

图 3 - 11　均等不对称型四通射流管阀的无因次流量特性

由图 3 - 11 可知,当分流劈的左、右半厚度相同时,左、右接收孔的尺寸大小直接决定了左、右接收孔的空载接收流量(Q_{r1}'、Q_{r2}')曲线相交点(E_3、E_4)的横坐标,即负载流量 Q_L 为零时的射流喷嘴偏移量,定义为负载流量零偏值。当左接收孔直径小于右接收孔直径时,两孔接收流量曲线相交于零位左方;反之,左接收孔直径大于右接收孔直径时,两孔接收流量曲线相交于零位右方。两者的负载流量增益在零位附近差别不大。由图 3 - 10、图 3 - 11 对比可知,相比于负载流量零偏值,负载压力零偏值更大,说明后者对左、右孔径的大小更为敏感。

3.4 对称均等型四通射流管阀冲蚀
磨损后的结构及其特性

根据对磨损后接收器及其注塑模型的观察和测量,发现离分流劈中心越近,左、右接收孔的磨损量越大;在距离分流劈远端的接收孔内壁则基本未见磨损。由此假设磨损过程如图 3-12 所示,大致可分为以下三个阶段:最初时,分流劈具有一定的厚度 $\delta>0$,左、右接收孔不相交(图 3-12a~c);经过一定时间的冲蚀磨损,分流劈逐渐变薄,以至于两接收孔边界相交,分流劈厚度 $\delta=0$(图 3-12d~f);随着四通射流管阀的继续服役,两接收孔的边界出现了交叉,分流劈凹陷,定义其厚度 $\delta<0$(图 3-12g~i)。此外接收孔内壁的磨损量不同(图 3-12d、g、e、h),距分流劈最远端的接收孔内壁磨损量为零,距分流劈最近端接收孔内壁磨损量最大。在接收器磨损过程中,左、右接收孔的孔径逐渐变大。以左接收孔为例,其最左侧边界线不变,其余边界随着磨损的推进而不断向外扩展,其最右侧边界的磨损厚度即左接收孔孔径的增大量 ΔR_{r1},如图 3-12g 所示。则接收孔孔径的增大量 ΔR_{rk} 与分流劈半厚度 Δ_k 的减小量 Δ'_k 的关系为

$$\Delta'_k = \frac{\Delta R_{rk}}{\cos \varphi_k} \tag{3-62}$$

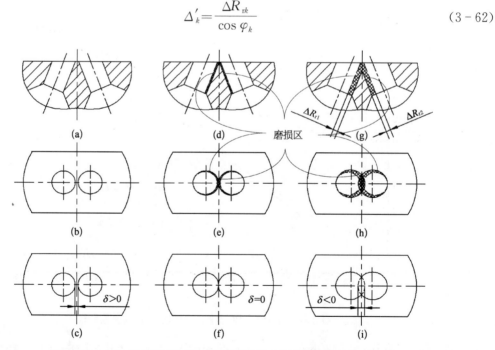

图 3-12 对称均等型四通射流管阀接收器冲蚀磨损后的结构示意图

根据式(3-1)~式(3-62)可以对冲蚀磨损的对称均等型四通射流管阀进行数学计算和理论分析。图 3-13 与图 3-14 分别为其断载恢复压力、空载接收流量特性曲线族,为了便于对比,均化为无因次形式。

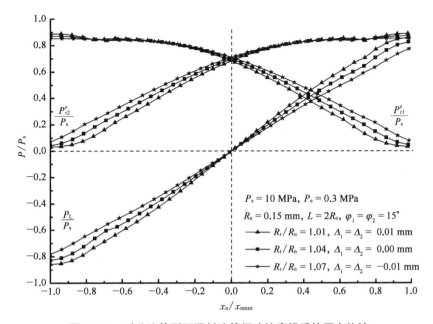

图 3 - 13　对称均等型四通射流管阀冲蚀磨损后的压力特性

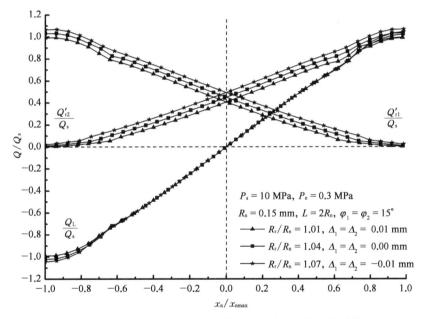

图 3 - 14　对称均等型四通射流管阀冲蚀磨损后的流量特性

由图 3 - 13 可知,冲蚀磨损的对称均等型四通射流管阀的左、右接收孔的压力(P'_{r1}、P'_{r2})曲线依然相交于零位,负载压力 P_L 在零位时为零。随着接收孔径的增大、分流劈半厚度的减小,左、右接收孔在零位的压力值大致呈均匀上升趋势:当 $R_r/R_n=1.01$、分流劈厚度为 0.01 mm 时,两接收孔在零位的压力值为供油压力的 68.2%;当 R_r/R_n 增大到 1.04、分流劈厚度减小到 0 mm 时,两接收孔在零位的压力值为供油压力的 69.7%;当 R_r/R_n 增大到 1.07、分流劈厚度减小到 -0.01 mm 时,两接收孔在零位的压力值为供油压力的 71%。随着接收孔径的增大、分流劈半厚度的减小,四通射流管阀的负载压力饱和行程范围依次变窄;在非饱和范围内,负载压力曲线线性度无明显变化,负载压力增益显著降低。

由图 3-14 可知,冲蚀磨损后的对称均等型四通射流管阀左、右接收孔的流量(Q'_{r1}、Q'_{r2})曲线相交于零位,负载流量 Q_L 在零位时为零。随着接收孔径的增大、分流劈半厚度的减小,左、右接收孔在零位的流量值大致呈均匀上升趋势:当 $R_r/R_n=1.01$、分流劈厚度为 0.01 mm时,两接收孔在零位的接收流量值为供油流量 Q_s 的 40.7%;当 R_r/R_n 增大到 1.04、分流劈厚度减小到 0 mm 时,两接收孔在零位的接收流量值为供油流量 Q_s 的 44.9%;当 R_r/R_n 增大到 1.07、分流劈厚度减小到 −0.01 mm 时,两接收孔在零位的接收流量值为供油流量 Q_s 的 49.4%。随着接收孔径的增大、分流劈半厚度的减小,四通射流管阀的负载流量曲线在零位左右的相当大的行程范围内重合,因而负载流量增益不变,负载流量饱和行程范围大致相同。

3.5　实　践　试　验

3.5.1　对称均等型四通射流管阀压力特性

3.5.1.1　试验装置及方法

关于对称均等型四通射流管阀特性,麻省理工学院曾对其进行过较为系统的测试,试验参数公开比较全面。试验装置示意如图 3-15 所示,其中 1 为接收器,2 为射流喷嘴,3 为千分表,4 为差动调节螺栓,5、10 为压力表,6 为节流阀,7 为接收器基座,8 为精密调节螺钉,9 为流量计。

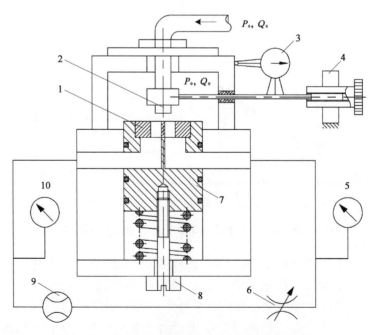

图 3-15　对称均等型四通射流管阀试验装置示意图

试验流体介质为液压油(牌号 MIL 5605 - S0 - UNIVS - J40)。试验温度在 15.6～21℃。各组试验的射流流束于喷嘴出口处的雷诺数 Re 在 75 000～123 000。供油压力 6.34 MPa,回油背压 0.013 MPa,射流喷嘴半径 0.4 mm;1♯接收器左、右接收孔半径 0.418 mm,两接收孔轴线夹角为 0°,分流劈半厚度 0.09 mm;2♯接收器左、右接收孔半径 0.419 mm,两接收孔轴线夹角为 0°,分流劈半厚度 0.15 mm;射流喷嘴与接收器距离为 0.8 mm。

　　试验方法如下:首先将选定尺寸的接收器装入接收器基座;而后利用精密调节螺钉推动接收器基座,以调定射流喷嘴与接收器之间的距离 L;而后通入压力油,利用差动调节螺栓推动射流喷嘴,通过千分表获取喷嘴的移动距离 x_n。当节流阀完全打开、不起节流作用时,根据流量计,可测得四通射流管阀的空载流量特性。当节流阀完全关闭时,根据压力表,可测得四通射流管阀的断载压力特性。当节流阀未完全关闭、起节流作用时,根据流量计及压力表,可测得四通射流管阀的压力-流量特性。

3.5.1.2　试验结果与分析

　　对称均等型四通射流管阀断载恢复压力试验值与本书理论计算值对比结果分别如图 3-16、图 3-17 所示。为了便于对比,试验值与理论计算值均化作无因次值。由图 3-16、图 3-17 可知,四通射流管阀左、右接收孔断载恢复压力理论计算值与试验值趋势基本一致,负载压力理论计算值与试验值基本一致。

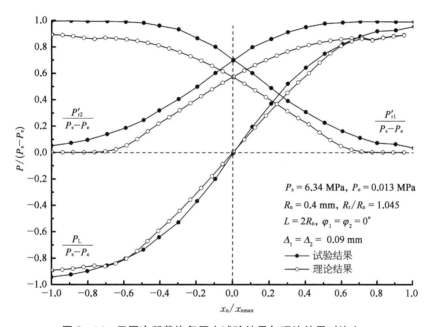

图 3-16　无因次断载恢复压力试验结果与理论结果对比之一

　　由图 3-16 可知,当射流喷嘴向左偏移至最大行程,即射流轴线与左接收孔轴线相重合时,左接收孔恢复压力与净供油压力之比理论计算值约为 90%,试验值接近 100%;此时右接收孔恢复压力与净供油压力之比理论计算值约为 0%,试验值接近 5%。当射流喷嘴向右偏移至最大行程时,情形同前类似。当射流喷嘴处于零位,左、右接收孔恢复压力与净供油压力之比理论计算值约为 57%,试验值接近 70%。在全行程内,负载压力理论计算值与试验值基本一致,零位附近的压力增益试验值略大于其理论值。

　　由图 3-17 可知,当射流喷嘴向左偏移至最大行程,即射流轴线与左接收孔轴线相重合时,左接收孔恢复压力与净供油压力之比理论计算值约为 90%,试验值接近 100%;此时右接

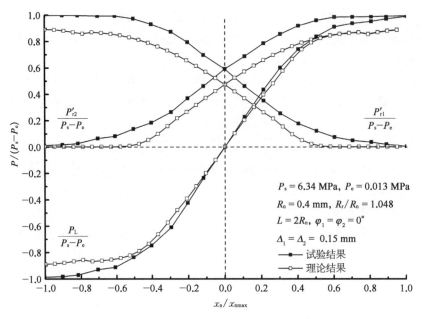

图 3-17　无因次断载恢复压力试验结果与理论结果对比之二

收孔恢复压力与净供油压力之比理论计算值约为 0%,试验值接近 1%。当射流喷嘴向右偏移至最大行程时,情形同前类似。当射流喷嘴处于零位,左、右接收孔恢复压力与净供油压力之比理论计算值约为 47%,试验值接近 59%。在全行程内,负载压力理论计算值与试验值基本一致,零位附近的压力增益试验值略大于其理论值。

3.5.2　对称不均等型四通射流管阀压力特性

3.5.2.1　试验装置及方法

对称不均等型四通射流管阀特性试验在中船重工 704 研究所和同济大学进行,试验装置及示意如图 3-18、图 3-19 所示,射流管伺服阀安装在液压试验台转接板之上,左、右端盖之中分别接装压力计,用于测量主阀芯两端控制腔压力,液压万用表型号 WEBTEC,可以显示、记录压力值。试验流体介质为 10♯航空液压油,试验温度在 25～30℃。供油压力 8 MPa,回油

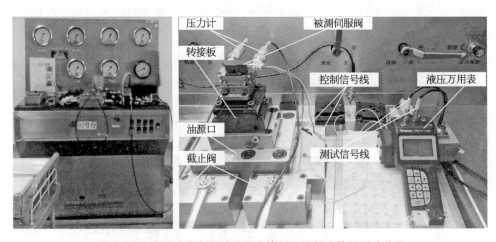

图 3-18　液压试验台及对称不均等型四通射流管阀测试装置

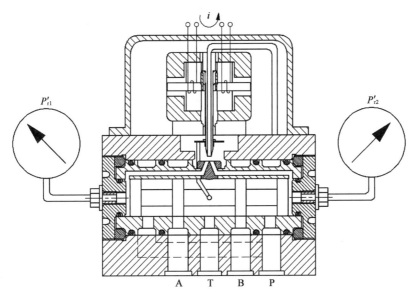

图 3-19 对称不均等型四通射流管阀试验原理

背压 0.3 MPa, 射流喷嘴半径 0.15 mm; 接收器左、右接收孔半径 0.151 5 mm, 两接收孔轴线夹角为 15°, 分流劈左、右半厚度分别为 0.11 mm、−0.05 mm; 射流喷嘴与接收器距离为 0.4 mm。

试验方法如下: 采用并联接线方式给伺服阀力矩马达供电, 电流由 −40 mA 开始, 间隔 2 mA, 增加至 16 mA, 将各电流值所对应的左、右接收孔恢复压力逐一记录入表 3-1。而后电流由 16 mA 开始, 间隔 2 mA, 降低至 −16 mA, 将各电流值所对应的左、右接收孔恢复压力逐一记录入表 3-1(伺服阀型号 CSD∗∗-∗, 力矩马达编号 14MQ04, 供油压力 8 MPa)。计算主阀芯两端控制腔压力之差, 记录入表 3-1 的负载压力一栏。

表 3-1 四通射流管阀压力测试结果

电流 i/mA	恢复压力 (电流由小到大)/MPa		恢复压力 (电流由大到小)/MPa		负载压力 P_L/MPa	
	P'_{r2}	P'_{r1}	P'_{r2}	P'_{r1}	电流由小到大	电流由大到小
−40	1.24	6.90	1.24	6.87	−5.66	−5.63
−38	1.26	6.89	1.26	6.87	−5.63	−5.61
−36	1.27	6.86	1.25	6.87	−5.59	−5.62
−34	1.28	6.85	1.27	6.86	−5.57	−5.59
−32	1.31	6.83	1.31	6.83	−5.52	−5.52
−30	1.35	6.81	1.35	6.79	−5.46	−5.44
−28	1.45	6.73	1.47	6.71	−5.28	−5.24
−26	1.65	6.56	1.70	6.51	−4.91	−4.81
−24	1.93	6.34	2.02	6.26	−4.41	−4.24
−22	2.29	6.06	2.42	5.96	−3.77	−3.54
−20	2.67	5.75	2.82	5.62	−3.08	−2.80

电流 i/mA	恢复压力（电流由小到大）/MPa		恢复压力（电流由大到小）/MPa		负载压力 P_L/MPa	
	P'_{r2}	P'_{r1}	P'_{r2}	P'_{r1}	电流由小到大	电流由大到小
−18	3.04	5.42	3.20	5.26	−2.38	−2.06
−16	3.42	5.05	3.60	4.89	−1.63	−1.29
−14	3.83	4.67	3.99	4.50	−0.84	−0.51
−12	4.21	4.28	4.39	4.11	−0.07	0.28
−10	4.62	3.89	4.80	3.69	0.73	1.11
−8	5.00	3.47	5.17	3.30	1.53	1.87
−6	5.36	3.09	5.50	2.88	2.27	2.62
−4	5.69	2.67	5.83	2.46	3.02	3.37
−2	6.00	2.22	6.14	2.02	3.78	4.12
0	6.31	1.79	6.40	1.62	4.52	4.78
2	6.60	1.38	6.70	1.23	5.22	5.47
4	6.84	1.01	6.89	0.91	5.83	5.98
6	6.97	0.73	6.97	0.69	6.24	6.28
8	7.00	0.63	7.00	0.62	6.37	6.38
10	7.02	0.60	7.02	0.59	6.42	6.43
12	7.02	0.57	7.02	0.57	6.45	6.45
14	7.03	0.56	7.02	0.55	6.47	6.47
16	7.03	0.54	7.03	0.54	6.49	6.49

3.5.2.2　试验结果与分析

最后根据表 3-1，作出对称不均等型四通射流管阀控制电流-压力图，如图 3-20 所示。由图 3-20 可知，对称不均等型四通射流管阀左、右接收孔断载恢复压力理论计算值与试验值基本一致，负载压力理论计算值与试验值基本一致，压力增益理论值与试验值基本一致。当电流为 −40 mA，射流喷嘴向左偏移至最大行程时，左接收孔恢复压力试验测量值为 6.9 MPa，理论计算值为 6.55 MPa，两者相差 0.35 MPa；此时右接收孔恢复压力测量值为 1.24 MPa，理论计算值为 0.3 MPa，两者相差 0.96 MPa。当电流为 16 mA，射流喷嘴向右偏移至最大行程时，右接收孔恢复压力试验测量值为 7.03 MPa，理论计算值为 6.55 MPa，两者相差 0.48 MPa；此时左接收孔恢复压力测量值为 0.54 MPa，理论计算值为 0.3 MPa，两者相差 0.24 MPa。当射流喷嘴处于零位，左、右接收孔恢复压力测量值为 4.25 MPa，理论计算值约 4.5 MPa，相差 0.25 MPa。此外，对比左、右接收孔的恢复压力试验测量值可以发现，右接收孔的最大与最小恢复压力值均较左接收孔大，两条曲线并不对称，意味着两接收孔的大小可能不同，或两接收孔关于射流喷嘴轴线的夹角不相等，或两者兼而有之，接收器的加工、四通射流管阀的装配质量需要提高。

本章详细分析了四通射流管阀的断载恢复压力特性与空载接收流量特性，具体结论如下：

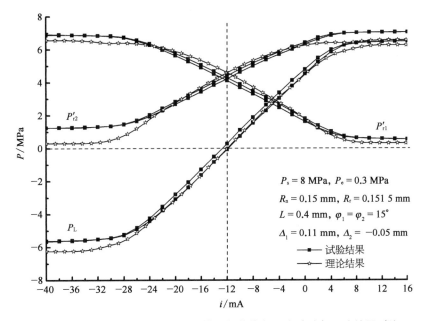

图 3–20　对称不均等型四通射流管阀断载恢复压力试验与理论结果对比

（1）将四通射流管阀视为共用同一射流喷嘴的两个三通射流管阀的差动联结体，根据四通射流管阀中接收孔与射流轴线存在夹角的结构特点，将该夹角等效为弯管的折角，通过添加接收面积修正系数、能量折弯损失项修正了三通射流管阀的数学模型，进而建立了四通射流管阀工作过程的数学模型。

（2）根据四通射流管阀左、右接收孔的孔径，分流劈左、右半侧的厚度，两接收孔与射流轴线的夹角等结构参数是否存在差异，将其定义为对称均等型、对称不均等型、均等不对称型及不对称不均等型四种型式，其中前三种统称为规则型结构，第四种称为不规则型结构。可从理论上分析规则型及冲蚀磨损的对称均等型四通射流管阀的断载恢复压力特性与空载流量特性。

（3）对称均等型四通射流管阀的断载恢复压力及空载接收流量曲线关于零位左右对称。随着分流劈半厚度的等值增大，有如下结果：① 左、右接收孔在零位的压力、流量大致均匀下降；② 负载压力饱和行程范围逐渐变宽，非饱和范围内的负载压力曲线线性度显著提高，且负载压力增益显著增大；③ 负载流量饱和行程范围基本不变，负载流量增益逐渐增大，但增大幅度不明显，各负载流量曲线线性度差别不大。

（4）对称不均等型四通射流管阀当分流劈总厚度一定时，随着分流劈半厚度 Δ_1、Δ_2 的不同组合，左、右接收孔的压力、流量曲线及整阀负载压力、负载流量曲线呈左右平移之势。

（5）均等不对称型四通射流管阀当分流劈的左、右半厚度相同时，左、右接收孔的尺寸大小直接决定了负载压力零偏值和负载流量零偏值；两种偏移值大小不相等，且方向相反；负载压力零偏值对接收孔尺寸更敏感。

（6）冲蚀磨损后的对称均等型四通射流管阀左、右接收孔的压力、流量曲线依然相交于零位，负载压力、流量在零位时为零。随着接收孔径的增大、分流劈半厚度的减小，有如下结果：① 左、右接收孔在零位的压力值、流量值大致呈均匀上升趋势，负载压力饱和行程范围依次变窄；② 在非饱和范围内，负载压力曲线线性度无明显变化，负载压力增益显著降低；③ 负载流量曲线在零位左右的相当大的行程范围内重合，因而负载流量增益不变，负载流量饱和行程范围大致相同。

（7）通过试验验证了对称均等型、对称不均等型两种四通射流管伺服阀的压力特性，结果表明左、右接收孔断载恢复压力理论计算值与试验值基本一致，负载压力理论计算值与试验值基本一致，压力增益理论值与试验值基本一致。

参 考 文 献

［1］ 訚耀保.射流管伺服阀欧美专利分析[J].液压气动与密封,2012(2)：68 - 73.

［2］ 訚耀保.喷嘴挡板式电液伺服阀结构的演变过程[J].流体传动与控制,2017(1)：54 - 59,61.

［3］ 訚耀保.射流管伺服阀在飞机液压系统中的应用[J].液压气动与密封,2012(7)：8 - 12.

［4］ 訚耀保.射流管电液伺服阀研究进展报告(专利、技术论文、产品)[R].同济大学,TJME - 11 - 200,2011.

［5］ 訚耀保,李长明.对称负重合型气动伺服阀零位流动状态分析[J].航空学报,2015,36(11)：3724 - 3733.

［6］ 訚耀保,王玉.三维离心环境下射流管伺服阀的零偏特性[J].上海交通大学学报,2017,51(8)：984 - 991.

［7］ 訚耀保,李长明,江金林.三维离心环境下的电液伺服阀特性分析[J].机械工程学报,2015,51(2)：169 - 177.

［8］ 訚耀保,王玉.射流管伺服阀前置级压力特性[J].航空动力学报,2015,30(12)：3058 - 3064.

［9］ 訚耀保,谢帅虎,原佳阳,等.宽温域下三位四通电磁液动换向阀的几何尺寸链与卡滞特性[J].飞控与探测,2019,2(3)：95 - 102.

［10］ 訚耀保,李聪.射流管伺服阀前置级不对称性对零偏的影响[J].华南理工大学学报(自然科学版),2021,49(5)：111 - 119.

［11］ 訚耀保,张曦,李长明.一维离心环境下电液伺服阀零偏值分析[J].中国机械工程,2012,23(10)：1142 - 1146.

［12］ 李长明,訚耀保,汪明月,等.高温环境对射流管伺服阀偶件配合及特性的影响[J].机械工程学报,2018,54(20)：251 - 261.

［13］ LI C M, YIN Y B. Mechanism of static characteristics changing of four-way jet-pipe valve due to erosion[C]//Proceedings of the 2016 IEEE/CSAA International Conference on Aircraft Utility Systems (AUS). Beijing, 2016：670 - 675.

［14］ LI C M, YIN Y B. Static characteristics of four-way jet-pipe valve[C]//Proceedings of the 2016 IEEE/CSAA International Conference on Aircraft Utility Systems (AUS). Beijing, 2016：1197 - 1202.

［15］ YIN Y B, LI C M, PENG B X. Analysis of pressure characteristics of hydraulic jet pipe servo valve[C]//Proceedings of the 12th International Conference on Fluid Control, Measurement and Visualization(FLUCOME 2013). Nara, 2013：1 - 10.

［16］ YIN Y B, LI C M. Characteristics of hydraulic servo-valve under centrifugal environment[C]//Proceedings of the 8th International Conference on Fluid Power Transmission and Control (ICFP 2013). Hangzhou, Beijing, 2013：39 - 44.

［17］ 訚耀保,夏飞燕,李长明.一种可调试喷嘴轴线位置的射流管伺服阀及调试方法：ZL201710177608.5[P].2018 - 07 - 03.

［18］ 訚耀保,李长明,夏飞燕,等.一种双冗余反弹射流偏导板伺服阀：ZL201710072977.8[P].2018 - 05 - 08.

［19］ 訚耀保,李长明,张阳.一种射流管伺服阀喷嘴与接收器对中检验方法：ZL201610534415.6[P].2018 - 02 - 09.

［20］ 訚耀保,李长明.气动伺服阀阀芯阀套重合量间接测量方法及其应用：ZL200810041108.X[P].2014 - 09 - 17.

［21］ 訚耀保,李玲,孟伟.带阻尼节流器的喷嘴挡板阀：ZL201020119629.5[P].2011 - 01 - 19.

［22］ 訚耀保,孟伟.喷嘴挡板伺服阀的喷嘴挡板间隙的一种间接测量方法：ZL200910197384.X[P].2012 - 02 - 29.

［23］ 李长明,訚耀保,李聪.一种带静压支承的反弹射流式偏导板电液伺服阀：ZL201810510138.4[P].2019 - 09 - 27.

［24］ 李长明,訚耀保,李双路.一种具有加速度零偏漂移抑制功能的电液伺服阀：ZL201810278459.6[P].2019 - 08 - 02.

［25］ 李长明,訚耀保,郭文康.一种三通射流管伺服阀射流轴线轨迹调试装置及方法：ZL201810123205.7[P].2020 - 06 - 26.

［26］ 訚耀保,李长明,夏飞燕.一种适应变温度场的射流管电液伺服阀：ZL201810094948.6[P].2020 - 06 - 02.

［27］ 訚耀保,李双路,李长明.一种设有四棱锥台状导流槽的偏转板伺服阀放大器：ZL201922093924.1[P].2020 -

10 - 02.

[28] 李长明.射流式电液伺服阀基础理论研究[D].上海：同济大学,2019.

[29] 王玉.射流管伺服阀静态特性和零偏零漂机理研究[D].上海：同济大学,2019.

[30] 阎耀保.高端液压元件理论与实践[M].上海：上海科学技术出版社,2017.

[31] 阎耀保.极端环境下的电液伺服控制理论及应用技术[M].上海：上海科学技术出版社,2012.

[32] 野口浩作,等.噴射管式サ-ボモ-タの特性[J].日本機械学会論文集(B編),1952,18(66)：84 - 87.

[33] 曾广商,何友文,等.射流管伺服阀研制[J].液压与气动,1996(3)：6 - 8.

[34] 盛敬超.液压流体力学[M].北京：机械工业出版社,1980.

[35] ASKANIA-WERKE A G. Device for regulating the drawing-off of gas from gas-producing apparatus：GB232937 [P]. 1925 - 12 - 03.

[36] ATCHLEY R D. Servo-mechanism：US2884907[P]. 1959 - 05 - 09.

[37] CURTISS A C. An experimental study of the design parameters of hydraulic jet-pipe valves[D]. Massachusetts Institute of Technology，1961.

[38] SHIBATA Y，TANAKA K，NAKADA T. Vortex flows and turbulence models of oil jet impinging on a wall with holes[C]//Proceedings of the 9th JFPS International Symposium on Fluid Power. Matsue，2014：2B2 - 5.

第 4 章
射流管电液伺服阀及其尺寸链分析方法

喷嘴挡板式电液伺服阀已有较为完整的数学模型和若干设计准则,可供设计参考。但是射流管电液伺服阀由于射流管液压放大器的机理和性能还不清楚,迄今为止尚无完整的基础理论,射流管电液伺服阀的设计与分析缺乏基本准则,整机性能尚不能完整地通过理论分析来预计,大多依靠试验来获取设计经验,成本高、周期长且性能难以控制。

本章介绍了射流管放大器机理,阐述了四通射流管阀的三系数,建立了射流管流量伺服阀的数学模型。介绍了精密零部件公差及装配尺寸链、力矩马达气隙误差、射流前置级不对称性的分析方法及其对电液伺服阀零偏的影响。结合某型射流管电液伺服阀的结构参数和试验,介绍了其数学模型和尺寸链分析方法。

4.1　工作原理与数学模型

电液流量伺服阀是通过改变通流断面面积实现流量控制,将电信号转换为相应极性、成比例流量输出的液压元件,是将机械、电子和液压技术融于一体的高度精密部件,质量轻、体积小、精度高、响应快、功率密度大等一系列优点使其广泛应用于航空航天飞行器发动机的燃油计量、舵面控制等领域。第二次世界大战期间电液伺服阀的雏形出现,20 世纪 50 年代通过采用反馈和干式力矩马达实现了闭环控制和提高了可靠性,电液伺服阀结构基本成熟。1958 年的研究报告《Transfer Functions for Moog Servovalves》与 1967 年 H. R. Merritt 专著《Hydraulic Control System》的出版,标志着喷嘴挡板式电液伺服阀的数学模型已经初步建立,此后的分析与研究多数以上述文献为基础。1957 年,R. Atchley 利用 Askania-Werke 发明的四通射流管阀作为前置级液压放大器,开发了两级射流管电液流量伺服阀。由于射流管电液伺服阀的最小流道尺寸为射流喷嘴直径 $\phi 0.2 \sim 0.4$ mm,较喷嘴挡板式电液伺服阀的喷嘴挡板最小间隙 $0.03 \sim 0.05$ mm 大得多,因此其抗污染能力大为增强,欧美等国迅速在军/民航空器的发动机燃油计量、舵面及起落架控制等领域实现了射流管伺服阀对喷嘴挡板式伺服阀的取代。随后,国内外相关单位先后研制射流管伺服阀,并将应用推广至船舶、发电、机床、冶金等领域。

为了建立射流管电液伺服阀的数学模型,国内外学者对射流管放大器结构参数与性能之间的映射关系进行了不懈的研究。1951 年,日本学者古屋善正以水为流体介质,用试验手段研究了接收口尺寸、接收器形状对三通射流管阀空载接收流量和断载恢复压力的影响。1952 年,日本学者野口浩作等以油为介质,试验分析了 Askania 射流放大器的压力特性、流量特性及压力-流量特性等。1961 年,美国麻省理工学院动态控制实验室以液压油为介质,对三通射流管阀、四通射流管阀进行了详细的试验研究后提出,要使射流管阀性能良好须满足至少两个必要条件,流体通过射流喷嘴和接收孔时的能量损失尽量少,射流喷嘴和接收孔之间的距离必须非常仔细地设定。1970 年,英国 A. Lichtarowicz 等人分别以液压油、空气为流体介质,对三通射流管阀进行了空载流量回收、断载恢复压力、综合能量回收三方面的性能测试。1996 年,我国曾广商提出射流管伺服阀前置级恢复压力与接收孔和射流流束重叠面积近似成正比,接收流量与上述重叠面积近似呈线性关系,研究过程细节未予展示。2007 年,印度 S.H. Somashekhar 利用商用软件 ANSYS 对射流管伺服阀进行了建模和仿真分析。2014 年,日本学者 Yu Shibata 等采取 3D 建模及 CFD 仿真和试验方法相结合,对四通射流管阀的流量特性、压力特性、液动力及流场、压力场进行了研究。2015 年,为分析射流管伺服阀前置级的压力特性,阎耀保等学者将流体介质视为无黏性流体,建立了四通射流管阀的简化数学模型,分析了射流喷嘴直径、接收孔直径及射流喷嘴偏移量对喷嘴出口流速,左、右接收孔恢复压力的影响。本书根据伯努利方程分析射流管阀内流束的能量转换过程,得出射流管放大器结构参数与性能之间的映射关系,构建射流管电液伺服阀数学模型。并以某型射流管流量伺服阀为例,进行所提出的数学模型的验证。

　　图 4-1 为典型的射流管流量伺服阀的结构示意图,图中 1 为阀体,2 为阀套,3 为阀芯,4、12 为左、右端盖,5、11 为左、右锁紧环,6 为力矩马达,7 为导油管,8 为射流管,9 为接收器,10 为反馈杆,13、14 为密封圈。其中射流管 8 与接收器 9 构成了一个典型的四通射流管阀 15。射流管流量伺服阀的前置级液压放大器为四通射流管阀,由永磁动铁式力矩马达控制,功率级为四通圆柱滑阀,阀芯通过反馈杆与力矩马达的衔铁组件相连接,构成滑阀位移力反馈回路。射流管流量伺服阀基本工作原理如下:① 当无控制电流输入时,力矩马达无力矩输出,射流喷嘴冲击点位于分流劈正中间,两接收孔接收能量相同,无压差推动阀芯,阀芯在反馈杆的约束下处于零位,电液伺服阀无流量输出。② 当有控制电流加载时,力矩马达驱动射流管旋转一定的角度而偏离零位,由此导致左、右两接收孔所接收的能量不再相等,从而使阀芯两端产生压差,进而推动阀芯。阀芯通过反馈杆拖动射流管反向旋转。当力矩马达、弹簧管、反馈杆之间达到新的力矩平衡时,阀芯停止移动。此时,阀芯的位移与控制电流成比例。

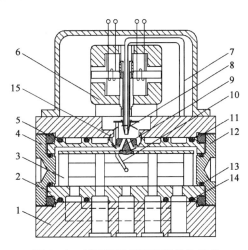

图 4-1　射流管流量伺服阀结构组成

4.1.1　四通射流管阀的三系数

　　射流喷嘴处于零位附近($x_\mathrm{n} \approx 0$)时,四通射流管阀的流量/能量接收区域如图 4-2 所示。此时,左、右接收孔的流量/能量接收区域均由橢圆形等速核心区与弧形剪切层组成。

　　零位附近时,四通射流管阀左、右接收孔的接收流量分别为

$$\left.\begin{array}{l} Q'_\mathrm{r1} = K_1 [Q_\mathrm{po}(R_\mathrm{r}, R_1, x_1) + Q_\mathrm{ma}(R_1, R_2, x_1)] \\ Q'_\mathrm{r2} = K_2 [Q_\mathrm{po}(R_\mathrm{r}, R_1, x_2) + Q_\mathrm{ma}(R_1, R_2, x_2)] \end{array}\right\} \tag{4-1}$$

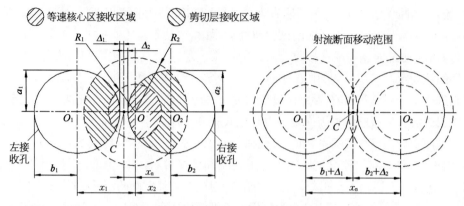

图 4-2 四通射流管阀流量/能量接收区域

由流量连续性方程,四通射流管阀负载流量 Q_L 为两接收孔流量之差,即

$$Q_L = Q'_{r2} - Q'_{r1} \qquad (4-2)$$

则四通射流管阀零位流量增益系数为

$$k_{q0} = \frac{\partial Q_L}{\partial x_n}\bigg|_{x_n=0} \qquad (4-3)$$

零位附近时,四通射流管阀左、右接收孔的恢复压力分别为

$$\left. \begin{array}{l} P'_{r1} = P_e + \left\{ 1 - \left[1 - \dfrac{A'_j(R_r, R_2, x_1)}{A_r} \right]^2 - \zeta_2 \right\} \dfrac{E_{po}(R_r, R_1, x_1) + E_{ma}(R_1, R_2, x_1)}{Q_{po}(R_r, R_1, x_1) + Q_{ma}(R_1, R_2, x_1)} \\[4mm] P'_{r2} = P_e + \left\{ 1 - \left[1 - \dfrac{A'_j(R_r, R_2, x_2)}{A_r} \right]^2 - \zeta_2 \right\} \dfrac{E_{po}(R_r, R_1, x_2) + E_{ma}(R_1, R_2, x_2)}{Q_{po}(R_r, R_1, x_2) + Q_{ma}(R_1, R_2, x_2)} \end{array} \right\}$$
$$(4-4)$$

四通射流管阀负载压力 P_L 为两接收孔恢复压力之差,即

$$P_L = P'_{r2} - P'_{r1} \qquad (4-5)$$

则四通射流管阀零位压力增益系数为

$$k_{p0} = \frac{\partial P_L}{\partial x_n}\bigg|_{x_n=0} \qquad (4-6)$$

零位时,四通射流管阀的流量-压力系数为

$$k_{c0} = -\frac{\partial Q_L}{\partial P_L}\bigg|_{x_n=0} = -\frac{k_{q0}}{k_{p0}} \qquad (4-7)$$

四通射流管阀零位阀系数 k_{p0}、k_{q0}、k_{c0} 详细表达式推导如下。

射流喷嘴处于零位附近($x_n \approx 0$)时,四通射流管阀的流量/能量接收如图 4-2 所示。此时,左、右接收孔的流量/能量接收区域均由椭圆形等速核心区与弧形剪切层组成。

零位附近时,四通射流管阀左、右接收孔的接收流量分别为

$$Q'_{r1}=K_1[Q_{po}(R_{r1},R_1,x_1)+Q_{ma}(R_1,R_2,x_1)]\\Q'_{r2}=K_2[Q_{po}(R_{r2},R_1,x_2)+Q_{ma}(R_1,R_2,x_2)]\Bigg\} \quad (4-8)$$

四通射流管阀负载流量 Q_L 为两接收孔流量之差,即

$$Q_L=Q'_{r2}-Q'_{r1} \quad (4-9)$$

则四通射流管阀零位流量增益系数为

$$k_{q0}=\frac{\partial Q_L}{\partial x_n}\Big|_{x_n=0} \quad (4-10)$$

零位附近时,四通射流管阀左、右接收孔的恢复压力分别为

$$P'_{r1}=P_e+\left\{1-\left[1-\frac{A'_j(R_{r1},R_2,x_1)}{A_{r1}}\right]^2-\zeta_2\right\}\frac{E_{po}(R_{r1},R_1,x_1)+E_{ma}(R_1,R_2,x_1)}{Q_{po}(R_{r1},R_1,x_1)+Q_{ma}(R_1,R_2,x_1)}\\P'_{r2}=P_e+\left\{1-\left[1-\frac{A'_j(R_{r2},R_2,x_2)}{A_{r2}}\right]^2-\zeta_2\right\}\frac{E_{po}(R_{r2},R_1,x_2)+E_{ma}(R_1,R_2,x_2)}{Q_{po}(R_{r2},R_1,x_2)+Q_{ma}(R_1,R_2,x_2)}\Bigg\}$$
$$(4-11)$$

四通射流管阀负载压力 P_L 为两接收孔恢复压力之差:

$$P_L=P'_{r2}-P'_{r1} \quad (4-12)$$

则四通射流管阀零位压力增益系数为

$$k_{p0}=\frac{\partial P_L}{\partial x_n}\Big|_{x_n=0} \quad (4-13)$$

零位时,四通射流管阀的流量压力系数为

$$k_{c0}=-\frac{\partial Q_L}{\partial P_L}\Big|_{x_n=0}=-\frac{k_{q0}}{k_{p0}} \quad (4-14)$$

以下逐一求解四通射流管阀零位阀系数 k_{p0}、k_{q0}、k_{c0}。假设研究对象四通射流管阀为对称均等型结构。

1) 零位流量增益系数

射流束轴线与左、右接收孔轴线的距离分别为

$$x_1=b_1+\Delta_1+x_n,\ x_2=b_2+\Delta_2-x_n \quad (4-15)$$

由于四通射流管阀为对称均等型,则

$$b_1=b_2=b,\ \Delta_1=\Delta_2=\Delta \quad (4-16)$$

将式(4-16)代入式(4-15),得

$$x_1=B+x_n,\ x_2=B-x_n \quad (4-17)$$

$$B=b+\Delta \quad (4-18)$$

由于四通射流管阀为对称均等型,则

$$K_1=K_2=K=1/\cos\varphi,\ R_{r1}=R_{r2}=R_r \quad (4-19)$$

零位时，左、右接收孔的接收流量分别为

$$
\left.\begin{array}{l}
Q'_{r1}=K[Q_{po}(R_r,\ R_1,\ x_1)+Q_{ma}(R_1,\ R_2,\ x_1)] \\
Q'_{r2}=K[Q_{po}(R_r,\ R_1,\ x_2)+Q_{ma}(R_1,\ R_2,\ x_2)]
\end{array}\right\} \tag{4-20}
$$

其中，橄榄形等速核心区射流接收流量分别为

$$
Q_{po}(R_r,\ R_1,\ x_1)=v_0 A_{po}(R_r,\ R_1,\ x_1) \tag{4-21}
$$

$$
Q_{po}(R_r,\ R_1,\ x_2)=v_0 A_{po}(R_r,\ R_1,\ x_2) \tag{4-22}
$$

其中，橄榄形等速核心区接收面积分别为

$$
A_{po}(R_r,\ R_1,\ x_1)=\pi R_r^2 \frac{\theta(x_1)}{180}+\pi R_1^2 \frac{\beta(x_1)}{180}-x_1 R_r \sin\theta(x_1) \tag{4-23}
$$

$$
A_{po}(R_r,\ R_1,\ x_2)=\pi R_r^2 \frac{\theta(x_2)}{180}+\pi R_1^2 \frac{\beta(x_2)}{180}-x_2 R_r \sin\theta(x_2) \tag{4-24}
$$

其中，

$$
\theta(x_1)=\arccos\frac{x_1^2+R_r^2-R_1^2}{2x_1 R_r},\ \beta(x_1)=\arccos\frac{x_1^2+R_1^2-R_r^2}{2x_1 R_1} \tag{4-25}
$$

$$
\theta(x_2)=\arccos\frac{x_2^2+R_r^2-R_1^2}{2x_2 R_r},\ \beta(x_2)=\arccos\frac{x_2^2+R_1^2-R_r^2}{2x_2 R_1} \tag{4-26}
$$

弧形剪切层射流接收流量分别为

$$
Q_{ma}(R_1,\ R_2,\ x_1)=v_0\ \frac{\pi\beta_{eq}(x_1)}{180}\left[\frac{1}{2}(R_2^2-R_1^2)-2C^2\right] \tag{4-27}
$$

$$
Q_{ma}(R_1,\ R_2,\ x_2)=v_0\ \frac{\pi\beta_{eq}(x_2)}{180}\left[\frac{1}{2}(R_2^2-R_1^2)-2C^2\right] \tag{4-28}
$$

其中，

$$
\beta_{eq}(x_1)=\lambda[\beta_1(x_1)+\beta_2(x_1)],\ \beta_{eq}(x_2)=\lambda[\beta_1(x_2)+\beta_2(x_2)] \tag{4-29}
$$

$$
\beta_1(x_1)=\arccos\frac{x_1^2+R_1^2-R_r^2}{2x_1 R_1},\ \beta_2(x_1)=\arccos\frac{x_1^2+R_2^2-R_r^2}{2x_1 R_2} \tag{4-30}
$$

$$
\beta_1(x_2)=\arccos\frac{x_2^2+R_1^2-R_r^2}{2x_2 R_1},\ \beta_2(x_2)=\arccos\frac{x_2^2+R_2^2-R_r^2}{2x_2 R_2} \tag{4-31}
$$

根据复合函数的求导法则，设 $y=f(u)$，而 $u=g(x)$ 且 $f(u)$ 及 $g(x)$ 都可导，则复合函数 $y=f[g(x)]$ 的导数为

$$
\frac{\mathrm{d}y}{\mathrm{d}x}=\frac{\mathrm{d}y}{\mathrm{d}u}\cdot\frac{\mathrm{d}u}{\mathrm{d}x}\ 或\ y'(x)=f'(u)\cdot g'(x)
$$

则

$$
\frac{\partial Q'_{r1}(R_r,\ R_1,\ R_2,\ x_1)}{\partial x_n}=\frac{\partial Q'_{r1}(R_r,\ R_1,\ R_2,\ x_1)}{\partial x_1}\ \frac{\partial x_1(x_n)}{\partial x_n}=\frac{\partial Q'_{r1}(R_r,\ R_1,\ R_2,\ x_1)}{\partial x_1}
$$

$$
\tag{4-32}
$$

$$\frac{\partial Q'_{r2}(R_r, R_1, R_2, x_2)}{\partial x_n} = \frac{\partial Q'_{r2}(R_r, R_1, R_2, x_2)}{\partial x_2}\frac{\partial x_2(x_n)}{\partial x_n} = -\frac{\partial Q'_{r2}(R_r, R_1, R_2, x_2)}{\partial x_2}$$

$$(4-33)$$

由式(4-20)可知：

$$\frac{\partial Q'_{r1}(R_r, R_1, R_2, x_1)}{\partial x_1} = K\left[\frac{\partial Q_{po}(R_r, R_1, x_1)}{\partial x_1} + \frac{\partial Q_{ma}(R_r, R_1, x_1)}{\partial x_1}\right] \quad (4-34)$$

$$\frac{\partial Q'_{r1}(R_r, R_1, R_2, x_2)}{\partial x_2} = K\left[\frac{\partial Q_{po}(R_r, R_1, x_2)}{\partial x_2} + \frac{\partial Q_{ma}(R_r, R_1, x_2)}{\partial x_2}\right] \quad (4-35)$$

先求橄榄形等速核心区部分射流接收流量的偏导数，由式(4-21)、式(4-22)可知：

$$\frac{\partial Q_{po}(R_r, R_1, x_1)}{\partial x_1} = v_0\frac{\partial A_{po}(R_r, R_1, x_1)}{\partial x_1} \quad (4-36)$$

$$\frac{\partial Q_{po}(R_r, R_1, x_2)}{\partial x_2} = v_0\frac{\partial A_{po}(R_r, R_1, x_2)}{\partial x_2} \quad (4-37)$$

由式(4-23)、式(4-24)可知：

$$\frac{\partial A_{po}(R_r, R_1, x_1)}{\partial x_1} = \pi R_r^2\frac{\theta'(x_1)}{180} + \pi R_1^2\frac{\beta'(x_1)}{180} - R_r[\sin\theta(x_1) + x_1\cos\theta(x_1)\cdot\theta'(x_1)]$$

$$(4-38)$$

$$\frac{\partial A_{po}(R_r, R_1, x_2)}{\partial x_2} = \pi R_r^2\frac{\theta'(x_2)}{180} + \pi R_1^2\frac{\beta'(x_2)}{180} - R_r[\sin\theta(x_2) + x_2\cos\theta(x_2)\cdot\theta'(x_2)]$$

$$(4-39)$$

根据式(4-25)，对式(4-36)中各导数项求解，得

$$\theta'(x_1) = -\frac{x_1^2 - R_r^2 + R_1^2}{x_1\sqrt{(2x_1R_r)^2 - (x_1^2 + R_r^2 - R_1^2)^2}}, \ \beta'(x_1) = -\frac{x_1^2 - R_1^2 + R_r^2}{x_1\sqrt{(2x_1R_1)^2 - (x_1^2 + R_1^2 - R_r^2)^2}}$$

$$(4-40)$$

$$\cos\theta(x_1) = \frac{x_1^2 + R_r^2 - R_1^2}{2x_1R_r}, \ \sin\theta(x_1) = \frac{\sqrt{(2x_1R_r)^2 - (x_1^2 + R_r^2 - R_1^2)^2}}{2x_1R_r} \quad (4-41)$$

将式(4-40)、式(4-41)诸项代入式(4-37)，再将式(4-37)代入式(4-38)，可得

$$\frac{\partial A_{po}(R_r, R_1, x_1)}{\partial x_1}$$

$$= -\left[\frac{\frac{\pi}{180}R_r^2(x_1^2 - R_r^2 + R_1^2) + x_1^2(R_r^2 + R_1^2 - x_1^2)}{x_1\sqrt{(2x_1R_r)^2 - (x_1^2 + R_r^2 - R_1^2)^2}} + \frac{\frac{\pi}{180}R_1^2(x_1^2 - R_1^2 + R_r^2)}{x_1\sqrt{(2x_1R_1)^2 - (x_1^2 + R_1^2 - R_r^2)^2}}\right]$$

$$(4-42)$$

同理，可得

$$\frac{\partial A_{po}(R_r, R_1, x_2)}{\partial x_2}$$

$$= -\left[\frac{\frac{\pi}{180}R_r^2(x_2^2 - R_r^2 + R_1^2) + x_2^2(R_r^2 + R_1^2 - x_2^2)}{x_2\sqrt{(2x_2R_r)^2 - (x_2^2 + R_r^2 - R_1^2)^2}} + \frac{\frac{\pi}{180}R_1^2(x_2^2 - R_1^2 + R_r^2)}{x_2\sqrt{(2x_2R_1)^2 - (x_2^2 + R_1^2 - R_r^2)^2}}\right]$$

$$(4-43)$$

当射流喷嘴位移 $x_n = 0$ 时，将式(4-17)分别代入式(4-42)、式(4-43)，再将式(4-42)、式(4-43)分别代入式(4-36)、式(4-37)，可得

$$\left.\frac{\partial Q_{po}(R_r, R_1, x_1)}{\partial x_1}\right|_{x_n=0}$$

$$= -v_0\left[\frac{\frac{\pi}{180}R_r^2(B^2 - R_r^2 + R_1^2) + B^2(R_r^2 + R_1^2 - B^2)}{B\sqrt{(2BR_r)^2 - (B^2 + R_r^2 - R_1^2)^2}} + \frac{\frac{\pi}{180}R_1^2(B^2 - R_1^2 + R_r^2)}{B\sqrt{(2BR_1)^2 - (B^2 + R_1^2 - R_r^2)^2}}\right]$$

$$(4-44)$$

$$\left.\frac{\partial Q_{po}(R_r, R_1, x_2)}{\partial x_2}\right|_{x_n=0} = \left.\frac{\partial Q_{po}(R_r, R_1, x_1)}{\partial x_1}\right|_{x_n=0} \qquad (4-45)$$

再求弧形剪切层部分射流接收流量的偏导数，由式(4-27)、式(4-28)可得

$$\frac{\partial Q_{ma}(R_r, R_1, x_1)}{\partial x_1} = v_0\frac{\pi\beta'_{eq}(x_1)}{180}\left[\frac{1}{2}(R_2^2 - R_1^2) - 2C^2\right] \qquad (4-46)$$

$$\frac{\partial Q_{ma}(R_r, R_1, x_2)}{\partial x_2} = v_0\frac{\pi\beta'_{eq}(x_2)}{180}\left[\frac{1}{2}(R_2^2 - R_1^2) - 2C^2\right] \qquad (4-47)$$

根据式(4-29)、式(4-30)，对式(4-46)中导数项求解，得

$$\beta'_{eq}(x_1) = \lambda\left[\beta_1'(x_1) + \beta_2'(x_1)\right] \qquad (4-48)$$

$$\beta_1'(x_1) = -\frac{x_1^2 - R_1^2 + R_r^2}{x_1\sqrt{(2x_1R_1)^2 - (x_1^2 + R_1^2 - R_r^2)^2}}, \; \beta_2'(x_1) = -\frac{x_1^2 - R_2^2 + R_r^2}{x_1\sqrt{(2x_1R_2)^2 - (x_1^2 + R_2^2 - R_r^2)^2}}$$

$$(4-49)$$

将式(4-49)代入式(4-48)，得

$$\beta'_{eq}(x_1) = -\lambda\left[\frac{x_1^2 - R_1^2 + R_r^2}{x_1\sqrt{(2x_1R_1)^2 - (x_1^2 + R_1^2 - R_r^2)^2}} + \frac{x_1^2 - R_2^2 + R_r^2}{x_1\sqrt{(2x_1R_2)^2 - (x_1^2 + R_2^2 - R_r^2)^2}}\right]$$

$$(4-50)$$

同理，可得

$$\beta'_{eq}(x_2) = -\lambda\left[\frac{x_2^2 - R_1^2 + R_r^2}{x_2\sqrt{(2x_2R_1)^2 - (x_2^2 + R_1^2 - R_r^2)^2}} + \frac{x_2^2 - R_2^2 + R_r^2}{x_2\sqrt{(2x_2R_2)^2 - (x_2^2 + R_2^2 - R_r^2)^2}}\right]$$

$$(4-51)$$

当射流喷嘴位移 $x_n = 0$ 时,将式(4-17)代入式(4-50)、式(4-51),再将式(4-50)、式(4-51)分别代入式(4-46)、式(4-47),得

$$\left.\frac{\partial Q_{ma}(R_r, R_1, x_1)}{\partial x_1}\right|_{x_n=0} = -\frac{\lambda \pi v_0}{180}\left[\frac{1}{2}(R_2^2 - R_1^2) - 2C^2\right]\left[\frac{B^2 - R_1^2 + R_r^2}{B\sqrt{(2BR_1)^2 - (B^2 + R_1^2 - R_r^2)^2}}\right.$$
$$\left.+ \frac{B^2 - R_2^2 + R_r^2}{B\sqrt{(2BR_2)^2 - (B^2 + R_2^2 - R_r^2)^2}}\right] \tag{4-52}$$

$$\left.\frac{\partial Q_{ma}(R_r, R_1, x_2)}{\partial x_2}\right|_{x_n=0} = \left.\frac{\partial Q_{ma}(R_r, R_1, x_1)}{\partial x_1}\right|_{x_n=0} \tag{4-53}$$

由式(4-9)、式(4-10)、式(4-34)、式(4-35)、式(4-44)、式(4-47)、式(4-52)、式(4-53)可得对称均等型四通射流管阀零位流量增益系数为

$$k_{q0} = 2Kv_0\left[\frac{\frac{\pi}{180}R_r^2(B^2 - R_r^2 + R_1^2) + B^2(R_r^2 + R_1^2 - B^2)}{B\sqrt{(2BR_r)^2 - (B^2 + R_r^2 - R_1^2)^2}} + \frac{\frac{\pi}{180}R_1^2(B^2 - R_1^2 + R_r^2)}{B\sqrt{(2BR_1)^2 - (B^2 + R_1^2 - R_r^2)^2}}\right]$$
$$+ K\frac{\lambda \pi v_0}{180}\left[(R_2^2 - R_1^2) - 4C^2\right]\left[\frac{B^2 - R_1^2 + R_r^2}{B\sqrt{(2BR_1)^2 - (B^2 + R_1^2 - R_r^2)^2}}\right.$$
$$\left.+ \frac{B^2 - R_2^2 + R_r^2}{B\sqrt{(2BR_2)^2 - (B^2 + R_2^2 - R_r^2)^2}}\right] \tag{4-54}$$

2）零位压力增益系数

四通射流管阀为对称均等型结构,将式(4-19)代入式(4-11),得零位附近时四通射流管阀左、右接收孔的恢复压力分别为

$$\left.\begin{aligned}
P'_{r1} &= P_e + \left\{1 - \left[1 - \frac{KA_j(R_r, R_2, x_1)}{A_r}\right]^2 - \zeta_2\right\}\frac{E_{po}(R_r, R_1, x_1) + E_{ma}(R_1, R_2, x_1)}{Q_{po}(R_r, R_1, x_1) + Q_{ma}(R_1, R_2, x_1)} \\
P'_{r2} &= P_e + \left\{1 - \left[1 - \frac{KA_j(R_r, R_2, x_2)}{A_r}\right]^2 - \zeta_2\right\}\frac{E_{po}(R_r, R_1, x_2) + E_{ma}(R_1, R_2, x_2)}{Q_{po}(R_r, R_1, x_2) + Q_{ma}(R_1, R_2, x_2)}
\end{aligned}\right\} \tag{4-55}$$

其中,总射流接收面积为

$$A_j(R_r, R_2, x_1) = \pi R_r^2\frac{\theta_3(x_1)}{180} + \pi R_2^2\frac{\beta_3(x_1)}{180} - x_1 R_r \sin\theta_3(x_1) \tag{4-56}$$

$$A_j(R_r, R_2, x_2) = \pi R_r^2\frac{\theta_3(x_2)}{180} + \pi R_2^2\frac{\beta_3(x_2)}{180} - x_2 R_r \sin\theta_3(x_2) \tag{4-57}$$

其中,

$$\theta_3(x_1) = \arccos\frac{x_1^2 + R_r^2 - R_2^2}{2x_1 R_r}, \quad \beta_3(x_1) = \arccos\frac{x_1^2 + R_2^2 - R_r^2}{2x_1 R_2} \tag{4-58}$$

$$\theta_3(x_2) = \arccos \frac{x_2^2 + R_r^2 - R_2^2}{2x_2 R_r} , \ \beta_3(x_2) = \arccos \frac{x_2^2 + R_2^2 - R_r^2}{2x_2 R_2} \qquad (4-59)$$

橄榄形等速核心区接收射流动能分别为

$$E_{po}(R_r, R_1, x_1) = \frac{\rho}{2} v_0^3 A_{po}(R_r, R_1, x_1) \qquad (4-60)$$

$$E_{po}(R_r, R_1, x_2) = \frac{\rho}{2} v_0^3 A_{po}(R_r, R_1, x_2) \qquad (4-61)$$

其中，橄榄形等速核心区接收面积分别见式(4-23)、式(4-24)。

弧形剪切层接收射流动能分别为

$$E_{ma}(R_1, R_2, x_1) = \frac{1}{8} \frac{\pi \beta_{eq}(x_1)}{180} \rho v_0^3 \left[\frac{5}{4}(R_2^2 - R_1^2) - \frac{68}{9}C^2 \right] \qquad (4-62)$$

$$E_{ma}(R_1, R_2, x_2) = \frac{1}{8} \frac{\pi \beta_{eq}(x_2)}{180} \rho v_0^3 \left[\frac{5}{4}(R_2^2 - R_1^2) - \frac{68}{9}C^2 \right] \qquad (4-63)$$

其中，β_{eq} 分别见式(4-29)~式(4-31)。

橄榄形等速核心区射流接收流量 Q_{po}、弧形剪切层射流接收流量 Q_{ma} 分别见式(4-21)、式(4-22)、式(4-27)、式(4-28)。

根据复合函数的求导法则：

$$\frac{\partial P'_{r1}(R_r, R_1, R_2, x_1)}{\partial x_n} = \frac{\partial P'_{r1}(R_r, R_1, R_2, x_1)}{\partial x_1} \frac{\partial x_1(x_n)}{\partial x_n} = \frac{\partial P'_{r1}(R_r, R_1, R_2, x_1)}{\partial x_1}$$
$$(4-64)$$

$$\frac{\partial P'_{r2}(R_r, R_1, R_2, x_2)}{\partial x_n} = \frac{\partial P'_{r2}(R_r, R_1, R_2, x_2)}{\partial x_2} \frac{\partial x_2(x_n)}{\partial x_n} = -\frac{\partial P'_{r2}(R_r, R_1, R_2, x_2)}{\partial x_2}$$
$$(4-65)$$

根据式(4-55)，分别对 x_1、x_2 求偏导：

$$\frac{\partial P'_{r1}(R_r, R_1, R_2, x_1)}{\partial x_1} = \frac{2K}{A_r} \left[1 - \frac{KA_j(R_r, R_2, x_1)}{A_r} \right] \cdot \frac{\partial A_j(R_r, R_2, x_1)}{\partial x_1}$$

$$\cdot \frac{E_{po}(R_r, R_1, x_1) + E_{ma}(R_1, R_2, x_1)}{Q_{po}(R_r, R_1, x_1) + Q_{ma}(R_1, R_2, x_1)} + \left\{ 1 - \left[1 - \frac{KA_j(R_r, R_2, x_1)}{A_r} \right]^2 - \zeta_2 \right\}$$

$$\cdot \left\{ \frac{\left[\dfrac{\partial E_{po}(R_r, R_1, x_1)}{\partial x_1} + \dfrac{\partial E_{ma}(R_1, R_2, x_1)}{\partial x_1} \right] [Q_{po}(R_r, R_1, x_1) + Q_{ma}(R_1, R_2, x_1)]}{[Q_{po}(R_r, R_1, x_1) + Q_{ma}(R_1, R_2, x_1)]^2} \right.$$

$$\left. - \frac{[E_{po}(R_r, R_1, x_1) + E_{ma}(R_1, R_2, x_1)] \left[\dfrac{\partial Q_{po}(R_r, R_1, x_1)}{\partial x_1} + \dfrac{\partial Q_{ma}(R_1, R_2, x_1)}{\partial x_1} \right]}{[Q_{po}(R_r, R_1, x_1) + Q_{ma}(R_1, R_2, x_1)]^2} \right\}$$

$$(4-66)$$

$$\frac{\partial P'_{r2}(R_r, R_1, R_2, x_2)}{\partial x_1} = \frac{2K}{A_r}\left[1 - \frac{KA_j(R_r, R_2, x_2)}{A_r}\right] \cdot \frac{\partial A_j(R_r, R_2, x_2)}{\partial x_2}$$

$$\cdot \frac{E_{po}(R_r, R_1, x_2) + E_{ma}(R_1, R_2, x_2)}{Q_{po}(R_r, R_1, x_2) + Q_{ma}(R_1, R_2, x_2)} + \left\{1 - \left[1 - \frac{KA_j(R_r, R_2, x_2)}{A_r}\right]^2 - \zeta_2\right\}$$

$$\cdot \left\{\frac{\left[\dfrac{\partial E_{po}(R_r, R_1, x_2)}{\partial x_2} + \dfrac{\partial E_{ma}(R_1, R_2, x_2)}{\partial x_2}\right][Q_{po}(R_r, R_1, x_2) + Q_{ma}(R_1, R_2, x_2)]}{[Q_{po}(R_r, R_1, x_2) + Q_{ma}(R_1, R_2, x_2)]^2}\right.$$

$$\left.- \frac{[E_{po}(R_r, R_1, x_2) + E_{ma}(R_1, R_2, x_2)]\left[\dfrac{\partial Q_{po}(R_r, R_1, x_2)}{\partial x_2} + \dfrac{\partial Q_{ma}(R_1, R_2, x_2)}{\partial x_2}\right]}{[Q_{po}(R_r, R_1, x_2) + Q_{ma}(R_1, R_2, x_2)]^2}\right\}$$

$$(4-67)$$

由式(4-42)、式(4-43)类比可得

$$\frac{\partial A_j(R_r, R_2, x_1)}{\partial x_1}$$

$$= -\left[\frac{\frac{\pi}{180}R_r^2(x_1^2 - R_r^2 + R_2^2) + x_1^2(R_r^2 + R_2^2 - x_1^2)}{x_1\sqrt{(2x_1R_r)^2 - (x_1^2 + R_r^2 - R_2^2)^2}} + \frac{\frac{\pi}{180}R_2^2(x_1^2 - R_2^2 + R_r^2)}{x_1\sqrt{(2x_1R_2)^2 - (x_1^2 + R_2^2 - R_r^2)^2}}\right]$$

$$(4-68)$$

$$\frac{\partial A_j(R_r, R_2, x_2)}{\partial x_2}$$

$$= -\left[\frac{\frac{\pi}{180}R_r^2(x_2^2 - R_r^2 + R_2^2) + x_2^2(R_r^2 + R_2^2 - x_2^2)}{x_2\sqrt{(2x_2R_r)^2 - (x_2^2 + R_r^2 - R_2^2)^2}} + \frac{\frac{\pi}{180}R_2^2(x_2^2 - R_2^2 + R_r^2)}{x_2\sqrt{(2x_2R_2)^2 - (x_2^2 + R_2^2 - R_r^2)^2}}\right]$$

$$(4-69)$$

当射流喷嘴位移 $x_n = 0$ 时,将式(4-17)分别代入式(4-68)、式(4-69),得

$$\left.\frac{\partial A_j(R_r, R_2, x_1)}{\partial x_1}\right|_{x_n=0}$$

$$= -\left[\frac{\frac{\pi}{180}R_r^2(B^2 - R_r^2 + R_2^2) + B^2(R_r^2 + R_2^2 - B^2)}{B\sqrt{(2BR_r)^2 - (B^2 + R_r^2 - R_2^2)^2}} + \frac{\frac{\pi}{180}R_2^2(B^2 - R_2^2 + R_r^2)}{B\sqrt{(2BR_2)^2 - (B^2 + R_2^2 - R_r^2)^2}}\right]$$

$$(4-70)$$

$$\left.\frac{\partial A_j(R_r, R_2, x_2)}{\partial x_2}\right|_{x_n=0} = \left.\frac{\partial A_j(R_r, R_2, x_1)}{\partial x_1}\right|_{x_n=0} \quad (4-71)$$

根据式(4-60)、式(4-61),分别对 x_1、x_2 求偏导:

$$\frac{\partial E_{\mathrm{po}}(R_{\mathrm{r}},\ R_1,\ x_1)}{\partial x_1}=\frac{\rho}{2}v_0^3\ \frac{\partial A_{\mathrm{po}}(R_{\mathrm{r}},\ R_1,\ x_1)}{\partial x_1} \tag{4-72}$$

$$\frac{\partial E_{\mathrm{po}}(R_{\mathrm{r}},\ R_1,\ x_2)}{\partial x_2}=\frac{\rho}{2}v_0^3\ \frac{\partial A_{\mathrm{po}}(R_{\mathrm{r}},\ R_1,\ x_2)}{\partial x_2} \tag{4-73}$$

当射流喷嘴位移 $x_{\mathrm{n}}=0$ 时,将式(4-10)分别代入式(4-35)、式(4-36),再将式(4-35)、式(4-36)分别代入式(4-65)、式(4-66),得

$$\left.\frac{\partial E_{\mathrm{po}}(R_{\mathrm{r}},\ R_1,\ x_1)}{\partial x_1}\right|_{x_{\mathrm{n}}=0}$$

$$=-\frac{\rho}{2}v_0^3\left[\frac{\frac{\pi}{180}R_{\mathrm{r}}^2(B^2-R_{\mathrm{r}}^2+R_1^2)+B^2(R_{\mathrm{r}}^2+R_1^2-B^2)}{B\sqrt{(2BR_{\mathrm{r}})^2-(B^2+R_{\mathrm{r}}^2-R_1^2)^2}}+\frac{\frac{\pi}{180}R_1^2(B^2-R_1^2+R_{\mathrm{r}}^2)}{B\sqrt{(2BR_1)^2-(B^2+R_1^2-R_{\mathrm{r}}^2)^2}}\right]$$

$$\tag{4-74}$$

$$\left.\frac{\partial E_{\mathrm{po}}(R_{\mathrm{r}},\ R_1,\ x_2)}{\partial x_2}\right|_{x_{\mathrm{n}}=0}=\left.\frac{\partial E_{\mathrm{po}}(R_{\mathrm{r}},\ R_1,\ x_1)}{\partial x_1}\right|_{x_{\mathrm{n}}=0} \tag{4-75}$$

根据式(4-62)、式(4-63),分别对 x_1、x_2 求偏导:

$$\frac{\partial E_{\mathrm{ma}}(R_1,\ R_2,\ x_1)}{\partial x_1}=\frac{1}{8}\ \frac{\pi\beta'_{\mathrm{eq}}(x_1)}{180}\rho v_0^3\left[\frac{5}{4}(R_2^2-R_1^2)-\frac{68}{9}C^2\right] \tag{4-76}$$

$$\frac{\partial E_{\mathrm{ma}}(R_1,\ R_2,\ x_2)}{\partial x_2}=\frac{1}{8}\ \frac{\pi\beta'_{\mathrm{eq}}(x_2)}{180}\rho v_0^3\left[\frac{5}{4}(R_2^2-R_1^2)-\frac{68}{9}C^2\right] \tag{4-77}$$

当射流喷嘴位移 $x_{\mathrm{n}}=0$ 时,将式(4-17)分别代入式(4-42)、式(4-43),再将式(4-42)、式(4-43)分别代入式(4-72)、式(4-73),得

$$\left.\frac{\partial E_{\mathrm{ma}}(R_1,\ R_2,\ x_1)}{\partial x_1}\right|_{x_{\mathrm{n}}=0}$$

$$=-\frac{1}{8}\ \frac{\pi\lambda\rho v_0^3}{180}\left[\frac{5}{4}(R_2^2-R_1^2)-\frac{68}{9}C^2\right]\left[\frac{B^2-R_1^2+R_{\mathrm{r}}^2}{B\sqrt{(2BR_1)^2-(B^2+R_1^2-R_{\mathrm{r}}^2)^2}}\right.$$

$$\left.+\frac{B^2-R_2^2+R_{\mathrm{r}}^2}{B\sqrt{(2BR_2)^2-(B^2+R_2^2-R_{\mathrm{r}}^2)^2}}\right]$$

$$\tag{4-78}$$

$$\left.\frac{\partial E_{\mathrm{ma}}(R_1,\ R_2,\ x_2)}{\partial x_2}\right|_{x_{\mathrm{n}}=0}=\left.\frac{\partial E_{\mathrm{ma}}(R_1,\ R_2,\ x_1)}{\partial x_1}\right|_{x_{\mathrm{n}}=0} \tag{4-79}$$

将式(4-17)代入式(4-21)、式(4-22)、式(4-27)、式(4-28)、式(4-56)、式(4-57)、式(4-60)～式(4-63),然后与式(4-44)、式(4-45)、式(4-52)、式(4-53)、式(4-70)、式(4-71)、式(4-74)、式(4-75)、式(4-77)、式(4-78)一起分别代入式(4-66)、式(4-67),得

$$f_1=\left.\frac{\partial P'_{\mathrm{r1}}(R_{\mathrm{r}},\ R_1,\ R_2,\ x_1)}{\partial x_1}\right|_{x_{\mathrm{n}}=0} \tag{4-80}$$

$$\frac{\partial P'_{r2}(R_r, R_1, R_2, x_2)}{\partial x_2}\bigg|_{x_n=0} = \frac{\partial P'_{r1}(R_r, R_1, R_2, x_1)}{\partial x_1}\bigg|_{x_n=0} \tag{4-81}$$

由式(4-12)、式(4-13)、式(4-64)、式(4-65)、式(4-80)、式(4-81)可得对称均等型四通射流管阀零位压力增益系数为

$$k_{p0} = -2\frac{\partial P'_{r1}(R_r, R_1, R_2, x_1)}{\partial x_1}\bigg|_{x_n=0} \tag{4-82}$$

3) 零位流量-压力系数

将式(4-54)、式(4-82)代入式(4-14),可得对称均等型四通射流管阀零位流量-压力系数为

$$k_{c0} = -\frac{k_{q0}}{k_{p0}} \tag{4-83}$$

4.1.2　永磁动铁式力矩马达

如图4-3所示,极化永磁式力矩马达由直流放大电路、控制线圈、永磁体、导磁体及衔铁所组成,其衔铁与弹簧管、射流管及反馈杆组件相连接组成衔铁组件。由图4-3可知,控制线圈的绕向、安装方式和连接方式保证了电流 i_1、i_2 所产生的磁通恰恰相反。在两控制线圈内的控制电流 $\Delta i = i_1 - i_2$ 所产生的磁通之差称为控制磁通 Φ_c,其方向随控制电流 Δi 方向变化。由永磁体所产生的磁通称为固定磁通 Φ_g,其方向不变。在工作气隙①、②、③、④处的磁通由控制磁通 Φ_c 与固定磁通 Φ_g 之和或之差组成,从而造成磁通量不同,使得衔铁在气隙处受到吸力。该吸力产生的旋转力矩使得衔铁射流喷嘴组件同时绕其枢轴中心旋转,从而输出力矩。

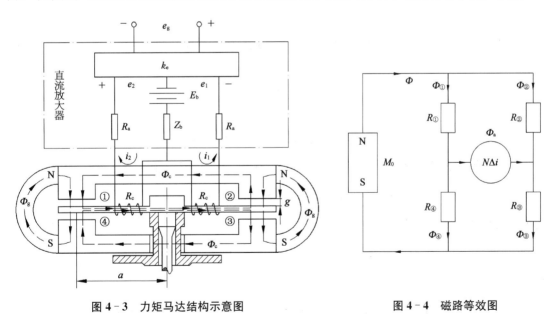

图4-3　力矩马达结构示意图　　　　　　图4-4　磁路等效图

1) 磁路分析

图4-4为力矩马达的磁路等效图,假定磁性材料和非工作气隙的磁阻可以忽略不计,只考虑工作气隙①、②、③、④的磁阻。

衔铁处于中位时,每个工作气隙的磁阻为

$$R_g = g/(\mu_0 A_g) \tag{4-84}$$

式中　g——衔铁在平衡位置时每个气隙的长度(m);

　　　μ_0——空气磁导率($4\pi \times 10^{-7}$ H/m);

　　　A_g——磁极面的面积(m^2)。

当衔铁旋转 ψ 角时,衔铁在气隙处偏离中位的线位移量为 x_g,此时各处工作气隙的磁阻分别为

$$R_① = R_③ = R_g(1 - x_g/g), \quad R_② = R_④ = R_g(1 - x_g/g) \tag{4-85}$$

式中　$R_①$、$R_②$、$R_③$、$R_④$——气隙①、②、③、④的磁阻(H^{-1})。

由等效磁路图及磁路欧姆定律可知:

$$\Phi_① = \Phi_③, \quad \Phi_② = \Phi_④, \quad M_0 + N\Delta i = 2\Phi_① R_①, \quad M_0 - N\Delta i = 2\Phi_② R_②$$

则

$$\Phi_① = \frac{M_0 + N\Delta i}{2R_g(1 - x_g/g)}, \quad \Phi_② = \frac{M_0 - N\Delta i}{2R_g(1 + x_g/g)} \tag{4-86}$$

式中　M_0——永磁体磁动势(A·t);

　　　N——每个控制线圈的匝数;

　　　$\Phi_①$、$\Phi_②$、$\Phi_③$、$\Phi_④$——通过①、②、③、④各处工作气隙的磁通(Wb);

当 $\Delta i = 0$ 时,只有永磁体磁动势 M_0 提供磁通,取此时衔铁处于中位,气隙偏移 $x_g = 0$ 时的磁通为固定磁通:

$$\Phi_g = M_0/(2R_g) \tag{4-87}$$

当 $M_0 = 0$ 时,只有控制电流 Δi 提供磁通,取此时衔铁处于中位,气隙偏移 $x_g = 0$ 时的磁通为控制磁通:

$$\Phi_c = N\Delta i/(2R_g) \tag{4-88}$$

则

$$\Phi_① = (\Phi_g + \Phi_c)/(1 - x_g/g), \quad \Phi_② = (\Phi_g - \Phi_c)/(1 + x_g/g) \tag{4-89}$$

由麦克斯韦公式可知:$F = \Phi^2/(2\mu_0 A_g)$。则衔铁在各气隙处受的吸力分别为

$$F_1 = F_3 = \Phi_①^2/(2\mu_0 A_g), \quad F_2 = F_4 = \Phi_②^2/(2\mu_0 A_g) \tag{4-90}$$

则衔铁所受的电磁力矩为

$$T_d = 2a(F_1 - F_2) = a(\Phi_①^2 - \Phi_②^2)/(\mu_0 A_g)$$

整理可得

$$T_d = \frac{2N\Phi_g[1 + (x_g/g)^2](a/g)\Delta i + 4R_g\Phi_g^2(a/g)^2[1 + (\Phi_c/\Phi_g)^2]\psi}{[1 - (x_g/g)^2]^2}$$

式中　a——衔铁组件旋转中心到气隙中心的垂线距离(m)。

为使力矩马达输出位移与电流呈良好线性关系,设计时一般取 $\Phi_c/\Phi_g < 1/3$, $x_g/g <$

1/3，则上述两项的平方项可以省略。同时令 $k_{\mathrm{t}}=2N\Phi_{\mathrm{g}}(a/g)$，$k_{\mathrm{m}}=4R_{\mathrm{g}}\Phi_{\mathrm{g}}^2(a/g)^2$，则衔铁所受的电磁力矩为

$$T_{\mathrm{d}}=k_{\mathrm{t}}\Delta i+k_{\mathrm{m}}\psi \tag{4-91}$$

式中　k_{t}——电磁力矩系数（N・m/A）；

　　　k_{m}——磁扭矩弹簧刚度（N・m/rad）。

2）电路分析

力矩马达通常由一个单边直流输入和推挽直流输出的直流放大器供电。在没有输入电压信号时，电源 E_{b} 在两控制线圈中建立空载电流 I_0，其所产生的磁通恰好相互抵消，马达无力矩输出。输入电压信号 e_{g} 后，经直流放大器（增益 k_{e}）放大，推挽输出大小相等、极性相反的 e_1、e_2，即

$$e_1=e_2=k_{\mathrm{e}}e_{\mathrm{g}} \tag{4-92}$$

使得一个控制线圈电流增大 i，另一控制线圈减小 i，即 $i_1=I_0+i$，$i_2=I_0-i$，则输入力矩马达的信号电流为

$$\Delta i=i_1-i_2=2i \tag{4-93}$$

差动电路两回路方程分别为

$$E_{\mathrm{b}}+e_1=(i_1+i_2)Z_{\mathrm{b}}+i_1(R_{\mathrm{a}}+R_{\mathrm{c}})+N\frac{\mathrm{d}\Phi_{\mathrm{a}}}{\mathrm{d}t} \tag{4-94}$$

$$E_{\mathrm{b}}-e_2=(i_1+i_2)Z_{\mathrm{b}}+i_2(R_{\mathrm{a}}+R_{\mathrm{c}})-N\frac{\mathrm{d}\Phi_{\mathrm{a}}}{\mathrm{d}t} \tag{4-95}$$

式中　Z_{b}——直流放大器公共边阻抗；

　　　R_{a}——直流放大器内阻（Ω）；

　　　R_{c}——每个控制线圈的内阻（Ω）；

　　　$N\Phi_{\mathrm{a}}'$——衔铁中磁通变化在控制线圈中产生的反电势。

由式（4-94）、式（4-95）得

$$e_1+e_2=(i_1-i_2)(R_{\mathrm{a}}+R_{\mathrm{c}})+2N\frac{\mathrm{d}\Phi_{\mathrm{a}}}{\mathrm{d}t} \tag{4-96}$$

由等效磁路图分析可知

$$\Phi_{\mathrm{a}}=\Phi_{①}-\Phi_{②}=\frac{2(\Phi_{\mathrm{c}}+\Phi_{\mathrm{g}}x_{\mathrm{g}}/g)}{1-(x_{\mathrm{g}}/g)^2} \tag{4-97}$$

由于衔铁旋转角 ψ 很小，则衔铁在气隙处偏离中位的线位移量满足

$$x_{\mathrm{g}}=a\psi \tag{4-98}$$

根据力矩马达设计原则，$x_{\mathrm{g}}/g<1/3$，故可以略去它的平方项，则

$$\Phi_{\mathrm{a}}=N\Delta i/R_{\mathrm{g}}+2\Phi_{\mathrm{g}}a\psi/g \tag{4-99}$$

将式（4-92）、式（4-99）代入式（4-96），可得

$$k_e e_g = \frac{R_a + R_c}{2} \Delta i + \frac{N^2}{R_g} \frac{\mathrm{d}\Delta i}{\mathrm{d}t} + 2N\Phi_g \frac{a}{g} \frac{\mathrm{d}\psi}{\mathrm{d}t} \qquad (4-100)$$

令 $L_c = N^2/R_g$，$k_b = 2N\Phi_g a/g$，则

$$k_e e_g = \frac{R_a + R_c}{2} \Delta i + L_c \frac{\mathrm{d}\Delta i}{\mathrm{d}t} + k_b \frac{\mathrm{d}\psi}{\mathrm{d}t} \qquad (4-101)$$

式中　L_c——单个线圈的电感系数(H)；

　　　k_b——单个线圈的反电动势常数$[\mathrm{V}/(\mathrm{rad} \cdot \mathrm{s}^{-1})]$。

4.1.3　衔铁组件

如图 4-5 所示，衔铁组件由射流管、衔铁、喷嘴、反馈组件组成。衔铁组件上端与导油管、调零丝连接，旋转中心由耳簧片定位，由弹簧管支撑，悬于上、下导磁体工作气隙之间。

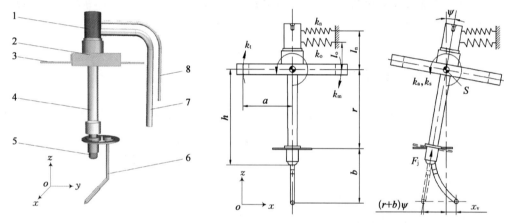

1—射流管；2—衔铁；3—耳簧片；4—弹簧管；5—喷嘴；6—反馈组件；7—导油管；8—调零丝

图 4-5　衔铁组件结构及受力分析图

衔铁组件受电磁力矩作用而产生偏转，同时受到弹簧管扭转力矩、耳簧片扭转力矩、反馈杆回位力矩、导油管复位力矩及调零丝复位力矩的作用，其在 xoz 面内的受力分析如图 4-5 所示。衔铁运动方程为

$$T_d = J_a \frac{\mathrm{d}^2\psi}{\mathrm{d}t^2} + B_a \frac{\mathrm{d}\psi}{\mathrm{d}t} + (k_a + 2k_s)\psi + k_o l_o^2 \psi + k_n l_n^2 \psi + T_L \qquad (4-102)$$

式中　J_a——衔铁组件的转动惯量$(\mathrm{kg} \cdot \mathrm{m}^2)$；

　　　B_a——衔铁组件的阻尼系数，约 0.01；

　　　k_a——弹簧管刚度$(\mathrm{N} \cdot \mathrm{m/rad})$；

　　　k_o——导油管等效弹簧刚度$(\mathrm{N/m})$；

　　　k_s——耳簧片刚度$(\mathrm{N} \cdot \mathrm{m/rad})$；

　　　k_n——调零丝等效弹簧刚度$(\mathrm{N/m})$；

　　　l_o——导油管末端到衔铁组件旋转中心的距离(m)；

　　　l_n——调零丝末端到衔铁组件旋转中心的距离(m)；

T_L——衔铁运动时所拖动的负载力矩。

如图 4-5 所示,由高速射流束引起的反作用力为

$$F_\mathrm{j} = \rho A_\mathrm{n} v_0^2 \tag{4-103}$$

式中　ρ——液压油密度(850 kg/m³);

　　　A_n——射流喷嘴出口面积(m²);

　　　v_0——射流流束在喷嘴出口处的速度(m/s)。

由于 F_j 方向通过衔铁组件旋转中心 S,则该力对衔铁组件不产生力矩。

阀芯移动时,反馈杆末端受其牵引而随之产生挠性变形,如图 4-5 所示。此时,由于挠性变形所产生的弹性力为

$$F_\mathrm{i} = k_\mathrm{f} \left[(r+b)\psi + x_\mathrm{v} \right] \tag{4-104}$$

式中　k_f——反馈杆刚度(N/m);

　　　r——衔铁组件旋转中心到反馈组件弹簧片的距离(m);

　　　b——反馈组件弹簧片到主阀芯中心线距离(m)。

上述弹性变形力对衔铁组件旋转中心产生的回位力矩为

$$T_\mathrm{L} = k_\mathrm{f} \left[(r+b)\psi + x_\mathrm{v} \right](r+b) \tag{4-105}$$

4.1.4　四通射流管阀控制功率级滑阀

由于射流管与衔铁刚性连接,则射流喷嘴位移为

$$x_\mathrm{n} = h\psi \tag{4-106}$$

式中　h——衔铁组件旋转中心到射流喷嘴出口的距离(m)。

四通射流管阀的流量方程为

$$Q_\mathrm{L} = k_{\mathrm{q}0} x_\mathrm{n} + k_{\mathrm{c}0} P_\mathrm{L} \tag{4-107}$$

式中　$k_{\mathrm{q}0}$——四通射流管阀零位流量增益(m²/s);

　　　$k_{\mathrm{c}0}$——四通射流管阀零位流量压力系数(m⁴·s/kg),其值为负数。

将功率级滑阀视为前置级四通射流管阀的负载,按照阀控缸的模式来分析。射流喷嘴有位移 x_n 时,容积为 $V_{0\mathrm{p}}$ 的控制腔油液受压后体积会压缩,变化量表现为负载口流量的一部分。负载流量为

$$Q_\mathrm{L} = A_\mathrm{v} \frac{\mathrm{d}x_\mathrm{v}}{\mathrm{d}t} + \frac{V_{0\mathrm{p}}}{2\beta_\mathrm{e}} \frac{\mathrm{d}P_\mathrm{L}}{\mathrm{d}t} \tag{4-108}$$

式中　β_e——液压油的弹性模数(7×10⁸ Pa);

　　　$V_{0\mathrm{p}}$——阀芯两端单个控制腔的容积(m³)。

4.1.5　主阀芯

主阀芯在其两端压差作用下移动,力平衡方程为

$$F_\mathrm{t} = m_\mathrm{v} \frac{\mathrm{d}^2 x_\mathrm{v}}{\mathrm{d}t^2} + (B_\mathrm{v} + B_{\mathrm{f}0}) \frac{\mathrm{d}x_\mathrm{v}}{\mathrm{d}t} + k_{\mathrm{f}0} x_\mathrm{v} + F_\mathrm{i} \tag{4-109}$$

式中 F_t——主阀芯的驱动力(N);

      m_v——阀芯与阀腔油液的综合质量(kg);

      B_v——阀芯与阀套间的黏性阻尼系数,约 0.000 5 N/(m·s^{-1});

      B_{f0}——阀芯瞬态液动力产生的阻尼系数[N/(m·s^{-1})];

      k_{f0}——阀芯稳态液动力的弹性系数(N/m)。

主阀芯的驱动力为

$$F_t = P_L A_v \tag{4-110}$$

式中 A_v——主阀芯阀肩横截面面积(m^2)。

主阀芯瞬态液动力产生的阻尼系数为

$$B_{f0} = (L_1 - L_2)C_d w \sqrt{\rho(P_s - P_c)} \tag{4-111}$$

式中 L_1——稳定阻尼长度(11×10^{-3} m);

      L_2——不稳定阻尼长度(9×10^{-3} m);

      C_d——滑阀阀口流量系数,取 0.61;

      w——主阀芯面积梯度(m);

      P_c——滑阀负载压力(Pa)。

主阀芯稳态液动力的弹性系数为

$$k_{f0} = 0.43w(P_s - P_c) \tag{4-112}$$

4.2　理　论　特　性

根据式(4-77)~式(4-112),可对射流管电液流量伺服阀进行静态特性分析和动态特性分析。

4.2.1　静态特性

电液伺服阀的稳态条件为

$$\frac{\mathrm{d}\Delta i}{\mathrm{d}t} = 0, \ \frac{\mathrm{d}P_L}{\mathrm{d}t} = 0, \ \frac{\mathrm{d}\psi}{\mathrm{d}t} = \frac{\mathrm{d}^2\psi}{\mathrm{d}t^2} = 0, \ \frac{\mathrm{d}x_v}{\mathrm{d}t} = \frac{\mathrm{d}^2 x_v}{\mathrm{d}t^2} = 0 \tag{4-113}$$

代入射流管电液流量伺服阀数学模型,可得控制电流为

$$\Delta i = \frac{2k_e}{R_a + R_c} e_g \tag{4-114}$$

衔铁组件旋转角度为

$$\psi = \frac{K_1 \Delta i}{K_1 K_3 + K_4} \tag{4-115}$$

滑阀开口量为

$$x_v = \frac{K_2 \Delta i}{K_1 K_3 + K_4} \quad (4-116)$$

其中，$K_1 = k_t [k_{f0} + k_f]$，$K_2 = k_t [k_{p0} h A_v - k_f (r+b)]$，$K_3 = k_a + 2k_s + k_o l_o^2 + k_n l_n^2 + k_f (r+b)^2 - k_m$，$K_4 = k_f (r+b) [k_{p0} h A_v - k_f (r+b)]$。

电液伺服阀滑阀部分为零开口四通滑阀，其空载输出流量为

$$Q_c = C_d w x_v \sqrt{P_s / \rho} \quad (4-117)$$

某型射流管伺服阀结构参数见表 4-1，不同供油压力下该电液伺服阀前置级的零位阀系数见表 4-2。将射流管伺服阀结构参数及零位阀系数代入式(4-115)～式(4-117)、式(4-98)、式(4-106)，可得该阀的静态特性。该阀的空载理论静态特性曲线如图 4-6～图 4-10 所示。

表 4-1　某射流管电液流量伺服阀结构参数

参　　　数	数　　量	单　位
衔铁力臂长度 a	1.15×10^{-2}	m
磁极面积 A_g	4.576×10^{-5}	m²
喷嘴孔横截面面积 A_n	$0.049\,1 \times 10^{-6}$	m²
主阀芯阀肩横截面面积 A_v	78.54×10^{-6}	m²
反馈组件弹簧片到主阀芯中心线距离 b	14.7×10^{-3}	m
主阀芯直径 d_v	10×10^{-3}	m
衔铁导磁体初始气隙 g	0.375×10^{-3}	m
衔铁组件旋转中心到喷嘴出口的距离 h	23×10^{-3}	m
额定电流 i_n	40.3×10^{-3}	A
衔铁组件转动惯量 J_a	5.5×10^{-7}	kg·m²
弹簧管刚度 k_a	7.8	N·m/rad
反馈组件刚度 k_f	1 663	N/m
阀芯稳态液动力的弹性系数 k_{f0}	2.788×10^5	N/m
磁扭矩弹簧刚度 k_m	4.4	N·m/rad
调零丝等效弹簧刚度 k_n	316	N/m
导油管等效弹簧刚度 k_o	4 682	N/m
耳簧片抗扭刚度 k_s	0.41	N·m/rad
电磁力矩系数 k_t	0.79	N·m/A
射流喷嘴与接收孔距离 L	0.4×10^{-3}	m
导油管末端到衔铁组件旋转中心的距离 l_o	6.5×10^{-3}	m
调零丝末端到衔铁组件旋转中心的距离 l_n	8.8×10^{-3}	m
永磁体动势 M_0	172.9	A·t
衔铁组件质量 m_a	8.27×10^{-3}	kg
主阀芯等效质量 m_v	21.5×10^{-3}	kg
线圈匝数 N	713	匝

参　　数	数　量	单　位
额定压力 P_n	28×10^6	Pa
额定流量 Q_n	80	L/min
20℃时单个线圈电阻值 R_c	40	Ω
射流喷嘴半径 R_n	0.15×10^{-3}	m
接收孔半径 R_r	$0.151\,5\times10^{-3}$	m
分流劈半厚度 Δ	0.01×10^{-3}	m
衔铁组件旋转中心到反馈组件弹簧片的距离 r	19×10^{-3}	m
主阀芯两端单个控制腔容积 V_{0p}	110×10^{-9}	m^3
主阀芯面积梯度 w	23.16×10^{-3}	m
滑阀设计最大开口 x_{vmax}	0.52×10^{-3}	m

表 4-2　不同供油压力时某型射流管电液伺服阀前置级零位阀系数

P_s/Pa	$k_{p0}/(\text{Pa}\cdot\text{m}^{-1})$	$k_{q0}/(\text{m}^2\cdot\text{s}^{-1})$	$k_{c0}/[\text{m}^3\cdot(\text{s}\cdot\text{Pa})^{-1}]$
28×10^6	$1.644\,3\times10^{11}$	$0.133\,47$	$-8.117\,1\times10^{-13}$
21×10^6	$1.228\,7\times10^{11}$	$0.115\,38$	$-9.390\,4\times10^{-13}$
14×10^6	$8.132\,5\times10^{10}$	$0.093\,87$	$-1.154\,3\times10^{-13}$
7×10^6	$3.997\,2\times10^{10}$	$0.065\,645$	$-1.650\,5\times10^{-13}$
4×10^6	$2.196\,4\times10^{10}$	$0.048\,782$	-2.221×10^{-12}

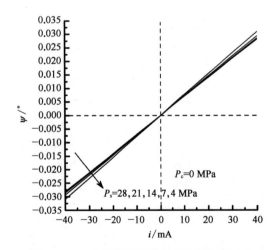

图 4-6　射流管伺服阀衔铁理论稳态偏转角

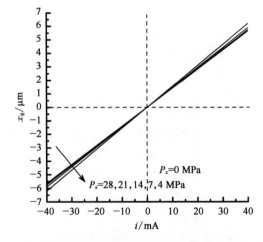

图 4-7　射流管伺服阀衔铁理论稳态偏移量

由图 4-6～图 4-8 可知,当控制电流不变、供油压力由大变小时,衔铁稳态转角、衔铁稳态偏移量、射流喷嘴稳态偏移量会略有增大。例如控制电流保持 40 mA,供油压力由 28 MPa 降低至 4 MPa 时,衔铁的最大转角由 $0.028°$ 增大至 $0.031°$;衔铁的最大偏移量由 $5.6\ \mu\text{m}$ 增大至 $6.2\ \mu\text{m}$;射流喷嘴的最大偏移量由 $11.3\ \mu\text{m}$ 增大至 $12.4\ \mu\text{m}$。

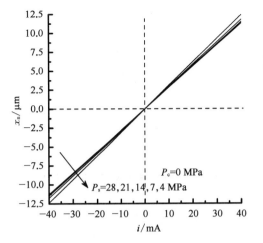

图 4-8　射流管伺服阀喷嘴理论稳态偏移量

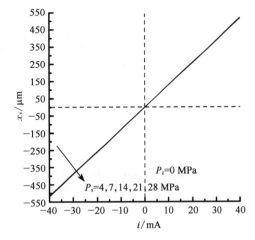

图 4-9　射流管伺服阀滑阀理论稳态开口量

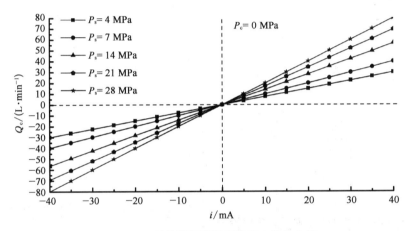

图 4-10　射流管伺服阀理论稳态流量曲线

由图 4-9 可知,当控制电流不变、供油压力由小变大时,滑阀的稳态开口量会极小幅度地增大。如控制电流保持 40 mA,供油压力由 4 MPa 增大至 28 MPa 时,滑阀的最大开口量由 515.7 μm 增大至额定压力下的最大开口量设计值 520 μm。

图 4-10 为 5 组典型供油压力值下的射流管伺服阀理论稳态流量曲线。由图可知,如控制电流保持额定电流 40 mA,供油压力由 4 MPa 增大至 28 MPa 时,伺服阀的最大流量分别约为 30 L/min、40 L/min、56.5 L/min、69.3 L/min、80 L/min。在供油压力不变时,射流管伺服阀输出流量与控制电流极性相同,与控制电流大小呈比例。

4.2.2　动态特性

根据射流管电液伺服阀的数学模型,包括力矩马达、衔铁组件、反馈组件、四通射流管阀、主阀芯及滑阀流量输出等诸部分,在 MATLAB/Simulink 中建立其动态分析模型,如图 4-11 所示。由于在实际中使用独立的伺服电源模块为电液伺服阀提供控制电流信号,则仿真模型中略去伺服放大器电路部分,直接以电流信号为输入信号,输出信号为伺服阀流量。

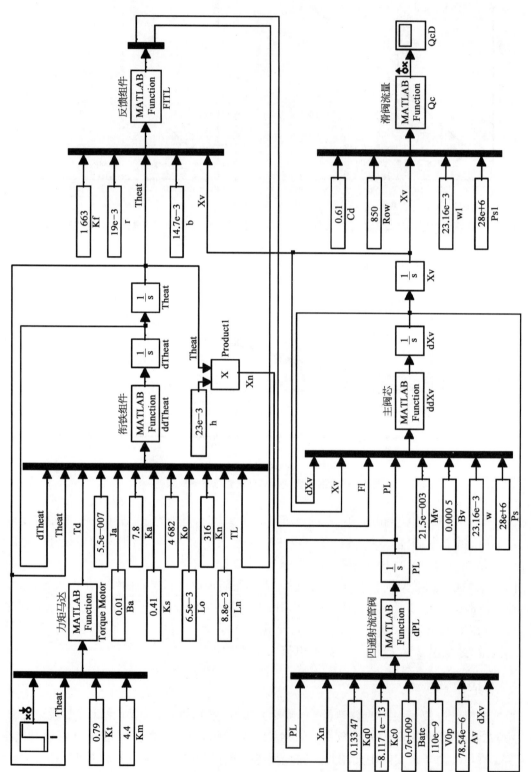

图 4 – 11　射流管伺服阀动态仿真模型

将某型射流管伺服阀各结构参数(表 4 - 1)及四通射流管阀零位阀系数(表 4 - 2)代入动态分析模型,在供油压力为 28 MPa 时计算其响应特性。图 4 - 12、图 4 - 13 分别为某型射流管流量伺服阀的理论幅频响应特性与相频响应特性。

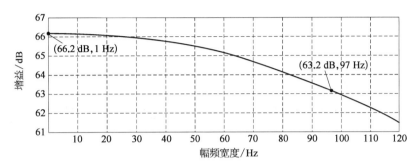

图 4 - 12　某型射流管伺服阀的理论幅频响应特性

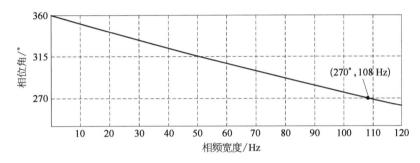

图 4 - 13　某型射流管伺服阀的理论相频响应特性

由图 4 - 12 可知,当增益下降 3 dB 时,该阀的幅频宽度约为 97 Hz。由图 4 - 13 可知,当相位角滞后 90°时,该阀的相频宽度约为 108 Hz。此处需要特别说明的是,射流管电液伺服阀内衔铁组件的阻尼系数 B_a 和阀芯与阀套间的黏性阻尼系数 B_v 对伺服阀的响应特性影响巨大,但两者既不易测量,又容易随工作条件(例如工作温度、零部件加工装配质量及间隙大小、流体介质种类)变化,属于不易确定的软参量。

此外,根据电液伺服阀动态分析模型也可以考察衔铁偏移量、射流喷嘴偏移量、滑阀开口量及主阀芯两端压力差等诸多参数在不同控制信号(例如阶跃信号、脉冲信号、斜坡信号、正弦信号等)下的动态变化过程。

4.2.3　实践试验

4.2.3.1　试验装置及方法

射流管流量伺服阀静态、动态特性试验在同济大学高温液压试验台进行,试验台全貌与高温泵站近观如图 4 - 14 所示,静态、动态测试装置如图 4 - 15 所示。高温液压试验台主要由高温泵站、液压试验台、电控台、冷却塔组成,此外还包括 X - Y 记录仪、打印机等辅助设备。高温泵站主要由密闭油箱、液压泵组、加热/保温油箱组成,通过液压管路向液压试验台输送/回收高温液压油,通过冷却管路将热量输送至冷却塔以保持油温恒定,通过向密闭油箱内填充高压氮气以防止液压油在高温下氧化。高温液压试验台最大压力 35 MPa,最大输出流量 250 L/min,最高油液温度 160℃,温度保持精度 ±2℃,流体介质为 10♯ 航空液压油。

(a) 高温液压试液台全貌

(b) 高温泵站近观

图 4-14 高温液压试验台全貌与泵站近观

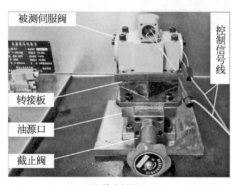
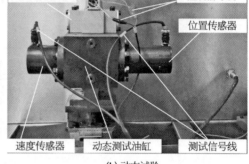

(a) 静态试验

(b) 动态试验

图 4-15 射流管流量伺服阀静态与动态测试装置

静态特性试验方法如下：通过转接板将被测电液伺服阀与试验台油源口相连接；将油温设置为 40℃；采用控制线圈并联接线方式给伺服阀供电，以三角波形加载额定控制电流 ±40 mA，根据国军标《飞机电液流量伺服阀通用规范》(GJB 3370—1998)的要求，三角波频率为 0.02 Hz；依次将供油压力设定为 4 MPa、7 MPa、14 MPa、21 MPa、28 MPa；使用 $X-Y$ 记录仪记录射流管伺服阀流量曲线。

动态特性试验方法如下：通过转接板将动态测试液压缸与试验台油源口相连接，再将被测电液伺服阀与动态测试液压缸相连接；将油温设置为 40℃；将供油压力设定为额定压力 28 MPa；将速度、位移检测信号线分别与动态测试液压缸的速度、位移传感器相连接；采用控制线圈并联接线方式给伺服阀供电；以扫频方式给电液伺服阀加载 1~200 Hz 的正弦信号；由电控台的动态测试软件记录射流管伺服阀的幅频与相频特性。

4.2.3.2 试验结果与分析

射流管流量伺服阀静态试验测试结果如图 4-16 所示，通过与理论稳态流量曲线图 4-10 对比分析，可以判断理论解析结果的准确程度。

由图 4-16 可知，当供油压力为 4 MPa 时，伺服阀正向最大流量 31.6 L/min，负向最大流量 31.6 L/min，比理论计算值 30 L/min 高约 5.3%；供油压力为 7 MPa 时，伺服阀正向最大流量 42 L/min，负向最大流量 41 L/min，比理论计算值 40 L/min 平均高约 3.75%；供油压力为 14 MPa 时，伺服阀正向最大流量 59.2 L/min，负向最大流量 57.2 L/min，比理论计算值 56.5 L/min 平均高约 3%；供油压力为 21 MPa 时，伺服阀正向最大流量 73.2 L/min，负向最大

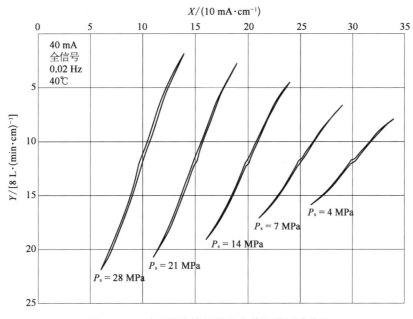

图 4-16　某型射流管伺服阀空载流量测试曲线

流量 69.6 L/min，比理论计算值 69.3 L/min 平均高约 3.03%；供油压力为额定压力 28 MPa 时，伺服阀正向最大流量 80.4 L/min，负向最大流量 79.2 L/min，与理论计算值 80 L/min 相差 0.5%～1%。总体来看，射流管伺服阀输出流量理论计算值与实际测量值基本一致。

此外，仔细观察图 4-16 的流量曲线，可发现除供油压力为 4 MPa 之外，该射流管伺服阀在其他供油压力时，存在不同程度的轻微零偏。例如，供油压力依次为 7 MPa、14 MPa、21 MPa、28 MPa 时的零偏分别为 1.25%、1.875%、1.25%、1.875%，即存在轻微的供油压力零偏漂移，说明该阀内部结构存在程度较轻的不对称。

油温为 40℃、供油压力为 28 MPa 时，射流管流量伺服阀动态试验测试结果如图 4-17、图 4-18 所示。由图 4-17 可知，当增益下降 3 dB 时，该阀的幅频宽度为 115 Hz，比理论计算值 97 Hz 高 18.56%。由图 4-18 可知，当相位角滞后 90°时，该阀的相频宽度为 102.5 Hz，比理论计算值 108 Hz 低 5.09%。总体来看，射流管伺服阀动态特性理论计算值与实际测量值基本一致。

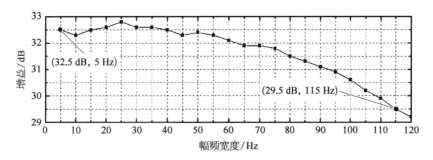

图 4-17　某型射流管伺服阀的幅频响应特性试验结果

本节在四通射流管阀模型的基础上，建立了射流管流量伺服阀前置放大器的零位压力系数、流量系数、流量-压力系数等工作点特征值表达式；通过对射流管伺服阀衔铁组件进行空间力系分析，建立了该结构下的衔铁组件运动方程；通过将上述诸项整合入伺服阀通用方程，建

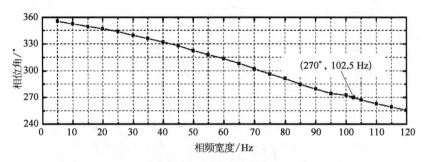

图 4-18 某型射流管伺服阀的相频响应特性试验结果

立了基于工作点特征值表达式的射流管电液流量伺服阀完整的数学模型。根据所建立的数学模型,结合某型号伺服阀的结构参数,对射流管流量伺服阀的静态特性、动态特性进行了理论分析。通过该型伺服阀静态、动态特性测试结果与理论计算值的对比,验证了所建射流管流量伺服阀完整数学模型的正确性。

4.3 精密零部件公差及装配尺寸链对电液伺服阀零偏的影响

电液伺服阀的零位是指使空载控制流量为零的状态。为使阀处于零位所需输入的控制电流(不计及阀的滞环影响)与额定电流之比,以百分数表示,称为零偏。零偏是射流管伺服阀的重要特性,为保证电液伺服系统的工作可靠性,零偏应在规定值范围内。由于研究难度较大,且涉及军工,目前鲜有公开资料详细研究射流管伺服阀的零偏产生机理。理论上射流管伺服阀结构对称,不通电时理论上的零位处于几何中立位置,零偏值为零。但是由于制造和装配的误差,常常存在以下情况:不通电时,阀芯没有处于几何零位,此时通入液压油,射流管伺服阀有流量输出,此种现象被称为零位偏移,即零偏。零偏影响伺服作动器的控制精度,是射流管伺服阀的关键特性。国内外相关标准一般规定,射流管伺服阀零偏在标准试验条件下测定,其允许值在验收试验时不大于 2%,寿命期内不大于 5%。可见射流管伺服阀零偏需严格保证,以使电液伺服系统能够可靠工作。射流管伺服阀装配后,经常出现零偏超标的故障,需要进行调零才能使阀正常工作,影响生产制造效率。因此有必要研究射流管伺服阀零偏产生的机理,分析零偏的影响因素,在制造和装配过程中控制零偏。

目前关于射流管伺服阀零偏的系统性研究尚不多见。E. Urata 考虑永磁体的磁阻和磁漏,修正了力矩马达输出力矩的表达式,分析了在力矩马达气隙不对称的条件下伺服阀的零偏,提出气隙左、右偏差对零偏影响较小,气隙上、下偏差变化 10%,零偏变化 1%。文献介绍了射流管伺服阀试验及根据空载流量试验曲线计算零偏的方法。阎耀保等建立了单个气隙变化导致零偏的数学模型。国内外伺服阀零偏检测与调整的相关专利及研究文献中,尚未见从机理上系统性地分析射流管伺服阀零偏产生的原因。

本节根据射流管伺服阀装配过程,分析力矩马达不对称气隙、喷嘴中心线与接收器中心线位置误差等具有不对称尺寸的装配尺寸链,建立考虑尺寸不对称性时的射流管伺服阀模型,分析装配尺寸公差及其分布概率对零偏的影响,建立射流管伺服阀零偏影响因素的鱼骨图,并提出零偏抑制措施。

图 4-19a 为射流管伺服阀结构示意图,在没有制造装配误差时,射流管伺服阀为理想对称结构,零位时滑阀阀芯处于几何对称位置,零偏为零。若考虑制造装配误差,射流管伺服阀的结构并不对称,理想对称结构的尺寸产生不对称性,如力矩马达不对称气隙、喷嘴中心线与接收器中心线位置误差、不对称接收孔等,尺寸不对称性将导致衔铁组件或滑阀阀芯在零位时受力不对称,从而产生零偏。射流管伺服阀的衔铁组件和滑阀阀芯的动力学方程为

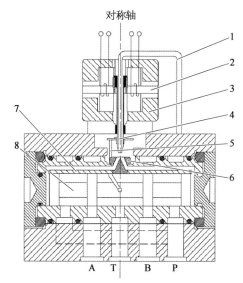

1—导流管;2—衔铁;3—导磁体;4—射流管;5—反馈杆;
6—接收器;7—阀套;8—滑阀阀芯

(a) 射流管伺服阀结构示意图

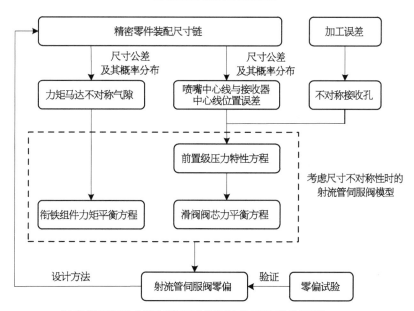

(b) 考虑精密零件公差及其装配尺寸链时电液伺服阀的性能重构

图 4-19　考虑精密零件公差及其装配尺寸链的电液伺服阀性能重构分析方法

$$
\left.\begin{array}{l}
J_{\mathrm{a}} \dfrac{\mathrm{d}^{2}\theta}{\mathrm{d}t^{2}} + B_{\mathrm{a}} \dfrac{\mathrm{d}\theta}{\mathrm{d}t} + k_{\mathrm{mf}}\theta + k_{\mathrm{f}}(r+b)x_{\mathrm{v}} = k_{\mathrm{t}}i \\[4mm]
m_{\mathrm{v}} \dfrac{\mathrm{d}^{2}x_{\mathrm{v}}}{\mathrm{d}t^{2}} + B_{\mathrm{v}} \dfrac{\mathrm{d}x_{\mathrm{v}}}{\mathrm{d}t} + k_{\mathrm{f}}(r+b)\theta + (k_{\mathrm{f}}+k_{\mathrm{h}})x_{\mathrm{v}} + F_{\mathrm{f}} = \Delta p A_{\mathrm{s}}
\end{array}\right\}
\qquad (4-118)
$$

式中　J_{a}——衔铁组件转动惯量；

　　　B_{a}——衔铁组件黏性阻尼系数；

　　　k_{mf}——力矩马达综合刚度；

　　　r——衔铁组件旋转中心与喷嘴末端的距离；

　　　b——喷嘴末端与滑阀阀芯轴线的距离；

　　　k_{f}——反馈杆刚度；

　　　m_{v}——阀芯质量；

　　　B_{v}——滑阀黏性阻尼系数；

　　　Δp——阀芯两端压差；

　　　A_{s}——滑阀阀芯两端面积；

　　　k_{h}——滑阀稳态液动力系数；

　　　F_{f}——滑阀摩擦力。

从式(4-118)中可以看出，射流管伺服阀内部的作用力包括电磁力、液压力、反馈杆作用力和弹簧管作用力等。零位时，力矩马达不对称气隙将导致不对称电磁力，引起衔铁组件偏转，滑阀两端受到不对称液压力，推动阀芯移动，导致零偏；喷嘴中心线与接收器中心线位置误差、不对称接收孔等将导致零位时接收孔的接收流量不同，滑阀阀芯两端受到不对称液压力，从而产生零偏。滑阀摩擦力导致零位附近对称的死区和滞环，对零偏的影响较小。这里忽略反馈杆、弹簧管中残余加工应力等因素，只考虑尺寸不对称性引起的零偏。在此基础上，得到了图4-19b的本节分析思路：① 根据射流管伺服阀装配过程，取得力矩马达不对称气隙、喷嘴中心线与接收器中心线位置误差的装配尺寸链；② 建立考虑尺寸不对称性时的射流管伺服阀模型，装配后力矩马达不对称气隙影响力矩马达的输出力矩，喷嘴中心线与接收器中心线位置误差和不对称接收孔影响前置级接收孔的接收面积，进而影响前置级压力特性；③ 假定零件尺寸在公差范围内按正态分布，根据具有不对称尺寸时的装配尺寸链和考虑尺寸不对称性时的射流管伺服阀模型，分析装配尺寸公差及其概率分布对零偏的影响，并提出装配尺寸链的设计方法。

4.3.1　具有不对称尺寸时的装配尺寸链

装配尺寸链是指装配过程中相互联系的不同零件尺寸按一定顺序首尾相接排列形成的封闭尺寸组。射流管伺服阀装配过程中，精密零件相互配合后，由于关键装配尺寸的公差，自然形成了力矩马达不对称气隙、喷嘴中心线与接收器中心线位置误差等不对称尺寸。

4.3.1.1　力矩马达不对称气隙的装配尺寸链

力矩马达由导磁体和衔铁组件组成，衔铁组件包括衔铁、压环、弹簧管、射流管和喷嘴。力矩马达装配分两个步骤：一是衔铁组件的压装，二是衔铁组件和导磁体的装配。

衔铁组件是承载力矩马达电磁力的结构，具有零件尺寸小、结构特殊、对装配要求高等特点。衔铁组件的压装在专用压装工具上完成,共分三步:首先将射流管压装入弹簧管,此步需要保证射流管中心线和弹簧管中心线的同轴度,然后将弹簧管压装入压环,最后将压环压装入衔铁,最后一步需要保证衔铁表面与射流管中心线的垂直度。装配后需要消除装配过程中形成的装配应力,进行稳定处理,其方法为:衔铁组件在液压油中浸泡一段时间,进行应力释放,力矩马达装配后进行综合刚度测试,若装配应力过大,则综合刚度在合格范围之外。

衔铁组件和导磁体进行装配时,按照顺序(力矩马达底座—下导磁体—衔铁组件—线圈—永久磁铁—上导磁体)完成装配,装配过程中需要实时调节气隙的大小,四个气隙相互之间的差值不大于 0.01 mm,且与名义尺寸的差值不超过 0.05 mm。

力矩马达装配图如图 4 - 20 所示,影响力矩马达装配的主要装配尺寸已在图中标出,其含义见表 4 - 3。

表 4 - 3　力矩马达装配尺寸

名　称	含　义
l_{01}	衔铁下表面与下导磁体上表面的相对距离
l_{02}	衔铁上表面与上导磁体下表面的相对距离
l_1	基准 A 到弹簧管与压环配合位置的长度
l_2	弹簧管与压环配合位置到压环与衔铁配合位置的长度
l_3	压环与衔铁配合位置到衔铁下表面的长度
l_4	下导磁体上表面到基准 A 的长度
l_5	衔铁高度
l_6	上导磁体下表面到基准 A 的长度
l_7	底座螺纹孔相对基准中心的位置度
t_1	底座孔中心线与基准 A 的垂直度
t_2	弹簧管内孔轴线与基准 B 的同轴度
t_3	压环与衔铁配合外圆轴线与基准 C 的同轴度
t_4	衔铁表面与基准 D 的垂直度
t_5	射流管末端外圆轴线与基准 E 的同轴度
t_6	喷嘴末端内圆轴线与基准 F 的同轴度
d_1	底座孔直径
d_2	弹簧管内径
d_3	弹簧管外径
d_4	压环与衔铁配合外圆直径
d_5	压环内径
d_6	衔铁与压环配合内圆直径
d_7	射流管末端外径
d_8	射流管末端内螺纹直径
d_9	喷嘴与射流管配合外螺纹直径
d_{10}	喷嘴末端内圆直径

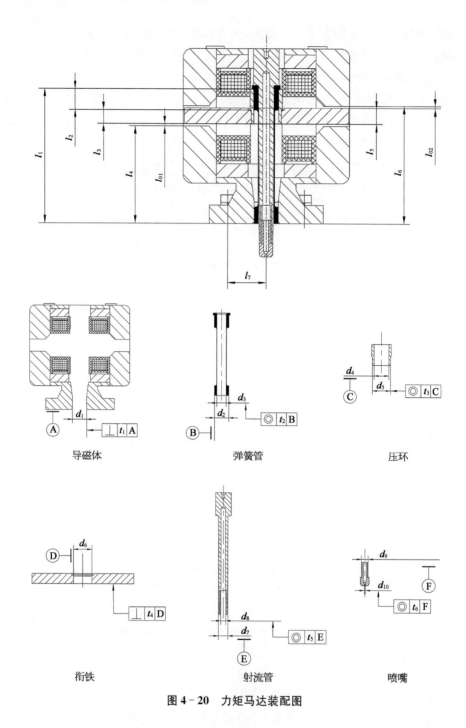

图 4‑20　力矩马达装配图

在力矩马达的装配过程基础上,取得力矩马达不对称气隙的装配尺寸链,首先做出以下假设:

(1) 根据文献分析,图 4‑20 中力矩马达气隙左、右偏差,引起的零偏较小,可以忽略力矩马达装配零件的径向尺寸公差。

(2) 忽略力矩马达装配过程中的装配应力,只考虑初始装配过程中尺寸公差引起的气隙变化。

(3) 零件的形位公差带包含于尺寸公差带中,忽略形位公差。

力矩马达装配时,弹簧管、压环、射流管、导磁体等精密零件的关键装配尺寸相互配合后,自然形成了力矩马达气隙。由于尺寸公差,力矩马达四个气隙大小不同。根据图 4-20 的力矩马达装配过程,可得到力矩马达不对称气隙的装配尺寸链(图 4-21),衔铁下表面与下导磁体上表面的相对距离为

$$l_{01} = l_1 - l_2 - l_3 - l_4 \qquad (4-119)$$

式中　l_{01}——衔铁下表面与下导磁体上表面的相对距离;

　　　l_1、l_2、l_3、l_4——装配尺寸,其中 l_1 为增环,即 l_1 增加,l_{01} 随之增加,l_2、l_3 和 l_4 为减环,即 l_2、l_3 和 l_4 增加,l_{01} 随之减小。

衔铁上表面与上导磁体下表面的相对距离为

$$l_{02} = l_1 - l_2 - l_3 + l_5 - l_6 \qquad (4-120)$$

式中　l_{02}——衔铁上表面与上导磁体下表面的相对距离;

　　　l_1、l_2、l_3、l_5、l_6——装配尺寸,其中 l_2、l_3 和 l_6 为减环,即 l_2、l_3 和 l_6 增加,l_{02} 随之减少,l_1 和 l_5 为增环,即 l_1 和 l_5 增加,l_{02} 随之增加。

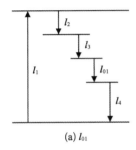 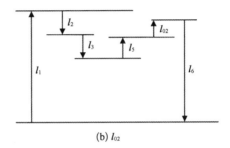

(a) l_{01}　　　　　　　　　　　　(b) l_{02}

图 4-21　力矩马达不对称气隙的装配尺寸链

力矩马达共有四个气隙,由两组装配尺寸链控制,式(4-119)的装配尺寸链控制力矩马达下方两个气隙,式(4-120)的装配尺寸链控制力矩马达上方两个气隙。考虑装配尺寸公差时,力矩马达四个气隙大小互不相等。

4.3.1.2　喷嘴中心线与接收器中心线位置误差的装配尺寸链

阀芯阀套经过轴向和径向配磨后,检查滑阀副的运动灵活性,常用的检查方法是阀芯装入阀套内,绕其中心线旋转一定角度后,抬起阀套,与水平面呈 45°,阀芯能在阀套内自由地滑动,即滑阀副运动灵活。

滑阀组件装配过程如下:① 密封圈套入阀套外表面的安装槽内,将带有密封圈的阀套装入阀体,旋转阀套,使阀套回油孔与阀体回油孔同轴,阀套上的接收器安装孔与阀体上的接收器安装孔同轴;② 将接收器压装入阀套安装孔;③ 阀套两端装入锁紧圈,锁紧圈不能太过深入,避免阀套承受轴向应力;④ 阀芯装入阀套内,使用定位工具将阀芯固定于零位附近;⑤ 将反馈杆件头部小球压装入阀芯中心的安装孔,从阀芯两端装入夹紧螺钉,固定反馈杆头部小球;⑥ 反馈杆尾部与喷嘴焊接安装;⑦ 装入限位块,加装端盖;⑧ 使用螺钉将力矩马达底座与阀体配合安装。滑阀组件装配示意如图 4-22 所示,滑阀组件的装配尺寸在图中标出,其含义见表 4-4。

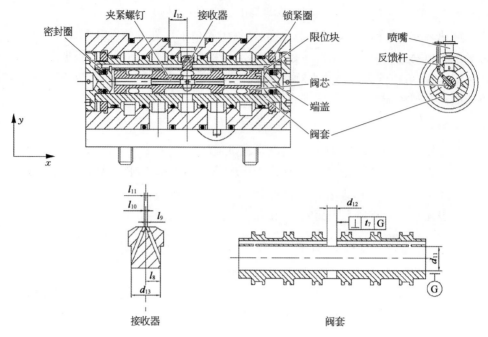

图 4‑22 滑阀组件装配

表 4‑4 滑阀组件装配尺寸

名　称	含　义
l_8	接收器两接收孔交点位置尺寸
l_9	左接收孔中心位置尺寸
l_{10}	右接收孔中心位置尺寸
l_{11}	两接收孔中心距离
l_{12}	力矩马达底座安装螺孔相对接收器中心线位置尺寸
t_7	接收器安装孔与基准 G 的垂直度
d_{11}	阀套内孔直径
d_{12}	接收器安装孔直径

图 4‑23 为喷嘴中心线与接收器中心线位置误差的装配尺寸链示意图,其中 l_{13} 为力矩马达底座左侧螺纹孔相对中心线的等效位置尺寸,l_{14} 为力矩马达底座右侧螺纹孔相对中心线的等效位置尺寸,l_{15} 为阀体左侧螺纹孔相对中心线的等效位置尺寸,l_{16} 为阀体右侧螺纹孔相对中心线的等效位置尺寸,l_s 为各螺纹孔相对基准中心的位置尺寸。图 4‑23 中俯视图中四个螺钉位置即安装孔位置,加工时,安装孔应相对喷嘴中心线或接收器中心线位置对称分布,喷嘴中心线或接收器中心线处于理想位置;装配时,力矩马达上的安装孔和阀体上的安装孔对准后,喷嘴中心线与接收器中心线应重合。但若考虑装配误差,喷嘴中心线或接收器中心线均偏离理想位置,安装孔对准后,喷嘴中心线与接收器中心线并不重合,由此形成位置误差。

x 方向喷嘴中心线与接收器中心线位置误差的装配尺寸链为

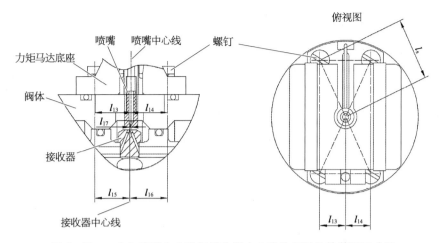

图 4‑23　x 方向喷嘴中心线与接收器中心线位置误差的装配尺寸链

$$l_{17} = l_{13} - l_{15} \tag{4-121}$$

式中　l_{17} ——x 方向喷嘴中心线与接收器中心线位置误差；

　　　　l_{13} ——力矩马达底座左侧螺纹孔相对中心线的等效位置尺寸；

　　　　l_{15} ——阀体左侧螺纹孔相对中心线的等效位置尺寸。

图 4‑24 为喷嘴中心线与接收器中心位置误差的计算方法，根据几何关系可以得到喷嘴中心线相对螺纹孔的等效位置尺寸，同理可得接收器中心线相对螺纹孔的等效位置尺寸：

$$l_{13} = l_{131}\sin\alpha + (l_{132}\sin\beta - l_{131}\sin\alpha)\,\frac{l_{131}\cos\alpha}{l_{131}\cos\alpha + l_{132}\cos\beta} \tag{4-122}$$

式中　l_{131}、l_{132} ——考虑尺寸公差后，喷嘴左侧两个螺纹孔相对基准中心的实际位置尺寸，其值由 l_s 及其公差控制。

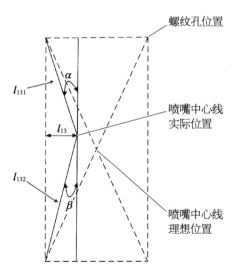

图 4‑24　喷嘴中心线与接收器中心线位置误差的计算方法

4.3.2 考虑尺寸不对称性时的射流管伺服阀模型

4.3.2.1 衔铁组件力矩平衡方程

图 4-25 为力矩马达结构图,图 4-26 为力矩马达实物图。力矩马达由永久磁铁、上导磁体、下导磁体和衔铁组件等构成。力矩马达输入控制电流时,线圈内产生的控制磁通与永久磁铁的固定磁通在气隙①、②、③、④处叠加,控制电流变化,控制磁通变化,通过每个气隙的总磁通量发生变化,衔铁在四个气隙受到的吸力不同,吸力相对旋转轴形成旋转力矩,使衔铁组件偏转。

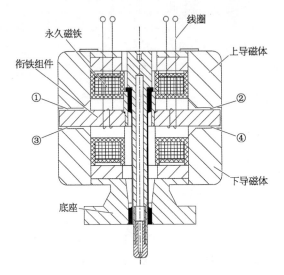

图 4-25 力矩马达结构示意图

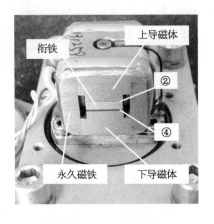

图 4-26 力矩马达实物图

没有控制电流输入时,通过每个气隙的总磁通量等于永久磁铁的固定磁通,若力矩马达结构完全对称,则没有控制电流输入时,四处气隙的大小相等,四个气隙处对衔铁的吸力相等,力矩马达输出力矩等于零。若考虑装配误差,四个气隙的大小互不相等,衔铁组件在四个气隙受到的吸力不相等,没有输入电流时,力矩马达输出力矩不等于零,因此射流管偏转,两接收孔接收流体的流量不同,滑阀阀芯两端受到不对称液压力,产生位移,直至衔铁组件和滑阀阀芯受力平衡,滑阀阀芯停止运动,射流管伺服阀产生零偏。

力矩马达等效磁路图如图 4-27 所示,输入控制电流后,控制磁通和固定磁通在气隙处叠加,根据磁路欧姆定律可得力矩马达磁通量关系为

$$\left.\begin{aligned}
\Phi_1 R_1 + \Phi_4 R_4 &= M_0 + ni \\
\Phi_2 R_2 + \Phi_3 R_3 &= M_0 - ni \\
\Phi_1 R_1 + \Phi_3 R_3 &= M_0 \\
\Phi_1 - \Phi_2 + \Phi_3 - \Phi_4 &= 0
\end{aligned}\right\} \tag{4-123}$$

式中　M_0——永久磁铁的磁势;

　　　R_1、R_2、R_3、R_4——四个气隙的磁阻;

　　　Φ_1、Φ_2、Φ_3、Φ_4——通过四个气隙的磁通量;

　　　n——线圈匝数;

　　　i——控制电流。

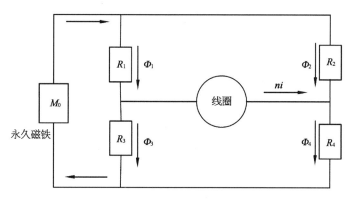

图 4‑27　力矩马达等效磁路图

衔铁在中位时，四个气隙的磁阻分别为

$$R_{g1}=\frac{\delta_{10}}{\mu_0 A_g},\ R_{g2}=\frac{\delta_{20}}{\mu_0 A_g},\ R_{g3}=\frac{\delta_{30}}{\mu_0 A_g},\ R_{g4}=\frac{\delta_{40}}{\mu_0 A_g} \qquad (4-124)$$

式中　R_{g1}、R_{g2}、R_{g3}、R_{g4} ——衔铁在中位时四个气隙的磁阻；

　　　δ_{10}、δ_{20}、δ_{30}、δ_{40} ——四个气隙的初始值；

　　　μ_0 ——空气磁导率；

　　　A_g ——磁极的面积。

衔铁运动过程中，四个气隙的磁阻分别为

$$R_1=R_{g1}\left(1-\frac{x_g}{\delta_{10}}\right),\ R_2=R_{g2}\left(1+\frac{x_g}{\delta_{20}}\right),\ R_3=R_{g3}\left(1+\frac{x_g}{\delta_{30}}\right),\ R_4=R_{g4}\left(1-\frac{x_g}{\delta_{40}}\right)$$

$$(4-125)$$

式中　x_g ——衔铁偏转时的端部位移，其表达式为

$$x_g=\theta l_A \qquad (4-126)$$

式中　l_A ——衔铁半臂长度。

根据式(4‑119)，通过四个气隙的磁通量 Φ_1、Φ_2、Φ_3 和 Φ_4 分别为

$$\left.\begin{array}{l}\Phi_1=\dfrac{M_0}{R_1}-\dfrac{R_4}{R_1}\left[\dfrac{M_0/R_1+(M_0-ni)/R_2-(ni)/R_3}{1+R_4/R_1+R_4/R_2+R_4/R_3}\right]\\[3mm]\Phi_2=\dfrac{M_0-ni}{R_2}-\dfrac{R_4}{R_2}\left[\dfrac{M_0/R_1+(M_0-ni)/R_2-(ni)/R_3}{1+R_4/R_1+R_4/R_2+R_4/R_3}\right]\\[3mm]\Phi_3=\dfrac{ni}{R_3}+\dfrac{R_4}{R_3}\left[\dfrac{M_0/R_1+(M_0-ni)/R_2-(ni)/R_3}{1+R_4/R_1+R_4/R_2+R_4/R_3}\right]\\[3mm]\Phi_4=\dfrac{M_0/R_1+(M_0-ni)/R_2-(ni)/R_3}{1+R_4/R_1+R_4/R_2+R_4/R_3}\end{array}\right\} \qquad (4-127)$$

由麦克斯韦电磁力公式，每个气隙处力矩马达对衔铁的吸力为

$$F_i=\frac{\Phi_i^2}{2\mu_0 A_g} \qquad (4-128)$$

式中 F_i ——每个气隙处力矩马达对衔铁的吸力。

力矩马达对衔铁的旋转力矩为

$$T_{de} = (F_1 - F_2 - F_3 + F_4)l_A \tag{4-129}$$

式中 T_{de} ——考虑不对称气隙时的力矩马达输出力矩。

衔铁组件动力平衡方程为

$$T_{de} = J_a \frac{d^2\theta}{dt^2} + B_a \frac{d\theta}{dt} + k_a\theta + T_r \tag{4-130}$$

式中 J_a ——衔铁组件转动惯量;

B_a ——衔铁组件阻尼系数;

k_a ——弹簧管刚度;

T_r ——反馈杆的反馈力矩。

反馈杆的反馈力矩为

$$T_r = (r+b)k_f[(r+b)\theta + x_v] \tag{4-131}$$

式中 r ——衔铁组件转动中心与喷嘴末端的距离;

b ——喷嘴末端与滑阀阀芯轴心线的距离;

k_f ——反馈杆刚度;

x_v ——阀芯位移。

若只考虑图 4-25 中单个气隙如气隙①的误差导致的零偏,根据文献,力矩马达四个气隙之间的差值不能超过 0.01 mm,经过计算发现,在此范围内通过气隙①的磁通量 Φ_1 与气隙①的值近似呈线性关系,将式(4-127)中的第一式在零位附近线性化后,取增量形式:

$$\Delta\Phi_1 = \frac{\partial\Phi_1}{\partial R_1}\bigg|_{R_1=R_{10}} \cdot \frac{1}{\mu_0 A_g}\Delta\delta_1 \tag{4-132}$$

式中 R_1 ——气隙①的磁阻;

R_{10} ——气隙①磁阻的初始值;

$\Delta\delta_1$ ——气隙①相对初始值的变化值;

$\Delta\Phi_1$ ——气隙①的误差引起的、通过气隙①的磁通量的变化值。

力矩马达零位输出力矩为

$$T_{d0} = \frac{(\Delta\Phi_1^2 + \Phi_1^2 - \Phi_3^2 + \Phi_4^2 - \Phi_2^2)l_A}{2\mu_0 A_g} = \frac{\Delta\Phi_1^2 l_A}{2\mu_0 A_g} \tag{4-133}$$

考虑单个气隙误差时,Φ_1、Φ_2、Φ_3 和 Φ_4 分别为气隙为名义值时通过四个气隙的磁通量。零位时,力矩马达零位输出力矩由气隙①相对名义值的误差引起。当气隙①变化时,力矩马达将在零位产生一个初始力矩,驱动衔铁组件偏转,射流管偏转之后,阀芯两端受到不平衡液压力,从而阀芯移动,达到新的平衡位置。为使阀芯不产生位移,需施加反向纠偏电流,使阀芯位移为零。考虑单个气隙误差导致的零偏时,根据滑阀阀芯力平衡方程式(4-129)和式(4-130),可得纠偏电流为

$$\Delta I_{10} = \frac{T_{d0}}{k_t} \qquad (4-134)$$

式中　ΔI_{10}——单个气隙存在误差时的纠偏电流。

零偏以额定电流的百分比表示,力矩马达不对称气隙导致的零偏为

$$z_1 = \frac{\Delta I_{10}}{I_N} \qquad (4-135)$$

式中　z_1——力矩马达不对称气隙导致的零偏;

　　　I_N——额定电流。

图 4-28 为单个气隙误差导致的零偏,从图中可以看出,零偏与单个气隙误差呈正比,与前述分析的力矩马达零位输出力矩与单个气隙误差成正比一致。气隙的名义尺寸为 0.37 mm,单个气隙误差为 0.01 mm,即为名义尺寸的 2.7% 时,导致的零偏为 3.17%。

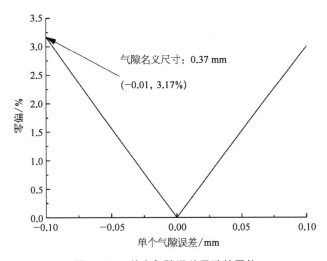

图 4-28　单个气隙误差导致的零偏

4.3.2.2　滑阀阀芯力平衡方程

射流管偏转角度一般在 5° 以内,可将射流管偏转角度视为小角度,因此射流喷嘴的位移可近似表达为

$$X_j = \theta r \qquad (4-136)$$

式中　X_j——喷嘴位移。

喷嘴中心线与接收器中心线不重合时,可等效为喷嘴产生了初始水平位移,其值等于喷嘴中心线与接收器中心线位置误差。射流管的偏转角度与喷嘴位移呈线性关系,则射流管等效初始偏转角度为

$$\theta_{02} = \frac{\varepsilon_2}{r} \qquad (4-137)$$

式中　θ_{02}——射流管等效初始偏转角度;

　　　ε_2——喷嘴中心线与接收器中心线位置误差。

喷嘴中心线与接收器中心线位置误差导致前置级左、右接收孔接收流量不同,滑阀两端的不平衡控制液压力驱动阀芯移动,则滑阀阀芯力平衡方程修正为

$$m_v \frac{d^2 x_v}{dt^2} + B_v \frac{dx_v}{dt} + k_f(r+b)\theta + (k_f + k_h)x_v + F_f = k_{pr}r(\theta + \theta_{02})A_s \quad (4-138)$$

若只考虑喷嘴中心线与接收器中心线位置误差导致的零偏,衔铁组件力矩平衡方程结合式(4-138),可得使阀芯回归零位的纠偏电流为

$$\Delta I_{20} = \frac{k_{mf}k_{pr}r \dfrac{\varepsilon_2}{r}}{k_t \{[k_f(r+b) - k_{pr}rA_s]\}} \quad (4-139)$$

式中 ΔI_{20}——喷嘴中心线与接收器中心线不重合时的纠偏电流。

喷嘴中心线与接收器中心线位置误差导致的零偏为

$$z_2 = \frac{\Delta I_{20}}{I_N} \quad (4-140)$$

式中 z_2——喷嘴中心线与接收器中心线位置误差导致的零偏。

图4-29为喷嘴中心线与接收器中心线位置误差导致的零偏,从图中可以看出,零偏和喷嘴中心线与接收器中心线位置误差成正比,喷嘴半径为 0.14 mm,喷嘴中心线与接收器中心线位置误差为 0.001 4 mm,即为喷嘴半径的1%时,导致的零偏为3.64%。

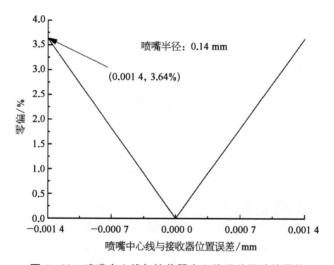

图4-29 喷嘴中心线与接收器中心线误差导致的零偏

零位时,接收孔不对称的情况下,左、右接收面积不对等,通入液压油的瞬间,两接收孔接收液压油的流量不对等,导致阀芯两端受到不对称液压力,阀芯移动,直至衔铁组件和滑阀阀芯的受力均达到平衡时停止,此时产生不对称接收孔导致的零偏。

左接收孔的恢复压力为

$$p_1 = p_0 + C_v^2 \left[1 - C_i \left(1 - \frac{A_{x1}}{A_a}\right)^2\right](p_s - p_0) \quad (4-141)$$

式中 p_1——左接收孔的恢复压力;

A_{x1}——左接收面积。

右接收孔的恢复压力为

$$p_2 = p_0 + C_v^2 \left[1 - C_i \left(1 - \frac{A_{x2}}{A_a} \right)^2 \right] (p_s - p_0) \tag{4-142}$$

式中　p_2——右接收孔的恢复压力；

　　　A_{x2}——右接收面积。

左、右接收孔的恢复压力在零位附近与射流管转角呈线性关系，不对称接收孔意味着不对称的左、右恢复压力转角系数和左、右零位恢复压力。根据对称接收孔条件下，左、右恢复压力的表达式[式(4-141)和式(4-142)]，可得到不对称接收孔条件下，左、右恢复压力转角系数为

$$\left. \begin{aligned} k_1 &= r \left. \frac{\partial p_1(r_{11})}{\partial X_j} \right|_{X_j = 0} \\ k_2 &= r \left. \frac{\partial p_2(r_{12})}{\partial X_j} \right|_{X_j = 0} \end{aligned} \right\} \tag{4-143}$$

式中　k_1——左恢复压力转角系数；

　　　k_2——右恢复压力转角系数；

　　　r_{11}——左接收孔半径；

　　　r_{12}——右接收孔半径。

不对称接收孔条件下，左、右零位恢复压力为

$$\left. \begin{aligned} p_{10} &= p_0 + C_v^2 \left\{ 1 - C_i \left[1 - \frac{A_{10}(r_{11})}{A_a} \right]^2 \right\} (p_s - p_0) \\ p_{20} &= p_0 + C_v^2 \left\{ 1 - C_i \left[1 - \frac{A_{20}(r_{12})}{A_a} \right]^2 \right\} (p_s - p_0) \end{aligned} \right\} \tag{4-144}$$

式中　p_{10}——左零位恢复压力；

　　　p_{20}——右零位恢复压力；

　　　A_{10}——左零位接收面积；

　　　A_{20}——右零位接收面积。

接收孔不对称时，接收流量不同，滑阀两端的零位控制液压力不平衡，则滑阀阀芯力平衡方程修正为

$$m_v \frac{\mathrm{d}^2 x_v}{\mathrm{d}t^2} + B_v \frac{\mathrm{d}x_v}{\mathrm{d}t} + (k_f + k_h)x_v + k_f(r+b)\theta + F_f = (k_1\theta + p_{10})A_s - (k_2\theta + p_{20})A_s \tag{4-145}$$

若只考虑不对称接收孔导致的零偏，衔铁组件力矩平衡方程结合式(4-145)，可得使阀芯回归零位的纠偏电流为

$$\Delta I_{30} = \frac{(p_{10} - p_{20})A_s k_{mf}}{k_t [k_f(r+b) + (k_2 - k_1)A_s]} \tag{4-146}$$

式中　ΔI_{30}——接收孔不对称时的纠偏电流。

不对称接收孔引起的零偏为

$$z_3 = \frac{\Delta I_{30}}{I_N} \tag{4-147}$$

式中　z_3——不对称接收孔导致的零偏。

图 4-30 为接收孔半径之差导致的零偏，从图中可以看出，零偏与接收孔半径之差成正比，接收孔半径的名义值为 0.14 mm，左、右接收孔半径之差为 0.004 mm，即为接收孔半径的 2.86% 时，导致的零偏为 8.5%。

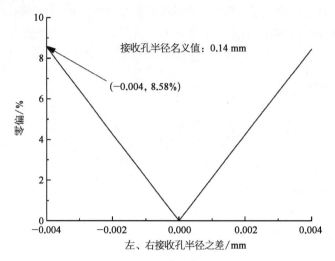

图 4-30　接收孔半径之差导致的零偏（左接收孔半径不变，右接收孔半径变化）

结合式(4-138)和式(4-145)，可得到综合考虑喷嘴中心线与接收器中心线位置误差和不对称接收孔时的滑阀阀芯力平衡方程为

$$m_v \frac{\mathrm{d}^2 x_v}{\mathrm{d}t^2} + B_v \frac{\mathrm{d}x_v}{\mathrm{d}t} + (k_f + k_h)x_v + k_f(r+b)\theta + F_f$$
$$= [k_1(\theta + \theta_{02}) + p_{10}]A_s - [k_2(\theta + \theta_{02}) + p_{20}]A_s \tag{4-148}$$

式中　m_v——阀芯质量；

　　　B_v——滑阀黏性阻尼系数；

　　　Δp——阀芯两端压差；

　　　A_s——滑阀阀芯两端面积；

　　　F_f——滑阀摩擦力；

　　　k_h——滑阀稳态液动力系数，其表达式为

$$k_h = 0.43w(p_s - p_0) \tag{4-149}$$

式中　w——滑阀面积梯度；

　　　p_s——供油压力；

　　　p_0——回油压力。

4.3.3　考虑装配尺寸公差及其分布概率时的零偏

力矩马达不对称气隙、喷嘴中心线与接收器中心线位置误差为射流管伺服阀装配过程中关键尺寸配合后自然形成的误差。误差来源主要是关键装配尺寸的公差，即制造误差，零件加

工后,尺寸在公差范围内为正态分布。考虑力矩马达不对称气隙时的衔铁组件力矩平衡方程[式(4‑129)],考虑喷嘴中心线与接收器中心线位置误差和不对称接收孔时的滑阀阀芯力平衡方程[式(4‑148)],两者共同组成了考虑尺寸不对称性时的射流管伺服阀模型。射流管伺服阀装配后,装配尺寸公差导致尺寸不对称性,根据考虑尺寸不对称性时的射流管伺服阀模型可得到装配后的零偏值。

以 B 型射流管伺服阀为例,根据考虑尺寸不对称性时的射流管伺服阀模型,可求得零偏值,其计算方法如下:求得力矩马达不对称气隙、喷嘴中心线与接收器中心线位置误差和不对称接收孔后,将其代入考虑尺寸不对称性时的射流管伺服阀模型,然后输入低频控制电流,其频为 0.01 Hz,幅值为 0.04 mA(10% 小信号),求得该输入电流下的射流管伺服阀空载输出流量曲线,如图 4‑31 所示。本节所分析的射流管伺服阀存在死区,所以理论计算中加入了死区环节,根据射流管伺服阀相关标准,理论零偏电流的计算公式为

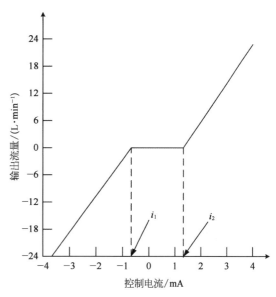

图 4‑31　理论零偏计算方法

$$i_0 = \frac{i_1 + i_2}{2} \tag{4-150}$$

式中　i_0——理论零偏电流;

　　　i_1、i_2——正向和负向流量曲线与零流量轴的交点。

零偏以额定电流的百分数表示,理论零偏为

$$z_0 = \frac{i_0}{I_N} \tag{4-151}$$

式中　z_0——理论零偏;

　　　I_N——额定电流。

考虑零件尺寸公差在同一等级,研究装配后零偏处于区间[−5%,5%]时合格精密零件的尺寸公差条件。表 4‑5 为国家标准《产品几何技术规范(GPS)极限与配合　第 2 部分:标准公差等级和孔、轴极限偏差表》(GB/T 1800.2—2009)中相应的名义尺寸和公差等级,需要注意的是,标准中明确指出尺寸小于 1 mm 时,公差等级最低到 IT3 级,因此接收孔尺寸的公差等级最低到 IT3。本节假设零件的实际尺寸在规定的公差等级范围内按正态分布,计算关键装配尺寸为不同公差等级时的零偏值,并确定其分布规律。考虑力矩马达不对称气隙、喷嘴中心线与接收器中心位置误差和不对称接收孔时,零偏分析比较复杂,这里应用蒙特卡洛法进行分析。蒙特卡洛法即随机模拟法,为求得随机变量的概率分布规律,以概率论与数理统计为基础,通过对随机变量的大量统计试验,得到随机变量发生的频率,即概率,然后进行统计分析,得到分布参数均值和标准差。图 4‑32 为考虑零件实际尺寸在公差范围内按正态分布时,射流管伺服阀零偏的求解步骤。

表 4-5 公 差 等 级

公称尺寸/mm		IT1	IT2	IT3	IT4	IT5	IT6
大于	至	标准公差值/μm					
0	3	0.8	1.2	2	3	4	6
3	6	1	1.5	2.5	4	5	8
6	10	1	1.5	2.5	4	6	9
10	18	1.2	2	3	5	8	11
18	30	1.5	2.5	4	6	9	13
30	50	1.5	2.5	4	7	11	16

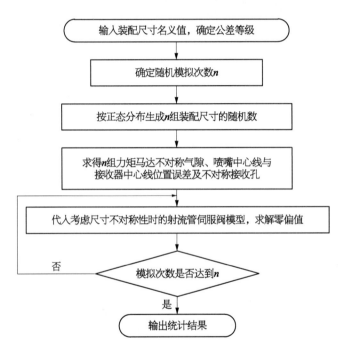

图 4-32 考虑零件实际尺寸在公差范围内按正态
分布时的射流管伺服阀零偏求解步骤

　　具体求解思路如下: ① 假设零件实际尺寸在规定的公差等级范围内按正态分布,确定公差等级,根据装配尺寸的名义值,计算正态分布参数即均值和标准差,均值为名义尺寸,标准差为公差值的 1/3;② 利用随机数生成器,生成 n 组正态分布的装配尺寸;③ 将装配尺寸分别代入式(4-120)、式(4-121)和式(4-122),计算得到 n 组力矩马达不对称气隙、喷嘴中心线与接收器中心线位置误差;④ 将力矩马达不对称气隙、喷嘴中心线与接收器中心线位置误差、不对称接收孔等同时代入考虑尺寸不对称性时的射流管伺服阀模型,求得 n 组射流管伺服阀零偏,最后统计零偏的分布规律。根据图 4-32 的零偏求解步骤,可得到图 4-33 和表 4-6,图 4-33 为不同公差等级下的零偏概率分布图,表 4-6 为不同公差等级下的零偏统计结果。

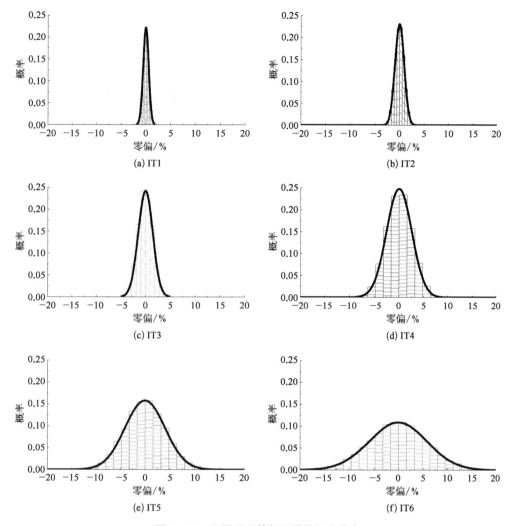

图 4-33　不同公差等级下零偏概率分布

表 4-6　不同公差等级下零偏统计结果

公差等级	均值/%	标准差/%	[-5%, 5%]区间的零偏概率/%
IT1	0.007 52	0.554 0	100
IT2	0.003 95	0.920 2	100
IT3	-0.003 20	1.456 3	99.94
IT4	0.009 09	2.573 3	94.88
IT5	-0.040 00	4.042 0	78.41
IT6	-0.079 00	5.862 2	61.12

　　从图 4-33 中可以看出，考虑公差的零件尺寸均为正态分布的条件下，射流管伺服阀的零偏值同样呈正态分布。从表 4-6 中可以看出，各公差等级下零偏的均值都在 0 附近，并且随着公差等级的降低，零偏值的标准差迅速减小。根据射流管伺服阀相关标准，其零偏值在验收时不大于 2%，寿命期内不大于 5%。为了更好地展现零部件加工公差等级与伺服阀整机零偏

之间的相关性趋势,这里考察了零偏处于[−5%,5%]区间的概率。从表4-6中可以看出,随着公差等级的降低,零偏处于[−5%,5%]区间的概率迅速减小。为使装配后射流管伺服阀的零偏主要分布在[−5%,5%]内,接收孔半径公差等级应设定在IT3以上,其余关键装配尺寸公差等级应设定在IT4以上。

分析不同尺寸公差对零偏的影响时,假定接收孔半径尺寸公差在IT3等级,其他尺寸公差均在IT4等级,被分析尺寸公差在IT5等级,变化被分析尺寸的公差等级,比较不同尺寸的公差对零偏的影响。图4-34为不同尺寸的公差对零偏的影响,从图中可以看出,力矩马达不对称气隙控制尺寸的公差变化对零偏的影响程度相同,喷嘴中心线与接收器中心线位置误差控制尺寸的公差变化对零偏的影响程度较大。

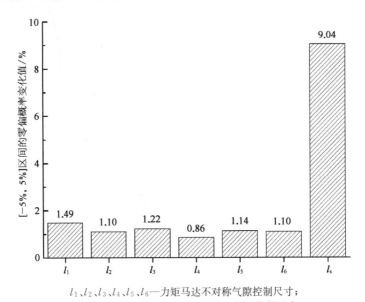

l_1、l_2、l_3、l_4、l_5、l_6—力矩马达不对称气隙控制尺寸;
l_s—喷嘴中心线与接收器中心线位置误差控制尺寸

图4-34 不同尺寸的公差对零偏的影响

可以得出结论:装配误差引起力矩马达不对称气隙,而导致的零偏较小,引起力矩马达不对称气隙的主要原因是装配过程中人为操作带来的装配应力,因此在力矩马达装配过程中去除装配应力尤为重要。装配应力具有很强的不确定性,因此建议增加装配中针对力矩马达气隙变化的检测过程,保证气隙在合理的范围之内;同时增加装配中力矩马达去除应力的步骤,将力矩马达零部件置于高温液压油如135℃中,浸泡几个小时,然后置于低温液压油如−55℃中,浸泡几个小时,然后测试力矩马达的输出和零偏,反复以上步骤直至力矩马达输出稳定、零偏达到规定范围之内为止。此方法同时可以减小温度变化对力矩马达输出的影响。

喷嘴中心线与接收器位置误差导致的零偏较大,主要影响因素是安装螺纹孔的位置尺寸公差,因此需要提高力矩马达和阀体安装配合时的螺纹孔相对基准中心的位置尺寸公差等级,并且射流管、弹簧管、力矩马达底座、阀体、接收器、阀套等相关部件的形位公差等级需额外规定,使喷嘴中心线与接收器中心线位置误差减小。

4.3.4 导致零偏的制造装配因素分析及零偏抑制措施

除装配尺寸链、尺寸公差导致零偏外,制造装配过程中还有诸多不可量化、人为操作的影响因素,本节定性分析了导致零偏的制造装配因素,绘制了射流管伺服阀零偏影响因素的鱼骨图,并提出了零偏抑制措施,可供射流管伺服阀制造和装配环节参考,以改进工艺,减小零偏,提高射流管伺服阀可靠性。

图 4 - 35 为射流管伺服阀零偏影响因素的鱼骨图,图中考虑了力矩马达、接收器、滑阀等各组件的结构因素及污染因素等七大类共 24 种。力矩马达磁隙间有污染物,污染物基本为灰尘,四个气隙内的污染物不均等时,其导致零偏的原理可等效为四个气隙产生了不均等的变化,衔铁组件零位时受力不平衡,射流管偏转,产生零偏。力矩马达充退磁不均匀导致零位时衔铁组件受力不平衡。喷嘴性能的变化使阀芯两端受到不对称液压力。滑阀内部泄漏变化的原因包括阀芯工作边磨损、阀芯阀套磨损、接收器压配松动及夹紧螺钉螺纹间隙过大,其导致零偏的本质原因为滑阀的内部泄漏不均等,导致滑阀阀芯受力不平衡。喷嘴或接收器的堵塞导致喷嘴形状或者接收孔形状的变化,阀芯两端受到不对称液压力。弹性元件的应力未能在装配前及时消除,装配后应力不对称释放,射流管产生零位偏移。力矩马达安装螺钉松动,喷嘴中心线与接收器中心线位置误差变化,力矩马达不能处于零位静止,产生零位振荡。

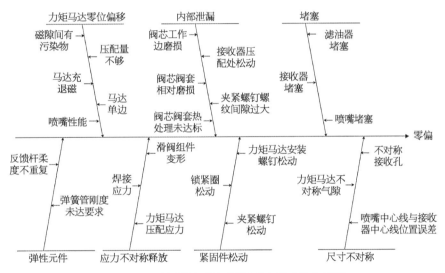

图 4 - 35　射流管伺服阀零偏影响因素的鱼骨图

表 4 - 7 为某型射流管伺服阀导致零偏的代表性制造装配因素,及其量化计算和影响权重分析。从量化角度看,喷嘴中心线与接收器位置误差对零偏的影响较大,力矩马达不对称气隙对零偏的影响大,不对称接收孔对零偏的影响较小。阀芯阀套间隙、装配应力等对零偏的影响难以量化分析,但定性分析可知,阀芯阀套间隙及装配应力对零偏的影响较大,需要严格控制。

表 4 - 7　某型射流管伺服阀导致零偏的代表性制造装配因素及其权重

影 响 因 素	零 偏 机 理	量 化 说 明	影响权重
力矩马达不对称气隙	零位时力矩马达产生力矩,射流管偏转,阀芯两端受到不对称液压力	单个气隙误差增加 3.15 μm 时,零偏增加 1%[式(4 - 135)]	大
喷嘴中心线与接收器中心线位置误差	零位时两接收孔接收流量不同,阀芯两端控制压力不同	位置误差增加 0.38 μm,零偏增加 1%[式(4 - 139)]	较大

影 响 因 素	零 偏 机 理	量 化 说 明	影响权重
不对称接收孔	零位时接收面积不同,接收流量不同,阀芯两端产生压力差	两个接收孔半径之差增加 0.01 mm,零偏增加 0.2%[式(4 - 146)]	小
阀芯阀套间隙	阀芯阀套间隙不合适,易造成阀芯卡滞,不能回到零位		大
阀套、阀体不准确定位	导致接收器安装偏差,零位时左、右两接收孔接收流量不同		大
装配应力	服役过程中应力不对称释放,零位时衔铁组件受力不平衡		较大

根据考虑精密零件及其装配尺寸链时的零偏机理分析、导致零偏的制造装配因素定性分析,本节提出零偏的抑制措施如下:

(1)力矩马达与阀体装配时,控制安装螺纹孔的位置尺寸公差等级,并提高射流管、弹簧管、接收器、阀套等相关部件的形位公差等级,尽可能保证喷嘴与接收器中心线的相对位置尺寸为零。

(2)增加前置级恢复压力对称性的检测环节,如果出现了前置级恢复压力不对称的情况,需要对力矩马达进行机械调零,调整喷嘴位置,保证阀芯两端受到的液压力在零位平衡。

(3)增加装配过程中力矩马达气隙的检测环节,并实时调整,尽量保证四个气隙大小相等。

(4)弹性元件的应力释放。反馈杆组件在组合焊接之后,除了进行失效处理外,建议将其在低温(如−55℃)液压油内保持数小时,而后在高温(如 135℃)液压油内保持数小时。如果发现变形较大,可在校正后将此过程重复进行几次,直至变形较小为止。

(5)配合部件的应力释放。配合部件包括接收器和阀体、阀芯和阀套、阀套和阀体,在装配时应尽量保证各部件的应力释放,这是因为配合部件存在应力时,装配后会产生预紧力,即使装配时保证精度,在装配后应力随着时间慢慢释放,会产生部件受力不均匀的情况,导致配合位置发生变化,产生零偏。

4.3.5 实践试验

射流管伺服阀零偏试验在同济大学进行,试验所用的 B 型射流管伺服阀由中船重工 704 所提供。该阀关键配合尺寸的公差等级为 IT3 级,部分关键尺寸及其公差见表 4 - 8。利用高温液压试验台对装配后的 33 台同一型号、同一批次的 B 型射流管伺服阀进行空载流量试验,分别画出每个伺服阀的空载流量试验曲线,并计算其零偏,最后统计零偏的分布规律。

表 4 - 8 关键零件尺寸及其公差

名 称	名义尺寸/mm	公差/μm
弹簧管长度	22.5	±4
衔铁高度	5.2	±2.5
接收孔直径	0.6	±2

　　试验条件：试验用的流体介质为 YH - 10 航空液压油，试验温度为常温 20℃左右，供油压力为 28 MPa，回油压力为 0.6 MPa。

　　试验方法：① 启动液压泵，设定供油压力为 28 MPa，射流管伺服阀输入正弦波控制电流，其频率为 0.01 Hz，幅值为 4 mA(10％小信号)，变化一个周期，记录空载流量试验曲线，如图 4 - 36 所示；② 画出空载流量试验曲线的中点轨迹，中点轨迹的直线部分及其延长线称为名义流量曲线，正负向控制电流的名义流量曲线分别与零流量轴存在交点，即为零流量电流值，两个零流量电流值的均值为零偏。

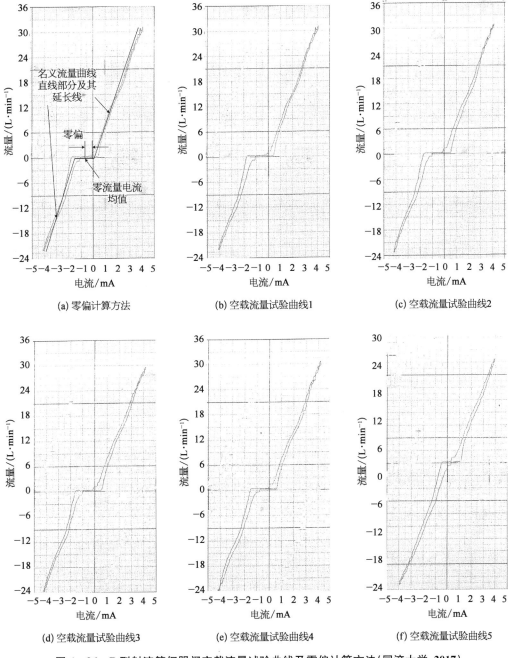

图 4 - 36　B 型射流管伺服阀空载流量试验曲线及零偏计算方法(同济大学，2017)

图 4-37 为零偏的统计分布规律,从图中可以看出,B 型射流管伺服阀的零偏呈正态分布。考虑了精密零件及其装配尺寸链、导致零偏的制造装配因素鱼骨图后,生产的 B 型射流管伺服阀的零偏基本处于[−5%,5%]范围之内。图 4-33(IT3)为该阀零偏值概率分布的理论结果,理论结果与试验结果一致。经试验证明,所提出的分析方法与零偏抑制措施有效。

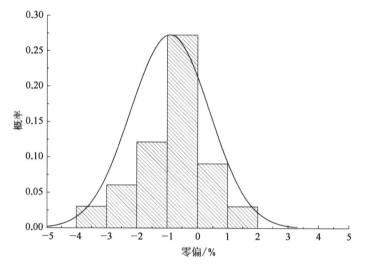

图 4-37 B 型射流管伺服阀零偏统计

本节分析了射流管伺服阀装配过程,取得了具有不对称尺寸时的精密零件装配尺寸链;建立了考虑尺寸不对称性的射流管伺服阀数学模型;分析了精密零件装配尺寸链、尺寸公差及其概率分布与零偏之间的映射关系,得到了精密零件尺寸公差及其装配尺寸链的设计方法;建立了射流管伺服阀零偏影响因素的鱼骨图,并提出零偏抑制措施。研究结果用于某型射流管伺服阀的故障分析与研制过程。主要结论如下:

(1)分析了尺寸不对称性导致零偏的机理,并得到了定量数学模型。考虑装配误差,零位时,力矩马达不对称气隙导致不对称电磁力、喷嘴中心线与接收器中心线位置误差、不对称接收孔导致滑阀阀芯两端的不对称液压力,不对称力导致零偏。根据射流管伺服阀基本工作原理,得到了考虑尺寸不对称性时射流管伺服阀模型。

(2)分析了装配尺寸公差及其概率分布对零偏的影响。考虑装配尺寸在公差范围内按正态分布,零偏处于[−5%,5%]区间的概率随公差等级降低迅速减小。为使装配后射流管伺服阀零偏主要分布在[−5%,5%]之内,接收孔尺寸公差等级应设定为 IT3 以上,其余装配尺寸公差等级应设定为 IT4 以上。装配误差引起力矩马达不对称气隙,导致的零偏较小;喷嘴中心线与接收器中心线位置误差导致的零偏较大。提高力矩马达安装螺纹孔相对基准中心的位置尺寸公差等级可有效降低零偏。

(3)通过三种定量计算和 21 种定性分析,得到了射流管伺服阀装配过程中导致零偏的污染、泄漏、堵塞、装配应力、尺寸不对称等七大类 24 种制造装配因素;形成了射流管伺服阀零偏影响因素的鱼骨图;得到了导致零偏的代表性制造装配因素,并进行了量化计算和影响权重分析;提出了增加前置级恢复压力对称性检测、力矩马达气隙实时检测、零部件应力释放等零偏抑制措施。

4.4　力矩马达气隙误差对电液
伺服阀零偏的影响

力矩马达是电液伺服阀的关键部件,作用是将伺服阀的输入电流信号通过电磁转换驱动衔铁组件产生机械运动,其工作性能的优劣直接影响到电液伺服系统的整体性能。永磁力矩马达应用于电液伺服阀始于第二次世界大战后,1946 年 MIT 实验室首次采用力矩马达代替螺线管来驱动两级阀先导级,此举大大降低了能耗,同时提高了线性度。1955 年,Wolpin 发明了干式力矩马达,干式力矩马达的问世成为力矩马达发展史上的一个里程碑,工作环境的改变解决了之前油污影响力矩马达性能的难题,电液伺服阀性能得到显著提高。现在使用的力矩马达大多是干式力矩马达。早在 20 世纪 60 年代,美国学者 Merritt 以工作气隙磁阻为切入点推导了理想条件下力矩马达的数学模型。此后,各国学者在此基础上进行力矩马达和电液伺服阀性能研究。日本学者 Urata 考虑了永磁体磁阻和永磁体漏磁,建立了修正的力矩马达数学模型,针对因加工生产或者因装配而造成零位工作气隙长度不相等的情况,分析了考虑气隙长度的力矩马达数学模型,并将气隙不相等分为垂直不平衡、左右不平衡及相对倾斜三种情况,但是其前提条件是四个气隙厚度总和不变,无法真实表示出实际情况下伺服阀力矩马达气隙分布。电液伺服阀一般要求结构对称,对许多零部件有严格的几何尺寸要求和对称性要求,但是零件生产和装配过程中产生的误差会导致力矩马达气隙不对称,甚至产生零偏,直接影响电液伺服系统的整体性能。力矩马达气隙误差对伺服阀零偏的影响研究尚不多见。

本节基于惠斯通电桥分析伺服阀力矩马达磁路,建立气隙分布状态与伺服阀零偏之间的关系,当气隙左右对称或上下对称时,力矩马达不存在零偏,反之则存在零偏。建立考虑气隙误差时的力矩马达模型,得到了不对称气隙时的磁通规律、气隙误差与伺服阀零偏、压力增益及流量增益之间的关系,发现当力矩马达气隙左右对称或上下对称时气隙误差仅影响伺服阀增益,气隙不对称时伺服阀会产生零偏,且伺服阀压力增益和流量增益会随力矩马达气隙增大而减小。本节以力矩马达工作气隙、力矩马达初始加工和安装误差为切入点,讨论不对称或不均等气隙对力矩马达及伺服阀特性的影响规律,作为力矩马达分析和电液伺服阀建模的基础。

4.4.1　力矩马达及气隙对力矩马达零位的影响

力矩马达是电液伺服阀中的电气-机械转换器,由永久磁铁、上导磁体、下导磁体、上极靴、下极靴、衔铁、控制线圈、弹簧管等零件组成,如图 4 - 38 所示。力矩马达有四个气隙,向控制线圈施加电流会改变通过这些气隙的磁通量。气隙中的磁通产生电磁力,在磁极和衔铁端之间产生吸力。这些力产生使衔铁组件倾斜的扭矩。由于电磁力取决于气隙厚度,因此气隙厚度的分布直接影响电流和扭矩之间的关系。

假定磁性材料和非工作气隙的磁阻可以忽略不计,只考虑四个工作气隙的磁阻,则力矩马达的磁路可以用图 4 - 39 的等效磁路表示。理想条件下,力矩马达零位时的四个气隙对称且均等,即气隙磁阻 $R_1=R_2=R_3=R_4$。由于制造、装配、环境作用等原因,四个气隙存在不对称或不均等的情况。

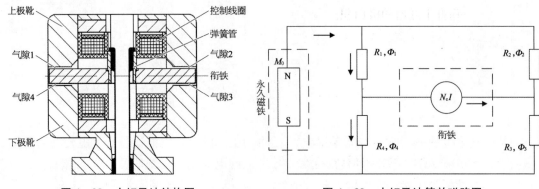

图 4-38　力矩马达结构图　　　　　图 4-39　力矩马达等效磁路图

由磁路的基尔霍夫定律可得：

$$\left.\begin{array}{l} \Phi_1 R_1 + \Phi_3 R_3 = M_0 + N_c I \\ \Phi_2 R_2 + \Phi_4 R_4 = M_0 - N_c I \\ \Phi_1 R_1 + \Phi_4 R_4 = M_0 \\ \Phi_1 + \Phi_2 - \Phi_3 - \Phi_4 = 0 \end{array}\right\} \qquad (4\text{-}152)$$

式中　R_i——气隙 i 的磁阻；

　　　Φ_i——通过气隙 i 的磁通量（$i=1,2,3,4$）；

　　　M_0——永磁体产生的极化磁动势；

　　　N_c——控制线圈匝数；

　　　I——控制电流。解得：

$$\Phi_1 = \frac{M_0}{R_1} - \frac{R_4}{R_1}\left[\frac{\dfrac{M_0}{R_1} + \dfrac{M_0 - N_c I}{R_2} - \dfrac{N_c I}{R_3}}{1 + (R_4/R_1 + R_4/R_2 + R_4/R_3)}\right]$$

$$\Phi_2 = \frac{M_0 - N_c I}{R_2} - \frac{R_4}{R_2}\left[\frac{\dfrac{M_0}{R_1} + \dfrac{M_0 - I}{R_2} - \dfrac{N_c I}{R_3}}{1 + (R_4/R_1 + R_4/R_2 + R_4/R_3)}\right]$$

$$\Phi_3 = \frac{N_c I}{R_3} + \frac{R_4}{R_3}\left[\frac{\dfrac{M_0}{R_1} + \dfrac{M_0 - N_c I}{R_2} - \dfrac{N_c I}{R_3}}{1 + (R_4/R_1 + R_4/R_2 + R_4/R_3)}\right]$$

$$\Phi_4 = \frac{\dfrac{M_0}{R_1} + \dfrac{M_0 - N_c I}{R_2} - \dfrac{N_c I}{R_3}}{1 + (R_4/R_1 + R_4/R_2 + R_4/R_3)}$$

则力矩马达产生的力矩为

$$T_d = \frac{(\Phi_1^2 - \Phi_4^2 + \Phi_3^2 - \Phi_2^2)a}{2\mu_0 A_g} \qquad (4\text{-}153)$$

式中　a——衔铁由转轴到导磁体工作面中心的半径；

　　　μ_0——空气磁导率；

A_g——垂直于磁通的极面积。

对衔铁应用牛顿第二定律,可得衔铁力矩平衡方程为

$$T_d = J_a \frac{d\theta^2}{dt^2} + B_a \frac{d\theta}{dt} + K_a\theta + T_L$$

$$x = a\theta$$

式中　J_a——衔铁射流管组件的转动惯量;

　　　B_a——衔铁射流管组件的阻尼系数;

　　　K_a——弹簧管刚度;

　　　T_L——反馈杆的反馈力矩;

　　　θ——衔铁的角位移;

　　　x——衔铁端部的位移。

研究对象为射流管伺服阀,其射流管反馈杆组件的力矩为

$$T_L = (r+d)K_f[(r+d)\theta + x_v]$$

式中　K_f——反馈杆刚度;

　　　r——射流管喷嘴到枢轴心的距离;

　　　d——射流管喷嘴到反馈杆端部的距离;

　　　x_v——滑阀阀芯位移。

4.4.1.1　理想情况下力矩马达磁路

在理想情况下,力矩马达在初始情况下完全对称均等,即当衔铁处于中位时四个气隙的长度完全相等,每个气隙厚度为

$$g_{10} = g_{20} = g_{30} = g_{40} = g$$

式中　g_{i0}——第 i 个气隙的初始厚度。

则此时每个气隙的磁阻为

$$R_{10} = R_{20} = R_{30} = R_{40} = R_g = g/(\mu_0 A_g) \tag{4-154}$$

式中　R_{i0}——第 i 个气隙的初始磁阻。

当伺服阀存在加工、装配误差时,控制电流为零时伺服阀输出可能不为零,此时需要施加纠偏电流 I_0 使伺服阀输出为零,纠偏电流 I_0 与伺服阀额定电流 I_e 的比值称为零偏。

将式(4-154)代入式(4-152),可得

$$\Phi_{10}R_{10} + \Phi_{10}R_{10} = M_0 + N_cI \tag{4-155}$$

$$\Phi_{10}R_{10} + \Phi_{10}R_{10} = M_0 - N_cI \tag{4-156}$$

将式(4-155)和式(4-156)相减,可得

$$N_cI = 0$$

此时当控制电流为零时,磁路即达到平衡状态,即不存在零偏。

4.4.1.2　具有不对称或不均等气隙时的力矩马达磁路

上述假设力矩马达四个工作气隙在理想情况下是对称且均等的,即 $g_{10} = g_{20} = g_{30} = g_{40}$。

四个气隙也存在不对称或不均等的情况，即当 $g_{10} = g_{40}$ 且 $g_{20} = g_{30}$ 时，称为上下对称结构；当 $g_{10} = g_{20}$ 且 $g_{30} = g_{40}$ 时，称为左右对称结构；当 $g_{10} = g_{30}$ 且 $g_{20} = g_{40}$ 时，称为中心对称结构；当满足上述三个条件时有 $g_{10} = g_{20} = g_{30} = g_{40}$，称为对称均等结构。

将力矩马达气隙的不对称情况分为上下不对称、左右不对称和相对倾斜三种情况，认为这三种情况可以组合成任意的气隙分布。但其前提是四个工作气隙之和保持不变，故不能表示出所有的气隙分布情况。

为了表示一般情况下力矩马达工作气隙的厚度，假设四个工作气隙的初始误差分别为 Δx_1、Δx_2、Δx_3 和 Δx_4。则此时四个初始气隙分别为 $g_{i0} = g + \Delta x_i$。当衔铁端部偏离中位位移为 x 时，气隙磁阻为

$$R_i = (g + \Delta x_i - x)/(\mu_0 A_g)$$

由磁路和电路的相似性可知，力矩马达组件的四个工作气隙如同惠斯通电桥中的四个桥臂电阻，组成了一个磁桥路，若气隙调整得当，即达到了磁桥路的平衡，则不会存在零偏。假设衔铁偏转位移为 x 时，控制电流为零时即达到磁桥路的平衡，此时有 $R_1/R_4 = R_2/R_3$，即

$$\frac{g + \Delta x_1 - x}{g + \Delta x_4 + x} = \frac{g + \Delta x_2 + x}{g + \Delta x_3 - x}$$

解得：

$$x = \frac{g(\Delta x_1 + \Delta x_3 - \Delta x_2 - \Delta x_4) + \Delta x_1 \Delta x_3 - \Delta x_2 \Delta x_4}{4g + \Delta x_1 + \Delta x_2 + \Delta x_3 + \Delta x_4} \tag{4-157}$$

1) 气隙左右对称

此时 $\Delta x_1 = \Delta x_2$，$\Delta x_3 = \Delta x_4$。代入式(4-157)，可得 $x = 0$，即衔铁在中位时磁桥路即已平衡，此时不存在零偏。

2) 气隙上下对称

此时 $\Delta x_1 = \Delta x_4$，$\Delta x_2 = \Delta x_3$。代入式(4-157)，可得 $x = 0$，即衔铁在中位时磁桥路即已平衡，此时不存在零偏。

3) 气隙中心对称

此时 $\Delta x_1 = \Delta x_3$，$\Delta x_2 = \Delta x_4$。代入式(4-157)，可得 $x = (\Delta x_1 - \Delta x_2)/2$，此时存在零偏。

4) 单个气隙存在误差

此时 $\Delta x_1 \neq 0$，$\Delta x_2 = \Delta x_3 = \Delta x_4 = 0$。代入式(4-157)，可得 $x = g\Delta x_1/(4g + \Delta x_1)$，此时存在零偏。

因此，所有的气隙不对称和不均等结构均可由上述四种情况的组合来构成。通过上述分析发现，可以将惠斯通电桥原理用于磁路分析，伺服阀力矩马达的四个工作气隙在初始状态下若左右对称或上下对称，则力矩马达不存在零偏，否则存在零偏。

4.4.2 理论特性

选取力矩马达计算参数 $g = 0.37$ mm，$a = 11$ mm，$A_g = 45.76$ mm^2，$M_0 = 172.9$ A，$r = 23$ mm，$d = 8.95$ mm，$K_f = 1\,874$ N/m，$J_a = 5.5 \times 10^{-7}$ kg/m^2，$B_a = 0.005$ N·m·s/rad，$K_a = 21.1$ N·m/rad，$\mu_0 = 4\pi \times 10^{-7}$ H/m，$N_c = 712$，根据力矩马达数学模型和射流管伺服

阀前置级模型及滑阀模型,建立整阀模型,利用 Simulink 进行仿真,结果如下。

1) 气隙左右对称时的特性

假设气隙左右对称,即衔铁上端两气隙初始误差为 $\Delta x_1 = \Delta x_2 = 0.1g$,下端两气隙无初始误差,即 $\Delta x_3 = \Delta x_4 = 0$,则此时四个气隙的磁通量变化规律如图 4-40a 所示。由图 4-40a 可见,当控制电流变化时,Φ_1 与 Φ_3、Φ_2 与 Φ_4 变化趋势相同。当控制电流为零时,$\Phi_1 = \Phi_2 = \Phi_3 = \Phi_4$。代入式(4-153),此时力矩马达产生的力矩为零,不产生零偏。与理想状态相比,四个气隙的磁通量均有减小,这是由于气隙增大导致的。当气隙左右对称时,控制电流与伺服阀接收孔两腔负载压力的关系如图 4-40b 所示,图中 p 为负载压力。图中曲线的斜率表示伺服阀前置级压力增益,前置级压力增益增大会导致流量增益增大,所以也可以间接表示流量增益的变化趋势。从图中可以看出,此时气隙的误差不会影响伺服阀零位,仅会影响压力增益和流量增益,当 $\Delta x_1 = \Delta x_2 > 0$ 时,压力增益和流量增益减小,反之增大。

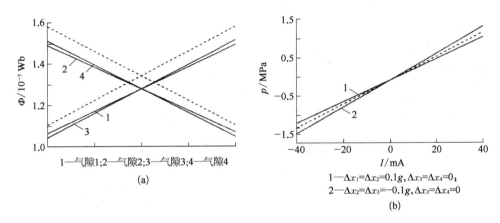

1—气隙1;2—气隙2;3—气隙3;4—气隙4

(a)

1—$\Delta x_1 = \Delta x_2 = 0.1g$, $\Delta x_3 = \Delta x_4 = 0$;
2—$\Delta x_2 = \Delta x_3 = -0.1g$, $\Delta x_3 = \Delta x_4 = 0$

(b)

图 4-40　气隙左右对称时($\Delta x_1 = \Delta x_2 = 0.1g$,$\Delta x_3 = \Delta x_4 = 0$)力矩马达气隙磁通量特性与压力增益特性(虚线为 $\Delta x_1 = \Delta x_2 = \Delta x_3 = \Delta x_4$ 时的特性)

2) 气隙上下对称时的特性

假设气隙上下对称,即衔铁右端两气隙初始误差为 $\Delta x_2 = \Delta x_3 = 0.1g$,左端两气隙无初始误差,$\Delta x_1 = \Delta x_4 = 0$,则此时四个气隙的磁通量变化规律如图 4-41a 所示。当控制电流为零时,$\Phi_1 = \Phi_4$,$\Phi_2 = \Phi_3$,将其代入式(4-153),可得此时力矩马达产生的力矩为零,此时无零偏。当气隙上下对称时,控制电流和接收孔两腔负载压力的关系如图 4-41b 所示。可以看出此时气隙的误差不影响伺服阀零位,仅影响压力增益和流量增益,当 $\Delta x_2 = \Delta x_3 > 0$ 时,压力增益和流量增益减小,反之增大。

3) 气隙中心对称时的特性

假设气隙中心对称,衔铁对角两气隙初始误差为 $\Delta x_2 = \Delta x_4 = 0.1g$,剩余两气隙无初始误差,即 $\Delta x_1 = \Delta x_3 = 0$,此时四个气隙的磁通量如图 4-42a 所示。由图 4-42a 可见,无论控制电流如何变化,恒有 $\Phi_1 = \Phi_3$,$\Phi_2 = \Phi_4$,这是因为力矩马达对角气隙恒相等。当控制电流为零时,$\Phi_1 \neq \Phi_4$,$\Phi_2 \neq \Phi_3$,代入式(4-153),得力矩马达产生的力矩不为零,即此时伺服阀存在零偏。当气隙中心对称时,控制电流和接收孔两腔负载压力的关系如图 4-42b 所示。可以看出此时气隙的误差影响伺服阀零位,还影响压力增益和流量增益,当 $\Delta x_2 = \Delta x_4 > 0$ 时,压力增益和流量增益减小,反之增大。

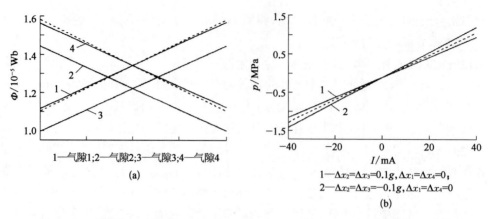

图 4-41 气隙上下对称时($\Delta x_2 = \Delta x_3 = 0.1g$，$\Delta x_1 = \Delta x_4 = 0$)力矩马达气隙磁通量
特性与压力增益特性(虚线为 $\Delta x_1 = \Delta x_2 = \Delta x_3 = \Delta x_4$ 时的特性)

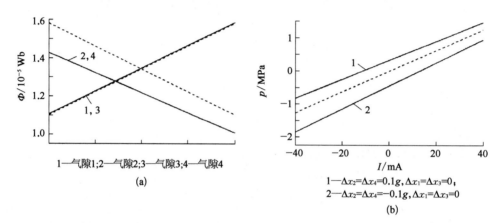

图 4-42 气隙中心对称时($\Delta x_2 = \Delta x_4 = 0.1g$，$\Delta x_1 = \Delta x_3 = 0$)力矩马达气隙磁通量
特性与压力增益特性(虚线为 $\Delta x_1 = \Delta x_2 = \Delta x_3 = \Delta x_4$ 时的特性)

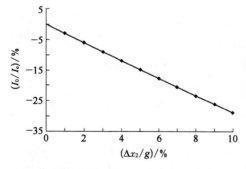

图 4-43 气隙中心对称时($\Delta x_2 = \Delta x_4 = 0.1g$，$\Delta x_1 = \Delta x_3 = 0$)气隙初始误差与零偏的关系

气隙初始误差与零偏的关系如图 4-43 所示。初始误差每变化 1%，即产生 3%的零偏，本节所研究的伺服阀力矩马达的初始气隙为 0.37 mm，即微米级误差 3.7 μm，也会产生很大的零偏。

4) 单个气隙存在误差时的特性

假设衔铁单个气隙初始误差为 $\Delta x_1 = 0.1g$，其余气隙无初始误差，即 $\Delta x_2 = \Delta x_3 = \Delta x_4 = 0$，则此时四个气隙的磁通量如图 4-44a 所示。当控制电流为零时，$\Phi_1 \neq \Phi_4$，$\Phi_2 \neq \Phi_3$，代入式(4-153)，得力矩马达产生的力矩不为零，即此时存在零偏。当单个气隙存在初始误差时，控制电流和接收孔两腔负载压力的关系如图 4-44b 所示。可以看出气隙误差影响伺服阀零位，也影响压力增益和流量增益，当 $\Delta x_1 > 0$ 时，压力增益和流量增益减小，反之增大。

气隙初始误差与零偏的关系如图 4-45 所示。初始误差每变化 1%，即产生 1.5%的零偏。

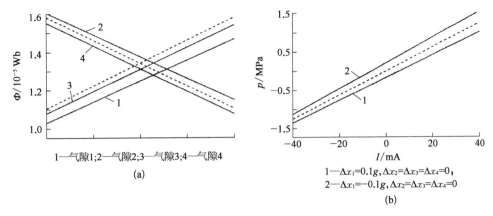

1—气隙1；2—气隙2；3—气隙3；4—气隙4

(a)

1—$\Delta x_1=0.1g,\Delta x_2=\Delta x_3=\Delta x_4=0$；
2—$\Delta x_1=-0.1g,\Delta x_2=\Delta x_3=\Delta x_4=0$

(b)

图 4-44　单个气隙存在误差时($\Delta x_1=0.1g$，$\Delta x_2=\Delta x_3=\Delta x_4=0$)力矩马达气隙磁通量特性与压力增益特性(虚线为 $\Delta x_1=\Delta x_2=\Delta x_3=\Delta x_4$ 时的特性)

通过上述分析发现，四个工作气隙在初始状态下若左右对称或上下对称，则力矩马达不存在零偏，否则存在零偏。

4.4.3　实践试验

按照《飞机电液流量伺服阀通用规范》(GJB 3370—1998)中的电液伺服阀测试方法在液压试验台上进行试验。将待测伺服阀固定在液压试验台上，绘制伺服阀空载流量试验曲线，在其一侧安装工业相机，测量气隙长度。

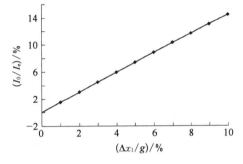

图 4-45　单个气隙存在误差时($\Delta x_1=0.1g$，$\Delta x_2=\Delta x_3=\Delta x_4=0$)气隙初始误差与零偏的关系

电液伺服阀试验条件如下：供油压力 $p=21$ MPa，额定电流 $I_e=40$ mA，额定流量 $q=80$ L/min，液压油型号为 10 号航空液压油，流量计型号为德国西德福 VC5F1PH。

气隙左右对称时，某型射流管伺服阀空载流量试验结果如图 4-46a 所示，图中 q 为流量，虚线表示四个工作气隙均等的情况下伺服阀的空载流量曲线。在气隙左右对称的情况下，气隙误差对零偏不造成影响，仅对伺服阀增益造成影响，且当 $\Delta x_1=\Delta x_2>0$ 时伺服阀增益减小，理论结果和试验结果相符。气隙上下对称时，某型射流伺服阀空载流量试验结果如图 4-46b 所示，当气隙上下对称时，气隙误差对零偏不造成影响，仅对伺服阀增益造成影响，且当 $\Delta x_2=\Delta x_3>0$ 时伺服阀增益减小，理论结果和试验结果相符。气隙中心对称时，某型射流伺服阀空载流量试验结果如图 4-46c 所示，气隙误差对零偏造成影响同时也对伺服阀增益造成影响，且当 $\Delta x_2=\Delta x_4<0$ 时伺服阀增益增大，需施加正向零偏电流才能使伺服阀处于零位，理论结果和试验结果一致。单个气隙有初始误差情况下，伺服阀空载流量试验结果如图 4-46d 所示，单个气隙存在初始误差情况下，气隙误差对零偏造成影响同时也对伺服阀增益造成影响，且当 $\Delta x_1>0$ 时伺服阀增益减小，需施加正向零偏电流才能使伺服阀处于零位，理论结果和试验结果相符。

通过建立考虑气隙误差的力矩马达模型，得到了力矩马达各工作气隙磁通量的表达式，取得了力矩马达结构不对称或不均等的气隙误差对磁通量和伺服阀零偏影响的变化规律。

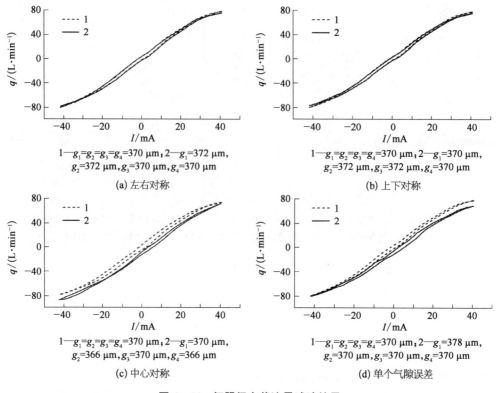

1—$g_1=g_2=g_3=g_4=370\ \mu m$,2—$g_1=372\ \mu m$,
$g_2=372\ \mu m$,$g_3=370\ \mu m$,$g_4=370\ \mu m$

(a) 左右对称

1—$g_1=g_2=g_3=g_4=370\ \mu m$,2—$g_1=370\ \mu m$,
$g_2=372\ \mu m$,$g_3=372\ \mu m$,$g_4=370\ \mu m$

(b) 上下对称

1—$g_1=g_2=g_3=g_4=370\ \mu m$,2—$g_1=370\ \mu m$,
$g_2=366\ \mu m$,$g_3=370\ \mu m$,$g_4=366\ \mu m$

(c) 中心对称

1—$g_1=g_2=g_3=g_4=370\ \mu m$,2—$g_1=378\ \mu m$,
$g_2=370\ \mu m$,$g_3=370\ \mu m$,$g_4=370\ \mu m$

(d) 单个气隙误差

图 4‑46　伺服阀空载流量试验结果

结合磁路与电路类比分析,将惠斯通电桥应用于磁路分析,结果表明当气隙上下对称或左右对称时伺服阀不存在零偏,但影响工作气隙中的磁通量和伺服阀增益。理论结果与试验结果吻合。

力矩马达加工、装配和环境作用下造成的气隙不对称现象直接造成伺服阀零偏。单个气隙存在初始误差或者对角气隙存在初始误差,将导致伺服阀产生较大的零偏。在伺服阀加工和装配过程中应尽可能保证或创造条件做到力矩马达结构的对称性。

4.5　射流前置级不对称性对电液
伺服阀零偏的影响

电液伺服阀作为液压控制系统的关键核心元件,被广泛应用于工业领域。前置级放大器是电液伺服阀的关键部分,起功率控制与放大作用,其工作性能的优劣直接影响液压控制系统的整体性能。根据前置级结构形式的不同可将其分为滑阀式伺服阀、喷嘴挡板式伺服阀、偏转板伺服阀及射流管伺服阀。其中射流管伺服阀由于耐污染能力强、可靠性高,具有"事故归零"特性和工作寿命长等特点,被广泛应用于航空航天飞行控制中。射流管阀出现于 1925 年,Askania-Werke 发明并申请了射流管阀的专利,采用射流管向接收器喷射高速流体,通过控制射流管的偏转,进而实现控制接收器两接收管内的流体,来控制执行元件的动作,这种阀的原理为现代射流管伺服阀的发展奠定了基础。针对射流管伺服阀结构参数对其性能的影响,国内外学者取得了一些进展,但针对其模型大多采用简化仿真,而缺乏精确的数学模型。

电液伺服阀结构对称,对各零部件有严格的几何尺寸要求和对称性要求,但是零件公差及生产和装配过程中产生的误差会导致结构不对称,甚至产生零偏,对电液伺服系统的整体性能造成严重影响。上文针对因加工或装配而造成零位气隙不相等的情况,分析了考虑气隙长度的力矩马达数学模型,并将气隙不相等分为垂直不对称、左右不对称及相对倾斜三种情况,但假设 4 个气隙总和不变,并没有表示所有实际情况。上文还研究了力矩马达气隙误差对电液伺服阀零偏的影响,基于惠斯通电桥分析力矩马达磁路,建立了考虑气隙误差的电液伺服阀模型及气隙分布状态与伺服阀零偏之间的关系。当前,射流管伺服阀前置级不对称性对伺服阀零偏影响的研究尚不多见。

前置级不对称现象是导致射流管伺服阀零偏的主要因素。本节考虑两接收孔大小不相等、射流管与接收器不对中、接收器接收孔中心不对称等几何结构因素,建立射流管伺服阀前置级的数学模型;针对接收器接收孔中心不对称的工况,建立基于定积分的修正模型;考虑前置级接收面积的不对称度,提出压力特性及射流管伺服阀零偏值的定量分析方法。分析结果表明,前置级加工、装配和环境因素作用将造成几何结构的不对称现象,并直接造成伺服阀的零偏;射流管与接收器的初始装配误差和接收孔半径初始误差将严重导致伺服阀产生零偏,在伺服阀的加工和装配过程中应尽可能保证或创造条件做到前置级结构的对称。本节还通过试验验证了理论的正确性。本节以射流前置级组件初始加工和安装误差为切入点,研究几何结构不对称性对伺服阀零偏特性的影响规律,作为射流前置级特性分析和电液伺服阀建模的基础。

4.5.1　基本方程

射流管伺服阀结构如图 4 - 47a 所示,其主要由力矩马达、射流前置级、反馈组件及滑阀功率级构成。对于完全对称的理想射流管伺服阀,当无控制电流加载时,力矩马达不产生电磁力矩,射流管处于两接收孔的中间位置,即几何对称位置,射流管喷嘴射出的液压油均等地分配到两接收孔中,此时滑阀两端无压差,因而滑阀处于中位,伺服阀流量输出为零。当有控制电流加载时,射流管在力矩马达产生的电磁力矩作用下克服弹簧管作用力旋转一定的角度而偏离中间位置,由此导致射流不再均等地分配到两接收孔中,从而使阀芯两端产生压差,进而推动阀芯运动而产生位移。反馈杆在阀芯位移的作用下对射流管施加与电磁力矩反向的反馈力矩。当力矩马达、弹簧管、反馈杆之间达到力矩平衡时,阀芯停止移动。阀芯位移及伺服阀流量输出与控制电流呈比例关系,当伺服阀完全对称时,无零位偏移。

由射流管伺服阀工作原理可知,前置级对称性与其零偏有重要关系,但零件公差及生产和装配过程中产生的误差会导致结构不对称。射流前置级接收面积图如图 4 - 47b 所示,这里将接收器的两个接收孔半径不相同的情况定义为接收孔大小不相等(图 4 - 47b 中 $r_1 \neq r_2$)。将在初始状态时射流管投影几何中心和接收器两接收孔投影几何对称位置不重合的情况定义为射流管与接收器不对中(图 4 - 47b 中 $\Delta x \neq 0$ 或 $\Delta y \neq 0$)。将射流管中心线与两接收孔夹角角平分线不重合的情况即两接收孔夹角角平分线与接收器端面不垂直的情况定义为接收器接收孔中心不对称(图 4 - 47b 中 $\gamma_1 \neq \gamma_2$)。

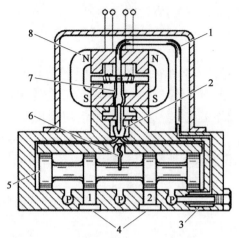

1—射流管供油口；2—可动射流管及其接收口；3—油滤；4—负载口；
5—滑阀；6—悬臂反馈弹簧；7—弹簧管；8—力矩马达

(a) 射流管伺服阀结构图

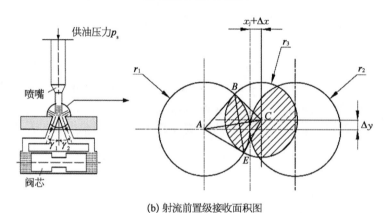

(b) 射流前置级接收面积图

图 4‑47　射流管伺服阀结构图和射流前置级接收面积图

因此，需详细分析射流前置级不对称性对其零偏的影响时，可从两接收孔大小不相等、射流管与接收器不对中、接收器接收孔中心不对称三种情况为切入点进行讨论，为此需建立包含上述三种不对称参数的射流前置级数学模型。零偏为伺服阀的静态特性，因此本节建立的是伺服阀静态特性的数学模型，方程中不考虑容腔油液压缩性、惯性力、阻尼力等动态项。

4.5.1.1　射流前置级基本方程

如图 4‑47b 所示，左、右圆分别为左、右接收孔近似投影，A 点为左接收孔投影圆心，C 点为射流管投影圆心，B、E 点为两圆的交点，AC、BE 相交于点 D，x_j 为射流管水平左右方向位移，Δx、Δy 分别为射流管左右、前后初始误差（取俯视向左、向上为正），r_1、r_2 分别为左、右接收孔半径，r_3 为射流管喷嘴半径，γ_1、γ_2 分别为左、右接收孔中心线与垂直方向夹角。图中阴影部分的面积近似等于接收孔的接收面积，左接收孔的接收面积等于两个扇形面积之和（$S_{扇形ABE}+S_{扇形CBE}$）减去两个三角形面积之和（$S_{\triangle ABE}+S_{\triangle CBE}$），则在射流管位移及初始误差确定的情况下，左接收孔接收面积 A_1 为

$$A_1 = S_{扇形ABE} - S_{\triangle ABE} + S_{扇形CBE} - S_{\triangle CBE}$$

$$= r_1^2 \arccos \frac{(r_1 - \Delta x - x_j)^2 + \Delta y^2 + r_1^2 - r_3^2}{2r_1 \sqrt{(r_1 - \Delta x - x_j)^2 + \Delta y^2}}$$

$$- \frac{(r_1 - \Delta x - x_j)^2 + \Delta y^2 + r_1^2 - r_3^2}{2\sqrt{(r_1 - \Delta x - x_j)^2 + \Delta y^2}} \cdot \sqrt{r_1^2 - \frac{\left[(r_1 - \Delta x - x_j)^2 + \Delta y^2 + r_1^2 - r_3^2\right]^2}{4\left[(r_1 - \Delta x - x_j)^2 + \Delta y^2\right]}}$$

$$+ r_3^2 \arccos \frac{(r_1 - \Delta x - x_j)^2 + \Delta y^2 - r_1^2 + r_3^2}{2r_3 \sqrt{(r_1 - \Delta x - x_j)^2 + \Delta y^2}}$$

$$- \frac{(r_1 - \Delta x - x_j)^2 + \Delta y^2 - r_1^2 + r_3^2}{2\sqrt{(r_1 - \Delta x - x_j)^2 + \Delta y^2}} \cdot \sqrt{r_3^2 - \frac{\left[(r_1 - \Delta x - x_j)^2 + \Delta y^2 - r_1^2 + r_3^2\right]^2}{4\left[(r_1 - \Delta x - x_j)^2 + \Delta y^2\right]}}$$

$$(4-158)$$

同理,可计算右接收孔的接收面积 A_2。

图 4-48 为前置级射流管与接收器结构图。截面 S 为供油截面,供油压力为 p_s;截面 i 为速度最大截面,压力为回油压力 p_i;截面 R 为压力恢复截面,恢复压力 p_1、p_2 最大。

分析可得左、右接收孔内恢复压力分别为

$$p_1 = p_i + C_v^2 \left[1 - C_i \left(1 - \frac{A_1}{A_a}\right)^2\right](p_s - p_i)$$

$$(4-159)$$

$$p_2 = p_i + C_v^2 \left[1 - C_i \left(1 - \frac{A_2}{A_a}\right)^2\right](p_s - p_i)$$

$$(4-160)$$

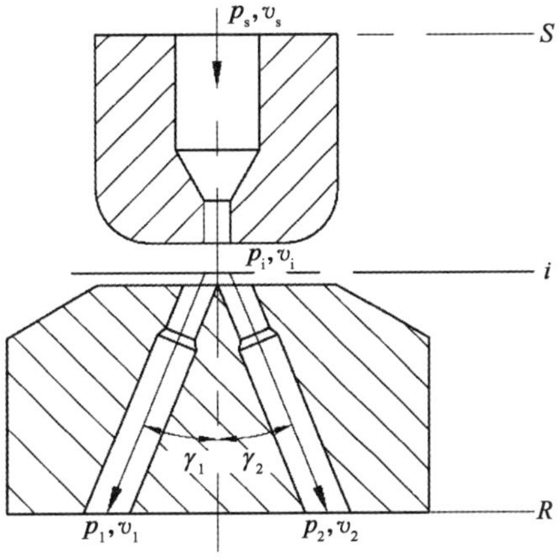

式中 C_v——喷嘴流速系数;

C_i——接收孔口的能量损失系数;

ρ——液压油的密度(kg/m^3);

A_a——接收孔截面积(m^2)。

前置级负载压力为

图 4-48　前置级射流管与接收器结构图

$$p_f = p_1 - p_2 = C_v^2 C_i (p_s - p_i) \left(2\frac{A_1 - A_2}{A_a} - \frac{A_1^2 - A_2^2}{A_a^2}\right) \qquad (4-161)$$

4.5.1.2　接收器接收孔中心不对称时的射流前置级基本方程

理想情况下,前置级两接收孔中心线与垂直方向夹角相等,即 $\gamma_1 = \gamma_2$,此时当控制电流为零时,接收面积与恢复压力均相等。当两接收孔存在加工误差,如接收器接收孔中心不对称,即 $\gamma_1 \neq \gamma_2$,接收孔截面为圆形,但其与接收器表面相贯线应为椭圆形,以左接收孔为例,长半轴长 $a = r_1/\cos\gamma_1$,短半轴长 $b = r_1$,则射流管移动 x_j 位移时前置级接收面积模型如图 4-49 所示。

当 γ_1 保持不变时,γ_2 增大会导致椭圆长半轴长度增加,此时短半轴长度不变,椭圆形状趋于细长,如图中轮廓 1,此时右接收孔接收面积变小;反之,γ_2 减小会导致椭圆长半轴长度缩

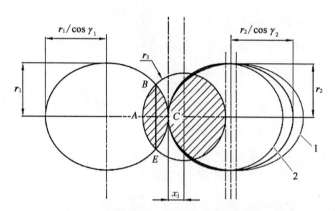

图 4-49 接收器接收孔中心不对称时的接收面积图

短,此时短半轴长度不变,椭圆形状趋近正圆,如图中轮廓 2,此时右接收孔接收面积变大。此处接收面积即为实际接收面积。由于椭圆与圆相交面积公式过于复杂,本节采用定积分的方法求得实际接收面积 A_{r1}、A_{r2}。

以左接收孔为例,接收面积等于两个弓形面积之和($S_{弓形BAE} + S_{弓形BCE}$)。在图 4-49 中以两接收孔切点为坐标原点,椭圆长轴为 x 轴,过原点且垂直于 x 轴的坐标轴为 y 轴,建立平面直角坐标系 xOy(取俯视向左、向上为正),则左接收孔边界曲线方程为

$$\frac{\left(x - \dfrac{r_1}{\cos \gamma_1}\right)^2}{\left(\dfrac{r_1}{\cos \gamma_1}\right)^2} + \frac{y^2}{r_1^2} = 1 \tag{4-162}$$

射流管喷嘴投影曲线方程为

$$(x - x_j)^2 + y^2 = r_3^2 \tag{4-163}$$

相交面积采用定积分表示,设射流管喷嘴投影面与左接收孔相交于 $B(x_1, y_1)$ 和 $E(x_1, -y_1)$,则左接收孔实际接收面积 A_{r1} 为

$$A_{r1} = S_{弓形BAE} + S_{弓形BCE}$$

$$= \int_{x_1}^{r_3 + x_j} 2\sqrt{r_3^2 - (x - x_j)^2}\, \mathrm{d}x + \int_0^{x_1} 2r_1 \sqrt{1 - \frac{\left(x - \dfrac{r_1}{\cos \gamma_1}\right)^2}{\left(\dfrac{r_1}{\cos \gamma_1}\right)^2}}\, \mathrm{d}x \tag{4-164}$$

同理,可得右接收孔实际接收面积 A_{r2}。

此时,左、右接收孔中的恢复压力分别为

$$p_1 = p_i + C_v^2 \left[1 - C_i\left(1 - \frac{A_{r1}}{A_a}\cos \gamma_1\right)^2\right](p_s - p_i) \tag{4-165}$$

$$p_2 = p_i + C_v^2 \left[1 - C_i\left(1 - \frac{A_{r2}}{A_a}\cos \gamma_2\right)^2\right](p_s - p_i) \tag{4-166}$$

则前置级负载压力为

$$p_f = p_1 - p_2 = C_v^2 C_i \left[\left(1 - \frac{A_{r2}}{A_a} \cos \gamma_2 \right)^2 - \left(1 - \frac{A_{r1}}{A_a} \cos \gamma_1 \right)^2 \right] (p_s - p_i) \quad (4-167)$$

4.5.1.3　力矩马达、反馈组件及滑阀功率级基本方程

输入控制电流 I 时，力矩马达产生电磁力矩 T_d，驱动衔铁偏转，弹簧管和反馈杆发生变形，图 4-50 为射流-反馈组件受力及变形示意图。图中射流管的偏转角度 θ（以顺时针转动为正）和阀芯位移 x_v（以向右运动为正）均为零件处于"工作平衡状态"时相对于零位的位置变动。

由上述分析得力矩马达特性方程为

$$T_d = K_t I + K_m \theta \quad (4-168)$$

式中　K_t——电磁力矩系数（N·m/A）；

　　　K_m——力矩马达磁弹簧刚度（N·m/rad）。

射流管角位移 θ 和偏移量 x_j 之间的关系可以近似认为

$$x_j = r\theta \quad (4-169)$$

弹簧管的力矩平衡方程为

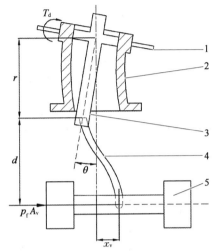

1—衔铁；2—弹簧管；3—射流管；4—反馈杆；5—滑阀

图 4-50　射流-反馈组件受力及变形示意图

$$T_d = K_a \theta + K_f [(r+d)\theta + x_v] \quad (4-170)$$

式中　K_a——弹簧管刚度（N/m）；

　　　K_f——反馈杆刚度（N/m）；

　　　r——衔铁旋转中心到反馈杆端点的距离（m）；

　　　d——反馈杆端点到滑阀轴线的距离（m）。

滑阀阀芯在前置级负载压力、液动力和反馈杆弹性力的作用下处于受力平衡状态，阀芯的受力平衡方程为

$$p_f A_v = K_f [(r+b)\theta + x_v] + K_v x_v \quad (4-171)$$

式中　A_v——阀芯端面面积（m²）；

　　　K_v——阀芯受到的稳态液动力刚度（N/m）。

$$K_v = 0.43W(p_s - p_1) \quad (4-172)$$

式中　p_1——滑阀负载压力（Pa）；

　　　W——滑阀面积梯度（m）。

伺服阀空载情况下，根据滑阀阀口节流方程，其负载流量 Q_L 为

$$Q_L = C_d W x_v \sqrt{\frac{p_s - p_i}{\rho}} \quad (4-173)$$

式中　C_d——滑阀阀口节流系数。

综合式(4-158)～式(4-173),可获得考虑两接收孔大小不相等、射流管与接收器不对中、接收器接收孔中心不对称的射流管伺服阀整阀模型。

4.5.2 理论分析

射流放大器组件对伺服阀零偏的影响主要是由于其机械对称性没有得到保障,即当控制电流为零时,接收器左、右两接收孔的接收面积不等,故可以从两接收孔大小不相等、射流管与接收器不对中、接收器接收孔中心不对称三个方面考虑。参考某型射流管伺服阀前置级结构参数(表4-9),建立该伺服阀整阀模型,利用 Simulink 进行仿真,设伺服阀输入控制电流为 I,零偏电流 I_0 为阀芯位移为零时的控制电流,所得结果如下。

表4-9 某型射流管伺服阀参数

参　　数	数　　值
左接收孔半径 r_1	0.2×10^{-3} m
右接收孔半径 r_2	0.2×10^{-3} m
射流管喷嘴半径 r_3	0.125×10^{-3} m
接收孔中心线与垂直方向夹角 γ	23°
滑阀面积梯度 W	23.8×10^{-3} m
阀芯端面面积 A_v	7.854×10^{-5} m²
弹簧管刚度 K_a	21.1 N·m/rad
反馈组件刚度 K_f	828 N/m
电磁力矩系数 K_t	0.59 N·m/A
力矩马达磁弹簧刚度 K_m	4.4 N·m/rad
衔铁旋转中心到反馈杆端点的距离 r	23×10^{-3} m
反馈杆端点到滑阀轴线的距离 d	10.7×10^{-3} m
喷嘴流速系数 C_v	0.97
接收孔口能量损失系数 C_i	0.95
滑阀阀口节流系数 C_d	0.61
液压油密度 ρ	870 kg/m³
供油压力 p_s	28 MPa
回油压力 p_i	0.6 MPa
额定电流 I_e	40 mA

4.5.2.1 两接收孔大小不相等对伺服阀零偏的影响

以左接收孔半径 r_1 为基准,分别取右接收孔半径 $r_2 = r_1$,$r_2 = 1.1r_1$,$r_2 = 0.9r_1$,则射流管位移 x_j 与接收面积 A 的关系如图4-51所示。为了便于对比,纵坐标转化为无因次形式。射流管位移 x_j 与左、右接收孔恢复压力 p_1、p_2 及负载压力 p_f 的关系如图4-52所示。

当 $r_2 = r_1$ 时,射流管位移 $x_j = 0$ mm 时负载压力 $p_f = 0$ MPa,此时不存在零偏;在 $r_2 = 1.1r_1$

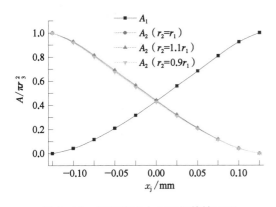

图 4-51 两接收孔大小不相等情况下前置级接收面积特性

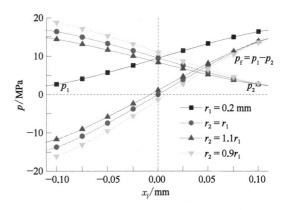

图 4-52 两接收孔大小不相等情况下射流管位移与前置级压力的关系

情况下,当 $x_j=0$ 时, $p_1>p_2$,此时存在零偏,当 $p_f=0$ MPa 时, $x_j<0$,即为使两接收孔恢复压力相等,需施加反向零偏电流使得衔铁逆时针旋转一定角度,从而使射流管向右移动;反之,当 $r_2=0.9r_1$ 时,需施加正向零偏电流使阀芯处于零位。此外,通过对比 3 条特性曲线可知,接收孔半径的增加会导致前置级负载压力增益的下降。当 $r_2>r_1$ 时,为使接收面积相等,射流管需左偏,而为使恢复压力相等,射流管需右偏。同理,当 $r_2<r_1$ 时,为使接收面积相等,射流管需右偏,而为使恢复压力相等,射流管需左偏。面积零偏与压力零偏性质随射流管位移的变化并不一致。这是由于此种不对称现象是由两接收孔大小不相等造成的,当 $r_2>r_1$ 时,射流管需左偏以保证接收面积相等,但此时右接收孔半径增大,导致右接收孔截面积增大,从而使恢复压力 p_2 降低,此时左接收孔恢复压力 $p_1>p_2$,阀芯两端存在压差,依然存在零偏,根据伺服阀零偏的定义,应以负载压力为基准,而非接收面积差。

定义两接收孔大小不对称系数为 $r_2/r_1=k$,取 $0.9 \leqslant k \leqslant 1.1$ 并代入整阀模型,得到两接收孔大小不相等情况下控制电流与伺服阀流量 (Q_L) 的关系,如图 4-53 所示,接收孔尺寸误差与伺服阀零偏的关系如图 4-54 所示。

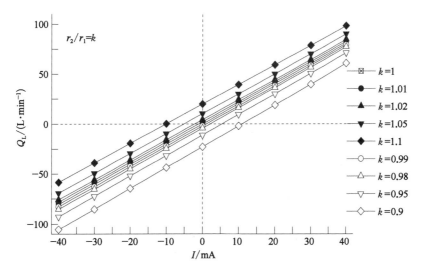

图 4-53 两接收孔大小不相等情况下控制电流与伺服阀流量的关系

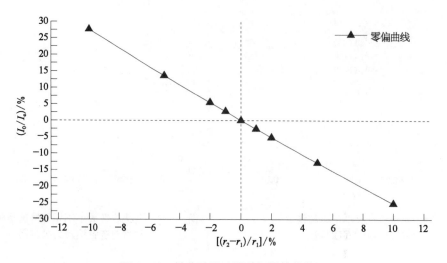

图 4 - 54　接收孔尺寸误差与零偏的关系

由图 4 - 54 可知，接收孔不对称对伺服阀零偏影响较大，以左接收孔半径 r_1 为基准，右接收孔半径 r_2 每增大 1%，产生约 2.6% 的反向零偏，减小 1% 时，产生约 2.7% 的正向零偏，且接收孔半径增大会导致压力增益降低，反之会导致压力增益增高。

4.5.2.2　射流管与接收器不对中对伺服阀零偏的影响

当伺服阀射流管存在装配误差时，有 $\Delta x \neq 0$ 或 $\Delta y \neq 0$。分别取 $\Delta x = -0.1r_1$，0，$0.1r_1$，$\Delta y = -0.1r_1$，0，$0.1r_1$，则前置级面积特性、射流管位移 x_j 与左、右接收孔恢复压力 p_1、p_2 及负载压力 p_f 的关系分别如图 4 - 55、图 4 - 56 所示。

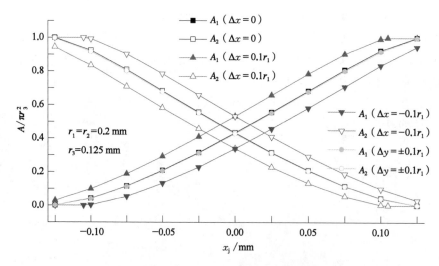

图 4 - 55　射流管与接收器不对中情况下前置级接收面积特性

由图 4 - 55 和图 4 - 56 可知，当 $\Delta x = 0$ mm 时，射流管位移 $x_j = 0$ mm 时两接收孔接收面积 $A_1 = A_2$，负载压力 $p_f = 0$ MPa；当 $\Delta x = 0.1r_1$ 时，即控制电流为零时射流管已向左偏移 $0.1r_1$，$A_1 > A_2$，由于接收孔半径相等，负载压力 p_f 的变化趋势与接收面积差变化趋势相同，当 $A_1 = A_2$ 时，$x_j = -0.1r_1$，即为使伺服阀两接收孔接收面积及负载压力相等，需施加反向

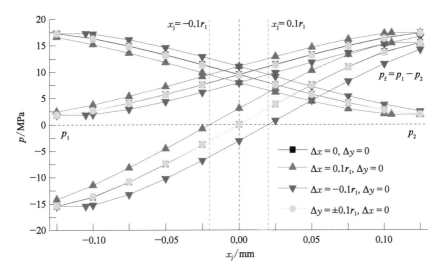

图 4 - 56　射流管与接收器不对中情况下射流管位移与前置级压力的关系

电流使得衔铁逆时针旋转一定角度,进而使射流管向右移动 $0.1r_1$ 的位移,从而使阀芯处于零位;反之,当 $\Delta x = -0.1r_1$ 时,需施加正向电流使阀芯处于零位。当 $\Delta x = 0$ mm 时,Δy 无论如何变化,射流管位移 $x_j = 0$ mm 时左接收孔接收面积 A_1 恒等于 A_2,不存在零偏,且 Δy 对接收面积的影响很小。此外,通过对比面积特性、压力特性曲线可以发现,当仅有 Δx 的变化时,曲线仅存在左右偏移,当仅有 Δy 的变化时,曲线基本与原始曲线重合,增益略有降低,但影响甚微。

取 $-0.1r_1 \leqslant \Delta x \leqslant 0.1r_1$,代入整阀模型,得到射流管与接收器不对中情况下控制电流与伺服阀流量的关系,如图 4 - 57 所示。射流管左右偏移误差 Δx 与伺服阀零偏关系如图 4 - 58 所示。射流管左右位移误差对伺服阀零偏影响较大,以左接收孔半径 r_1 为基准,左右位移误差 Δx 每向左增大 1%,产生约 6.4% 的反向零偏,每向右增大 1%,产生约 6.4% 的正向零偏。

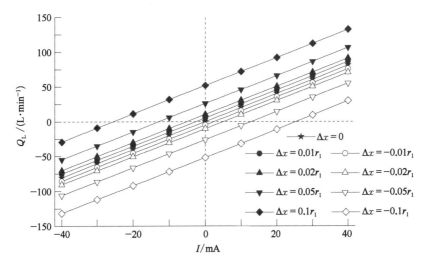

图 4 - 57　射流管与接收器不对中情况下控制电流与伺服阀流量的关系

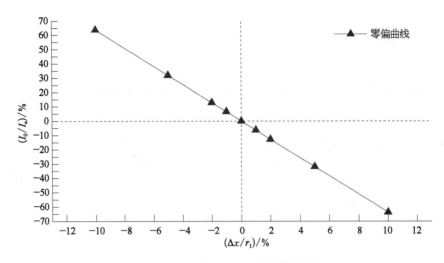

图 4-58　射流管偏移误差与零偏的关系

4.5.2.3　接收器接收孔中心不对称对伺服阀零偏的影响

当接收器接收孔中心不对称时,有 $\gamma_1 \neq \gamma_2$,以左接收孔中心线与垂直方向夹角 $\gamma_1 = 23°$ 为基准,分别取 $\gamma_2 = 23°$、$28°$、$18°$,代入接收器接收孔中心不对称时的前置级方程,得射流管位移 x_j 与左、右接收孔恢复压力 p_1、p_2 及负载压力 p_f 的关系,如图 4-59 所示。在 $\gamma_2 > \gamma_1$ 的情况下,$p_f = 0$ MPa 时 $x_j < 0$ mm;反之,在 $\gamma_2 < \gamma_1$ 的情况下,$p_f = 0$ MPa 时 $x_j > 0$ mm。接收孔中心线与垂直方向夹角对伺服阀增益影响较小。

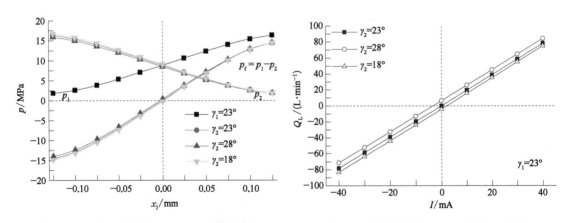

图 4-59　接收器接收孔中心不对称情况下　　　图 4-60　接收器接收孔中心不对称情况下
射流管位移与前置级压力的关系　　　　　　控制电流与伺服阀流量的关系

代入整阀模型,得到接收器接收孔中心不对称情况下控制电流与伺服阀流量的关系,如图 4-60 所示。当 $\gamma_2 > \gamma_1$ 时,产生反向零偏;反之,当 $\gamma_2 < \gamma_1$ 时,产生正向零偏。当 $\gamma_1 = 23°$ 时,γ_2 增大 $5°$(约 20%),产生约 8.2% 的反向零偏,γ_2 减小 $5°$,产生约 5.4% 的正向零偏。

4.5.3　实践试验

某型射流管伺服阀前置级不对称,通过试验验证其前置级不对称性对零偏的影响。试验装置及示意如图 4-61 所示。

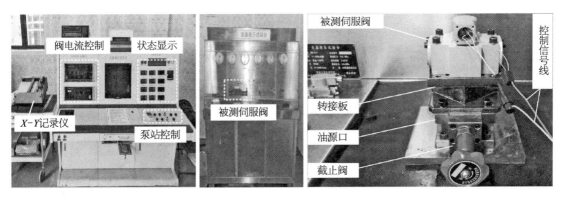

图 4‑61　射流管伺服阀静态特性试验装置

按照《飞机电液流量伺服阀通用规范》(GJB 3370—1998)中的电液伺服阀测试方法在液压试验台上进行试验。将待测伺服阀固定在液压试验台上,在 X‑Y 记录仪上绘制伺服阀空载流量试验曲线。试验条件如下：供油压力 $p_s = 28$ MPa,回油压力 $p_i = 0.6$ MPa,额定电流 $I_e = 40$ mA,频率为 0.02 Hz,液压油型号为 10 号航空液压油。试验结果如图 4‑62 所示。

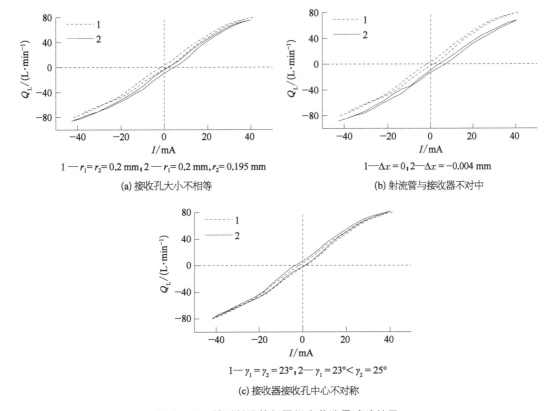

1—$r_1 = r_2 = 0.2$ mm,2—$r_1 = 0.2$ mm,$r_2 = 0.195$ mm

(a) 接收孔大小不相等

1—$\Delta x = 0$,2—$\Delta x = -0.004$ mm

(b) 射流管与接收器不对中

1—$\gamma_1 = \gamma_2 = 23°$,2—$\gamma_1 = 23° < \gamma_2 = 25°$

(c) 接收器接收孔中心不对称

图 4‑62　某型射流管伺服阀空载流量试验结果

接收孔大小不相等时,某型射流管伺服阀空载流量试验结果如图 4‑62a 所示。当右接收孔尺寸小于设计值约 2.5% 时,产生正向零偏约 7.4%,伺服阀增益增大。理论结果和试验结果相符。

为设置射流管与接收器不对中,取完成调零的、反馈杆底部和滑阀上的夹紧螺钉没有接触的理想射流管伺服阀,利用差动调节螺栓推动焊接好的力矩马达-弹簧管-喷嘴-反馈杆组件水平方向的位置,通过千分表获取喷嘴的移动距离,调节结束后,通过螺钉将力矩马达固定在阀体上;旋转夹紧螺钉,在保证阀芯位置和反馈杆位置不变的同时,将反馈杆底部夹紧,完成反馈杆和阀芯的固定,如图 4-63 所示。

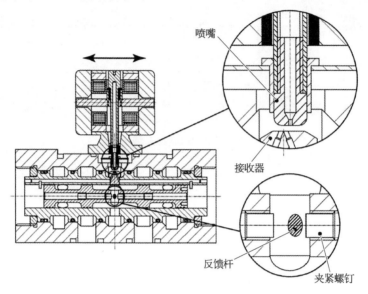

喷嘴

接收器

反馈杆

夹紧螺钉

图 4-63 射流管伺服阀中位调节原理图

射流管与接收器不对中时,某型射流管伺服阀空载流量试验结果如图 4-62b 所示。当射流管存在水平向右的初始偏差约 2% 时,产生正向零偏约 13.3%,伺服阀增益基本不变。理论结果和试验结果相符。

接收器接收孔中心不对称时,某型射流管伺服阀空载流量试验结果如图 4-62c 所示。当右接收孔中心线与垂直方向夹角大于设计值约 9% 时,产生反向零偏约 3.5%,且伺服阀增益略有减小。理论结果和试验结果相符。

考虑两接收孔孔径不对称性及射流管装配误差,建立前置级数学模型,取得了接收孔尺寸不相等或射流管与接收器不对中误差对接收面积、恢复压力和伺服阀零偏影响的变化规律。通过定积分的方法建立了考虑接收器接收孔中心不对称情况下的接收面积模型,取得了实际情况下射流管位移与接收面积的关系,并获得了接收孔中心线与垂直方向不同夹角对接收面积、恢复压力和伺服阀零偏影响的变化规律。本节还通过试验验证了理论的正确性。前置级加工、装配和环境作用下造成的不对称现象直接造成伺服阀零偏。射流管与接收器的装配误差或者接收孔半径误差,将导致伺服阀产生较大的零偏。在伺服阀加工和装配过程中应尽可能保证或创造条件做到伺服阀前置级结构的对称。

参 考 文 献

[1] 阎耀保,李聪.射流管伺服阀前置级不对称性对零偏的影响[J].华南理工大学学报(自然科学版),2021,49(5):111-119.

［2］ 阎耀保,李双路,章志恒,等.力反馈电液伺服阀反馈小球磨损特性研究[J].华中科技大学学报(自然科学版),2020(11):37-42.

［3］ 阎耀保,谢帅虎,原佳阳,等.宽温域下三位四通电磁液动换向阀的几何尺寸链与卡滞特性[J].飞控与探测,2019,2(3):95-102.

［4］ 阎耀保,李聪.极端低温下电液伺服阀温漂特性分析[J].飞控与探测,2020,3(1):80-85.

［5］ 阎耀保,李聪,李长明,等.力矩马达气隙误差对电液伺服阀零偏的影响[J].华中科技大学学报(自然科学版),2019,47(3):55-61.

［6］ 李长明,阎耀保,汪明月,等.高温环境对射流管伺服阀偶件配合及特性的影响[J].机械工程学报,2018,54(20):251-261.

［7］ 阎耀保,王玉.三维离心环境下射流管伺服阀的零偏特性[J].上海交通大学学报,2017,51(8):984-991.

［8］ 阎耀保.喷嘴挡板式电液伺服阀结构的演变过程[J].流体传动与控制,2017(1):54-59,61.

［9］ 阎耀保,付嘉华,金瑶兰.射流管伺服阀前置级冲蚀磨损数值模拟[J].浙江大学学报(工学版),2015,49(12):2252-2260.

［10］ 阎耀保,王玉.射流管伺服阀前置级压力特性[J].航空动力学报,2015,30(12):3058-3064.

［11］ 阎耀保,张鹏,岑斌.偏转板射流伺服阀前置级流场分析[J].中国工程机械学报,2015,13(1):1-7.

［12］ 阎耀保,李长明,江金林.三维离心环境下的电液伺服阀特性分析[J].机械工程学报,2015,51(2):169-177.

［13］ 阎耀保,张鹏,张阳.偏转板伺服阀压力特性研究[J].流体传动与控制,2014(4):10-15.

［14］ 阎耀保,李长明,夏飞燕,等.一种双冗余反弹射流导板伺服阀:ZL 201710072977.8[P].2018-05-08.

［15］ WANG Y,YIN Y B. Performance reliability of jet pipe servo valve under random vibration environment[J]. Mechatronics,2019(64):1-13.

［16］ YIN Y B,HE C P,LI C M,et al. Mathematical model of radial matching clearance of spool valve pair under large temperature range environment[C]//Proceedings of the 8th International Conference on Fluid Power and Mechatronics,FPM2019-221-1-6. Wuhan,2019.

［17］ YIN Y B,LI S L,WANG Y. Structure optimization of the pilot stage in a deflector jet servo valve[C]// Proceedings of 22nd International Conference on Mechatronics Technology,ICMT 2018,Paper ID 17. Korea,2018:1-6.

［18］ YIN Y B,WANG Y. Characteristics of jet pipe servo valve considering additional corner stiffness of input tube [C]//Proceedings of the Ninth International Conference on Fluid Power Transmission and Control,ICFP 2017:44-48.

［19］ YIN Y B,WANG Y. Working characteristics of jet pipe servo valve in vibration environment[C]//Proceedings of the 10th JFPS International Symposium on Fluid Power 2017,The Japan Fluid Power System Society. Fukuoka,2017,2C18:1-7.

［20］ 李长明.射流式电液伺服阀基础理论研究[D].上海:同济大学,2019.

［21］ 原佳阳.极端环境下高端液压阀性能及其演变的基础研究[D].上海:同济大学,2019.

［22］ 王玉.射流管伺服阀静态特性和零偏零漂机理研究[D].上海:同济大学,2019.

［23］ 李聪.极端温度下射流管伺服阀温度漂移机理与阀体疲劳特性研究[D].上海:同济大学,2019.

［24］ 阎耀保.高端液压元件理论与实践[M].上海:上海科学技术出版社,2017.

［25］ 中国航空工业总公司第六〇九研究所.飞机电液流量伺服阀通用规范:GJB 3370—1998[S].北京:中国航空工业总公司,1998.

［26］ 中国航天工业总公司一院十八所.电液伺服阀试验方法:QJ 2078A—1998[S].北京:中国航天工业总公司,1998.

［27］ 朱忠惠,陈孟荤.推力矢量控制伺服系统[M].北京:中国宇航出版社,1995.

［28］ 任光融,张振华,周永强.电液伺服阀制造工艺[M].北京:中国宇航出版社,1988.

［29］ 吴人俊,李书敬,赵祖佑.电液伺服机构制造技术[M].北京:中国宇航出版社,1992.

［30］ 王太勇,熊越东,路世忠.蒙特卡洛仿真法在尺寸及公差设计中的应用[J].农业机械学报,2005,36(5):101-104.

［31］ 中华人民共和国国家质量监督检验检疫总局,中国国家标准化管理委员会.产品几何技术规范(GPS)极限与配合　第2部分:标准公差等级和孔轴极限偏差表:GB/T 1800.2—2009[S].2009.

［32］ URATA E,SUZUKI K. Stiffness of the elastic system in a servo-valve torque motor [J]. Proceedings of the Institution of Mechanical Engineers:Part C Journal of Mechanical Engineering Science,2011,225(8):1963-1972.

［33］ MERRITT H E. Hydraulic control system [M]. New York:John Wiley & Sons,1967.

［34］ THAYER W J. Transfer functions for Moog servovalves[R]. Moog Inc Technical Bulletin 103,1958.

第 5 章
极端温度下电液伺服阀尺寸链重构与零偏漂移

由温度变化引发的电液伺服阀零偏漂移称为温度零漂,一般认为是由于加工、装配误差造成伺服阀局部不对称所导致。实际上加工误差、装配误差无法彻底消除,温度零偏漂移在一定范围内允许存在,国军标规定温度变化 28℃时,要求温度零偏漂移不大于±1%。在某型号射流管流量伺服阀研制过程中,为了降低整阀的重量以适应航空飞行器的要求,阀体由钢材改为铝材。高温测试时伺服阀的特性发生不规则的变动,且特性无法复现。

本章介绍极端温度下阀体、阀套、阀芯等金属体形貌变化规律的分析方法,阐述精密偶件配合尺寸的尺寸链重构现象与规律,分析极端温度、材料、精密零件与射流管伺服阀高温性能之间的映射关系及不规则性能的抑制措施。

5.1　概　　述

高端装备高新技术处于价值链的高端和产业链的核心环节。重大装备高端液压阀在宽温域即极端低温至极端高温的大温度范围下服役。宽温域是指由整机环境、高端液压阀部件及其内部流体所构成的热力学温度场。航空发动机燃油温度 2 000℃,波音 737 环境温度达−72~54℃,军用飞机液压阀的环境温度−55~250℃,液压油温度可达 140℃。新一代运载火箭采用液氧煤油作为燃料,煤油温度 3 600℃。地面液压系统的油温一般在 80℃或 105℃以下。但是导弹舵机试验或遥测油温达到 160℃,运载火箭的油温甚至达到 250℃,美国空军液压试验系统的油温 340℃,瞬时高达 537℃。

宽温域下服役时由于热胀冷缩、压力载荷等多场耦合,高端液压阀精密零部件将在不确定条件下进行尺寸链重构,诸精密零部件相互协同的情况将变得更为复杂。液压阀具有多种关键尺寸,如阀芯阀套轴向重叠量、径向间隙、节流口开度、固定容腔与可变容腔、各种配合如过盈配合等。液压阀最小配合间隙处于微米级,如伺服阀 1~4 μm、普通液压阀 1~23 μm。根据加工方法和加工位置不同,零部件尺寸和形位误差按一定概率分布,如正态分布、三角分布、均匀分布、瑞利分布和偏态分布等。近年来,采用计算机辅助技术研究公差累积对尺寸链的影响,分析装配尺寸链的公差设计方法及装配偏差的传递模型及质量评价方法,并用于机床、汽车车身、航空发动机等。日本 E. Urata 通过试验测试电液伺服阀装配误差引起四个气隙不均等时的力矩马达性能,归纳了装配要求;1998 年,法国 Samper 提出考虑弹性变形的三维公差模型。某飞机液压滑阀采用通径 ϕ13 mm 的阀套,在油液温度−40~150℃作用下阀套径向轮

廓最大变形量为 $2.9~\mu m$，在压力油 24 MPa 作用下最大变形量为 $2.2~\mu m$。液压阀精密零部件三维结构复杂、偶件配合形式多样，亟待引入概率论和数理统计学方法，建立各关键零部件的尺寸链数学表达和误差分布规则，研究宽温域、零部件公差与尺寸链、批量制造工艺和阀性能尤其是一致性之间的映射关系。

1957 年，美国人 R. Atchley 利用四通射流管阀作为前置级液压放大器，发明了两级力反馈式射流管电液伺服阀。射流管电液伺服阀的最小流道为射流管喷嘴直径，尺寸 $\phi0.2\sim0.4$ mm，约为喷嘴挡板式电液伺服阀的最小流道即喷嘴挡板间隙（$0.03\sim0.05$ mm）的 10 倍，因此射流管电液伺服阀的抗污染能力优势明显。在快速响应要求不太高但耐污染能力要求高的场合，射流管伺服阀迅速取代了喷嘴挡板式伺服阀，例如航空发动机的燃油计量、燃气轮机的控制、飞机舵面与起落架的升降及舰船、机床、冶金等设备的液压系统。但是在快速响应性要求较高、流体介质的清洁度有保证的领域，喷嘴挡板式伺服阀仍然被广泛使用，例如火箭、导弹的液压舵机等。近年来，气动射流管伺服机构的研究也有一定进展，主要应用于对环境清洁度要求较高的食品、医药生产等领域，对防火防爆要求较高的焊接设备、工业机器人领域也逐渐采用气动射流管伺服机构。服役环境对电液伺服阀的性能有直接的影响，可能降低液压伺服系统的控制精度，甚至致其失效。当前各国学者相继研究地震转台、导弹、宇宙飞船等一维至三维离心环境下的伺服阀零偏漂移，提出了相应的伺服阀结构改进和工程布置方法。针对噪声干扰诱发伺服阀啸叫失稳现象，有文献提出利用磁流体在磁场作用下饱和磁化强度变高和黏度变大的特性，在力矩马达的磁隙中添加磁流体来增加阻尼，抑制伺服阀的自激振荡，提高力矩马达和伺服阀的稳定性。针对伺服阀并联时的油路冲击现象，提出在伺服阀零位不同步时采用一定规则的控制信号移相和变幅处理方案，来降低各阀芯在穿越零位时的相位差。针对电液伺服阀零位附近流量线性度差的现象，提出高幅值颤振补偿及流量线性规划补偿方法，提高伺服阀的空载流量线性度。

已有研究均针对常温下服役的电液伺服阀，关于高温环境或极端温度下电液伺服阀性能的研究尚不多见。结合某型射流管伺服阀的研制开发过程中出现的高温考核时阀特性的诸多不规则现象，本章提出将阀体、阀套、阀芯简化为规则形状金属体模型，分析变温度场内金属体的尺寸变化规律，寻找电液伺服阀关键配合尺寸的变化机理，揭示偶件配合与电液伺服阀高温不规则性能之间的映射关系，并提出和验证相应的抑制措施。

5.2　高温环境下的尺寸链重构

5.2.1　特性不规则且不重复现象

某型射流管伺服阀及其结构如图 5 - 1 所示，主要零部件包括阀体、阀套、阀芯、端盖、锁紧环、力矩马达、导油管、射流管、接收器、反馈杆、密封圈。射流管伺服阀基本工作原理如下：施加控制电流后，在力矩马达的驱动下射流管发生偏移，接收器的两接收孔接收的能量不同，所形成的压力差推动主阀芯移动，主阀芯通过反馈杆拖动射流管反向移动，在力矩马达、弹簧管、反馈杆三者之间形成新的力平衡后，主阀芯稳定在某一工作位置。此时，主阀芯的偏移量与控制电流成比例。

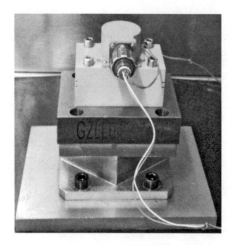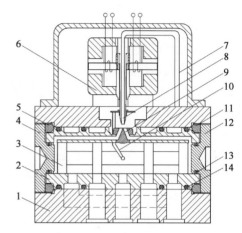

1—阀体；2—阀套；3—阀芯；4、12—端盖；5、11—锁紧环；6—力矩马达；
7—导油管；8—射流管；9—接收器；10—反馈杆；13、14—密封圈

图 5-1　射流管电液伺服阀及其结构示意图

该射流管伺服阀为带预置零偏电流型：全信号电流（即额定电流）为±300 mA，小信号电流为额定电流的 1/10；预置零偏电流为－20 mA。射流管伺服阀性能试验按照 SAE ARP490F 中的电液伺服阀测试方法在 BAUER 液压试验台上进行，流体介质为 RP3 燃油；全信号测试采用 VS1 型燃油流量计（量程 0.05～80 L/min，误差不大于±0.3%），小信号测试采用 VS0.04 型燃油流量计（量程 0.004～4 L/min），流量计误差不大于±0.3%；供油压力 5 MPa，回油压力 1 MPa；常温试验条件约 30℃，高温试验条件为 100℃。射流管伺服阀高温性能试验的目的在于考察其在全信号、小信号条件下的零偏漂移、滞环及分辨率等性能指标是否符合国军标《飞机电液流量伺服阀通用规范》(GJB 3370—1998) 的要求。这里零偏漂移是指零偏的变化；滞环是指当控制电流在正负额定电流之间时产生相同控制流量的往返控制电流的差值；分辨率是指为使阀的控制流量发生变化的控制电流最小变量；上述三者均以与额定电流之比的百分数来表示。

电液伺服阀装调完成，进行常温测试。伺服阀的小信号流量测试曲线与大信号流量测试曲线如图 5-2、图 5-3 所示，均正常。该型射流管伺服阀在高温性能测试时出现以下几种不规则现象：① 小信号流量曲线局部增益激增现象（增益激增部位不处于零位，可判定并非滑阀遮盖量为负值所致），如图 5-4 所示；② 高温试验条件下小信号流量曲线全程锯齿状波动，且偶有突跳现象，如图 5-5 所示；③ 高温试验条件下全信号测试温度零偏漂移 4.63%，超出"平均每变化 28℃ 时不大于±1%"的规定，如图 5-6 所示。此外还有中、低压下分辨率差，滞环不合格，零漂合格而曲线歪歪扭扭，全信号曲线不平滑，回油压力零偏漂移超出国军标《飞机电液流量伺服阀通用规范》(GJB 3370—1998) 等多种现象，尤其是每一次复测的结果均与上一次相差较大，即试验结果不具备可重复性。

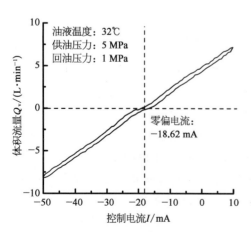

图 5-2　某射流管伺服阀常温小信号流量曲线

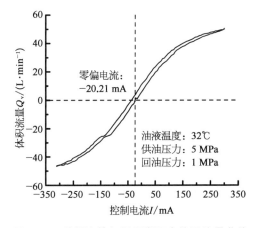

图 5‑3　某射流管伺服阀常温全信号流量曲线

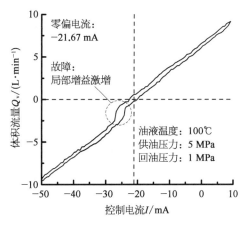

图 5‑4　某伺服阀高温小信号流量曲线之一

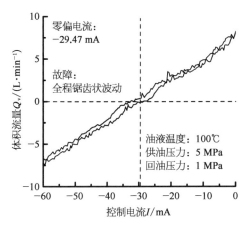

图 5‑5　某伺服阀高温小信号流量曲线之二

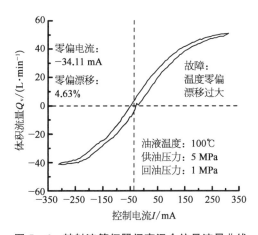

图 5‑6　某射流管伺服阀高温全信号流量曲线

5.2.2　规则金属体的变形机理

本节将伺服阀阀体、阀套、阀芯简化为规则形状金属体模型,包括忽略掉内部各流道的影响,将阀体视为外方内圆的金属筒;略去密封环槽的影响,将阀套简化为厚壁圆筒;略去均压环槽的影响,阀芯的阀肩视作规则的圆柱。分析变温度场内上述规则金属体的尺寸变化规律,为寻找电液伺服阀关键配合尺寸的变化机理,揭示偶件配合与电液伺服阀高温不规则性能之间的映射关系做理论铺垫。

5.2.2.1　自由热变形

热胀冷缩是固体物质的一种基本属性:温度变化引起分子间距的伸缩,从而产生物体的变形。只与温度变化有关的变形称之为热变形。如果热变形是在无任何内、外阻碍的情况下进行,则称之为自由热变形。温度在时空下的分布称为温度场,当温度的分布与时间 t 无关时,定义为稳态温度场;当温度的分布与空间 (x,y,z) 无关时,定义为均匀温度场;当温度的分布与时间、空间均无关时,则为稳态均匀温度场。令参照温度场为 $T_0(x,y,z,t)$,现时温度场为 $T'(x,y,z,t)$,则温度场的变化 $T=T'-T_0$ 。根据热弹性力学可知,在自由热变形条件下,有

$$\left.\begin{array}{l} \varepsilon_r = \varepsilon_\theta = \varepsilon_z = \alpha T \\ \gamma_{r\theta} = \gamma_{\theta z} = \gamma_{zr} = 0 \\ \tau_{r\theta} = \tau_{\theta z} = \tau_{zr} = 0 \end{array}\right\} \tag{5-1}$$

式中　ε_r、ε_θ、ε_z——物体微单元在径向、切向、轴向上的线性应变分量,量纲为 1;

　　　$\gamma_{r\theta}$、$\gamma_{\theta z}$、γ_{zr}——物体微单元在柱面坐标中的剪应变分量,量纲为 1;

　　　$\tau_{r\theta}$、$\tau_{\theta z}$、τ_{zr}——物体微单元在柱面坐标中的剪应力分量(MPa);

　　　α ——金属线膨胀系数(℃);

　　　T——温度变化量(℃)。

5.2.2.2　残余应力条件下的热变形

机械零件一般经过多道冷热加工工序而成,其间材料的晶格与晶相在力或温度的作用下发生变化,当晶格与晶相的状态变化不一致时,就会产生应力。零件加工成型后,材料内部的晶格与晶相状态一般无法达到完全一致,则由此产生的应力就无法彻底消失,此应力称为残余应力。对于金属材料,在三向应力状态下、弹性变形范围内,其应力应变关系符合广义虎克定律,即

$$\left.\begin{array}{l} \varepsilon_r = \dfrac{\sigma_r - \mu\,(\sigma_\theta + \sigma_z)}{E} \\[2mm] \varepsilon_\theta = \dfrac{\sigma_\theta - \mu\,(\sigma_z + \sigma_r)}{E} \\[2mm] \varepsilon_z = \dfrac{\sigma_z - \mu\,(\sigma_r + \sigma_\theta)}{E} \end{array}\right\} \tag{5-2}$$

式中　E——材料的弹性模量(MPa);

　　　σ_r、σ_θ、σ_z——物体微单元在径向、切向、轴向上的应力分量(MPa);

　　　μ ——材料的泊松比,量纲为 1。

由式(5-2)知,当材料内部应力的分布或大小发生变动时,物体的几何尺寸或形状就会随之改变。例如恒温条件下,半精密加工后的零件在自然时效处理后,其尺寸或形状会有所变化,这主要是应力释放引起的。应力释放殆尽后,残余的应力基本不再变动,此时再进行最终精密加工,对零件的尺寸和形状的保持恒定是最有利的。式(5-2)中材料的弹性模量 E 不是恒值,其随温度变化的规律为

$$E_{T'} = E_{T_0}\big[1 + \eta(T' - T_0)\big] \tag{5-3}$$

式中　E_{T_0}、$E_{T'}$——温度为 T_0、T' 时材料的弹性模量(MPa);

　　　η ——材料弹性模量的温度系数(℃$^{-1}$),一般为负值。

当满足在稳态温度场中、在弹性变形范围内的条件时,材料的应力与应变满足线性叠加关系,即

$$\left.\begin{array}{l} \varepsilon_r = \dfrac{\sigma_r - \mu(\sigma_\theta + \sigma_z)}{E_{T'}} + \alpha T \\[2mm] \varepsilon_\theta = \dfrac{\sigma_\theta - \mu\,(\sigma_z + \sigma_r)}{E_{T'}} + \alpha T \\[2mm] \varepsilon_z = \dfrac{\sigma_z - \mu\,(\sigma_r + \sigma_\theta)}{E_{T'}} + \alpha T \end{array}\right\} \tag{5-4}$$

由式(5-4)可知,当温度变化后,材料变形的原因除了受热胀冷缩的基本属性支配外,还由于弹性模量、泊松比的改变而受到残余应力的影响。

5.2.2.3　具有同心孔的金属圆筒的热变形

略去密封环槽及阀口开槽的影响,阀套可视为具有同心孔的金属圆筒。如图 5-7 所示建立极坐标,同心金属圆筒长为 L_1,内、外径分别为 $\phi 2a$、$\phi 2b$,点 $A(r, \theta)$ 为圆筒内远离两端的任一点。

(a) 阀套实物图

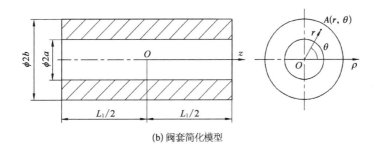

(b) 阀套简化模型

图 5-7　阀套及其简化模型(具有同心孔的金属圆筒)

对于经过淬火、磨削工艺的圆筒,其周向残余应力 σ_θ 为主要应力,径向残余应力 σ_r 较小,为方便计算可以忽略;且由于 σ_θ 分布的深度较浅($20\sim 50\ \mu m$),可以将其视为均布于圆筒表层的面力,记为 $\sigma_{\theta a}$、$\sigma_{\theta b}$;一般情况下,$\sigma_{\theta a}$、$\sigma_{\theta b}$ 均为压应力,其中 a、b 为圆筒的内、外壁半径。正常情况下表层残余应力为压应力。假设环境为对称于 z 轴的稳态温度场,温度分布沿圆柱的轴向不变,则

$$T = T(r) \tag{5-5}$$

由于 σ_θ 为均布面力,则圆柱体内的力与温度均对称于轴线,那么点 A 只会产生径向位移 $u(r)$ 和轴向位移 $w(z)$,不会产生周向位移 $v(\theta)$。$u(r)$、$w(z)$ 即需要求解的变形量。首先假设同心圆筒内轴向位移 w 处处为零,将圆柱视为薄圆盘,求其平面解得径向变形量表达式为

$$u = (1+\mu')\alpha' \frac{1}{r}\int_a^r T(r) r \mathrm{d}r + \frac{1}{2}C_1 r + \frac{C_2}{r} \tag{5-6}$$

各应力分量的表达式为

$$\left.\begin{aligned}
\sigma_r &= -\frac{\alpha' E'_{T'}}{r^2}\int_a^r T(r)r\mathrm{d}r + \frac{C_1 E'_{T'}}{2(1-\mu')} - \frac{C_2 E'_{T'}}{1+\mu'}\frac{1}{r^2} \\
\sigma_\theta &= \frac{\alpha' E'_{T'}}{r^2}\int_a^r T(r)r\mathrm{d}r + \frac{C_1 E'_{T'}}{2(1-\mu')} + \frac{C_2 E'_{T'}}{1+\mu'}\frac{1}{r^2} - \alpha' E'_{T'}T(r) \\
\sigma_z &= \mu\left[\frac{C_1 E'_{T'}}{1-\mu'} - \alpha' E'_{T'}T(r)\right] - \alpha E_{T'}T(r)
\end{aligned}\right\} \tag{5-7}$$

其中，

$$C_1 = \frac{2(1-\mu')}{b^2-a^2} \left\{ \frac{b^2\sigma_{\theta b} - a^2\sigma_{\theta a}}{E'_{T'}} - \alpha'\int_a^b T(r)r\mathrm{d}r + \alpha'[b^2T(b) - a^2T(a)] \right\} \quad (5-8)$$

$$C_2 = \frac{a^2b^2(1+\mu')}{b^2-a^2} \left\{ \frac{\sigma_{\theta a} - \sigma_{\theta b}}{E'_{T'}} + \frac{\alpha'}{b^2}\int_a^b T(r)r\mathrm{d}r - \alpha'[T(b) - T(a)] \right\} \quad (5-9)$$

$$\mu' = \mu/(1-\mu), \quad \alpha' = (1+\mu)\alpha, \quad E'_{T'} = E_{T'}/(1-\mu^2) \quad (5-10)$$

然后在同心圆筒两端面叠加均布的轴向应力 $\sigma_{z'}$，使之与 σ_z 的合力相平衡，修正上述平面解，以适应其两端为自由端的情形。求得同心圆筒的轴向伸长量为

$$w = \frac{2}{b^2-a^2} \left\{ \frac{1+\mu}{1-\mu}\alpha\int_a^b T(r)r\mathrm{d}r - \frac{\mu}{E_{T'}}(b^2\sigma_{\theta b} - a^2\sigma_{\theta a}) - \frac{\mu}{1-\mu}\alpha[b^2T(b) - a^2T(a)] \right\} |z|$$

$$(5-11)$$

同心圆筒的径向变形量为

$$\bar{u} = \frac{1+\mu}{1-\mu}\alpha\,\frac{1}{r}\int_a^r T(r)r\mathrm{d}r$$

$$+ \frac{1}{b^2-a^2} \left\{ -\frac{1+\mu}{1-\mu}\alpha\int_a^b T(r)r\mathrm{d}r + \alpha[b^2T(b) - a^2T(a)] + (1-\mu)\frac{b^2\sigma_{\theta b} - a^2\sigma_{\theta a}}{E_{T'}} \right\} r$$

$$+ \frac{a^2b^2}{r(b^2-a^2)} \left\{ \frac{1}{b^2}\frac{1+\mu}{1-\mu}\alpha\int_a^b T(r)r\mathrm{d}r - (1+\mu)\frac{\sigma_{\theta b} - \sigma_{\theta a}}{E_{T'}} - \frac{1+\mu}{1-\mu}\alpha[T(b) - T(a)] \right\}$$

$$(5-12)$$

若环境为稳态均匀温度场，同心圆筒体内温度也处处相同，温度从 T_0 变化到 T' 时，有

$$T(r) = T' - T_0 = \Delta T \quad (5-13)$$

将其分别代入式(5-11)、式(5-12)，求得同心圆筒在稳态均匀温度场下的轴向伸长量、径向变形量分别为

$$w_{T'} = \left[\alpha\Delta T - 2\mu\frac{b^2\sigma_{\theta b} - a^2\sigma_{\theta a}}{(b^2-a^2)E_{T'}} \right] |z| \quad (5-14)$$

$$\overline{u_{T'}} = \alpha\Delta Tr + \frac{(1-\mu)(b^2\sigma_{\theta b} - a^2\sigma_{\theta a})}{E_{T'}(b^2-a^2)}r - \frac{(1+\mu)(\sigma_{\theta b} - \sigma_{\theta a})}{E_{T'}(b^2-a^2)}\frac{a^2b^2}{r} \quad (5-15)$$

考虑同心圆筒在温度为 T_0 时的预变形量为

$$w_{T_0} = -2\mu\frac{b^2\sigma_{\theta b} - a^2\sigma_{\theta a}}{(b^2-a^2)E_{T_0}} |z| \quad (5-16)$$

$$\overline{u_{T_0}} = \frac{(1-\mu)(b^2\sigma_{\theta b} - a^2\sigma_{\theta a})}{E_{T_0}(b^2-a^2)}r - \frac{(1+\mu)(\sigma_{\theta b} - \sigma_{\theta a})}{E_{T_0}(b^2-a^2)}\frac{a^2b^2}{r} \quad (5-17)$$

则同心圆筒温度从 T_0 变化到 T' 时，其轴向相对(实际)伸长量与径向相对(实际)变化量分别为

$$w_{\Delta T} = w_{T'} - w_{T_0} \quad (5-18)$$

$$\overline{u_{\Delta T}} = \overline{u_{T'}} - \overline{u_{T_0}} \tag{5-19}$$

分别将式(5-3)、式(5-14)、式(5-16)与式(5-3)、式(5-15)、式(5-17)代入,可得

$$w_{\Delta T} = \left[\alpha + 2\mu\eta \frac{b^2 \sigma_{\theta b} - a^2 \sigma_{\theta a}}{(b^2 - a^2) E_{T_0}(1 + \eta\Delta T)} \right] \Delta T \mid z \mid \tag{5-20}$$

$$\overline{u_{\Delta T}} = \left[\alpha - \frac{(1-\mu)(b^2 \sigma_{\theta b} - a^2 \sigma_{\theta a})}{(b^2 - a^2) E_{T_0}(1 + \eta\Delta T)} \eta \right] \Delta T r + \frac{(1+\mu)(\sigma_{\theta b} - \sigma_{\theta a}) a^2 b^2}{(b^2 - a^2) E_{T_0}(1 + \eta\Delta T)} \frac{\eta\Delta T}{r}$$
$$\tag{5-21}$$

5.2.2.4　实心金属圆柱的热变形

略去均压环槽的影响,阀芯的阀肩可视作规则的圆柱,进而将主阀芯简化为实心圆柱体。如图 5-8 所示建立极坐标,实心金属圆柱长为 L_2,外径为 $\phi 2b$,点 $B(r, \theta)$ 为圆柱内远离两端的任一点。

(a) 主阀芯实物图

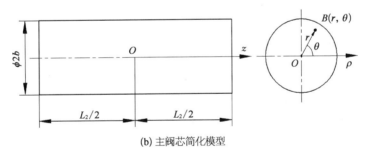

(b) 主阀芯简化模型

图 5-8　主阀芯及其简化模型(实心金属圆柱)

对于有表面残余应力的实心金属圆柱,可将其看作内孔半径 $a=0$ 的同心圆筒。则当环境为对称于 z 轴的稳态温度场,温度分布沿圆柱的轴向不变时,将 $a=0$ 代入式(5-11),得实心圆柱的轴向伸长量为

$$w = \left\{ \frac{2\alpha}{1-\mu} \left[\frac{1+\mu}{b^2} \int_0^b T(r) r \mathrm{d}r - \mu T(b) \right] - 2\mu \frac{\sigma_{\theta b}}{E_{T'}} \right\} \mid z \mid \tag{5-22}$$

将 $a=0$ 代入式(5-12),得实心圆柱的径向变形量为

$$\overline{u} = \frac{(1+\mu)\alpha}{1-\mu} \left[\frac{1}{r} \int_0^r T(r) r \mathrm{d}r - \frac{r}{b^2} \int_0^b T(r) r \mathrm{d}r \right] + \alpha T(b) r + (1-\mu) \frac{\sigma_{\theta b}}{E_{T'}} r \tag{5-23}$$

当环境为稳态均匀温度场,实心圆柱内的温度处处相同,温度从 T_0 变化到 T' 时,将

$T(r) = \Delta T$ 代入式(5-14)、式(5-15),得实心圆柱的轴向、径向变化量为

$$w_{T'} = \left(\alpha \Delta T - 2\mu \frac{\sigma_{\theta b}}{E_{T'}} \right) |z| \qquad (5-24)$$

$$\overline{u_{T'}} = \left[\alpha \Delta T + (1-\mu) \frac{\sigma_{\theta b}}{E_{T'}} \right] r \qquad (5-25)$$

考虑实心圆柱在温度为 T_0 时的预变形量为

$$w_{T_0} = -2\mu \frac{\sigma_{\theta b}}{E_{T_0}} |z| \qquad (5-26)$$

$$\overline{u_{T_0}} = (1-\mu) \frac{\sigma_{\theta b}}{E_{T_0}} r \qquad (5-27)$$

将式(5-3)、式(5-24)、式(5-26)与式(5-3)、式(5-25)、式(5-27)分别代入式(5-18)、式(5-19),得实心圆柱的轴向相对(实际)伸长量与径向相对(实际)变化量为

$$w_{\Delta T} = \left[\alpha + \frac{2\mu \eta \sigma_{\theta b}}{E_{T_0}(1 + \eta \Delta T)} \right] \Delta T |z| \qquad (5-28)$$

$$\overline{u_{\Delta T}} = \left[\alpha - \frac{(1-\mu)\sigma_{\theta b} \eta}{E_{T_0}(1 + \eta \Delta T)} \right] \Delta T r \qquad (5-29)$$

为分析材料的热变形影响因素,有文献将叠加的均布轴向应力 σ_z' 所引起的轴向应变即视为总的轴向应变,而没有根据广义胡克定律[式(5-3)]来计算;此外也未考虑温度为 T_0 时金属体的预变形量。

5.2.2.5 外方内圆金属筒的热变形

为简化分析,忽略内部各流道的影响,伺服阀阀体可看作是外方内圆的金属筒。如图5-9所示,外方内圆金属筒的长、宽、高及内径分别为 L_3、W、H、$\phi 2a$。鉴于本节目的在于通过分析阀体变形规律而确定内孔孔径的变化,不妨建立极坐标系,虚线为阀体内切同心圆筒的外边界,其外径 $\phi 2b$ 与阀体的高 H 相等,点 $C(r, \theta)$ 为圆柱内远离两端的任一点。

对于阀体,作为前置级及功率级的定位基体,一旦产生不规则变形,伺服阀内部的配合关系均会遭到破坏,整阀性能改变不可避免,因此加工过程中无淬火工序,磨削时不易出现烧伤现象(指淬火工件磨削时,由于散热不及时使得工件表层温度迅速升高,当达到相变温度以上时,即发生金相组织的变化,由于不同金相组织的质量体积不同,则在工件表面形成应力层)而产生相变应力,其残余应力基本被时效处理所消除,可忽略。则阀体在温度场内的变形可看作自由热变形,其内切同心圆筒内、外表面层的残余应力 $\sigma_{\theta a}$、$\sigma_{\theta b}$ 均为零。当环境为对称于 z 轴的稳态温度场,温度分布沿同心圆筒的轴向不变时,将 $\sigma_{\theta a} = \sigma_{\theta b} = 0$ 代入式(5-11),得阀体内切同心圆筒的轴向伸长量为

$$w = \frac{2}{b^2 - a^2} \left\{ \frac{1+\mu}{1-\mu} \alpha \int_a^b T(r) r \, dr - \frac{\mu}{1-\mu} \alpha [b^2 T(b) - a^2 T(a)] \right\} |z| \qquad (5-30)$$

将 $\sigma_{\theta a} = \sigma_{\theta b} = 0$ 代入式(5-12),得阀体内切同心圆筒的径向变形量为

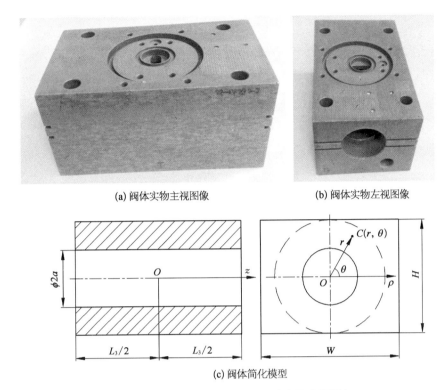

(a) 阀体实物主视图像　　　　(b) 阀体实物左视图像

(c) 阀体简化模型

图 5 - 9　阀体及其简化模型(外方内圆金属筒)

$$\bar{u} = \frac{1+\mu}{1-\mu}\alpha\,\frac{1}{r}\int_a^r T(r)r\mathrm{d}r$$

$$+ \frac{1}{b^2-a^2}\left\{\alpha\left[b^2 T(b)-a^2 T(a)\right] - \frac{1+\mu}{1-\mu}\alpha\int_a^b T(r)r\mathrm{d}r\right\}r \qquad (5-31)$$

$$+ \frac{a^2 b^2}{r(b^2-a^2)}\frac{1+\mu}{1-\mu}\left\{\frac{1}{b^2}\alpha\int_a^b T(r)r\mathrm{d}r - \alpha\left[T(b)-T(a)\right]\right\}$$

当环境为稳态均匀温度场,阀体内切同心圆筒内的温度处处相同,温度从 T_0 变化到 T' 时,将 $T(r)=\Delta T$ 代入式(5-20)、式(5-21),分别得其轴向、径向变化量为

$$w = \alpha\Delta T \mid z \mid \qquad (5-32)$$

$$\bar{u} = \alpha\Delta T r \qquad (5-33)$$

5.2.3　精密偶件的尺寸链重构

由图 5-1 可知,射流管伺服阀功率级滑阀由阀体、阀套、阀芯等部件组成,阀套由两端的锁紧环夹紧,锁紧环由外螺纹与阀体连接,从而实现阀套相对于阀体的定位。伺服阀前置级的接收器压装在阀套上,实现接收器相对于阀体的定位。力矩马达通过螺栓固定在阀体上,形成射流管与接收器之间的配合。以下分析高温环境对上述诸精密偶件配合的影响,找出其与伺服阀不规则性能之间的映射关系,为制定抑制措施提供依据。高温试验过程中,射流管伺服阀处于密闭的保温罩之中,温度从 T_0(20℃)变化到 T'(100℃)的过程历时约 45 min,则该高温环境可视为稳态均匀温度场,阀体、阀套、阀芯的温度时时处处均相同,温度差为

$$\Delta T = T' - T_0 = 80\,℃ \tag{5-34}$$

某型射流管伺服阀阀体为 7075 铝材,阀套、阀芯为 90Cr18MoV 钢。在 20～200℃,上述铝材与钢材的平均热膨胀系数分别为

$$\left.\begin{array}{l} \alpha_{Al} = 23.6 \times 10^{-6}\,℃^{-1} \\ \alpha_{Fe} = 10 \times 10^{-6}\,℃^{-1} \end{array}\right\} \tag{5-35}$$

泊松比分别为

$$\left.\begin{array}{l} \mu_{Al} = 0.33 \\ \mu_{Fe} = 0.3 \end{array}\right\} \tag{5-36}$$

$T_0 = 20\,℃$ 时,上述铝材与钢材的弹性模量分别为

$$\left.\begin{array}{l} E_{Al20} = 0.717 \times 10^5\ MPa \\ E_{Fe20} = 1.95 \times 10^5\ MPa \end{array}\right\} \tag{5-37}$$

在 $-100～100℃$,铝材与钢材弹性模量的温度系数分别为

$$\left.\begin{array}{l} \eta_{Al} = -58.3 \times 10^{-5}\,℃^{-1} \\ \eta_{Fe} = -25 \times 10^{-5}\,℃^{-1} \end{array}\right\} \tag{5-38}$$

根据所建立的数学模型,温度改变时金属泊松比的变化也会影响带残余应力的金属体的变形,本节尚未将其计入。这里使用的金属热膨胀系数均为手册查得,与实际中经过各种热处理后的金属热膨胀系数可能会有出入。该类基础数据有待相关科研工作者研究、测量、补充。此外还可以考虑变温度场对非均布残余应力及流体介质的影响。

5.2.3.1 考虑残余应力时阀体与阀套配合尺寸链重构

1) 阀体与阀套径向配合间隙的重构

为简化分析,忽略内部各流道的影响,图 5-1 的伺服阀阀体可看作是外方内圆的金属筒。阀体的内半径 r_1 与阀套的外半径 R_2 名义尺寸均为 12 mm,阀套的密封槽底半径 R_s 与内半径 r_2 的名义尺寸分别为 10.7 mm、6 mm。由于采用密封圈密封,阀体与阀套为 H7/f7 的大间隙配合(0.02～0.062 mm),密封圈(直径 1.285 mm)的压缩量为 0.235 mm,压缩率为 18.29%。

当环境温度变化 ΔT 时,阀体内孔半径的实际变化量 Δr_1 由式(5-33)可得:

$$\Delta r_1 = \alpha_{Al}\Delta T r_1 \tag{5-39}$$

阀套的外半径变化量 ΔR_2 及阀套的密封槽底半径变化量 ΔR_s 由式(5-21)得:

$$\Delta R_2 = \left[\alpha_{Fe} - \frac{(1-\mu_{Fe})(R_2^2\sigma_{\theta R_2} - r_2^2\sigma_{\theta r_2})}{(R_2^2 - r_2^2)E_{Fe20}(1+\eta_{Fe}\Delta T)}\eta_{Fe} + \frac{(1+\mu_{Fe})(\sigma_{\theta R_2} - \sigma_{\theta r_2})r_2^2}{(R_2^2 - r_2^2)E_{Fe20}(1+\eta_{Fe}\Delta T)}\eta_{Fe}\right]\Delta T R_2 \tag{5-40}$$

$$\Delta R_s = \left[\alpha_{Fe} - \frac{(1-\mu_{Fe})(R_2^2\sigma_{\theta R_2} - r_2^2\sigma_{\theta r_2})}{(R_2^2 - r_2^2)E_{Fe20}(1+\eta_{Fe}\Delta T)}\eta_{Fe}\right]\Delta T R_s + \frac{(1+\mu_{Fe})(\sigma_{\theta R_2} - \sigma_{\theta r_2})\cdot r_2^2 R_2^2}{(R_2^2 - r_2^2)E_{Fe20}(1+\eta_{Fe}\Delta T)}\frac{\eta_{Fe}\Delta T}{R_s} \tag{5-41}$$

式中　$\sigma_{\theta r_2}$、$\sigma_{\theta R_2}$——阀套内、外表层的周向残余应力。

阀套外圆经过淬火、半精磨削，$\sigma_{\theta R_2}$ 一般为压应力，大小在 $300 \sim 600$ MPa，方向指向圆心，取负号，计算时取其中值 450 MPa。阀套内孔需要进行精磨与珩磨，$\sigma_{\theta r_2}$ 一般为压应力，大小在 $800 \sim 1\,000$ MPa，方向背离圆心，取正号，计算时取其中值 900 MPa；由于阀套内孔空间狭小，磨削时散热较差，容易发生烧伤而产生相变应力，压应力变为拉应力，大小在 $1\,000 \sim 1\,400$ MPa，方向指向圆心，取负号，计算时取其中值 $1\,200$ MPa。

将式(5-34)、式(5-35)中的常数及结构尺寸 r_1 代入式(5-39)，得阀体内孔半径变化量为

$$\Delta r_1 = 22.656 \ \mu m$$

将式(5-34)~式(5-38)中的各常数及阀套内、外表层残余应力代入式(5-40)、式(5-41)，得阀套的外半径及阀套的密封槽底半径的变化量，当阀套内孔无烧伤时，计算得

$$\begin{cases} \Delta R_2 = 8.351 \ \mu m \\ \Delta R_s = 7.593 \ \mu m \end{cases}$$

当阀套内孔发生烧伤时，计算得

$$\begin{cases} \Delta R_2' = 7.890 \ \mu m \\ \Delta R_s' = 6.953 \ \mu m \end{cases}$$

即环境温度升高 80℃时，阀体与阀套的径向间隙加大约 14.5 μm，密封圈的压缩量减小约 15.2 μm，压缩率降低 1.17%。

2）阀体与阀套轴向配合尺寸的重构

由图 5-1 知，阀套长度 $L_2 = 55$ mm，则通过锁紧环与之配合的阀体段长度也为 55 mm。当环境温度变化 ΔT 时，与阀套配合的阀体段的轴向伸长量由式(5-32)可得：

$$\Delta L_1 = \alpha_{Al} \Delta T L_2 \tag{5-42}$$

阀套的轴向伸长量由式(5-20)得：

$$\Delta L_2 = \left[\alpha_{Fe} + \frac{2\mu_{Fe} \eta_{Fe} (R_2^2 \sigma_{\theta R_2} - r_2^2 \sigma_{\theta r_2})}{(R_2^2 - r_2^2) E_{Fe20} (1 + \eta_{Fe} \Delta T)} \right] \Delta T L_2 \tag{5-43}$$

将式(5-34)、式(5-35)中的常数及结构尺寸 r_1 代入式(5-42)，得与阀套配合的阀体段的轴向伸长量为

$$\Delta L_1 = 103.8 \ \mu m$$

将式(5-34)~式(5-38)中的各常数及阀套内、外表层残余应力代入式(5-43)，得阀套的轴向伸长量，当阀套内孔无烧伤时，计算得

$$\Delta L_2 = 47.108 \ \mu m$$

当阀套内孔发生烧伤时，计算得

$$\Delta L_2' = 44.691 \ \mu m$$

即环境温度升高 80℃时，配合段的阀体比阀套轴向多伸长 $56.692 \sim 59.109 \ \mu m$，大于锁紧环的压缩量，从而导致阀套轴向失去定位。

由上述可知，射流管电液伺服阀在高温环境工作时，其阀套与阀体在周向上的配合出现了

松动,在轴向上则失去了定位,阀套具有一定的轴向活动空间;而由于密封圈的黏滞作用,阀套相对于阀体的位置将呈现一定的随机性。射流接收器坐落在阀套上,随着阀套的自由随机移动,射流接收器与射流管的相对位置关系便遭到了破坏,也呈现一定的随机性。于是在高温测试时出现了诸多不规则且不可重复的现象。

5.2.3.2 考虑残余应力时阀套与阀芯配合尺寸链重构

1) 阀套与阀芯径向配合间隙的重构

略去均压环槽的影响,阀芯的阀肩可视作规则的圆柱,其外半径为 R_3,与阀套的内半径 r_2 的名义尺寸均为 6 mm。前文分析过高温环境下阀套外半径的变化,此处分析阀套内半径与阀芯外半径的变化。当环境温度变化 ΔT 时,由式(5-21)可得阀套内半径的变化量为

$$\Delta r_2 = \left[\alpha_{\text{Fe}} - \frac{(1-\mu_{\text{Fe}})(R_2^2 \sigma_{\theta R_2} - r_2^2 \sigma_{\theta r_2})}{(R_2^2 - r_2^2)E_{\text{Fe}20}(1+\eta_{\text{Fe}}\Delta T)}\eta_{\text{Fe}} + \frac{(1+\mu_{\text{Fe}})(\sigma_{\theta R_2} - \sigma_{\theta r_2})R_2^2}{(R_2^2 - r_2^2)E_{\text{Fe}20}(1+\eta_{\text{Fe}}\Delta T)}\eta_{\text{Fe}} \right]\Delta T r_2$$

$$(5-44)$$

由式(5-29)可得阀芯外半径的变化量为

$$\Delta R_3 = \left[\alpha_{\text{Fe}} - \frac{(1-\mu_{\text{Fe}})\sigma_{\theta R_3}\eta_{\text{Fe}}}{E_{\text{Fe}20}(1+\eta_{\text{Fe}}\Delta T)} \right]\Delta T R_3 \qquad (5-45)$$

阀芯外圆经过淬火、半精磨削与精磨削,其外表面周向残余应力 $\sigma_{\theta R_3}$ 一般为压应力,大小在 400~1 300 MPa,方向指向圆心,取负号,计算时取其中值 850 MPa。当在砂轮变钝、进给量过大或冷却液不足等非正常条件下磨削时,也会发生烧伤而产生相变应力,压应力变为拉应力,大小在 1 000~1 400 MPa,方向背离圆心,取正号,计算时取其中值 1 200 MPa。

将式(5-34)~式(5-38)中的各常数及阀套内、外表层残余应力代入式(5-44),得阀套的内半径的变化量,当阀套内孔无烧伤时,计算得

$$\Delta r_2 = 5.874 \ \mu m$$

当阀套内孔发生烧伤时,计算得

$$\Delta r_2' = 3.896 \ \mu m$$

将式(5-34)~式(5-38)中的各常数及阀芯外表层残余应力代入式(5-45),得阀芯的外半径的变化量,当阀芯表面无烧伤时,计算得

$$\Delta R_3 = 4.426 \ \mu m$$

当阀芯表面发生烧伤时,计算得

$$\Delta R_3' = 5.327 \ \mu m$$

即环境温度升高 80℃时,正常加工完成的阀套与阀芯的径向间隙将加大 1.448 μm;非正常条件下加工的阀套与阀芯的径向间隙将减小 1.431 μm。阀芯外圆与阀套内孔的圆度及圆柱度要求均在 1 μm 之内,径向间隙通常为 2~4 μm,当两者的圆度及圆柱度均为 0.5 μm,配磨间隙取 2.5 μm 时,在高温下该间隙便接近于 0,从而发生阀芯的轻微"爬行"现象,反映在整阀性能上,即图 5-3 所示流量呈锯齿状波动。

2) 阀套与阀芯轴向配合尺寸的重构

阀套与阀芯的轴向配合主要体现在节流窗口的遮盖量上。如图 5-10 所示,阀芯与阀套近端、远端配合段轴向长度分别为 $L_n = 8.5$ mm,$L_f = 12$ mm,遮盖量分别为 Δ_n、Δ_f。一般遮盖量在 $1\sim5$ μm,阀芯工作行程为 0.3 mm 时,遮盖量约 2 μm。

(a) 阀套阀芯偶件配合副实物图

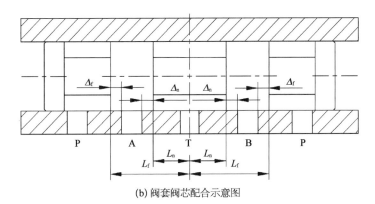

(b) 阀套阀芯配合示意图

图 5-10　阀芯阀套实物及其配合示意图

当环境温度变化 ΔT 时,阀套的轴向伸长量见式(5-43);阀芯的轴向变化量由式(5-28)得:

$$\Delta L_3 = \left[\alpha_{\mathrm{Fe}} + \frac{2\mu_{\mathrm{Fe}} \eta_{\mathrm{Fe}} \sigma_{\theta R_3}}{E_{\mathrm{Fe}20}(1 + \eta_{\mathrm{Fe}} \Delta T)} \right] \Delta T L_3 \tag{5-46}$$

将式(5-34)~式(5-38)中的各常数及阀套内、外表层残余应力代入式(5-43),得阀套的近端、远端配合段轴向长度的变化量。当阀套内孔无烧伤时,计算得

$$\begin{cases} \Delta L_{n2} = 7.280 \ \mu\mathrm{m} \\ \Delta L_{f2} = 10.278 \ \mu\mathrm{m} \end{cases}$$

当阀套内孔发生烧伤时,计算得

$$\begin{cases} \Delta L'_{n2} = 6.907 \ \mu\mathrm{m} \\ \Delta L'_{f2} = 9.791 \ \mu\mathrm{m} \end{cases}$$

将式(5-34)~式(5-38)中的各常数及阀芯外表层残余应力代入式(5-46),得阀芯的近端、远端配合段轴向长度的变化量。当阀芯表面无烧伤时,计算得

$$\begin{cases} \Delta L_{n3} = 7.040 \ \mu\mathrm{m} \\ \Delta L_{f3} = 9.939 \ \mu\mathrm{m} \end{cases}$$

当阀芯表面发生烧伤时,计算得

$$\begin{cases} \Delta L_{n3}' = 6.159\ \mu m \\ \Delta L_{f3}' = 8.696\ \mu m \end{cases}$$

由计算结果可知,高温条件下,均正常加工的阀芯阀套偶件近端遮盖量增加 0.24 μm,远端遮盖量减少 0.339 μm,对伺服阀性能基本无影响;均非正常加工的阀芯阀套偶件近端遮盖量增加 0.748 μm,远端遮盖量减少 1.095 μm,对伺服阀性能可能有影响;阀套正常加工、阀芯非正常加工的偶件近端遮盖量增加 1.121 μm,远端遮盖量减少 1.582 μm,对伺服阀性能影响较大;阀套非正常加工、阀芯正常加工的偶件近端遮盖量减少 0.133 μm,远端遮盖量增加 0.148 μm,对伺服阀性能基本无影响。综上所述,环境温度的升高总会不同程度地增加某一端遮盖量,这意味着伺服阀零位附近的死区会加大。对比常温与高温下的小信号流量曲线(图 5 - 2 与图 5 - 5),可以看出高温下伺服阀的死区明显较宽。

为了达到伺服阀的死区不增加的目的,可令

$$\Delta L_2 = \Delta L_3 \tag{5-47}$$

将式(5 - 43)、式(5 - 46)代入上式,得

$$\sigma_{\theta R_3} = \frac{R_2^2 \sigma_{\theta R_2} - r_2^2 \sigma_{\theta r_2}}{R_2^2 - r_2^2} \tag{5-48}$$

取 $R_2 = \lambda r_2$,则

$$\sigma_{\theta R_3} = \frac{\lambda^2 \sigma_{\theta R_2} - \sigma_{\theta r_2}}{\lambda^2 - 1} \tag{5-49}$$

此时,只要确定 $\sigma_{\theta R_3}$、$\sigma_{\theta R_2}$、$\sigma_{\theta r_2}$ 中任意两项的关系,就可以求出第三项。例如令

$$\sigma_{\theta R_2} = -\sigma_{\theta r_2} \tag{5-50}$$

则

$$\sigma_{\theta R_3} = -\frac{\lambda^2 + 1}{\lambda^2 - 1} \sigma_{\theta r_2} \tag{5-51}$$

由式(5 - 50)可知,阀套外表面与其内孔的残余应力值大小相等、方向相反;由式(5 - 51)可知,阀芯外表面的残余应力值须大于阀套内孔的残余应力值,方向相反。在实际中,对阀套、阀芯外表面进行受控应力喷丸,即可强化其表面残余应力。高温环境下,电液伺服阀的死区不增加的目标是可以达到的。

5.2.3.3　考虑残余应力时力矩马达气隙宽度的重构

由图 5 - 1 知,弹簧管为规则薄壁金属筒,其壁厚仅 0.07 mm,内、外壁残余应力可认为处处相等,则其热变形可视为自由热变形。其有效长度 $L_s = 15.8$ mm,则对应的力矩马达框架高度也为 15.8 mm。当环境温度变化 ΔT 时,气隙宽度 g 的变化量为

$$\Delta g = (\alpha_{Fe} - \alpha_{Be}) \Delta T L_s \tag{5-52}$$

将式中各常数代入可得 g 的变化量为 0.379 μm,远小于各气隙差值不大于 0.01 mm 的工艺标准,不会引起伺服阀性能的显著变化。

5.2.4 射流管伺服阀的性能重构与改进措施

高温环境导致射流管伺服阀性能不规则且不可重复的原因在于,温度升高后,阀体与阀套的轴向膨胀量不同,两者之差抵消了锁紧环的预压缩量,造成阀套失去了定位而在一定空间内自由随机运动,而坐落在阀套上的接收器随之失去了对射流管的相对位置,使得射流前置级功能紊乱,进而使整阀性能紊乱。由此可知,只要采取措施保证阀套与阀体的定位即可。

如图 5-11 所示:① 使射流接收器尾部改做定位销,将阀体与阀套连接为一体;② 加装锁紧螺钉,以防止在长期温度变化过程中射流接收器被阀体的收缩膨胀所"拔出";③ 在锁紧环内侧加装蝶形簧片,保证蝶形簧片预压缩变形量大于阀体与阀套热伸长量之差,根除阀套的自由活动空间,为了降低接收器尾部定位销可能受到的附加剪切力,要求碟形簧片压缩范围较大而刚度较小。伺服阀高温流量呈锯齿状波动的产生机理为阀芯、阀套在磨削过程中发生烧伤,表层残余应力由压应力变为拉应力,在高温下使得径向间隙减小所致。因此在磨削过程中,适当加大冷却液的流速,以加快散热;而后对阀芯、阀套的配合表面的硬度进行了检验,剔除了硬度低于 HRC55 的工件。最后对阀套外表面、阀芯外表面进行了受控应力喷丸,弹丸为玻璃材质。

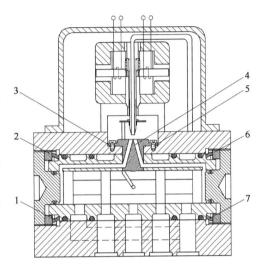

1、7—蝶形簧片;2、6—锁紧环;
3、5—锁紧螺钉;4—接收器

图 5-11 改进后的射流管电液伺服阀结构示意图

改进后的射流管电液伺服阀高温试验条件与前文所述相同。测试结果如图 5-12、图 5-13 所示,小信号测试中局部增益突跳、锯齿状波动、分辨率低、滞环大等故障现象消失,零位附近基本无死区;全信号测试流量曲线平滑、零偏漂移 2.09%,各项指标均符合《飞机电液流量伺服阀通用规范》(GJB 3370—1998)的要求。且高温复测结果稳定,消除了改进前伺服阀高温性能重复性差的现象。

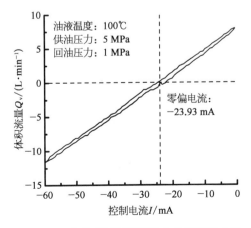

图 5-12 改进后伺服阀高温小信号流量曲线

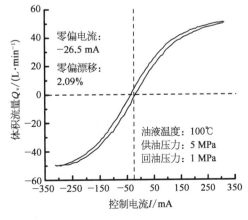

图 5-13 改进后伺服阀高温全信号流量曲线

此外,也可以借鉴 Moog 公司 D671 型阀的结构布置方案,如图 5 - 14 所示。D671 型阀为两级电反馈阀,主要零部件包括射流管阀、维修调整接口、控制接口、数字电路板、位置传感器、主阀芯、阀体。该阀工作原理为:第一级射流管阀控制第二级流量滑阀,位移传感器检测主阀芯位移,而后将其转化为电信号后传递给数字电路板,并将反馈信号传递至力矩马达形成闭环控制。该阀采用模块化构造,各级阀均可预先独立调试。

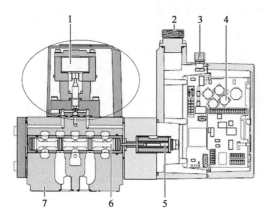

1—射流管阀;2—维修调整接口;3—控制接口;4—数字
电路板;5—位置传感器;6—主阀芯;7—阀体

图 5 - 14　Moog D671 型阀剖面图

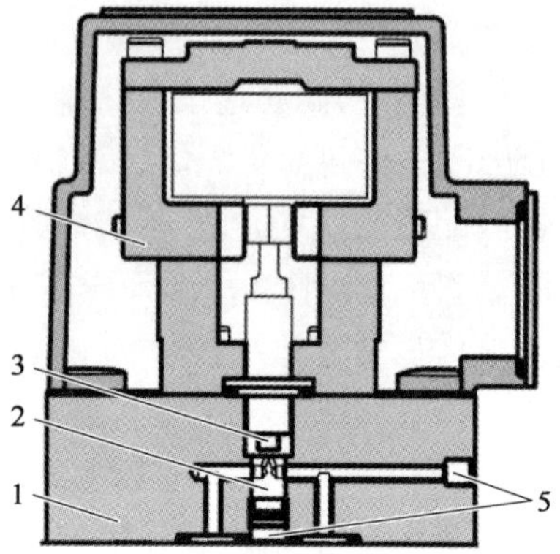

1—阀体;2—接收器;3—射流管;
4—力矩马达;5—堵头螺钉

图 5 - 15　Moog D671 型阀射流管阀放大图

其中射流管阀的局部放大图如图 5 - 15 所示,主要零部件包括阀体、接收器、射流管、力矩马达、堵头螺钉。射流管阀的接收器压装在第一级阀体上,射流管与接收器的相对位置不会受到温度变化的影响,从而避免了伺服阀前置级性能受温度因素的干扰。此种模块化的布置使得整阀的结构不够紧凑,导致体积、重量均较大,用于地面设备或许影响不大,若用于对于体积及重量均有严苛要求的航空设备则显然是无法接受的。

针对某型射流管流量伺服阀研制过程中高温环境下性能紊乱且不可重复的现象,本节建立变温度场中规则金属体的形状变化规律即尺寸链重构的数学模型,详细分析了高温环境对射流管流量伺服阀各偶件尺寸及偶件之间配合关系的影响,揭示了射流管伺服阀在高温环境下性能不规则即性能重构的原因。得出结论如下:

(1) 射流管流量伺服阀高温性能的不稳定性源于材料选择、结构设计、加工工艺等是否合理。当出于减轻重量等原因而将伺服阀材料改变时,通过改进结构与工艺可以避免伺服阀高温性能的不稳定。

(2) 建立了变温度场中规则金属体形状变化规律的数学模型。高温环境影响射流管伺服阀内部各偶件之间的配合状态,包括:温度升高时,阀体与阀套之间的径向间隙加大,密封圈的压缩量减小;锁紧环的预压缩量减小甚至出现阀套在轴向上的自由移动空间;阀芯与阀套之间的径向间隙减小,易发生卡滞,且轴向遮盖量加大,导致伺服阀出现死区等。

(3) 高温环境下射流管伺服阀内部各偶件之间配合状态变化的原因在于各偶件尺寸变化不一致。不同材料的配合偶件尺寸变化不一致的主要影响因素是其热膨胀系数有差别;相同材料的配合偶件尺寸变化不一致的主要影响因素是其自身残余应力不相同。

(4) 通过改变结构和加工工艺,可以抑制射流管伺服阀各偶件之间配合状态的变化。将接收器尾部增设定位销可固结阀体与阀套,将锁紧环内侧加装蝶形簧片可加大预压缩量,消除高温服役环境下阀套的自由移动空间,提高了伺服阀的高温性能稳定性。高温卡滞现象可通过加强阀芯、阀套磨削时的冷却,以及对两者配合表面进行硬度筛查而解决。

5.3　极端低温下温漂的线性回归分析方法

　　针对电液伺服阀在极端低温下温漂大的问题,以 40℃时电液伺服阀初始零偏为基准,采用线性回归方法可以分析某型射流管伺服阀不同温度的零偏试验数据,得到极端低温下的伺服阀温漂与 40℃时初始零偏的数学关系。利用回归分析模块可以计算并验证初始零偏与温漂的关系。分析与试验结果表明,极端低温时,射流管伺服阀的温漂与 40℃时的初始零偏存在非常显著的线性关系。温漂与电液伺服阀制造与装配工艺过程密切相关,与结构及其装配不对称有关。电液伺服阀结构上的微观不对称现象,在极端低温下显现出来,尤其是呈现出较大的温漂。降低温漂的主要措施是提高电液伺服阀结构与装配的对称性,降低初始零偏。

　　电液伺服阀是现代电液控制系统中的关键部件,其中以喷嘴挡板伺服阀和射流管伺服阀应用最为广泛。射流管阀起源于 1925 年,Askania 在德国发明并申请了射流管阀的专利,即利用射流管喷射高速流束,并通过射流管与接收孔之间的动量传递,实现将该高速流束转换成压力或流量输出的功能。1957 年,R. Atchley 利用 Askania 所发明的射流管阀的原理设计了两级射流管伺服阀。与喷嘴挡板伺服阀相比,射流管伺服阀具有抗污染能力强、压力效率与容积效率高、"失效对中"等优点。射流管伺服阀性能受温度影响较大,低温时分辨率易变低及温漂变大。零偏是电液伺服阀性能的重要指标,是指为使电液伺服阀处于零位(负载压降为零时,使控制流量为零的几何零位)所需输入的电流,按照相对额定电流的百分比来表示。零漂是电液伺服阀性能的另一个重要指标,是指当工作环境变化时零位的漂移量,它直接影响伺服系统的调节质量,由温度变化引起的零漂简称为温漂。

　　电液伺服阀已广泛应用于航空、航天及舰船领域,往往需要承受极端环境温度和极端油温的宽温域考验。空客 A320 飞机环境温度为 -68~52℃,波音 737 飞机的环境温度达 -72~54℃。一般飞机液压系统油温达到 -55~135℃,如空客 A320 油温为 -54~121℃,Moog 公司 G761 射流管伺服阀使用油温为 -40~135℃。《飞机电液流量伺服阀通用规范》(GJB 3370—1998)中规定,电液伺服阀应能在 -55~T℃(如 $T=150$)的温度范围内工作,温度试验一般限制在 -30~T℃,在 -55℃仅要求电液伺服阀能够正常启动。目前国内外对常温下电液伺服阀的研究比较多也比较深入。由于目前极端温度下的分析方法较少,难度大及涉及军工等原因,国外公开资料很少涉及电液伺服阀零偏,尤其是极限高低温下电液伺服阀的服役性能及工艺技术。电液伺服阀零偏、零漂及温漂的研究报道较少。有文献研究双喷嘴挡板阀的温漂,分析电液伺服阀结构参数不对称与零漂的关系,并提出提高零件对称性可减小双喷嘴挡板阀温度零漂。低温时液压油黏度变大,电液伺服阀阀芯阀套的摩擦力增加,导致伺服阀零漂增大。研究高温环境对射流管伺服阀偶件配合及特性的影响,发现射流管伺服阀高温试验中出现的温漂不规则、特性不可重复的现象,提出将阀体、阀套、阀芯均简化为规则金属体,根据带残余应力的规则金属体在变温度场内的尺寸变化规律,分析了温度升高对伺服阀配合偶件尺寸链的影响及其与伺服阀故障之间的映射关系。建立考虑气隙误差的力矩马达模型,得到了力矩马达各工作气隙磁通量的表达式,取得了力矩马达结构不对称或不均等的气隙误差对磁通量和伺服阀零偏影响的变化规律。结合磁路与电路类比分析,将惠斯通电桥应用于磁路分析,结果表明当气隙上下对称或左右对称时伺服阀不存在零偏,但影响工作气隙中的磁通量和伺服阀增益,力矩马达加工、装配和环境作用下造成的气隙不对称现象直接造成伺服阀零偏。电液伺服阀的温度零漂现象是一个综合问题,减小伺服阀的温度零漂对于许多航空航天应用场合具有很重要的意义。在 GJB 3370—1998 中,温漂测试的最低温度为−30℃,本书定义−30℃为极端低温。对某型电液伺服阀零偏试验数据进行统计学分析,研究射流管伺服阀极端低温下零漂的产生机理,研究电液伺服阀温漂的影响因素,提出零漂的抑制措施。

5.3.1 温漂试验现象

图 5 - 16a 为射流管伺服阀结构与基本原理图。当输入信号电流后,力矩马达产生驱动力,驱动射流管偏转,接收器两个接收孔接收的油液量不同,导致接收器与滑阀形成的两个容腔产生压力差,推动主阀芯移动,主阀芯通过反馈杆拖动射流管反向移动,在力矩马达、弹簧管、反馈杆三者之间形成新的力平衡后,主阀芯稳定在某一工作位置。此时,主阀芯的偏移量与控制电流成比例。

某型射流管伺服阀额定电流为 40 mA,额定流量为 75 L/min,射流管伺服阀性能试验按照飞机电液流量伺服阀通用规范 GJB 3370—1998 中的方法,在液压试验台上进行,工作介质为 YH - 10 航空液压油。GJB 3370—1998 中温漂测量方法如下:

(1) 将环境和工作液温度调节到 40℃±2℃,测量一次零偏。

(2) 缓慢地将环境和工作液温度降到−30℃,然后上升到 T℃,再返回到−30℃,进行一个温度循环,其持续时间不少于 5 h。在温度上升和下降的两个方向上,每隔 10℃测量一次零偏。

(3) 将每一温度下的零偏值绘成曲线,曲线上的每一点对(1)项所测得的零偏值的最大偏离值即温漂。

一般规定为平均每变化 28℃,温漂不大于±1%。

为了便于分析电液伺服阀不同温度时的零漂,以 40℃ 电液伺服阀的零偏为基准,实际某一温度下的温漂等于各温度下的零偏减去 40℃ 下的零偏。对某型射流管伺服阀不同个体共计 31 台阀(编号 1~31)进行了温漂试验,分别测试每台阀在−30℃、12℃、30℃、40℃、68℃、90℃、150℃时的零位特性。

为了分析电液伺服阀温漂随温度的变化趋势,可统计温度与温漂试验数据,得到温漂试验数据的散点图,如图 5 - 17 所示。根据图 5 - 17 中的曲线变化规律,将温度分为四个阶段区域: ① 低温区域(−30~12℃),−30℃为极端低温点;② 中温区域(12~68℃);③ 高温区域(68~90℃),90℃为高温点;④ 极端高温区域(90~150℃),150℃为极端高温点。

由图 5 - 16b 可知,在极端低温或极端高温时,电液伺服阀温漂随温度变化较为剧烈。在极端高温区域(90~150℃),曲线多发生斜率反向变化,可见高温下伺服阀温漂存在不规律性。在低温区域(−30~12℃),曲线虽斜率变化明显,但基本不存在斜率反向变化的情况,因此可着重分析低温区域温漂的影响因素。

电液伺服阀零件加工和装配过程中,客观存在微观的尺寸公差、残余应力或装配应力的不对称性,出厂试验时在某一条件下将电液伺服阀工作点或输出特性强制调整到零位。当实际

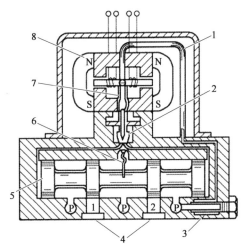

1—射流管供油口；2—射流管及接收器；3—油滤；4—负载口；
5—主阀芯；6—反馈杆；7—弹簧管；8—力矩马达

(a) 射流管电液伺服阀结构简图

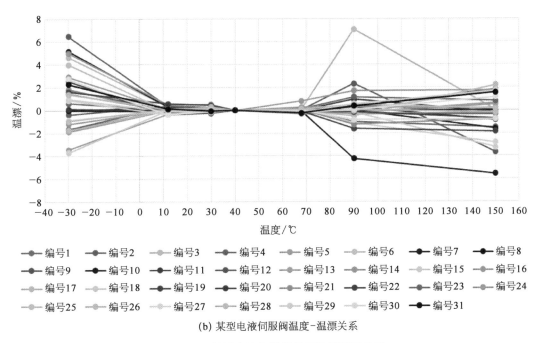

(b) 某型电液伺服阀温度-温漂关系

图 5-16　某型电液伺服阀低温温漂试验结果

环境温度、工作温度或者服役工况与出厂调试工况不相同时,电液伺服阀的微观尺寸链或残余应力或装配应力的平衡关系将会重构,势必出现零偏及零漂。这里提出以中间区域 40℃ 的初始零位作为参照点,来衡量其他温度时的零偏。

5.3.2　温漂的线性回归分析方法

回归分析法是一种研究变量之间相互关系的统计方法,可用来描述变量间的统计相关性。通常表现为当某一变量 X 取值较大时,另一相关的变量 Y 也倾向于取较大或较小的值,而 X 与 Y 之间又不能确定为某一函数关系,故可考虑建立包含变量 X 与 Y 的回归模型,从而得到

X 与 Y 之间关系的经验公式。在科研与生产实践中,当不能或不易得到变量间的函数关系时,经常使用回归分析的方法,建立变量间的经验公式。基于回归模型,由一组解释变量的取值去预测另一组响应变量的取值,回归分析是应用最为普遍的统计学分支。线性回归统计模型是现代统计学中应用最为广泛的模型,并且也是其他统计模型研究或应用的基础。为了从统计学角度分析电液伺服阀 40℃初始零偏与极端低温下温漂的关系,提出引入回归分析方法,对上述两者进行线性回归和分析。

分析极端低温点(−30℃)电液伺服阀温漂与初始零偏的关系时,设 40℃初始零偏为解释变量 X,极端低温点−30℃温漂为响应变量 Y。因只有一个解释变量,故采用一元线性回归分析,具体步骤如下:① 散点图判断变量关系(简单线性);② 求相关系数及线性验证;③ 求回归系数,建立回归方程;④ 回归方程检验。

提取极端低温温漂与 40℃初始零偏,对 X 与 Y 作散点图(图 5-17),X 与 Y 满足简单的线性关系。

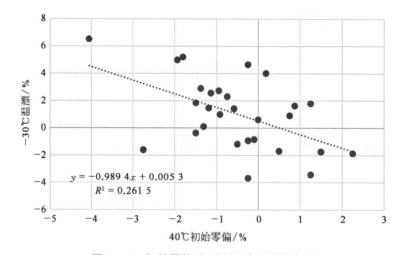

$$y = -0.989\,4x + 0.005\,3$$
$$R^2 = 0.261\,5$$

图 5-17 初始零偏-极端低温点温漂散点图

一元线性回归假设为:① 响应变量都是数值型的;② 响应变量之间是相互独立的;③ 响应变量的均值与解释变量之间的关系近似为线性,且响应变量在不同预测点的方差相同。

设其一元线性回归模型为

$$Y = \beta_1 X + \beta_0 + \varepsilon, \ \varepsilon \sim N(0, \ \sigma^2) \tag{5-53}$$

式中 β_1、β_0 ——回归系数;

ε ——零均值的随机变量,服从正态分布;

σ^2 ——总体方差。

设回归直线为

$$\hat{y} = \hat{\beta}_1 x + \hat{\beta}_0 \tag{5-54}$$

对于一元线性回归来说,可以看成 Y 值是随着 X 值变化,每一个实际的 X 都会有一个实际的 Y 值,记为 $Y_{实际}$,那么就是要求出一条直线,每一个实际的 X 都会有一个直线预测的 Y 值,记为 $Y_{预测}$,回归线使得每个 Y 的实际值与预测值之差的平方和最小,即$(Y_{1实际} - Y_{1预测})^2 +$

$(Y_{2实际}-Y_{2预测})^2+\cdots+(Y_{n实际}-Y_{n预测})^2$ 的和(残差平方和)最小,这就是最小二乘法。

为求得参数 β_1、β_0,将残差平方和记为

$$
\begin{aligned}
Q(\beta_1,\ \beta_0) &= \sum_{i=1}^{n}\left[Y_i-(\beta_1 X_i+\beta_0)\right]^2 \\
&= n\,\overline{Y}^2-2\beta_1 n\,\overline{XY}-2\beta_0 n\overline{Y}+\beta_1^2 n\,\overline{X}^2+2\beta_1\beta_0 n\overline{X}+n\beta_0^2
\end{aligned}
\tag{5-55}
$$

式中　　n——样本个数。

对参数 β_1、β_0 的最小二乘估计就是求 $Q(\beta_1,\ \beta_0)$ 的最小值点,令式(5-55)对 β_1、β_0 的偏导数均为 0,解得

$$
\left.
\begin{aligned}
\hat{\beta}_1 &= \frac{\overline{X}\,\overline{Y}-\overline{XY}}{(\overline{X})^2-\overline{X}^2} \\
\hat{\beta}_0 &= \overline{Y}-\hat{\beta}_1\overline{X}
\end{aligned}
\right\}
\tag{5-56}
$$

且 $\hat{\beta}_1$、$\hat{\beta}_0$ 服从正态分布:

$$
\left.
\begin{aligned}
\hat{\beta}_1 &\sim N\left(\beta_1,\ \frac{\sigma^2}{S_{xx}}\right) \\
\hat{\beta}_0 &\sim N\left(\beta_0,\ \left(\frac{1}{n}+\frac{\bar{x}^2}{S_{xx}}\right)\sigma^2\right)
\end{aligned}
\right\}
\tag{5-57}
$$

其中,$S_{xx}=\sum\limits_{i=1}^{n}(x_i-\bar{x})^2$。

将数据代入式(5-57)得 $\hat{\beta}_1=-0.989\,4$,$\hat{\beta}_0=0.005\,3$。

为衡量直线的拟合程度,引入判定系数 R^2 与相关系数 R 的概念:

$$
R^2=\frac{\mathrm{SSR}}{\mathrm{SST}}=\frac{\sum\limits_{i=1}^{n}\left[\hat{Y}_i-\overline{Y}\right]^2}{\sum\limits_{i=1}^{n}\left[Y_i-\hat{Y}_i\right]^2+\sum\limits_{i=1}^{n}\left[\hat{Y}_i-\overline{Y}\right]^2}
\tag{5-58}
$$

式中　　SST(sum of squares for total)——总回归平方和;

　　　　SSR(sum of squares for regression)——回归平方和;

　　　　R^2——衡量最佳拟合曲线对数据的拟合程度。

R^2 越趋近与 1,线性度越好,当直线一点也不能拟合数据时,$R^2=0$;当直线完美拟合数据时,$R^2=1$。但 R^2 不会表明 X 值和 Y 值之间是否有关系,只能表明拟合线的好坏,即便是 $R^2=0$,也可能存在明显的线性关系,此时剔除掉数据极端异常值,可能使 $R^2=1$。将数据代入式(5-57),求得 $R^2=0.261\,5$;若将部分极端异常值编号为 3、4、11、22、25、29 的阀的数据剔除,求得 $\hat{\beta}_1=-0.393\,7$,$\hat{\beta}_0=-0.003\,4$,$R^2=0.650\,4$,非常接近线性。

通常为了验证变量 X 对 Y 是否有显著影响,需对其进行变量显著性检验,通常采用 t 检验与 F 检验。t 检验的结果看 p(t 检验)的值,一般要小于 0.05,越小越显著。采用的假设如下:

原假设 H_0:$\beta_1=0$(X 与 Y 不存在线性关系)。

对立假设 H_1:$\beta_1\neq0$。

因为 $\hat{\beta}_1 \sim N\left(\beta_1, \dfrac{\sigma^2}{S_{xx}}\right)$，当 H_0 成立时，$\beta_1 = 0$，有 $\hat{\beta}_1 \sim N\left(0, \dfrac{\sigma^2}{S_{xx}}\right)$，构造 t 统计量：

$$t = \frac{\hat{\beta}_1}{\sqrt{\hat{\sigma}^2 / S_{xx}}} = \frac{\hat{\beta}_1 \sqrt{S_{xx}}}{\hat{\sigma}} \sim t(n-2) \tag{5-59}$$

式中 $\hat{\sigma}^2$——σ^2 的无偏估计，由下式确定：

$$\hat{\sigma}^2 = \frac{\displaystyle\sum_{i=1}^{n} \left[Y_i - (\beta_1 X_i + \beta_0)\right]^2}{n-2} \tag{5-60}$$

则 t 检验的拒绝域为 $|t| \geqslant t_{1-\alpha/2}(n-2)$，其中 α 取 0.05，$p(t\,检验) = P\left[|t| \geqslant t_{1-\alpha/2}(n-2)\right]$。

检验两变量是否线性相关的另一种方法是 F 检验，结果看 $p(F\,检验)$ 的值，一般要小于 0.05，越小越显著。假设同 t 检验，构造 F 统计量为

$$F = \frac{\displaystyle\sum_{i=1}^{n} \left[\hat{Y}_i - \bar{Y}\right]^2}{\dfrac{\displaystyle\sum_{i=1}^{n} \left[Y_i - \hat{Y}_i\right]^2}{(n-2)}} \sim F(1,\, n-2) \tag{5-61}$$

对原假设为 $\beta_1 = 0$ 的显著性检验的拒绝域为 $F \geqslant F_\alpha(1,\, n-2)$，其中 α 取 0.05，$p(F\,检验) = P\left[F \geqslant F_\alpha(1,\, n-2)\right]$。对一元线性回归而言，$p(t\,检验) = p(F\,检验)$。

由于统计学计算过程复杂烦琐，通常通过数据分析软件如 Excel、Stata 或 SPSS 等就可以进行计算。

5.3.3　试验结果与分析

利用 Excel 中的回归分析模块，对试验数据进行分析，所得结果见表 5-1～表 5-3。

表 5-1　一元线性回归分析统计

项　　目	数　　值
判定系数 R^2	0.650 4
标准误差	0.008 0
观测值	22

表 5-2　t 检验统计分析结果

项　　目	系　　数	标准误差	t	$p(t\,检验)$
截距	−0.003 4	0.001 8	−1.926 8	0.068 3
40℃初始零偏	−0.393 7	0.064 5	−6.099 6	5.825×10^{-6}

表 5 - 3 F 检验统计分析结果

项　目	自由度	平方和	均　方	F	$p(F$ 检验$)$
回归分析	1	0.002 4	0.002 4	37.205 0	5.825×10^{-6}
残差	20	0.001 3	6.428×10^{-5}		
总计	21	0.003 7			

由表 5 - 1 可知,对伺服阀试验数据进行一元线性回归分析,得 $R^2 = 0.650\ 4$,如前文计算结果相同,可知极端低温 -30℃ 下的温漂与 40℃ 下的初始零偏存在线性关系。

为分析该线性关系的显著性,由表 5 - 2、表 5 - 3 可知,40℃ 初始零偏的 $p(t$ 检验$) = p(F$ 检验$) = 5.825 \times 10^{-6} < 0.05$,可见,在极端低温 -30℃ 下的温漂与 40℃ 下的初始零偏存在非常显著的线性关系。两者满足的线性关系为 $Y = -0.393\ 7X - 0.003\ 4$。 -30℃ 下的温漂与 40℃ 下的零偏呈负相关关系,即 40℃ 下的正向零偏越大,极端低温 -30℃ 下的反向温漂越大; 40℃ 下的反向零偏越大,-30℃ 下的正向温漂越大。也可以说,极端低温下温漂具有纠正初始零偏的趋势,这是由于热胀冷缩现象,伺服阀结构尺寸发生变化,使低温情况下伺服阀结构的不对称程度降低,从而导致伺服阀零偏降低,且初始不对称度越大,温度降低导致的不对称度的变化率越大,即温漂越大,因此 -30℃ 下的温漂与 40℃ 下的零偏呈负相关关系。

本节研究极端低温下电液伺服阀的温漂问题,由于零偏可以反映伺服阀的不对称程度,因此提出以 40℃ 的初始零偏作为基准,对初始零偏及极端低温下电液伺服阀的温漂进行回归分析。结果表明,极端低温 -30℃ 时电液伺服阀的温漂与 40℃ 时的初始零偏存在非常显著的线性关系。温漂与电液伺服阀制造与装配工艺过程密切相关,与结构不对称有关,当服役工况与出厂检验工况不相同时,电液伺服阀零件的形貌形性关系、微观尺寸链、残余应力或装配应力的平衡关系将会重构。电液伺服阀结构上的微观不对称现象,在极端低温下凸显出来,尤其是呈现出较大的温漂。降低温漂的主要措施是提高电液伺服阀结构与装配的对称性,降低初始零偏。

5.4 射流管伺服阀零偏漂移机理

除极端小空间尺寸外,极端环境和介质温度是导致高端液压阀性能演变的重要原因之一。本节研究极端温度下射流管伺服阀零偏漂移机理和建模方法。伺服阀零偏电流定义为名义流量曲线(流量回线的中点轨迹)零流量点所对应的电流值,零偏电流占额定电流的百分比即为零偏;由温度变化引发的伺服阀零偏漂移称为温度零漂(或温漂);国军标要求飞机伺服阀在 -30~150℃ 内正常工作,温度每变化 28℃ 对应的零偏漂移量不大于 1%。由于研究难度较大、关系国防军工等原因,公开资料鲜有涉及极端高低温下伺服阀服役性能的研究。

本节研究射流管伺服阀在极端环境和介质温度(低温 -30℃,高温 150℃)下的零偏漂移机理;分析零件公差和装配误差导致的射流管伺服阀结构尺寸不对称,研究极端温度下零件热胀冷缩引起的组件装配尺寸和偶件间相对几何位置的变化;建立射流管伺服阀数学模型,揭示温度变化时材料性能改变、偶件间不对称热位移与伺服阀零偏漂移的映射关系,并进行温漂特性试验。

5.4.1 温度对材料性能及零件尺寸的影响

图5-18a为射流管伺服阀结构示意图。对于完全对称的理想射流管伺服阀,当无控制电流输入时,力矩马达无力矩输出,射流喷嘴冲击点位于接收器分流劈尖的中间位置,两接收孔接收能量相同,阀芯两端无压差作用,阀芯在反馈杆的约束下处于零位,伺服阀无流量输出。当有控制电流加载时,力矩马达驱动射流管克服弹簧管作用力旋转一定的角度而偏离零位,由此导致左、右两接收孔所接收的能量不再相等,从而使阀芯两端产生压差,进而推动阀芯运动。阀芯的运动通过反馈杆反馈到射流管末端,拖动射流管反向偏转。当力矩马达、弹簧管、反馈杆之间达到力矩平衡时,阀芯停止移动。阀芯的位移与控制电流成比例。

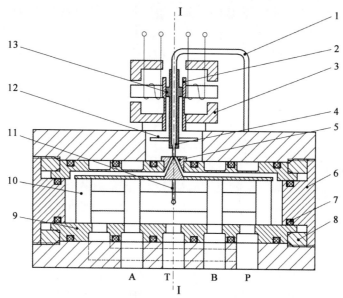

1—导油管;2—弹簧管;3—力矩马达;4—射流喷嘴;5—接收器;6—端盖;
7—密封圈;8—锁紧环;9—阀套;10—阀芯;11—反馈杆;12—弹簧片;13—射流管

(a) 射流管伺服阀结构示意图

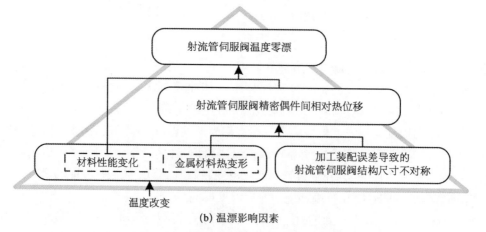

(b) 温漂影响因素

图5-18 射流管伺服阀温漂影响因素示意图

图 5-18b 为射流管伺服阀温漂影响因素的示意图。温度变化时,射流管伺服阀出现两种变化:一是材料(包括磁性材料、金属材料和流体介质)性能改变,二是零件发生热胀冷缩。若不考虑加工及装配误差,理想状态的射流管伺服关于图 5-18a 中 I 截面完全对称;温度变化时,材料特性变化和零件热胀冷缩关于截面 I 对称发生,此时伺服阀的零偏电流始终为零。由于存在零件加工和组件装配的误差,射流管伺服阀的结构尺寸关于截面 I 不对称;温度变化引起零件热变形及结构尺寸的不对称变化,导致精密偶件间(如力矩马达气隙、喷嘴-接收器、阀芯-阀套)出现关于截面 I 不对称的相对几何位置变化,最终造成伺服阀的零偏漂移。综上,射流管伺服阀温漂的原因如下:

(1) 温度变化时,材料性能改变及金属材料热变形。

(2) 加工装配误差导致射流管伺服阀结构尺寸关于中心截面 I 不对称。

为了便于描述,定义伺服阀内零组件所处的三种位置状态:

(1) 初始装配状态。常温(20℃)时,伺服阀装配完毕后,当永久磁钢无磁性、无控制电流且不供油时,各零组件所处的位置状态。

(2) 热变形平衡状态。在"初始装配位置"下,某一温度时,伺服阀内各零组件发生热变形后,在相互约束下重新达到的受力平衡状态。

(3) 工作平衡状态。永久磁钢充磁、施加控制电流、正常通油,某一温度时,伺服阀内各组件所处的受力平衡状态。

5.4.1.1　温度对磁性材料性能的影响

射流管伺服阀中,力矩马达通过磁场的相互作用输出驱动力矩,磁性材料的性能决定了力矩马达的工作特性。如图 5-19 所示,力矩马达中的永久磁钢(LNG52)、极靴(1J50)、导磁体(1J50)和衔铁(1J79)均为磁性材料。

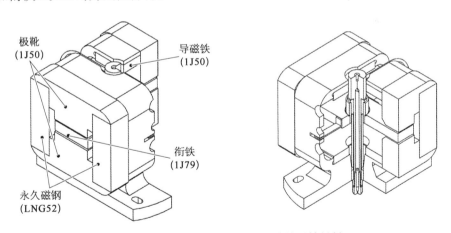

图 5-19　射流管伺服阀力矩马达的磁性材料

磁性材料的性能由图 5-20 的饱和磁化曲线进行描述,图中横坐标为外界磁化磁场的磁场强度 H,纵坐标为被磁化材料的磁感应强度 B。磁性材料从磁中性状态(O)开始,磁化磁场强度 H 由零逐渐增大时,磁性材料产生的磁感应强度也随之增大,得到图 5-20 中 OM 的初始磁化曲线;当磁化磁场强度 H 达到 H_s 后,磁性物质磁化达到饱和,H_s 称为饱和磁化磁场强度。此后若逐渐减小外界磁化磁场,磁性材料的磁感应强度 B 不再沿初始磁化曲线 OM 下降,而是沿曲线 $MRCM'$ 变化,表现出磁感应强度 B 的变化落后于磁化磁场强度 H 的变化;当

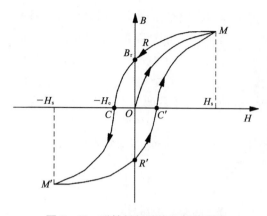

图 5-20 磁性材料的饱和磁化曲线

外界磁化磁场 H 减小到 0 时,磁性材料中的磁感应强度仍有一定数值 B_r,称为剩余磁感应强度(表征了磁性材料产生磁场的强弱);当反向磁化磁场强度达到 $-H_c$ 时,磁感应强度 B 才为 0,H_c 称为磁性材料的矫顽力(表征了磁性材料抵抗外部反向磁场或其他退磁效应的能力)。磁性材料需要在振幅大于饱和磁化磁场强度 H_s 的交变磁场中进行反复磁化,才能得到稳定的饱和磁化曲线;若减小交变磁化磁场的振幅,则得到与饱和磁化曲线形状相似的磁化曲线族,记普通磁化曲线对应的剩余磁感应强度为 B_r',矫顽力为 H_c'。剩余磁感应强度和矫顽力是磁性材料的核心性能参数。

磁性材料按照饱和磁化曲线对应的矫顽力 H_c 的大小主要分为两大类,矫顽力很大的材料称为硬磁材料或永磁材料(如 LNG52);矫顽力较小($H_c < 100\ \mathrm{A/m}$)的叫作软磁材料(如 1J50 和 1J79),通常用作导磁材料。

永磁材料的磁滞现象非常明显,经过磁化的硬磁材料,当磁化磁场去除后,可在周围空间产生一定强度的磁场;同时由于自身退磁效应,磁性材料产生一个与材料内磁感应强度方向相反的退磁场;因此,永磁材料一般工作在磁化曲线的第二象限部分。磁化曲线在第二象限的部分称为退磁曲线,退磁曲线的函数表达式为

$$B = B_r' \frac{-H_c' - H}{-H_c - a_r H} \qquad (5-62)$$

式中 a_r ——与永磁材料有关的常数,对于 LNG52 永磁材料,$a_r = 0.966$。

温度变化后,永磁材料的退磁曲线发生可逆和不可逆的变化。为了减小退磁曲线不可逆改变的影响,往往通过适当去磁的方法进行稳磁处理,经过稳磁处理后的永磁材料,温度造成的不可逆变化率相对于可逆变化率可以忽略。对于可逆变化,不同温度下的矫顽力 H_c' 和剩余磁感应强度 B_r' 可表示为

$$B_r' = B_{r20}'[1 + \alpha_{B_r}(T - 20℃)] \qquad (5-63)$$

$$H_c' = H_{c20}'[1 + \alpha_{H_c}(T - 20℃)] \qquad (5-64)$$

式中 B_{r20}' ——永磁材料 20℃时的剩余磁感应强度;

H_{c20}' ——永磁材料 20℃时的矫顽力;

α_{B_r} ——永磁材料剩余磁感应强度的可逆温度变化率;

α_{H_c} ——永磁材料矫顽力的可逆温度变化率。

对于 LNG52,$\alpha_{B_r} = -0.02\%$,$\alpha_{H_c} = 0.02\%$。

软磁材料矫顽力相比硬磁材料非常小(1J50 的矫顽力 $H_c < 10\ \mathrm{A/m}$),磁滞特性不明显,可以近似用初始磁化曲线描述软磁材料工作中的特性;初始磁化曲线的斜率,称为磁导率 μ,是软磁材料最主要的特征参数。温度变化时,软磁材料的磁导率也随之发生变化,如温度从 $-70℃$ 上升到 170℃时,1J50 的相对初始磁导率 μ_{ir} 从 3 981 逐渐增加到 7 166;但无论温度如

何变化,软磁材料(1J50 和 1J79)的磁导率都远大于空气(相对磁导率 $\mu_r \approx 1$);因此,在带气隙的磁路分析时,不计软磁材料的磁阻,也忽略温度对软磁材料磁导率的影响。

5.4.1.2　温度对油液黏度的影响

射流管伺服阀中,射流放大器工作特性和滑阀节流特性与油液黏性密切相关;图 5 - 21 为 10♯航空液压油的运动黏度-温度特性曲线;低温时,油液黏度随温度的降低呈指数增加。

5.4.1.3　温度对金属材料弹性模量的影响

弹性模量是描述材料应力和应变之间关系的重要参量,弹性模量随温度的改变会导致伺服阀中反馈杆、弹簧管等组件刚度的变化,进而导致伺服阀工作特性的变动;不同温度下金属材料的弹性模量可表示为

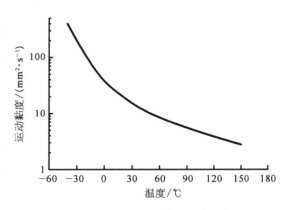

图 5 - 21　10♯航空液压油的运动黏度-温度特性曲线

$$E_T = E_{20}[1 + \eta(T - 20^\circ\text{C})] \tag{5-65}$$

式中　E_T——温度为 T 时材料的弹性模量;

　　　E_{20}——20℃时材料的弹性模量;

　　　η——材料弹性模量的温度系数。

5.4.1.4　金属材料的热变形

温度变化导致固体物质中分子间距的伸缩,从而造成零件的热变形。根据热弹性力学,弹性体内各点的正应变和切应变分量分别为

$$\varepsilon_x = \varepsilon_y = \varepsilon_z = \alpha \Delta T \tag{5-66}$$

$$\gamma_{yz} = \gamma_{zx} = \gamma_{xy} = 0 \tag{5-67}$$

式中　ε_x、ε_y、ε_z——弹性体微元正应变分量;

　　　γ_{yz}、γ_{zx}、γ_{xy}——弹性体微元切应变分量;

　　　α——金属线膨胀系数;

　　　ΔT——物体微元温度的改变量。

在伺服阀中,零件相互装配且不同材料的热膨胀系数不一致;材料在热变形过程中受到边界条件的约束,产生弹性变形,根据广义胡克定律,弹性变形范围内,金属材料微元的应力分量和应变分量满足如下关系:

$$\varepsilon_x = \frac{\sigma_x - \mu(\sigma_y + \sigma_z)}{E_T}, \varepsilon_y = \frac{\sigma_y - \mu(\sigma_z + \sigma_x)}{E_T}, \varepsilon_z = \frac{\sigma_z - \mu(\sigma_x + \sigma_y)}{E_T} \tag{5-68}$$

$$\gamma_{yz} = \frac{2(1+\mu)\tau_{yz}}{E_T}, \gamma_{zx} = \frac{2(1+\mu)\tau_{zx}}{E_T}, \gamma_{xy} = \frac{2(1+\mu)\tau_{xy}}{E_T} \tag{5-69}$$

式中　μ——泊松比;

　　　σ_x、σ_y、σ_z——弹性体微元正应力分量;

　　　τ_{yz}、τ_{zx}、τ_{xy}——弹性体微元切应力分量。

稳态温度场中,弹性变形范围内,材料的应力与应变满足线性叠加关系,有

$$\varepsilon_x = \frac{\sigma_x - \mu(\sigma_y + \sigma_z)}{E_T} + \alpha \Delta T, \ \varepsilon_y = \frac{\sigma_y - \mu(\sigma_z + \sigma_x)}{E_T} + \alpha \Delta T, \ \varepsilon_z = \frac{\sigma_z - \mu(\sigma_x + \sigma_y)}{E_T} + \alpha \Delta T$$

$$(5-70)$$

$$\gamma_{yz} = \frac{2(1+\mu)\tau_{yz}}{E_T}, \ \gamma_{zx} = \frac{2(1+\mu)\tau_{zx}}{E_T}, \ \gamma_{xy} = \frac{2(1+\mu)\tau_{xy}}{E_T} \qquad (5-71)$$

射流管伺服阀中金属材料的温度特性见表 5-4。

表 5-4　射流管伺服阀中金属材料的温度特性

材　料	零　件	20℃时弹性模量/10^9 Pa	弹性模量温度系数/10^{-5}℃$^{-1}$	热膨胀系数/10^{-6}℃$^{-1}$
05Cr17Ni4Cu	螺钉(阀体固定)	213	−27.6	11.0
440C	阀套、阀芯	211	−33.6	11.0
40Cr13	接收器	211	−23.7	12.0
1Cr18Ni9Ti	马达壳体、射流管、导油管、调零丝	202	−39.7	17.0
7075	阀体、端盖	72	−58.3	23.6
C17300	弹簧管、反馈杆、弹簧片	136	−42.0	16.6
1J50	导磁体、极靴	162	−23.2	9.3
1J79	衔铁	229	−30.2	12.0
3J1	支撑簧片	190	−26.0	13.0
LNG52	永久磁钢	150	−28.0	11.2

5.4.2　加工装配误差导致的结构尺寸不对称性

做如下假设:

(1) 马达壳体和阀体是伺服阀内各零部件的安装基础,在后续的不对称性分析中,忽略马达壳体和阀体的加工误差。

(2) 忽略射流管伺服阀装配过程中的焊接应力。

定义如图 5-22 所示的全局坐标系 $X_g Y_g Z_g$:坐标原点为阀套安装孔中心轴线的中点;X_g 轴平行于阀套安装孔中心轴线,以向右为正方向;Y_g 轴平行于马达壳体上弹簧管安装孔的中心轴线,以向上为正方向。

5.4.2.1　零件公差对射流管组件装配尺寸的影响

1) 射流管组件的装配

如图 5-23 所示,射流管组件由弹簧管、射流管、压环和衔铁构成。其中,压环外圆 d_{s1} 和衔铁内孔 d_{a1}、弹

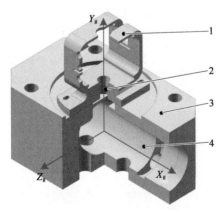

1—马达壳体;2—马达壳体上的弹簧管安装孔;3—阀体;4—阀套安装孔

图 5-22　射流管伺服阀全局坐标系示意图

簧管外圆 d_{b3} 和压环内孔 d_{s2}、射流管外圆 d_{j1} 和弹簧管内孔 d_{b1} 均为过盈配合,采用压配的方式将四个零件装配为一体。对于无加工误差的理想情况,压配后的射流管组件各关键轴线完全共线。

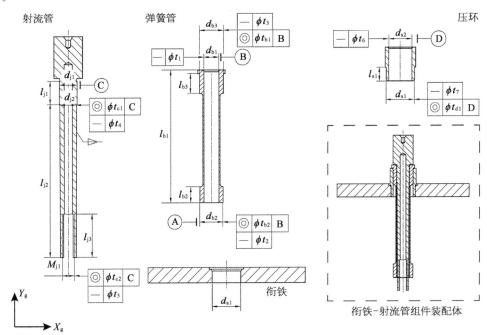

图 5‑23　射流管组件的构成零件

装配完成后的射流管组件安装在马达壳体上,图 5‑24 为射流管组件安装示意图。安装时,首先将弹簧管外径 d_{b2} 与马达壳体底部安装孔进行压配,实现组件 X_g、Z_g 方向的定位;然后将支撑簧片焊接到马达壳体上,实现组件的 Y_g 向定位,此时射流管组件的位置完全确定;最后将导油管及调零丝的一端焊接到射流管上,另一端焊接到马达壳体上。射流管组件在 X_g、Z_g 方向的定位基准为弹簧管外径 d_{b2} 的中心轴线(即基准 A),而 Y_g 方向通过调整支撑簧片的焊接位置可以进行调整。

2) 射流管组件结构尺寸的不对称分析

做如下假设:

(1) 忽略导油管和调零丝装配造成的装配应力。从上述装配过程来看,导油管及调零丝的安装导致射流管组件出现过度约束;当马达壳体上的安装孔与射流管上的安装孔存在位置度误差时,导油

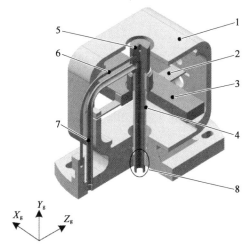

1—马达壳体;2—支撑簧片;3—衔铁;4—弹簧管;
5—射流管;6—调零丝;7—导油管;
8—马达壳体上的弹簧管安装孔

图 5‑24　射流管组件安装位置示意图

管和调零丝的焊接可能造成较大的装配应力。但在实际装配时,装配人员根据具体情况调节导油管及调零丝的形状,使之适应安装孔的位置误差,可基本消除装配应力。

(2) 忽略射流管组件中各零件的径向尺寸误差。相比直线度、同轴度、垂直度、位置度等

形位误差,径向尺寸误差对各组件的不对称问题影响极小。

(3)忽略射流管组件中各零件的轴向尺寸和形位误差及Y_g向装配误差。在后续装配过程中,喷嘴焊接、反馈杆组件焊接等步骤可以补偿射流管组件Y_g向的尺寸误差和定位误差。

(4)由于衔铁结构简单、端面尺寸大且轴向尺寸小,忽略衔铁中心孔d_{a1}中心轴线的直线度误差及其相对于衔铁端面的垂直度误差。

根据目前的加工能力和要求,表5-5给出了射流管组件中关键几何要素的形位公差值。

表5-5 射流管组件中关键几何要素的形位公差

公差符号	公差值/μm	说 明
t_1	2①	弹簧管内孔d_{b1}轴线(基准B)直线度
t_2	1.2	弹簧管外径d_{b2}轴线(基准A)直线度
t_3	1.2	弹簧管外径d_{b3}轴线直线度
t_4	2	射流管锥面d_{j2}轴线直线度
t_5	1.2	射流管螺纹孔M_{j1}轴线直线度
t_6	1.2	压环内径d_{s2}轴线直线度
t_7	1.2	压环外径d_{s1}轴线(基准D)直线度
t_{b1}	5①	弹簧管外径d_{b3}轴线相对于基准B的同轴度
t_{b2}	5①	弹簧管外径d_{b2}轴线(基准A)相对于基准B的同轴度
t_{c1}	4	射流管锥面d_{j2}轴线相对于基准C的同轴度
t_{c2}	2.5	射流管螺纹孔M_{j1}轴线相对于基准C的同轴度
t_{d1}	2	压环外径d_{s1}轴线相对于基准D的同轴度

注:① 加工图纸要求,其余按照GB/T 1184—1996中4级加工精度取值。

由于零件加工误差的存在,装配完成后,射流管组件中各孔轴的中心轴线不再共线,各轴线间存在相对偏移和倾斜。假设几何要素间的相对偏移量和倾斜角度服从均值为零的正态分布;已知零件的形位公差值,即可求得射流管组件中关键几何要素相对偏移量和倾斜角度的随机分布规律。表5-6给出了射流管组件中关键几何要素之间的12个相对位置误差,求出这些相对位置误差随机分布的标准差。

表5-6 射流管组件中几何要素的相对位置误差及其随机分布的标准差

序号	参量	相互关系	相对位置分量	随机分布的标准差
1	$s_x^{B\_A}$		沿X_g方向的偏移量	0.494 μm
2	$s_z^{B\_A}$	基准B相对于基准A	沿Z_g方向的偏移量	0.494 μm
3	$\alpha_z^{B\_A}$		绕Z_g轴的倾斜角度	3.66×10^{-4} rad
4	$\alpha_x^{B\_A}$		绕X_g轴的倾斜角度	3.66×10^{-4} rad

序号	参　量	相　互　关　系	相对位置分量	随机分布的标准差
5	$s_x^{j2\_C}$		沿 X_c 方向的偏移量[①]	0.336 μm
6	$s_z^{j2\_C}$	射流管锥面 d_{j2} 中心	沿 Z_c 方向的偏移量	0.336 μm
7	$\alpha_z^{j2\_C}$	轴线相对于基准 C	绕 Z_c 轴的倾斜角度	0.43×10^{-4} rad
8	$\alpha_x^{j2\_C}$		绕 X_c 轴的倾斜角度	0.43×10^{-4} rad
9	$s_x^{a1\_B}$		沿 X_b 方向的偏移量[②]	0.511 μm
10	$s_z^{a1\_B}$	衔铁内孔 d_{a1} 中心轴	沿 Z_b 方向的偏移量	0.511 μm
11	$\alpha_z^{a1\_B}$	线相对于基准 B	绕 Z_b 轴的倾斜角度	3.18×10^{-4} rad
12	$\alpha_x^{a1\_B}$		绕 X_b 轴的倾斜角度	3.18×10^{-4} rad

注：① $X_c Y_c Z_c$ 为局部坐标系，以基准 C 为 Y_c 轴，以 Y_c 轴垂面与 $Y_g O Z_g$ 平面的交线为 Z_c 轴。
　　② $X_b Y_b Z_b$ 为局部坐标系，以基准 B 为 Y_b 轴，以 Y_b 轴垂面与 $Y_g O Z_g$ 平面的交线为 Z_b 轴。

5.4.2.2　力矩马达的装配及电气调零误差

图 5-25 为力矩马达装配示意图；射流管组件安装到马达壳体之后，再装入线圈，并将永久磁钢焊接到马达壳体上，最后再把极靴焊接到永久磁钢上（永久磁钢和极靴的焊接位置如图 5-19 所示）。通过改变极靴和永久磁钢之间垫片的厚度，可以调整极靴与衔铁的相对位置，使得左右两端上、下极靴与衔铁之间的四个气隙长度与标准气隙长度 g 的误差在 5 μm 以内，这一过程为电气调零。

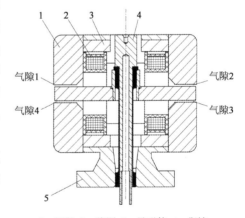

1—极靴；2—线圈；3—导磁体；4—衔铁-
射流管组件；5—马达壳体

图 5-25　力矩马达装配示意图

电气调零过程中，永久磁钢未充磁，无磁性；电气调零后的衔铁处于"初始装配状态"；此时四个气隙的长度为

$$g_1 = g + \Delta_1^A, \quad g_2 = g + \Delta_2^A \\ g_3 = g + \Delta_3^A, \quad g_4 = g + \Delta_4^A \right\} \quad (5-72)$$

式中　g_i——衔铁处于"初始装配状态"时，气隙 i 的长度；

　　　Δ_i^A——电气调零误差（或气隙装配误差），其物理意义为 g_i 相对于标准气隙长度 g 的差值，负号表示实际气隙长度小于标准气隙长度，设四个气隙的电气调零误差 Δ_i^A 服从 $-5 \sim 5\ \mu m$ 的均匀分布。

5.4.2.3　零件公差对反馈杆组件装配尺寸的影响

1）反馈杆组件及喷嘴的装配

图 5-26 为反馈杆组件构成零件示意图，反馈杆组件由反馈杆、套筒和弹簧片三个零件构

成。对于反馈杆组件,定义局部坐标系 $X_eY_eZ_e$,该坐标系以基准 E 为 Y_e 轴,以 Y_e 轴垂面与 Y_gOZ_g 平面的交线为 Z_e 轴。

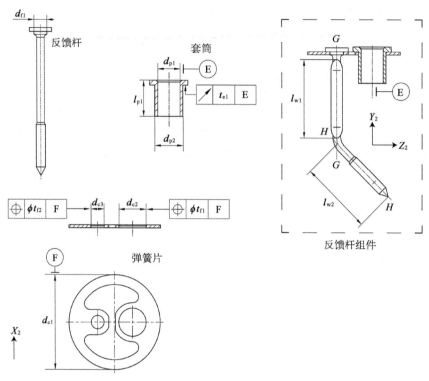

图 5-26　反馈杆组件构成零件示意图(GG 相对于基准 E 在 X_2 方向上的
平行度为 t_{e2}, HH 与基准 E 间的距离应小于 t_{e3})

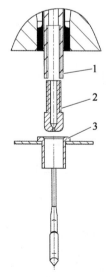

1—射流管;2—喷嘴;
3—反馈杆组件

图 5-27　反馈杆组件
及喷嘴装配示意图

反馈杆组件的装配通过焊接完成;反馈杆外径 d_{f1} 和弹簧片内径 d_{c3} 及套筒外径 d_{p2} 和弹簧片内径 d_{c2} 均为间隙较大的间隙配合,反馈杆和套筒的阶梯端面与弹簧片上表面贴合,通过高频焊的方式将三个零件焊接为一整体。之后,将反馈杆上部压扁,下部弯曲成形,成为图 5-26 中反馈杆组件所示的状态。反馈杆组件及喷嘴的装配如图 5-27 所示;喷嘴通过螺纹与射流管配合,通过旋转喷嘴以调节喷嘴高度,当喷嘴到射流接收器的高度在要求范围内时,将喷嘴焊接固定到射流管上;将反馈杆组件中的套筒套在射流管上,调节反馈杆组件高度,使反馈杆底部恰好通过滑阀中心,最后将反馈杆组件焊接到射流管上。

2) 反馈杆组件结构尺寸的不对称

表 5-7 给出了反馈杆组件中关键几何要素的形位公差值。反馈杆组件结构尺寸的不对称来源有两个方面:一是射流管的偏移和倾斜,反馈杆组件的 X_g、Z_g 向定位完全依靠射流管下部锥面 d_{j2},射流管锥面 d_{j2} 中心轴线相对于基准 A 的偏移和倾斜将导致反馈杆组件的整体偏移和倾斜;二是反馈杆组件本身的不对称性,图 5-27 中套筒阶梯端面相对于基准 E 的圆跳动误差、弹簧片两内孔 d_{c2}、d_{c3} 相对于外径 d_{c1} 的位

置度误差、反馈杆压扁及弯曲成形等形位误差将造成反馈杆组件关于装配基准 E 的不对称。根据表 5-7 中的形位误差,求解得到反馈杆组件中几何要素间相对偏移量和倾斜角度的随机分布规律,见表 5-8。

表 5-7　反馈杆组件中关键几何要素的形位公差

公差符号	公差值/μm	说　　　明
t_{e1}	20[①]	套筒阶梯端面相对于基准 E 的圆跳动
t_{e2}	30[①]	GG 轴线相对于基准 E 在 X_2 方向上的平行度
t_{e3}	180[①]	HH 轴线与基准 E 的距离最大值
t_{f1}	100[①]	弹簧片内径 d_{c2} 相对于基准 F 的位置度
t_{f2}	100[①]	弹簧片内径 d_{c3} 相对于基准 F 的位置度

注:① 加工图纸要求,其余按照 GB/T 1184—1996 中 4 级加工精度取值。

表 5-8　反馈杆组件中几何要素的相对位置误差及其随机分布的标准差

序号	参　量	相　互　关　系	相　对　位　置	随机分布的标准差
13	$\alpha_z^{n\_E}$	弹簧片上端面法向量相对于基准 E	绕 Z_e 轴的倾斜角度	1.62×10^{-3} rad
14	$\alpha_x^{n\_E}$		绕 X_e 轴的倾斜角度	1.62×10^{-3} rad
15	$s_x^{c2\_F}$	弹簧片内孔 d_{c2} 中心轴线相对于基准 F	沿 X_f 方向的位置度误差[①]	16.1 μm
16	$s_z^{c2\_F}$		沿 Z_f 方向的位置度误差	16.1 μm
17	$s_x^{c3\_F}$	弹簧片内孔 d_{c3} 中心轴线相对于基准 F	沿 X_f 方向的位置度误差	16.1 μm
18	$s_z^{c3\_F}$		沿 Z_f 方向的位置度误差	16.1 μm
19	$\alpha_z^{F\_E}$	GG 轴线相对于基准 E	绕 Z_e 轴的倾斜角度	8.62×10^{-4} rad
20	$\alpha_z^{G\_E}$	HH 轴线相对于基准 E	绕 Z_e 轴的倾斜角度	1.36×10^{-2} rad

注:① $X_f Y_f Z_f$ 为局部坐标系,以基准 F 为 Y_f 轴,以 Y_f 轴垂面与 $Y_g O Z_g$ 平面的交线为 Z_f 轴。

5.4.2.4　阀芯阀套的装配及机械调零误差

图 5-28 为阀套阀芯装配示意图;首先将接收器嵌入阀套上部孔中;然后将阀套装入阀体内,阀套与阀体的径向配合为间隙配合,采用密封圈进行轴向密封;阀套装入后,在阀体左右两端拧入锁紧环,压紧阀套,完成阀套在阀体内的轴向定位,阀套的轴向位置无严格要求。图 5-28b 为阀芯装配示意图;阀套定位完成后,将夹紧螺钉拧入阀芯内孔,阀芯装入阀套内孔;调节阀芯位置,当内泄漏最大时,即得到阀芯相对于阀套的零位;此时阀芯阀套的四个节流口遮盖量近似相等;这个过程称为机械调零。机械调零后,阀芯相对于阀套沿 X_g 方向的位置误差称为机械调零误差,记为 $\Delta_5^{A'}$。

相比极靴和力矩马达位置的调节,阀芯的位置调整更为容易;而且阀芯在装配之前,根据

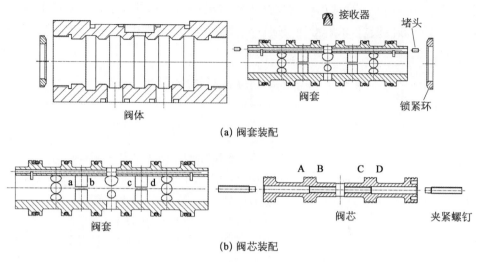

(a) 阀套装配

(b) 阀芯装配

图 5‑28 阀套阀芯装配示意图

阀套尺寸进行了精密的轴向配磨;因此,机械调零的误差一般很小,本节在后续分析中忽略机械调零误差,即 $\Delta_5^{A'}=0$。

5.4.2.5 喷嘴位置的调整及液压调零误差

机械调零完成后,将之前焊接好的力矩马达‑弹簧管‑喷嘴‑反馈杆组件装入阀体中,此时反馈杆底部和滑阀上的夹紧螺钉没有接触;如图 5‑29 所示,装入后,喷嘴和接收器存在位置误差;调整力矩马达 X_g 方向位置,当阀芯两端容腔压力相同时,表示喷嘴在 X_g 方向上位于两接收孔正中;之后调整力矩马达 Z_g 方向位置,当阀芯两端容腔压力达到最大时,表示喷嘴投影的圆心在 Z_g 方向上与两接收孔中心共线;这一过程称为液压调零。液压调零结束后,通过螺钉将力矩马达固定在阀体上;旋转夹紧螺钉,在保证阀芯位置和反馈杆位置不变的同时,将反馈杆底部夹紧,完成反馈杆和阀芯的固定。

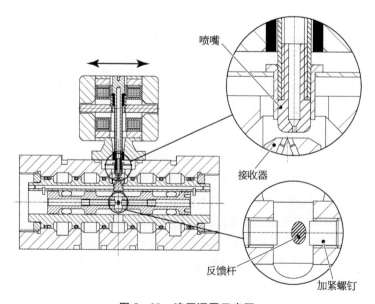

图 5‑29 液压调零示意图

液压调零后,喷嘴相对于接收器在 X_g 方向的位置误差(液压调零误差)为 $\Delta_6^{A'}$,在 Z_g 方向的位置误差(液压调零误差)为 $\Delta_7^{A'}$。 液压调零完成后,各组件不处于"初始装配状态";这是由于液压调零过程中永久磁钢具有磁性;考虑到电气调零误差,当无控制电流时,射流管相对于"初始装配状态"有一偏转角度 $\Delta\theta_0$。 $\Delta\theta_0$ 的求解需结合力矩马达和弹簧管组件的数学模型进行。

因此,"初始装配状态"时,喷嘴的装配误差表示为

$$\Delta_6^A = \Delta_6^{A'} - \Delta\theta_0 h \tag{5-73}$$

$$\Delta_7^A = \Delta_7^{A'} \tag{5-74}$$

式中　Δ_6^A——"初始装配状态"时,喷嘴相对于接收器在 X_g 方向的装配误差;

　　　Δ_7^A——"初始装配状态"时,喷嘴相对于接收器在 Z_g 方向的装配误差;

　　　h——衔铁转动中心到喷嘴底部的距离。

"初始装配状态"时,滑阀与喷嘴的相对位置与液压调零后的状态相同,因此有滑阀的装配误差修正为

$$\Delta_5^A = \Delta_5^{A'} - \Delta\theta_0 h \tag{5-75}$$

式中　Δ_5^A——"初始装配状态"时,滑阀阀芯相对于阀套在 X_g 方向的装配误差。

5.4.3　精密偶件间的相对热位移

定义环境温度变化时,零件热胀冷缩导致几何尺寸变化,并引起组件装配尺寸和偶件间相对几何位置的变化,即为热位移。热位移分为热平移和热转动两种形式。

在本理论分析的基础上,定量计算环境温度变化时,不对称射流管伺服阀中精密偶件间的相对热位移。图 5-30 为射流管伺服阀偶件间相对热位移示意图。

其中,力矩马达 4 个工作气隙的改变量记为 Δ_i^T,可分为两个来源:一是马达框架和衔铁热变形导致工作气隙改变 Δ_i^{T1};二是射流-反馈组件(射流管-弹簧管-反馈杆)热变形造成衔铁绕 Z_a 轴发生热转动 $\Delta_{A\theta}^T$ 且衔铁相对支撑簧片沿 Y_g 轴发生热平移 Δ_{AY}^T,进而导致工作气隙发生改变,记为 Δ_i^{T2},满足几何关系式:

$$\Delta_i^T = \Delta_i^{T1} + \Delta_i^{T2} \tag{5-76}$$

$$\Delta_1^{T2} = -\Delta_2^{T2} = a\Delta_{A\theta}^T - \Delta_{AY}^T \tag{5-77}$$

$$\Delta_3^{T2} = -\Delta_4^{T2} = a\Delta_{A\theta}^T + \Delta_{AY}^T \tag{5-78}$$

式中　a——衔铁由转轴到导磁体工作面中心的半径。

其二,在"热变形平衡状态",阀芯的轴向位置由反馈杆确定,反馈杆底部(与夹紧螺钉接触部位)沿 X_g 轴的热平移量 Δ_5^T 是导致阀芯和阀套轴向相对位置变动的原因。

其三,喷嘴悬挂在射流管底部,在热变形时其三个方向的位置均发生变动(沿 X_g 轴热平移 Δ_6^T、沿 Z_g 轴热平移 Δ_7^T、沿 Y_g 轴热平移 Δ_8^T);阀套和阀体热变形时,接收器发生沿 Y_g 轴的热平移,其位置变动量为 Δ_9^T;因此喷嘴和接收器的相对位置也会发生变化。

综上,本节待求的 11 个热位移参量为力矩马达热变形导致的工作气隙长度改变量(Δ_1^{T1}、

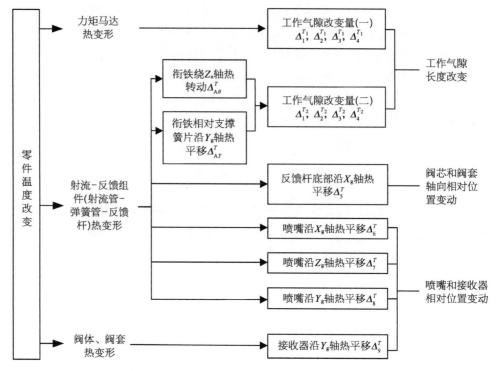

图 5 - 30　射流管伺服阀偶件间相对热位移示意图(Z_a 轴为过衔铁几何中心且平行于 Z_g 轴的轴线)

$\Delta_2^{T_1}$、$\Delta_3^{T_1}$、$\Delta_4^{T_1}$)、衔铁绕 Z_a 轴热转动量 $\Delta_{A\theta}^T$、衔铁相对于支撑簧片沿 Y_g 轴热平移量 Δ_{AY}^T、反馈杆底部沿 X_g 轴热平移量 Δ_5^T、喷嘴沿 X_g 轴热平移量 Δ_6^T、喷嘴沿 Z_g 轴热平移量 Δ_7^T、喷嘴沿 Y_g 轴热平移量 Δ_8^T 和接收器沿 Y_g 轴热平移量 Δ_9^T。

做如下假设和说明：

(1) 设阀体底面为热位移基准面，即温度变化时，阀体底面热位移始终为零。

(2) 本节所述的"温度"均指零件温度，且假设零件内各点温度均匀分布。

(3) 阀体和力矩马达(包括马达壳体、永久磁钢、极靴、导磁体等)的刚度远大于射流-反馈组件(射流管-弹簧-反馈杆)，因此忽略射流-反馈组件对阀体和马达框架热变形的约束；阀体刚度远大于阀体固定螺栓的刚度，因此忽略螺栓对阀体热变形的约束。

(4) 假设热变形过程中，阀芯、阀套和阀体上的阀套安装孔始终同轴心，且阀套相对于阀体无转动。

(5) 阀套两端通过锁紧环实现其轴向定位，由于阀体材料(7075 铝合金)的热膨胀系数大于阀套材料(440C 不锈钢)，高温时，阀体在 X_g 方向的变形量大于阀套，可能导致锁紧环的轴向定位失效；尽管阀套失去轴向约束，但此时阀体阀套的相对运动仍受到 O 形圈摩擦力的作用，O 形圈造成的最大静摩擦力可表示为

$$F_s = \frac{0.2\pi^2 f_s e_s (D_s + 2W_s) W_s E_s}{1 - \mu_s^2} n_s \tag{5-79}$$

式中　D_s——密封圈槽内径，$D_s = 15$ mm；

　　　W_s——O 形圈截面直径，$W_s = 1.3$ mm；

e_s——O 形圈压缩率，$e_s = 0.15$；

f_s——静摩擦系数，$f_s = 0.4$；

E_s、μ_s——O 形圈材料弹性模量和泊松比，$E_s = 6.5$ MPa，$\mu_s = 0.499$；

n_s——O 形圈数目，$n_s = 6$。

计算得到 O 形圈造成的阀体阀套之间的最大静摩擦力 F_s 约为 141 N。尽管在实际工况中，环境振动冲击可能造成阀套受到较大惯性力而相对阀体发生运动；但在实验室的温漂试验过程中，阀套仅受到液压力作用：

$$F_p = p_c \frac{\pi}{4} d_c^2 \tag{5-80}$$

式中　d_c——阀套上轴向通油小孔直径，$d_c = 1.2$ mm；

p_c——阀芯两端压力之差。

即使 p_c 取供油压力 28 MPa，阀套受到的液压力 F_p 仅为 31.7 N，小于 O 形圈造成的最大静摩擦力 F_s。因此温漂分析时，认为阀套始终相对阀体无 X_g 向热位移；则安装在阀套中部的接收器相对于阀体也无 X_g 向热位移。

5.4.3.1　阀体和阀套的热变形

图 5-31 为接收器安装位置示意图；接收器安装在阀套上，阀套安装在阀体内孔中；阀体和阀套的热变形导致接收器在 Y_g 方向上发生热位移。阀体的热变形可视为自由热变形；则温度为 T 时，阀套安装孔中心轴线 P_1 沿 Y_g 轴的热平移量 s_1 为

$$s_1 = h_1 (T - T_0) \alpha_{7075} \tag{5-81}$$

式中　T_0——伺服阀装配时的温度，$T_0 = 20℃$；

h_1——阀套安装孔中心轴线 P_1 距阀体底部 P_0 的距离；

α_{7075}——阀体材料（7075 铝合金）的热膨胀系数。

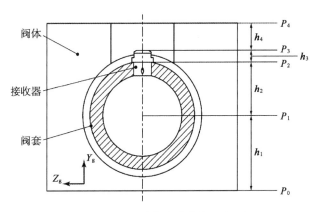

图 5-31　接收器安装位置示意图

阀套与阀体为间隙配合，采用密封圈进行轴向的油液密封，因此认为阀套的径向热变形无外界约束；但阀套轴向受到锁紧环作用而存在轴向应力；温度从 T_0 变化到 T 时，阀套上的接收器定位平面 P_2 沿 Y_g 轴热平移量 s_2 为

$$s_2 = s_1 + h_2 (T - T_0) \alpha_{440C} + \frac{\mu_{440C} \sigma_s^T}{E_{440C}^T} l_2 - \frac{\mu_{440C} \sigma_s^{T_0}}{E_{440C}^{T_0}} l_2 \tag{5-82}$$

式中 h_2——接收器定位平面 P_2 距阀套安装孔中心轴线 P_1 的距离；

l_2——阀套的轴向长度；

α_{440C}、μ_{440C}、$E_{440C}^{T_0}$、E_{440C}^T——阀套材料（440C 不锈钢）的热膨胀系数、泊松比、温度为 T_0 时弹性模量和温度为 T 时的弹性模量；

$\sigma_s^{T_0}$、σ_s^T——温度为 T_0 时和 T 时的阀套受到的轴向应力。

装配时（环境温度 20℃），拧紧锁紧环后，阀套受到的轴向压应力 σ_s^{20} 约为 120 MPa；随着温度的升高，阀体的轴向热变形大于阀套轴向热变形，阀套轴向应变逐渐变小，阀套轴向压应力 σ_s^T 也随之减小；温度从 T_0 变化到 T 时，阀套轴向应变改变量 $\Delta\varepsilon_z$ 表示为

$$\Delta\varepsilon_z = (T - T_0)(\alpha_{7075} - \alpha_{440C}) = \frac{\sigma_s^{T_0}}{E_{440C}^{T_0}} - \frac{\sigma_s^T}{E_{440C}^T} \tag{5-83}$$

通过式（5-83）可求得温度为 T 时阀套的轴向压应力 σ_s^T；当温度上升到一定值后，锁紧环将脱离阀套，随着温度继续上升，阀套轴向压应力 $\sigma_s^T = 0$。

温度从 T_0 变化到 T 时，接收器上表面 P_3 沿 Y_g 轴热平移量 Δ_9^T 为

$$\Delta_9^T = s_1 + s_2 + h_3(T - T_0)\alpha_{40Cr13} \tag{5-84}$$

式中 h_3——接收器上表面 P_3 距接收器定位平面 P_2 的距离；

α_{40Cr13}——接收器材料（40Cr13 不锈钢）的热膨胀系数。

此外，温度从 T_0 变化到 T 时，阀体顶部 P_4 沿 Y_g 轴热平移量 s_4 为

$$s_4 = s_1 + s_2 + \Delta_9^T + h_4(T - T_0)\alpha_{7075} \tag{5-85}$$

式中 h_4——阀体顶部 P_4 距接收器上表面 P_3 的距离。

5.4.3.2 力矩马达的热变形

图 5-32 为力矩马达结构示意图；力矩马达中永久磁钢、极靴和导磁体均采用焊接的方式与马达壳体连接；各零件材料不同，热膨胀系数也相差较大；力矩马达内各零件的热变形相互约束，应力应变情况较为复杂；因此，力矩马达的热变形问题需通过弹性力学中的平衡微分方程、几何方程和应力应变关系联立求解。

平衡微分方程为

$$\frac{\partial\sigma_x}{\partial x} + \frac{\partial\tau_{yx}}{\partial y} + \frac{\partial\tau_{zx}}{\partial z} + f_x = 0, \ \frac{\partial\sigma_y}{\partial y} + \frac{\partial\tau_{zy}}{\partial z} + \frac{\partial\tau_{xy}}{\partial x} + f_y = 0, \ \frac{\partial\sigma_z}{\partial z} + \frac{\partial\tau_{xz}}{\partial x} + \frac{\partial\tau_{yz}}{\partial y} + f_z = 0$$
$$\tag{5-86}$$

式中 f_x、f_y、f_z——弹性微元的体力分量。

应变分量与位移分量满足的几何方程为

$$\varepsilon_x = \frac{\partial u}{\partial x}, \ \varepsilon_y = \frac{\partial v}{\partial y}, \ \varepsilon_z = \frac{\partial w}{\partial z} \tag{5-87}$$

$$\gamma_{yz} = \frac{\partial w}{\partial y} + \frac{\partial v}{\partial z}, \ \gamma_{zx} = \frac{\partial u}{\partial z} + \frac{\partial w}{\partial x}, \ \gamma_{xy} = \frac{\partial v}{\partial x} + \frac{\partial u}{\partial y} \tag{5-88}$$

式中 u、v、w——弹性体微元的位移分量。

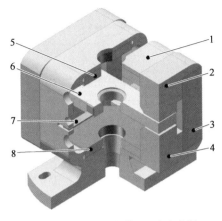

1—马达壳体；2—上极靴；3—永久磁钢；
4—下极靴；5—上导磁体；6—衔铁；
7—支撑簧片；8—下导磁体

图 5 - 32　力矩马达结构示意图

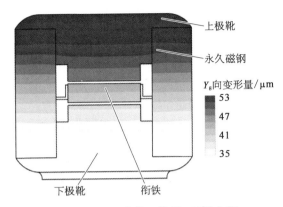

上极靴

永久磁钢

Y_g 向变形量/μm

下极靴　　衔铁

**图 5 - 33　温度从 20℃ 到 150℃ 力矩
马达 Y_g 方向热变形云图**

联立式(5 - 86)～式(5 - 88)和式(5 - 70)、式(5 - 71)的应力应变关系,共计 15 个方程;可以求得 6 个应力分量 σ_x、σ_y、σ_z、γ_{yz}、γ_{zx}、γ_{xy},6 个应变分量 ε_x、ε_y、ε_z、τ_{yz}、τ_{zx}、τ_{xy},3 个位移分量 u、v、w,共计 15 个未知数。由于马达框架的边界条件和零件形状较为复杂,本节借助有限元软件 ANSYS 求解这 15 个方程组成的闭合方程组。

设置马达壳体底部端面为固定约束;改变零件温度,得到不同温度下力矩马达热变形导致的工作气隙改变量(Δ_1^{T1}、Δ_2^{T1}、Δ_3^{T1}、Δ_4^{T1})。图 5 - 33 为零件温度从 20℃ 到 150℃ 时,力矩马达在 Y_g 方向上的热变形云图。温度升高后,由于极靴材料(1J50)相比永久磁钢材料(LNG52)的热膨胀系数低,因此下极靴上部的 Y_g 向变形量小于同一水平位置永久磁钢的 Y_g 向变形量,上极靴下部的 Y_g 向变形量大于同一水平位置永久磁钢的 Y_g 向变形量;这使得高温时上下极靴的间距增大。另外,衔铁的高温膨胀减小了工作气隙的长度。综合上述两个因素的共同作用,根据有限元计算结果,温度从 T_0 变化到 T 时,力矩马达热变形导致的工作气隙长度改变量为

$$\Delta_1^{T1} = \Delta_2^{T1} = \Delta_3^{T1} = \Delta_4^{T1} = \alpha_g(T - T_0) \tag{5-89}$$

式中　α_g——力矩马达热变形导致的工作气隙长度温漂系数,$\alpha_g = 1.1 \times 10^{-9}$ m/℃,随着温度的升高,力矩马达热变形导致四个工作气隙长度略有增加。

5.4.3.3　基于 BP 神经网络的射流-反馈组件热变形计算模型

图 5 - 34 为射流-反馈组件结构及安装位置示意图。射流-反馈组件通过弹簧管、反馈杆和弹簧片等弹性元件,将力矩马达电磁力矩转化为射流管转动角度,同时将阀芯位移反馈到射流管端部,是射流管伺服阀的核心组件之一。

1) 射流-反馈组件热变形的约束条件

图 5 - 34b 为射流-反馈组件安装位置示意图;图中,射流-反馈组件的导油管底部 a、调零丝底部 b、支撑簧片外侧 c、d 均焊接在马达壳体上;弹簧管底部圆柱面与马达壳体内孔形成过盈配合,弹簧管底面 f 与马达壳体底面对齐;反馈杆底部 e 通过加紧螺钉固定在滑阀上;在温度变化后,这些部位跟随阀体和马达壳体的热变形而发生热位移。

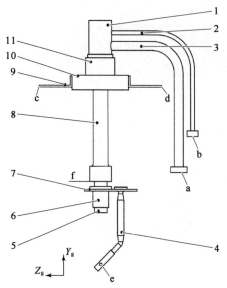
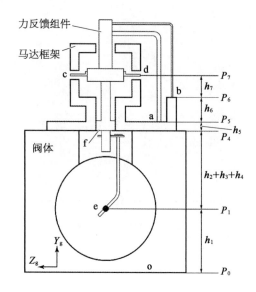

1—射流管；2—调零丝；3—导油管；4—反馈杆；
5—喷嘴；6—套筒；7—弹簧片；8—弹簧管；9—支撑簧片；
10—衔铁；11—压环

(a) 结构示意图   (b) 安装位置示意图

图 5-34　射流-反馈组件结构及安装位置示意图

反馈杆底部 e 安装在阀芯中心轴线上，与阀套安装孔中心轴线 P_1 重合；温度变化时，反馈杆底部 e 沿 Y_g 轴热平移量 s_e^y 为

$$s_e^y = s_1 \tag{5-90}$$

热变形过程中，弹簧管底面 f 与阀体顶部 P_3 的相对位置保持不变，则弹簧管底面 f 沿 Y_g 轴的热平移量 s_f^y 为

$$s_f^y = s_4 \tag{5-91}$$

导油管底部 a 和调零丝底部 b 沿 Y_g 轴的热平移量分别为

$$s_a^y = s_4 + h_5(T - T_0)\alpha_{1Cr18} \tag{5-92}$$

$$s_b^y = s_a^y + h_6(T - T_0)\alpha_{1Cr18} \tag{5-93}$$

式中　h_5——导油管底部 a 距阀体顶部 P_3 的距离；

　　　h_6——调零丝底部 b 距导油管底部 a 的距离；

　　　α_{1Cr18}——马达壳体材料(1Cr18Ni9Ti)的热膨胀系数。

根据力矩马达热变形有限元结果，温度变化时，支撑簧片外侧 c、d 沿 Y_g 轴热平移量 s_c^y 和沿 Z_g 轴的热平移量 s_c^z 分别为

$$s_c^y = s_d^y = s_4 + \alpha_r^y(T - T_0) \tag{5-94}$$

$$s_c^z = -s_d^z = \alpha_r^z(T - T_0) \tag{5-95}$$

式中　α_r^y、α_r^z——支撑簧片外侧 Y_g 向和 Z_g 向位移的温漂系数，有 $\alpha_r^y = 3.23 \times 10^{-7}$ m/℃，

　　　$\alpha_r^z = 1.74 \times 10^{-7}$ m/℃。

施加的其他约束有：反馈杆底部 e(夹紧螺钉位置)仅能沿 X_g 轴移动和绕 X_g 轴转动；弹簧管底部的外圆柱面、导油管底部 a、调零丝底部 b 和支撑簧片外侧 c、d 均设为固定约束。

2) 射流-反馈组件热变形的有限元计算结果

根据表 5-6 和表 5-8 给出的几何要素相对位置误差分布规律，可以得到若干组随机的相对位置误差组合；表 5-9 随机生成了 230 相对位置误差，并建了相应的射流-反馈组件三维结构模型。通过有限元软件，计算得到不同温度时的关键部位热位移数据；温升 100℃(20～120℃)时的部分热位移计算结果记录在表 5-9 中。

表 5-9　相对位置误差及对应的热位移计算结果(温升 100℃)

物理量	单位	射流-反馈组件							
		1	2	3	4	⋯	228	229	230
相对位置误差 $s_x^{B\_A}$	μm	−0.80	0.82	0.06	0.27		0.73	0.44	−0.50
$s_z^{B\_A}$	μm	0.57	−0.03	−0.97	−0.31		0.75	−0.59	−0.66
$\alpha_z^{B\_A}$	10^{-4} rad	5.58	−2.57	−4.92	0.56		−0.78	0.72	6.03
$\alpha_x^{B\_A}$	10^{-4} rad	−2.22	−6.24	−2.44	−6.74		0.64	0.72	6.55
$s_x^{j2\_C}$	μm	0.26	−0.37	−0.29	0.23		−0.12	0.43	0.22
$s_z^{j2\_C}$	μm	−0.53	−0.42	−0.60	0.35		−0.40	0.22	0.64
$\alpha_z^{j2\_C}$	10^{-4} rad	−0.11	0.19	−0.36	0.28		0.21	0.27	0.55
$\alpha_x^{j2\_C}$	10^{-4} rad	−0.54	0.17	−0.14	−0.12		0.06	−0.11	0.28
$s_x^{a1\_B}$	μm	0.04	−0.24	−0.26	−0.45		0.82	−0.40	0.08
$s_z^{a1\_B}$	μm	0.52	−0.27	0.25	0.72	⋯	0.34	0.04	0.47
$\alpha_z^{a1\_B}$	10^{-4} rad	2.59	−1.43	0.54	2.72		−5.74	−4.75	−1.20
$\alpha_x^{a1\_B}$	10^{-4} rad	1.32	5.03	−2.12	−0.79		2.91	3.05	3.96
$\alpha_z^{n\_E}$	10^{-3} rad	−2.17	−2.08	−0.94	0.65		2.56	0.51	1.00
$\alpha_x^{n\_E}$	10^{-3} rad	0.82	0.64	−1.19	−1.29		0.58	2.51	−1.03
$s_x^{c2\_F}$	μm	15.45	2.21	19.91	17.72		18.87	26.22	4.17
$s_z^{c2\_F}$	μm	4.45	26.35	21.99	−9.32		−6.46	13.03	3.59
$s_x^{c3\_F}$	μm	−8.61	1.88	2.18	−4.58		9.95	−10.88	0.08
$s_z^{c3\_F}$	μm	−26.31	−20.10	6.13	0.50		−18.04	13.52	11.84
$\alpha_z^{F\_E}$	10^{-4} rad	−7.77	14.17	−1.45	−12.52		−14.55	−14.10	−7.05
$\alpha_z^{G\_E}$	10^{-2} rad	1.17	1.29	1.72	−2.12		−0.46	1.89	1.96
热位移 $\Delta_{A\theta}^T$	10^{-6} rad	5.63	6.10	−26.44	3.05		−2.97	12.52	5.55
Δ_{AY}^T	μm	1.41	1.41	1.39	1.37		1.40	1.38	1.37
Δ_5^T	μm	−3.60	1.16	−4.54	−4.82	⋯	−5.13	−7.64	−1.64
Δ_6^T	μm	0.13	0.21	−0.55	0.01		−0.31	0.20	0.04
Δ_7^T	μm	−2.35	−2.09	−2.50	−3.15		−2.63	−2.69	−3.00
Δ_8^T	μm	65.82	65.84	65.84	65.84		65.81	65.82	65.81

3) 基于 BP 神经网络的热位移计算模型

为了确定几何要素相对位置误差与关键部位热位移的定量映射关系,本节采用 BP 神经网络对得到的数据进行分析。BP 神经网络是一种按照误差逆向传播算法训练的多层前馈神经网络,图 5-35 为 BP 神经网络的结构模型图;其结构可分为输入层、隐层和输出层。其计算过程主要包括正向传播和反向传播两个部分;正向传播依赖于输入到输出的映射关系,反向传播通过将输出值和目标值的误差进行反馈,按照梯度修正法来调整神经元之间的链接,从而减小输入和输出之间的误差。通过这两个过程的反复进行,就可以使得输出值与目标值接近,误差达到要求值以内。

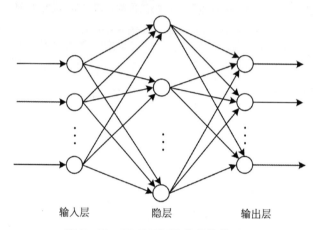

图 5-35 BP 神经网络的结构模型图

对于本节的 BP 神经网络,表 5-6 和表 5-8 中的 20 个相对位置误差构成了输入层,而计算得到的 6 个关键部位热位移设置为输出层;设置隐层数为 1 层,隐层节点数为 6 个;隐层和输出层激励函数均为线性函数。将得到的 230 组数据中的 205 组作为训练数据,训练后,采用其余 25 组数据作为期望值对训练结果进行测试,得到如图 5-36 所示的 BP 神经网络测试结果。

计算结果表明,6 个关键部位热位移中,衔铁相对于支撑簧片沿 Y_g 轴热平移量 Δ_{AY}^T 和喷嘴沿 Y_g 轴热平移量 Δ_8^T 的波动较小(分别为 $1.384\ \mu m \pm 0.030\ \mu m$ 和 $65.819\ \mu m \pm 0.020\ \mu m$);这是由于表 5-6 和表 5-8 列出的 20 个相对位置误差只影响射流-反馈组件 X_g 向和 Z_g 向的不对称性,而对 Y_g 向的热变形影响较小,因此衔铁相对于支撑簧片 Y_g 轴热平移量 Δ_{AY}^T 和喷嘴沿 Y_g 轴热平移量 Δ_8^T 与几何要素的相对位置误差无较大关联,仅与温度有关,根据计算结果,有

$$\Delta_{AY}^T = \alpha_a^y (T - T_0) \tag{5-96}$$

$$\Delta_8^T = \alpha_n^y (T - T_0) \tag{5-97}$$

式中 α_a^y ——衔铁沿 Y_g 轴平移量 Δ_{AY}^T 的温漂系数,$\alpha_a^y = 1.38 \times 10^{-8}\ m/℃$;

  α_n^y ——喷嘴沿 Y_g 轴平移量 Δ_8^T 的温漂系数,$\alpha_n^y = 6.58 \times 10^{-7}\ m/℃$。

而其余 4 个部位的热位移(衔铁绕 Z_a 轴热转动量 $\Delta_{A\theta}^T$、反馈杆底部沿 X_g 轴热平移量 Δ_5^T、喷嘴沿 X_g 轴热平移量 Δ_6^T、喷嘴沿 Z_g 轴热平移量 Δ_7^T)受几何要素的相对位置误差影响较大。图 5-36 中,这 4 个关键部位的热位移对应的 BP 神经网络计算结果与期望结果较为接近,表明 BP 神经网络的训练效果较好,较准确地反映了相对位置误差和关键部位热位移的映射关

系;在后续关键部位热位移的计算分析中,采用该训练好的 BP 神经网络代替有限元热变形计算程序,可以节省计算时间。

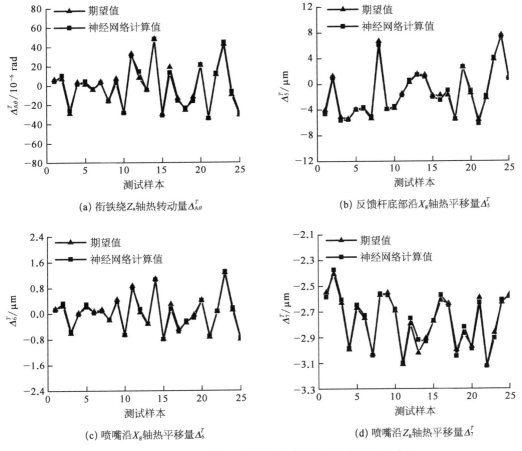

(a) 衔铁绕 Z_a 轴热转动量 $\Delta_{A\theta}^{T}$

(b) 反馈杆底部沿 X_g 轴热平移量 Δ_5^{T}

(c) 喷嘴沿 X_g 轴热平移量 Δ_6^{T}

(d) 喷嘴沿 Z_g 轴热平移量 Δ_7^{T}

图 5 - 36　基于 BP 神经网络的热位移计算结果(温升 100℃)

4) 相对位置误差与关键部位热位移的关联性

为了定量表述某一相对位置误差对关键部位热位移的影响,定义某位置误差 s_k(k 为相对位置误差在列表中的序号)与衔铁绕 Z_a 轴热转动量 $\Delta_{A\theta}^{T}$ 的关联系数 $R_{A\theta,k}^{T}$ 为

$$R_{A\theta,k}^{T} = \frac{\Delta_{A\theta}^{T}\Big|_{s_k=\sigma_k,\,s_i=0(i\neq k)}}{\sum\limits_{n=1}^{20}\Delta_{A\theta}^{T}\Big|_{s_n=\sigma_n,\,s_i=0(i\neq n)}} \tag{5-98}$$

式中　σ_k——位置误差 s_k 分布的标准差。

上式的分子表示当位置误差 s_k 为其分布的标准差值 σ_k,而其他位置误差值为 0 时,衔铁绕 Z_a 轴的热转动量 $\Delta_{A\theta}^{T}$。其余关键部位热位移的关联系数(反馈杆底部沿 X_g 轴热平移 R_5^{T}、喷嘴沿 X_g 轴热平移 R_6^{T}、喷嘴沿 Z_g 轴热平移量 R_7^{T})定义方式与式(5-98)相同。关联系数越大表明该位置误差对热位移的影响越大。

通过训练好的 BP 神经网络,可以得到不同相对位置误差与各关键部位热位移的关联系数,如图 5-37 所示。

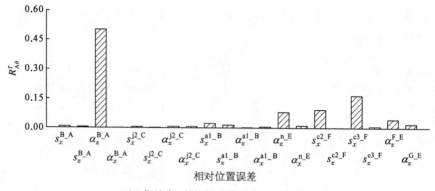

(a) 衔铁绕 Z_a 轴热转动量 $\Delta_{A\theta}^T$ 的关联系数 $R_{A\theta}^T$

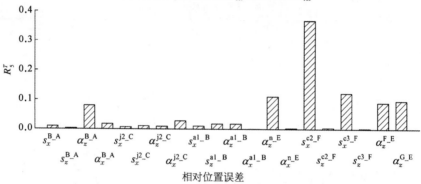

(b) 反馈杆底部沿 X_g 轴热平移量 Δ_5^T 的关联系数 R_5^T

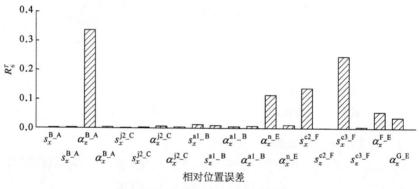

(c) 喷嘴沿 X_g 轴热平移量 Δ_6^T 的关联系数 R_6^T

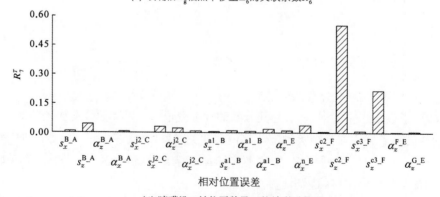

(d) 喷嘴沿 Z_g 轴热平移量 Δ_7^T 的关联系数 R_7^T

图 5‑37　各相对位置误差与关键部位热位移的关联系数

从图中可以看出：

① α_z^{B-A}（基准 B 相对于基准 A 绕轴 Z_g 的倾斜角度）与 X_g 方向的热位移关联较大。这是由于基准 B 是射流管、喷嘴和反馈杆组件的定位基准，基准 B 的倾斜带动射流管和反馈杆组件随之倾斜，加大了射流管和反馈杆组件相对于其"初始装配状态"的偏离程度。

② 反馈杆组件的各轴线位置误差对热位移的贡献也较大。这是由于反馈杆组件经历了压扁折弯等冷变形加工，各形位公差值较大，导致反馈杆组件各轴线间的相对误差分布范围较大。

因此，通过减小弹簧管内孔 d_{b1} 轴线（基准 B）的直线度公差 t_1、弹簧管外径 d_{b2} 轴线（基准 A）相对于基准 B 的同轴度公差 t_{b2} 及反馈杆组件各轴线的位置公差，可以有效降低极端温度下的零部件不对称热位移，从而抑制射流管伺服阀的温漂。

5.4.4　数学模型及温漂机理

射流管伺服阀的核心组件主要包括力矩马达、射流-反馈组件、射流放大器和滑阀副四个部分；本节将建立描述"工作平衡状态"的射流管伺服阀数学模型，基于前面各节的理论基础，研究射流管伺服阀的温漂机理。

温漂为伺服阀的静态特性，因此本节建立的是伺服阀静态特性的数学模型，方程中不考虑电感、容腔油液压缩性、惯性力、阻尼力等动态项。

5.4.4.1　力矩马达数学模型及其温漂机理

1）力矩马达数学模型

力矩马达的工作原理如图 5-38 所示。上、下极靴和衔铁形成 4 个工作气隙；极靴和永久磁钢相连，永久磁场在工作气隙处感应出固定磁通；衔铁上套有两个反向缠绕的控制线圈，线圈中的控制电流 i_c 可以在衔铁上感应出控制磁场，进而在工作气隙处产生控制磁通；每个气隙中的磁通量即等于固定磁通和控制磁通的和。根据麦克斯韦电磁吸力公式，磁通在各气隙处产生的电磁吸力为

$$F_i = \frac{\phi_i^2}{2\mu_0 A_g} \tag{5-99}$$

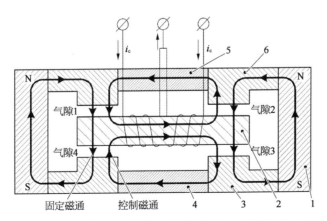

1—永久磁钢；2—衔铁；3—下极靴；4—下导磁体；5—上导磁体；6—上极靴

图 5-38　力矩马达工作原理

式中 F_i——气隙 i 处的电磁吸力；

ϕ_i——气隙 i 处的磁通；

μ_0——空气磁导率；

A_g——磁极面积。

当衔铁位于中位时，理想状态下，4 个工作气隙长度完全相同，固定磁通量方向相同、大小相等；若此时控制电流 $i_c=0$（即控制磁通量为零），则 4 个工作气隙处的总磁通相等，衔铁左右两端的电磁吸力完全对称，力矩马达输出的力矩为零；若此时控制电流不为零，则在上、下工作气隙处产生方向相反的控制磁通，各气隙处的总磁通不再相等，在不对称电磁力作用下，力矩马达输出一定大小的电磁力矩 T_d：

$$T_d = a(F_1 + F_3 - F_2 - F_4) \tag{5-100}$$

式中 a——衔铁转轴到导磁体工作面中心的半径。

控制电流越大，电磁力矩越大。

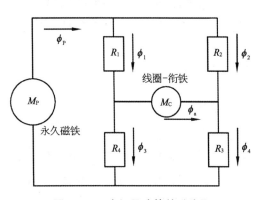

图 5‑39 力矩马达等效磁路图

图 5‑39 为力矩马达的等效磁路图。图中线圈产生的可变磁动势为 M_C，永久磁钢产生的固定磁动势为 M_P。

考虑到各种误差的影响，气隙 i 处的磁阻 R_i 表示为

$$\left.\begin{array}{l} R_1 = \dfrac{g + \Delta_1 + a\theta}{\mu_0 A_g}, \quad R_2 = \dfrac{g + \Delta_2 - a\theta}{\mu_0 A_g} \\[3mm] R_3 = \dfrac{g + \Delta_3 + a\theta}{\mu_0 A_g}, \quad R_4 = \dfrac{g + \Delta_4 - a\theta}{\mu_0 A_g} \end{array}\right\} \tag{5-101}$$

式中 θ——衔铁处于"工作平衡状态"时偏离"热变形平衡状态"的角度，以逆时针转动为正；

Δ_i——衔铁处于"热变形平衡状态"时每个气隙实际长度与名义值 g 的误差，负值表示气隙实际长度小于名义值，Δ_i 可表示为电气调零误差 Δ_i^A 与热变形导致的工作气隙改变量 Δ_i^T 之和，即

$$\Delta_i = \Delta_i^A + \Delta_i^T \tag{5-102}$$

线圈产生的控制磁动势为

$$M_C = 2N_C i_c \tag{5-103}$$

式中 N_C——每个控制线圈的匝数。

图 5‑39 中同时存在永久磁铁和通电线圈产生的两个磁场，为了方便计算，运用磁路叠加原理计算各气隙处的磁通量，即

$$\phi_i = \phi_{Pi} + \phi_{Ci} \tag{5-104}$$

式中 ϕ_{Pi}——永久磁铁固定磁动势单独作用时气隙 i 处产生的磁通量；

ϕ_{Ci}——线圈的控制磁动势单独作用时在气隙 i 处产生的磁通量。

根据磁路的克希柯夫第二定律，沿一闭合磁路，其磁动势的代数和等于磁压降的代数和；

当永久磁铁单独作用时(线圈-衔铁替换为无限大磁阻),有

$$\phi_{P1}R_1 + \phi_{P3}R_3 = M_P, \quad \phi_{P2}R_2 + \phi_{P4}R_4 = M_P \tag{5-105}$$

$$(\phi_{P1} + \phi_{P2})\frac{R_1R_2}{R_1 + R_2} + (\phi_{P3} + \phi_{P4})\frac{R_3R_4}{R_3 + R_4} = M_P \tag{5-106}$$

$$\phi_{P1} + \phi_{P2} = \phi_{P3} + \phi_{P4} \tag{5-107}$$

当线圈-衔铁单独作用时(永久磁铁替换为无限大磁阻),有

$$\phi_{C1}R_1 + \phi_{C3}R_3 = M_C, \quad \phi_{C2}R_2 + \phi_{C4}R_4 = -M_C \tag{5-108}$$

$$(\phi_{C3} - \phi_{C2})\frac{R_3R_2}{R_3 + R_2} + (\phi_{C1} - \phi_{P4})\frac{R_1R_4}{R_1 + R_4} = M_C \tag{5-109}$$

$$\phi_{C3} - \phi_{C2} = \phi_{C1} - \phi_{C4} \tag{5-110}$$

联立式(5-99)~式(5-110),可以得到力矩马达输出力矩 T_d 与输入电流 i_c 和衔铁偏转角度 θ 的关系。

接下来介绍永久磁钢产生的固定磁动势 M_P 的计算方法。图 5-40 为永久磁钢工作图;对于固定形状的柱形永久磁体,在未接入磁路之前,磁体内部的磁感应强度 B 和磁场强度 H 满足以下关系式:

$$p = \frac{B}{H} \tag{5-111}$$

式中　p——该永久磁体的磁导系数,与永久磁钢的形状相关。

力矩马达中使用的永久磁钢磁化方向长度为 18 mm,截面为 5.8 mm×5.6 mm,根据 Parker 推导的经验公式,计算得到对应的磁导系数 $p = 10$ H/m。

式(5-111)在图 5-40 中用单独磁体磁导曲线 OE 表示。单独磁体磁导曲线与退磁曲线的交点 E 即为柱形永久磁体接入磁路前的工作点,对应的磁场强度和磁感应强度分别为 H_e、B_e。

永久磁钢接入磁路后,其工作点沿回复特性曲线 EF 发生变动,回复特性曲线的斜率为

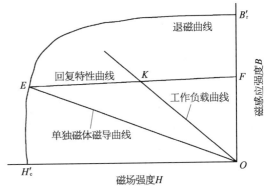

图 5-40　永久磁钢工作点示意图

$$\mu_r = \frac{B_r}{H_c}(1 - a_r) \tag{5-112}$$

已知回复特性曲线 EF 后,永久磁钢接入磁路后的工作点取决于磁路的具体形式。设接入磁路后,通过每个永久磁钢中心截面的磁场强度和磁感应强度分别为 H_k、B_k,通过气隙中心截面的磁场强度和磁感应强度分别为 H_g、B_g,则有关系式:

$$\frac{H_g g}{R_g} = B_g A_g \tag{5-113}$$

$$B_k 2A_m = \sigma B_g A_g \tag{5-114}$$

$$H_k L_m = f H_g 2g \tag{5-115}$$

式中　σ ——磁路的漏磁系数；

　　　　f ——磁路的磁阻系数；

　　　　A_m ——永久磁钢截面积；

　　　　L_m ——永久磁钢磁化方向长度；

　　　　R_g ——衔铁位于中立位置时每个气隙的磁阻。

则工作负载曲线 OK 的斜率可表示为

$$K_A = \frac{B_k}{H_k} = \frac{\sigma B_g A_g L_m}{f H_g 2g 2A_m} = \frac{\sigma L_m}{f A_m 4 R_g} \tag{5-116}$$

　　漏磁系数和磁阻系数是仅与磁路结构相关的物理量；本节借助 ANSYS/Maxwell 磁路分析软件求解力矩马达磁路的漏磁系数 σ 和磁阻系数 f。计算结果表明，力矩马达磁路的漏磁系数 $\sigma = 2.44$，磁阻系数 $f = 1.83$。

　　至此，图 5 - 40 中的四条曲线方程均已知，可以求得永久磁铁在磁路中的工作点 H_k、B_k；永久磁钢产生的固定磁动势 M_P 为

$$M_P = \frac{H_k L_m}{f} \tag{5-117}$$

　　2）温度对力矩马达工作特性的影响

　　当环境温度改变时，力矩马达主要发生两个变化：

　　（1）热变形导致马达的工作气隙发生变化。四个工作气隙改变量 Δ_i^T 根据式（5 - 76）～式（5 - 78）和式（5 - 89）可以求解。

　　（2）永磁材料特性（剩余磁感应强度 B_r' 和矫顽力 H_c'）随温度发生变化，进而影响到永久磁钢磁动势 M_P。

　　式（5 - 63）描述了永磁材料剩余磁感应强度 B_r 和矫顽力 H_c 随温度的变化规律，LNG52 永磁材料磁感应强度 B_r 随温度升高而降低，矫顽力 H_c 随温度升高而升高。图 5 - 41 为温度变化时永久磁钢工作点示意；图中虚线为常温（20℃）对应的永久磁钢退磁曲线和回复特性曲线。温度升高后，根据式（5 - 63），退磁曲线变化到图中实线位置；磁体磁导曲线和工作负载曲线与磁体及磁路结构相关，不随温度变化而变化。因此，永久磁钢的工作点从 K_{20} 变化到 K 点，工作点变化的定量计算可通过式（5 - 63）、式（5 - 111）～式（5 - 116）实现；再结合式（5 - 117），可得到永久磁钢产生的固定磁动势 M_P 随温度的变化曲线，如图 5 - 42 所示。可以看出，随着温度的升高，永久磁钢固定磁动势 M_P 小幅增加。

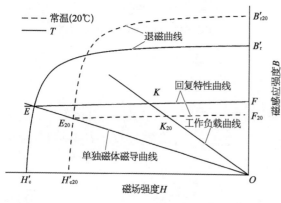

图 5 - 41　温度变化时永久磁钢工作点变动示意图

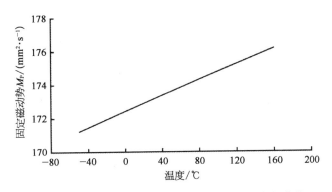

图 5-42　永久磁钢固定磁动势 M_P 随温度的变化曲线

5.4.4.2　射流-反馈组件力矩平衡方程及温度影响

1）射流-反馈组件的力矩平衡方程

输入控制电流时,力矩马达产生电磁力矩,驱动衔铁偏转,弹簧管和反馈杆发生变形;图 5-43 为射流-反馈组件变形示意图;图中射流管的偏转角度 θ（以逆时针转动为正）和阀芯位移 x_v（以向右运动为正）均为零件处于"工作平衡状态"时相对于"热变形平衡状态"的位置变动。

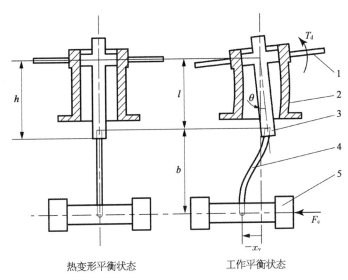

热变形平衡状态　　　　　　　工作平衡状态

1—衔铁;2—弹簧管;3—射流管;4—反馈杆;5—滑阀

图 5-43　射流-反馈组件受力及其变形的示意图

有弹簧管的力矩平衡方程为

$$T_d = k_a\theta + k_f(\theta l - x_v)(l + b) \tag{5-118}$$

式中　k_a——弹簧管、支撑簧片等对射流管组件绕衔铁中心旋转的综合刚度;

　　　k_f——反馈杆刚度;

　　　l——衔铁旋转中心到弹簧片距离;

　　　b——弹簧片到滑阀中心轴线的距离。

求解液压调零后,无控制电流时,射流管相对于"初始装配状态"的偏转角度 $\Delta\theta_0$。$\Delta\theta_0$ 的求解方法为:常温时,设控制电流为零,令 $x_v = \theta l$（由于"初始装配状态"没有通油,滑阀位移与射流管下端位移相同);联立式(5-99)~式(5-110)的力矩马达模型及式(5-118)的弹簧管力矩平衡方程,求解射流管偏转角度 θ,即可求得 $\Delta\theta_0$。

2) 温度对射流-反馈组件力矩平衡方程的影响

温度变化造成材料弹性模量的改变,进而改变式(5-118)中弹簧管综合刚度 k_a 和反馈杆刚度 k_f 的值。k_a 和 k_f 随温度的变化可表示为

$$k_a = k_{a20}\left[1 - C_a^T(T - T_0)\right] \tag{5-119}$$

$$k_f = k_{f20}\left[1 - C_f^T(T - T_0)\right] \tag{5-120}$$

式中 k_{a20}、k_{f20} ——20℃时的弹簧管综合刚度和反馈杆刚度;

C_a^T ——弹簧管综合刚度温度系数;

C_f^T ——反馈杆刚度温度系数。

根据表5-4中材料的弹性模量温度系数,借助有限元软件,求得 $C_a^T = 3.86 \times 10^{-4}\,℃^{-1}$,$C_f^T = 4.19 \times 10^{-4}\,℃^{-1}$。

5.4.4.3 射流放大器模型及其温漂机理

1) 射流放大器数学模型

如图5-44所示,射流放大器由喷嘴和接收器构成。其工作过程可分为三个阶段:第一阶段,油液从导油管入口(图5-44中截面 A)流入,经导油管和喷嘴到达喷嘴出口截面(截面 B),这一阶段高压油液 p_s 的压力能转化为流体的动能;第二阶段,油液从喷嘴中高速流出,形成淹没射流,之后到达接收器上表面(截面 C);第三阶段,高速油液进入接收孔中,左、右两接收孔分别与阀芯左、右端面的封闭容腔相连,在接收孔内,油液的动能重新转化为压力能,形成阀芯左右两端的恢复压力,选取截面 D 为接收孔内油液动能为零的平面。

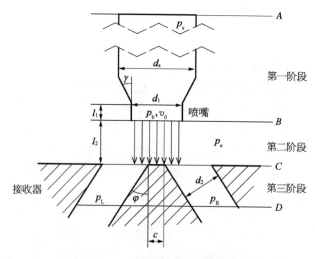

图5-44 射流放大器结构示意图

第一阶段,油液的压力能转化为动能,考虑流动过程中的沿程损失和局部损失,并忽略重力势能,则有截面 A 和截面 B 之间流体的伯努利方程:

$$\frac{p_s}{\rho g} = \frac{p_b}{\rho g} + \frac{v_0^2}{2g} + \xi_1 \frac{v_0^2}{2g} \tag{5-121}$$

式中　p_s——截面 A 上的油液压力(供油压力)；

　　　p_b——截面 B 上的油液压力；

　　　v_0——流过截面 B 流体的平均速度；

　　　ρ ——油液密度；

　　　g ——重力加速度；

　　　ξ_1——第一阶段的能量损失系数,第一阶段的能量损失包括油液流经导油管的沿程损失、锥形渐缩流道的局部损失、喷嘴出口圆柱段的沿程损失及喷嘴内的气蚀能量损失。

　　由于导油管直径 d_s 约为喷嘴直径 d_1 的 6 倍,导油管内流体速度极低,导油管部分的沿程损失相对较小,可以忽略。因此有第一阶段的能量损失系数 ξ_1 为

$$\xi_1 = \zeta_{1a} + \lambda_{1b} \frac{l_1}{d_1} + \zeta_{1c} \tag{5-122}$$

$$\lambda_{1b} = 0.316\,4 Re^{-\frac{1}{4}} \tag{5-123}$$

$$Re = \frac{v_0 d_1 \rho}{\mu} \tag{5-124}$$

式中　l_1——喷嘴圆柱段长度；

　　　ζ_{1a}——锥形渐缩流道的局部损失系数,$\zeta_{1a}=0.11$；

　　　ζ_{1c}——喷嘴内的气蚀能量损失系数,$\zeta_{1c}=0.12$；

　　　λ_{1b}——喷嘴出口圆柱段的沿程损失系数；

　　　μ ——油液的动力黏度。

　　第二阶段可近似为圆形自由射流过程,假设截面 B 到截面 C 之间的油液压力均为回油压力 p_e。图 5-45 为自由射流的流动特征示意图；从喷嘴中喷出的自由射流流体和周围静止的流体之间有较大的速度梯度,由于速度梯度的影响,周围流体被卷吸到射流中去；伴随着卷吸的发生,自由射流逐渐的扩散和减速,形成图 5-45 中的两个不同区域——初始段和主体段。初始段靠近喷嘴,该段的射流中心线速度 v_m 和喷出速度 v_0 相等,即存在等速核心区；超出初始段后,射流中心线上的速度逐渐减小,称之为主体段；初始段和主体段之间通常存在一个很短的过渡段,一般在分析中不予考虑。圆形自由射流的初始段长度 x_0 为

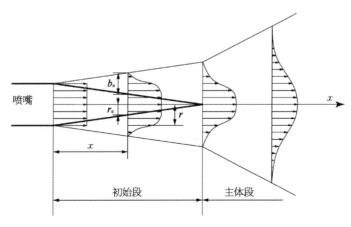

图 5-45　自由射流流动特征示意图

$$x_0 = 6.2d_1 \tag{5-125}$$

对于射流管伺服阀中的射流放大器,喷嘴到接收器的距离 l_2 小于初始段长度 x_0;即流体从截面 B 到截面 C 的过程全部处于圆形自由射流的初始段;初始段上,到喷嘴距离为 x 的截面上的速度 v 分布为

$$v(x, r) = \begin{cases} v_0, & r \leqslant r_e \\ v_0 \left\{ 1 - \left[\dfrac{r - r_e(x)}{b_e(x)} \right]^{1.75} \right\}^2, & r > r_e \end{cases} \tag{5-126}$$

$$r_e(x) = \frac{d_1}{2} - \frac{x d_1}{2x_0}, \quad b_e(x) = cx \tag{5-127}$$

式中 r ——流场中的点到射流中心线的距离;

$\quad r_e(x)$ ——等速核心区半径;

$\quad b_e(x)$ ——射流特征厚度;

$\quad c$ ——特征厚度系数,根据试验结果,$c = 0.114$。

射流放大器中,自由射流的发展长度为截面 B 和截面 C 之间的距离 l_2;温度变化时,零件热变形使得截面 B 和截面 C 之间的距离发生改变,有

$$l_2 = l_{2c} + \Delta_8^T - \Delta_9^T \tag{5-128}$$

式中 l_{2c} ——常温(20°C)时截面 B 和截面 C 之间的距离。

因此,射流发展到 C 截面时其特征直径表示为

$$d_p = 2[r_e(l_2) + b_e(l_2)] \tag{5-129}$$

图 $5-46$ 为 C 截面上接收孔的射流接收面积示意图,射流的特征直径从 B 截面的 d_1 增大到 d_p。图中,射流区域和左、右接收孔的重合面积 A_L、A_R 的计算考虑了喷嘴中心相对于接收器在 X_g 和 Z_g 方向上的误差。Δ_6 为"热变形平衡状态"时,喷嘴相对于接收器沿 X_g 轴的位置误差,以 X_g 正方向为正;Δ_7 为"热变形平衡状态"时,喷嘴相对于接收器沿 Z_g 轴的位置误差,以 Z_g 正方向为正。综合考虑装配误差和射流-反馈组件的热变形,有

$$\Delta_6 = \Delta_6^A + \Delta_6^T \tag{5-130}$$

$$\Delta_7 = \Delta_7^A + \Delta_7^T \tag{5-131}$$

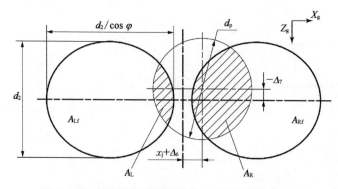

图 $5-46$ 射流放大器接收孔的射流接收面积示意图

　　通过式(5-73)~式(5-75)可以求得装配误差 Δ_6^A 和 Δ_7^A；根据训练好的 BP 神经网络模型可以求出射流-反馈热变形造成的位置误差 Δ_6^T 和 Δ_7^T。

　　图 5-46 中，x_j 为工作平衡状态时喷嘴相对于热变形平衡状态在 X_g 方向上的位移，有

$$x_j = \theta h \tag{5-132}$$

　　左、右接收孔接收到的能量分别为

$$E_L = \iint\limits_{A_L} [v(x, r)]^3 \, \mathrm{d}x \, \mathrm{d}r \tag{5-133}$$

$$E_R = \iint\limits_{A_R} [v(x, r)]^3 \, \mathrm{d}x \, \mathrm{d}r \tag{5-134}$$

则第二阶段的能量损失系数可表示为

$$\xi_{2L} = 1 - \frac{E_L}{\iint\limits_{A_L} v_0^3 \, \mathrm{d}x \, \mathrm{d}r} \tag{5-135}$$

$$\xi_{2R} = 1 - \frac{E_L}{\iint\limits_{A_R} v_0^3 \, \mathrm{d}x \, \mathrm{d}r} \tag{5-136}$$

式中　ξ_{2L}、ξ_{2R}——第二阶段左、右接收孔的能量损失系数；
　　　A_L'、A_R'——喷嘴在 C 截面的投影与左、右接收孔的重叠部分。

　　第三阶段，C 截面上的射流动能转化为压力能，形成恢复压力。以右接收孔为例，高速流体以平均速度 v_R 从面积 A_R 的孔射入，动能转化为压力能：

$$\frac{p_e}{\rho g} + \frac{v_R^2}{2g} = \frac{p_R}{\rho g} + \xi_{3R} \frac{v_R^2}{2g} \tag{5-137}$$

式中　ξ_{3R}——第三阶段右接收孔的能量损失系数。

　　恢复压力形成后，油液在恢复压力作用下通过右接收孔的剩余面积 A_{Rf} 流出；接收孔内流入和流出的两股油液间有较大的速度梯度，两股油液相互卷吸造成了大量的能量损失；直接计算第三阶段右接收孔的能量损失系数 ξ_{3R} 有较大难度，本节采用间接的计算方法：

　　图 5-47 为右接收孔油液流动示意图。流入和流出油液的平均速度分别为 v_R 和 v_{Rf}；由于流道限制，流入和流出油液分别与竖直方向存在一定的夹角 β_R 和 β_{Rf}，由于两股油液在接收孔内相互作用，存在较长的边界层，因此流入油液角度 β_R 与流出油液角度 β_{Rf} 较为接近，本节假设 $\beta_R = \beta_{Rf}$。

　　接收孔恢复压力稳定后，流入接收孔的流量与流出流量相等：

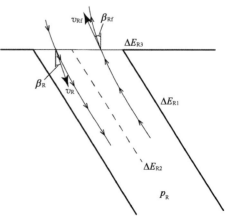

图 5-47　接收孔油液流动示意图(右接收孔)

$$v_R \cos \beta_R A_R = v_{Rf} \cos \beta_{Rf} A_{Rf} \tag{5-138}$$

流体从流入接收孔到流出接收孔，总的能量损失 ΔE_R 可表示为

$$\Delta E_R = \frac{v_R^2}{2g} - \frac{v_{Re}^2}{2g} = \xi_R \frac{v_R^2}{2g} \tag{5-139}$$

式中　ξ_R ——流体从流入接收孔到流出接收孔过程的能量损失系数。

总能量损失包括与壁面作用的沿程损失 ΔE_{R1}、两股流体相互作用的能量损失 ΔE_{R2} 及流体从接收孔出流时的局部能量损失 ΔE_{R3}，即

$$\Delta E_R = \Delta E_{R1} + \Delta E_{R2} + \Delta E_{R3} \tag{5-140}$$

根据边界层理论，流体与壁面作用的沿程损失 ΔE_{R1} 可表示为

$$\Delta E_{R1} = 1.328 \left(\sqrt{\frac{\mu l_R}{v_R}} \frac{v_R^2}{2g} + \sqrt{\frac{\mu l_{Rf}}{v_{Rf}}} \frac{v_{Rf}^2}{2g} \right) \tag{5-141}$$

式中　l_R、l_{Rf} ——流体流入和流出接收孔的边界层长度。

流体从接收孔流出的能量损失系数 ΔE_{R3} 为

$$\Delta E_{R3} = \xi_{R3} \frac{v_{Rf}^2}{2g} \tag{5-142}$$

$$\xi_{R3} = \frac{1}{C_{d3}^2} - 1 \tag{5-143}$$

式中　ξ_{R3} ——接收孔出流的能量损失系数；

　　　C_{d3} ——流体从接收孔流出流量系数，取 $C_{d3} = 0.61$。

对比式(5-141)和式(5-142)，由于接收器内流体速度较大且边界层长度较短，有 $\Delta E_{R1} \ll \Delta E_{R3}$，在后续计算中，忽略流体与壁面作用的沿程损失（即 $\Delta E_{R1} = 0$）；此外，两股流体间的相互作用力对流入和流出流体造成的能量损失相同，有

$$\Delta E_{R2} = 2\xi_{3R} \frac{v_R^2}{2g} \tag{5-144}$$

根据式(5-77)～式(5-83)，可得第三阶段右接收孔的能量损失系数 ξ_{3R} 为

$$\xi_{3R} = \frac{1}{2} \left[1 - (1 + \xi_{R3}) \frac{A_R^2}{A_{Re}^2} \right] \tag{5-145}$$

同理可得，第三阶段右接收孔的能量损失系数 ξ_{3L}：

$$\xi_{3L} = \frac{1}{2} \left[1 - (1 + \xi_{R3}) \frac{A_L^2}{A_{Le}^2} \right] \tag{5-146}$$

因此，根据式(5-122)、式(5-135)、式(5-136)、式(5-145)和式(5-146)，可得左、右接收孔的恢复压力分别为

$$p_L = (1 - \xi_1)(1 - \xi_{2L})(1 - \xi_{3L})(p_s - p_e) + p_e \tag{5-147}$$

$$p_{R}=(1-\xi_{1})(1-\xi_{2R})(1-\xi_{3R})(p_{s}-p_{e})+p_{e} \tag{5-148}$$

则阀芯两端的恢复压力之差 p_{c} 为

$$p_{c}=p_{L}-p_{R}=[(1-\xi_{2L})(1-\xi_{3L})-(1-\xi_{2R})(1-\xi_{3R})](1-\xi_{1})(p_{s}-p_{e})$$
$$\tag{5-149}$$

2）温度对射流放大器性能的影响

从数学模型中可以看出，射流放大器的性能受到油液黏度及喷嘴和接收器相对位置的影响。式（5-122）~式（5-124）中，油液黏度上升，增加了第一阶段的能量损失，使得射流放大器的恢复压力下降。图 5-48 为仅考虑油液黏度变化时，油液温度对射流放大器恢复压力的影响曲线；可以看出，射流放大器恢复压力随油液温度的降低而降低；当油液温度较高时，油液黏度随温度的变化不明显，此时恢复压力受温度变化的影响较小；而当油温较低时（小于 0℃），油液黏度随温度降低呈指数升高，造成恢复压力急剧下降。

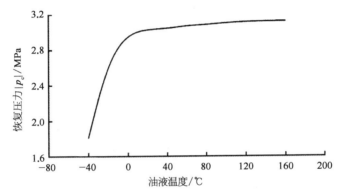

图 5-48　油液温度对射流放大器恢复压力的影响（$p_{s}=21$ MPa，$x_{j}=20$ μm，$l_{2}=400$ μm，$\Delta_{6}=0$，$\Delta_{7}=0$）

此外，温度变化造成喷嘴相对于接收器沿 X_{g} 轴、Y_{g} 轴和 Z_{g} 轴三个方向发生热平移：

（1）喷嘴沿 X_{g} 轴的热平移量 Δ_{6}^{T} 直接改变了射流放大器的零位，对恢复压力的增益几乎无影响。

（2）喷嘴相对于接收器沿 Y_{g} 轴的热平移量（$\Delta_{8}^{T}-\Delta_{9}^{T}$）改变了喷嘴与接收器上表面距离 l_{2}（第二阶段自由射流长度）。随着 l_{2} 的增大，射流长度增加，第二阶段的能量损失增加；但射流长度的增加也同时扩大了接收孔的射流接收面积，根据式（5-125），降低了第三阶段的能量损失；通过求解射流放大器数学模型，得到如图 5-49 所示的喷嘴与接收器上表面距离 l_{2} 对射流放大器恢复压力的影响，为了保证本节数学模型的适用性，l_{2} 始终小于圆形自由射流的初始段长度 x_{0}；从图中可以看出，在上述两个因素的综合作用下，随着 l_{2} 的增加，恢复压力先增加后下降，存在极大值；这一定性结论在相关文献的数值计算结果中得到了验证。但在温度变化时，喷嘴与接收器上表面距离 l_{2} 仅发生数微米的变化，即温升 100℃，l_{2} 减小约 6 μm，对应的恢复压力变化较小，图 5-49 中，$l_{2}=400$ μm 时，l_{2} 每减小 1 μm，恢复压力减小约 0.08％。

（3）喷嘴沿 Z_{g} 轴的热平移量 Δ_{7}^{T} 改变了接收孔的射流接收面积；热平移量 Δ_{7}^{T} 越大，射流接收面积越小，第三阶段的能量损失越大，恢复压力越低；图 5-50 为喷嘴相对于接收器在 Z_{g} 方向的位置误差 Δ_{7}（$\Delta_{7}=\Delta_{7}^{A}+\Delta_{7}^{T}$）对射流放大器恢复压力的影响。

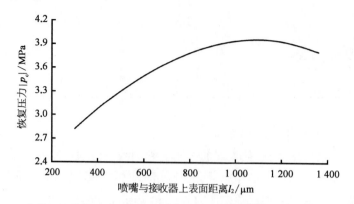

图 5‑49 喷嘴与接收器上表面距离 l_2 对射流放大器恢复压力的影响（$p_s = 21\ \text{MPa}$，油液温度 $T = 50\,^\circ\!\text{C}$，$x_j = 20\ \mu\text{m}$，$\Delta_6 = 0$，$\Delta_7 = 0$）

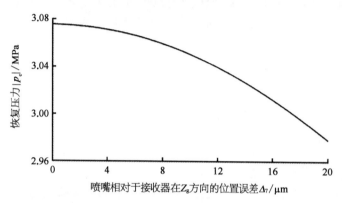

图 5‑50 喷嘴相对于接收器在 Z_g 方向的位置误差 Δ_7 对射流放大器恢复压力的影响（$p_s = 21\ \text{MPa}$，油液温度 $T = 50\,^\circ\!\text{C}$，$x_j = 20\ \mu\text{m}$，$l_2 = 400\ \mu\text{m}$，$\Delta_6 = 0$）

5.4.4.4 滑阀阀口节流特性及其温漂机理

1）滑阀阀口节流特性

滑阀阀口的节流方程为

$$Q_{\text{load}} = C_d W (x_v + \Delta_5 - U) \sqrt{\frac{p_s - p_0 - p_{\text{load}}}{\rho}} \tag{5-150}$$

式中 C_d ——滑阀阀口节流系数；

     W ——滑阀节流口单边的正遮盖量；

     p_s ——供油压力；

     p_{load} ——伺服阀的负载压力；

     U ——滑阀副的正遮盖量；

     Δ_5 ——"热变形平衡状态"时，阀芯相对于阀套在 X_g 方向上的位置误差，以 X_g 轴正方向为正，Δ_5 包括装配误差和热位移，有

$$\Delta_5 = \Delta_5^A + \Delta_5^T \tag{5-151}$$

相关试验数据表明，式(5‑89)中的滑阀阀口节流系数 C_d 与阀口流动的雷诺数 Re 相关，有

$$C_d = 0.63 - 0.625 \mathrm{e}^{-0.273\sqrt{Re}} + 0.005 \mathrm{e}^{-5.9\sqrt{Re}} \tag{5-152}$$

$$Re = \frac{2Q_{\text{load}}}{\mu(W + x_{\text{v}})} \qquad (5-153)$$

2）温度对滑阀阀口节流特性的影响

根据式(5-152)和式(5-153)，得到温度对滑阀阀口节流系数 C_{d} 的影响，如图 5-51 所示；图中，当油液温度较高时，油液黏度低，阀口流动的雷诺数 Re 较高，此时阀口流动状态为紊流，阀口的节流系数 C_{d} 近似为定值(为 0.61～0.63)；当油液温度较低时(小于 0℃)，随着油温的降低，油液黏度呈指数增加，导致阀口流动状态逐渐转变为层流，阀口节流系数大幅下降。

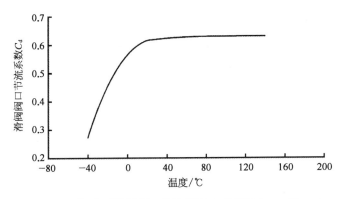

图 5-51　温度对滑阀阀口节流系数 C_{d} 的影响($x_{\text{v}} = 20\ \mu\text{m}$)

5.4.4.5　阀芯的受力平衡方程

滑阀阀芯在端面恢复压力、液动力和反馈杆弹性力的作用下处于受力平衡状态，阀芯的受力平衡方程为

$$p_{\text{c}}A_{\text{c}} = k_{\text{v}}(x_{\text{v}} + \Delta_5 - U) + k_{\text{f}}[x_{\text{v}} - (\theta l - x_{\text{v}})] \qquad (5-154)$$

式中　p_{c}——阀芯端面受到的恢复压力；

　　　k_{v}——阀芯受到的稳态液动力刚度，有

$$k_{\text{v}} = \begin{cases} 0, & |x_{\text{v}} + \Delta_5| \leqslant U \\ 2C_{\text{d}}\cos 69°W(p_{\text{s}} - p_{\text{load}}), & |x_{\text{v}} + \Delta_5| > U \end{cases} \qquad (5-155)$$

以 YF 射流管伺服阀为研究案例，表 5-10 为 YF 射流管伺服阀主要结构参数。

表 5-10　YF 射流管伺服阀主要结构参数

组　件	符　号	物　理　意　义	数　值	单　位
力矩马达	a	衔铁转轴到导磁体工作面中心的半径	11.5	mm
	A_{g}	磁极面积	45.76	mm²
	N	线圈匝数	713	匝
	A_{m}	永久磁钢截面积	32.48	mm²
	L_{m}	永久磁钢磁化方向长度	18	mm
	g	衔铁导磁体气隙名义值	370	μm
	i_{e}	额定电流	40	mA

组　件	符号	物　理　意　义	数　值	单　位
射流-反馈组件	h	衔铁转轴到喷嘴出口的距离	23	mm
	b	反馈组件弹簧片到主阀芯中心线距离	12.95	mm
	l	衔铁转轴到反馈组件弹簧片的距离	19	mm
	k_a	20℃时弹簧管综合刚度	21.1	N·m/rad
	k_f	20℃时反馈组件刚度	488	N/m
射流放大器	d_1	喷嘴直径	220	μm
	d_2	接收孔直径	300	μm
	2ϕ	两接收孔轴线夹角	46	°
	c	劈尖厚度	20	μm
	l_2	射流喷嘴与接收器距离	400	μm
主阀芯	W	滑阀节流口面积梯度	20.8	mm
	U	滑阀节流口单边的正遮盖量	5	μm

5.4.5　温漂的理论结果

5.4.5.1　温漂的理论求解过程

理论计算时,假设伺服阀内各零件温度、油液温度及环境温度均相同。图 5-52 为射流管伺服阀温漂求解流程;当温度从 T 变化为 $T+\Delta T$,阀体、力矩马达框架及射流-反馈组件发生不对称热位移,永久磁铁磁性、油液黏度及金属弹性模量发生改变;将这些参量的定量变化代入到建立的射流管伺服阀数学模型中,求解不同控制电流时的伺服阀空载流量,得到如图 5-53 所示的流量特性曲线;流量特性曲线的正流量段和负流量段的延长线与流量为 0 直线交点的电流值分别为 i_{0p} 和 i_{0n},则温度为 T 时,对应的零偏 δ_T 为

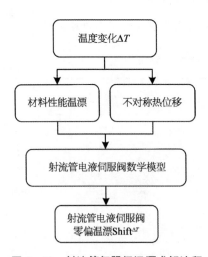

图 5-52　射流管伺服阀温漂求解流程

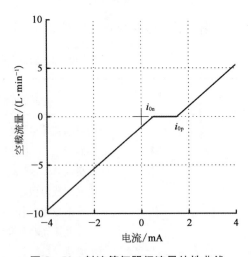

图 5-53　射流管伺服阀流量特性曲线

$$\delta_T = \frac{i_{0p} + i_{0n}}{2i_e} \times 100\% \tag{5-156}$$

定义某一温度 T 附近的温漂率 λ_T 为

$$\lambda_T = \frac{\delta_{T+\frac{\Delta T}{2}} - \delta_{T-\frac{\Delta T}{2}}}{\Delta T} \tag{5-157}$$

5.4.5.2　射流管伺服阀温漂率的理论结果

1）温度对温漂率的影响

根据零件加工误差和组件装配误差的分布规律,随机生成 150 组结构尺寸不对称的伺服阀模型;根据图 5-52 的计算流程,通过式(5-157)(式中 ΔT 取 10℃)计算伺服阀在 -30℃、0℃、30℃、60℃、90℃、120℃和 150℃附近的温度零漂率 λ_T;统计每一温度下伺服阀温漂率的理论计算结果,得到如图 5-54 所示的温度对 YF 射流管伺服阀温漂率的影响,以及表 5-11 的不同温度下 YF 射流管伺服阀温漂率统计量。从图表中可以看出,随着温度的降低,伺服阀温漂率分布范围和标准差变大;这是由于油液在低温下的黏度变化幅度更大,造成射流放大器和滑阀节流特性的大幅度变化。

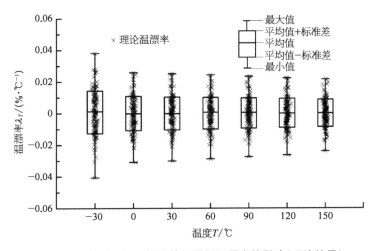

图 5-54　温度对 YF 射流管伺服阀温漂率的影响(理论结果)

表 5-11　不同温度下 YF 射流管伺服阀温漂率统计量(理论结果)

温漂率	温度/℃						
	-30	0	30	60	90	120	150
温漂率平均值/ $(\% \cdot ℃^{-1})$	8.5×10^{-4}	3.3×10^{-5}	6.8×10^{-6}	1.3×10^{-4}	1.8×10^{-4}	2.2×10^{-4}	1.2×10^{-4}
温漂率标准差/ $(\% \cdot ℃^{-1})$	0.013 4	0.010 8	0.010 4	0.010 0	0.009 6	0.009 2	0.008 6

2）零件公差对温漂率的影响

有针对性地减小零件公差,可以有效降低极端温度下零部件的不对称热位移。表 5-12

给出了减小后的零件形位公差值；如图 5-55 和表 5-13 所示，为减小零件公差后 YF 射流管伺服阀温漂率的分布图和统计值。对比图 5-54 可以看出，减小弹簧管内孔 d_{b1} 轴线（基准 B）的直线度公差 t_1、弹簧管外径 d_{b2} 轴线相对于基准 B 的同轴度公差 t_{b2} 及反馈杆组件各轴线的位置公差，降低了偶件间的相对热位移，从而有效抑制了射流管伺服阀的温漂。

表 5-12　减小后的零件形位公差值

公差符号	说　　　明	公差值/μm	
		原　　值	减小为
t_1	弹簧管内孔 d_{b1} 轴线（基准 B）直线度	2	1.5
t_{b1}	弹簧管外径 d_{b3} 轴线相对于基准 B 的同轴度	5	2.5
t_{e1}	套筒阶梯端面相对于基准 E 的圆跳动	20	10
t_{e2}	GG 轴线相对于基准 E 在 X_2 方向上的平行度	30	15
t_{e3}	HH 轴线与基准 E 的距离最大值	180	90
t_{f1}	弹簧片内径 d_{c2} 相对于基准 F 的位置度	100	50
t_{f2}	弹簧片内径 d_{c3} 相对于基准 F 的位置度	100	50

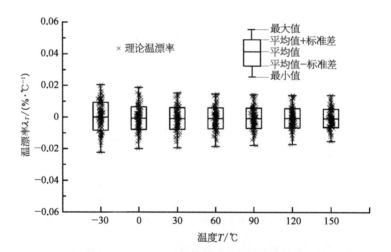

图 5-55　减小零件公差后 YF 射流管伺服阀的温漂率分布图（理论结果）

表 5-13　减小零件公差后 YF 射流管伺服阀的温漂率统计量（理论结果）

温漂率	温度/℃						
	-30	0	30	60	90	120	150
温漂率平均值/(％·℃⁻¹)	5.4×10^{-4}	-5.3×10^{-4}	-6.4×10^{-4}	-4.9×10^{-4}	-4.2×10^{-4}	-3.7×10^{-4}	-3.6×10^{-4}
温漂率标准差/(％·℃⁻¹)	0.008 8	0.007 1	0.006 8	0.006 6	0.006 3	0.006 1	0.005 7

5.5　实　践　试　验

5.5.1　射流管伺服阀常温特性试验

1）射流放大器恢复压力特性试验

射流放大器是射流管伺服阀的核心组件；本章在前文中推导了射流放大器的数学模型，得到了射流喷嘴中心距接收器左、右对称面距离 x_{jn} 与恢复压力 p_c 的映射关系。本节通过试验验证本章射流放大器数学模型的正确性。

2）试验装置及方法

射流放大器恢复压力特性测试原理如图 5-56 所示；将装配好的射流管伺服阀中的夹紧螺钉旋松，保证测试过程中阀芯与反馈杆始终分离；这样恢复压力对喷嘴位移无反馈，可以在开环条件下直接得到控制电流 i 与恢复压力 p_c 的映射关系。此外，将阀体两侧端盖替换为恢复压力测量的专用工装，可测量阀芯端面容腔的压力。

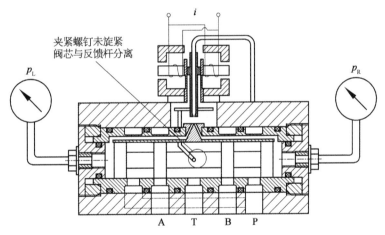

图 5-56　射流放大器恢复压力特性测试原理

图 5-57 为射流放大器恢复压力测试装置及液压试验台；将改造好的射流管伺服阀安装在液压试验台上，试验台使用的流体介质为 10♯ 航空液压油，试验时油液温度保持在 $25\sim30\,℃$，供油压力为 8 MPa，回油背压 0.4 MPa。使用液压万用表测量阀芯两端容腔压力；使用伺服放大器提供伺服阀的控制电流，力矩马达两线圈为并联连接。具体试验过程如下：

（1）测量零偏电流。连续调节控制电流，记录恢复压力为零时的零偏电流值 i_0，有 $i_0 = -11.54$ mA。

（2）测量恢复压力。调节控制电流从 -20 mA 开始，间隔 2 mA，增加至 20 mA，之后间隔 2 mA，再将控制电流降至 -20 mA；记录各电流值对应的左、右接收孔恢复压力 p_L 和 p_R，进而得到阀芯两端的恢复压力差值 p_c。

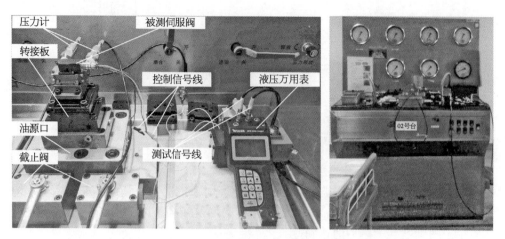

图 5-57　射流放大器恢复压力测试装置及液压试验台

（3）通过下式计算控制电流 i 对应的喷嘴中心与接收器左、右对称面距离 x_{jn}：

$$k_t(i - i_0) + k_m \frac{x_{jn}}{h} = k_a \frac{x_{jn}}{h} \tag{5-158}$$

式中　k_t——电流力矩系数；

　　　k_m——磁弹簧刚度。

试验所用射流管伺服阀的相关参数有 $h = 9.45$ mm，$k_t = 4.3$ N·m/A，$k_m = 4.4$ N·m/rad，$k_a = 21.1$ N·m/rad。

本次试验数据由中船重工 704 所提供；试验所用射流放大器参数见表 5-14，与 YF 射流管伺服阀参数不同，但仍可用于射流放大器数学模型的验证。

表 5-14　试验所用射流放大器的主要结构参数

符　号	物　理　意　义	数　值	单　位
d_1	射流喷嘴直径	300	μm
d_2	接收孔直径	330	μm
2ϕ	两接收孔轴线夹角	44	°
c	劈尖厚度	10	μm
l_2	射流喷嘴与接收器距离	400	μm

3）试验与理论结果对比

以控制电流 i 为横坐标，将试得到的恢复压力差值 p_c 绘制在二维直角坐标系中；在同一坐标系中增加控制电流 i 对应的 x_{jn} 刻度，并以 x_{jn} 为自变量（横坐标），根据射流放大器数学模型，得到相应的恢复压力差值理论计算结果；最终得到如图 5-58 所示的射流放大器恢复压力特性试验与理论结果对比。从图中可以看出，射流放大器恢复压力差值增益的理论计算值与试验基本一致，验证了本章射流放大器数学模型的正确性。

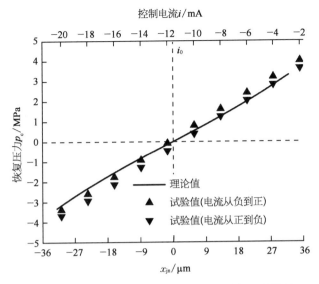

图 5 - 58　射流放大器恢复压力特性试验与理论结果
对比(CSD＊＊-＊射流管伺服阀)

5.5.2　射流管伺服阀小信号空载流量特性试验

1) 小信号空载流量试验方法

(1) 射流管伺服阀 P 口通入高压油液,T 口接通油箱,A 口与 B 口之间串联接入流量计;试验时流体介质为 10♯航空液压油,油液温度保持在 25～30℃,供油压力为 28 MPa,回油背压 0.6 MPa。

(2) 绘制伺服阀小信号空载流量特性曲线。输入伺服阀力矩马达的控制电流为三角波信号(频率 0.005 Hz,幅值为 10％额定电流);以控制电流为 X 轴信号,伺服阀空载流量为 Y 轴信号,在 X - Y 记录上绘制一个完整周期的伺服阀小信号空载流量特性曲线,如图 5 - 59 所示。

(3) 计算伺服阀小信号空载流量。小信号空载流量特性曲线上,正负 10％额定电流对应流量大小的平均值,即为伺服阀小信号空载流量。

2) 试验与理论结果对比及分析

对 4 台不同的射流管 YF 射流管伺服阀进行了上述小信号空载流量试验,得到表 5 - 15 的伺服阀小信号空载流量理论及试验结果。从表中可以看出,由于伺服阀充磁、弹性元件加工等存在误差,伺服阀的空载流量试验结果为一定范围;而理论得到的伺服阀空载流量在试验结果范围内,验证了本章射流管伺服阀数学模型的正确性。

表 5 - 15　伺服阀小信号空载流量理论及试验结果

结　　果	阀 序 号			
	1	2	3	4
试验结果/(L·min⁻¹)	8.546	8.236	8.368	8.415
理论值(30℃)/(L·min⁻¹)	8.247			

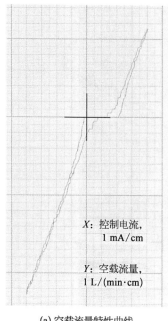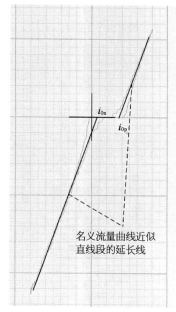

(a) 空载流量特性曲线　　　　　(b) 空载流量和零偏电流求解方法

图 5 - 59　伺服阀小信号空载流量特性曲线

5.5.3　射流管伺服阀温漂试验

1) 高温液压试验台

油液温度为 30℃、90℃ 和 150℃ 时的伺服阀流量特性试验在同济大学高温液压试验台上进行。高温试验台泵站原理如图 5 - 60 所示,可对泵站出口的油液温度进行伺服控制;泵站油箱配备了一套油液冷却系统,始终保证油箱中油液处于较低温度,并且在泵站出口加装有温度传感器;若温度传感器检测到油液温度低于调定值,则油液加热器启动,比例分流阀动作,减小进入油箱的油液,增加到达泵入口的流量,泵站油路趋向于闭式系统,油液温度快速上升;若检测到油液温度高于调定值,则油液加热器关闭,比例分流阀增加进入油箱的油液,泵站趋向于开式系统,泵更多的吸入油箱中的冷油,油液温度快速降低;为避免油液高温氧化,密封油箱中通入氮气。该高温液压试验台的油液为 10# 航空液压油,最大供油压力 35 MPa,最大输出流量 250 L/min,最高油液温度可达 160℃,温度保持精度 ±2℃,油液温度从 50℃ 升高到 150℃ 的上升时间小于 20 min。

图 5 - 61 为高温液压试验台外观,主要包括电控台、操作台和泵站三个部分。泵站输出的高温高压油液进入操作台,被测伺服阀安装在操作台上,图 5 - 62 为安装在操作台上的射流管伺服阀高温特性试验装置。伺服阀 P 口与操作台油源口相连,T 口与操作台回油口相通,A、B 口相互沟通,并串联齿轮流量计测量伺服阀的空载流量;电控台具有控制泵站供油压力和温度、显示泵站状态、控制伺服阀输入电流、显示并记录伺服阀控制流量等功能。

2) 低温液压试验台

低温 -30℃ 时的伺服阀零偏电流试验在中船重工 704 研究所进行,低温液压试验台的泵站提供 -30℃ 的高压油液;为了保证伺服阀整阀(包括阀体、力矩马达等)温度均能保持低温,将伺服阀及其测试工装整体装入低温箱,保持低温箱温度为 -30℃;图 5 - 63 为射流管伺服阀低温特性试验台。

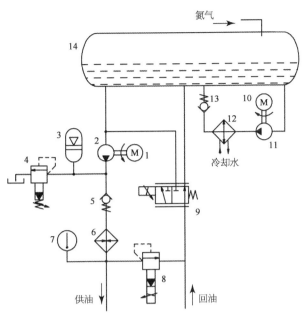

1—变频电机；2—高温柱塞泵；3—蓄能器；4—安全阀；5—单向阀；6—油液加热器；7—温度传感器；
8—溢流阀；9—比例分流阀；10—电机；11—冷却油泵；12—散热器；13—单向阀；14—密封油箱

图 5-60 高温液压试验台泵站原理图

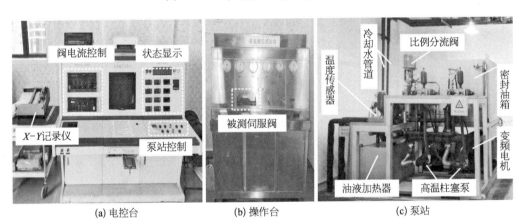

(a) 电控台　　　　　　(b) 操作台　　　　　　(c) 泵站

图 5-61 高温液压试验台外观

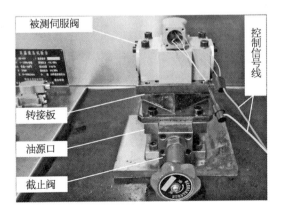

图 5-62 射流管伺服阀高温特性试验装置

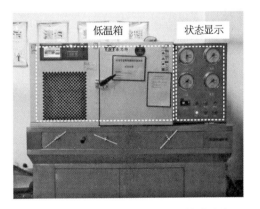

图 5-63 射流管伺服阀低温特性试验台

3）高温特性试验时的伺服阀表面温度分布

由于高温环境箱的操作具有一定的危险性，因此在高温试验台上进行试验时，伺服阀没有放入高温环境箱中进行保温，所处环境温度为常温，仅通过阀内流道中的高温油液对伺服阀零组件进行加热；为了验证高温试验的准确性，对高温特性试验中伺服阀的表面温度进行了测量。

图 5-64 为接触式测温仪器，分为数位温度表和测温笔两部分；测温笔末端为热电偶，能够将温度信号转换成热电动势信号，热电偶可为网状或点状等多种形状；数位温度表接收电动势信号，转换为被测介质的温度；该测温仪器的测温范围为 -50~200℃，测量精度为 ±1.6℃。

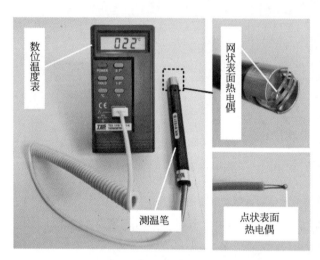
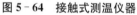

图 5-64　接触式测温仪器

图 5-65　伺服阀表面测温点分布

具体测量步骤如下：

（1）设定高温试验台温度分别为 90℃、120℃ 和 150℃，伺服阀持续输入三角波电流信号（频率 0.005 Hz，幅值为 10％ 额定电流），升温过程中，将供油压力调至最低；当高温试验台泵站出口油液温度接近预设温度时，调节供油压力为 28 MPa，待油液温度稳定在预设值附近后保持该状态 5 min。

（2）在伺服阀表面选取如图 5-65 所示的三个测温点，采用网状热电偶测量阀体和力矩马达壳体表面温度，点状热电偶测量射流管顶部和衔铁外侧面表面温度；记录一个三角波周期内三个测温点和泵站出口油液的最低温度和最高温度，并求其平均值和波动范围，得到表 5-16 的伺服阀表面温度试验结果。

表 5-16　伺服阀表面温度试验结果

序号	设定温度/℃	泵站出口温度/℃	伺服阀表面温度/℃		
			阀体	射流管顶部	衔铁侧面
1	90	88.0±1.5	83.6±1.9	83.4±0.7	82.5±0.4
2	120	122.1±1.2	114.2±1.8	115.2±0.2	112.9±0.5
3	150	149.5±3	141.1±2.6	141.5±0.6	138.5±1.2

从表 5 - 16 中可以看出,高温特性试验时,伺服阀表面温度相比预设温度偏低 5～12℃；说明不加装高温保温箱的情况下,高温液压试验台具有一定的温度误差。但由于这一温度误差的相对值并不大,且射流-反馈组件、射流放大器和滑阀组件等影响伺服阀性能的关键组件与油液直接接触,相比伺服阀表面具有更小的温度误差；因此本章认为,高温特性试验时,未加装高温保温箱而造成的伺服阀零件温度误差在可接受范围内。

4) 伺服阀温漂特性试验方法

(1) 设定试验台温度。低温特性试验时,设定低温液压试验台的低温箱温度和供油油液温度均为 -30℃；高温和常温特性试验时,设定高温液压试验台供油油液温度为指定温度(30℃、90℃、150℃)；温度调节过程中保持伺服阀持续输入 10% 额定电流的信号,保证伺服阀内的油液流动和充分换热。

(2) 绘制伺服阀小信号空载流量特性曲线。供油温度稳定在设定值附近后,设置供油压力 28 MPa,回油压力 0.6 MPa,在 X - Y 记录上绘制伺服阀小信号空载流量特性曲线,如图 5 - 66 所示。

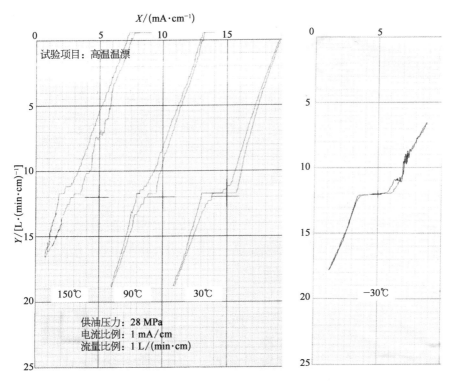

图 5 - 66　YF 射流管伺服阀小信号空载流量特性试验曲线

(3) 计算零偏。在小信号空载流量特性曲线上绘制流量回线的中点轨迹,即为名义流量曲线；如图 5 - 59b 所示,对每一极性的名义流量曲线近似于直线部分作延长线,两延长线的零流量点电流值分别为 i_{0p} 和 i_{0n},根据式(5 - 156)计算零偏。

(4) 计算温漂率。根据式(5 - 157)(式中 ΔT 取 60℃)计算 0℃、60℃、120℃ 时的伺服阀温漂率。

5) 理论与试验结果对比

2016 年 8 月到 2017 年 5 月间,共计对 22 个不同批次的射流管 YF 射流管伺服阀进行了温漂特性试验;表 5 - 17 得到了各温度下的零偏试验数据,并根据式(5 - 157),计算得到了 0℃、60℃、120℃时的伺服阀温漂率。

表 5 - 17　射流管伺服阀温度零漂试验数据

阀序号	零偏/%				温漂率 λ_T /(%·℃$^{-1}$)		
	−30℃	30℃	90℃	150℃	0℃	60℃	120℃
1	0.63	2.00	3.75	5.15	0.022 8	0.029 2	0.023 3
2	1.59	−0.01	−0.78	−1.46	−0.026 7	−0.012 8	−0.011 3
3	1.12	−0.93	−1.12	−2.06	−0.034 2	−0.003 2	−0.015 7
4	3.63	0.75	−1.13	−0.13	−0.047 9	−0.031 3	0.016 7
5	2.85	−0.29	−0.15	−2.95	−0.052 3	0.002 3	−0.046 7
6	1.51	0.73	0.24	0.20	−0.013 0	−0.008 2	−0.000 7
7	−0.93	−1.34	−0.80	−2.43	−0.006 9	0.009 0	−0.027 2
8	0.20	0.68	0.01	−1.85	0.008 0	−0.011 2	−0.031 0
9	2.40	−1.27	−2.20	−3.05	−0.061 2	−0.015 5	−0.014 2
10	2.88	−0.53	−1.00	−2.31	−0.056 8	−0.007 8	−0.021 8
11	1.68	0.25	0.06	0.13	−0.023 8	−0.003 2	0.001 2
12	−4.00	−1.88	−1.00	−0.25	0.035 3	0.014 7	0.012 5
13	−0.94	−1.21	−0.38	−0.60	−0.004 5	0.013 8	−0.003 7
14	0.56	−0.65	−2.29	−2.69	−0.020 2	−0.027 3	−0.006 7
15	−2.25	−1.88	−2.56	−3.25	0.006 2	−0.011 3	−0.011 5
16	0.63	−0.88	−2.73	−2.94	−0.025 2	−0.030 8	−0.003 5
17	1.50	−0.04	−1.16	−2.06	−0.025 7	−0.018 7	−0.015 0
18	1.88	−0.25	−1.69	−2.31	−0.035 5	−0.024 0	−0.010 3
19	−1.38	0.63	0.88	1.13	0.033 5	0.004 2	0.004 2
20	0.88	−0.81	−1.56	−1.25	−0.028 2	−0.012 5	0.005 2
21	2.56	0.40	−0.44	−1.50	−0.036 0	−0.014 0	−0.017 7
22	−2.25	−0.94	−0.03	−0.50	0.021 8	0.015 2	−0.007 8

图 5 - 67 为 YF 射流管伺服阀温漂率的理论及试验结果。从图中可以看出,理论计算得到的温漂率分布范围与试验结果基本吻合;且理论和试验结果均表明,由于油液在低温下的黏度变化幅度更大,导致了低温下伺服阀温漂率的分布范围更大。但由于未考虑伺服阀阀体和马达壳体的不对称性、焊接和装配应力等因素,理论计算得到的伺服阀温漂率分布范围小于试验结果。

本章以射流管伺服阀为例,研究了极端温度下高端液压阀性能漂移机理和建模方法。根据已有零件公差和组件装配要求,取得了装配调零后伺服阀关键几何要素相对位置误差的分布规律;计算了零件不对称热变形导致的精密配合偶件间相对热位移;建立了射流管伺服阀数学模型,研究了材料性能变化、偶件间不对称热位移与伺服阀温漂的映射关系,获得了极端温

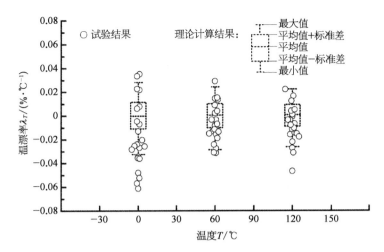

图 5 - 67　YF 射流管伺服阀温漂率的理论及试验结果

度下射流管伺服阀零偏漂移的理论模型;最后进行了射流管伺服阀常温及温漂特性试验。主要结论如下:

（1）本章建立的射流管伺服阀温漂模型,可以根据零件公差和组件装配要求,得到极端温度下(低温 $-30℃$,高温 $150℃$)射流管伺服阀的温漂率分布规律。理论计算得到的温漂率分布范围与温漂特性试验结果基本吻合,验证了极端温度下射流管伺服阀温漂模型的正确性。

（2）研究了温度对温漂率的影响。由于油液在低温下的黏度变化幅度更大,造成射流放大器和滑阀节流特性的大幅度变化;因此,随着温度的降低,伺服阀温漂率分布范围和标准差变大。

（3）研究了零件公差对温漂率的影响。通过降低弹簧管内孔 d_{b1} 轴线(基准 B)直线度公差 t_1、弹簧管外径 d_{b2} 轴线(基准 A)相对于基准 B 的同轴度公差 t_{b2} 及反馈杆压扁折弯后各轴线的位置公差,可以有效降低偶件间的不对称相对热位移,抑制射流管伺服阀的温漂。

参 考 文 献

［1］　李长明,闫耀保,汪明月,等.高温环境对射流管伺服阀偶件配合及特性的影响[J].机械工程学报,2018,54(20):251 - 261.
［2］　闫耀保,李聪.极端低温下电液伺服阀温漂特性分析[J].飞控与探测,2020,3(1):80 - 85.
［3］　闫耀保,张曦.固定节流孔长度对双喷嘴挡板阀低温零位性能的影响[J].中国机械工程,2012,23(19):2275 - 2279.
［4］　闫耀保,谢帅虎,原佳阳,等.宽温域下三位四通电磁液动换向阀的几何尺寸链与卡滞特性[J].飞控与探测,2019,2(3):95 - 102.
［5］　闫耀保,郑云平.油温对射流管式伺服阀力矩马达振动特性的影响[J].流体传动与控制,2016(5):7 - 11.
［6］　闫耀保,俞丛义,陆泰琳,等.极端温度环境下飞行器液压蓄能器与气瓶特性研究[J].流体传动与控制,2006(5):10 - 13.
［7］　闫耀保,李双路.一种液压缸位移传感器冷却流量控制装置:201910555488.7[P].2020 - 07 - 07.
［8］　闫耀保,李长明,夏飞燕.一种适应变温度场的射流管电液伺服阀:201810094948.6[P].2020 - 06 - 02.
［9］　闫耀保,肖其新,闫世敏.温度对电液伺服阀的影响分析[J].流体传动与控制,2008(6):23 - 26.
［10］　闫耀保,徐娇珑,胡兴华,等.飞机液压系统油液温度分析[J].液压与气动,2010(9):55 - 58.

[11] 阎耀保,沈力,傅俊勇,等.氢能源汽车车载气动减压阀出口温度特性研究[J].中国工程机械学报,2009,7(4):11-15.

[12] 阎耀保,李聪.射流管伺服阀前置级不对称性对零偏的影响[J].华南理工大学学报(自然科学版),2021,49(5):111-119.

[13] 阎耀保,邹为宏,刘洪宇.振动环境下小尺寸减压阀的建模与分析[J].飞控与探测,2019(6):74-81.

[14] WANG Y, YIN Y B. Performance reliability of jet pipe servo valve under random vibration environment[J]. Mechatronics,2019(64):1-13.

[15] YIN Y B, HE C P, LI C M, et al. Mathematical model of radial matching clearance of spool valve pair under large temperature range environment[C]//Proceedings of the 8th International Conference on Fluid Power and Mechatronics, FPM2019-221-1-6. Wuhan, 2019.

[16] YIN Y B, HE C P, XIE S H, et al. Influence of temperature on dynamic performance of electro-hydraulic directional control valve[C]//Proceedings of 22nd International Conference on Mechatronics Technology, ICMT 2018, Paper ID 20. Jeju Island, 2018:1-6.

[17] YIN Y B, TANG H S, LI J. Investigations on the thermal effects in the slipper swash plate interface of axial piston machines[C]//Proceedings of the 9th JFPS International Symposium on Fluid Power. Matsue, 2014:376-381.

[18] YIN Y B, LI Y J, FU J Y, et al. Fluid power transmission characteristics of aviation kerosene[C]//Proceedings of the 2011 International Conference on Advances in Construction Machinery and Vehicle Engineering. 2012:406-412.

[19] 李长明.射流式电液伺服阀基础理论研究[D].上海:同济大学,2019.

[20] 张曦.极限工况下电液伺服阀特性研究[D].上海:同济大学,2013.

[21] 李聪.极端温度下射流管伺服阀温度漂移机理与阀体疲劳特性研究[D].上海:同济大学,2019.

[22] 阎耀保,王康景,陈昀,等.大型船舶调距桨液压系统温度控制分析[J].流体传动与控制,2013(4):1-5.

[23] 阎耀保,张丽,贾萍,等.飞行器姿态控制用拉瓦尔喷管的流场分析[J].液压气动与密封,2013,33(1):32-36.

[24] 阎耀保.射流管伺服阀欧美专利分析[J].液压气动与密封,2012,32(2):68-73.

[25] 中国航空工业总公司第六〇九研究所.飞机电液流量伺服阀通用规范:GJB 3370—1998[S].北京:中国航空工业总公司,1998.

[26] 阎耀保.极端环境下的电液伺服控制理论及应用技术[M].上海:上海科学技术出版社,2012.

[27] 李元章,何春雄.线性回归模型应用及判别[M].广州:华南理工大学出版社,2016.

[28] 阎耀保,王玉.射流管伺服阀前置级压力特性[J].航空动力学报,2015,30(12):3058-3064.

[29] 阎耀保,李长明,夏飞燕,等.一种双冗余反弹射流偏导板伺服阀:ZL 201710072977.8[P]. 2018-05-08.

[30] D660 series servo-proportional control valves[Z]. Moog Inc Catalog, 2006.

[31] 阎耀保,张曦,李长明.一维离心环境下电液伺服阀零偏值分析[J].中国机械工程,2012,23(10):1142-1146.

[32] 阎耀保,王玉.三维离心环境下射流管伺服阀的零偏特性[J].上海交通大学学报,2017,51(8):984-991.

[33] AXELROD L R, JOHNSON D R, KINNEY W L. Hydraulic servo control valves: part 5 simulation, pressure control, and high-temperature test facility design[R]. WADC Technical Report 55-29, United States Air Force, 1957.

[34] 高玉魁.残余应力基础理论及应用[M].上海:上海科学技术出版社,2019.

[35] 方博武.金属冷热加工的残余应力[M].北京:高等教育出版社,1991.

[36] 费业泰.机械热变形理论及其应用[M].北京:国防工业出版社,2009.

第6章
随机振动环境下电液伺服阀的零偏漂移

　　随机振动环境是导致电液伺服阀零漂的重要原因之一。随机振动环境与离心环境下，电液伺服阀的可动部件(如衔铁组件和滑阀阀芯)受到惯性力，破坏了各部件原来的动力学平衡状态，进入新的动力学平衡状态，零部件协同关系重构导致电液伺服阀产生零偏漂移。随机振动环境下，可动部件的运动状态将更加复杂。

　　本章以射流管电液伺服阀为例，根据所建立的加速度条件下射流管伺服阀动力学分析方法，介绍随机振动环境下射流管电液伺服阀的数学模型，研究随机振动环境下电液伺服阀零漂的分布规律，并提出评价指标，分析随机振动环境下结构参数对零漂的影响规律。本章所介绍的数学模型可用于定量分析随机振动环境下射流管电液伺服阀的性能。

6.1　分　析　方　法

　　飞机启动滑行过程中因跑道路面不平整受到随机颠簸的振动影响，空中飞行过程中受到风载荷气流扰动的随机作用，这些外界随机振动传递到射流管电液伺服阀，影响其工作性能。零漂是指工作条件变化引起的零偏变化。随机振动环境中，射流管伺服阀可动部件(衔铁组件和滑阀阀芯)受到惯性力的影响，产生零漂，将直接影响射流管伺服阀的零位工作特性，进而影响电液伺服系统的性能。国内外射流管伺服阀有关标准中均提到射流管伺服阀随机振动环境试验校核标准：零漂值小于2%。由此可知随机振动环境下射流管伺服阀的零漂需严格控制。目前，随机振动环境下机械系统性能的研究较多，但振动环境中电液伺服阀性能的研究较少，有文献研究射流管伺服阀随机振动环境试验的相关流程及随机振动加速度功率谱，以及冲击振动环境下喷嘴挡板伺服阀的特性，但没有涉及随机振动这种最为复杂的振动环境。

　　实际工况中，射流管伺服阀的工作环境产生随机振动，影响其工作性能。以发动机矢量喷射控制系统中的射流管伺服阀为例，图6-1为矢量喷射控制系统示意图，控制器输入控制电流，射流管伺服阀控制作动器动作，矢量喷嘴偏转，传感器测量矢量喷嘴的偏转角度，传输给控制器，从而形成对矢量喷嘴偏转角度的闭环控制，其中射流管伺服阀属于液压系统的控制器。但是在发动机工作时，其产生的随机振动传导至射流管伺服阀后，射流管伺服阀的可动部件(衔铁组件和滑阀阀芯)受到随机振动加速度的影响，产生零位漂移，造成矢量喷嘴控制精度下降，影响飞行器的性能。因此研究随机振动环境下射流管伺服阀零漂的变化规律至关重要。

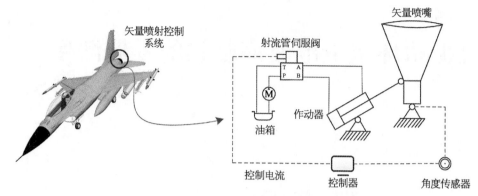

图 6-1　战斗机及其矢量喷射控制系统示意图

以射流管伺服阀为例,所受的随机振动主要来自以下两个方面:

(1) 机体表面的气流扰动,通过机体结构传导至射流管伺服阀,一般为 2 000 Hz 以内的随机振动。

(2) 工作环境产生的随机振动。转速、温度、材料等随机因素均会使发动机产生随机振动,随机振动通过阀座传递给射流管伺服阀。

根据振动试验方法和条件,试验中的随机振动以功率密度谱(PSD)形式给出(图 6-2),可用来模拟图 6-1 中射流管伺服阀所受的随机振动环境。在对数坐标系中,加速度功率谱密度与频率呈分段线性关系,频率范围为 5～2 000 Hz,加速度功率谱的均方加速度值为 29.66g,高能量频率段为 750～840 Hz 及 1 340～1 500 Hz,均高于射流管伺服阀的响应频率,本章中研究的射流管伺服阀在随机振动环境中不会发生谐振。

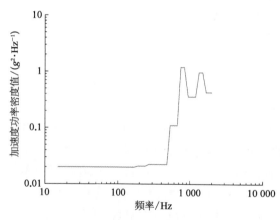

图 6-2　随机振动加速度功率谱

理论分析和试验研究中的随机振动假定为零均值、正态分布的随机过程。谐波叠加法是常用的将随机振动加速度功率谱转化为加速度时域信号的方法,此方法适用于任何随机振动,其原理是通过傅里叶变换,将目标谱离散为一系列具有不同频率和幅值的正弦波,即

$$a(t) = \sum_{i=1}^{n} \sqrt{2S(f_i) \cdot \Delta f_i} \cdot \sin(2\pi f_i t + \eta_i) \tag{6-1}$$

式中　$a(t)$——随机加速度;

　　　n——离散数目;

　　　Δf_i——离散频率间隔;

　　　f_i——离散频率间隔的中间值;

　　　$S(f_i)$——对应离散频率上的功率谱密度值;

　　　t——时间;

　　　η_i——$[0, 2\pi]$上均匀分布的随机数。

考虑加速度时的射流管伺服阀系统框图,本章建立随机振动环境下射流管伺服阀的时域仿真模型:① 将随机振动加速度功率谱转化为时域加速度信号[式(6-1)];② 建立随机振动环境下射流管伺服阀模型;③ 将时域加速度信号输入射流管伺服阀中,同时输入低频控制电流,得到输出流量曲线,并计算随机振动零漂。

6.2　数　学　模　型

射流管伺服阀处于随机振动环境时,阀内可动部件(衔铁组件和滑阀阀芯)相对阀体运动,同时阀体做随机运动。图 6-3 为随机振动环境下射流管伺服阀的动作示意图,O 为衔铁组件的旋转中心,θ 为衔铁组件偏转角度,k_a 为弹簧管刚度,k_m 为磁扭矩弹簧刚度,B_a 为衔铁组件黏性阻尼系数,k_f 为反馈杆刚度,p_1 和 p_2 分别为阀芯两端控制压力,F_f 为阀芯相对阀套的摩擦力,x_v 为阀芯位移,x_a 为阀体位移。衔铁组件相对旋转中心 O 做旋转运动,旋转角度为 θ,同时旋转中心 O 随阀体做直线运动,位移为 x_a。阀芯相对阀套做直线运动,相对位移为 x_v,同时阀套随阀体做直线运动,位移为 x_a。由射流管伺服阀结构可知,随机振动方向与滑阀阀芯运动方向相同时,对射流管伺服阀性能的影响最大,本章只研究随机振动方向为 x 方向时的射流管伺服阀模型及零漂。

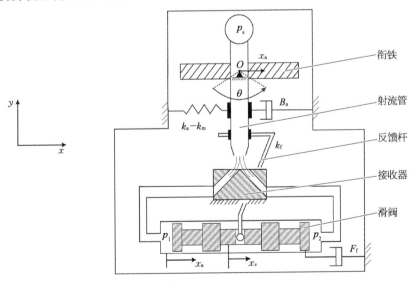

图 6-3　随机振动环境下射流管伺服阀的动作示意图

射流管伺服阀可动部件(衔铁组件和滑阀阀芯)分别做复合运动,为简化动力学模型求解,应用式(6-2)的拉格朗日方程进行求解。以相对于阀体的衔铁组件转角 θ 和滑阀阀芯位移 x_v 为广义坐标,求出射流管伺服阀可动部件的动能、势能和所受外力,然后代入拉格朗日方程,得到随机振动环境下射流管伺服阀模型:

$$\frac{\mathrm{d}}{\mathrm{d}t}\left(\frac{\partial T}{\partial \dot{q}_i}\right) - \frac{\partial T}{\partial q_i} + \frac{\partial D}{\partial \dot{q}_i} = F \tag{6-2}$$

式中　t——时间；

　　　q_i——广义坐标，包括 θ 和 x_v；

　　　T——可动部件的动能；

　　　D——可动部件的势能；

　　　F——可动部件所受的外力。

衔铁组件相对旋转中心转动，旋转中心随阀体做直线运动，由运动学理论可知衔铁组件的复合运动是绕瞬轴的转动。图 6-4 为衔铁组件运动示意图，衔铁组件简化为十字形对称结构，$Oxyz$ 为衔铁组件转动坐标系，衔铁组件绕坐标系中的 Oz 轴做旋转运动，转动速度为 $\dot{\theta}$，Oz 轴做直线运动，运动速度为 v_a，mn 轴为复合运动的瞬轴，v_c 为牵连运动速度，v_r 为相对运动速度。

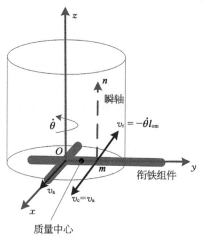

图 6-4　衔铁组件运动示意图

则点 m 处，衔铁组件的复合运动速度为零，即

$$v_c + v_r = 0 \qquad (6-3)$$

式中　v_c——牵连运动速度；

　　　v_r——相对运动速度。

根据式(6-3)，瞬轴与旋转轴的距离为

$$l_{om} = \frac{v_a}{\dot{\theta}} \qquad (6-4)$$

式中　l_{om}——瞬轴与旋转轴的距离；

　　　v_a——随机运动的速度；

　　　$\dot{\theta}$——衔铁组件绕 oz 的角速度。

根据平行轴定理，衔铁组件绕质心的转动惯量为

$$J_g = J_a - m_t e^2 \qquad (6-5)$$

式中　J_g——衔铁组件绕其质心的转动惯量；

　　　J_a——衔铁组件绕转动轴的转动惯量；

　　　m_t——衔铁组件质量；

　　　e——衔铁组件质量中心与旋转中心距离。

衔铁组件绕瞬轴的转动惯量为

$$J_{mn} = J_g + m_t(e - l_{om})^2 \qquad (6-6)$$

式中　J_{mn}——衔铁组件绕瞬轴的转动惯量。

衔铁组件的动能为

$$T_a = \frac{1}{2}J_{mn}\dot{\theta}^2 = \left(\frac{1}{2}J_a - m_t e \frac{v_a}{\dot{\theta}} + \frac{1}{2}m_t \frac{v_a^2}{\dot{\theta}^2}\right)\dot{\theta}^2 = \frac{1}{2}J_a\dot{\theta}^2 - m_t e v_a\dot{\theta} + \frac{1}{2}m_t v_a^2$$

$$(6-7)$$

式中　T_a——衔铁组件的动能。

　　图 6 - 5 为滑阀阀芯运动示意图,滑阀阀芯相对阀体做直线运动,运动速度为 $\dot{x}_v$,阀体做随机运动,运动速度为 v_a。滑阀阀芯的绝对运动即复合运动为直线运动,相对运动速度为 $\dot{x}_v$,牵连运动速度为 v_a。

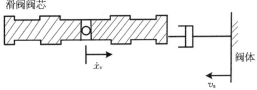

图 6 - 5　滑阀阀芯运动示意图

　　滑阀阀芯的绝对速度为

$$v = v_a + \dot{x}_v \qquad (6-8)$$

式中　v ——阀芯绝对速度。

　　滑阀阀芯的动能为

$$T_v = \frac{1}{2} m_v v^2 = \frac{1}{2} m_v (v_a + \dot{x}_v)^2 = \frac{1}{2} m_v v_a^2 + m_v v_a \dot{x}_v + \frac{1}{2} m_v \dot{x}_v^2 \qquad (6-9)$$

式中　T_v ——滑阀阀芯的动能;

　　　　m_v ——滑阀阀芯的质量。

　　可动部件的动能为

$$T = T_a + T_v = \frac{1}{2} J \dot{\theta}^2 - m_t e v_a \dot{\theta} + \frac{1}{2} m_t v_a^2 + \frac{1}{2} m_v v_a^2 + m_v v_a \dot{x}_v + \frac{1}{2} m_v \dot{x}_v^2 \qquad (6-10)$$

式中　T ——可动部件动能。

　　射流管伺服阀体积较小,所以可动部件的重力势能变化可以忽略,只考虑弹簧管、磁扭矩弹簧和反馈杆的弹性势能。滑阀阀芯所受的稳态液动力可以看作是稳态液动力弹簧作用于滑阀阀芯,可把液动力变化看作弹性势能的变化。

　　由弹性势能的定义,可动部件的势能为

$$U = \frac{1}{2} (k_a - k_m) \theta^2 + \frac{1}{2} k_f [x_v + (r+b)\theta]^2 + \frac{1}{2} k_h x_v^2 \qquad (6-11)$$

式中　U ——可动部件的势能;

　　　　k_a ——弹簧管刚度;

　　　　k_m ——磁扭矩弹簧刚度;

　　　　k_f ——反馈杆刚度;

　　　　r ——衔铁组件旋转中心到喷嘴末端的距离;

　　　　b ——喷嘴末端到滑阀阀芯轴线的距离;

　　　　k_h ——液动力弹簧刚度,其表达式为

$$k_h = 0.43 w (p_s - p_0) \qquad (6-12)$$

式中　w ——滑阀面积梯度;

　　　　p_s ——供油压力;

　　　　p_0 ——回油压力。

　　衔铁组件所受的外力包括阻尼力矩和力矩马达提供的电磁力矩。为计算方便,将衔铁组件阻尼等效为黏性阻尼,因而衔铁组件所受的阻尼力矩为

$$F_a = B_a \dot{\theta} \qquad (6-13)$$

式中 F_a ——衔铁组件所受的阻尼力矩；

  B_a ——衔铁组件等效黏性阻尼系数。

  力矩马达提供的电磁力矩为

$$F_i = k_t i \tag{6-14}$$

式中 F_i ——衔铁组件所受的电磁力矩；

  k_t ——电磁力矩系数；

  i ——控制电流。

  滑阀阀芯所受的外力为前置级提供的控制压力和滑阀摩擦力：

$$F_v = (p_1 - p_2)(\pi r_s^2) - F_f \tag{6-15}$$

式中 F_v ——滑阀阀芯所受的外力；

  p_1 ——阀芯左端控制压力；

  p_2 ——阀芯右端控制压力；

  r_s ——滑阀阀芯半径；

  F_f ——滑阀摩擦力，其表达式由前几章给出。

  可动部件所受的外力为

$$F = \begin{bmatrix} F_i - F_a \\ F_v \end{bmatrix} = \begin{bmatrix} k_t i - B_a \dot{\theta} \\ (p_1 - p_2)(\pi r_s^2) - F_f \end{bmatrix} \tag{6-16}$$

式中 F ——可动部件所受的外力。

  将射流管伺服阀可动部件的动能[式(6-10)]、势能[式(6-11)]和所受的外力[式(6-16)]代入拉格朗日方程[式(6-2)]中，得到随机振动环境下射流管伺服阀模型为

$$\begin{bmatrix} J_a & 0 \\ 0 & m_v \end{bmatrix} \begin{bmatrix} \ddot{\theta} \\ \ddot{x}_v \end{bmatrix} + \begin{bmatrix} B_a & 0 \\ 0 & 0 \end{bmatrix} \begin{bmatrix} \dot{\theta} \\ \dot{x}_v \end{bmatrix} + \begin{bmatrix} k_a - k_m + k_f(r+b)^2 & k_f(r+b) \\ k_f(r+b) & k_f + k_h \end{bmatrix} \begin{bmatrix} \theta \\ x_v \end{bmatrix}$$
$$= \begin{bmatrix} m_t ea + k_t i \\ (p_1 - p_2)(\pi r_s^2) - F_f - m_v a \end{bmatrix}$$
$$\tag{6-17}$$

式中 a ——随机加速度。

  射流管伺服阀空载输出流量为

$$q = C_d w x_v \sqrt{\frac{p_s - p_0}{\rho}} \tag{6-18}$$

式中 q ——射流伺服阀空载输出流量；

  w ——滑阀面积梯度；

  ρ ——液压油密度；

  p_s ——供油压力；

  p_0 ——回油压力。

6.3　导致零偏漂移的因素

以 B 型射流管伺服阀为例,分析随机振动环境下射流管伺服阀的零漂。射流管伺服阀输入三角波控制信号,其频率为 0.01 Hz,幅值为 4 mA(10% 小信号)。三角波控制电流的表达式为

$$i = I_{\text{triangle}}(t) \tag{6-19}$$

式中　i ——控制电流;

　　　t ——时间;

　　　I_{triangle} ——三角波函数。

根据式(6-1)时域加速度信号、式(6-17)随机振动环境下射流管伺服阀模型和式(6-19)控制电流表达式可得到随机振动环境下射流管伺服阀的输出流量曲线。图 6-6 为随机振动试验中测得的一个输入电流信号周期内的输出流量曲线,从图中可以看出,随机振动环境下射流管伺服阀输出流量呈随机变化的特点。根据流量电液伺服阀通用规范,本章理论和试验中零漂值的计算方法如图 6-6 所示:首先需要计算模式流量特性曲线,对流量曲线取点并线性回归,计算得到的直线即为模式流量特性曲线;然后求得模式流量特性曲线与 I 轴的交点,即模式流量特性曲线在 I 轴的截距,从图中可看出,正控制电流和负控制电流可分别得到一条模式流量特性曲线,求得每条模式流量特性曲线在 I 轴的截距,即零流量电流,其平均值为零漂。

模式流量特性曲线在 I 轴的截距,其计算方法为

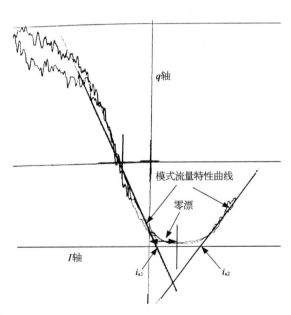

图 6-6　随机振动环境下一个输入电流信号周期的空载流量曲线

$$i_{\text{a}} = \frac{\sum_{i=1}^{n} I_i - \dfrac{\sum_{i=1}^{N} q_i}{m}}{N} \tag{6-20}$$

式中　i_{a} ——模式流量特性曲线在 I 轴的截距;

　　　N ——取点数目;

　　　I_i ——所取点的电流值;

　　　q_i ——所取点的流量值;

m ——模式流量特性曲线的斜率,其计算方法为

$$m = \frac{\sum_{i=1}^{n} q_i I_i - \dfrac{\sum_{i=1}^{N} q_i \sum_{i=1}^{N} I_i}{N}}{\sum_{i=1}^{N} I_i^2 - \dfrac{(\sum_{i=1}^{N} I_i^2)^2}{N}} \tag{6-21}$$

从图 6 - 6 可知,随机振动环境下一个输入电流信号周期内的零漂值为

$$z_s = \left(\frac{i_{a1} + i_{a2}}{2} \right) \bigg/ I_N \tag{6-22}$$

式中　z_s ——零漂值,相对额定电流的百分比;

　　　i_{a1}、i_{a2} ——模式流量特性为零时的电流值;

　　　I_N ——额定电流。

随机振动环境下射流管伺服阀空载流量曲线呈现随机变化的特点,模式流量特性为零时的电流值 i_{a1} 和 i_{a2} 同样随机变化,即使原零偏值为零,随机振动环境下射流管伺服仍然存在零漂。本节假定射流管伺服阀零偏值为零,分析导致随机振动零漂的因素并提出抑制措施。

根据式(6-22)所示的零漂值计算方法,可得到图 6 - 7 的随机振动环境下的滑阀阀芯位移与零漂变化图,随机振动环境下,射流管伺服阀输入三角波控制电流信号,三角波信号每变化一个周期,根据式(6-20)～式(6-22)可计算得到一个零漂值。从图中可以看出射流管伺服阀受到随机振动环境的影响时,阀芯位移与零漂呈现随机变化的特点,阀芯位移与零漂值均在零附近变化,伺服阀相关标准中规定零漂值应小于 2%,图 6 - 7 中某个零漂值达到了 1.5% 左右,因此需要探明给定随机振动功率谱下,射流管伺服阀随机振动零漂的评价标准,以及结构参数对随机振动零漂的影响情况,为抑制随机振动零漂提供理论指导。

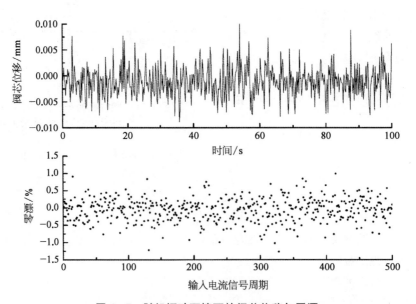

图 6 - 7　随机振动环境下的阀芯位移与零漂

随机振动环境下,射流管伺服阀零漂值随机变化,因此需要分析其概率分布,得到变化规律。在统计图上表示的概率即为概率分布,本节根据图 6‐6 的零漂计算方法,计算的零漂值如图 6‐7 所示,对零漂值进行统计分析,统计图中的横轴为零漂值,纵轴为对应零漂值的概率。图 6‐8 为零漂值的概率分布图,从图中可以看出,零漂均值 μ 为零,零漂标准差 σ 为 0.314%,假定随机振动加速度为正态分布时,随机振动环境下的零漂值呈正态分布。根据正态分布的 3σ 原则,可用三倍零漂标准差,作为射流管伺服阀随机振动零漂的评价指标,以此来定量分析随机振动环境下射流管伺服阀的性能。处于 $\pm 3\sigma$ 之间的零漂概率为 99.73%,如果三倍零漂标准差小于 2%,即可认为随机振动环境下射流管伺服阀的零漂值均处于[−2%, 2%]:

$$z_{3\sigma} = 3\sigma \tag{6-23}$$

式中　$z_{3\sigma}$——三倍零漂标准差;

　　　σ——零漂标准差。

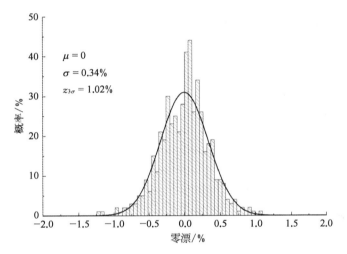

图 6‐8　B 型射流管伺服阀在随机振动环境下的零漂概率分布图

根据式(6‐1),随机加速度功率谱转化为特定的随机加速度时域信号,同样的输入电流周期内,加速度值相同。根据式(6‐18),不同的射流管伺服阀关键结构参数,可使得图 6‐7 中各输入电流周期内的零漂值不同,进而可使得图 6‐8 中的零漂分布和零漂标准差不同。本节以三倍零漂标准差为评价指标,分析结构参数对随机振动零漂的影响,取得抑制零漂的措施,但需要同时兼顾伺服阀的基本性能保持不变。对比式(6‐17),可以看出对伺服阀基本性能影响较小,对随机振动环境下伺服阀阀芯位移影响较大的结构参数为滑阀阀芯质量、衔铁组件质量中心与旋转中心距离、衔铁组件质量。下面定量计算三个结构参数变化时,评价指标的变化情况。

6.3.1　滑阀阀芯质量

图 6‐9 为滑阀阀芯质量对三倍零漂标准差的影响,从图中可以看出,三倍零漂标准差随滑阀阀芯质量的减小而减小,滑阀阀芯质量从 11 g 变化到 5 g,零漂标准差的三倍值从 1.16% 变化到 0.92%,该型伺服阀滑阀阀芯质量为 8.4 g,质量减小 25%,则三倍零漂标准差减小 0.084%。随机振动加速度条件下,阀芯质量减小,随机振动作用于阀芯上的惯性力减小,由此产生的滑阀阀芯零位漂移就减小,即图 6‐7 中某些输入电流周期内的零漂值减小,因此减小

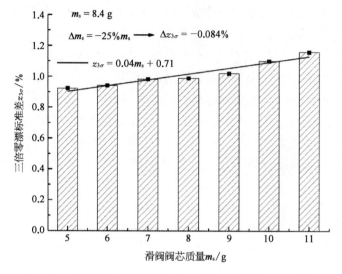

图 6‑9　随机振动环境下阀芯质量对三倍零漂标准差的影响

了零漂值的变化范围,即零漂标准差减小。

6.3.2　衔铁组件质量中心与旋转中心距离

　　衔铁组件包括衔铁、弹簧管和射流管,衔铁组件为对称结构,衔铁组件质量中心与其几何中心重合,位于衔铁组件对称轴上,随机振动加速度作用于衔铁组件,产生的惯性力位于衔铁组件的质量中心,该作用力和衔铁组件质量中心与旋转中心距离的乘积为衔铁组件惯性旋转力矩,衔铁组件质量中心与旋转中心的距离影响旋转力矩的大小,旋转力矩影响射流管偏转角度,进而影响滑阀阀芯的零位漂移,本节分析衔铁组件质量中心与旋转中心距离对零漂的影响。

　　图 6‑10 为衔铁组件质量中心与旋转中心距离对三倍零漂标准差的影响,从图中可以看出,三倍零漂标准差随衔铁组件质量中心与旋转中心距离的减小而减小,衔铁组件质量中心与旋转

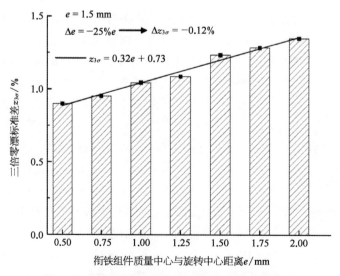

图 6‑10　随机振动环境下衔铁组件质量中心与旋转
中心距离对三倍零偏标准差的影响

中心距离从 2 mm 变化到 0.5 mm,零漂标准差的三倍值从 1.35% 变化到 0.9%,该伺服阀衔铁组件质量中心与旋转中心距离为 1.5 mm,距离减小 25%,则三倍标准差减小 0.12%。随机振动加速度条件下,衔铁组件质量中心与旋转中心距离减小,作用于其上的惯性旋转力矩减小,由此引起的射流管偏转角度减小,滑阀阀芯受到的液压差力减小,阀芯零位漂移减小,即图 6-7 中某些输入电流周期内的零漂值减小,因此减小了零漂的分布范围,即零漂标准差减小。

由此可知,减小衔铁组件质量中心与旋转中心距离可有效减小射流管伺服阀随机振动零漂。根据衔铁组件的结构图,衔铁组件为左右对称结构,其质量中心必然为左右对称轴上一点,因此射流管伺服阀设计中应尽量调整衔铁组件的质量分布,使衔铁组件质量中心与旋转中心重合。

6.3.3　衔铁组件质量

衔铁组件的质量影响惯性旋转力矩的大小,进而影响零位漂移,图 6-11 为衔铁组件质量对三倍零漂标准差的影响。

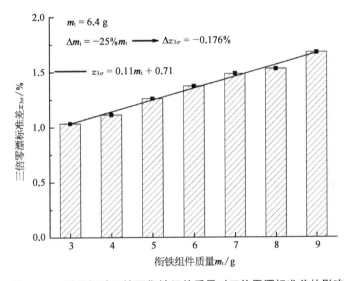

图 6-11　随机振动环境下衔铁组件质量对三倍零漂标准差的影响

从图中可以看出,三倍零漂标准差随衔铁组件质量的减小而减小,衔铁组件质量从 9 g 变化到 3 g,三倍零漂标准差从 1.68% 变化到 1.03%,该伺服阀衔铁组件质量为 6.4 g,质量减小 25%,则三倍零漂标准差减小 0.176%。随机加速度条件下,衔铁组件质量减小,作用于衔铁组件上的惯性旋转力矩减小,由此引起的射流管偏转角度减小,从而阀芯零位漂移减小,即图 6-7 中某些输入电流周期内的零漂值减小,因此减小了零漂值的分布范围,即零漂标准差减小。

6.4　实　践　试　验

本节在随机振动台上,进行射流管伺服阀随机振动环境试验,得到空载流量曲线,计算随机振动零漂,与理论结果进行对比,验证模型的正确性。

6.4.1 试验装置及方法

射流管伺服阀随机振动环境试验在中船重工 704 所进行,采用 B 型射流管伺服阀进行试验。图 6 - 12 为振动台实物图,包括射流管伺服阀、流量计、转接板、振动发生装置。图 6 - 13 为随机振动试验系统原理图,由液压系统、振动台、配电柜、信号采集与控制系统组成。液压泵提供射流管伺服阀液压力,溢流阀控制系统压力在安全范围之内,流量计测量射流管伺服阀空载输出流量,振动台产生随机振动,配电柜提供电力,信号采集与控制系统用于采集流量计信号和控制射流管伺服阀动作。

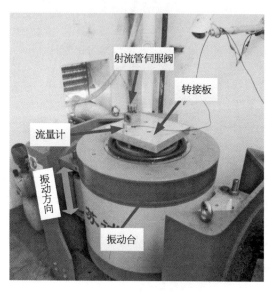

图 6 - 12　振动台

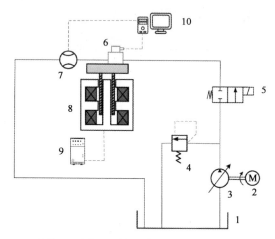

1—油箱;2—电机;3—液压泵;4—溢流阀;5—电磁阀;
6—伺服阀;7—流量计;8—振动台;9—配电柜;
10—信号采集与控制系统

图 6 - 13　随机振动试验系统

随机振动试验系统的最高压力为 28 MPa,最高振动频率为 2 000 Hz,最大加速度功率密度值为 $32g^2/Hz$,可测试的最高流量为 200 L/min。被测射流管伺服阀的关键参数见表 6 - 1。为了考察射流管伺服阀在随机振动下的抗振能力,国家射流管伺服阀有关标准中规定了射流管伺服阀的随机振动试验条件和试验方法。

表 6 - 1　被测 B 型射流管伺服阀关键参数

额定压力/MPa	额定电流/mA	额定流量/(L·min^{-1})
28	40	185

试验条件:试验用的流体介质为 YH - 10 航空液压油,试验温度为常温 20℃左右,供油压力为 28 MPa,回油压力为 0.6 MPa。随机振动加速度功率谱如图 6 - 2 所示。

试验方法:

(1) 启动液压泵,设定供油压力为 28 MPa。

(2) 射流管伺服阀输入三角波控制电流,其频率为 0.01 Hz,幅值为 4 mA(10% 小信号)。

（3）设定如图 6-2 所示的加速度功率密度曲线，启动振动台，测量射流管伺服阀空载输出流量，根据随机振动环境下零漂值的计算方法得到随机振动零漂。

6.4.2　试验结果与分析

在随机振动台上，射流管伺服阀有三种安装方向，本章中只研究振动方向为 x 轴方向下射流管伺服阀的特性，如图 6-3 所示。

图 6-14 和图 6-15 为 B 型射流管伺服阀空载流量曲线的理论计算结果和试验结果。图 6-14a 为无随机振动环境下流量随电流变化曲线；图 6-14b 为随机振动环境下流量随电流变化曲线；图 6-15a 为无随机振动环境下流量随时间变化曲线；图 6-15b 为随机振动环境下流量随时间变化曲线。

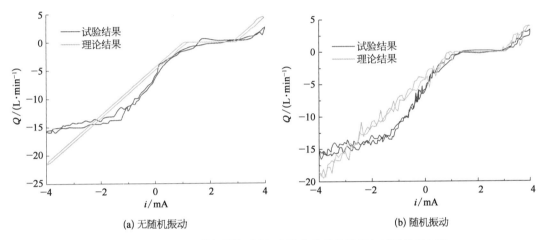

(a) 无随机振动　　　　　　　　(b) 随机振动

图 6-14　B 型射流管伺服阀流量-电流曲线理论结果与试验结果对比

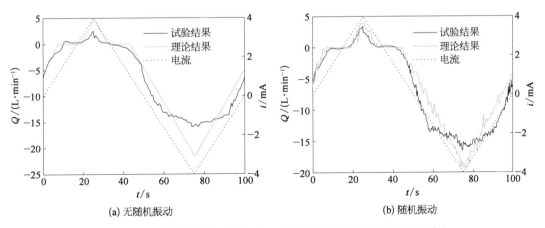

(a) 无随机振动　　　　　　　　(b) 随机振动

图 6-15　B 型射流管伺服阀流量-时间曲线理论结果与试验结果对比

从图中可以看出，输入信号为三角波信号，流量随时间呈三角波变化。流量曲线的试验结果与理论结果，其波动程度基本一致，流量-电流曲线试验结果出现了弯曲可能是因为滑阀阀芯加工不均匀，可以证明本章所建随机振动环境下射流管伺服阀模型的正确性。

射流管伺服阀的性能指标包括线性度、对称度、滞环、零偏和零漂，性能指标均以额定电流的百分比给出。性能指标的规定值见表 6-2。无振动环境下的 B 型射流管伺服阀性能指标试验结果见表 6-3。振动环境下 B 型射流管伺服阀性能指标试验结果见表 6-4。对比无振动环境下的性能指标与性能指标的规定值可以看出,该射流管伺服阀性能良好。对比振动环境下的性能指标与性能指标的规定值可以看出,随机振动环境下,性能指标处于一个变化的过程中,但该射流管伺服阀的性能指标仍然在合理范围内,零漂值均处于理论计算得到的三倍零漂标准差范围之内。

表 6-2　性能指标规定值　　　　　　单位：%

线性度	对称度	滞　环	零　偏	零　漂
$\leqslant 7.5$	$\leqslant 10$	$\leqslant 5$	$\leqslant 5$	$\leqslant 2$

表 6-3　无振动环境下 B 型射流管伺服阀性能指标　　　　　　单位：%

线性度	对称度	滞　环	零　偏
2.31	7.51	3.26	3.88

表 6-4　振动环境下 B 型射流管伺服阀性能指标　　　　　　单位：%

试验数目	线性度	对称度	滞　环	零　漂
1	1.22	5.35	2.68	0.75
2	2.39	7.92	3.73	−0.75
3	1.76	7.25	2.95	0.25
4	2.67	2.06	2.62	0.62

　　为探索随机振动环境下射流管伺服阀零漂机理,本章根据提出的加速度条件下射流管伺服阀动力学分析方法,建立了随机振动环境下射流管伺服阀模型,研究了随机振动零漂的分布规律,提出了以三倍零漂标准差作为评价指标,分析了结构参数对零漂的影响。通过本章所建模型可定量研究随机振动环境下射流管伺服阀的性能。主要结论如下:

　　(1) 取得了随机振动零漂的分布规律,提出了随机振动零漂的评价指标。射流管伺服阀处于随机振动环境中时,阀芯位移与零漂值呈随机变化的特点。假设随机振动加速度为正态分布时,零漂值的概率呈正态分布,根据 3σ 原则,可用三倍零漂标准差作为评价指标,定量分析随机随机环境下射流管伺服阀的性能。随机振动试验表明,输出流量的理论结果与试验结果一致,零漂试验结果均处于理论计算的三倍零漂标准差范围之内。

　　(2) 关键结构参数影响各输入电流周期内的零漂值,进而影响零漂分布。以三倍零漂标准差为评价指标,兼顾伺服阀的基本性能保持不变,分析了阀芯质量、衔铁组件质量中心与旋转中心距离及衔铁组件质量等关键结构参数对随机振动零漂的影响:阀芯质量减小会减小作用于阀芯上的惯性力,使零漂减小;衔铁组件质量中心与旋转中心距离和衔铁组件质量的减小会减小衔铁组件的惯性旋转力矩,从而减小零漂。减小衔铁组件质量可更加有效地减小随机振动环境下射流管伺服阀的零漂。

参 考 文 献

[1] 訚耀保,王玉.三维离心环境下射流管伺服阀的零偏特性[J].上海交通大学学报,2017,51(8)：984-991.

[2] 訚耀保,王玉.射流管伺服阀前置级压力特性[J].航空动力学报,2015,30(12)：3058-3064.

[3] WANG Y, YIN Y B. Performance reliability of jet pipe servo valve under random vibration environment [J]. Mechatronics,2019(64)：1-13.

[4] 訚耀保,邹为宏,刘洪宇.振动环境下小尺寸减压阀的建模与分析[J].飞控与探测,2019(6)：74-81.

[5] 訚耀保,李长明,江金林.三维离心环境下的电液伺服阀特性分析[J].机械工程学报,2015,51(2)：169-177.

[6] 訚耀保,费春皓,胡云堂.射流管伺服阀力矩马达的振动特性分析[J].流体传动与控制,2014(6)：1-5.

[7] 訚耀保,范春红山,张曦.Dynamic stiffness spring analysis foe feedback spring pole in a jet pipe electro-hydraulic servovalve[J].中国科学技术大学学报,2012,42(9)：699-705.

[8] 訚耀保,张曦,李长明.一维离心环境下电液伺服阀零偏值分析[J].中国机械工程,2012,23(10)：1142-1146.

[9] 訚耀保,郑云平.油温对射流管式伺服阀力矩马达振动特性的影响[J].流体传动与控制,2016(5)：7-11.

[10] 刘洪宇,张晓琪,訚耀保.振动环境下双级溢流阀的建模与分析[J].北京理工大学学报,2015,35(1)：13-18.

[11] 訚耀保,孟伟,徐涛.基于幅值裕度的电液伺服阀优化设计[J].中国工程机械学报,2009,7(2)：161-165.

[12] 訚耀保,谢帅虎,原佳阳,等.宽温域下三位四通电磁液动换向阀的几何尺寸链与卡滞特性[J].飞控与探测, 2019,2(3)：95-102.

[13] YIN Y B, WANG Y. Zero deviation characterization of hydraulic jet pipe servo valve[C]//Proceedings of the 2015 International Conference on Advances in Construction Machinery and Vehicle Engineering (ICACMVE 2015). Xi'an, 2015：384-390.

[14] YIN Y B, WANG Y. Working characteristics of jet pipe servo valve in vibration environment[C]//The 10th International Symposium on Fluid Power 2017. Fukuoka：The Japan Fluid Power System Society，2C18, 2017： 1-7.

[15] YIN Y B, WANG Y. Characteristics of jet pipe servo valve considering additional corner stiffness of input tube [C]//Proceedings of Ninth International Conference on Fluid Power Transmission and Control ICFP 2017. Hangzhou, 2017：44-48.

[16] YIN Y B, LI C M. Characteristics of hydraulic servo-valve undercentrifugal environment[C]//Proceedings of the Eighth International Conference on Fluid Power Transmission and Control (ICFP 2013). Hangzhou, 2013： 39-44.

[17] YIN Y B, PHAM X H S, ZHANG X. Dynamic stiffness analysis of feedback spring pole in jet pipe electro-hydraulic servo-valve[C]//Proceedings of the 31st Chinese Control Conference. Hefei, 2012：7245-7249.

[18] YIN Y B, LI C M, ZHOU A G, et al. Research on characteristics of hydraulic servovalve under vibration environment[C]//Proceedings of the Seventh International Conference on Fluid Power Transmission and Control (ICFP 2009). Hangzhou, 2009：917-921.

[19] 訚耀保.极端环境下的电液伺服控制理论及应用技术[M].上海：上海科学技术出版社,2012.

[20] 王玉.射流管伺服阀静态特性和零偏零漂机理研究[D].上海：同济大学,2019.

[21] 李长明.振动环境下电液伺服阀特性研究[D].上海：同济大学,2009.

[22] SAE. Electrohydraulic Servovalves：SAE ARP 490[S]. 2008.

[23] SAE. Aerospace-Commercial Aircraft Hydraulic Systems：SAE AIR 5005[S]. 2000.

[24] SAE. Aerospace-Military Aircraft Hydraulic System Characteristics：SAE AIR 1899A[S]. 2001.

[25] 中国航天工业总公司.流量电液伺服阀通用规范：QJ 504A—1996[S].1996.

[26] 中国航天工业总公司.电液伺服阀试验方法：QJ 2078A—1998[S].1998.

[27] 王太勇,熊越东,路世忠.蒙特卡洛仿真法在尺寸及公差设计中的应用[J].农业机械学报,2005,36(5)： 101-104.

[28] 中华人民共和国国家质量监督检验检疫总局,中国国家标准化管理委员会.产品几何技术规范(GPS)极限与配合　第2部分：标准公差等级和孔轴极限偏差表：GB/T 1800.2—2009[S].2009.

[29] 孙岩辉,洪军,刘志刚,等.考虑零部件制造误差的精密主轴几何回转精度计算方法[J].机械工程学报,2017, 53(3)：173-182.

［30］ 孟凡涛,胡愉愉.基于频域法的随机振动载荷下飞机结构疲劳分析[J].南京航空航天大学学报,2012,44(1)：32－36.

［31］ MISHRA S K，ROY B K，CHAKRABORTY S. Reliability-based-design-optimization of base isolated buidings considering stochastic system parameters subjected to random earthquakes［J］. International Journal of Mechanical Sciences，2013，75：123－133.

［32］ GRIGORIU M，SAMORODNISKY G. Reliability of dynamic systems in random environment by extreme value theory［J］. Probabilistic Engineering Mechanics，2014，38：54－69.

［33］ GIARALIS A，TAFLANIDIS A A. Optimal tuned mass-damper-inerter (TMDI) design for seismically excited MDOF structures with model uncertainties based on reliability criteria［J］. Structural Control & Health Monitoring，2018，25(2).

第7章
三维离心环境下电液伺服阀的零偏漂移

    电液伺服阀作为电液伺服系统的核心元件,常用于航空航天飞行器并在离心环境下服役。当飞行器通过俯仰、偏转及滚动改变飞行姿态时,电液伺服阀的空间姿态随之改变,处于三维离心环境下工作。需要从理论上阐明电液伺服阀在三维离心环境下的特性。

    本章从动力学原理出发,介绍在两种离心环境、三种布局方式下电液伺服阀各运动部件特性的分析方法,并分别建立了三维环境下的电液伺服阀数学模型,由此得出了衔铁、挡板、主阀芯三处特征偏移量与离心加速度的关系,以及电液伺服阀加速度零偏漂移与离心环境之间的映射关系。分析安装布局方式与电液伺服阀的耐加速度能力,介绍电液伺服阀的最佳布置方法。通过试验验证电液伺服阀加速度零偏漂移的数学模型,提出了抑制电液伺服阀加速度零偏漂移的方法。

7.1 概　　述

    电液伺服阀最早出现于第二次世界大战期间,20 世纪 50 年代采用反馈和干式力矩马达实现闭环控制和提高了可靠性。双喷嘴挡板式电液伺服阀由于精度高、响应快、体积小、重量轻等特点,广泛用于航空航天领域。作为飞行器姿控系统的核心部件,电液伺服阀的可靠性直接决定飞行任务的成败,为此各国学者对其关键零部件优化、振动啸叫机理、内部流场分析、非线性建模方法进行了研究。飞行器工作时电液伺服阀时常处于离心环境中,如嫦娥系列登月探测器,在绕地、绕月及地-月转移轨道中,通过俯仰、偏转及滚动改变姿态飞行时,电液伺服阀的空间姿态随之改变,因此处在三维离心环境下工作。目前的研究多集中在一维离心环境。例如通过流体动力学分析离心环境对单、双喷嘴挡板阀各部件及液动力的影响,研究伺服阀的零偏值;采用刚体动力学分析离心环境对电液伺服阀惯性零部件的作用,提出调整结构参数来降低伺服阀零漂值;在建立地震试验台数学模型时考虑离心力对伺服阀的影响;建立一维离心环境下双喷嘴挡板式伺服阀各运动部件与油液之间的流固耦合数学模型。

    目前,三维离心环境下电液伺服阀的研究尚无报道,其三维离心环境下的性能尚不明确。为此,本章引入转动式牵连运动动力学理论,着重分析电液伺服阀及其零件在三维离心环境下的动力学模型及整阀特性,并结合某型号电液伺服阀进行试验验证。最后介绍所提出的离心环境下电液伺服阀零偏漂移的抑制措施。

7.2 电液伺服阀的特征位移与离心环境下的空间姿态

7.2.1 电液伺服阀的三个特征位移

力反馈式两级电液伺服阀的结构原理如图 7 - 1a 所示。其第一级液压放大器为射流双喷嘴挡板阀,由永磁动铁式力矩马达控制,第二级液压放大器为四通圆柱滑阀,阀芯位移通过反馈弹簧杆与力矩马达的衔铁挡板组件相连接,构成滑阀位移力反馈回路。

电液伺服阀工作原理如下:当无控制电流输入时,衔铁由弹簧管支承在上、下导磁体中间位置,挡板位于两喷嘴中间位置,滑阀阀芯在反馈杆小球的约束下处于中位,电液伺服阀无输出。当输入控制电流时,衔铁产生偏转角 θ,例如顺时针,则衔铁挡板组件同样绕弹簧管转动中心顺时针偏转角 θ,此时弹簧管、反馈杆产生变形,挡板偏离中位。由于喷嘴挡板阀左边间隙减小而右边间隙增大,则滑阀阀芯左端控制压力增大而右端控制压力相应减小,从而形成压力差。该压力差产生的力推动滑阀阀芯右移,而阀芯通过带动反馈杆端部小球右移使得反馈杆进一步变形。当反馈杆和弹簧管变形产生的力矩和控制电流与永磁体产生的电磁力矩相平衡时,衔铁挡板组件处于一个平衡位置。同时,在反馈杆端部右移进一步变形时,挡板也向中位偏转,使得挡板偏移量减小,从而使得滑阀阀芯左端控制压力减小而右端控制压力相应增大,即该压力差变小,当该压力差产生的力与滑阀的液动力和反馈杆变形对阀芯产生的反作用力之和相平衡时,阀芯停止运动。此时阀芯位移与输入的控制电流成比例。当负载压差一定时,伺服阀的输出流量与控制电流也成正比。

射流双喷嘴挡板式电液伺服阀工作时需要满足以下三个基本条件:

(1) 为避免衔铁与导磁体发生吸合,衔铁位移应小于衔铁导磁体初始气隙的 $1/3$,即 $x_g <$ $1/3g$。

(2) 应避免喷嘴与挡板发生碰撞且满足弹簧管疲劳强度要求,挡板位移 x_f 不宜过大。

(3) 为保证流量输出精度,主阀芯位移 x_v 在行程允许范围内变动时,零偏漂移不应过大。

为此,将衔铁、挡板、主阀芯定义为特征零件,其位移值定义为特征位移。

7.2.2 空间姿态

随飞行器三维空间飞行,电液伺服阀可以呈任意三维姿态布局。本节主要研究如图 7 - 1 所示的三种典型姿态布局。这里定义飞行器的角速度矢的方向为 z 轴,按照笛卡尔坐标系确定 x 轴、y 轴。图 7 - 1b 为电液伺服阀的主阀芯轴向与离心角速度矢同面垂直的状态,即在 xoz 面内主阀芯轴向与角速度矢垂直;图 7 - 1c 为主阀芯轴向与离心角速度矢异面垂直,即主阀芯轴向垂直于角速度矢所在的 xoz 面;图 7 - 1d 为主阀芯轴向与离心角速度矢在空间内平行。

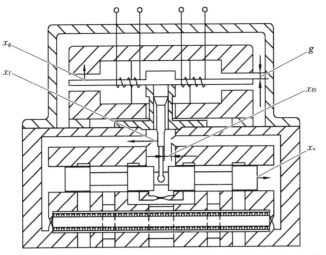

x_{g}—衔铁位移；x_{f}—挡板位移；x_{v}—主阀芯位移；g—衔铁导磁体初始气隙；
x_{f0}—喷嘴挡板初始间隙

(a) 双喷嘴挡板式电液伺服阀

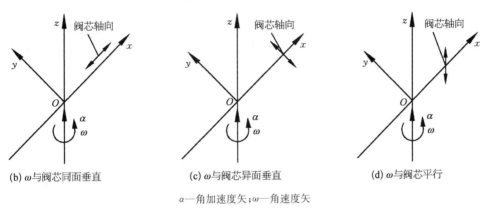

(b) ω 与阀芯同面垂直　　　　(c) ω 与阀芯异面垂直　　　　(d) ω 与阀芯平行

α—角加速度矢；ω—角速度矢

图 7 - 1　电液伺服阀在三维离心环境下的空间布局示意图

7.2.3　两种典型的离心环境

例如登月探测器的绕地、绕月飞行轨迹大致为椭圆,地-月转移轨道近似两段相切的圆弧,同时飞行器在不同阶段会加速、减速及匀速飞行,为电液伺服阀形成了不同的离心环境轨迹。将飞行器轨迹分解为多段曲率半径不同的圆弧,则飞行器的加速、减速及匀速飞行简化为匀速和匀加速运动,分为两种典型的离心环境轨迹:一种为匀速圆周运动(ω=常数$\neq 0$, α=0),另一种为匀加速圆周运动(α=常数$\neq 0$)。

7.2.4　离心环境下的加速度合成定理

根据点的运动合成理论,分别定义固定于绕飞星体和航天飞行器上的坐标系为定参考系和动参考系,则:① 特征零件相对于绕飞星体的运动为绝对运动;② 特征零件相对于航天飞行器的运动为相对运动;③ 航天飞行器相对于绕飞星体的运动为牵连运动,该牵连运动即离心环境。

牵连运动为圆周运动时,点的加速度矢量方程为

$$\boldsymbol{a}_{a}=\boldsymbol{a}_{e}+\boldsymbol{a}_{r}+\boldsymbol{a}_{C}$$

式中 a_a——绝对加速度,特征零件相对于绕飞星体的加速度(m/s^2);

       a_e——牵连加速度,航天飞行器与特征零件各自相重合的那一点相对于绕飞星体的加速度(m/s^2);

       a_r——相对加速度,特征零件相对于航天飞行器的加速度(m/s^2);

       a_C——科氏加速度,由牵连运动与相对运动相互影响而产生的附加加速度(m/s^2),且有

$$a_C = 2\boldsymbol{\omega} \times \boldsymbol{v}_r$$

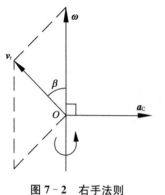

其大小为

$$a_C = 2\omega v_r \sin\beta$$

式中 ω——牵连运动(即离心环境)角速度(rad/s);

       v_r——相对运动速度(m/s);

       β——角速度矢与相对速度矢的夹角。

其方向由右手法则确定,如图7-2所示。

图7-2 右手法则

7.3 数 学 模 型

7.3.1 匀速圆周运动离心环境情况

7.3.1.1 主阀芯轴向与角速度矢同面垂直

电液伺服阀主阀芯轴向与角速度矢同面垂直布局时,如图7-1b所示。

1)主阀芯受力分析

主阀芯所受牵连加速度即向心加速度a_e为

$$a_e = \omega^2 R \tag{7-1}$$

式中 R——匀速圆周运动的半径(m),其方向沿x轴正向。

ω为定值,则$a_e = C_1$,C_1为常数。牵连加速度a_e作用于主阀芯的附加力为

$$F = m_v C_1 \tag{7-2}$$

式中 m_v——主阀芯质量(kg)。

主阀芯运动的相对加速度a_r为

$$a_r = \frac{\mathrm{d}^2 x_r}{\mathrm{d}t^2} \tag{7-3}$$

式中 x_r——主阀芯对阀体的相对位移(m),其方向沿x轴方向,自身带正负号。

主阀芯所受科氏加速度a_C为

$$a_C = 2\omega \frac{\mathrm{d}x_r}{\mathrm{d}t} \tag{7-4}$$

其方向沿y轴方向,自身带正负号。

科氏加速度 a_C 引起主阀芯阀套间的附加摩擦阻力为

$$F_f = C_f m_v a_C$$

由于 m_v 很小(约 2.547×10^{-3} kg),且主阀芯阀套间为油膜润滑,摩擦系数 C_f 很小(<0.005),则 F_f 很小,假设可不计。

2) 衔铁挡板组件受力分析

衔铁挡板组件所受牵连加速度为向心加速度 a_e 和式(7-1)相同,沿 x 轴正向。此处 a_e 产生作用于衔铁挡板组件的附加力矩为

$$T = m_a C d_e \qquad (7-5)$$

式中　m_a——衔铁挡板组件质量(kg);

　　　d_e——弹簧管旋转中心至衔铁挡板组件质心的距离(m)。

衔铁挡板组件运动的相对加速度 a_r 为

$$a_r = \frac{\mathrm{d}^2 \theta}{\mathrm{d}t^2} d_e \qquad (7-6)$$

式中　θ——衔铁偏转角(rad),由于 θ 很小($<5°$),a_r 可看作沿 x 轴方向,自身带正负号。

衔铁挡板组件所受科氏加速度 a_C 为

$$a_C = 2\omega \frac{\mathrm{d}\theta}{\mathrm{d}t} d_e \qquad (7-7)$$

其方向沿 y 轴方向,自身带正负号。

科氏加速度 a_C 引发加载于力矩马达的倾覆力矩,但不会影响电液伺服阀性能,这里忽略不计。

3) 电液伺服阀的数学模型与特性

根据式(7-2)、式(7-5),可得到离心环境为匀速圆周运动、离心运动角速度矢与主阀芯轴向同面垂直时,电液伺服阀的部分数学模型见式(7-8)~式(7-11)。衔铁运动方程为

$$T_d + m_a C_1 d_e = J_a \frac{\mathrm{d}^2 \theta}{\mathrm{d}t^2} + B_a \frac{\mathrm{d}\theta}{\mathrm{d}t} + k_a \theta + T_L \qquad (7-8)$$

式中　T_d——电磁力矩(N·m);

　　　J_a——衔铁挡板组件的转动惯量(kg·m²);

　　　B_a——衔铁挡板组件的阻尼系数;

　　　k_a——弹簧管刚度(N·m/rad);

　　　T_L——衔铁运动时所拖动的负载力矩(N·m)。

射流双喷嘴挡板阀控制腔的压缩性方程为

$$\frac{\mathrm{d}P_{LP}}{\mathrm{d}t} = \frac{2\beta_e}{V_{0p}} \left(Q_{LP} - A_v \frac{\mathrm{d}x_r}{\mathrm{d}t} \right) \qquad (7-9)$$

式中　P_{LP}——主阀芯两端的压力差(Pa);

　　　β_e——液压油的弹性系数(Pa);

　　　V_{0p}——双喷嘴挡板阀单个控制腔的容积(m³);

　　　Q_{LP}——双喷嘴挡板阀负载流量(m³/s);

A_v——主阀芯阀肩横截面积(m^2)。

主阀芯的动力学方程为

$$F_t = m_v \frac{d^2 x_r}{dt^2} + (B_v + B_{f0}) \frac{dx_r}{dt} + k_{f0} x_r + F_i - m_v C_1 \qquad (7-10)$$

式中 F_t——主阀芯所受的液压驱动力(N);

  B_v——阀芯阀套间的黏性阻尼系数[N/(m/s)];

  B_{f0}——瞬态液动力产生的阻尼系数[N/(m/s)];

  k_{f0}——阀芯稳态液动力的弹性系数(N/m);

  F_i——反馈杆变形所产生的回位力(N)。

反馈杆的力平衡方程为

$$F_i = k_f [(r+b)\theta + x_r] \qquad (7-11)$$

式中 k_f——反馈杆刚度(N/m);

  r——弹簧管旋转中心与喷嘴中线的距离(m);

  b——喷嘴中线与反馈杆球头球心的距离(m)。

式(7-8)~式(7-11)的常规方程式构成了离心环境下的电液伺服阀数学模型。稳态时数学模型中的各微分项均为零,可得三处特征位移稳态偏移量与控制电流 Δi 及离心加速度 a_e 的关系式如下所示:

$$x_g = \frac{aK_1 \Delta i + aK_2 a_e}{K_5}, \quad x_f = \frac{rK_1 \Delta i + rK_2 a_e}{K_5}, \quad x_r = \frac{K_3 \Delta i + K_4 a_e}{K_5}$$

其中,

$a_e = \omega^2 R$

$K_1 = (k_f + k_{f0}) k_t$

$K_2 = (k_f + k_{f0}) m_a d_e - k_f (r+b) m_v$

$K_3 = [k_{p0} A_v r - k_f (r+b)] \cdot k_t$

$K_4 = m_a d_e [k_{p0} A_v r - k_f (r+b)] + m_v [k_a - k_m + (k_{p0} A_N - 8\pi C_{df}^2 P_s x_{f0}) \cdot r^2 + k_f (r+b)^2]$

$K_5 = (k_f + k_{f0}) [k_a - k_m + (k_{p0} A_N - 8\pi C_{df}^2 P_s x_{f0}) \cdot r^2] + k_f (r+b) [k_{f0} (r+b) + k_{p0} A_v r]$

以试验用某型号电液伺服阀为例,其主要结构参数见表 7-1。当控制电流为零时,将表 7-1 各参数代入上述计算式得电液伺服阀三处特征位移的稳态偏移量如下所示:

$$x_g = 0.002 a_e \ \mu m, \quad x_f = 0.001 a_e \ \mu m, \quad x_r = 0.360 a_e \ \mu m$$

表 7-1 某电液伺服阀结构参数

参　　数	数　　量	单　位
衔铁臂长 a	1.45×10^{-2}	m
磁极面积 A_g	8.1×10^{-6}	m^2

续　表

参　数	数　量	单　位
喷嘴孔横截面面积 A_N	0.962×10^{-7}	m^2
主阀芯阀肩横截面面积 A_v	1.662×10^{-5}	m^2
喷嘴中心线到球头距离 b	1.4×10^{-2}	m
衔铁质心与弹簧管旋转中心距离 d_e	2×10^{-3}	m
主阀芯直径 d_v	4.6×10^{-3}	m
喷嘴直径 D_N	0.35×10^{-3}	m
回油节流口直径 D_r	0.4×10^{-3}	m
衔铁导磁体初始气隙 g	0.25×10^{-3}	m
永磁体动势 M_0	294.72	At
衔铁组件质量 m_a	1.45×10^{-2}	kg
主阀芯质量 m_v	2.547×10^{-3}	kg
线圈匝数 N	4 000	匝
衔铁组件转动惯量 J_a	2.17×10^{-7}	$kg \cdot m^2$
弹簧管刚度 k_a	10.18	$N \cdot m/rad$
反馈杆刚度 k_f	3 500	N/m
阀芯稳态液动力的弹性系数 k_{f0}	22 575	N/m
磁扭矩弹簧刚度 k_m	5.948 6	$N \cdot m/rad$
双喷嘴挡板阀零位压力增益 k_{p0}	6.231×10^5	MPa/m
电磁力矩系数 k_t	2.784	$N \cdot m/A$
伺服阀额定流量 Q_n	4.5	L/min
弹簧管旋转中心与喷嘴中心距离 r	8.05×10^{-3}	m
喷嘴挡板初始间隙 x_{f0}	$0.033\ 7 \times 10^{-3}$	m
主阀设计最大开口 x_{rmax}	0.4×10^{-3}	m
主阀芯面积梯度 w	1.5×10^{-3}	m

在空载工况($P_s = 21$ MPa, $P_L = 0$)下,根据由式(7-8)～式(7-11)及文献中常规方程式构成的离心环境下的电液伺服阀数学模型,在 Matlab/Simulink 中建立仿真模型进行迭代计算,可得伺服阀三处特征位移对阶跃离心加速度的响应分别如图 7-3～图 7-5 所示。说明该空间布局下的电液伺服阀对匀速圆周运动式的离心环境较为敏感,耐加速度能力较差。

7.3.1.2　主阀芯轴向与角速度矢异面垂直

电液伺服阀主阀芯轴向与角速度矢异面垂直布局时,如图 7-1c 所示。

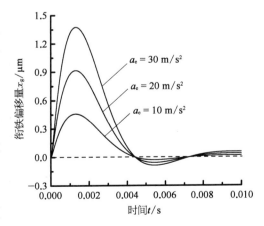

图 7-3　离心加速度下的衔铁偏移量响应

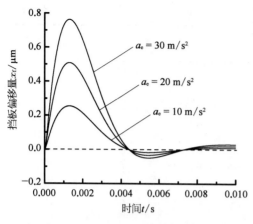

图 7-4 离心加速度下的挡板偏移量响应

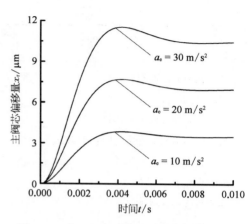

图 7-5 离心加速度下的主阀芯偏移量响应

1) 主阀芯受力分析

如式(7-1)所示,主阀芯所受的牵连加速度为向心加速度 a_e,沿 x 轴的正方向。主阀芯运动的相对加速度 a_r 见式(7-3),沿 y 轴方向,自身带正负号。主阀芯所受科氏加速度 a_C 见式(7-4),沿 x 轴方向,自身带正负号。由 a_e 和 a_C 引起的主阀芯阀套间的附加摩擦阻力很小,假设可不计。

2) 衔铁挡板组件受力分析

衔铁挡板组件所受的牵连加速度为向心加速度 a_e 和式(7-1)相同,沿 x 轴正向。衔铁挡板组件运动的相对加速度 a_r 见式(7-6),由于 θ 很小($<5°$),a_r 可看作沿 y 轴方向。衔铁挡板组件所受的科氏加速度 a_C 见式(7-7),沿 x 轴方向。a_e 和 a_C 使衔铁挡板组件产生倾覆力矩,但不影响电液伺服阀性能。

3) 电液伺服阀的数学模型与特性

电液伺服阀主阀芯轴向与角速度矢异面垂直时的数学模型与理想环境下的数学模型相同,对匀速圆周运动式的离心环境不敏感,耐加速度能力较强。

7.3.1.3 主阀芯轴向与角速度矢平行

电液伺服阀主阀芯轴向与角速度矢平行布局时,如图 7-1d 所示。

1) 主阀芯受力分析

主阀芯的牵连加速度为向心加速度 a_e 见式(7-1),沿 x 轴正向。a_e 引起的主阀芯阀套间的附加摩擦阻力很小,假设可不计。主阀芯运动的相对加速度 a_r 见式(7-3),沿 z 轴方向。主阀芯所受科氏加速度 a_C 为

$$a_C = 2\omega \frac{\mathrm{d}x_r}{\mathrm{d}t} \sin \beta$$

由于主阀芯运动方向与牵连运动的角速度矢同向或反向,即 $\beta = 0°$ 或 $\beta = 180°$,则

$$a_C = 0$$

2) 衔铁挡板组件受力分析

衔铁挡板组件所受牵连加速度为向心加速度 a_e 和式(7-1)相同,沿 x 轴正向。a_e 引起的力由弹簧管来平衡,不产生作用于衔铁挡板组件的附加力(力矩)。衔铁挡板组件运动的相对

加速度 a_r 见式(7-6)。由于 θ 很小($<5°$),a_r 可看作沿 z 轴方向。衔铁挡板组件所受科氏加速度 a_C 为

$$a_C = 2\omega \frac{\mathrm{d}\theta}{\mathrm{d}t} d_e \sin\beta$$

同样由于 θ 很小($<5°$),a_C 可看作沿 z 轴方向,与牵连运动的角速度矢同向或反向,即 $\beta = 0°$ 或 $\beta = 180°$,则

$$a_C = 0$$

3)电液伺服阀的数学模型与特性

主阀芯轴向与角速度矢平行布局时,电液伺服阀数学模型与理想环境下的数学模型相同,对匀速圆周运动式的离心环境不敏感,耐加速度能力较强。

7.3.2　匀加速圆周运动离心环境情况

牵连运动为匀加速圆周运动时,牵连加速度为切向、法向牵连加速度的矢量和,即

$$\boldsymbol{a}_e = \boldsymbol{a}_e^\tau + \boldsymbol{a}_e^n$$

7.3.2.1　主阀芯轴向与角速度矢同面垂直

电液伺服阀主阀芯轴向与角速度矢同面垂直布局,如图 7-1b 所示。

1)主阀芯受力分析

主阀芯所受的切向牵连加速度 a_e^τ 为

$$a_e^\tau = \alpha R \tag{7-12}$$

式中　α ——角加速度($\mathrm{rad/s^2}$),其方向沿 y 轴方向。

由 a_e^τ 引起的主阀芯阀套间的附加摩擦阻力很小,假设可不计。

主阀芯所受法向牵连加速度 a_e^n 为

$$a_e^n = \left(\int_0^t \alpha \,\mathrm{d}t\right)^2 R \tag{7-13}$$

其方向沿 x 轴正向。a_e^n 产生作用于主阀芯的附加力为

$$F = m_v \left(\int_0^t \alpha \,\mathrm{d}t\right)^2 R \tag{7-14}$$

其方向沿 x 轴正向。

主阀芯运动的相对加速度 a_r 见式(7-3),沿 x 轴方向。主阀芯所受的科氏加速度 a_C 为

$$a_C = 2\int_0^t \alpha \,\mathrm{d}t \,\frac{\mathrm{d}x_r}{\mathrm{d}t} \tag{7-15}$$

其方向沿 y 轴方向。由 a_C 引起的主阀芯阀套间的附加摩擦阻力很小,假设可不计。

2)衔铁挡板组件受力分析

衔铁挡板组件所受的切向牵连加速度 a_e^τ 见式(7-12),沿 y 轴方向。a_e^τ 引发作用于衔铁挡板组件的倾覆力矩,但不影响电液伺服阀性能。

衔铁挡板组件所受法向牵连加速度 a_e^n 见式(7-13),沿 x 轴正向。a_e^n 引起作用于衔铁挡板组件的附加偏转力矩为

$$T = m_a \left(\int_0^t \alpha \, \mathrm{d}t \right)^2 R \cdot d_e \tag{7-16}$$

衔铁挡板组件运动的相对加速度 a_r 见式(7-6),由于 θ 很小($<5°$),可看作沿 x 轴方向,自身带正负号。衔铁挡板组件所受科氏加速度 a_C 为

$$a_C = 2 \int_0^t \alpha \, \mathrm{d}t \, \frac{\mathrm{d}\theta}{\mathrm{d}t} d_e \tag{7-17}$$

其方向沿 y 轴方向。a_C 引发作用于衔铁挡板组件的倾覆力矩,但不影响电液伺服阀性能。

3) 电液伺服阀的数学模型与特性

由式(7-14)、式(7-16)可得离心环境为匀加速圆周运动且离心运动角速度矢与主阀芯方向同面垂直时,电液伺服阀数学模型为

$$T_d + m_a \left(\int_0^t \alpha \, \mathrm{d}t \right)^2 R \cdot d_e = J_a \frac{\mathrm{d}^2\theta}{\mathrm{d}t^2} + B_a \frac{\mathrm{d}\theta}{\mathrm{d}t} + k_a \theta + T_L \tag{7-18}$$

$$\frac{\mathrm{d}P_{LP}}{\mathrm{d}t} = \frac{2\beta_e}{V_{0p}} \left(Q_{LP} - A_v \frac{\mathrm{d}x_r}{\mathrm{d}t} \right) \tag{7-19}$$

$$F_t = m_v \frac{\mathrm{d}^2 x_r}{\mathrm{d}t^2} + (B_v + B_{f0}) \frac{\mathrm{d}x_r}{\mathrm{d}t} + k_{f0} x_r + F_i - m_v \left(\int_0^t \alpha \, \mathrm{d}t \right)^2 R \tag{7-20}$$

$$F_i = k_f [(r+b)\theta + x_r] \tag{7-21}$$

稳态时数学模型中的各微分项均为零,可得三处特征位移稳态偏移量与控制电流 Δi 及离心加速度 a_e 的关系式如下:

$$x_g = \frac{aK_1\Delta i + aK_2 a_e^n}{K_5}, \quad x_f = \frac{rK_1\Delta i + rK_2 a_e^n}{K_5}, \quad x_r = \frac{K_3\Delta i + K_4 a_e^n}{K_5}$$

其中,$a_e^n = \left(\int_0^t \alpha \, \mathrm{d}t \right)^2 R$,$K_1$、$K_2$、$K_3$、$K_4$、$K_5$ 同前所述。

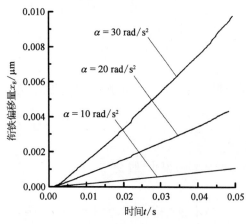

图 7-6 离心加速度下的衔铁偏移量

以试验用某型电液伺服阀为例,空载工况($P_s = 21$ MPa,$P_L = 0$)下,当离心半径 $R = 1$ m,根据由式(7-18)~式(7-21)及文献中常规方程式构成的离心环境下的电液伺服阀数学模型,在 Matlab/Simulink 中建立仿真模型进行迭代计算,可得离心环境下电液伺服阀衔铁、挡板、主阀芯的偏移量如图 7-6~图 7-8 所示。由图可知,三处特征偏移量随时间增加以抛物线增大。离心角加速度越大,增长速度越快。该空间布局下的电液伺服阀对匀加速圆周运动式的离心环境非常敏感,耐加速度能力非常差。

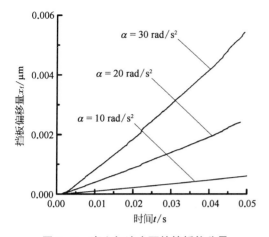

图 7-7　离心加速度下的挡板偏移量

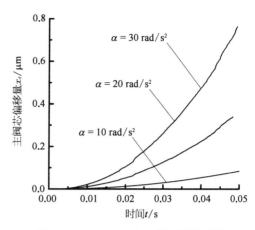

图 7-8　离心加速度下的阀芯偏移量

7.3.2.2　主阀芯轴向与角速度矢异面垂直

电液伺服阀的主阀芯轴向与角速度矢异面垂直布局时,如图 7-1c 所示。

1) 主阀芯受力分析

主阀芯受到的切向牵连加速度 a_{e}^{τ} 见式(7-12),沿 y 轴方向。α 为定值,则 $a_{\mathrm{e}}^{\tau}=\alpha R=C_2$,$C_2$ 为常数。a_{e}^{τ} 引起作用于主阀芯的附加力为

$$F=m_{\mathrm{v}}C_2 \tag{7-22}$$

其方向沿 y 轴方向。

主阀芯所受的法向牵连加速度 a_{e}^{n} 见式(7-13),沿 x 轴正向。主阀芯运动的相对加速度 a_{r} 见式(7-3),沿 y 轴方向。主阀芯所受科氏加速度 a_{C} 见式(7-15),沿 x 轴方向。由 a_{e}^{n} 和 a_{C} 引起的主阀芯阀套间的附加摩擦阻力很小,假设可不计。

2) 衔铁挡板组件受力分析

衔铁挡板组件所受切向牵连加速度 a_{e}^{τ} 见式(7-12),沿 y 轴方向。a_{e}^{τ} 引起作用于衔铁挡板组件的附加偏转力矩为

$$T=m_{\mathrm{a}}C_2 d_{\mathrm{e}} \tag{7-23}$$

衔铁挡板组件所受法向牵连加速度 a_{e}^{n} 见式(7-13),沿 x 轴正向。衔铁挡板组件运动的相对加速度 a_{r} 见式(7-6),由于 θ 很小($<5°$),可看作沿 y 轴方向。衔铁挡板组件所受科氏加速度 a_{C} 见式(7-17),沿 x 轴方向。由 a_{e}^{n} 和 a_{C} 引发作用于衔铁挡板组件的倾覆力矩,但不影响电液伺服阀性能。

3) 电液伺服阀的数学模型与特性

由式(7-22)、式(7-23)及文献可得电液伺服阀的主阀芯轴向与角速度矢异面垂直布局时的数学模型为

$$T_{\mathrm{d}}+m_{\mathrm{a}}C_2 d_{\mathrm{e}}=J_{\mathrm{a}}\frac{\mathrm{d}^2\theta}{\mathrm{d}t^2}+B_{\mathrm{a}}\frac{\mathrm{d}\theta}{\mathrm{d}t}+k_{\mathrm{a}}\theta+T_{\mathrm{L}} \tag{7-24}$$

$$\frac{\mathrm{d}P_{\mathrm{LP}}}{\mathrm{d}t}=\frac{2\beta_{\mathrm{e}}}{V_{0\mathrm{p}}}\Big(Q_{\mathrm{LP}}-A_{\mathrm{v}}\frac{\mathrm{d}x_{\mathrm{r}}}{\mathrm{d}t}\Big) \tag{7-25}$$

$$F_t = m_v \frac{d^2 x_r}{dt^2} + (B_v + B_{f0}) \frac{dx_r}{dt} + k_{f0} x_r + F_i - m_v C_2 \tag{7-26}$$

$$F_i = k_f [(r + b)\theta + x_r] \tag{7-27}$$

对比式(7-24)~式(7-27)与式(7-8)~式(7-11)可知,两者数学模型相同,可见两种离心环境与空间姿态下的电液伺服阀特性相同,具体静、动态特性参照7.3.1.1节。

稳态时数学模型中的各微分项均为零,可得三处特征位移稳态偏移量与控制电流 Δi 及离心加速度 a_e 的关系式如下:

$$x_g = \frac{aK_1 \Delta i + aK_2 a_e^\tau}{K_5}, \ x_f = \frac{rK_1 \Delta i + rK_2 a_e^\tau}{K_5}, \ x_r = \frac{K_3 \Delta i + K_4 a_e^\tau}{K_5}$$

其中, $a_e^\tau = aR$, K_1 、 K_2 、 K_3 、 K_4 、 K_5 同前所述。

7.3.2.3 主阀芯轴向与角速度矢平行

电液伺服阀主阀芯轴向与角速度矢平行布局状态,如图7-1d所示。

1) 主阀芯受力分析

主阀芯所受切向牵连加速度 a_e^τ 见式(7-12),沿 y 轴方向。主阀芯所受法向牵连加速度 a_e^n 见式(7-13),沿 x 轴正向。主阀芯运动的相对加速度 a_r 见式(7-3),沿 z 轴方向。主阀芯所受科氏加速度 a_C 为

$$a_C = 2 \int_0^t \alpha dt \frac{dx_r}{dt} \sin \beta$$

由于主阀芯运动方向与牵连运动的角速度同向或反向,即 $\beta = 0°$ 或 $\beta = 180°$,则

$$a_C = 0$$

此处由 a_e^τ 和 a_e^n 引起的主阀芯阀套间的附加摩擦阻力很小,假设可不计。

2) 衔铁挡板组件受力分析

衔铁挡板组件所受的切向牵连加速度 a_e^τ 见式(7-12),沿 y 轴方向。此处由 a_e^τ 引发作用于衔铁挡板组件的倾覆力矩,但不影响电液伺服阀性能。

衔铁挡板组件所受法向牵连加速度 a_e^n 见式(7-13),沿 x 轴正向。此处 a_e^n 引发的力由弹簧管来平衡,不产生附加力(力矩)。

衔铁挡板组件运动的相对加速度 a_r 见式(7-6),由于 θ 很小($<5°$),可看作沿 z 轴方向。衔铁挡板组件所受科氏加速度 a_C 为

$$a_C = 2 \int_0^t \alpha dt \frac{d\theta}{dt} d_e \sin \beta$$

由于衔铁偏转角 θ 很小($<5°$),可看作沿 z 轴方向,与牵连运动的角速度同向或反向,即 $\beta = 0°$ 或 $\beta = 180°$,则

$$a_C = 0$$

3) 电液伺服阀的数学模型与特性

电液伺服阀主阀芯轴向与角速度矢平行时,其数学模型与理想环境下的数学模型相同,对匀加速圆周运动式的离心环境不敏感,耐加速度能力较强。

7.4　实 践 试 验

7.4.1　试验装置

本节电液伺服阀离心试验在上海航天控制技术研究所 65 离心机上进行,试验装置如图 7-9 所示,主要包括配重、离心机臂、回转接头、VSE 齿轮流量计(型号 VS0.1,精度 ±0.3%)、被测电液伺服阀(图 7-10)、川仪 3036X-Y 笔录仪、泵站、变速箱、电动机、电液伺服阀信号控制台及相配套的夹具等。65 离心机最大离心加速度 100g。泵站最大供油压力 35 MPa,最大供油流量 250 L/min。被测电液伺服阀主要结构参数见表 7-1,其额定控制电流为 ±10 mA,额定压力 21 MPa,额定流量 4.5 L/min。

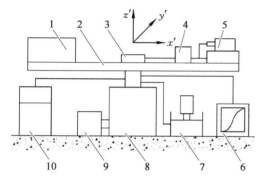

1—配重;2—离心机臂;3—回转接头;4—VSE 齿轮流量计;
5—被测电液伺服阀;6—川仪 3036X-Y 笔录仪;7—泵站;
8—变速箱;9—电动机;10—电液伺服阀信号控制台

图 7-9　离心试验示意图

图 7-10　被测电液伺服阀

7.4.2　试验方法及结果

本节离心试验按照中国航天工业总公司标准 QJ 2078A—1998 电液伺服阀试验方法进行。为了避免与图 7-1 中的空间坐标系相混淆,定义电液伺服阀的主阀芯轴线为 x' 轴,弹簧管轴线定义为 z' 轴,垂直于上述两轴所定义平面的方向为 y' 轴。将某型号电液伺服阀及夹具固定在离心机上,x' 轴与离心机臂同向,泵站为离心机提供 21 MPa 液压油。离心测试前,测得该电液伺服阀空载流量曲线如图 7-11 所示。启动离心机,离心加速度达到 6.875g 稳定后保持 15 min,其间测得电液伺服阀空载流量曲线如图 7-12 所示。而后关闭离心机,停稳后复测电液伺服阀空载流量曲线。

调整电液伺服阀安装方向,离心加速度为 1.25g,重复上述步骤,分别考核 y' 轴、z' 轴,得试验流量曲线如图 7-13、图 7-14 所示。

由图 7-11、图 7-12 可知,当电液伺服阀主阀芯轴向与离心力同向时,恒定的离心加速度会引起伺服阀恒定的零漂,说明主阀芯偏移量与离心加速度成正比。

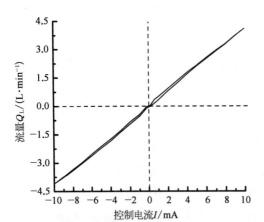

图 7 - 11   非离心环境下电液伺服阀
空载试验流量曲线

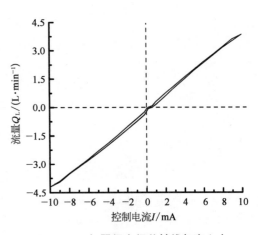

图 7 - 12   伺服阀主阀芯轴线与离心力
同向时的试验流量曲线

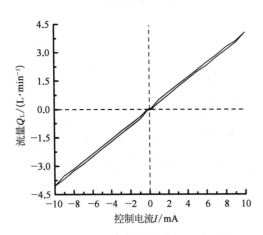

图 7 - 13   伺服阀 y' 轴与离心机臂同向
时的试验流量曲线

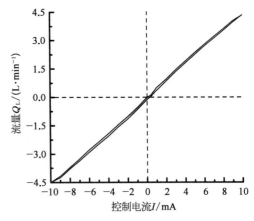

图 7 - 14   弹簧管轴线与离心力同方向
时的伺服阀试验流量曲线

由图 7 - 12 可知,在控制电流为零时电液伺服阀的空载输出流量在电流正向增加时为 0.1 L/min,在电流反向下降时为 0.3 L/min,则其名义零位输出流量取两者平均值 0.2 L/min。

电液伺服阀滑阀部分为零开口四通滑阀,根据文献,其空载输出流量为

$$Q_L = C_d w x_r \sqrt{P_s/\rho} \tag{7-28}$$

式中 Q_L——电液伺服阀空载输出流量($\mathrm{m^3/s}$);

C_d——节流口流量系数,取 0.61;

w——主阀芯面积梯度 1.5×10^{-3} m。

则电液伺服阀主阀芯在离心加速度环境下的偏移量为

$$x_r = \frac{Q_L}{C_d w \sqrt{P_s/\rho}} = 23.18 \ \mu\mathrm{m} \tag{7-29}$$

被测电液伺服阀主阀芯偏移量与离心加速度的对应数学关系为

$$x_r = \frac{23.18}{6.875 \times 9.8} = 0.344 a_e \ \mu\mathrm{m}$$

与稳态偏移量计算值基本一致,偏差为 4.65%。

对比图 7-11、图 7-13、图 7-14 可知,当电液伺服阀 y' 轴、z' 轴与离心力同向时,其零漂与理想环境下相同,说明电液伺服阀性能不受离心加速度影响。

对比图 7-11 与图 7-12~图 7-14 可发现,离心环境下的试验流量曲线滞环略大于理想环境下的滞环,这是由于主阀芯受到离心加速度的作用,阀芯与阀套之间产生的附加摩擦阻力所导致的。

7.4.3　零偏漂移及其抑制措施

根据 7.3、7.4 节的分析和验证可知,只有当加速度方向与主阀芯轴向相同时,伺服阀的性能才会受到明显影响。并可以得到稳态时伺服阀的特征位移与控制电流 Δi、阀芯轴向的离心加速度 a_v 的统一关系如下:

$$x_g = (aK_1\Delta i + aK_2 a_v)/K_5 \tag{7-30}$$

$$x_f = (rK_1\Delta i + rK_2 a_v)/K_5 \tag{7-31}$$

$$x_r = (K_3\Delta i + K_4 a_v)/K_5 \tag{7-32}$$

其中,在离心环境为匀速圆周运动,主阀芯轴向与角速度矢同面垂直时,阀芯轴向的离心加速度 a_v 为牵连加速度 a_e,其大小为

$$a_v = a_e = \omega^2 R$$

在离心环境为匀加速圆周运动,主阀芯轴向与角速度矢同面垂直时,阀芯轴向的离心加速度 a_v 为法向牵连加速度 a_e^n,其大小为

$$a_v = a_e^n = \left(\int_0^t \alpha \mathrm{d}t\right)^2 R$$

在离心环境为匀加速圆周运动,主阀芯轴向与角速度矢异面垂直时,阀芯轴向的离心加速度 a_v 为切向牵连加速度 a_e^τ,其大小为

$$a_v = a_e^\tau = \alpha R$$

图 7-15 为电液伺服阀加装一加速度计,用于测量阀芯轴向的离心加速度 a_v,其输出电流 $\Delta i'$ 与 a_v 大小成正比,正负与 a_v 的符号相同,比例系数为 K_6,即

$$\Delta i' = K_6 a_v \tag{7-33}$$

而后加速度计的电流经 $\Delta i'$ 放大 K_7 倍后与伺服阀的控制电流相叠加,则

$$\Delta i'' = K_7 \Delta i' \tag{7-34}$$

此时,

$$x_r = [K_3(\Delta i + \Delta i'') + K_4 a_v]/K_5 \tag{7-35}$$

令伺服阀控制电流 Δi 为零时,主阀芯相对位移 x_r 也为零,则

$$K_4 a_v + K_3 \Delta i'' = 0 \tag{7-36}$$

由式(7-33)、式(7-34)、式(7-36)得:

$$K_7 = -K_4/(K_3 K_6) \tag{7-37}$$

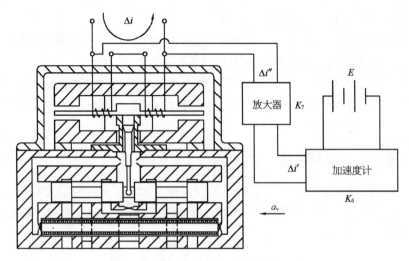

图 7-15　电液伺服阀加速度零偏漂移抑制措施示意图

实施抑制措施后,在离心环境为匀速圆周运动,主阀芯轴向与角速度矢同面垂直时,电液伺服阀的衔铁、挡板及主阀芯三处特征位移在离心环境下的偏移量如图 7-16～图 7-18 所示。离心加速度为阶跃信号,由图 7-18 可知,在经过过渡状态后,主阀芯偏移量为零,即抑制措施消除了离心加速度导致的伺服阀开口量,即抑制了电液伺服阀的加速度零偏漂移。由图 7-16、图 7-17 可知,在恒定的离心加速度环境下,实施抑制措施后的伺服阀衔铁、挡板仍保持一定的偏移量,与未实施抑制措施的伺服阀对应特征偏移量(图 7-3、图 7-4)相比,衔铁偏移量约小 75%,挡板偏移量约小 75%;实施抑制措施后的伺服阀衔铁、挡板的偏移量仍与离心加速度呈线性关系。

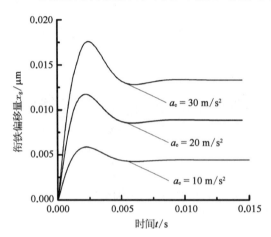

图 7-16　实施抑制措施后离心加速度下的衔铁偏移量响应

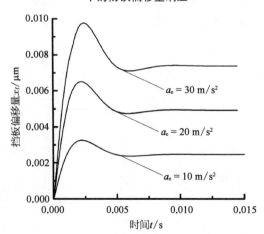

图 7-17　实施抑制措施后离心加速度下的挡板偏移量响应

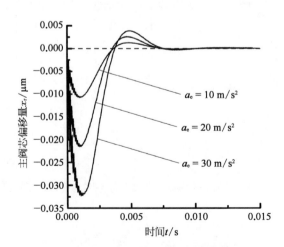

图 7-18　实施抑制措施后离心加速度下的主阀芯偏移量响应

实施抑制措施后,在离心环境为匀加速圆周运动,主阀芯轴向与角速度矢同面垂直时,电液伺服阀三处特征位移在离心环境下的偏移量如图 7-19~图 7-21 所示。伺服阀三处特征位移偏移量仍随时间呈抛物线增大,但与未实施抑制措施的伺服阀(图 7-6~图 7-8)相比,实施抑制措施后的伺服阀三处特征位移偏移量明显降低,例如在相同的布置方案下,角加速度同为 30 rad/s^2 时,实施抑制措施后主阀芯开口量在 1 s 时约 0.005 μm,而未实施抑制措施的伺服阀主阀芯开口量在 0.05 s 时即达到约 0.08 μm。说明抑制措施有效降低了离心加速度引起的电液伺服阀零偏漂移。此外,实施抑制措施后的伺服阀主阀芯振荡剧烈,幅值随时间加大,可能会引起啸叫,但衔铁和挡板并未出现如此现象。

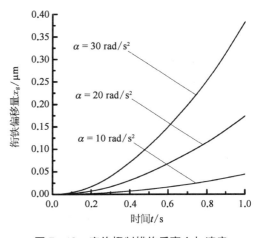

图 7-19　实施抑制措施后离心加速度下的衔铁偏移量

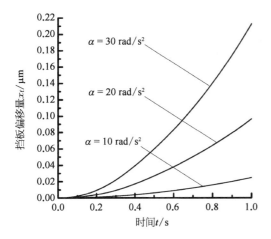

图 7-20　实施抑制措施后离心加速度下的挡板偏移量

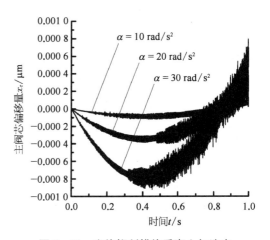

图 7-21　实施抑制措施后离心加速度下的主阀芯偏移量

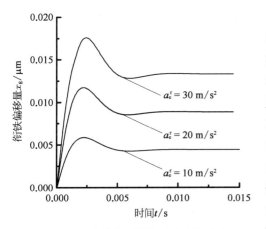

图 7-22　实施抑制措施后离心加速度下的衔铁偏移量响应

实施抑制措施后,在离心环境为匀加速圆周运动,主阀芯轴向与角速度矢异面垂直时,电液伺服阀衔铁、挡板、主阀芯三处特征位移在离心环境下的偏移量如图 7-22~图 7-24 所示。离心加速度为阶跃信号,由图 7-24 可知,在经过过渡状态后,主阀芯偏移量为零,即抑制措施消除了离心加速度导致的伺服阀开口量;由图 7-22、图 7-23 可知,在恒定的离心加速度环境下,实施抑制措施后的伺服阀衔铁、挡板仍保持一定的偏移量,与未实施抑制措施的伺服阀对应特征偏移量(图 7-3、图 7-4)相比,衔铁偏移量约小 75%,挡板偏移量约小 75%;实施抑制措施后的伺服阀衔铁、挡板的偏移量仍与离心加速度呈线性关系。对比图 7-22～图 7-24 与图 7-16～图 7-18 可知,三处特征位移的运动特性相同。抑制措施消除了该种布置方案下离心加速度所引起的电液伺服阀零偏漂移。

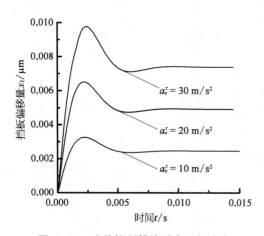

图 7-23　实施抑制措施后离心加速度下的挡板偏移量响应

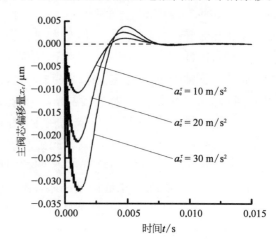

图 7-24　实施抑制措施后离心加速度下的主阀芯偏移量响应

　　本章针对三维离心环境下服役的电液伺服阀,根据转动式牵连运动动力学理论,分析了离心环境角速度矢与主阀芯轴向同面垂直、异面垂直及平行等三种典型空间姿态下的衔铁挡板组件及主阀芯的受力状况,建立了三维离心环境下的电液伺服阀数学模型,揭示了离心加速度对电液伺服阀衔铁、挡板及主阀芯三处特征位移的影响,得到了加速度零偏漂移与离心环境之间的映射关系。比较了不同安装布局方式下的电液伺服阀耐加速度性能,提出了抑制电液伺服阀加速度零偏漂移的方法。主要结论如下:

　　(1)电液伺服阀的工作特性受离心环境和自身空间姿态布局的影响。电液伺服阀的耐离心加速度能力由其自身空间布局姿态决定。

　　(2)主阀芯轴向与角速度矢同面垂直布局时,电液伺服阀的耐离心加速度能力最差。离心环境为匀速圆周运动时,电液伺服阀的衔铁、挡板、主阀芯的稳态偏移量与离心加速度成正比。离心环境为匀加速圆周运动时,特征位移随时间呈抛物线增长,且离心角加速度越大,增长速度越快。

　　(3)主阀芯轴向与角速度矢异面垂直布局时,电液伺服阀的耐离心加速度能力居中。离心环境为匀速圆周运动时,电液伺服阀特性不受影响。离心环境为匀加速圆周运动时,三处特征稳态偏移量与切向离心加速度成正比。

　　(4)主阀芯轴向与角速度矢平行时,电液伺服阀的耐离心加速度能力最强。匀速和匀加速圆周运动式离心环境对电液伺服阀特性均无影响。电液伺服阀应尽可能按保持主阀芯轴向与角速度矢平行的状态进行布局。

　　(5)加装加速度计测量电液伺服阀主阀芯轴向所受的离心加速度,将加速度计的输出电流经过适当放大并反向后与伺服阀的控制电流叠加,可以作为抑制电液伺服阀加速度零偏漂移的措施。

　　(6)上述抑制措施(5)可完全消除以下两种工况下的电液伺服阀零偏漂移,包括:① 离心环境为匀速圆周运动,主阀芯轴向与角速度矢同面垂直;② 离心环境为匀加速圆周运动,主阀芯轴向与角速度矢异面垂直。抑制措施(5)无法完全消除但可以大幅度降低离心环境为匀加速圆周运动、主阀芯轴向与角速度矢同面垂直工况下的电液伺服阀零偏漂移。

参 考 文 献

[1] 訚耀保,李长明,江金林.三维离心环境下的电液伺服阀特性分析[J].机械工程学报,2015,51(2):169-177.

[2] 訚耀保,张曦,李长明.一维离心环境下电液伺服阀零偏值分析[J].中国机械工程,2012,23(10):1142-1146.

[3] 訚耀保,王玉.三维离心环境下射流管伺服阀的零偏特性[J].上海交通大学学报,2017,51(8):984-991.

[4] WANG Y, YIN Y B. Performance reliability of jet pipe servo valve under random vibration environment [J]. Mechatronics, 2019(64):1-13.

[5] 訚耀保,邹为宏,刘洪宇.振动环境下小尺寸减压阀的建模与分析[J].飞控与探测,2019(6):74-81.

[6] 訚耀保,夏飞燕,李长明.一种可调试喷嘴轴线位置的射流管伺服阀及调试方法:ZL201710177608.5[P]. 2018-07-03.

[7] 訚耀保,李长明,夏飞燕,等.一种双冗余反弹射流偏导板伺服阀:ZL201710072977.8[P]. 2018-05-08.

[8] 訚耀保,李长明,张阳.一种射流管伺服阀喷嘴与接收器对中检验方法:ZL201610534415.6[P]. 2018-02-09.

[9] 訚耀保,李长明,夏飞燕.一种适应变温度场的射流管电液伺服阀:ZL201810094948.6[P]. 2020-06-02.

[10] 李长明,訚耀保,李双路.一种具有加速度零偏漂移抑制功能的电液伺服阀:ZL201810278459.6[P]. 2019-08-02.

[11] 訚耀保,李双路,李长明.一种设有四棱锥台状导流槽的偏转板伺服阀放大器:ZL201922093924.1[P]. 2020-10-02.

[12] 李长明,訚耀保,郭文康.一种三通射流管伺服阀射流轴线轨迹调试装置及方法:ZL201810123205.7[P]. 2020-06-26.

[13] 李长明,訚耀保,李聪.一种带静压支承的反弹射流式偏导板电液伺服阀:201810510138.4[P]. 2019-09-27.

[14] 訚耀保,孟伟.喷嘴挡板伺服阀的喷嘴挡板间隙的一种间接测量方法:ZL200910197384.X[P]. 2012-02-29.

[15] YIN Y B, LI C M. Characteristics of hydraulic servo-valve under centrifugal environment[C]//Proceedings of the Eighth International Conference on Fluid Power Transmission and Control (ICFP 2013). Hangzhou, 2013:39-44.

[16] YIN Y B, LI C M, ZHOU A, et al. Research on characteristics of hydraulic servovalve under vibration environment[C]//Proceedings of the Seventh International Conference on Fluid Power Transmission and Control (ICFP 2009). Hangzhou, 2009:917-921.

[17] YIN Y B, WANG Y. Working characteristics of jet pipe servo valve in vibration environment[C]//The 10th International Symposium on Fluid Power 2017. Fukuoka:The Japan Fluid Power System Society,2C18, 2017: 1-7.

[18] YIN Y B, WANG Y. Zero deviation characterization of hydraulic jet pipe servo valve[C]//Proceedings of the 2015 International Conference on Advances in Construction Machinery and Vehicle Engineering (ICACMVE 2015). Xi'an, 2015:384-390.

[19] 訚耀保.极端环境下的电液伺服控制理论及应用技术[M].上海:上海科学技术出版社,2012.

[20] 李长明.射流式电液伺服阀基础理论研究[D].上海:同济大学,2019.

[21] 王玉.射流管伺服阀静态特性和零偏零漂机理研究[D].上海:同济大学,2019.

[22] 朱忠惠,陈孟荤.推力矢量控制伺服系统[M].北京:中国宇航出版社,1995.

[23] 伊藤忠哉,高木章二.噴射管を用いた油圧サーボ機構に発生する不安定現象の実験的研究[J].日本機械学会論文集(第2部),1975,41(350):2914-2923.

[24] URATA E. Influence of unequal air-gap thickness in servo valve torque motors[J]. Journal of Mechanical Engineering Science, 2007, 221(1), part C:1287-1297.

[25] HE Y B, CHUA P S K, LIM G H. Performance analysis of a two-stage electrohydraulic servovalve in centrifugal force field[J]. Transactions of the ASME Journal of Fluids Engineering, 2003, 125(1):166-170.

[26] 唐强实.嫦娥探测器轨道测定中的科学与技术问题[J].飞行器测控学报,2013,32(3):189-195.

[27] 中国航空工业总公司第六○九研究所.飞机电液流量伺服阀通用规范:GJB 3370—1998[S].北京:中国航空工业总公司,1998.

[28] 哈尔滨工业大学理论力学教研组.理论力学[M].北京:高等教育出版社,1997:330-341.

[29] 中国航天工业总公司一院十八所.电液伺服阀试验方法:QJ 2078A-1998[S]. 北京:中国航天工业总公司,1998.

第8章
电液伺服阀的冲蚀磨损与黏着磨损

据统计，当今工业化国家依然有高达约 25% 能源因摩擦消耗掉，约 80% 机械部件失效由于磨损造成。磨损是一种由固体、液体或气体相互接触时机械和化学作用引起材料迁移或剥落的一种固体表面损坏现象。

本章着重介绍电液伺服阀射流前置级冲蚀磨损、滑阀功率级冲蚀磨损、反馈杆组件小球黏着磨损的分析方法与计算模型，以及实践试验案例。

8.1 概　　述

磨损有五种形式。磨粒磨损指颗粒物或硬的微突体颗粒物与零件表面相互作用而造成的材料流失现象(图 1 - 22)。电液伺服阀滑阀副的阀芯与阀套相对运动次数超过 1 000 万次，$1\sim3~\mu m$ 的配合间隙中嵌入固体颗粒后将导致滑阀副磨损、泄漏增加、倾斜、卡滞等问题。全寿命周期中，零部件磨损导致尺寸链微观或宏观变化，直接影响电液伺服阀性能。1961 年，美国 Rabinowicz 提出磨粒磨损量的物理模型；1987 年，G. Sundararajan 试验证实磨粒滚动形成塑性变形和磨损。

黏着磨损指两个零件相对运动时，由于固相焊合作用使材料从一个表面转移到另一个表面，最后断裂、疲劳或腐蚀而脱落的现象(图 1 - 23)。1973 年，美国 Suh 提出表面剪切分层的黏着磨损量计算方法。1992 年，美国陆军在燃油介质中添加重芳烃去除溶解的氧和水来增加油液润滑，提高了液压泵柱塞副的抗黏着磨损能力。

腐蚀磨损指零件与介质发生化学或电化学作用的损伤或损坏现象。2005 年，美国航天局发现含碳氢的燃料对铜有严重腐蚀。高端液压元件采用燃油、水等特殊介质，腐蚀问题突出(图 1 - 24)。

疲劳磨损指材料由于循环交变应力引起晶格滑移而脱落的现象。1993 年，美国 Wilbur 通过类金刚石薄膜涂层来提高钢材抗疲劳磨损性能。2012 年，Moog 公司采用硬质合金和蓝宝石材料替代不锈钢，制作伺服阀反馈杆球头，并提出采用球头和滑阀的"球-孔"配合替代原来的"球-槽"配合方案，增加接触面积，提高寿命，球头磨损的高频循环试验次数高达 10 亿次(图 1 - 25)。

冲蚀磨损指高速流体携带固体或气体粒子对靶材冲击而造成表面材料流失的现象(图 1 - 26)。1960 年，Finnie 提出冲蚀微切削理论。1963 年，Bitter 提出切削磨损和塑性变形磨损复合的冲蚀磨损理论。20 世纪 70 年代,人们开始研究液压元件的冲蚀磨损,美国 Tabakoff 试验研究涡轮叶片的冲蚀磨损和抗蚀措施。1998 年,英国 Bath 大学试验观测了滑阀副冲蚀磨损和节流锐边的钝化过程。国内同济大学、北航、兰理工、燕山大学、西工大等探索电液伺服阀内部冲蚀磨损量的计算方法,发现使用清洁度 14/11 级油液 200 h 后,滑阀节流锐边冲蚀磨损最大深度可达 4 μm,磨损质量 20 mg(图 1 - 26)。电液伺服阀零件精密、流道复杂,滑阀节流口、射流喷嘴、接收器、挡板等部位因固体颗粒高速冲击而发生形状和尺寸的改变,进而造成性能衰退。目前急需高温、高压、高污染等极端环境下关键零件冲蚀磨损的分析方法与精确模型。

8.2 射流前置级冲蚀磨损机理与计算方法

采用计算流体动力学(CFD)与冲蚀理论,可以模拟射流管伺服阀多相流中固体颗粒物的运动轨迹,并分析离散相固体颗粒的速度和冲击角度等参数对冲蚀磨损的影响规律,得到在工作介质为 7 级清洁度时射流管伺服阀前置级部件的冲蚀磨损率及冲蚀磨损量。高速射流容易造成射流管伺服阀部件的增重或失重;油液中的固体颗粒物使接收器劈尖产生较严重的冲蚀磨损,冲蚀磨损量与 2 个接收孔之间的夹角及射流管位移量有关,当夹角为 40°~50°时冲蚀磨损相对较为严重。当射流管处于中立位置时,劈尖附近冲蚀磨损严重;当射流管位移最大时,劈尖的冲蚀磨损最小,实践案例的理论结果与试验结果一致。

射流管伺服阀是液压伺服系统的核心元件,通过微弱电信号控制射流管偏转来改变接收器压力及滑阀节流窗口面积,进而控制流体的流量、压力和方向,是一种用途极为广泛的典型高精度电液伺服元件。射流管伺服阀最早出现在 1940 年,美国将其用于航空、航天领域。1960 年以后,射流管伺服阀陆续应用于一般工业领域。射流管伺服阀通过控制喷管的运动来改变射流方向,其射流管直径约 0.22 mm,具有抗污染能力强、可靠性高、响应快等优点,已广泛应用于航空、航天、舰船等领域。飞机多采用射流伺服阀代替喷嘴挡板式电液伺服阀。射流伺服阀射流过程中,油液和油液中的颗粒物形成多相混合流体,当其高速经过射流管和接收器并驱动次级元件时,容易导致所接触的金属表面产生弹性变形或塑形变形,甚至表面磨损或失效。工程上射流管伺服阀工作一定时间后,经常出现服役性能下降、静耗流量增大、零偏与零漂的工作点变动,甚至失效等现象。目前关于射流伺服阀高速射流的冲蚀现象与内在机理研究,以及射流冲蚀磨损的定量分析尚不多见。

冲蚀是指材料受到小而松散的流动粒子冲击时,表面出现破坏的一种磨损现象,其发生之前一般有一个短暂的孕育期,即入射粒子嵌入靶材而表现为靶材的冲蚀"增重",经过一段时间后达到稳态冲蚀,流动粒子的当量直径一般小于 1 000 μm,冲击速度小于 550 m/s。一般冲蚀粒子的硬度比被冲蚀材料的硬度大。速度大时,软粒子如水滴也会造成冲蚀,如导弹的雨蚀现象。还有一种气蚀性冲蚀,即流体机械上的冲蚀现象,因为流场中压力波动给气泡成核、长大和溃灭创造了条件而产生的材料表面破坏。

冲蚀现象的研究由来已久。20 世纪中期,冲蚀问题受到关注。近年来,人们通过试验研究探索材料冲蚀的发生与发展过程,提出一些物理模型及数学表达式来预测冲蚀磨损。I. Finnie 发表了冲蚀微切削模型,讨论刚性粒子对塑性金属材料的冲蚀磨损,并通过试验证实低入射角

(攻角)下的理论。Tilly 考虑粒子冲击固体表面时有可能发生碎裂,解释了垂直入射时的脆性粒子冲蚀现象,即大攻角下出现的冲蚀现象。I. M. Hutchings 借助高速摄像机,观察到高速球型或正方块入射体冲击材料表面的运动轨迹,证实了单颗粒冲蚀的磨痕形貌。

诸多因素影响射流冲蚀,包括颗粒物形状尺寸、浓度、冲击速度、冲击角度和靶材属性(密度、硬度等)及流体的属性(密度、黏度、温度等)等。Finnie 用铝合金材料的颗粒冲击塑性材料表面,发现颗粒冲击速度越大,磨损越严重,且当冲击角度为 $13°$ 时,冲蚀磨损最大。Molian 比较了未经处理的样材和激光热处理的样材两者的磨损率,发现经过激光热处理材料的磨损率比未经处理样材的磨损率小。Chen 等研究固液磨损,发现经过离子氮化的 S48C 碳钢磨损量大大减小,而纯钛、钛合金 Ti6Al4V 的磨损并没有发生太大的变化,采用硬化复合层可提高抗磨能力。

以上发现均基于试验提出,且试验过程耗费大、周期长。近些年来,国内外逐渐利用 CFD 来仿真模拟单个靶材对液压元件的冲蚀磨损情况,如弯管、汽轮机、双喷嘴挡板阀、射流伺服阀,没有涉及油液介质污染度等级对射流伺服阀实际磨损量的影响。

为此,本节采用计算流体动力学(CFD)和冲蚀磨损理论,分析油液和油液中固体颗粒物离散相组成多相流时的数值模拟方法,预测射流管伺服阀的冲蚀磨损部位及前置级的冲蚀磨损量,并结合某型号射流管伺服阀试验案例进行验证。

8.2.1　冲蚀磨损机理

图 8-1 为射流管伺服阀结构示意图。图中 i_1、i_2 分别为力矩马达控制线圈通过的电流,β 为衔铁偏转角度,p_s 为伺服阀供油压力,A、B 分别为伺服阀的负载口,T 为回油口。射流管电液伺服阀由永磁动铁式力矩马达、射流管前置放大级和滑阀功率放大级构成,前置级主要由射流管和接收器组成。射流管可以绕回转中心转动。接收器的 2 个圆形接收孔分别与滑阀的

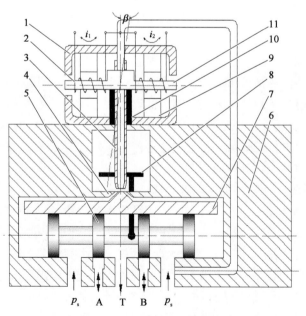

1—磁铁;2—控制线圈;3—射流管;4—接收器;5—主阀芯;6—阀体;
7—滑阀套;8—反馈杆;9—永久磁铁;10—弹簧管;11—衔铁

图 8-1　射流管伺服阀结构示意图

两侧容腔相连。液压能通过射流管的喷嘴转换为液流的动能,液流被接收孔接收后,又将其动能转变为压力能。

　　无输入信号时,射流管伺服阀处于零位,射流管的喷嘴处于 2 个接收孔的中间位置,即中立位置。喷嘴喷出的流体均等地进入 2 个接收孔,射流动能在接收孔内转化为压力能,滑阀两端的压力相等,因而滑阀处于中位,电液伺服阀无流量输出。有信号输入时,通电线圈在电流作用下产生磁场使衔铁磁化,衔铁的磁场和永久磁铁的磁场相互作用,力矩马达组件产生的偏转扭矩使射流管组件绕着一个支点旋转,射流管偏离中间位置,使其中一个接收孔接受的射流动能多于另一个接收孔,并在滑阀两端形成压差,导致滑阀产生位移,输出流量。同时,阀芯推动反馈杆组件,对射流管产生反向矩,当反向力矩与电流产生的正向力矩相平衡时,反馈杆及滑阀处于某一控制位置并输出稳定的控制流量。当滑阀阀芯右端的恢复压力与左端的恢复压力之间的压力差与滑阀的液动力和反馈杆变形对阀芯产生的反作用力之和相平衡时,阀芯停止运动。最后,阀芯位移与输入的控制电流成比例,当负载压差一定时,阀的输出流量与控制电流成正比。射流管伺服阀的射流管喷嘴直径为 $0.22 \sim 0.25$ mm,2 个接收孔直径为 0.3 mm,两射流管边缘间距为 0.01 mm,射流管和接收器之间的间距为 0.35 mm。射流管喷嘴较大,特别是射流管喷嘴与接收器之间的距离较大,不易堵塞,抗污染能力强。万一射流管发生堵塞时,主阀两端的控制压力相同,弹簧复位也能工作,即射流伺服阀具有"失效对中"能力,可以做到"事故归零",具有"失效归零"与"故障安全"的能力。

　　由于射流管伺服阀抗污染能力强,油液清洁度较低或者油液中有微小污染颗粒物时仍能正常工作。但是高压高速射流流体与形状不规则的多角形杂质颗粒物形成多相流,以极高速度和一定角度划过射流伺服阀零件表面时,易将材料微切削或冲蚀变形,造成磨损。射流伺服阀磨损部位主要有:

　　(1) 射流阀前置级磨损(接收孔处),如图 8-2 所示。液压油高速通过柔性供油管进入射流管后,通过收缩喷嘴将油液射入接收器的两接收孔内,多余的油液从喷嘴与接收器之间的缝隙流回射流管伺服阀的回油口,整个过程包括淹没射流、壁面射流、壁面绕流、二次回流,固体

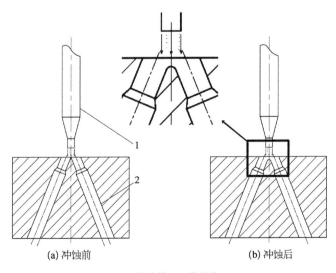

(a) 冲蚀前　　　　　　　　　　(b) 冲蚀后

1—射流管;2—接收孔

图 8-2　射流管伺服阀前置级冲蚀磨损示意图

颗粒物在如此复杂的流动中反复高速冲刷接收器,容易造成局部磨损。

(2)滑阀级阀芯与阀套节流边的磨损,如图8-3所示。射流伺服阀不工作时,滑阀阀芯处于中位,一旦输入控制电流,滑阀阀芯在左、右腔压差作用下开启,液压油高速流体质点及油中固体颗粒物通过阀芯开口处,以速度 V 冲刷阀芯和阀套边缘,造成节流锐边的边缘磨损。

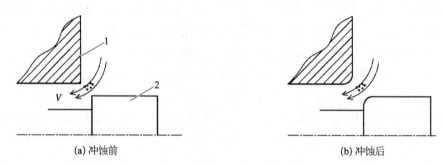

(a) 冲蚀前　　　　　　　　　　　　　(b) 冲蚀后

1—阀体;2—滑阀阀芯

图8-3　射流管伺服阀滑阀冲蚀磨损示意图

本节将着重模拟射流伺服阀前置级冲蚀磨损。

8.2.2　冲蚀磨损理论

8.2.2.1　射流前置级冲蚀磨损率

冲蚀磨损一般用冲蚀磨损率表示。所谓冲蚀磨损率指因固体颗粒物高速冲刷靶材所造成的磨损速率,即高速运动的颗粒物在单位时间内对单位面积的靶材所造成的磨损质量。有时也将冲蚀磨损率除以材料密度,以长度/时间为单位更直观地反映冲蚀磨损的程度。射流管伺服阀射流前置级材料大多为塑性材料,采用 Edwards 等关于砂粒冲击碳钢和铝表面的冲蚀试验结果,得到塑性材料的冲蚀磨损率表达式为

$$R_e = \sum_{k=1}^{n} \frac{m_p C(d_p) f(\alpha) v^{b(v)}}{A_f} \tag{8-1}$$

式中　R_e——冲蚀磨损率;

　　　K、n——污染颗粒数;

　　　d_p——颗粒物的直径;

　　　m_p——颗粒质量流率;

　　　$C(d_p)$——颗粒直径的函数,经验值为 1.8×10^{-9};

　　　α——颗粒对壁面的冲击角;

　　　$f(\alpha)$——冲击角的函数,采用分段函数描述,当冲击角为 $0°、20°、30°、45°$ 和 $90°$ 时,$f(\alpha)$
　　　　　　　分别为 $0、0.8、1、0.5、0.4$;

　　　v——颗粒相对于壁面的速度;

　　　$b(v)$——相对速度的函数,通常取 0.2;

　　　A_f——靶材被冲击表面的面积。

由式(8-1)可知,冲蚀磨损率与颗粒的浓度、直径、质量、运动轨迹,以及颗粒冲击靶材时的冲击角度、速度等有直接关系。通过式(8-1)可以计算从 $0°\sim90°$ 所有冲击角度下的冲蚀磨

损率。流体与颗粒物经过射流伺服阀前置级时的运动较为复杂,固体颗粒物对接收器的冲击为多角度,根据油液清洁度等级可知流体中的颗粒物数量,由上式可模拟计算颗粒物对射流伺服阀的冲蚀磨损量。

8.2.2.2 射流前置级冲蚀磨损理论计算模型

射流管伺服阀的冲蚀磨损率与油液中固体颗粒物的速度和冲击角度呈非线性关系。采用 Fluent 离散相模型可以在拉氏坐标下模拟流场中离散相的运动轨迹,通过积分和概率分布函数,可计算离散相的运动速度和冲击角度。所谓离散相是指分布在连续流场中的离散的第二相,即油液中的颗粒、液滴、气泡等杂质颗粒并假设离散相的体积百分比小于 $10\% \sim 12\%$。射流伺服阀入口处装有过滤器,过滤后液压油中所含杂质颗粒的体积百分比远小于上述数值。利用离散相模型进行冲蚀磨损率数值模拟的具体步骤如下:

假设射流伺服阀油液及杂质颗粒物为定常流动,油液介质为连续相,杂质颗粒物为离散相,且杂质颗粒物为球形颗粒,其半径和质量流率根据油液清洁度等级确定。首先,在欧拉坐标系下计算连续相即流体介质的流场;其次,在拉格朗日坐标系下计算混合在连续相中的离散相即杂质颗粒物的运动轨迹及运动方程,由于杂质颗粒含量很少,因此假设不考虑杂质颗粒的运动对连续相即流体介质的流场的影响;然后,通过离散相即杂质颗粒物的运动方程积分得到离散相速度,运用概率分布函数得到杂质颗粒物的冲击角度等数值;最后,按照上述数值和冲蚀率表达式(8-1)计算冲蚀磨损率。

1) 流场计算

射流伺服阀工作时,来自液压源的油液介质被引入射流管,经射流管喷嘴向接收器喷射,在这段距离内,油液介质及其杂质颗粒物的流动是一个非常复杂的多相流动过程。可以用连续性方程、动量守恒方程、湍动能 k 及湍动能耗散率 ε 的 k-ε 输运方程来描述。假设射流管前置级内油液介质的流动为定常流动,则流体运动的连续性方程和动量守恒方程分别为

$$\frac{\partial \rho u_i}{\partial x_i} = 0 \tag{8-2}$$

$$\frac{\partial \rho u_i}{\partial t} + \frac{\partial \rho u_i u_j}{\partial x_j} = -\frac{\partial p}{\partial x_i} + \frac{\partial \tau_{ij}}{\partial x_j} + \rho g_i + F_i \tag{8-3}$$

式中 ρ ——油液密度;

u_i、u_j ——油液流动速度矢量在 x_i 和 x_j 方向的分量;

p ——油液介质微元体上的压力;

δ_{ij} ——脉冲函数;

τ_{ij} ——应力张量,计算式为

$$\tau_{ij} = \mu \left(\frac{\partial \mu_i}{\partial x_j} + \frac{\partial \mu_j}{\partial x_i} \right) - \frac{2\mu}{3} \frac{\partial \mu_i}{\partial x_j} \delta_{ij}$$

式中 ρg_i、F_i ——油液介质在 i 方向的重力体积力和外部体积力;

M ——油液的动力黏度。

射流伺服阀内流体的湍流流动,采用标准 k-ε 模型,其湍流模型方程为

$$\frac{\partial (\rho k)}{\partial t} + \frac{\partial (\rho k u_i)}{\partial x_i} = \frac{\partial}{\partial x_j} \left[\left(\mu + \frac{\mu_t}{\sigma_k} \right) \frac{\partial k}{\partial x_j} \right] + G_k - \rho \varepsilon \tag{8-4}$$

$$\frac{\partial(\rho\varepsilon)}{\partial t}+\frac{\partial(\rho\varepsilon u_i)}{\partial x_i}=\frac{\partial}{\partial x_j}\left[\left(\mu+\frac{\mu_t}{\sigma_\varepsilon}\right)\frac{\partial\varepsilon}{\partial x_j}\right]+\frac{C_{1\varepsilon}\varepsilon}{k}G_k-C_{2\varepsilon}\rho\frac{\varepsilon^2}{k} \tag{8-5}$$

式中　μ_t——湍动黏度；

$\quad\quad G_k$——由于平均速度梯度引起的湍动能 k 的产生项；

$\quad\quad C_{1\varepsilon}$、$C_{2\varepsilon}$ 和 $C_{3\varepsilon}$——经验常数；

$\quad\quad \sigma_k$、σ_ε——与湍动能 k 方程和耗散率 ε 方程对应的无因次 Prandtl 数，反映流体物理性质对对流传热过程的影响。

2）颗粒物运动轨迹计算

射流管伺服阀在工作过程中，杂质颗粒物在油液中运动时主要受到曳力（相对运动时，油液对颗粒产生的阻力）、重力、因流体压力梯度引起的附加作用力等。杂质颗粒物的运动方程为

$$\frac{\mathrm{d}u_p}{\mathrm{d}t}=F_D+F_g+F_x \tag{8-6}$$

$$F_D=\frac{3\mu C_D Re_p(u-u_p)}{4\rho_p d_p^2} \tag{8-7}$$

$$F_g=\frac{g_x(\rho_p-\rho)}{\rho_p} \tag{8-8}$$

式中　F_D、F_g、F_x——曳力、重力、附加力；

$\quad\quad \mu$——油液的动力黏度；

$\quad\quad C_D$——曳力系数；

$\quad\quad Re_p$——相对雷诺数；

$\quad\quad u_p$、u——杂质颗粒和油液介质的速度；

$\quad\quad \rho$、ρ_p——油液和杂质颗粒密度；

$\quad\quad d_p$——杂质颗粒直径；

$\quad\quad g_x$——重力加速度。

附加力 F_x 主要包括附加质量力和升力，在杂质颗粒密度大于油液密度时附加质量力很小，通常可忽略升力对细小杂质颗粒的影响。为简化计算过程，本节不考虑附加力的影响。因此杂质颗粒在 t 时刻的速度 $v(t)$ 可表示为

$$v(t)=\int_{t_0}^{t}\left[\frac{3\mu C_D Re_p(u-u_p)}{4\rho_p d_p^2}+\frac{g_x(\rho_p-\rho)}{\rho_p}\right]\mathrm{d}t \tag{8-9}$$

因运动颗粒和壁面碰撞过程中，存在能量转化和能量损失，计算过程中需考虑反弹系数。目前尚无铁屑颗粒冲撞不锈钢时的反弹系数试验值。本节假设油液中固体颗粒物与射流伺服阀零件靶材之间的反弹系数和沙粒与碳素钢之间的反弹系数相近。Forder 以沙粒作为污染颗粒对 AISI 4130 合金结构钢进行冲击试验，得到描述颗粒与壁面碰撞前后法向和切向的动量变化率的反弹系数分别为

$$e_n=\frac{v_{n2}}{v_{n1}}=0.988-0.78\alpha+0.19\alpha^2-0.024\alpha^3+0.027\alpha^4 \tag{8-10}$$

$$e_t = \frac{v_{t2}}{v_{t1}} = 1 - 0.78\alpha + 0.84\alpha^2 - 0.21\alpha^3 + 0.028\alpha^4 - 0.022\alpha^5 \qquad (8-11)$$

式中　e_n、e_t——杂质颗粒法向和切向反弹系数；

　　　v_{n1}、v_{n2}——颗粒与壁面碰撞前后法向速度分量；

　　　v_{t1}、v_{t2}——颗粒与壁面碰撞前后切向速度分量；

　　　α——颗粒与壁面碰撞前的运动轨迹和壁面的夹角。

　　由于固体颗粒与液体之间的动量交换非常大，当固体颗粒与壁面发生碰撞产生能量损失后，又很快与液体进行动量交换得到能量补充，因此固体颗粒反弹系数对磨损量的影响较小。

8.2.3　冲蚀磨损量数值计算方法

　　以 CSDY 型射流管电液伺服阀为例，射流前置级的三维仿真模型如图 8-4 所示。考虑安装时喷嘴中心线与两接收孔中心线组成的平面不共面情况，即喷嘴孔相对于接收孔劈尖处向上偏移 10% 的不对称度。图中 d_n 和 d_r 分别为喷嘴和接收孔的直径，θ 为左、右接收孔之间的夹角，h 为喷嘴出口到接收孔入口的垂直距离。

　　射流伺服阀流体介质为 YH-10 航空液压油，过滤精度为 $10 \sim 20\ \mu m$，污染颗粒物的尺寸分布在 $0 \sim 10\ \mu m$。本节考虑过滤器后，假设污染颗粒的平均尺寸为 $5\ \mu m$，且材质为金属铁屑，形状为球形，颗粒物按照 GJB 420—2006 的 7 级清洁度。其他参数见表 8-1。

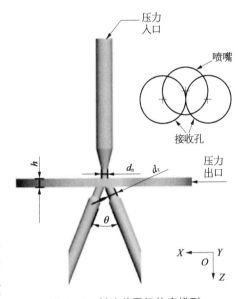

图 8-4　射流前置级仿真模型

表 8-1　冲蚀磨损仿真的计算条件

条 件 参 数	数　　　值
ρ	$850\ \mathrm{kg/m^3}$
μ	$0.039\,1\ \mathrm{Pa \cdot s}$
p	$21\ \mathrm{MPa}$
m_p	$1.78 \times 10^{-7}\ \mathrm{kg/s}$
d_n	$0.3\ \mathrm{mm}$
d_r	$0.4\ \mathrm{mm}$
θ	$45°$
h	$0.4\ \mathrm{mm}$

8.2.3.1　射流速度分布

　　射流管伺服阀前置放大级射流速度分布云图如图 8-5 所示，在喷嘴入口段及壁面附近，流场速度分布相对均匀。图 8-5b 为前置级速度分布云图局部放大图，即喷嘴末端至接收孔劈尖的区域，由于射流管径减小，导致射流速度急剧增大，最大射流速度达 203 m/s。流体流入接收孔后,由于管径的相对增大,流体速度开始减少,最后逐渐变得均匀。可见,接收孔劈尖上方区域的流体速度最大,此时携有杂质颗粒物的流体以很大的动能冲击接收孔劈尖处,导致接收孔劈尖处产生冲蚀磨损。本计算例的射流流场分布中尚未出现汽蚀现象。

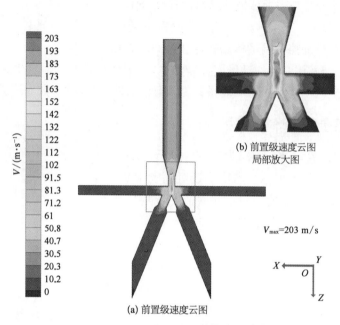

图 8-5 射流管伺服阀流体速度云图

8.2.3.2 接收器冲蚀磨损率

图 8-6 为两接收孔之间的夹角为 45°且喷嘴处于中位时,液压油中杂质颗粒的运动轨迹图。纵坐标值越大,代表颗粒运动的时间越长,即轨迹最远。可以看出,几乎所有颗粒从进入射流管后都沿喷嘴圆周方向运动。图 8-6b 为单个颗粒的运动轨迹,该图显示颗粒进入后高速冲击劈尖处,然后随液流从出口流出,这样势必对劈尖造成冲蚀磨损。图 8-6c 为颗粒在劈尖附近的运动轨迹局部放大图。

图 8-7 为接收孔之间的夹角为 45°且喷嘴处于中位时,射流伺服阀前置级接收器的冲蚀磨损率分布图。图 8-7b、c 分别为 XOZ 平面和 XOY 平面的冲蚀磨损示意图。可以看出,冲蚀磨损主要发生在接收器的劈尖处,磨损率最大达 2.45×10^{-8} kg/($m^2 \cdot$ s),且左右呈对称分布,沿接收孔内壁扩散。该仿真结果与图 8-5 速度云图结果均可看出接收器劈尖处受到含颗粒流体的冲击磨损最大。

图 8-8 为当射流管伺服阀零位时,接收器两个接收孔夹角对射流速度和冲蚀磨损率的影响。可知,射流伺服阀前置级射流速度基本不受接收孔夹角的影响,射流速度在 200 m/s 左右。当接收孔夹角约 45°时,射流伺服阀前置级的冲蚀磨损率最大。主要原因有:① 当颗粒物的冲击角度为 0°时,冲蚀磨损较小,甚至不产生切削作用,细小的颗粒物与流体之间具有良好的跟随性;② 当接收孔夹角为 45°左右时,固体颗粒对射流伺服阀接收孔壁面的冲击角度在22.5°左右,此时冲蚀磨损以切削磨损为主,造成的磨损最为严重;③ 当杂质颗粒物以大于 30°的角度冲击接收孔表面时,对接收孔表面可能同时造成切削磨损和弹性变形磨损,冲蚀磨损没有以切削磨损为主所造成的磨损严重。

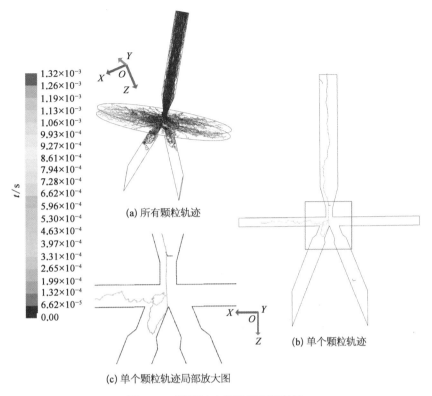

(a) 所有颗粒轨迹

(b) 单个颗粒轨迹

(c) 单个颗粒轨迹局部放大图

图 8 - 6　液压油中颗粒的运动轨迹

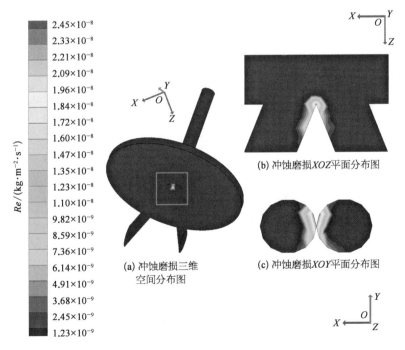

(a) 冲蚀磨损三维
空间分布图

(b) 冲蚀磨损 XOZ 平面分布图

(c) 冲蚀磨损 XOY 平面分布图

图 8 - 7　射流管伺服阀前置级冲蚀磨损率分布图

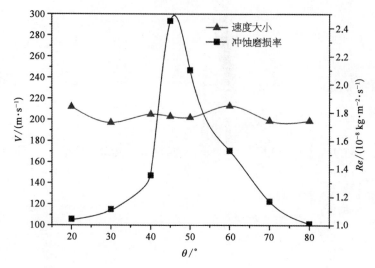

图 8‑8　接收孔夹角对最大射流速度和冲蚀磨损率的影响

图 8‑9 为当两接收孔夹角为 45°时,射流管位移对最大射流速度和冲蚀磨损率的影响。由实三角形速度曲线可见,射流伺服阀前置级流体最大射流速度基本不受射流管偏转位移 S 的影响,最大射流速度维持在 200 m/s 左右。由正方形冲蚀磨损率曲线可见,射流管偏转位移 S 为 0 mm、0.02 mm、0.04 mm、0.06 mm、0.12 mm、0.15 mm 时,射流伺服阀前置级的最大冲蚀磨损率整体呈下降的趋势,射流管偏转位移为 0~0.04 mm 时的冲蚀磨损率相对比较大,且射流管处于零位时的冲蚀磨损最大。射流管偏转位移 0.15 mm 时,射流管正好完全对准左侧的接收孔,此时劈尖受到流体动能冲击最小,从而受到的冲蚀磨损最小。

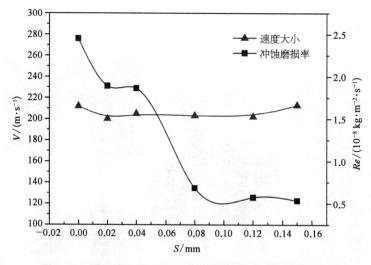

图 8‑9　射流管位移对最大射流速度和冲蚀磨损率的影响

图 8‑10 为射流管不同偏转位移时的前置级冲蚀磨损率对比图。图中可以清楚地看到,射流管工作点向左侧越偏离零位,左方接收孔磨损面积越大,相比右方的接收孔冲蚀磨损也越来越大,但是整体上来讲,所受的冲蚀磨损呈减小的趋势。且射流管未偏移时所产生的冲蚀磨损率约为喷嘴偏移至最大位置时所产生的冲蚀磨损率的 5 倍。

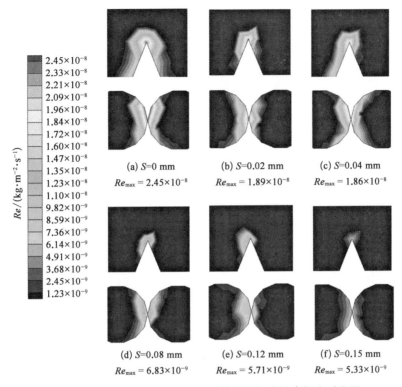

$Re/(\mathrm{kg \cdot m^{-2} \cdot s^{-1}})$

2.45×10⁻⁸
2.33×10⁻⁸
2.21×10⁻⁸
2.09×10⁻⁸
1.96×10⁻⁸
1.84×10⁻⁸
1.72×10⁻⁸
1.60×10⁻⁸
1.47×10⁻⁸
1.35×10⁻⁸
1.23×10⁻⁸
1.10×10⁻⁸
9.82×10⁻⁹
8.59×10⁻⁹
7.36×10⁻⁹
6.14×10⁻⁹
4.91×10⁻⁹
3.68×10⁻⁹
2.45×10⁻⁹
1.23×10⁻⁹

(a) S=0 mm　　(b) S=0.02 mm　　(c) S=0.04 mm
$Re_{max}=2.45×10^{-8}$　$Re_{max}=1.89×10^{-8}$　$Re_{max}=1.86×10^{-8}$

(d) S=0.08 mm　　(e) S=0.12 mm　　(f) S=0.15 mm
$Re_{max}=6.83×10^{-9}$　$Re_{max}=5.71×10^{-9}$　$Re_{max}=5.33×10^{-9}$

图 8 - 10 射流管不同偏转位移时的前置级冲蚀磨损率对比图

8.2.4 实践试验

8.2.4.1 试验对象与条件

如图 8 - 11 所示,本节以中船重工第 704 研究所生产的某 CSDY 型射流管电液伺服阀为试验对象。前置级接收器材料 30Cr13,其硬度为 25HRC,额定压力为 21 MPa,工作介质为 YH - 10 航空液压油,温度范围为 -30~135℃,阀内部结构对称度小于 10%,射流孔和接收器接收孔的直径分别为 0.3 mm 和 0.4 mm,左、右接收孔之间的夹角为 45°,射流管出口到接收孔入口的垂直距离为 0.4 mm。液压系统工作介质清洁度要求为 7 级,且射流管电液伺服阀在 12 级清洁度时也能维持正常工作。根据 GJB 420—2006,液压油工作介质在 7 级和 12 级清洁度下,每 100 ml 油液中,含有不同尺寸的颗粒数见表 8 - 2。

试验对象 CSDY 型射流管伺服阀长期应用于某工业现场,油液污染等级为 7 级,且过滤器精度为 10~20 μm。在常温下现场工作 5 年(每年 250 d,每天 24 h)后,仍能正常工作和保持液压系统必要的服役性能。该阀返回分解,观察和测量各零件、各部位的磨损情况。

图 8 - 11 某 CSDY 型射流管伺服阀

表 8‑2   7 级与 12 级清洁度油液中的颗粒数及尺寸对比

$d_p/\mu m$	n_7	n_{12}
>2	83 900	2 690 000
>5	38 900	1 250 000
>15	6 920	222 000
>25	1 220	39 200
>50	212	6 780

8.2.4.2　冲蚀磨损零部件实物

图 8‑12 为试验对象 CSDY 型射流管伺服阀在现场工作 5 年后，接收器分解之后的实物端面图及仿真磨损结果对比图。图 8‑15a 为接收器分解后的实物端面图，图 8‑12b 为接收器分解后劈尖端面实物局部放大图，图 8‑12c 为仿真冲蚀磨损图。由图 8‑12b 可以清楚地看到两个接收孔之间的劈尖处产生了比较严重的冲蚀磨损，接收孔的形状也发生了明显变化，成为不标准的圆形，说明在经过冲刷之后，接收孔圆周方向也发生磨损，但相对于劈尖处的冲蚀磨损要小很多。接收孔上方比下方磨损略严重这一现象，与该阀出厂时装配导致的小于 10% 的结构对称度有直接关系，即由于射流管伺服阀在安装时射流管中心线与接收器连个接收孔中心线不共面的三维结构不对称，从而导致磨损不对称。比较图 8‑12c 仿真冲蚀磨损图和图 8‑12a 接收器分解图可以发现，仿真预测的冲蚀磨损发生位置与实际结果基本吻合。

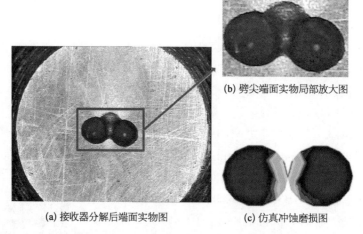

(b) 劈尖端面实物局部放大图

(a) 接收器分解后端面实物图　　　(c) 仿真冲蚀磨损图

图 8‑12　接收器磨损实物图与仿真磨损图

图 8‑13 为将试验后已磨损的 CSDY 型射流管电液伺服阀前置级接收孔进行注模得到的注塑件实物图。图 8‑13a 为接收器接收孔磨损后注塑件，图 8‑13b 为注塑件劈尖局部放大图，图 8‑13c 为仿真冲蚀磨损图。由图 8‑13b 可以清晰地看到两接收孔交界部分由原来的尖角变成了圆角，说明劈尖处发生了比较严重的冲蚀磨损，该结果与图 8‑10 预测的冲蚀磨损发生的位置相吻合。对比图 8‑13b、c，可知仿真结果与实际结果一致。

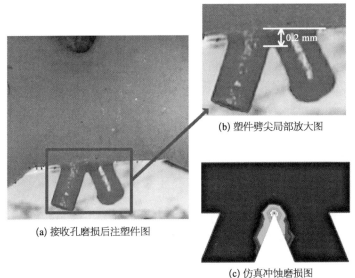

(a) 接收孔磨损后注塑件图

(b) 塑件劈尖局部放大图

(c) 仿真冲蚀磨损图

图 8‑13　接收器磨损后的注塑件图与仿真冲蚀磨损图

在拆解试验后的射流管伺服阀滑阀时,发现如图 8‑14 所示的滑阀阀芯各部位的颗粒物堆积现象。这是由于油液中的固体颗粒物以较低速度直接撞击阀芯材料,并以一定速度嵌入到阀芯表面,造成冲蚀"增重"现象,没有对阀芯造成破坏性冲击。从该现象还可看出射流管伺服阀具有良好的抗污染能力。

图 8‑14　射流管伺服阀阀芯冲蚀后的实物图

8.2.4.3　冲蚀磨损高度

由上节分析可知,含有固体颗粒物的油液高速冲击两接收孔连接处(即劈尖)时,会造成劈尖冲蚀磨损,导致劈尖容易因材料去除作用而使其高度变小。图 8‑13 的注塑件劈尖局部放大图可以看出劈尖冲蚀磨损高度大概为接收孔直径的一半,即实际冲蚀磨损高度为

$$\Delta h = 0.2 \text{ mm} \tag{8-12}$$

由图 8‑9 可知仿真得出冲蚀磨损率最大值为 2.45×10^{-8} kg/(m^2 · s),该值出现在极小的位置处,为了更准确地计算磨损量的数值,取图 8‑9 冲蚀磨损率中的一个中间值,即近似取

劈尖处平均冲蚀磨损率为

$$R_e = 1.35 \times 10^{-8} \text{ kg/(m}^2 \cdot \text{s)} \tag{8-13}$$

则冲蚀磨损的理论高度为

$$\Delta h_s = \frac{tR_e}{\rho} = 0.18 \text{ mm} \tag{8-14}$$

式中 Δh_s——理论磨损高度；

t——工作时间；

ρ——接收孔材料(30Cr13)密度，取 7 900 kg/m³。

8.2.4.4 冲蚀磨损质量

为简化计算，假设图 8-12b 的磨损部位为等边三角形，且边长与接收孔直径相等，为 0.4 mm。则实际冲蚀磨损质量为

$$\Delta m = \rho \times \Delta A \times \Delta h = 1.1 \times 10^{-7} \text{ kg} \tag{8-15}$$

式中 Δm——实际磨损质量；

ΔA——实际磨损面积(等边三角形面积)。

理论冲蚀磨损质量为

$$\Delta m_s = R_e \times \Delta A_s \times t = 1.0 \times 10^{-7} \text{ kg} \tag{8-16}$$

式中 Δm_s——仿真磨损质量；

ΔA_s——仿真磨损面积。

可见，射流管伺服阀理论冲蚀磨损高度和质量均与实际冲蚀磨损高度和质量基本一致，实际磨损值略为偏大。主要原因在于：7 级清洁度油液中代表性颗粒物之外的颗粒也会产生冲蚀；油液中空气渗入，压力波动时气泡成核、长大和溃灭过程中，可能产生气蚀性冲蚀；液体高速射流产生雨滴冲蚀。这些复合冲蚀作用将导致实际磨损值较计算值偏大。

(1) 按照计算流体力学和冲蚀理论，可对射流伺服阀前置放大级进行冲蚀磨损数值模拟。发现射流管末端到接收孔劈尖这一段区域流体的流速最大，劈尖射流冲击最严重，所受到的冲蚀磨损最严重。

(2) 接收器两接收孔之间的夹角对射流伺服阀前置级流体流速和冲蚀磨损量的影响大。接收器两接收孔之间的夹角为 40°~50°时，射流伺服阀前置级的冲蚀磨损最为严重。

(3) 射流管偏转位移影响射流伺服阀前置级的冲蚀磨损情况。射流管处于中立位置即零位时，接收孔的冲蚀磨损最为严重；射流管偏转位移最大，即射流管喷嘴刚好正对某一接收孔时，射流伺服阀前置级的冲蚀磨损最小。

8.3　液压滑阀功率级冲蚀磨损机理与计算方法

液压滑阀广泛应用于直驱式伺服阀、射流管伺服阀等高端液压阀，用于实现液流换向和流量压力的精确控制。极限污染介质中，油液通过滑阀节流锐边时，所携带的固体颗粒物高速冲

击材料表面,造成材料去除,发生冲蚀磨损;节流锐边因此而变钝,进而造成阀芯阀套遮盖量减小,并导致滑阀零位增益、内泄漏等重要性能的演变;最终影响到整阀乃至系统的工作特性和稳定性。目前尚无液压滑阀紊流流场中固体颗粒轨迹的完整计算模型,缺乏液压元件表面冲蚀磨损轮廓的定量预测方法。

本节介绍极限污染介质中液压滑阀节流锐边冲蚀磨损的定量计算方法。建立紊流流场中颗粒运动轨迹计算模型,获取固体颗粒冲击壁面的速度、角度和频率信息;根据颗粒冲蚀理论,得到滑阀锐边表面冲蚀磨损材料去除率及冲蚀磨损轮廓;通过试验验证理论模型的适用性。

8.3.1　冲蚀磨损理论

固体颗粒冲蚀磨损的研究最早可追溯到 1876 年,在布鲁克林大桥的建设过程中,Roebling 使用花岗岩板代替金属板作为反射器,改善了吸砂设备的使用寿命。Wahl 在工程实践的基础上,提出颗粒冲击速度、冲击角度是影响冲蚀磨损的关键因素。到 20 世纪中叶,随着冲蚀磨损理论和湍流颗粒扩散模型的发展,液压气动元件的冲蚀预测成为可能,出现了关于涡轮机叶片、泵体、管道及阀门的冲蚀磨损理论研究。大多数研究都关注于磨损位置的确定和初始磨损去除率的预测,并根据计算结果提出改进措施;而忽略了磨损轮廓演变过程的计算,无法评估冲蚀磨损过程中元件结构和性能的演化过程。对于本章研究的液压滑阀,节流边冲蚀磨损轮廓的预测对滑阀零位特性、内泄漏和节流口宽度的计算非常重要。在一些理论研究中,将滑阀节流边冲蚀磨损轮廓的形状简单假设为与壁面相切的 1/4 圆弧,并基于这一假设预测冲蚀磨损造成的滑阀性能衰退。然而,英国 Vaughan 测量了冲蚀磨损试验后滑阀节流边的轮廓形状,结果表明被冲蚀后的节流边轮廓并不能假设为与壁面相切的规则圆弧。因此,在本节对滑阀节流锐边冲蚀磨损轮廓的形状进行了计算和讨论。

冲蚀磨损的现有研究中,颗粒轨迹和冲蚀磨损率的计算通常借助于商业计算流体力学软件;由于软件开发的滞后性及出于提高计算效率的考虑,很多主流计算流体力学软件中未考虑一些复杂而关键的模型。例如,在 Fluent 的固体颗粒和壁面碰撞模型中,没有考虑挤压油膜效应;挤压油膜是对接近颗粒具有缓冲作用的液体薄膜,Clark 定量分析了液体介质中挤压油膜对固体颗粒冲蚀的影响,若未考虑挤压油膜效应,理论模型结果与试验的冲蚀磨损率有明显差距,特别是对于小尺寸颗粒的冲蚀。此外,紊流涡旋的时间和空间相关性对颗粒轨迹的计算非常重要,同样在 Fluent 中未做出明确说明。因此,本节根据流体力学进展,基于 Matlab 环境,自编了颗粒轨迹和冲蚀磨损率的数值计算模型,考虑了上述挤压油膜效应、紊流涡的时间和空间相关性等因素。

8.3.1.1　研究对象

图 8-15 为电液伺服阀结构简图,力矩马达将接收到的电信号转换为挡板位移,改变挡板与左、右两喷嘴的距离;进而输出滑阀阀芯左、右两腔的恢复压力差,驱动阀芯运动;阀芯位移

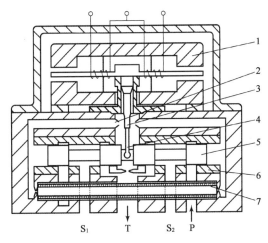

1—力矩马达;2—喷嘴;3—挡板;4—反馈杆;
5—滑阀阀芯;6—阀套;7—滤芯

图 8-15　电液伺服阀结构简图

通过反馈杆以力矩的形式反馈到力矩马达衔铁上，实现阀芯位置的伺服控制。图 8-16 为电液流量伺服阀中通常采用的四通液压滑阀；图中阀芯位于左位，高压油液从 P 口（阀套入口）经过节流口 A_1 进入阀腔，负载输出的油液从负载油口 S_2 进入阀腔，并经过节流口 A_2 从 T 口（阀套出口）流出；当阀芯位于右位时，A_1、A_2 口关闭，B_1、B_2 口打开。4 个节流口附近的流场尺寸基本相同，根据液流流动方向，4 个节流口可分为两种类型：A_1 和 B_1 节流口处液流从阀套入口经过节流口流向阀腔（以下简写为 P→S）；而 A_2 和 B_2 节流口处液流从阀腔经过节流口流向阀套出口（以下简写为 S→T）。

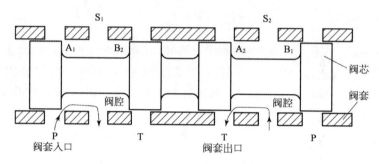

图 8-16　四通液压滑阀的节流锐边

对于大多数液压系统而言，油液中固体颗粒物的体积分数非常低（清洁度等级为 20/16 级的油液中，固体颗粒体积分数仅约为 0.002%），本章在建模时仅考虑紊流液流对固相颗粒动力学特性的影响，而忽略颗粒对载流的影响及颗粒间的相互作用。

液压滑阀的冲蚀磨损预测模型分为以下三个部分：

（1）紊流流场计算模型。通过求解黏性流动的 Navier-Stokes 方程组（以下简称 N-S 方程），求解流场速度、压力、雷诺应力等参量。

（2）固体颗粒轨迹计算模型。根据流场计算结果，求解固体颗粒在紊流流场中的运动轨迹，获取颗粒撞击壁面时的冲击速度、冲击角度，并统计壁面上的颗粒撞击数目分布。

（3）冲蚀磨损率计算模型。给定冲击速度和冲击角度的情况下，求解颗粒撞击造成的壁面表面材料去除量。

8.3.1.2　基于雷诺应力模型的紊流流场求解

诸多理论与试验结果表明，N-S 方程是目前最接近真实情况的黏性流体流场计算模型。作为非线性偏微分方程组，N-S 方程的直接求解非常困难，通常求解雷诺平均（时间平均）或空间平均 N-S 方程获得近似结果。但很多 N-S 方程的简化方法，如黏性涡模型、大涡模拟等，都基于速度脉动各向同性的假设，适用于求解空间分布较为均匀的流场；然而大多数实际流场，特别是本章求解的滑阀节流流场，空间分布并不均匀，速度脉动值具有较强的各向异性；而且流体质点速度脉动对紊流流场颗粒分布情况有决定性的影响，因此这些简化模型不适用于冲蚀磨损的预测。1975 年，德国学者 Launder 提出的雷诺应力模型（RSM）是一种雷诺平均方法，基于雷诺应力（速度脉动）空间分布是各向异性的假设，可以求解不同方向上的速度脉动情况。雷诺应力模型中，流场中某一位置的雷诺应力输运方程表示为

$$\frac{\partial}{\partial t}(\rho_f \overline{u_{f,i} u_{f,j}}) + \frac{\partial}{\partial x_{f,k}}(\rho_f \overline{U_{f,k}}\,\overline{u_{f,i} u_{f,j}}) = P_{ij} + D_{ij} + \Pi_{ij} - \varepsilon_{ij} \tag{8-17}$$

式中　ρ_f ——流体密度；

　　　$\overline{U_f}$ ——该位置流体速度的时间平均值，下标 i、j、k 表示该矢量在三维笛卡尔直角坐标系中三条数轴方向上的分量；

　　　u_f ——该位置流体速度随时间的脉动值；

　　　$\rho_f \overline{U_{f;k}}\, \overline{u_{f;i}u_{f;j}}$ ——该位置的雷诺应力值；

　　　P_{ij} ——雷诺应力产生项；

　　　D_{ij} ——扩散项；

　　　ε_{ij} ——耗散项；

　　　Π_{ij} ——压力应变项，下标 i、j、k 分别表示三维笛卡尔坐标系中的三个方向。

雷诺应力输运方程（6 个方程）、雷诺平均 N-S 方程（3 个方程）、连续性方程、紊动动能 k 方程和紊动动能耗散率 ε 方程这 12 个方程构成了闭合微分方程组；在给定边界条件时，方程组中包含 12 个未知数（包括流场压力、3 个方向的平均速度、6 个雷诺应力、紊动动能 k 值和紊动动能耗散率 ε 值）；方程求解借助于商业计算流体力学（CFD）软件。

8.3.1.3　考虑速度脉动时间和空间相关性的固体颗粒轨迹计算模型

1）液流流场中固体颗粒动力学方程

流场中第 i 个颗粒的运动符合牛顿运动定律，即

$$m_p \frac{dU_{p;i}}{dt} = F_{D;i} + F_{G;i} + F_{P;i} + F_{L;i} + F_{VM;i} \tag{8-18}$$

式中　m_p ——固体颗粒质量；

　　　U_p ——颗粒速度；

　　　F_D ——稳态拽力；

　　　F_G ——与重力加速度相关的力，包括固体颗粒的重力及其受到的浮力；

　　　F_P ——压力梯度力；

　　　F_L ——升力；

　　　F_{VM} ——附加质量力。

其中稳态拽力可表示为

$$F_{D;i} = \frac{18}{24} C_D m_p \frac{\mu Re_p}{\rho_p d_p^2}(U_{pf;i} - U_{p;i}) \tag{8-19}$$

式中　C_D ——拽力系数，Clift 通过试验给出了拽力系数的计算方法；

　　　d_p ——固体颗粒直径；

　　　U_{pf} ——颗粒所处位置的流体瞬时速度；

　　　Re_p ——相对雷诺数，表示为

$$Re_p = \frac{\rho_f d_p}{\mu}\,|\,\vec{U_{pf}} - \vec{U_p}\,| \tag{8-20}$$

固体颗粒受到的重力和浮力可表示

$$F_{G;i} = m_p g_i \left|1 - \frac{\rho_f}{\rho_p}\right| \tag{8-21}$$

式中　ρ_{p} ——固体颗粒密度;

　　　g ——重力加速度。

压力梯度力为

$$F_{\mathrm{P};\,i} = -m_{\mathrm{p}}\frac{\rho_{\mathrm{f}}}{\rho_{\mathrm{p}}}\frac{\partial P}{\partial x_i} \tag{8-22}$$

其中附加质量力 F_{VM} 仅对于直径大于 $250\ \mu\mathrm{m}$ 的大颗粒较为重要;在液压伺服系统中,油液中的颗粒物较小,通常小于 $50\ \mu\mathrm{m}$;因此在本节分析中忽略固体颗粒受到的附加质量力。此外,颗粒在流体中受到的升力 F_{L} 也较小,通常忽略。

2) 颗粒轨迹求解时间步长的修正

固体颗粒运动轨迹的求解分割为离散的时间步;某一时刻 t 的颗粒运动状态可以通过上一时刻 $t-\Delta t$ 的运动状态求得:

$$U_{\mathrm{p};\,i}(t) = U_{\mathrm{p};\,i}(t-\Delta t) + a_{\mathrm{p};\,i}\Delta t \tag{8-23}$$

$$x_{\mathrm{p};\,i}(t) = x_{\mathrm{p};\,i}(t-\Delta t) + \frac{\Delta t}{2}[U_{\mathrm{p};\,i}(t) + U_{\mathrm{p};\,i}(t-\Delta t)] \tag{8-24}$$

式中　a_{p} ——固体颗粒在 $t-\Delta t$ 时刻的加速度,可通过式(8-18)求得;

　　　$U_{\mathrm{p}}(t)$、$x_{\mathrm{p}}(t)$ —— t 时刻固体颗粒的速度和位置。

在时间步长 Δt 内,固体颗粒运动路径上的流体速度、压力和雷诺应力都假设为定值,因此时间步长 Δt 越小,颗粒运动轨迹的计算结果越精确。1981 年,Gosman 和 Ioannides 在选取时间步长 Δt 时,引入了紊流涡的概念;紊流涡是根据试验现象假想的一个区域,在一个紊流涡尺度内,流体的速度脉动值认为是不变的。基于紊流涡特征尺度给出了时间步长 Δt 的推荐值:紊流涡持续时间和颗粒穿越紊流涡时间的最小值,即

$$\Delta t = \min\left(\tau_{\mathrm{fL}},\ \frac{l_{\mathrm{e}}}{|\overrightarrow{U_{\mathrm{pf}}} - \overrightarrow{U_{\mathrm{p}}}|}\right) \tag{8-25}$$

$$\tau_{\mathrm{fL}} = A\frac{k}{\varepsilon},\ l_{\mathrm{e}} = B\frac{k^{1.5}}{\varepsilon} \tag{8-26}$$

式中　l_{e} ——紊流涡的 Kolmogorov 特征长度;

　　　τ_{fL} ——紊流涡持续时间对应的 Kolmogorov 特征时间;

　　　k ——紊流动能;

　　　ε ——紊流动能耗散率。

常数 A 取值 0.135,常数 $B = A/\sqrt{1.5}$。式(8-25)中时间步长 Δt 的大小取决于颗粒所处位置流场的紊流情况;对于一些微米级收缩流道(如本章所研究的滑阀节流流场),上游流体速度和雷诺数非常低(紊流动能耗散率 ε 极小),而下游节流口处的流体速度梯度较大;在这种流场中,上游颗粒所处位置的紊流涡特征尺度和计算得到的时间步长 Δt 极大,以至于颗粒在一个时间步长运动轨迹上的流体速度变化不可忽略,甚至颗粒直接冲出流场区域。

例如在本节研究的滑阀流场中,选取一条穿过节流口中点 O 的流线,如图 8-17a 所示;计算流线上流体平均速度 $\overline{U}_{\mathrm{pf}}$ 及紊流涡对颗粒作用的特征长度 l_{t}(l_{t} 定义为 $\tau_{\mathrm{fL}}\overline{U}_{\mathrm{pf}}$ 和 l_{e} 的最小值,可作为一个时间步长内颗粒运动距离的估计值)的分布情况,如图 8-17b 所示,图中横坐

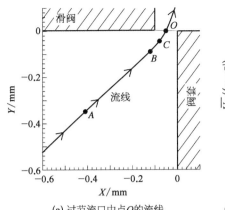
(a) 过节流口中点 O 的流线

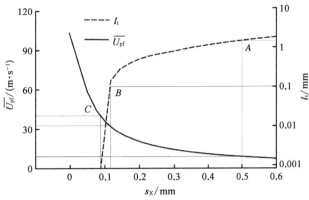
(b) 流线上平均速度 $\overline{U_{pf}}$ 和紊流涡对颗粒作用的特征长度 l_t(压差 7 MPa)

图 8-17　滑阀流场中紊流涡对颗粒作用的特征长度

标为流线上点与节流口中点 O 的距离 s_x；图中 A 点处于流体速度较低的流场上游,紊流涡对颗粒作用的特征长度 l_t 极大($l_t > 1$ mm),颗粒在一个时间步长内就可穿越整个流场;下游 B 点的特征长度 l_t(约 0.1 mm)小于流场尺寸,但从 B 点出发向下游流动的颗粒将经历较大的速度梯度,该特征长度值仍偏大;节流口附近 C 点对应的特征长度 l_t(约 10^{-3} mm)足够小,使得特征长度内流体速度的变化量可以忽略。这表明了式(8-25)中时间步长 Δt 的计算方法仅在高雷诺数(滑阀节流口处)或大尺寸流场中适用,而用于小尺寸低雷诺数流场(滑阀流场上流)时存在较大误差甚至错误。因此,本节对时间步长 Δt 的取值方法进行了修正:

$$\Delta t = \min\left[\tau_{fL}, \frac{\min(l_e, l_x)}{|\overrightarrow{U_{pf}} - \overrightarrow{U_p}|}\right] \qquad (8-27)$$

式中　l_x——设定的最大特征长度,用于限制一个时间步长内颗粒的最大运动距离。

3)紊流速度脉动的时间和空间相关性

流场中固体颗粒所处位置的流体瞬时速度 U_{pf} 可表示为

$$U_{pf; i} = \overline{U_{pf; i}} + u_{pf; i} \qquad (8-28)$$

式中　$\overline{U_{pf}}$——颗粒所处位置流体的平均速度;

u_{pf}——颗粒所处位置流体的速度脉动值。

由于紊流涡的随机性,流体速度脉动 u_{pf} 可视为随机变量,其分布规律通常假设为均值为零的高斯分布,方差可通过雷诺应力和流体密度的比值求得,速度脉动 u_{pf} 分布的概率密度函数可表示为

$$P(u_{f; i}) = \frac{1}{\sqrt{2\pi}\sqrt{\overline{u_{f; i}^2}}}\exp\left[-\frac{u_{f; i}}{2\overline{u_{f; i}^2}}\right] \qquad (8-29)$$

由于式(8-27)限制了一个时间步长内固体颗粒的运动距离,因此颗粒运动可能在连续的若干个时间步内都受到同一个紊流涡的影响,此时必须考虑紊流涡随时间演变的自相关性及紊流涡之间的空间相关性。

紊流涡的自相关性是指紊流涡的当前状态或多或少地受到上一时间步状态的影响,导致某一特定紊流涡对应的速度脉动值的演变具有继承性;以二维流场为例,某一紊流涡所造成的

速度脉动可表示为

$$\begin{bmatrix} u_{\mathrm{f};\,i} \\ u_{\mathrm{f};\,j} \end{bmatrix}_t = \beta \begin{bmatrix} u_{\mathrm{f};\,i} \\ u_{\mathrm{f};\,j} \end{bmatrix}_{t-\Delta t} + \begin{bmatrix} d_i \\ d_j \end{bmatrix}_t \tag{8-30}$$

$$\beta = \begin{bmatrix} R^{\mathrm{L}}_{\mathrm{f};\,ii}\,\overline{u^2_{\mathrm{f};\,i}} & R^{\mathrm{L}}_{\mathrm{f};\,ij}\sqrt{\overline{u^2_{\mathrm{f};\,i}}}\sqrt{\overline{u^2_{\mathrm{f};\,j}}} \\ R^{\mathrm{L}}_{\mathrm{f};\,ij}\sqrt{\overline{u^2_{\mathrm{f};\,i}}}\sqrt{\overline{u^2_{\mathrm{f};\,j}}} & R^{\mathrm{L}}_{\mathrm{f};\,jj}\,\overline{u^2_{\mathrm{f};\,j}} \end{bmatrix}_{t-\Delta t} \begin{bmatrix} \overline{u^2_{\mathrm{f};\,i}} & \overline{u_{\mathrm{f};\,i}u_{\mathrm{f};\,j}} \\ \overline{u_{\mathrm{f};\,i}u_{\mathrm{f};\,j}} & \overline{u^2_{\mathrm{f};\,j}} \end{bmatrix}^{-1}_{t-\Delta t} \tag{8-31}$$

式中 d_i、d_j——仅与流场位置相关而不受之前状态影响的速度脉动随机分量,其分布的概率密度函数见式(8-29);

$R^{\mathrm{L}}_{\mathrm{f};\,ij}$——拉格朗日自相关张量,可表示为 Frenkiel 函数:

$$R^{\mathrm{L}}_{\mathrm{f};\,ij}(t_1,\,t_2) = \exp\left[\frac{-(t_2-t_1)}{(m^2+1)\tau_{\mathrm{fL}ij}(t_2)}\right]\cos\left[\frac{-m(t_2-t_1)}{(m^2+1)\tau_{\mathrm{fL}ij}(t_2)}\right] \tag{8-32}$$

式中 $\tau_{\mathrm{fL}ij}$——拉格朗日时间常量,表示为

$$\tau_{\mathrm{fL}ij}(t_2) = C_{\mathrm{L}}\frac{\overline{u_{\mathrm{f};\,i}(t_2)u_{\mathrm{f};\,j}(t_2)}}{\varepsilon} \tag{8-33}$$

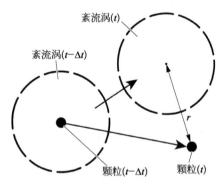

图 8-18 流体速度脉动的时间和空间相关性示意图

其中常数 C_{L} 的取值可参考一些经典的试验数据,在管道流动和射流流场中 C_{L} 通常取 0.2。

由于固体颗粒和液相的密度不一致,固体颗粒在运动过程中会穿越不同的紊流涡,经典试验结果表明,紊流涡产生的速度脉动在空间上是彼此相关的;如图 8-18 所示,固体颗粒在 $t-\Delta t$ 时刻处于某一紊流涡的影响下,在时间步长 Δt 之后,该颗粒和原紊流涡之间产生了距离 r,当距离 r 超出原紊流涡的空间尺度,可以认为固体颗粒已经脱离了原紊流涡的影响范围,但考虑到速度脉动的空间相关性,t 时刻固体颗粒所在位置的速度脉动值为

$$\begin{bmatrix} u_{\mathrm{pf};\,i} \\ u_{\mathrm{pf};\,j} \end{bmatrix} = \gamma \begin{bmatrix} u_{\mathrm{f};\,i} \\ u_{\mathrm{f};\,j} \end{bmatrix} + \begin{bmatrix} e_i \\ e_j \end{bmatrix} \tag{8-34}$$

$$\gamma = \begin{bmatrix} R^{\mathrm{E}}_{\mathrm{f};\,ii}\sqrt{\overline{u^2_{\mathrm{pf};\,i}}}\sqrt{\overline{u^2_{\mathrm{f};\,i}}} & R^{\mathrm{E}}_{\mathrm{f};\,ij}\sqrt{\overline{u^2_{\mathrm{pf};\,i}}}\sqrt{\overline{u^2_{\mathrm{f};\,j}}} \\ R^{\mathrm{E}}_{\mathrm{f};\,ij}\sqrt{\overline{u^2_{\mathrm{pf};\,j}}}\sqrt{\overline{u^2_{\mathrm{f};\,i}}} & R^{\mathrm{E}}_{\mathrm{f};\,jj}\sqrt{\overline{u^2_{\mathrm{pf};\,j}}}\sqrt{\overline{u^2_{\mathrm{f};\,j}}} \end{bmatrix} \begin{bmatrix} \overline{u^2_{\mathrm{f};\,i}} & \overline{u_{\mathrm{f};\,i}u_{\mathrm{f};\,j}} \\ \overline{u_{\mathrm{f};\,i}u_{\mathrm{f};\,j}} & \overline{u^2_{\mathrm{f};\,j}} \end{bmatrix}^{-1} \tag{8-35}$$

式中 e_i、e_j——仅与颗粒所处位置相关而不受之前状态影响的速度脉动随机分量,其分布的概率密度函数见式(8-29);

$R^{\mathrm{L}}_{\mathrm{f};\,ij}$——空间相关性张量,可表示为

$$R^{\mathrm{E}}_{\mathrm{f};\,ij}(r,\,x_{\mathrm{f}}) = \exp\left[\frac{-r}{(n^2+1)L_{\mathrm{fE}ij}(x_{\mathrm{f}})}\right]\cos\left[\frac{nr}{(n^2+1)L_{\mathrm{fE}ij}(x_{\mathrm{f}})}\right] \tag{8-36}$$

式中　$\tau_{\text{fE}ij}$ ——欧拉长度常量,表示为

$$L_{\text{fE}ij}(F) = C_{\text{E}} \frac{(\overline{u_{\text{f};i}u_{\text{f};j}})^{1.5}}{\varepsilon} \tag{8-37}$$

其中常数 C_{E} 在现有模型中取 0.164。

为了获取式(8-36)中固体颗粒和紊流涡之间的相对位置,需要计算紊流涡的运动状态,有

$$x_{\text{f};i}(t) = x_{\text{f};i}(t-\Delta t) + [\overline{U_{\text{f};i}}(t) + u_{\text{f};i}(t)]\Delta t \tag{8-38}$$

式中　$x_{\text{f}}(t)$ ——t 时刻紊流涡的位置。

接下来进一步说明考虑紊流速度脉动时间和空间相关性的必要性。如图 8-19a 所示,时间步长 Δt 经过式(8-27)的修正后,固体颗粒在某一紊流涡中的运动过程由原来的一个时间步分为若干个时间步;若不考虑紊流速度脉动的时间和空间相关性(即每一时间步中,紊流速度脉动是均值为零的独立变量),则某一紊流涡的速度脉动对颗粒运动轨迹的影响在统计上趋近于零,固体颗粒将大致沿着平均速度的方向运动,这不符合 Gosman 的紊流涡理论;若考虑了相关性,则每一时间步长中紊流涡速度脉动的变化具有继承性,颗粒运动轨迹才能体现出随机性。图 8-19b、c 为根据本章数值计算模型得到的颗粒运动轨迹图,其中图 8-19b 未考虑紊流速度脉动相关性,滑阀流场中固体颗粒物的轨迹表现为更低的随机性,颗粒碰撞壁面的概率更低,其最大冲蚀磨损材料去除率的结果(0.11 μm/g)也远小于图 8-19c 中考虑相关性的计算结果(0.31 μm/g)。

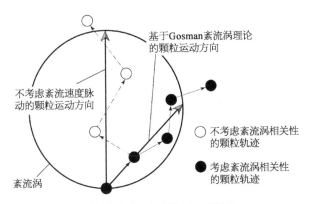

(a) 固体颗粒在某一紊流涡中的运动轨迹

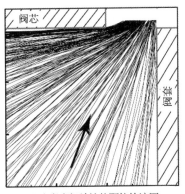

(b) 未考虑相关性的颗粒轨迹图

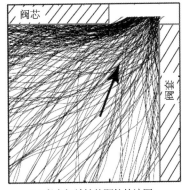

(c) 考虑相关性的颗粒轨迹图

图 8-19　紊流速度脉动时间和空间相关性的影响(石英粒子,直径 60 μm,压差 7 MPa,滑阀开度 100 μm)

8.3.1.4 考虑挤压油膜效应的固体颗粒与壁面作用模型

气体介质中固体颗粒与壁面的作用过程已有大量试验研究,其中 Forder 将 AISI4130 合金结构钢作为靶材,得到了颗粒冲击金属壁面后反弹速度和角度的经验公式,该公式广泛应用于塑性材料冲蚀磨损的预测:

$$U'_{p;n}=U_{p;n}e_n, \quad U'_{p;t}=U_{p;t}e_t \tag{8-39}$$

$$e_n=0.988-0.78\alpha+0.19\alpha^2-0.024\alpha^3+0.027\alpha^4 \tag{8-40}$$

$$e_t=1-0.78\alpha+0.84\alpha^2-0.21\alpha^3+0.028\alpha^4-0.022\alpha^5 \tag{8-41}$$

式中 $U_{p;n}$、$U_{p;t}$ ——颗粒冲击速度的法向和切向分量;

$U'_{p;n}$、$U'_{p;t}$ ——颗粒冲击壁面后反弹速度的法向和切向分量;

α ——冲击角度(即颗粒冲击速度矢量和壁面切线方向的夹角)。

而对于液体介质中,固体颗粒冲击材料表面时,由于液体的惯性和黏性作用,在两个彼此接近的表面间形成一层高压的液体膜,阻碍颗粒的运动,改变了颗粒冲击壁面的速度和角度;这种挤压膜效应对于小尺寸颗粒(本例中粒子直径小于 $60~\mu m$)运动的影响较为明显。颗粒实际冲击壁面的法向速度 $U_{pimp;n}$ 与不考虑挤压油膜效应时粒子冲向壁面法向速度 $U_{pa;n}$ 的比值(即挤压油膜因子 F)表示为

$$F=\frac{U_{pimp;n}}{U_{pa;n}}=\max\left(\frac{a}{a+\xi}-\frac{12\xi^2}{a+\xi}\frac{1}{Re},\,0\right) \tag{8-42}$$

$$a=8\left(2\frac{\rho_p}{\rho_f}+f_{av}\right),\quad Re=\frac{\rho_f d_p}{\mu}U_{pa} \tag{8-43}$$

式中 Re ——固体颗粒的雷诺数。

根据 Clark 的试验,常数 ξ 和 f_{av} 的详细取值为 $\xi=13.1$,$f_{av}=3.88$。

8.3.1.5 冲蚀磨损率计算模型

本节将冲蚀磨损率定义为单位质量固体颗粒冲击造成的靶材去除体积(三维)或深度(二维);冲蚀磨损率是颗粒冲击速度、冲击角度、颗粒性质、靶材性质及其他环境变量的函数。Finnie 基于切削磨损假设,提出了适用于小冲击角度的冲蚀磨损计算;Bitter 基于变形磨损假设,补充了大冲击角度时靶材的冲蚀磨损率计算模型;这两种模型对应不同的适用场景,并都得到大量的试验验证。为了提高冲蚀磨损模型的计算精度并拓展其适用范围,众学者基于 Finnie 和 Bitter 的模型发展出了不同的冲蚀磨损率计算方法,其中 Forder 总结的模型最具有影响力。一个固体颗粒冲击造成靶材的质量流失量 W 表示为

$$W=W_c+W_d \tag{8-44}$$

$$W_c=\frac{100}{2\sqrt{29}}\frac{3}{4\pi\rho_p}\left(\frac{U_p}{C_k}\right)^n\sin(2\alpha)\sqrt{\sin\alpha} \tag{8-45}$$

$$W_d=\frac{(U_p\sin\alpha-D_k)^2}{2E_f} \tag{8-46}$$

式中 W_c ——单位质量固体颗粒微切削作用造成的靶材质量流失量;

W_d ——变形磨损作用造成的靶材质量流失量。

$$C_k = \sqrt{\frac{3Y_f R_f^{0.6}}{\rho_p}} \tag{8-47}$$

$$D_k = \frac{\pi^2}{2\sqrt{10}} (1.59Y)^{2.5} \left(\frac{R_f}{\rho_t}\right)^{0.5} \left(\frac{1-q_p^2}{E_p} + \frac{1-q_t^2}{E_t}\right)^2 \tag{8-48}$$

其中各符号对应的物理意义见表 8-3 和表 8-4。本章研究的液压滑阀冲蚀磨损分析中,阀芯阀套的材料为无表面处理的高强度马氏体不锈钢,如 440C 不锈钢。石英(SiO₂)颗粒作为液压油中常见的污染物之一,广泛应用于各种液压元件冲蚀磨损试验中(如英国巴斯大学 Vaughan 进行的滑阀节流锐边冲蚀磨损加速试验)。相比其他液压系统常见污染物(如铁屑、SiC 颗粒和 Al₂O₃颗粒),石英颗粒的形状更加规则,更趋近于球形;根据 Bahadur 的冲蚀磨损试验,石英颗粒的冲蚀磨损率与理想球体冲蚀的理论结果接近。因此,假设石英颗粒为理想球体,式(8-48)中石英颗粒的圆度因子为 1。

表 8-3　固体颗粒和靶材性质

材　料	符　号	物理意义	单　位	值
滑阀阀芯和阀套 (440C 不锈钢)	Y_f	塑性流动应力	MPa	760
	ρ_t	密度	kg/m³	7 650
	E_t	弹性模量	GPa	200
	q_t	泊松比		0.28
	HV	表面硬度	GPa	5.8～6.2
	Y	屈服应力	MPa	450
石英颗粒(SiO₂)	ρ_p	密度	kg/m³	2 650
	E_p	弹性模量	GPa	59
	q_p	泊松比		0.23
	R_f	圆度因子		1

表 8-4　冲蚀磨损模型中的经验参数

符　号	物理意义	单　位	值	备　注
n	速度比的指数		$2.3(HV)^{0.038}$	Oka[0]
			2.41	Arabnejad
E_f	变形磨损能量密度	J/mm³	34	17-4 PH 不锈钢(Forder)
			19	4130 合金钢(Forder)

表 8-4 中列出了冲蚀磨损模型中需要确定的两个经验参数:颗粒冲击速度的指数 n 和变形磨损能量密度 E_f。Oka 研究了各种不锈钢(包括奥氏体不锈钢、铁素体不锈钢和马氏体不锈钢)的冲蚀磨损特性,将式(8-45)中颗粒冲击速度的指数 n 表示为靶材硬度 HV 的函数,对于石英颗粒冲蚀的情况,有 $n = 2.3(HV)^{0.038}$,式中靶材硬度 HV 单位为 GPa。Forder 研究

了马氏体沉淀硬化不锈钢(17-4 PH)和4130结构钢的变形磨损能量密度E_f,由于440C不锈钢和17-4 PH不锈钢同属于马氏体不锈钢,其成分和金相组织更为接近,因此440C不锈钢的变形磨损能量密度E_f取值为34 J/mm^3。

8.3.2 冲蚀磨损量数值计算方法

8.3.2.1 数值计算流程

图8-20为数值计算流程图。初始时刻($T=0$),未磨损滑阀的节流锐边形状轮廓已知,求解此时紊流流场中流速、压力、雷诺应力(速度脉动)等信息;然后基于流场信息和颗粒初始状态(数目、直径、材料等),求解流场中固体颗粒的运动轨迹,得到颗粒冲击滑阀壁面的速度、角度和数目信息;根据冲蚀磨损公式,得到ΔT时间内滑阀节流边上各位置的冲蚀磨损体积,求解ΔT时间之后的冲蚀磨损轮廓;之后根据求得的磨损轮廓更新流场边界,并重新求解新的紊流流场、颗粒运动轨迹和冲蚀磨损量。迭代循环将持续下去,直到达到预设的磨损时间T_{max}或磨损深度h_{max}。需要注意的是,在时间间隔ΔT中流场边界保持不变,所求解的紊流流场为某一磨损状态对应的稳态流场(而非瞬态流场)。

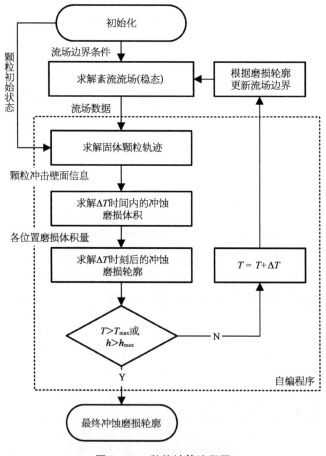

图8-20 数值计算流程图

由于全周开口滑阀的流场是轴对称的,为了提高计算效率,采用轴对称边界的二维流场代替实际的三维流场进行计算。紊流流场的计算借助于商用CFD软件,颗粒运动轨迹、冲蚀磨损率和磨损轮廓则通过自制的 Matlab 程序进行求解；按照图 8-20，将流场计算结果和颗粒初始状态作为输入量导入 Matlab 程序中，将求得的磨损轮廓作为新的流场计算边界导入 CFD 软件中，实现循环迭代。

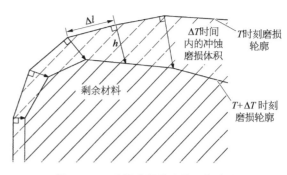

8.3.2.2　冲蚀磨损轮廓更新方法

接下来介绍冲蚀磨损轮廓（已知冲蚀磨损量）的更新方法。如图 8-21 所示，将滑阀阀芯和阀套的二维轮廓转化为若干条首尾相接的等长直线段（取离散的直线段长度 $\Delta l = 5\ \mu\text{m}$），则 ΔT 时间内每条直线段对应的冲蚀磨损体积为

图 8-21　冲蚀磨损轮廓的更新方法

$$V(l) = \frac{\sum\limits_{i=1}^{m} W_{\text{p}}(i)}{\rho_{\text{t}}} \tag{8-49}$$

式中　m —— ΔT 时间内冲击到该直线段上的固体颗粒数目；

$W_{\text{p}}(i)$ ——第 i 个颗粒冲击壁面造成的材料去除质量。

然后将每条直线段同一端的端点沿着垂线方向向壁面内部移动，形成新的节点，用直线段连接新节点形成新的轮廓。端点移动的深度 h 表示为

$$h(l) = \frac{V(l)}{\pi D \Delta l} \tag{8-50}$$

式中　D ——滑阀直径。

8.3.2.3　数值计算设置及独立性验证

图 8-22 为某电液伺服阀滑阀及其结构尺寸，以该伺服滑阀为算例，设置流场边界。

(a) 阀套实物图

(b) 阀芯实物图

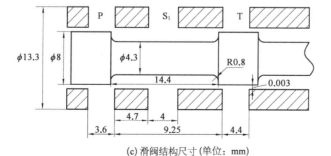

(c) 滑阀结构尺寸 (单位：mm)

图 8-22　某电液伺服阀滑阀及其结构尺寸

采用非结构四边形网格对求解流场进行网格划分,如图 8‑23a 所示。由于节流口附近流道尺寸较小且紊流脉动和压力梯度较大,对该处网格进行了细化;为了提高壁面附近颗粒运动轨迹的计算精度,对壁面附近流场网格进行了进一步细化,如图 8‑23b、c 所示。

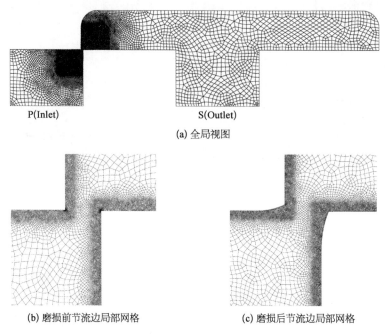

(a) 全局视图

(b) 磨损前节流边局部网格　　　　　(c) 磨损后节流边局部网格

图 8‑23　待求解流场网格(P→S)

为了尽可能减小计算参数取值对数值计算结果的影响,对网格尺寸、固体颗粒数目和最大特征长度 l_x 等参数的独立性进行了验证,如图 8‑24 所示。在图 8‑24a、b 中,当网格节点数

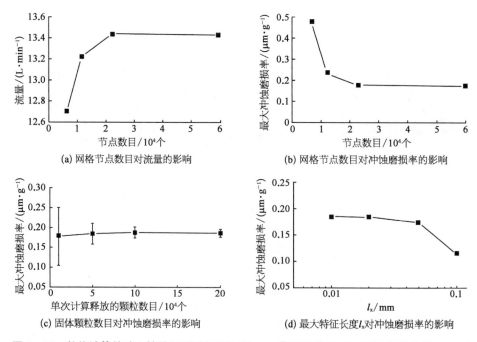

(a) 网格节点数目对流量的影响　　　　(b) 网格节点数目对冲蚀磨损率的影响

(c) 固体颗粒数目对冲蚀磨损率的影响　　(d) 最大特征长度 l_x 对冲蚀磨损率的影响

图 8‑24　数值计算的独立性验证(滑阀开度 100 μm,节流压差 7 MPa,石英颗粒直径 10 μm)

目大于 2.2 万个时，网格节点数目对流场（滑阀节流流量）和冲蚀磨损（最大冲蚀磨损率）计算结果的影响较小。在图 8 - 24c 中，颗粒数目主要影响冲蚀磨损率计算结果的可重复性，对于研究的各尺寸（$1.25 \sim 60\ \mu m$）固体颗粒，当单次计算时释放的固体颗粒数目达到 20 万个以上时，最大冲蚀磨损率计算结果的变异系数（标准差与平均值的比值）均小于 0.054 7。为修正颗粒运动轨迹计算的时间间隔 Δt，引入了最大特征长度 l_x；最大特征长度 l_x 越小，颗粒运动计算结果越精确，但相应的计算代价越大。从图 8 - 24d 中可以看出，当 $l_x < 20\ \mu m$ 时，最大冲蚀磨损率的计算结果无较大变化。

8.3.3　冲蚀磨损量的影响因素及讨论

8.3.3.1　滑阀节流边冲蚀磨损轮廓的形状

如图 8 - 25 所示，滑阀节流边的冲蚀磨损轮廓可用滑阀磨损深度 h_s 和阀套磨损深度 h_b 来定量描述，有

$$h_s = F(l_s) \tag{8-51}$$

$$h_b = G(l_b) \tag{8-52}$$

式中　l_s——阀芯磨损轮廓上的点到阀芯台肩端面的距离；

l_b——阀套磨损轮廓上的点到阀套内表面的距离。

对于液流方向为阀腔流向阀套出口的情况（即 S→T），l_s 和 l_b 分别定义为阀芯磨损轮廓上的点到阀芯台肩的距离及阀套磨损轮廓上的点到阀套窗口边线的距离。函数 $F(l_s)$ 和 $G(l_b)$ 的曲线即为阀芯和阀套的磨损轮廓；磨损轮廓曲线、初始轮廓曲线、横纵坐标轴所围成的面积即为阀芯和阀套的二维冲蚀磨损去除面积 W_s 和 W_b（磨损去除面积与阀芯周长的乘积即为冲蚀磨损去除体积）。此外，滑阀开度 x_{v0} 定义为阀芯台肩端面与阀套窗口边线的距离；实际的滑阀节流口宽度 x_v 为阀芯和阀套磨损轮廓的最小距离。

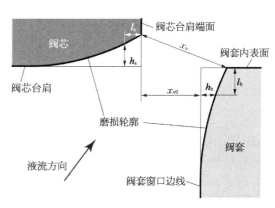

图 8 - 25　阀芯阀套磨损轮廓的定量表述方法（P→S）

英国巴斯大学的 Vaughan 进行了滑阀的加速冲蚀磨损试验研究，测绘了试验中不同阶段阀芯和阀套的冲蚀磨损轮廓；在图 8 - 26 中给出了 Vaughan 试验时初始时刻（未磨损）、阀套冲蚀磨损去除面积 $W_b = 581\ \mu m^2$ 时（对应的阀芯磨损去除面积 $W_s = 222\ \mu m^2$）及 $W_b = 807\ \mu m^2$ 时（$W_s = 356\ \mu m^2$）对应的阀芯和阀套冲蚀磨损轮廓。根据 Vaughan 试验条件，数值计算了相同阀套磨损面积 W_b 时的滑阀冲蚀磨损轮廓（理论计算结果中，当 $W_b = 581\ \mu m^2$ 时，$W_s = 226\ \mu m^2$；当 $W_b = 807\ \mu m^2$ 时，$W_s = 388\ \mu m^2$），如图 8 - 26 所示。从图中可以看出，理论计算的磨损轮廓与试验结果较为吻合。

在一些关于滑阀磨损数值计算的研究中，往往直接将节流边磨损轮廓假设为与壁面相切的 1/4 圆弧（以下简称"相切圆弧假设"）；之后基于这一假设，结合几何关系，根据材料磨损去除体积即可求解节流边的冲蚀磨损深度和磨损后的实际节流口宽度 x_v。图 8 - 26 中同时给

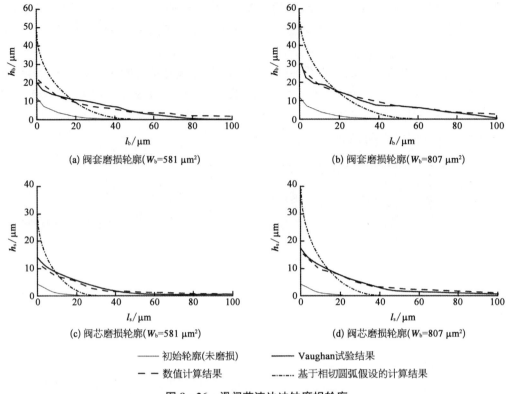

图 8‑26 滑阀节流边冲蚀磨损轮廓

出了基于"相切圆弧假设"得到的滑阀磨损轮廓,从图中可以看出相切圆弧假设得到的磨损轮廓形状与 Vaughan 试验有较大差距,这不但造成了阀口流动状态的不同,更导致了磨损后节流口宽度 x_v 的计算错误,进而造成零位泄漏量、流量增益等的计算错误。表 8‑5 为阀套冲蚀磨损去除面积 $W_b = 581\ \mu m^2$ 时的滑阀节流口宽度 x_v。可以看出,与 Vaughan 的试验相比,本节的理论计算结果较为接近;而基于相切圆弧假设的计算结果则相差较大(特别是当滑阀开度 $x_{v0} = 0$ 时,节流口宽度 x_v 的计算误差达 82.6%,这将导致滑阀零位泄漏的求解出现明显错误)。

表 8‑5 磨损后的滑阀节流口宽度 $x_v\,(W_b = 581\ \mu m^2)$

结　　果	$x_{v0} = 0\ \mu m$		$x_{v0} = 100\ \mu m$	
	$x_v/\mu m$	误差/%	$x_v/\mu m$	误差/%
Vaughan 试验结果	24.1		119	
本节理论计算结果	24.4	1.2	120.8	1.5
基于相切圆弧假设计算结果	44	82.6	125.9	5.8

8.3.3.2　固体颗粒尺寸对冲蚀磨损量的影响

选取液流从阀套入口流向阀腔(即 P→S)时阀套的冲蚀磨损行为作为典型情况进行讨论;不同液流方向时阀芯和阀套冲蚀磨损情况的对比将在后续讨论。

固体颗粒尺寸直接影响其在流场中的斯托克斯数 St,斯托克斯数可表示为

$$St = \frac{\rho_{\mathrm{p}} d_{\mathrm{p}}^2 U_{\mathrm{f}}}{18 \mu D_{\mathrm{x}}} \tag{8-53}$$

式中　D_{x}——流场的特征尺度。

斯托克斯数 St 表征着流场中固体颗粒惯性作用和扩散作用的比值，St 值越小则颗粒的相对惯性越小，越容易跟随流体运动，因此小尺寸固体颗粒更容易跟随流体掠过壁面，而不是撞向壁面。图 8-27 为不同尺寸颗粒的运动轨迹图，图中直径 $60\,\mu m$ 颗粒抵达壁面的频率（抵达壁面次数与释放颗粒总数的比值）明显高于直径 $10\,\mu m$ 的颗粒。

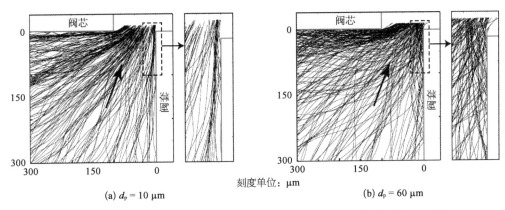

(a) $d_{\mathrm{p}} = 10\,\mu m$　　　　　　　　　(b) $d_{\mathrm{p}} = 60\,\mu m$

图 8-27　不同尺寸颗粒的运动轨迹图（滑阀开度 100 μm，节流压差 7 MPa）

此外，颗粒尺寸与颗粒雷诺数 Re 相关，进而影响颗粒与挤压油膜的作用结果。从式（8-37）中可以看出，固体颗粒抵达壁面时，若其雷诺数 Re 过小，则由于挤压油膜作用而无法冲击到壁面上，这一现象对于低雷诺数的小尺寸颗粒尤为明显。图 8-28 为不同尺寸颗粒抵达和冲击壁面的频率（冲击壁面数目与释放颗粒总数的比值）。可以看出，颗粒尺寸越小，抵达壁面后冲击靶材的比率越低；对于直径小于 $10\,\mu m$ 的颗粒，雷诺数过小，几乎所有抵达壁面的颗粒都无法克服挤压油膜、无法与壁面发生碰撞；而对于直径大于 $20\,\mu m$ 的颗粒，挤压油膜的阻碍作用较弱，冲击与抵达壁面数目的比值随颗粒直径增加而上升的趋势减缓。

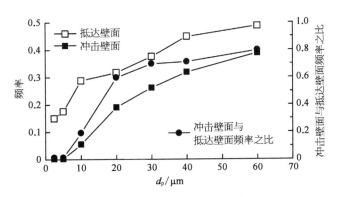

图 8-28　不同尺寸颗粒抵达和冲击壁面的频率

根据数值计算结果，给出了不同尺寸颗粒对应的颗粒冲击变量（包括冲击速度、冲击角度和冲击频率），如图 8-29 所示（横坐标表明不同的冲蚀位置，其定义如图 8-25 所示）。图中大尺寸颗粒具有较大斯托克斯数，在流场中加速度较低，因而冲击速度较低；同时大惯性和大雷诺

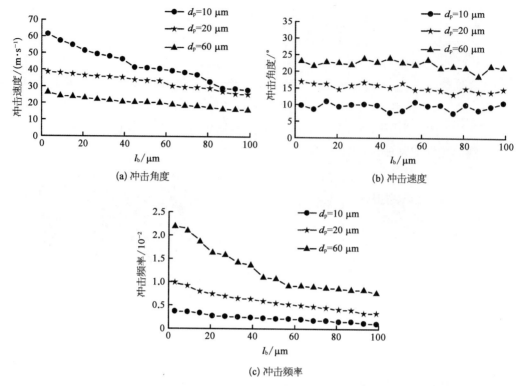

(a) 冲击角度

(b) 冲击速度

(c) 冲击频率

图 8-29　颗粒尺寸对颗粒冲击变量的影响(滑阀开度 100 μm,节流压差 7 MPa)

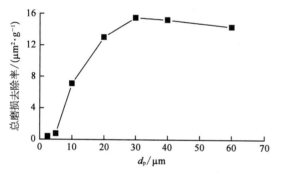

图 8-30　颗粒尺寸对冲蚀磨损去除率的影响
(滑阀开度 100 μm,节流压差 7 MPa)

数使得大尺寸颗粒更容易克服挤压油膜作用,因而大尺寸颗粒的冲击角度和冲击频率更大。

图 8-30 给出了不同尺寸颗粒对应的材料去除率。小尺寸颗粒对挤压油膜的阻碍作用更加敏感,因此随着颗粒直径的增加,颗粒雷诺数增大,颗粒冲击频率大幅增加,材料去除率快速上升。而当颗粒直径超过临界值($30\ \mu m$)后,挤压膜不再对颗粒的冲蚀行为起决定性作用,此时大尺寸颗粒惯性较大,冲击速度较低,导致冲蚀磨损去除率随颗粒尺寸的增加而略有下降。

8.3.3.3　滑阀轮廓演变对冲蚀磨损量的影响

在冲蚀磨损发展过程中,磨损轮廓的演变导致了两个重要的变化:一是上游流场速度在增加。图 8-31 为滑阀冲蚀磨损轮廓演变对流场速度的影响;在图 8-31a、b 中给出了未磨损和 $W_b = 807\ \mu m^2$ 时的速度云图;在两流场中取从同一点出发的流线 st 和 st_e,在图 8-31c 中给出了两条流线上的流速;从图中可以看出,随着冲蚀磨损的进行,靠近节流口的流体速度保持不变(根据伯努利方程,节流口处流速仅与压差有关),而流场上游流速有明显的增加(冲蚀磨损导致节流面积变大,流量增加;但流场上游过流面积不变,因此上游流速增加)。图 8-32a 为滑阀冲蚀磨损轮廓演变对颗粒冲击速度的影响。小尺寸颗粒的斯托克斯数小,流动性较强,随着冲蚀磨损的发展,其上、下游冲击速度的变化趋势与图 8-31 中流场流速变化趋势相同。大尺寸颗粒的惯性较大,其上游冲击速度的变化(相对小尺寸颗粒来看)不明显;对于冲蚀磨损

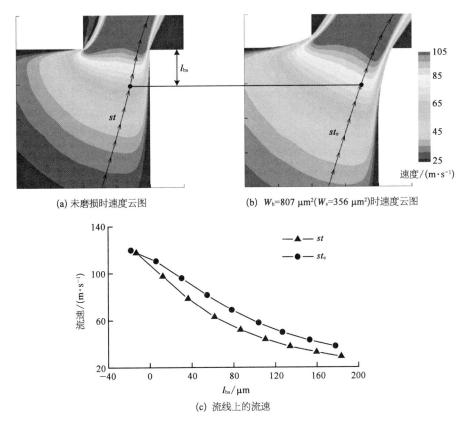

(a) 未磨损时速度云图　　　(b) $W_b=807\ \mu m^2(W_s=356\ \mu m^2)$时速度云图

(c) 流线上的流速

图 8-31　滑阀冲蚀磨损轮廓演变对流场速度的影响

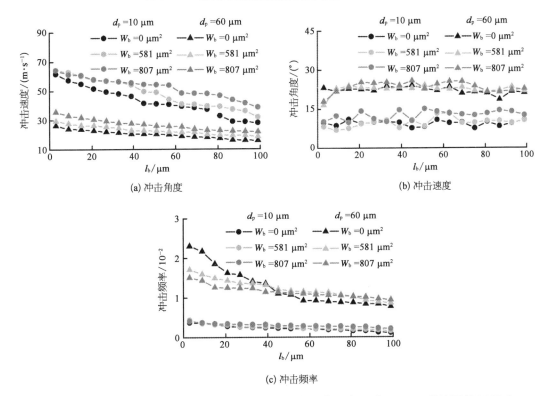

(a) 冲击角度　　　(b) 冲击速度

(c) 冲击频率

图 8-32　滑阀冲蚀磨损轮廓演变对颗粒冲击变量的影响(滑阀开度 100 μm,节流压差 7 MPa)

较严重时,大尺寸颗粒在流向下游的过程中,历经更大的流体速度、更大的拽力和更大的加速度,因此其下游冲击速度反而有较为明显的增加。

二是节流边磨损轮廓与来流固体颗粒轨迹逐渐平行,降低了颗粒(特别是大尺寸颗粒)与下游节流口壁面的碰撞频率。图 8-32c 为滑阀冲蚀磨损轮廓演变对颗粒冲击频率的影响。可见,随着冲蚀磨损的发展,下游节流口壁面的颗粒冲击频率有所降低;考虑到小尺寸颗粒的流动性较强并且冲击速度的增加提高了克服挤压油膜的颗粒比例,因此小尺寸颗粒在下游节流口壁面的冲击频率甚至有小幅的增长;上游壁面轮廓变化较小,较大的颗粒冲击速度使得各尺寸颗粒对上游壁面的冲击频率均有所增加。

图 8-33 为磨损轮廓演变对冲蚀磨损去除率的影响;随着磨损轮廓的演变,最大磨损去除率(发生在下游节流口处)基本不变,而总磨损去除率逐渐增加;这说明,随着冲蚀磨损的发展,壁面上磨损去除率的分布趋于均匀,图 8-36 中滑阀节流边冲蚀磨损轮廓的演变过程也印证了这一结论。

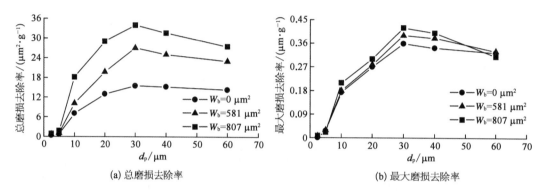

(a) 总磨损去除率　　　　　　　　(b) 最大磨损去除率

图 8-33　磨损轮廓演变对冲蚀磨损去除率的影响(滑阀开度 100 μm, 节流压差 7 MPa)

8.3.3.4　节流压差对冲蚀磨损量的影响

节流口压差越大,流体速度越快,导致流体中的固体颗粒冲击速度越大。图 8-34 为 7 MPa 与 3.5 MPa 节流压差的颗粒冲击变量比值,2 倍节流压差对应的颗粒冲击速度提高到 1.2~1.4 倍;根据伯努利方程,液流流经节流孔时的速度正比于节流压差的算数平方根,但拽力系数 C_D 随流体速度的增加而降低,因此图中的颗粒冲击速度比值略小于 $\sqrt{2}$。图 8-34b 为颗粒冲击角度的变化情况,可见节流压差对颗粒冲击角度无较大影响。图 8-34c 为节流压差对颗粒冲击频率的影响,大节流压差下颗粒冲击速度提高,使得颗粒更容易克服挤压油膜的阻碍作用,提高了小尺寸颗粒的冲击频率。

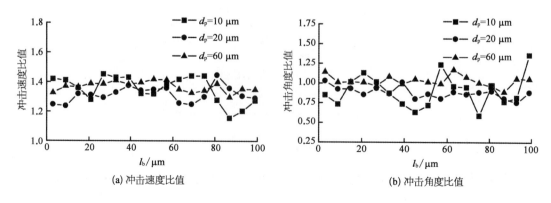

(a) 冲击速度比值　　　　　　　　(b) 冲击角度比值

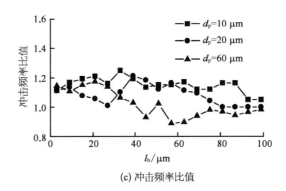

图 8‑34　7 MPa 与 3.5 MPa 节流压差的颗粒冲击变量比值(滑阀开度 100 μm)

冲击速度的增加,使得大压差时的冲蚀磨损去除率大大提高(冲蚀磨损率正比于冲击速度的 2.46 次方);图 8‑35 为 7 MPa 与 3.5 MPa 节流压差的冲蚀磨损去除率比值,图中 2 倍节流压差时,最大磨损去除率和总磨损去除率均提高到 2～2.5 倍。

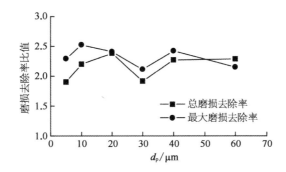

图 8‑35　7 MPa 与 3.5 MPa 节流压差的冲蚀磨损去除率比值(滑阀开度 100 μm)

8.3.3.5　滑阀开度对冲蚀磨损量的影响

随着滑阀开度的增加,下游的节流口宽度变大,上游流场的结构和尺寸并无变化;这种上下游尺寸的不均匀变化与磨损轮廓演变对流场结构的影响类似。图 8‑36 为滑阀开度对颗粒冲击变量的影响,随着滑阀开度的增加,小尺寸颗粒对上游壁面的冲击速度明显提升,而下游冲击速度基本不变;大尺寸颗粒对于上、下游壁面的冲击速度均有较大提高;冲击速度的变化趋势与图 8‑32 相同。此外,图 8‑36c 中,滑阀开度的增加,扩大了颗粒在节流口的流通面积,降低了固体颗粒的冲击频率。

图 8‑37 为滑阀开度对冲蚀磨损去除率的影响。值得注意的是,小尺寸颗粒造成的最大磨损去除率不随滑阀开度的变化而变化(Vaughan 的试验也得出了同样的结论);这意味着,在评估伺服滑阀(电液伺服液压系统中,绝大多数颗粒尺寸小于 15 μm)最大冲蚀磨损深度的时候,不需统计不同滑阀开度下的工作时间,这使得伺服滑阀最大冲蚀磨损深度和磨损后节流口宽度的计算更加容易。

8.3.3.6　液流方向对冲蚀磨损量的影响

如前所述,根据液流的流动方向,四通滑阀的 4 个节流口可分为两种类型：A_1 和 B_1 节流口处液流从阀套入口经过节流口流向阀腔(P→S);而 A_2 和 B_2 节流口处液流从阀腔经过节流

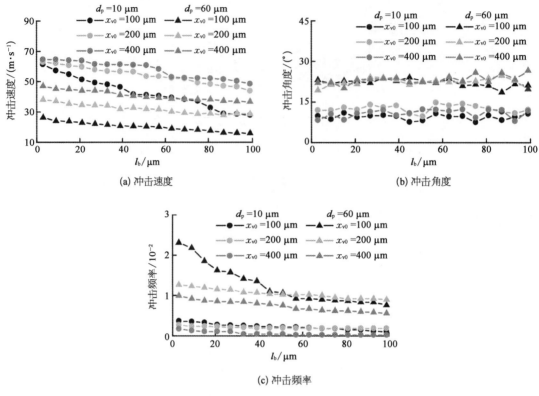

(a) 冲击速度

(b) 冲击角度

(c) 冲击频率

图 8‑36　滑阀开度对颗粒冲击变量的影响(节流压差 7 MPa)

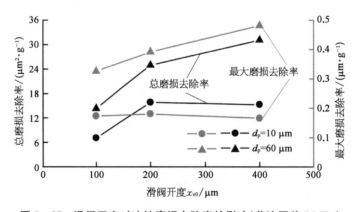

图 8‑37　滑阀开度对冲蚀磨损去除率的影响(节流压差 7 MPa)

口流向阀套出口(S→T)。图 8‑38 为液流方向对冲蚀磨损变量的影响;4 个节流口附近的流场结构完全相同,由于射流方向的不同,图中 A_1 和 B_1 节流口的阀套冲蚀磨损情况与 A_2 和 B_2 节流口阀芯冲蚀磨损情况一致,而 A_1 和 B_1 节流口的阀芯磨损则与 A_2 和 B_2 节流口阀套磨损相对应。由于阀腔的过流面积小于阀套入口面积,因此相同流量时阀腔中油液流速大于阀套入口(即节流口 B_1 和 A_2 节的上游流速更大),导致颗粒冲击速度更大,进而造成节流口 A_2 和 B_2(S→T)的冲蚀磨损情况更加严重。

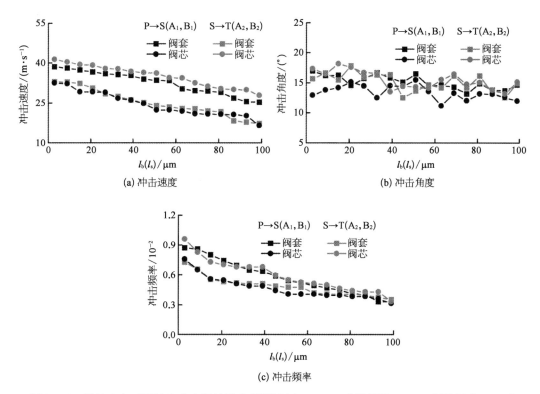

图 8 - 38　液流方向对颗粒冲击变量的影响(滑阀开度 100 μm,节流压差 7 MPa,颗粒尺寸 20 μm)

8.3.4　实践试验

8.3.4.1　极限污染介质下液压滑阀加速冲蚀磨损试验

1998 年,Vaughan 向清洁油液中添加石英砂颗粒(未筛选或 0~10 μm 筛选),进行了液压滑阀的冲蚀磨损试验;测量了磨损前后的滑阀节流边轮廓和磨损去除量(图 8 - 36)。Vaughan 详细统计了试验前后油液中不同尺寸石英砂颗粒的质量浓度,见表 8 - 6;使用对数函数进行插值可得到试验过程中各时刻的污染物质量浓度;这些数据有助于提升冲蚀磨损理论计算的准确性。此外,试验中滑阀阀芯和阀套材料为 440C 不锈钢,试验时油液温度保持在 60℃ 附近,油液运动黏度为 15 cSt(15 mm^2/s),油液密度为 863 kg/m^3。

表 8 - 6　试验前后石英砂颗粒质量浓度

颗粒直径范围/μm	未筛选石英砂/(mg·L^{-1})		0~10 μm 筛选石英砂/(mg·L^{-1})	
	试验前	试验后	试验前	试验后
<2.5	3.610 0	3.610 0	5.640 0	8.390 0
2.5~7.5	3.200 0	2.420 0	3.440 0	3.290 0
7.5~12.5	0.503 0	0.322 0	0.353 0	0.191 0
12.5~17.5	0.088 6	0.049 4	0.055 3	0.021 7
17.5~22.5	0.026 2	0.013 0	0	0
>22.5	0.009 6	0.004 4	0	0
总　计	7.437 4	6.418 8	9.488 3	11.892 7

Vaughan 以节流流量作为滑阀冲蚀磨损程度的定量评价指标;定义流量增速 R_Q 为

$$R_Q(t_s) = \frac{Q(t_s + \Delta t_s) - Q(t_s)}{\Delta t_s} \qquad (8-54)$$

式中 $Q(t_s)$ ——滑阀节流口在 t_s 时刻的通流量;

Δt_s ——试验中测量流量的时间间隔,$\Delta t_s = 5$ h,数值计算程序中的迭代时间间隔 ΔT 取 5 h。

流量增速越大,反映了滑阀冲蚀磨损造成的材料去除率越高。图 8-39 为滑阀节流流量增量的理论与试验对比。图中,数值计算得到的流量增速随时间逐渐减小,这主要是因为大尺寸颗粒(磨损去除率较大)在冲蚀磨损过程破碎为小尺寸颗粒(见表 8-6,随着冲蚀的进行,大尺寸颗粒的质量浓度下降,而小尺寸颗粒的质量浓度上升),导致冲蚀磨损的材料去除率降低。尽管试验结果也呈现出流量增速下降的趋势,但试验初期流量增速较大,试验结果与数值计算结果有较大差距;这一现象与固体颗粒破碎造成的二次冲蚀有关。

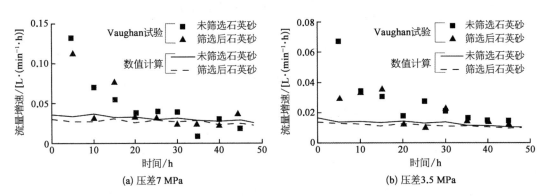

(a) 压差7 MPa   (b) 压差3.5 MPa

图 8-39 滑阀节流流量增速的理论与试验对比(滑阀开度 100 μm)

二次冲蚀最早由 Tilly 在 1972 年提出,他通过高速相机观察了固体颗粒冲蚀过程,发现颗粒撞击壁面后在造成靶材去除的同时,伴随着颗粒破碎现象,颗粒碎片立刻再次撞向靶材造成二次材料去除。Maji 和 Sheldon 对比了相同条件(相同的颗粒质量浓度、冲击角度和冲击速度)下"新"颗粒与长期冲蚀磨损试验后"旧"颗粒的冲蚀行为,发现"新"颗粒更容易破碎,二次冲蚀严重,其冲蚀磨损去除率为"旧"颗粒的 3 倍以上;而"旧"颗粒经过长期冲蚀作用,颗粒尺寸分布稳定,颗粒破碎和二次冲蚀现象不明显。Vaughan 在每次冲蚀磨损试验中,使用的均为"新"颗粒(表 8-6),存在较为明显的粒破碎现象;使用二次冲蚀理论可以合理地解释试验初期磨损去除率较大的问题。

由于缺乏成熟理论和试验数据的支撑,本章的冲蚀磨损模型没有考虑二次冲蚀问题。因此,在图 8-44 中,Vaughan 试验的初期,数值计算无法取得较为准确的结果。然而,随着冲蚀磨损的进行,颗粒破碎和二次冲蚀的影响逐渐下降;20 h 后的试验结果与数值计算结果较为吻合。工程实践中,液压系统长期运行时极少有"新"颗粒大量同时进入油液的情况,二次冲蚀情况并不突出,本章的冲蚀磨损模型具有一定的适用性。

8.3.4.2 电液伺服阀耐久性试验

对某电液伺服阀进行了 200 h 的耐久性试验,试验在同济大学液压试验台上进行;系统油液为 10 号航空液压油,清洁度等级为 14/11 级;试验时油液温度保持在 60℃左右。滑阀阀芯和阀套材料为 440C 不锈钢,油液中的颗粒污染物通常以二氧化硅为主,包含氧化铝、金属磨屑等。耐久性试验中,供油压力为 21 MPa,回油压力 0.6 MPa;伺服阀输入信号按 GJB 3370—1998 耐久性试验的要求进行设置。图 8 - 40 为耐久性试验后阀芯节流锐边的冲蚀磨损照片。

图 8 - 40　耐久性试验后阀芯节流锐边的冲蚀磨损照片

伺服阀耐久性试验过程中,滑阀开度不能在线准确测量,因此无法给出图 8 - 39 中滑阀开度和流量的定量关系。本节通过测量试验前后滑阀副的气动配磨曲线,来定量评估滑阀的冲蚀磨损程度。图 8 - 41 为滑阀气动配磨曲线测绘装置示意图;伺服阀供油口 P 和回油口 T 均接通恒压气源;负载油口 S_1 和 S_2 分别通过浮子流量计接通大气;旋动调节螺钉改变阀芯位置;以千分表读数为横坐标,相应的浮子流量计读数为纵坐标,即可分别得到四个节流口 A_1、A_2、B_1 和 B_2 的气体流量-阀芯位移曲线。

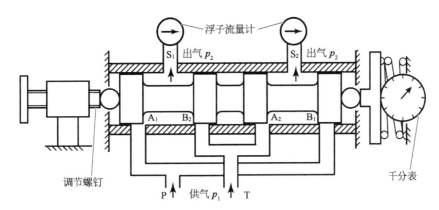

图 8 - 41　滑阀副气动配磨曲线测绘装置示意图

节流口的气体流量方程为

$$Q_x = \begin{cases} \dfrac{C\pi W p_1}{4\sqrt{RT_1}} \sqrt{\dfrac{2k}{k-1}\left[\left(\dfrac{p_2}{p_1}\right)^{\frac{2}{k}} - \left(\dfrac{p_2}{p_1}\right)^{\frac{k+1}{k}}\right]} \, x_v, & 0.528\,3 \leqslant \dfrac{p_2}{p_1} \leqslant 1 \\[4mm] \dfrac{C\pi W p_1}{4\sqrt{RT_1}} \sqrt{\dfrac{2k}{k+1}\left(\dfrac{2}{k+1}\right)^{\frac{2}{k-1}}} \, x_v, & 0 < \dfrac{p_2}{p_1} < 0.528\,3 \end{cases} \tag{8-55}$$

式中　Q_x——节流口气体流量;

　　　p_1——供气压力;

　　　p_2——大气压力;

　　　T_1——供气温度;

C——滑阀阀口流量系数；

R——气体常数，取 $8.314\,\mathrm{J/(mol \cdot K)}$；

k——绝热指数，取 1.4。

阀口入口气体压力 p_1 与出口气体压力 p_2 均为定值，因此气体流量 Q_x 与节流口宽度 x_v 为线性关系。

对于试验前未磨损的滑阀副，节流边存在半径 r 极小的圆角，节流口宽度 x_v 可表示为

$$x_v = \sqrt{(x_{v0} + 2r)^2 + (b + 2r)^2} - 2r \qquad (8-56)$$

式中　b——阀芯阀套的径向间隙，$b = 3\,\mu\mathrm{m}$。

冲蚀磨损后的滑阀节流口宽度 x_v 为

$$x_v = \begin{cases} \sqrt{(x_{v0} + h_{b0})^2 + (b + h_{s0})^2}, & \mathrm{P} \to \mathrm{S} \\ \sqrt{(x_{v0} + h_{s0})^2 + (b + h_{b0})^2}, & \mathrm{S} \to \mathrm{T} \end{cases} \qquad (8-57)$$

式中　h_{b0}——阀套最大冲蚀磨损深度；

　　　h_{s0}——阀芯最大冲蚀磨损深度。

当滑阀开度 x_{v0} 足够大时，忽略圆角半径 r、径向间隙 b、磨损深度 h_{b0} 和 h_{s0}，节流口宽度 x_v 与滑阀开度 x_{v0} 呈近似线性关系，即

$$x_v = \begin{cases} x_{v0} & \text{（磨损前）} \\ \begin{cases} x_{v0} + h_{b0}, & \mathrm{P} \to \mathrm{S} \\ x_{v0} + h_{s0}, & \mathrm{S} \to \mathrm{T} \end{cases} & \text{（磨损后）} \end{cases} \qquad (8-58)$$

因此，滑阀开度较大时，气体流量-阀芯位移曲线为直线，延长该直线段，并去除滑阀开度较小时的气体流量数据，即可得到如图8-42所示的气动配磨曲线。结合式(8-54)和式(8-58)，

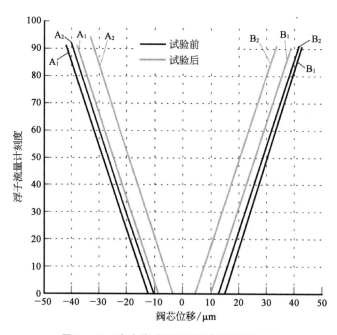

图 8-42　试验前后滑阀副的气动配磨曲线

可以看出,磨损前后的气动配磨曲线相互平行,磨损后配磨曲线相对于磨损前曲线的横向平移量 δ 即为阀芯(或阀套)的最大冲蚀磨损深度;具体地,对于节流边 A_1 和 B_1,平移量 δ 为阀套的最大冲蚀磨损深度 h_{b0},对于节流边 A_2 和 B_2,平移量 δ 为阀芯的最大冲蚀磨损深度 h_{s0}。

　　根据耐久性试验条件设置数值计算边界条件;其中油液中固体颗粒物设置为二氧化硅,颗粒尺寸分布参照 14/11 级清洁度给出的尺寸和数目范围(每毫升油液中直径 $5\,\mu m$ 颗粒 80 个,直径 $15\,\mu m$ 颗粒 14 个,直径 $25\,\mu m$ 颗粒 3 个);由于滑阀开度对小尺寸颗粒最大冲蚀磨损深度的影响可忽略(见理论分析的结论),数值计算时滑阀开度设置为定值 $100\,\mu m$;单个节流边的总冲蚀磨损时间为 100 h;数值计算程序中的迭代时间间隔 ΔT 取 10 h。数值计算最终得到不同液流方向时阀芯阀套的最大冲蚀磨损深度。

　　表 8-7 为最大冲蚀磨损深度的理论和试验结果;从表中可以看出,节流边 A_2 和 B_2 的液流方向为从阀腔流向阀套出口(S→T),对应的冲蚀磨损材料去除率更大,与理论分析结论一致;此外,试验得到的气动配磨曲线横向平移量 δ 与理论最大冲蚀磨损深度吻合,验证了本节冲蚀磨损模型的正确性。

表 8-7　最大冲蚀磨损深度的理论和试验结果

方　　向	节流边	试验气动配磨曲线横向平移量 $\delta/\mu m$	理论最大冲蚀磨损深度/μm
P→S	A_1	3.62	$h_{b0} = 3.96$
	B_1	3.93	
S→T	A_2	7.54	$h_{s0} = 7.35$
	B_2	8.14	

　　本节以液压滑阀节流锐边为算例,建立了极限污染介质中复杂流道冲蚀磨损的预测方法。首先建立了紊流流场中考虑速度脉动时间和空间相关性及挤压油膜效应的颗粒运动轨迹计算模型,统计了固体颗粒冲击壁面的速度、角度和频率信息;之后根据固体颗粒冲蚀理论,计算了滑阀锐边表面冲蚀磨损材料去除率;最后通过更新迭代,获得了冲蚀磨损轮廓。主要结论如下:

　　(1) 对比了 Vaughan 液压滑阀冲蚀磨损加速试验与本章理论模型计算结果。Vaughan 的试验初期,由于"新"石英砂颗粒大量破碎及其造成的二次冲蚀作用,磨损去除率和滑阀节流流量增速较大,本章未建立二次冲蚀模型,数值计算与试验结果相差较大;随着冲蚀磨损的进行,"旧"石英砂颗粒的破碎和二次冲蚀效应不明显,20 h 后的试验结果与数值计算结果较为吻合。工程实践中,液压系统长期运行时极少有"新"颗粒大量同时进入油液的情况,二次冲蚀情况不突出,本章的冲蚀磨损理论模型具有一定的适用性。

　　(2) 根据电液伺服滑阀耐久性试验前后气动配磨曲线,计算了阀芯阀套节流锐边最大冲蚀磨损深度;理论计算得到的最大冲蚀磨损深度与试验结果较为吻合,验证了本章理论模型的正确性。

　　(3) 根据理论及试验结果,滑阀节流锐边冲蚀磨损轮廓不能简单假设为与壁面相切的 1/4 圆弧,"相切圆弧假设"可能导致磨损后节流口宽度计算错误,进而造成零位泄漏量、流量增益等的计算错误。

　　（4）讨论了固体颗粒尺寸、磨损轮廓演变过程、节流压差、滑阀开度、液流方向等关键因素对滑阀冲蚀磨损材料去除率的影响：① 在颗粒惯性和挤压油膜效应的综合影响下，颗粒尺寸较小时，随着颗粒直径的增加，冲蚀磨损去除率快速上升；当颗粒直径超过临界值时（约 30 μm）冲蚀磨损去除率随颗粒尺寸的增加而缓慢减小；即直径 30 μm 颗粒造成的液压滑阀冲蚀磨损最为严重。② 随着冲蚀磨损轮廓的演变，节流锐边的总磨损去除率明显增加，而最大磨损去除率基本不变，被冲蚀壁面上的磨损去除率分布趋于均匀。③ 节流压差的增加使得冲蚀磨损去除率大大提高；2 倍节流压差时，节流边最大磨损去除率和总磨损去除率均提高到 2～2.5 倍。④ 小尺寸颗粒造成的最大磨损去除率不随滑阀开度的变化而变化；这意味着，在评估伺服滑阀（电液伺服液压系统中，绝大多数颗粒尺寸小于 15 μm）最大冲蚀磨损深度的时候，不需统计不同滑阀开度下的工作时间，这使得伺服滑阀最大冲蚀磨损深度和节流口宽度的计算更加容易。⑤ 由于阀腔的过流面积小于阀套入口面积，因此相同流量时阀腔中油液流速大于阀套入口，导致颗粒冲击速度更大，进而造成液流从阀腔流向阀套出口方向（S→T）的节流口冲蚀磨损情况更加严重。

8.4　冲蚀磨损引起的液压滑阀功率级性能重构

　　针对高端液压元件因滑阀冲蚀磨损引起阀口轮廓变动与性能不确定性问题，考虑颗粒物撞击阀口的概率事件，建立了基于 Edwards 冲蚀模型的全周边滑阀冲蚀圆角定量计算方法，并以阀控对称缸为例，取得了四边滑阀各阀口冲蚀后的轮廓及阀特性的演化规律。研究结果表明，阀口的冲蚀圆角由颗粒物尺寸、颗粒物数量、撞击速度、阀口大小等因素直接决定；阀口流量越大，颗粒物数量越多，压降越大，颗粒物的撞击速度越大，颗粒物尺寸相对阀口开度越大，颗粒物撞击阀口的概率越大；在阀控缸动力机构中，液压缸的结构尺寸、运动速度、负载大小决定了各个阀口流量、压降和阀口开度。在负载恒定、液压缸恒速情况下，阀控对称缸四个阀口的流量相同但压降不同，冲蚀后的阀口圆角大小不一致。冲蚀导致滑阀压力增益降低，泄漏量增大，且产生零偏，零偏位移可通过惠斯通桥路平衡原理求出。理论结果与试验结果一致，研究工作可用于液压滑阀形貌形性的定量分析和定性预测。

　　高端液压阀的结构主要分为滑阀、锥阀、球阀和剪切阀等形式，其中，液压滑阀的阀口具有薄壁孔口特征，阀口流量受油液黏度、温度等因素影响较小，因此在比例阀、伺服阀等高端液压控制元件中大量使用，其中全周边液压滑阀由于其面积梯度大、阀芯质量小、控制特性好应用最为广泛。液压滑阀的形貌形性对伺服控制系统的精确控制具有决定性作用，在出厂时对其阀口锐边具有非常高的要求，但在服役过程中，滑阀不可避免地受到油液中颗粒物的冲蚀，造成阀口处阀芯阀套的材料流失并产生圆角化，引起滑阀性能出现不可逆的演化过程。

　　高速流体携带固体粒子（颗粒物）对靶材（对应本节的阀芯、阀套）冲击而造成材料表面流失的现象即冲蚀磨损，冲蚀磨损的理论研究始于 20 世纪 60 年代，最初研究塑性材料和脆性材料的冲蚀破坏形式。美国加州大学伯克利分校 Finnie 首先提出了塑性材料的微切削理论，认为当磨粒划过靶材表面时，如同一把微型刀具将材料切除而产生冲蚀磨损，该理论适用于低攻角下塑性材料受刚性磨粒冲蚀分析，但在计算高攻角下的冲蚀磨损误差较大；1963 年壳牌公司 Bitter 提出了变形磨损理论,认为当粒子垂直撞击壁面的冲击力超过靶材的屈服强度时会造成材料发生塑性变形、产生裂纹并引起靶材的体积流失。变形磨损理论完善了在高攻角下塑性材料的冲蚀,塑性材料总的冲蚀磨损率为变形磨损和切削磨损的代数和。后来 Grant、Forder、Edwards 等基于 Finnie 和 Bitter 的模型提出了冲蚀磨损率的不同计算方法,拓展了冲蚀理论在不同环境下的适用范围,其中 Edwards 的模型由于对冲蚀预测的精确度较高且形式简单,被广泛应用于气固、液固及气液固流动中。

冲蚀会造成液压阀口形状的变化。1995 年,挪威 Haugen 等研究了油气运输中节流阀的冲蚀现象,发现选择合适的抗蚀材料可以使阀芯寿命明显延长;1998 年,巴斯大学 Vaughan 通过加速磨损试验测量并研究了冲蚀磨损前后伺服阀节流边的轮廓变化,分析了节流边压差等因素对磨损的影响规律。在理论计算方面,北航通过计算流体力学方法研究了喷嘴挡板伺服阀中滑阀副节流边、喷嘴和挡板的冲蚀磨损及前置级冲蚀对伺服阀零偏的影响;有文献研究了阀芯阀套冲蚀区域随阀口开度的变化情况,并发现来流面比回流面的冲蚀更加严重;提出偏转板伺服阀前置级射流盘劈尖冲蚀磨损的预测方法,实现不同油液污染度下的劈尖冲蚀形貌预测;建立了射流管不对中时的前置级冲蚀模型,并分析劈尖角度和冲蚀率之间的关系。上述研究主要集中在磨损位置的确定及初始冲蚀率,并未考虑冲蚀过程的动态变化。2004 年,Wallace 通过仿真和试验对比,发现仿真过程中忽略几何模型变化会导致冲蚀磨损率计算不准确。2017年,Yin 考虑冲蚀形貌演化对冲蚀过程影响,建立了滑阀节流锐边冲蚀磨损深度和磨损轮廓的定量预测模型,并得到了颗粒尺寸、节流压差、滑阀开度、液流方向等关键因素对滑阀冲蚀的影响。上述研究主要集中在高端液压阀的冲蚀预测、试验探究和数值仿真技术,高端液压阀冲蚀预测的工程应用尚不多见。

本节考虑颗粒物尺寸及颗粒物撞击阀口的概率,提出一种适用于全周边滑阀阀口的冲蚀圆角计算模型,建立阀口冲蚀圆角同颗粒物尺寸、质量流量、撞击速度、冲击角度、阀口开度间的关系,进一步得到阀口流量、压差对冲蚀过程的影响,结合阀控缸的负载和运动速度,分析滑阀冲蚀圆角的定量计算方法,并研究滑阀冲蚀过程中阀口形貌特征及性能演化规律。

8.4.1　滑阀阀口冲蚀圆角计算模型

8.4.1.1　阀口冲蚀基本假设

图 8-43 为某伺服阀滑阀结构,采用全周边四边滑阀形式,图中阀芯位于左位,高压油液从 P 口经过节流口 1 进入阀腔 S_1,负载输出的油液从阀腔 S_2 经节流口 3 从 T 口流出,此时负载处于伸出状态;当阀芯位于右位时,1、3 口关闭,2、4 口打开,此时负载处于缩回状态。由于伺服阀压降大,4 个节流口受到高速射流的冲刷,其中的颗粒物不断撞击节流边造成阀口材料的流失,导致各个阀口出现冲蚀磨损,对伺服阀的控制精度起到严重影响。

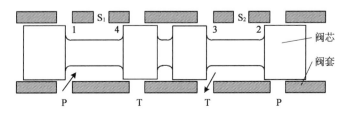

图 8-43　全周边四边滑阀

为便于阀口冲蚀的分析,根据阀腔油液流动规律,做如下假设:

(1) 阀口冲蚀后的轮廓是 1/4 圆弧,且油液流出阀腔与油液流入阀腔造成的冲蚀磨损相同。

(2) 假设液压阀来流油液中颗粒物运动的角度是固定的且颗粒物撞击壁面的角度仅与颗粒物直径有关。

(3) 由于阀口尺寸小,忽略颗粒物在阀口处与壁面碰撞后反弹造成的冲蚀。

(4) 流体中的颗粒物分布均匀。

8.4.1.2 考虑颗粒物尺寸的阀口撞击概率模型

在传统的液压阀冲蚀数值仿真中,颗粒物被视为不占据空间的质点,颗粒物撞击阀口的概率不受颗粒物尺寸的影响,但在高端电液伺服阀中,滑阀前的过滤精度一般为 $10\sim20~\mu m$,阀口开度常在数十个微米甚至更小,两者大小接近,颗粒物的尺寸会对其撞击阀口概率的影响不可忽略。按照节流口宽度和颗粒物尺寸的相对大小可将颗粒物通过阀口的状态分成图 8-44 两种情况:第一种如图 8-44a 所示,节流口宽度 x_k 较大,颗粒物直径 d_p 较小,部分颗粒物没有与阀口壁面发生碰撞便直接流向下游;第二种如图 8-44b 所示,节流口宽度 x_k 较小,颗粒物直径 d_p 较大,颗粒物必然会撞击到阀芯或者阀套。

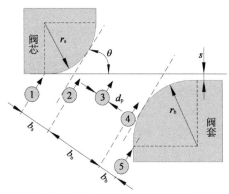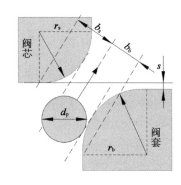

(a) 节流口宽度相对颗粒物尺寸较大   (b) 节流口宽度相对颗粒物尺寸较小

图 8-44 颗粒物通过阀口的两种状态

假设颗粒物的固定运动角度为 θ,阀芯和阀套的冲蚀圆角分别是 r_s 和 r_b,阀芯位移为 x_v,阀芯阀套径向间隙为 s。对于图 8-44a 所示的第一种情况,图中 1 号、5 号颗粒物分别与阀芯和阀套冲蚀边界外缘发生碰撞,2 号、4 号颗粒物处于碰撞的临界点,3 号颗粒物不会与阀芯和阀套发生碰撞,油液中的全部颗粒物都处于 1 号颗粒物至 5 号颗粒物范围之内(假设还有颗粒物在 1 号颗粒物和 5 号颗粒物之外,那么阀芯和阀套的冲蚀边界将向外扩张)。定义颗粒物撞击到阀芯上的区域宽度是 b_s,撞击到阀套上的区域宽度是 b_b,而在 b_n 宽度范围内颗粒物会直接流向下游而不与阀芯或者阀套碰撞。

颗粒物通过阀口时,主要几何尺寸关系有

$$b_b = r_b(1-\sin\theta) + \frac{d_p}{2} \tag{8-59}$$

$$b_s = r_s(1-\cos\theta) + \frac{d_p}{2} \tag{8-60}$$

$$x_k = \sqrt{(r_s + r_b + s)^2 + (r_s + r_b + x_v)^2} - (r_s + r_b) \qquad (8-61)$$

假设颗粒物分布均匀且运动角度一致,颗粒物撞击到阀芯或阀套上的概率等同于相应区域宽度占总宽度的比值。故直径为 d_p 的颗粒物撞击到阀芯和阀套上的概率 $P_s(d_p)$ 和 $P_b(d_p)$ 分别为

$$P_s(d_p) = \begin{cases} \dfrac{b_s}{b_s + b_b + b_n}, & d_p \leqslant x_k \\ \dfrac{b_s}{b_s + b_b}, & d_p > x_k \end{cases} \qquad (8-62)$$

$$P_b(d_p) = \begin{cases} \dfrac{b_b}{b_s + b_b + b_n}, & d_p \leqslant x_k \\ \dfrac{b_b}{b_s + b_b}, & d_p > x_k \end{cases} \qquad (8-63)$$

颗粒物撞击到阀芯或者阀套上的概率,反映了撞击到阀芯或阀套上的颗粒物占流经阀口总的颗粒物的比值。

8.4.1.3 单阀口冲蚀圆角计算模型

阀芯和阀套的计算方法一致,以阀芯为例,介绍其冲蚀圆角的计算模型。为计算颗粒物冲蚀引起的冲蚀圆角,需首先计算阀芯表面在单位时间、单位面积上的质量损失,即冲蚀率。根据 Edwards 的研究,冲蚀率与撞击到阀口的颗粒物数量成正比,与阀芯的受冲蚀面积成反比,并与撞击速度、冲击角度、颗粒物直径等因素有关,可表示为

$$\bar{R}_e(d_p) = \sum_{j=1}^{n} \frac{m_p C(d_p) f(\alpha) v^{b(v)}}{S_s(t)} \qquad (8-64)$$

式中　$\bar{R}_e(d_p)$——直径为 d_p 的颗粒物引起的平均冲蚀率 $[\text{kg}/(\text{m}^2 \cdot \text{s})]$;

　　　$S_s(t)$——阀芯在 t 时刻受冲蚀面积;

　　　n——撞击到阀芯上直径为 d_p 的颗粒物数量;

　　　m_p——颗粒物撞击到阀芯上的质量流率;

　　　v——颗粒物撞击阀芯的速度;

　　　$C(d_p)$——粒径函数;

　　　$f(\alpha)$——冲击角函数;

　　　$b(v)$——相对速度函数。

阀芯和阀套的材料主要为 440C 不锈钢,结合砂粒冲击碳钢表面的研究数据。颗粒直径函数 $C(d_p)$ 取经验值 1.8×10^{-9};冲击角的函数 $f(\alpha)$ 采用分段函数描述,当冲击角为 $0°$、$20°$、$30°$、$45°$ 和 $90°$ 时,$f(\alpha)$ 分别为 0、0.8、1、0.5 和 0.4;相对速度的函数 $b(v)$ 取 2.41。

撞击到阀芯上的颗粒物质量流率可以用油液中颗粒物的质量流率乘以碰撞概率表示。故式(8-64)可以写为

$$\bar{R}_e(d_p) = \frac{1.8 \times 10^{-9} \times v_{dp}^{2.41} f(\alpha_{dp})}{S_s(t)} P_s(d_p) R_{\text{mass}} \qquad (8-65)$$

在 $t \sim t + \Delta t$ 时间段内,m 种不同直径的颗粒物冲蚀造成阀芯的体积损失 $V_s(\Delta t)$ 可以表

示为

$$V_s(\Delta t) = \frac{\displaystyle\sum_{i=1}^{m} \bar{R}_e(d_p) S_s(t) \Delta t}{\rho_s} \tag{8-66}$$

Δt 时间段内,阀芯的冲蚀圆角从 $r_s(t)$ 变化至 $r_s(t+\Delta t)$,阀芯的体积损失 $V_s(\Delta t)$ 与圆角的关系有

$$\left(1 - \frac{1}{4}\pi\right)\left[r_s^2(t+\Delta t) - r_s^2(t)\right] = \frac{V_s(\Delta t)}{\pi D_v} \tag{8-67}$$

式中　D_v——阀芯直径;

　　　ρ_s——阀芯材料密度。

由式(8-59)～式(8-67),可由颗粒物数量、撞击速度、冲击角度、颗粒物直径及阀口开度等因素得到任意时刻阀芯的冲蚀圆角,同理可得任意时刻阀套的冲蚀圆角。

文献研究表明,在液压滑阀中,颗粒的撞击速度、质量流量、冲击角度等因素与阀口的压差、阀口开度、颗粒物直径等因素有关。其中颗粒物的撞击速度主要受颗粒物直径和压差的影响,直径增大,撞击速度减小。阀口压差每增大 2 倍,颗粒物撞击速度增大 1.3 倍左右,即颗粒物的撞击速度为

$$v_{dp}(\Delta p) = v_{p0} \times 1.3^{\log_2(\Delta p/7\,000\,000)} \tag{8-68}$$

式中　Δp——阀口压差(Pa);

　　　v_{p0}——7 MPa 压差下颗粒物的撞击速度(m/s)。

直径为 10 μm、20 μm、60 μm 的颗粒物在 7 MPa 下撞击速度分别约为 41.6 m/s、32.2 m/s、20 m/s,可近似拟合为

$$v_{p0} = 0.372\,3 \times d_p^{-0.411} \tag{8-69}$$

文献研究发现冲击角度受颗粒物尺寸影响最为明显,与阀口开度及阀口压差的关系不大,因此冲击角度可看成颗粒物直径的唯一函数。10 μm、20 μm、60 μm 的颗粒物冲击角度分别约为 10°、15°、22°,可近似拟合为

$$\alpha(d_p) = 6.712\,9\ln(d_p) + 87.453 \tag{8-70}$$

由于油液颗粒物的尺寸较小,冲击角一般不超过 20°,在此范围内,可视冲击角函数与冲击角之间为线性关系,即

$$f(\alpha) = \frac{\alpha}{20} \times 0.8 \tag{8-71}$$

而颗粒物质量流率 R_{mass} 与通过阀口的流量 Q 存在如下关系:

$$R_{mass} = 10\,000 n_{100\,ml} \frac{4}{3}\pi\left(\frac{d_p}{2}\right)^3 \rho_p Q \tag{8-72}$$

式中　$n_{100\,ml}$——每 100 ml 油液中直径为 d_p 的颗粒物数量;

　　　ρ_p——颗粒物密度。

由此建立了单个阀口冲蚀圆角与阀口压差、流量和阀口开度之间的关系。

8.4.1.4　四边滑阀冲蚀轮廓演化规律

四边滑阀工作时,各个阀口压差和流量及阀口开度等与液压缸负载、活塞运动速度、液压缸几何尺寸参数等相关,本节结合图 8-45 所示的伺服阀控对称缸分析四边滑阀的冲蚀轮廓变化规律。

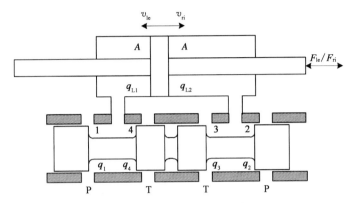

图 8-45　四边滑阀控制对称液压缸

液压缸的负载和两腔压力之间的关系为

$$F_L = (p_1 - p_2)A \tag{8-73}$$

当活塞杆向右运动时,忽略阀口 2 和 4 的流动,阀口 1 和 3 节流孔宽度、前后压力和活塞运动速度间的关系分别有

$$v_{ri}A = C_d\pi D_v x_{k1}\sqrt{\frac{2(p_s - p_1)}{\rho}} \tag{8-74}$$

$$v_{ri}A = C_d\pi D_v x_{k3}\sqrt{\frac{2p_2}{\rho}} \tag{8-75}$$

式中　C_d——流量系数,取 0.63。

阀口 1 的节流口宽度 x_{k1} 和阀口 3 的节流口宽度 x_{k3} 之间存在如下关系:

$$x_{k1} = \sqrt{(2r_1 + s)^2 + (2r_1 + x_{vr})^2} - 2r_1 \tag{8-76}$$

$$x_{k3} = \sqrt{(2r_3 + s)^2 + (2r_3 + x_{vr})^2} - 2r_3 \tag{8-77}$$

同理,当活塞杆向左运动时,阀口 2 和 4 节流孔宽度、前后压力和活塞运动速度间的关系有

$$v_{le}A = C_d\pi D_v x_{k2}\sqrt{\frac{2(p_s - p_2)}{\rho}} \tag{8-78}$$

$$v_{le}A = C_d\pi D_v x_{k4}\sqrt{\frac{2p_1}{\rho}} \tag{8-79}$$

阀口 2 的节流口宽度 x_{k2} 和阀口 4 的节流口宽度 x_{k4} 的关系如下:

$$x_{k2} = \sqrt{(2r_2 + s)^2 + (2r_2 + x_{vl})^2} - 2r_2 \tag{8-80}$$

$$x_{k4} = \sqrt{(2r_4 + s)^2 + (2r_4 + x_{vl})^2} - 2r_4 \tag{8-81}$$

在 T 时间内,活塞杆处于向左运动的时间 T_{le} 和向右运动的时间 T_{ri} 分别为

$$T_{le} = \frac{v_{ri}}{v_{ri} + v_{le}} T \tag{8-82}$$

$$T_{ri} = \frac{v_{le}}{v_{ri} + v_{le}} T \tag{8-83}$$

根据式(8-73)~式(8-83),可以分别得到在指定负载大小,指定负载流量下的两负载的压力及阀芯位移 x_v。

阀口轮廓的演化规律计算流程如图 8-46 所示,首先根据负载状态和阀口初始形貌特征,得到各个阀口的压差和流速,并得到颗粒物的撞击速度、角度、碰撞概率等,进一步计算各个阀口的冲蚀率,进而得到时间 Δt 内的冲蚀面积,并得到 Δt 后的阀口形貌。阀口形貌改变后,为了保证负载需求,阀口开度发生变化,会进一步影响到阀口流动状态,造成冲蚀演化过程发生变化,以此进行迭代计算,最终获得任意时刻的四边滑阀在指定负载条件下冲蚀形貌。

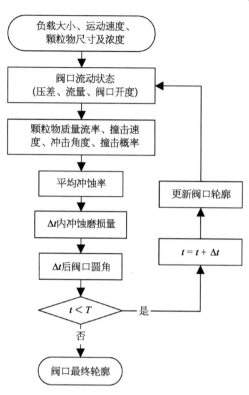

图 8-46 阀口轮廓的演化规律计算流程

8.4.2 四边滑阀的形貌和性能演化过程

8.4.2.1 冲蚀磨损引起的四边滑阀形貌演化

为方便进行阀控对称缸动力机构的四个阀口的冲蚀过程分析,选取表 8-8 的基本参数的某阀控缸动力机构。假设颗粒物撞击到阀芯阀套上的概率相同,即阀芯阀套的冲蚀圆角大小相同,统一记为 r_i(i 为阀口编号)。油液中的颗粒物直径为 $10~\mu m$,污染物浓度为 NAS6 级($16\,000/100~\text{ml}$)。假设新阀初始加工圆角为 $1~\mu m$,零遮盖。液压缸左、右两腔的油液作用面积为 A,负载大小为 p_L,活塞杆向左和向右的运动速度分别是 v_{le} 和 v_{ri}。

表 8-8 阀控缸动力机构基参数

参　数	数　值
供油压力 p_s/MPa	21
负载运动速度 v_{ri}/(m·s⁻¹)	0.1
液压缸左腔面积 A/m²	50×10^{-4}
阀芯/阀套初始圆角 R_0/m	1×10^{-6}
阀芯直径 D_v/m	0.008

续 表

参 数	数 值
阀芯阀套径向间隙 s/m	3×10^{-6}
油液密度 ρ_f/(kg·m^{-3})	850
油液黏度 μ/(Pa·s)	0.008 5
阀芯阀套材料密度 ρ_s/(kg·m^{-3})	7 650
颗粒物材料密度 ρ_p/(kg·m^{-3})	1 550

取液压缸反向/正向运动一致,负载大小为 $0.5p_s \times A_2$,结合冲蚀轮廓计算方法可得不同时间下阀口各冲蚀圆角,计算时取 Δt 为 1 h。图 8-47 为液压滑阀四个阀口的冲蚀圆角随服役时间变化理论结果。液压滑阀工作 2 000 h 后,阀口 1 和阀口 3 的冲蚀圆角约为 30 μm,阀口 2 和阀口 4 的冲蚀圆角约为 84 μm。可以看出,阀口 2 和 4 的冲蚀圆角始终比阀口 1 和 3 的冲蚀圆角更大。这是由于虽然对称缸往复运动的速度相等,流经 4 个阀口的流量相同,但是控制活塞杆缩回时的阀口 2 和阀口 4 承受的压降小于控制活塞杆伸出的阀口

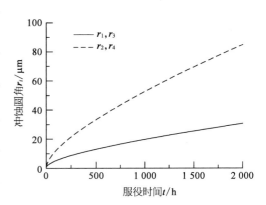

图 8-47 各阀口冲蚀圆角变化曲线

1 和阀口 3,因此阀口 2 和 4 处颗粒物的撞击速度更大,冲蚀更加严重。

8.4.2.2 四边滑阀的性能重构

四边滑阀静态特性随服役时间的变化规律即性能重构,是指液压滑阀阀口冲蚀圆角的变化导致其静态特性发生改变。图 8-48～图 8-50 分别反映了控制对称缸的四边滑阀在服役不同时间后的压力特性、压力增益和零偏位移及空载流量特性。取阀口 1 打开的方向为正方向(即阀芯向左为正),由于阀芯的位置变化范围大,需要考虑阀口形式的变化,取阀口形式的转变的临界阀芯位置为 $x_{v0} = -(r_s + r_b + s)$,当阀口大于临界阀芯位置时,阀口为薄壁孔口,流动状态为湍流,当阀口小于临界阀芯位置时,阀口为环形缝隙,流动状态为层流。

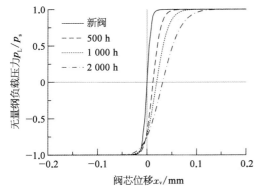

图 8-48 服役不同时间后滑阀的压力特性

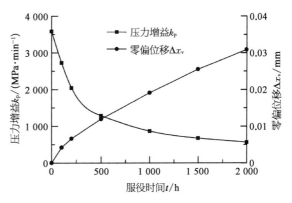

图 8-49 压力增益和零偏位移随服役时间变化曲线

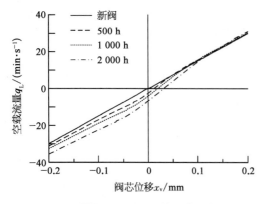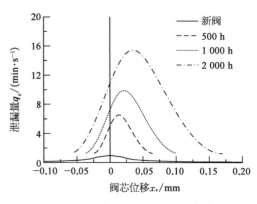

图 8-50　服役不同时间后的空载流量特性　　　图 8-51　服役不同时间后的泄漏曲线

压力特性曲线 ±40% 额定供油压力处两点连线的斜率为压力增益 k_p，可以发现，随着阀口的磨损，滑阀的压力增益显著下降，服役 2 000 h 后，压力增益仅有 560 MPa/mm，不足新阀的 16%。磨损同时使得滑阀的零位发生了变化，压力特性曲线右移，零偏位移 Δx_v 不断加大，液压滑阀工作 2 000 h 后，零偏约为 0.031 mm。零偏同时使流量特性曲线右移，由于阀口冲蚀圆角的影响，使得零位附件阀口的面积梯度变大，流量增益略微增大。

从图 8-51 可以看出，阀口的冲蚀对滑阀的泄漏也造成了严重的影响，对于本例零开口四边滑阀，虽然其初始泄漏量仅为 1.01 L/min，但是阀口的轻微磨损就对泄漏产生严重影响，液压滑阀服役 500 h、1 000 h、2 000 h 后的零位泄漏量 q_e 分别达到了 6.54 L/min、9.90 L/min、15.44 L/min，从全寿命周期服役的角度来看，滑阀应进行正重叠的设计以减小泄漏。

8.4.2.3　基于惠斯通桥路的零偏位移计算

四边滑阀的零偏位移可以通过桥路平衡原理进行计算，滑阀的四个节流边可等效为电桥中的电阻构成如图 8-52 所示的等效液压桥路。根据惠斯通电桥平衡原理可知，液压桥路平衡时的条件为相对桥臂的液阻值乘积相等，即

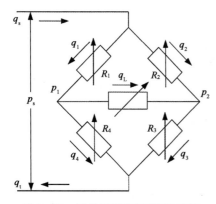

$$\frac{R_1}{R_4} = \frac{R_2}{R_3} \tag{8-84}$$

图 8-52　四边滑阀的等效液压桥路

式中　R_i——四个阀口形成的液阻，可通过下式求得：

$$R_i = \frac{\Delta p_i}{\Delta Q_i} = \frac{\Delta p_i}{C_d A_{ki} \sqrt{\dfrac{2\Delta p_i}{\rho}}} = \frac{1}{C_d A_{ki}} \sqrt{\frac{\Delta p_i \rho}{2}}$$

$$\tag{8-85}$$

由此可得

$$\sqrt{\frac{(p_s - p_1)p_2}{(p_s - p_2)p_1}} = \left(\frac{A_{k1}}{A_{k4}}\right) \Big/ \left(\frac{A_{k2}}{A_{k3}}\right) \tag{8-86}$$

上式反映了阀芯处于任意位置下四边滑阀的两个控制压力与四个阀口面积之间的关系。无论是空载流量零位还是断载压力零位下，都有 $q_L = 0$，$p_1 = p_2$，液压桥路的压力状态相等，此时等式(8-86)的左侧等于 1，为使液压缸满足平衡条件，需等式右侧等于 1，令 $M_{S1} = A_{k1}/A_{k4}$，

表示与阀腔 S_1 的两个阀口面积比，$M_{S2}=A_{k2}/A_{k3}$，表示与阀腔 S_2 的两个阀口面积比。当 $M_{S1}/M_{S2}=1$ 时，四边滑阀的等效液压桥路处于平衡状态，此时的阀芯位移即为四边滑阀的零偏位移。因此，四边滑阀的零偏位移可以通过两个阀腔的阀口面积比曲线确定，图 8 - 53 为上述控制对称缸的四边滑阀工作 2 000 h 后两个阀口面积比与阀芯位置之间的关系。随着阀芯位移增大，阀口 1 和 4 的面积比 M_{S1} 不断增加，阀口 2 和 3 的面积比 M_{S2} 不断减小，在某一位置下，两条曲线相交于一点，该点对应的横坐标即为四边滑阀的零偏位移。

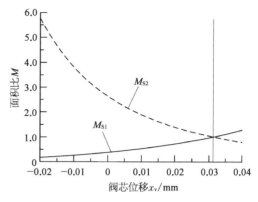

图 8 - 53　阀芯处于不同位置时
两对阀口面积比

8.4.3　实践试验

对某型电液伺服阀进行了 200 h 耐久性试验并通过气动配磨曲线分析其阀芯阀套的冲蚀圆角，图 8 - 54 为耐久性试验后阀芯上出现的冲蚀磨损痕迹。按照 GJB 3370—1998 要求，试验时供油压力为 21 MPa，回油压力 0.6 MPa，工作介质为航空 10 号液压油，油液清洁度等级约为 NAS5 级，阀芯和阀套材料为 440C 不锈钢，伺服阀的输入信号见表 8 - 9。

表 8 - 9　耐久性试验输入信号

输入信号($\pm$)%I_n	波　形	循环时间/h
100	正弦	35
100	正弦	35
100	矩形	10
50	正弦	50
50	矩形	10
25	正弦	50
25	矩形	10

图 8 - 54　伺服阀阀芯冲蚀磨损痕迹

通过测量试验前后滑阀副的气动配磨曲线，来定量评估滑阀的冲蚀磨损程度。图 8 - 55 为滑阀气动配磨曲线测绘装置示意图。伺服阀供油口 P 和回油口 T 均接通恒压气源；阀腔 S_1 和 S_2 分别通过浮子流量计接通大气；旋动调节螺钉改变阀芯位置；以千分表读数为横坐标，相应的浮子流量计读数为纵坐标，即可分别得到四个节流口气体流量-阀芯位移曲线。

通过阀口圆角分析方法，得到阀口 1～4 的正重叠量分别是 15.8 μm、15.0 μm、13.7 μm、13.6 μm，200 h 耐久性试验后四个阀口的圆角大小分别是 7.6 μm、5.1 μm、

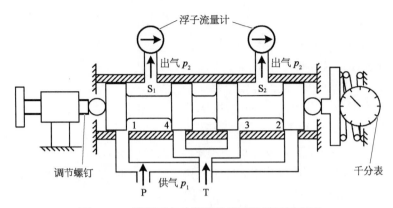

图 8‐55 滑阀副气动配磨曲线测绘装置示意图

$9.6~\mu m$、$8.8~\mu m$。得到的试验前后气体流量-阀芯位移理论曲线和试验结果的对比如图 8‐56 所示,拟合效果很好,表明冲蚀圆角的分析结果准确可靠。

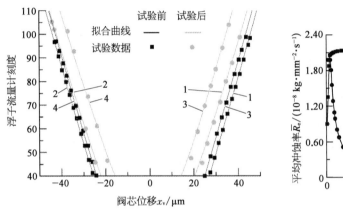

图 8‐56 试验前后滑阀副的气动配磨曲线

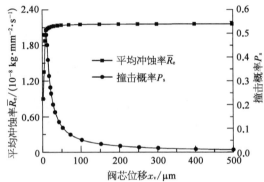

图 8‐57 阀芯位移对平均冲蚀率和撞击概率的影响

  根据耐久性试验条件进行滑阀冲蚀圆角的理论计算,取颗粒物平均直径为 $10~\mu m$,每百毫升数量 8 000 个,阀口压降为 10.2 MPa。由于耐久性试验中,伺服阀的输入信号不固定,阀芯位置始终处于动态变化中,为了便于计算,首先分析阀芯位移对平均冲蚀率和撞击概率的影响,结果如图 8‐57 所示。可以看出,由于压差固定,颗粒物的撞击速度不变,在阀芯位移较小时,颗粒物撞击概率不变,平均冲蚀率主要受颗粒物质量流率影响,随着阀芯位移的增大,颗粒物质量流量增大,因而平均冲蚀率增大;当阀芯位移较大时,随着阀芯位移的增加,颗粒物质量流率依旧增大,但颗粒物的撞击概率不断下降,因此平均冲蚀率基本不变。由于耐久性试验中伺服阀的开度较大,因此取阀芯位移为 $100~\mu m$ 进行简化计算,得到阀口的冲蚀圆角及其与试验结果的对比,见表 8‐10。

表 8‐10 滑阀冲蚀圆角的试验结果与理论结果对比

阀口	试验结果/μm	理论结果/μm	误差/%
1	7.6	8.81	13.7
2	5.1	8.81	42.1

阀口	试验结果/μm	理论结果/μm	误差/%
3	9.6	8.81	8.97
4	8.8	8.81	0.11

通过表 8-10 的对比结果可以发现,理论计算得到四个阀口的冲蚀圆角大小相同,同阀口 3 和阀口 4 的冲蚀圆角试验结果接近,相对误差不超过 10%,但阀口 1 和 2 的计算结果比试验结果略大。进一步分析可知,阀口 1 和 2 中油液从供油口流入阀腔,阀口 3 和 4 油液从阀腔流出至回油口,流入阀腔的阀口冲蚀圆角比从流出阀腔的阀口冲蚀圆角略小。表明阀口的冲蚀与阀口油液流动方向有关,本节尚未考虑油液流动方向对冲蚀过程的影响,造成了计算结果存在一定偏差,有待进一步研究。此外,由于目前耐久性试验仅抽样一台伺服阀,结果存在一定的随机性,后续有待通过概率统计与数学抽样问题理论研究,以及耐久性测试探讨统计学规律及随机抽样的影响。总体看来,理论计算结果同试验结果基本一致。

(1) 考虑颗粒物尺寸及颗粒物撞击阀芯阀套概率,建立了全周边液压滑阀冲蚀圆角计算模型。在阀控缸动力机构中,可通过阀控缸结构尺寸、负载大小、活塞运动速度等参数得到各阀口压降、流量和阀口开度,并进一步取得撞击到阀口的颗粒物数量、撞击速度、冲击角度,进而定量计算各阀口的冲蚀圆角大小。

(2) 滑阀阀口磨损后,将会导致四边滑阀产生零偏,零偏位移可以通过惠斯通电桥平衡原理求出。滑阀的冲蚀会导致压力增益显著降低,泄漏量显著增大,零位附近的流量增益升高。

8.5　电液伺服阀反馈杆小球黏着磨损量计算方法及影响因素

为了得到力反馈电液伺服阀反馈杆小球磨损深度与伺服阀工作状态间的关系,建立了反馈小球的力学模型和运动学模型,基于 Archard 黏着磨损理论得到了小球磨损量计算模型并分析了温度和配合形式对磨损的影响。研究结果表明:小球磨损会破坏力反馈组件的平衡状态,降低反馈力并引起输出非线性,非线性区域宽度与磨损深度成正比;温升会导致小球与阀芯变成过盈配合,产生附加的接触压力与温升大小呈二次函数关系,加剧小球的磨损;采用球槽配合形式时,小球磨损包括切向滑动磨损和周向转动磨损,阀芯在阀套内转动引起的周向磨损是小球磨损的主要原因。采用球孔配合形式可以避免阀芯的周向转动从而有效地降低小球的磨损。试验结果和理论结果一致。

8.5.1　黏着磨损量计算方法

8.5.1.1　反馈杆组件小球的力学模型

磨损已成为工业系统中材料破坏和元件失效的主要原因之一,据统计,当今工业化国家依然有高达约 25% 能源因摩擦消耗掉,约 80% 机械部件失效由于磨损造成。减小摩擦、降低磨损是人类社会一直以来的追求目标,早在 5 000 年前,人类已经发现滚动摩擦比滑动摩擦小并发明了车轮,发展至目前的超滑技术可以大大降低摩擦系数。电液伺服阀中存在磨粒磨损、黏着磨损、冲蚀磨损等多种磨损,严重影响伺服阀的静动态特性,降低了伺服系统的可靠性。因此,近年来人们开始分析电液伺服阀的磨损机理及其性能演变过程,尤其是研究功率级滑阀的冲蚀、磨损的定量计算方法,各国学者通过试验探究、理论建模和仿真等手段在滑阀阀口的轮廓形貌演变、阀系数变化、阀芯和阀套之间的黏着磨损和三体磨损等方面取得了诸多研究成果。同时研究了喷嘴挡板阀、射流管阀和偏转板阀前置级的冲蚀现象。两级力反馈电液伺服阀反馈杆组件的小球磨损会引发伺服阀的流量跳动和非线性,甚至引发伺服阀高频自激振荡,严重降低了伺服阀的服役寿命。目前反馈小球磨损的演变过程,小球磨损的定量分析模型尚不明确,需要建立反馈小球磨损量、伺服阀结构、服役环境与服役时间之间的映射关系,为电液伺服阀的分析设计和诊断维护等提供依据。

本节基于 Archard 黏着磨损理论探讨力反馈电液伺服阀反馈小球磨损深度的定量计算方法,研究温度、小球与阀芯配合形式对小球磨损的影响,优化伺服阀反馈组件结构,对制定维修时间节点,提高极端温度下电液伺服阀的可靠性具有重要意义。

图 8-58 为典型的力反馈两级偏转板电液伺服阀的结构原理图,伺服阀的前置级和功率级滑阀之间通过反馈杆和反馈小球连接,当力矩马达输入电流时,假设衔铁逆时针转动,弹簧管和反馈杆变形,偏转板向右移动,引起伺服阀右腔压力增大,左腔压力减小,滑阀左移,同时带动反馈小球左移,在反馈小球向左移动时,降低了偏转板位移,使滑阀左侧控制压力增大,右侧控制压力降低,构成了一级阀和二级阀之间的力反馈,当处于平衡状态时,阀芯位移与力矩马达输入电流之间成比例。相比电反馈伺服阀,力反馈电液伺服阀由于其采用机械反馈形式,

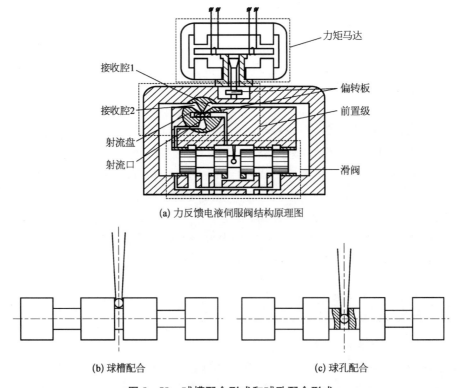

(a) 力反馈电液伺服阀结构原理图

(b) 球槽配合　　　　　　　　　(c) 球孔配合

图 8-58　球槽配合形式和球孔配合形式

可靠性更高,在航空航天等领域得到广泛使用。

根据结构形式,力反馈杆组件可分为如图 8-58 所示的两种配合形式。图 8-58b 为球槽配合形式,反馈杆小球卡在阀芯两个台肩之间的槽口内,通过球面-平面间的点接触传递反馈力,由于阀芯在阀套内圆周方向无运动限制,反馈小球既可以随阀芯的轴向进行摆动,同时还可随阀芯的周向转动而做相对转动。图 8-58c 为球孔配合形式,在阀芯上开有径向圆柱孔或者小锥度孔,通过球面-孔曲面间的线接触进行力传递,同时限制了阀芯的周向转动。

图 8-59 的衔铁-反馈杆组件,其力矩平衡方程为

$$K_t \Delta i + K_m \theta = J_a \ddot{\theta} + B_a \dot{\theta} + K_a \theta + K_y r^2 \theta + T_L$$

$$(8-87)$$

$$T_L = F_L(r+b) \qquad (8-88)$$

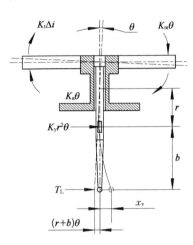

图 8-59 衔铁与反馈杆组件的
受力示意图

式中 K_t——力矩马达中位电磁系数;

K_m——力矩马达中位磁弹簧刚度;

K_a——弹簧管刚度;

K_y——前置级液动力刚度;

θ——衔铁的转角;

J_a——衔铁挡板组件的转动惯量;

B_a——衔铁组件的黏性阻尼系数;

T_L——反馈杆变形引起的负载力矩;

r——偏转板导流槽中心至衔铁组件旋转中心的距离;

b——反馈小球至导流槽中心的距离;

F_L——小球的反馈力。

考虑小球与阀芯间由于磨损形成的游隙,忽略阀芯磨损,假设小球单侧磨损深度为 Δ。反馈杆的反馈力具有死区非线性的特征,可表示为

$$F_L = \begin{cases} 0, & |(r+b)\theta + x_v| \leqslant \Delta \\ K_f[(r+b)\theta + x_v \mp \Delta], & |(r+b)\theta + x_v| > \Delta \end{cases} \qquad (8-89)$$

式中 K_f——反馈杆刚度;

x_v——阀芯的位移。

滑阀的力平衡方程为

$$K_p r \theta A_p = K_{yy} x_v + F_L + m_v \ddot{x}_v + B_v \dot{x}_v \qquad (8-90)$$

式中 K_{yy}——滑阀稳态液动力刚度;

K_p——前置级压力增益;

A_p——滑阀两端油液作用面积;

m_v——滑阀质量。

由于惯性力和黏性力很小,忽略式(8-87)和式(8-90)中的惯性力和黏性力,即可得到在非死区阶段反馈小球受到的负载力与输入电流及间隙的关系如下:

$$F_{\mathrm{L}} = \frac{K_{\mathrm{f}}[K_{\mathrm{yy}}(r+b) + K_{\mathrm{p}}rA_{\mathrm{p}}]K_{\mathrm{t}}\Delta i \mp K_{\mathrm{an}}K_{\mathrm{f}}K_{\mathrm{yy}}\Delta}{K_{\mathrm{mf}}(K_{\mathrm{yy}} + K_{\mathrm{f}}) + K_{\mathrm{f}}[K_{\mathrm{p}}rA_{\mathrm{p}} - K_{\mathrm{f}}(r+b)](r+b)} \tag{8-91}$$

式中　K_{mf}——力矩马达综合刚度；

$\quad\quad K_{\mathrm{an}}$——力矩马达净刚度。

$$K_{\mathrm{mf}} = K_{\mathrm{a}} - K_{\mathrm{m}} + K_{\mathrm{y}}r^2 + K_{\mathrm{f}}(r+b)^2$$

$$K_{\mathrm{an}} = K_{\mathrm{a}} - K_{\mathrm{m}} + K_{\mathrm{y}}r^2$$

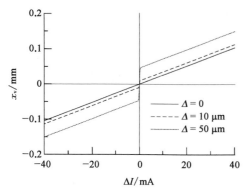

图 8-60　小球不同磨损量下伺服阀阀芯位移

由式(8-91)可知,在非死区阶段,磨损导致相同输入电流下的反馈力减小,而当反馈小球与阀芯未接触时,反馈力为 0。计算某伺服阀在不同磨损深度下阀芯位移与输入电流之间的关系,结果如图 8-60 所示,相关参数见表 8-11。可知磨损会导致阀芯最大位移增大,并产生严重的非线性,在非线性区域内,由于伺服阀处于开环状态,此时的位移增益远大于闭环时增益,阀芯位移曲线呈现突跳,令式(8-91)中 $F_{\mathrm{L}}=0$,则磨损后阀芯位移的非线性区域的宽度为

$$2\Delta i_0 = \frac{2K_{\mathrm{yy}}K_{\mathrm{an}}}{K_{\mathrm{t}}[K_{\mathrm{yy}}(r+b) + K_{\mathrm{p}}rA_{\mathrm{p}}]}\Delta \tag{8-92}$$

可以发现,磨损后阀芯位移曲线的非线性区域宽度和磨损深度之间成正比关系。磨损越严重,非线性区域越宽,因此降低反馈小球的磨损对提高伺服阀的线性度非常重要。

表 8-11　某电液伺服阀的主要参数

参　数	数　值	单　位
力矩马达磁弹簧刚度 K_{m}	4.4	N·m/rad
力矩马达中位电磁系数 K_{t}	0.79	N·m/A
弹簧管刚度 K_{a}	6.58	N·m/rad
前置级液动力刚度 K_{y}	940	N/m
滑阀稳态液动力刚度 K_{yy}	5.73×10^4	N/m
反馈杆刚度 K_{f}	9.20×10^3	N/m
前置级压力增益 K_{p}	3.5×10^{10}	Pa/m
导流槽中心至衔铁组件旋转中心距离 r	0.015	m
反馈小球至导流槽中心的距离 b	0.015	m
滑阀两端油液作用面积 A_{p}	5.03×10^{-5}	m^2

8.5.1.2　反馈小球的运动学模型

在球槽配合反馈形式中,反馈小球相对阀芯存在着如图 8-61a 所示的切向运动和

图 8‐61b 所示的周向运动。因衔铁转动引起的小球位置变化相比于阀芯的位移很小,忽略衔铁转动引起的小球位置变化,当阀芯在 x_v 附近增加 dx_v 时,小球与阀芯的切向相对滑动距离 dh 可通过如下方式计算:

$$dh = \sqrt{b^2 - x_v^2} - \sqrt{b^2 - (x_v + dx_v)^2} \tag{8-93}$$

伺服阀的工作时长为 t,则反馈小球在阀芯端面上的周向滑动距离为

$$l = \omega_v \cdot R_v \cdot t \tag{8-94}$$

式中 ω_v——阀芯周向转动速度;

R_v——反馈小球球心到阀芯轴线距离。

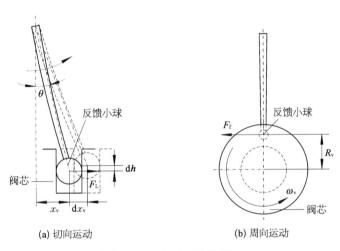

图 8‐61 小球运动示意图

8.5.1.3 反馈小球的黏着磨损模型

当摩擦副相对滑动时,材料表面的微凸体由于黏着效应所形成结点,并在随后的相对滑动中发生剪切断裂,引起接触表面的材料从一个表面转移到另一个表面的现象称为黏着磨损。在反复的摩擦过程中,黏着物最终从物体表面脱落形成磨屑,由于伺服阀在工作过程中反馈杆组件小球与阀芯之间始终存在着相对运动,黏着磨损是反馈小球磨损的最主要的形式之一。在黏着磨损定量计算中,Archard 磨损理论将磨损量视为载荷、滑动距离、较软材料的硬度及黏着磨损系数的函数,是应用最广泛的定量计算模型。

由 Archard 磨损理论,磨损发生在较软材料的表面,由于反馈小球常采用软氮化处理,表面硬度约在 HRC60~65,较阀芯硬度(HRC62~66)略低,假设磨损只发生在反馈小球上,小球因相对阀芯滑动 ds 引起的单侧磨损体积 $dQ(s)$ 为

$$dQ(s) = \frac{KF_L(s)ds}{H}$$

结合小球的动力学模型,当经历 t h、N 次循环后,反馈小球总的单边磨损体积为

$$Q_N = N \int_0^{\theta_0} \frac{KF_L(\theta)}{H} dh + 3\,600t\omega_v R_v \int_0^{\theta_0} \frac{K}{H} dF_L(\theta) \tag{8-95}$$

式中 H——小球表面布氏硬度,取 600 MPa;

$\quad\quad\theta_0$——衔铁组件最大转角;

$\quad\quad K$——磨损系数,磨损系数包含了除载荷、滑动距离、表面硬度以外的所有影响磨损的因素,是一个变动范围大、不易确定的数,良好的润滑条件下磨损系数可到 10^{-6} 甚至更小。

反馈小球的磨损面一般为平面,可以通过球缺体积公式计算小球的磨损深度,满足以下表达式:

$$\pi\Delta^2\left(R-\frac{\Delta}{3}\right)=Q_N \tag{8-96}$$

式中 R——反馈小球的半径。

由上述模型,对比小球相对阀芯切向运动和周向运动引起的磨损大小,假设阀芯以 10 Hz 频率(输入为 40 mA 的正弦信号),周向转动速度为 1 r/min 工作一个循环 T_w,可得小球在一个工作循环内的磨损量变化如图 8-62 所示,其中前 1/2 周期为小球一侧磨损体积,后 1/2 周期为另外一侧磨损体积,可以发现,小球相对阀芯周向转动引起的磨损远大于小球相对阀芯切向滑动引起的磨损。阀芯的周向转动速度和其加工质量等因素有关,最大可达 4 r/min。以阀芯往复运动 1 000 万次作为一个周期计算小球的磨损深度(图 8-63),可以发现小球的磨损深度的分布范围较广,受阀芯转动速度影响明显,同样循环次数下磨损深度差别高达数倍,低循环次数的磨损深度也可能比高循环次数的磨损深度大很多。此外,小球在初期的磨损深度增加较快,随着循环次数的增加,磨损深度变化逐渐趋于缓慢,阀芯周向转动速度低时更加明显。

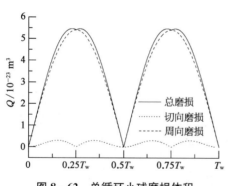

图 8-62 单循环小球磨损体积

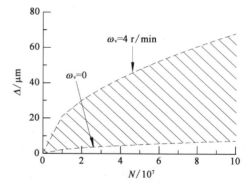

图 8-63 不同转动速度下单边磨损深度变化情况

8.5.2 黏着磨损量影响因素

8.5.2.1 温度对反馈小球黏着磨损的影响

温度对磨损的影响主要体现在对反馈小球受力、小球材料特性及磨损系数等方面。其中小球的受力主要包括弹性元件刚度引起的反馈力和由于小球与阀芯配合性质引起的附加接触压力,后者的数值远远大于前者。常温装配时,阀芯与小球的配合为零间隙配合,不产生间隙或者过盈,当温度变化时,两者的平均单侧过盈量(或间隙)为

$$e=\frac{1}{2}(\Delta D_b-\Delta L_v)=\frac{1}{2}(\alpha_b-\alpha_v)\cdot\Delta T\cdot D_b \tag{8-97}$$

式中　α_v、α_b——阀芯和反馈小球材料的线膨胀系数,阀芯为了保证在温度变化时遮盖量等
　　　　　　　变化较小,往往会选择线膨胀系数小的材料如 440C,线膨胀系数为 $11\times$
　　　　　　　$10^{-6}℃^{-1}$,反馈小球则常采用轴承钢珠材料如 GCr15 经软氮化处理制成,线
　　　　　　　膨胀系数为 $13.6\times10^{-6}℃^{-1}$;

　　　　D_b——反馈小球在初始温度下的直径。

利用式(8-97)和 ANSYS 热固耦合分析,计算反馈小球和阀芯的过盈量 e 及配合应力
F_T。结果分别如图 8-64 和图 8-65 所示,可以看出,温度的降低将会导致阀芯和小球之间产
生间隙,温度升高则会产生过盈配合。过盈量(或间隙量)与温度的变化成正比。在过盈配合
时,阀芯与小球之间单侧的接触压力与温度之间呈二次函数关系,在温度上升到 180℃时,小球受
到的接触压力已经超过 0.25 N,相当于 10 mA 信号下小球受到的反馈力大小。可以发现,高温对
小球的受力,尤其对小信号下反馈小球的受力影响很大,高温环境下小球的磨损将更加严重。

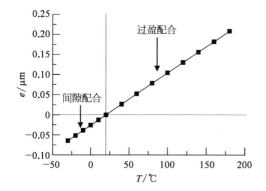

图 8-64　球槽配合间隙随温度的变化情况

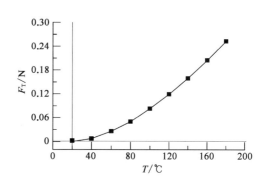

图 8-65　过盈配合时的接触压力
随温度变化情况

此外,温度升高时,材料表面的硬度下降,油液的黏度下降导致润滑性下降,磨损系数
增大,大大提高了磨损程度,相关研究需针对材料和介质进行大量的试验探究,本节在此不
进行展开。

8.5.2.2　配合形式对反馈小球黏着磨损的影响

对于球孔配合类型的反馈形式,阀芯无法在阀套内转动,小球只能沿着阀芯的轴线方
向运动,仅存在如图 8-61a 所示的切向运
动。因此,改用球孔配合后由于限制了阀芯
在阀套内的相对转动,球槽配合中的周向转动
磨损消失,图 8-63 中 $\omega_v=0$ 时,小球的磨损
深度得到有效降低。

图 8-66 是两种配合形式下每个周期(阀
芯往复运动 1 000 万次)内反馈小球磨损体积
的变化(球槽配合形式工作条件:阀芯工作频
率 10 Hz,周向转动速度 1 r/min。球孔配合
形式工作条件:阀芯工作频率 10 Hz),可以发
现,随着磨损的加剧,球槽配合形式下的小球

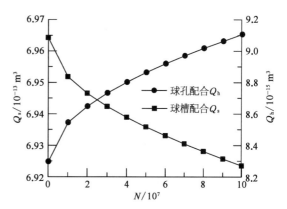

图 8-66　阀芯往复运动每千万次小球
磨损体积变化情况

单次磨损体积 Q_s 逐渐下降,而球孔配合形式的小球单次磨损体积 Q_h 却在不断增加,这是由于虽然反馈力会随着磨损间隙的增大而减小,但是磨损导致衔铁的转角变大,引起阀芯和小球的切向滑动距离增加,因此总体上表现出小球的磨损体积逐渐增大。而由于阀芯的轴向转动和反馈力无关,故小球的周向磨损随着磨损逐渐下降。

8.5.3　实践试验

Moog 公司在早期采用的是用球槽配合类型的反馈形式,使用寿命 1 亿次循环时,即出现了严重的磨损。将球槽配合形式改为球孔配合形式后,小球的磨损程度得到显著改善,某伺服阀进行 10 亿次循环试验,小球依旧只受到比较轻微的磨损。

对一批采用两种配合形式的伺服阀进行拆解,并测量其小球磨损深度,得到小球磨损深度

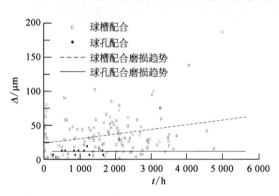

图 8-67　小球磨损变化情况(美国 Moog 公司)

和伺服阀服役时长的分布情况如图 8-67 所示。图中横坐标为伺服阀的使用时间,纵坐标为小球单边磨损深度,统计结果表明,球孔配合反馈形式的反馈小球的磨损深度都在 25 μm 以下,统计方差较小,近似成直线分布;而球槽配合类型的反馈形式则有较大区别,磨损深度大大超出球孔配合形式,最大磨损量接近 200 μm,同时数据分布分散,存在着很大的统计方差,很多小球在初期就出现了比较严重的磨损,与图 8-63 的趋势和分布相近。

通过力反馈伺服阀反馈杆组件小球的力学和运动学的分析,建立了基于 Archard 黏着磨损理论的反馈杆小球磨损量计算模型,并分析了温度对黏着磨损的影响,得到了小球黏着磨损量与伺服阀工作状态之间的映射关系,可为反馈小球黏着磨损量的预测和故障诊断提供依据。相关结论如下:

(1) 反馈小球存在着由于阀芯轴向运动引起的切向磨损和阀芯转动引起的周向磨损两种形式,其中切向磨损速率随着磨损深度增大而变快,对于球槽配合类型的反馈形式,周向磨损占据主要地位,通过将反馈形式改为球孔配合可以避免阀芯转动从而有效地降低反馈小球的磨损。

(2) 小球磨损导致反馈力降低的同时增大了伺服阀的阀芯位移输出。阀芯输出位移的非线性区域大小与磨损深度成正比,可以由伺服阀静态特性曲线的非线性宽度计算反馈小球的磨损深度。

(3) 温度变化会引起小球与阀芯的配合出现间隙或者过盈,过盈配合会使小球受到额外的过盈接触压力,接触压力的大小与温升成二次函数关系,加剧反馈小球的磨损,对工作在零位附近的伺服阀影响尤其明显,反馈小球和阀芯采用线膨胀系数一致的材料可以降低或消除温升的影响。

(4) 在伺服阀实际工作中,受环境、小球黏着磨损和油液等影响,反馈小球与滑阀的磨损系数也会发生变化,反馈小球的磨损更加复杂,有待进一步开展研究。

参 考 文 献

[1]　阎耀保,付嘉华,金瑶兰.射流管伺服阀前置级冲蚀磨损数值模拟[J].浙江大学学报,2015,49(12):2252 - 2260.

[2]　阎耀保,李双路,章志恒,等.力反馈电液伺服阀反馈小球磨损特性研究[J].华中科技大学学报(自然科学版),2020,48(11):42 - 47.

[3]　阎耀保,李聪.极端低温下电液伺服阀温漂特性分析[J].飞控与探测,2020,3(1):80 - 85.

[4]　阎耀保,谢帅虎,原佳阳,等.宽温域下三位四通电磁液动换向阀的几何尺寸链与卡滞特性[J].飞控与探测,2019,2(3):95 - 102.

[5]　YIN Y B, YUAN J Y, GUO S R. Numerical study of solid particle erosion in hydraulic spool valves[J]. Wear, 2017, 392: 174 - 189.

[6]　YIN Y B, HE C P, LI C M, et al. Mathematical model of radial matching clearance of spool valve pair under large temperature range environment[C]//Proceedings of the 8th International Conference on Fluid Power and Mechatronics, FPM2019 - 221 - 1 - 6. Wuhan, 2019.

[7]　WANG Y, YIN Y B. Performance reliability of jet pipe servo valve under random vibration environment[J]. Mechatronics, 2019(64): 1 - 13.

[8]　LI C M, YIN Y B. Mechanism of static characteristics changing of four-way jet-pipe valve due to erosion[C]// IEEE/CSAA International Conference on Aircraft Utility Systems. IEEE, 2016: 10 - 12.

[9]　YIN Y B. Electro hydraulic control theory and its applications under extreme environment[M]. United Kingdom: Elsevier Inc, 2019.

[10]　YUAN J Y, YIN Y B, GUO S R. Numerical prediction of erosion wear for hydraulic spool valve[C]// Proceedings of the 10th JFPS International Symposium on Fluid Power 2017. Fukuoka: The Japan Fluid Power System Society, 1C07, 2017: 1 - 9.

[11]　YIN Y B, FU J H, YUAN J Y, et al. Erosion wear characteristics of hydraulic jet pipe servovalve[C]// Proceedings of 2015 Autumn Conference on Drive and Control. The Korean Society for Fluid Power & Construction Equipment, 2015: 45 - 50.

[12]　阎耀保,李双路.一种伺服阀阀芯阀套冲蚀圆角测量方法:202110778020.1[P].2021 - 10 - 01.

[13]　李长明.射流式电液伺服阀基础理论研究[D].上海:同济大学,2019.

[14]　原佳阳.极端环境下高端液压阀性能及其演变的基础研究[D].上海:同济大学,2019.

[15]　王玉.射流管伺服阀静态特性和零偏零漂机理研究[D].上海:同济大学,2019.

[16]　付嘉华.射流管式电液伺服阀磨损机理研究[D].上海:同济大学,2016.

[17]　郭生荣,阎耀保.先进流体动力控制[M].上海:上海科学技术出版社,2017.

[18]　阎耀保.高端液压元件理论与实践[M].上海:上海科学技术出版社,2017.

[19]　阎耀保.极端环境下的电液伺服控制理论与应用技术[M].上海:上海科学技术出版社,2012.

[20]　国家质量监督检验总局,中国国家标准化管理委员会.射流管电液伺服阀:GB/T 13854—2008[S].北京:中国标准出版社,2008.

[21]　李诗卓,董祥林.材料的冲蚀磨损与微动磨损[M].北京:机械工业出版社,1987.

[22]　TARODIYA R, LEVY A. Surface erosion due to particle-surface interactions-A review[J]. Powder Technology, 2021, 387(2): 527 - 559.

[23]　EDWARDS J K, MCLAURY B S, SHIRAZI S A. Evaluation of alternative pipe bend fittings in erosive service [C]//Proceedings of ASME FEDSM 2000: ASME 2000 Fluids Engineering Division Summer Meeting. Boston, 2000.

[24]　HAUGEN K, KVERNVOLD O, RONOLD A, et al. Sand erosion of wear-resistant materials: erosion in choke valves[J]. Wear, 1995, 186: 179 - 188.

[25]　VAUGHAN N D, POMEROY P E, TILLEY D G. The contribution of erosive wear to the performance degradation of sliding spool servovalves[J]. Proceedings of the Institution of Mechanical Engineers, Part J: Journal of Engineering Tribology, 1998, 212(6): 437 - 451.

[26]　ARABNEJAD H, MANSOURI A, SHIRAZI S A, et al. Development of mechanistic erosion equation for solid

particles[J]. Wear, 2015, 332: 1044 - 1050.

[27] BARAN D. Design of long life servo valves, Moog's approach to design, manufacture, and construction of feedback mechanisms[R]. Moog White Paper, 2012: 1 - 5.

[28] 盛敬超.液压流体力学[M].北京：机械工业出版社,1980.

[29] 中国航空工业总公司六〇九研究所.飞机电液流量伺服阀通用规范：GJB 3370—1998[S].北京：中国航空工业总公司,1998:33.

第 9 章
紧凑型旋转直驱式压力伺服阀

第二次世界大战前后,开始出现电液伺服阀。最初的电液伺服阀设想为单级直接驱动式电液伺服阀,但由于没有解决大流量时液压滑阀液动力大的驱动力问题,人们研制了双级电液伺服阀。近年来,电、磁的材料和控制技术不断进步,如 20 世纪 70 年代出现了高磁能积永磁材料,为了克服双级电液伺服阀前置级结构复杂、极端环境下适应性问题,人们又开始研制单级直接驱动式电液伺服阀。直驱式电液伺服阀采用电-磁-力转换器产生驱动力来驱动阀芯,具有结构简单、环境适应性强、温漂压漂小及可靠性高的特点,可作为极端环境下流体伺服控制的核心基础元件。其中,旋转直驱式电液伺服阀(RDDV)通过偏心旋转驱动机构,将力矩电机旋转运动转化为功率滑阀直线运动,相对于直线直驱阀结构更加紧凑。目前,旋转直驱式伺服阀的研制开发尚处于摸索阶段,缺乏设计制造的理论依据。

本章介绍所研制的一种旋转直驱式压力伺服阀(RDDPV)。基于极端小尺寸液压阀参数匹配设计方法和稳定性优化基础,阐述偏心驱动机构结构参数的设计原则,推导 RDDPV 稳定工作的参数匹配关系,通过增加内闭环力矩电机转角电压反馈系数的方法,解决伺服阀工作过程中负载压力持续振荡的问题。结合所研制的 RDDPV 样机及其试验,介绍该阀的驱动原理和参数选择。

9.1 概　　述

1931 年日本 Tokushichi 开发了镍铝合金永磁材料 AlNiCo,由于其良好的温度稳定性,可用于制造力矩电机。此后出现了由力矩电机直接驱动功率阀芯的直接驱动式电液伺服阀(DDV)。但由于镍铝合金永磁材料功率密度低,当时的直驱阀仅应用于低压小流量的伺服控制场合。

1950 年 Moog 公司发明了第一台双级电液伺服阀,采用高功率密度的喷嘴挡板结构作为前置级,驱动功率阀芯运动;喷挡式伺服阀具有更小的空间尺寸、更快的响应速度和更高的控制精度;迅速应用于飞行器发动机、舵面等伺服控制系统。但喷嘴挡板结构存在间隙值仅数微米的微小流道,对油液污染极为敏感,工作条件要求苛刻。尽管之后出现的射流管伺服阀和偏转板伺服阀在抗污染能力上有所提升,但这种带液压前置级的电液伺服阀仍然存在结构复杂、可靠性低、内漏大的缺点。

1967 年美国 Strnat 用粉末黏结法制成稀土材料 SmCo5 永磁体,此后,稀土材料 Sm‐Co、Nd‐Fe‐B 的出现使得电-磁-力转换器的功率密度和抗退磁能力大幅提高,直驱阀的生产和研制重新成为热点。Moog(D633/634 系列)、Parker(DFplus 系列)、Atos(DLHZO 系列)等公司生产的直接驱动式伺服阀在动态控制性能上完全达到其至超过喷挡式两级伺服阀,再加上其无前置级油液泄漏、加工工艺性好、制造难度低、环境适应性强等优点,目前直驱阀广泛应用于战斗机的舵面控制,如美国 F‑22、俄罗斯 T‑50 等第五代战机。

为进一步减小尺寸,使直驱阀可以集成于空间狭小的伺服控制系统中(如飞行器发动机控制),国内外不断改进其电机形式、滑阀运动方式和机械驱动接口。1966 年 IBM 公司首先开发了音圈电机,其后 Parker 等公司将其应用于液压滑阀的直接驱动。此外,压电陶瓷以其能量密度大、输出力大的特点,逐步应用于直驱阀;北航针对压电陶瓷输出位移小的缺点,提出了一种紧凑的液压位移放大结构,在有限空间内,大大提高了滑阀的行程,增加了直驱阀的控制流量和响应频率。有文献提出了一种通过滑阀的旋转运动控制节流口大小的转阀式直驱阀,该阀有效减小了阀芯运动的液动力。浙江工业大学研制了响应速度快的 2D 阀,该阀通过步进电机带动滑阀旋转,阀芯台肩上的高低压孔和螺旋槽形成液压阻力半桥,控制滑阀阀芯的驱动液压力,实现阀芯水平位置的伺服控制,目前已应用于导弹的伺服控制;但 2D 阀中的滑阀驱动形式为液压力,其性能随供油压力、环境温度的变化易发生漂移。

20 世纪 90 年代,出现了旋转直驱式伺服阀(RDDV)的新结构(图 9‑1),通过各种旋转驱动机构,将力矩电机旋转运动转化为功率滑阀直线运动;由于力矩电机转动和滑阀平动方向垂直,这种伺服阀在结构布置上相对于直线直驱阀更加紧凑且对滑阀运动方向的外界振动不敏感。Woodward 公司基于这种驱动原理,已成功开发出了商业化的旋转直驱阀(图 9‑2),为该公司的 R‑DDV‑27G 系列旋转直驱阀。

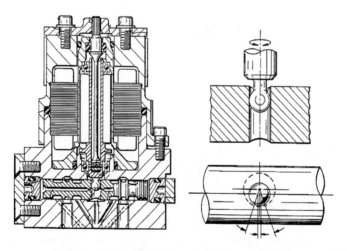

图 9‑1　旋转直驱式伺服阀专利(Haynes, 1988)

图 9‑2　旋转直驱阀(Woodward)

9.2　工作原理与数学模型

9.2.1　工作原理

所研制的旋转直驱式压力伺服阀工作原理如图 9‑3 所示。主要由电子控制器、有限转角力矩电机、偏心驱动机构、功率滑阀副和相关传感器等部件组成。当电子控制器输入电流为 0 时,转角力矩电机无力矩输出,此时滑阀被复位弹簧推至最右端,进油口关闭,工作腔与回油口接通,伺服阀输出压力为零;当输入正指令信号 i_i 时,电子控制器经过计算,输出 PWM 信号驱动转角力矩电机旋转;旋转驱动接口的偏心机构将力矩电机的旋转运动转化为功率阀芯的直线运动,从而改变进回油口节流面积比,进而确定伺服阀的输出压力。该阀采用电反馈形式进行伺服控制;转角位移传感器将力矩电机旋转角度反馈至控制器,形成力矩电机转轴位置内闭环反馈;压力传感器将工作腔压力反馈,形成压力外闭环控制。此外,阀体内的回油单向阀可防止系统油液直接流入阀芯右侧容腔,减小了油液中颗粒物卡入偏心驱动机构间隙的可能性,提高了伺服阀的抗污染能力。

定义压力伺服阀阀芯零位为进油口开度恰为零时(此时回油口完全打开)阀芯所处的位置;阀芯从零位开始,自右向左运动的过程中,进油口开度从零逐渐增加,而回油口开度逐渐减小至零;定义阀芯中位为进油口开度等于回油口开度时阀芯所处的位置。

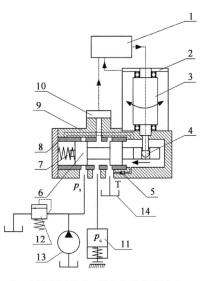

1—电子控制器;2—转角位移传感器;3—有限转角力矩电机;4—偏心驱动机构;5—回油单向阀;6—功率滑阀;7—偏置弹簧;8—阀套;9—阀体;10—压力传感器;11—单作用缸;12—溢流阀;13—液压泵;14—油箱

图 9-3 所研制的旋转直驱式压力伺服阀工作原理

图 9-4 为阀芯零位时偏心驱动机构示意图;图中小球和阀芯上圆柱孔的名义尺寸相同,为间隙配合;力矩电机转轴末端固结有一偏心轴,偏心轴与力矩电机旋转中心间存在偏心距 e。定义阀芯中心轴线为 X 轴,阀芯圆柱孔中心轴线为 Y 轴,根据右手法则确定 Z 轴。通过尺寸设计,使零位时阀芯圆柱孔中心轴线平行于偏心轴中心轴线(即 Y 轴),使力矩电机转轴处于 YOZ 平面,且使小球球心到 XOZ 平面有一定距离 h。

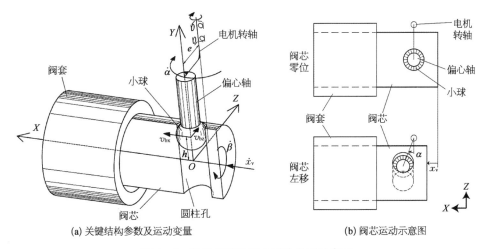

(a) 关键结构参数及运动变量   (b) 阀芯运动示意图

图 9-4 滑阀阀芯的偏心驱动机构示意图

图 9-4b 中,力矩电机顺时针旋转,偏心轴和小球绕力矩电机转轴公转,球心的公转可分解为 X 和 Z 两个方向的直线运动;其中小球 X 方向的运动带动阀芯沿 X 轴平动,从而改变进回油

口节流面积;而 Z 方向的运动则带动阀芯绕 X 轴转动,转动后的圆柱孔中心轴线与 Y 轴成一定夹角,但不改变节流窗口大小。由于阀芯行程较小,所采用力矩电机为有限转角($\pm 30°$),设计调整后的偏心驱动机构在整个行程中不存在死点。

9.2.2 非线性数学模型

9.2.2.1 基于 Hertz 接触理论的偏心驱动机构动力学模型

独特的机械传动结构是旋转直驱阀的技术核心;所研制的 RDDPV 机械结构包括三个部分:力矩电机、功率阀芯及偏心驱动机构。RDDPV 运动部件的动力学关系如图 9-5 所示,力矩电机转轴在电磁驱动力矩 T_{em} 和负载力矩 T_f 的作用下旋转,通过力矩电机转轴的动力学方程可得到力矩电机转轴转动的角加速度、角速度和角位移($\ddot{\alpha}$、$\dot{\alpha}$、α);而功率阀芯在水平驱动力 F_x 和驱动力矩 $T_{\beta v}$ 作用下输出阀芯轴向平动的加速度、速度和位移($\ddot{x}_v$、$\dot{x}_v$、x_v)及绕其轴线转动的运动变量($\ddot{\beta}_v$、$\dot{\beta}_v$、β_v);其中阀芯驱动力/力矩与力矩电机负载力矩 T_{em} 为相互作用力。偏心驱动机构力学模型可根据给定的阀芯和力矩电机转轴运动状态,通过滑动接触理论求解小球与阀芯圆柱孔间的相互作用力。将上述三个模型联立迭代计算,可求解给定电磁驱动力矩 T_{em} 下力矩电机转轴和阀芯的受力及运动状态。

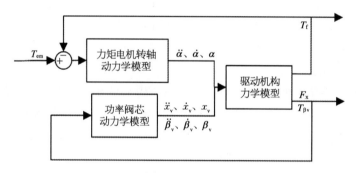

图 9-5 RDDPV 运动部件的动力学关系

力矩电机接收电压信号,输出电磁驱动力矩,其力矩输出特性为

$$T_{em} = k_t \frac{u_0}{R_c} - k_m \alpha^2 \tag{9-1}$$

式中　u_0 ——力矩电机输入电压;

　　　α ——力矩电机转轴相对阀芯零位的转动角度;

　　　k_t ——电流力矩系数;

　　　k_m ——转角力矩系数;

　　　R_c ——力矩电机内阻。

力矩电机转子的动力学方程为

$$T_{em} = J_r \frac{d^2 \alpha}{dt^2} + B_r \frac{d\alpha}{dt} + T_f \tag{9-2}$$

式中　J_r ——力矩电机转子的转动惯量;

　　　B_r ——力矩电机转子的阻尼系数。

滑阀阀芯在打开过程中，存在两个方向的运动：沿滑阀轴向的平动和绕滑阀中心轴线的转动。将两个方向的运动分解，有动力学方程

$$F_x = m_v \frac{\mathrm{d}^2 x_v}{\mathrm{d}t^2} + B_v \frac{\mathrm{d}x_v}{\mathrm{d}t} + k_v(x_v + x_{v0}) + F_s \tag{9-3}$$

$$F_s = 2C_d \pi D_v \cos\varphi \left[x_v(p_s - p_c) - (U - x_v)(p_c - p_0) \right] \tag{9-4}$$

$$T_{\beta v} = J_{\beta v} \frac{\mathrm{d}^2 \beta_v}{\mathrm{d}t^2} + B_{\beta v} \frac{\mathrm{d}\beta_v}{\mathrm{d}t} \tag{9-5}$$

式中　m_v——阀芯质量；

x_v——阀芯位移；

B_v——阀芯轴向平动阻尼系数；

k_v——复位弹簧刚度；

x_{v0}——复位弹簧预压缩量；

F_s——稳态液动力；

C_d——阀口流量系数；

D_v——阀芯端面直径；

φ——滑阀节流口射流角；

p_s——供油压力；

p_c——负载压力；

p_0——回油压力；

U——滑阀预开口量；

$J_{\beta v}$——阀芯对其中心轴线的转动惯量；

β_v——阀芯绕阀芯轴线的转角；

$B_{\beta v}$——阀芯转动阻尼系数。

假设小球和圆柱面为小变形的滑动接触，本节基于 Hertz 接触理论建立偏心驱动机构力学模型。图 9-6 为偏心驱动机构运动及受力示意图。图 9-6a 为小球和阀芯运动状态示意图，图中描述的状态为小球球心 O_b 绕力矩电机转轴顺时针转过角度 α，阀芯沿 X 轴正方向平动距离 x_v，阀芯绕 X 轴转过角度 β_v。过小球中心 O_b 作圆柱孔中心轴线的垂面 a，O_c 为圆柱孔中心线在垂面 a 上的垂足，O_s 为圆柱孔中心轴线与 X 轴的交点，则直线 O_cO_s 表示圆柱孔中心轴线，直线方程为

$$\left. \begin{array}{c} x = x_v \\ \dfrac{y}{\cos\beta_v} = \dfrac{z}{\sin\beta_v} \end{array} \right\} \tag{9-6}$$

图 9-6b 为小球和圆柱孔在垂面 a 上的断面图，点 O_b 与 O_c 不重合，$|\boldsymbol{O_b O_c}|$ 表示小球球心 O_b 到阀芯圆柱孔中心线的距离，根据几何关系，可求得

$$|\boldsymbol{O_b O_c}| = \frac{\sqrt{\begin{vmatrix} O_{by} - O_{sy} & O_{bz} - O_{sz} \\ C_Y & C_Z \end{vmatrix} + \begin{vmatrix} O_{bz} - O_{sz} & O_{bx} - O_{sx} \\ C_Z & C_X \end{vmatrix} + \begin{vmatrix} O_{bx} - O_{sx} & O_{by} - O_{sy} \\ C_X & C_Y \end{vmatrix}}}{\sqrt{C_X^2 + C_Y^2 + C_Z^2}}$$

$$\tag{9-7}$$

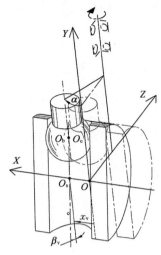

(a) 小球和阀芯运动状态示意图

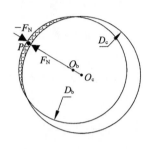

(b) a面上的断面图(a面为过小球球心 O_b作圆柱孔中心轴线O_cO_s的垂面)

图 9 - 6　偏心驱动机构运动及受力示意图

$$O_{bx} = e\sin\alpha , \ O_{by} = h , \ O_{bz} = -e\cos\alpha \tag{9-8}$$

其中，(O_{bx}, O_{by}, O_{bz}) 为 O_b 点的坐标值。令

$$l = \mid \boldsymbol{O_b O_c} \mid - \frac{(D_c - D_b)}{2} \tag{9-9}$$

式中　D_c ——圆柱孔内径；

　　　D_b ——小球外径。

若 $l < 0$，则小球和圆柱面没有接触，无相互作用力；若 $l \geqslant 0$，则 l 为小球和圆柱面挤压接触造成的径向形变之和。将小球和圆柱面视为完全弹性体，根据 Hertz 接触理论，两者相互挤压后形成的接触面轮廓为椭圆，其离心率 ε 可由下式求得：

$$1 - \frac{2(1-\varepsilon^2)}{\varepsilon^2}\left(\frac{\displaystyle\int_0^{\frac{\pi}{2}} \frac{d\theta}{\sqrt{1-\varepsilon^2\sin^2\theta}}}{\displaystyle\int_0^{\frac{\pi}{2}} \sqrt{1-\varepsilon^2\sin^2\theta}\,d\theta} - 1\right) = \frac{D_c}{2D_c - D_b} \tag{9-10}$$

式中　ε ——接触面椭圆的离心率；

　　　$d\theta$ ——在接触面上积分时选取的角度微元。

根据 Hertz 接触理论，可求得两弹性体间相互作用力 F_N 与其径向形变之和 l 的关系：

$$l = \frac{3}{2}\frac{k_1+k_2}{a}F_N \int_0^{\frac{\pi}{2}} \frac{d\theta}{\sqrt{1-\varepsilon^2\sin^2\theta}} \tag{9-11}$$

$$a = \left[\frac{3\displaystyle\int_0^{\frac{\pi}{2}} \sqrt{1-\varepsilon^2\sin^2\theta}\,d\theta}{2\pi(1-\varepsilon^2)} \frac{k_1+k_2}{\left(\dfrac{2}{D_b} - \dfrac{1}{D_c}\right)} F_N \right]^{\frac{1}{3}} \tag{9-12}$$

$$k_1 = \frac{1-\nu_1^2}{E_1}, \quad k_2 = \frac{1-\nu_2^2}{E_2} \tag{9-13}$$

式中　a ——接触面椭圆半长轴；

　　　ν_1、ν_2 ——偏心小球和阀芯材料的泊松比；

　　　E_1、E_2 ——偏心小球和阀芯材料的弹性模量。

由于小球的接触变形量相对于小球直径可以忽略，则接触面几何中心点 P 为 O_bO_c 的反向延长线与小球外轮廓的交点，满足

$$OP = OO_b - \frac{D_b}{2} \cdot \frac{O_bO_c}{|O_bO_c|} \tag{9-14}$$

以滑阀圆柱孔为研究对象，受到的接触压力大小为 F_N，其方向为接触面的外法线方向：

$$F_N = -F_N \frac{O_bO_c}{|O_bO_c|} \tag{9-15}$$

根据 Coulomb 摩擦定律，切向摩擦力 f 的大小与接触压力成正比，方向与接触点相对运动速度相反；可得所受切向摩擦力为

$$f = -\mu F_N v_p^r \tag{9-16}$$

式中　μ ——滑动摩擦因数；

　　　v_p^r ——柱面上 P 点相对于球面上 P 点的速度矢量。

则滑阀的驱动力为

$$F_x = (F_N + f) \cdot u \tag{9-17}$$

$$T_{bv} = (F_N + f) \cdot w \cdot |OO_p \cdot v| - (F_N + f) \cdot v \cdot |OO_p \cdot w| \tag{9-18}$$

式中　u、v、w ——X、Y、Z 方向单位矢量。

力矩电机转轴转动的阻力矩为

$$T_f = -(-F_N - f) \cdot u \cdot (e - OO_p \cdot w) - (-F_N - f) \cdot w \cdot (OO_p \cdot u) \tag{9-19}$$

9.2.2.2　流体控制模型

负载腔油液连续性方程为

$$C_d \pi D_v x_v \sqrt{\frac{2(p_s - p_c)}{\rho}} - C_d \pi D_v (U - x_v) \sqrt{\frac{2(p_c - p_0)}{\rho}} = \frac{V}{E} \frac{\mathrm{d}p_c}{\mathrm{d}t} \tag{9-20}$$

式中　ρ ——油液密度；

　　　V ——负载腔容积；

　　　E ——油液体积弹性模量。

9.2.2.3　电子控制器模型

图 9 - 7 为电子控制器框图。电子控制器的主要功能如下：

（1）信号调理。将输入的控制电流信号 i_i 转化为电压信号 u_i，并进行降噪滤波处理；该环节为比例环节，比例系数为 k_b，有

$$u_i = k_b i_i \tag{9-21}$$

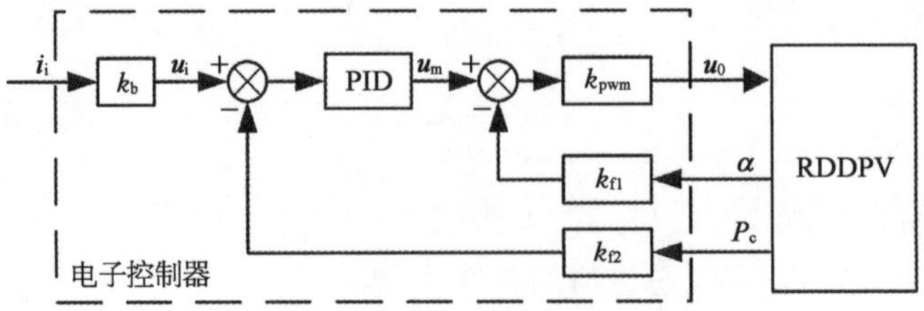

图 9-7 电子控制器框图

（2）PID 控制。根据输入电流和反馈压力信号的误差进行比例、积分和微分运算，输出力矩电机的控制信号 u_m，即

$$u_m = (u_i - p_c k_{f2})\left(K_P + K_I \frac{1}{s} + K_D s\right) \tag{9-22}$$

式中　k_{f2}——负载压力电反馈系数；

　　　s——Laplace 算子。

（3）PWM 放大。将力矩电机控制信号 u_m 放大为能够驱动力矩电机运动的电压信号 u_0，该环节为比例环节，比例系数为 k_{pwm}：

$$u_0 = (u_m - \alpha k_{f1}) k_{pwm} \tag{9-23}$$

式中　k_{f1}——电机转角电反馈系数。

某压力伺服控制系统要求压力伺服阀输入额定电流 i_{ie} 为 7.5 mA，对应输出额定负载压力 p_{ce} 为 8 MPa；根据这一要求，对电子控制器比例系数 k_b 和负载压力电压反馈系数 k_{f2} 进行调整。

式（9-1）～式（9-23）构成了 RDDPV 的非线性数学模型，在 Matlab/Simulink 中搭建 RDDPV 的完整模型框图，采用固定步长的 Runge-Kutta（ode4）方法进行求解，求解步长为 10^{-6} s。仿真过程中设置负载容腔容积 V 为 300 ml；供油压力 8 MPa，回油压力 0.4 MPa。仿真输入电流与伺服阀试验时的输入电流相同：静态特性测试输入频率 0.05 Hz，幅值 7.5 mA 的三角波；阶跃响应测试输入 0%～75% 额定电流的阶跃信号。

9.3　稳定性判据与参数匹配设计方法

9.3.1　稳定性判据

9.3.1.1　RDDPV 数学模型的线性化

在稳定性分析时，忽略偏心小球和圆柱孔接触的挤压变形和摩擦力，并忽略偏心小球与圆柱孔之间的配合间隙 δ（即 $\delta = D_c - D_b = 0$）。则有力矩电机转角 α 与阀芯平动位移 x_v 及阀芯绕 X 轴转动角度 β_v 的几何关系为

$$x_v = e\sin\alpha \tag{9-24}$$

$$\tan \beta_{\mathrm{v}} = \frac{e(1-\cos \alpha)}{h} \tag{9-25}$$

由于压力伺服阀阀芯位移小,所需的力矩电机转动角度 α 也较小(小于 $6°$),式(9-24)和式(9-25)分别简化为

$$x_{\mathrm{v}} = e\alpha \tag{9-26}$$

$$\beta_{\mathrm{v}} = \frac{e\alpha^2}{2h} = k_{\beta \mathrm{v}}\alpha, \ k_{\beta \mathrm{v}} = \frac{\mathrm{d}\beta_{\mathrm{v}}}{\mathrm{d}\alpha}\bigg|_{\alpha = \alpha_{\mathrm{x}}} = \frac{e\alpha_{\mathrm{x}}}{h} \tag{9-27}$$

式中　α_{x}——力矩电机转子的任意工作点。
则根据上述几何关系有

$$T_{\mathrm{f}} = F_{\mathrm{x}}e\cos \alpha + T_{\beta \mathrm{v}}\frac{h}{\cos \beta_{\mathrm{v}}}e\sin \alpha \cos \beta_{\mathrm{v}} \tag{9-28}$$

此外,式(9-1)中的转角力矩系数较小,可忽略,有

$$T_{\mathrm{em}} = k_{\mathrm{t}}i_0 \tag{9-29}$$

式(9-20)负载压力方程在滑阀任意工作点 x_{vx}($x_{\mathrm{vx}} = e\alpha_{\mathrm{x}}$)附近线性化可得

$$p_{\mathrm{c}} = k_{\mathrm{p}}x_{\mathrm{v}}, \ k_{\mathrm{p}} = \frac{\mathrm{d}p_{\mathrm{c}}}{\mathrm{d}x_{\mathrm{v}}}\bigg|_{x_{\mathrm{v}} = x_{\mathrm{vx}}} = \frac{2Ux_{\mathrm{vx}}(U-x_{\mathrm{vx}})}{(2x_{\mathrm{vx}}^2 - 2Ux_{\mathrm{vx}} + U^2)^2}p_{\mathrm{s}} \tag{9-30}$$

式中　k_{p}——滑阀在工作点 x_{vx} 的压力增益。

作用在阀芯上的稳态液动力与阀芯位 x_{v} 移成正比,有

$$F_{\mathrm{s}} = k_{\mathrm{s}}x_{\mathrm{v}}, \ k_{\mathrm{s}} = 2C_{\mathrm{d}}\pi D_{\mathrm{v}}\cos \varphi(p_{\mathrm{s}} - Uk_{\mathrm{p}}) \tag{9-31}$$

式中　k_{s}——滑阀在工作点 x_{vx} 的稳态液动力刚度。
则力矩电机转子在工作点 α_{x} 的动力学方程为

$$\begin{aligned}
T_{\mathrm{em}} &= J_{\mathrm{r}}\frac{\mathrm{d}^2\alpha}{\mathrm{d}t^2} + B_{\mathrm{r}}\frac{\mathrm{d}\alpha}{\mathrm{d}t} + T_{\mathrm{f}}\\
&= J_{\mathrm{r}}\frac{\mathrm{d}^2\alpha}{\mathrm{d}t^2} + B_{\mathrm{r}}\frac{\mathrm{d}\alpha}{\mathrm{d}t} + \frac{\mathrm{d}^2x_{\mathrm{v}}}{\mathrm{d}t^2} + \frac{\mathrm{d}x_{\mathrm{v}}}{\mathrm{d}t} + (k_{\mathrm{v}}+k_{\mathrm{s}})ex_{\mathrm{v}} + k_{\mathrm{v}}ex_{\mathrm{v0}} + J_{\beta \mathrm{v}}e\frac{\mathrm{d}^2\beta_{\mathrm{v}}}{\mathrm{d}t^2}\alpha_{\mathrm{x}} + B_{\beta \mathrm{v}}e\frac{\mathrm{d}\beta_{\mathrm{v}}}{\mathrm{d}t}\alpha_{\mathrm{x}}\\
&= (J_{\mathrm{r}} + m_{\mathrm{v}}e^2 + J_{\beta \mathrm{v}}e\alpha_{\mathrm{x}}k_{\beta \mathrm{v}})\frac{\mathrm{d}^2\alpha}{\mathrm{d}t^2} + (B_{\mathrm{r}} + B_{\mathrm{v}}e^2 + B_{\beta \mathrm{v}}e\alpha_{\mathrm{x}}k_{\beta \mathrm{v}})\frac{\mathrm{d}\alpha}{\mathrm{d}t} + (k_{\mathrm{v}}+k_{\mathrm{s}})e^2\alpha + k_{\mathrm{v}}ex_{\mathrm{v0}}
\end{aligned}$$
$$\tag{9-32}$$

根据式(9-21)～式(9-23)、式(9-26)～式(9-32),得到如图 9-8 所示的 RDDPV 在任意工作点线性化框图,图中 J_{M}、B_{M}、K_{M} 分别为伺服阀中机械运动部件等效到力矩电机转轴上的转动惯量、阻尼系数和弹性系数,根据式(9-32)有

$$J_{\mathrm{M}} = J_{\mathrm{r}} + m_{\mathrm{v}}e^2 + J_{\beta \mathrm{v}}e\alpha_{\mathrm{x}}k_{\beta \mathrm{v}} \tag{9-33}$$

$$B_{\mathrm{M}} = B_{\mathrm{r}} + B_{\mathrm{v}}e^2 + B_{\beta \mathrm{v}}e\alpha_{\mathrm{x}}k_{\beta \mathrm{v}} \tag{9-34}$$

$$K_{\mathrm{M}} = (k_{\mathrm{v}}+k_{\mathrm{s}})e^2 \tag{9-35}$$

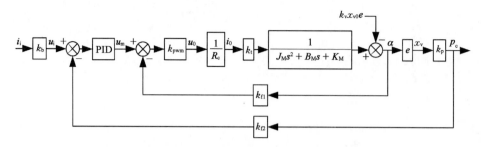

图 9-8 在工作点附近线性化后的 RDDPV 框图

9.3.1.2 RDDPV 的稳定性判据

根据图 9-8 的 RDDPV 线性化框图，可得到其闭环传递函数为

$$G(s) = \frac{p_c(s)}{i_i(s)} = \frac{b_0 s^2 + b_1 s + b_2}{a_0 s^3 + a_1 s^2 + a_2 s + a_3} \tag{9-36}$$

其中，$b_0 = k_t k_{pwm} e k_p k_b K_D$，$b_1 = k_t k_{pwm} e k_p k_b K_P$，$b_2 = k_t k_{pwm} e k_p k_b K_I$，$a_0 = J_M$，$a_1 = B_M + k_t k_{pwm} e k_p k_{f2} K_D / R_c$，$a_2 = K_M + (k_t k_{pwm} k_{f1} + k_t k_{pwm} e k_p k_{f2} K_P) / R_c$，$a_3 = k_t k_{pwm} e k_p k_{f2} K_I / R_c$。

根据劳斯稳定性判据，伺服阀保持稳定的充要条件为 $a_1 a_2 > a_0 a_3$；代入可得任意工作点 α_x 附近的 RDDPV 稳定性判据为

$$K_M + K_{E\alpha} + K_{Ep} K_P > \frac{J_M}{B} K_{Ep} K_I \tag{9-37}$$

$$K_{Ep} = \frac{k_t k_{pwm} e k_p}{R_c} k_{f2} \tag{9-38}$$

$$K_{E\alpha} = \frac{k_t k_{pwm}}{R_c} k_{f1} \tag{9-39}$$

$$B = B_M + \frac{k_t k_{pwm}}{R_c} e k_p k_{f2} K_D \tag{9-40}$$

式中　$K_{E\alpha}$——电机转角电反馈刚度；
　　　K_{Ep}——负载压力电反馈刚度；
　　　B——整阀阻尼。

9.3.2 电机转角内闭环对稳定性的影响

式(9-37)中 RDDPV 机械部分刚度 K_M 主要由复位弹簧刚度 k_v 和稳态液动力刚度 k_s 组成。其中复位弹簧是为保障掉电状态下阀芯复位而设计的，为减小阀芯开启的阻力，复位弹簧刚度 k_v 取值较小（$k_v = 6$ N/mm）。根据式(9-31)可得到不同阀芯位移 x_v 对应的稳态液动力及其刚度，如图 9-9 所示；当滑阀阀芯位于中位时（$x_v = U/2$），稳态液动力刚度 k_s 为负向最大值，表现为阀芯运动的正反馈，不利于伺服阀稳定；若此时的电反馈刚度（$K_{E\alpha}$、K_{Ep}）较小，RDDPV 参数不满足式(9-37)的稳定性判据，伺服阀处于失稳状态。因此，为使 RDDPV 能够在所有工作点稳定工作，需要提供足够大的电反馈刚度。

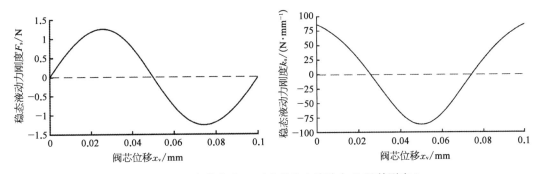

图 9-9　不同阀芯位移 x_v 对应的稳态液动力 F_s 及其刚度 k_s

根据式(9-37),增加 RDDPV 电反馈刚度的方法有提供较大的电机转角电反馈系数 k_{f1} 或较大的负载压力电反馈系数 k_{f2};其中,负载压力电反馈系数 k_{f2} 的单独调节改变了负载压力反馈的比例增益,为保证整阀静态特性(即电流-负载压力特性曲线)不变,需要综合调定信号调理比例系数 k_b 等电控参数;而内闭环电机转角电反馈系数 k_{f1} 的调定则相对独立,更易实现。

根据 RDDPV 非线性数学模型,得到电机转角电反馈系数 k_{f1} 对 RDDPV 稳定性的影响,如图 9-10 所示。图 9-10a 为电机转角电反馈系数 k_{f1} 取 0.2 V/(°)时对应的压力特性曲线;阀芯经过中位附近时,所受稳态液动力和弹簧力的合力方向发生改变,偏心驱动机构的间隙使得阀芯位置跳动;电子控制器针对这一扰动进行调整,但由于此时机械刚度为负,整阀刚度较小,稳定性差,RDDPV 的控制载压力将失稳振荡。图 9-10b 为电机转角电反馈系数 k_{f1} 取 0.4 V/(°)时对应的理论压力特性曲线。可见,内闭环电机转角电反馈刚度的提高,提升了 RDDPV 整阀刚度和稳定性,伺服阀输出的负载压力无抖动。

此外,关于图 9-10 中的 RDDPV 理论压力特性曲线,有几点说明:

(1)图 9-10a 中,去程(指令电流增加,阀芯正向运动)和回程(指令电流减小,阀芯反向运动)时,出现负载压力振荡的工作点不同;这是由于非线性模型考虑了摩擦力和运动部件惯性,并且阀芯振荡的能量积累需要时间,因而造成负载压力振荡的起始点略微"滞后"于指令电流。

(2)阀芯开启时存在的位置突跳是由于摩擦力等造成的零位滞环和控制器积分环节消除静差的共同作用下形成的;与流量伺服阀不同,压力伺服阀的电流信号是单方向的,基本不工作在零电流附近,阀芯开始阶段的压力突跳对其实际使用效果的影响较小。

(3)图 9-10b 的压力特性曲线上,当输入电流约为 4.5 mA 时,负载压力存在微小的突跳。

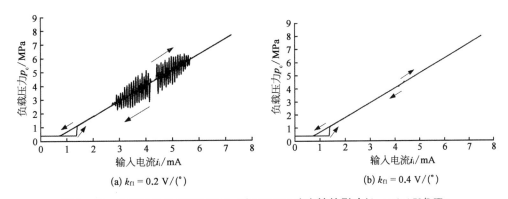

(a) k_{f1} = 0.2 V/(°)　　　　　　　(b) k_{f1} = 0.4 V/(°)

图 9-10　电机转角电反馈系数 k_{f1} 对 RDDPV 稳定性的影响(k_{f2} = 0.4 V/MPa, K_P = 1.2, K_I = 70, δ = 5 μm,非线性数学模型计算结果)

9.4 偏心驱动机构优化设计

偏心驱动机构是旋转直驱阀独有的关键部位,要求偏心驱动机构能够可靠有效地将力矩电机转轴旋转运动转化为功率阀芯的平动,其结构参数的选择对伺服阀动静态性能和寿命等有至关重要的影响。本节根据上述非线性数学模型,探讨偏心小球球心与力矩电机转轴的偏心距 e、小球与圆柱孔配合间隙 $\delta = D_c - D_b$ 及偏心小球直径 D_b 的选取原则。

9.4.1 小球球心偏心距对响应速度的影响

根据式(9-24),减小偏心距 e 可以增加力矩电机的转角范围;当力矩电机分辨率不足时,转角范围的增加可以提高整阀的分辨率和控制精度,但对应的力矩电机工作行程增加,响应速度相对变慢。从受力上看,如式(9-19)所示,较小的偏心距 e 可减小力矩电机转动的阻力矩,在驱动力矩不变的情况下,可提高抗滑阀卡滞能力并提升伺服阀的响应速度。

图 9-11 为同偏心距 e 对应的阀芯位移阶跃响应;较大的偏心距 e 导致力矩电机转动阻力矩增加,响应速度较低;而过小的偏心距 e 增加了力矩电机的工作行程,减慢了滑阀的开启速度。图 9-12 为偏心距 e 对负载压力阶跃响应上升时间的影响;可以看出,为提高 RDDPV 的响应速度,偏心距 e 应选取 1~1.5 mm。

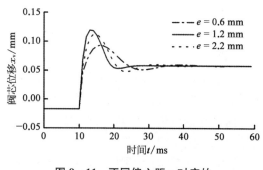

图 9-11 不同偏心距 e 对应的
阀芯位移阶跃响应

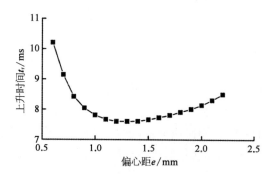

图 9-12 偏心距 e 对负载压力阶跃
响应上升时间的影响

9.4.2 偏心小球与圆柱孔配合间隙对负载压力突跳的影响

为减小偏心驱动机构相对运动部件间的摩擦阻力,力矩电机转轴末端偏心小球和滑阀圆柱孔间存在径向间隙 δ。 阀芯处于中位 ($U/2$) 时,稳态液动力方向发生改变(图 9-9),进而导致偏心驱动机构接触点 P 的位置突变,偏心小球与圆柱孔配合间隙 δ 造成阀芯位置发生不连续突跳,最终导致伺服阀输出的负载压力跳动,极大影响了压力伺服系统的控制精度和稳定性。图 9-13a 为偏心小球与圆柱孔配合间隙导致的负载压力突跳示意图。

为定量表述配合间隙 δ 对 RDDPV 性能的影响(图 9-13b),定义压力突跳峰值 Δpk_{max} 为突跳压力相对于预期负载压力之差的最大值。图 9-14 为偏心小球与圆柱孔配合间隙对压力

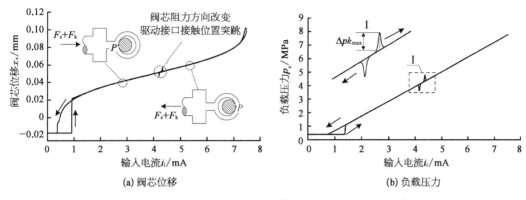

(a) 阀芯位移　　　(b) 负载压力

图 9 - 13　偏心小球与圆柱孔配合间隙 δ 导致的负载压力突跳 ($\delta = 40\ \mu m$)

突跳峰值的影响;图 9 - 14 表明,配合间隙 δ 的减小有利于消减 RDDPV 在斜坡响应中的压力突跳现象。结合伺服阀的使用要求、加工能力及经济成本等因素,偏心小球与圆柱孔配合间隙 δ 取 2～5 μm。

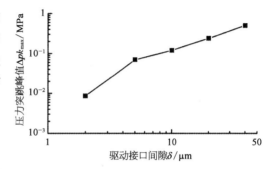

图 9 - 14　偏心小球与圆柱孔配合间隙 δ 对压力突跳峰值 $\Delta p k_{max}$ 的影响

9.4.3　偏心小球耐磨损及其改进措施

小球直径对球体与柱面的接触面积有影响,由式(9 - 10)～式(9 - 13)可得:

$$S = \pi ab = \pi a^2 \sqrt{1 - \varepsilon^2} \propto D_s^{\frac{2}{3}} \tag{9 - 41}$$

式中　S ——接触面积;

b ——接触面椭圆半短轴。

可见,增加小球直径可以增大球体与柱面的接触面积,从而降低接触应力,减少接触表面的疲劳磨损,延长偏心驱动机构的有效工作寿命。小球与阀芯孔的磨损,将导致上述的偏心驱动机构处配合间隙增大,从而造成较大的压力突跳。为减缓因偏心驱动机构磨损而造成的伺服阀性能衰减,小球表面和阀芯孔内表面采用 PVD 沉积氮化钛处理,处理后硬度 HV0.05 不小于 1 200。

9.5　实　践　试　验

9.5.1　样机及试验系统

结合上述理论分析结果,设计并制造了如图 9 - 15 所示的旋转直驱式压力伺服阀 RDDPV 样机。图 9 - 15a 为阀体外观;图 9 - 15b 为偏心小球。图 9 - 16 为 RDDPV 样机与 Moog D636 结构及尺寸对比;Moog D636 为直线直驱式压力-流量伺服阀,其阀芯直径(7 mm)与所研制

RDDPV 阀芯尺寸（直径 6 mm）接近；由于 RDDPV 避免了直线直驱阀中电机、阀芯和位移传感器必须布置在同一方向的问题，因此所研制 RDDPV 的长度尺寸相比 Moog D636 大幅减小，结构更加紧凑。所研制的 RDDPV 主要结构参数见表 9‐1。

1—旋转变压式角位移传感器；2—有限转角力矩电机；
3—压力传感器

(a) 阀体外观

(b) 偏心小球

图 9‐15 所研制的旋转直驱式压力伺服阀 RDDPV 样机实物图

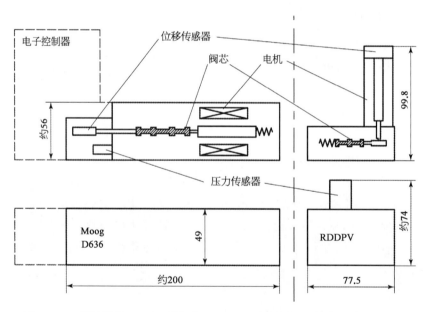

图 9‐16 所研制的 RDDPV 样机与 Moog D636 结构及尺寸对比（单位：mm）

表 9‐1 所研制的旋转直驱式压力伺服阀 RDDPV 主要结构参数

物 理 量	符 号	单 位	参 数 值
力矩电机机械常数	t_e	ms	1.6
阀芯端面直径	D_v	mm	6
阀芯质量	m_v	g	5
复位弹簧预压缩量	x_{v0}	mm	1

续　表

物　理　量	符　号	单　位	参数值
复位弹簧刚度	k_v	N/mm	6
偏心驱动机构全尺寸间隙	δ	μm	5
小球直径	D_s	mm	2.38
偏心距	e	mm	1.2
小球球心到 XOZ 平面距离	h	mm	1.6
力矩电机内阻	R_c	Ω	23.3
电流力矩系数	k_t	N·m/A	0.05
滑阀预开口量	U	mm	0.1
阀芯转动惯量	$J_{\beta v}$	g·cm^2	16

图 9 - 17 为 RDDPV 性能测试设备；RDDPV 样机安装在电液压力伺服阀试验台上，电子控制器采集反馈的电机转角及负载压力信号，通过预设的控制策略，计算并输出力矩电机的输入电流；同时使用计算机采集、观测并记录 RDDPV 输入输出信号。试验所用的工作介质为 15 号航空液压油，油温约 50℃。

1—电液压力伺服阀试验台；2—RDDPV 样机；3—计算机；4—分离式电子控制器；
5—信号采集设备；6—力矩电机供电电源

图 9 - 17　旋转直驱式压力伺服阀 RDDPV 性能测试设备

9.5.2　样机实测性能

9.5.2.1　电反馈参数的调定

在 RDDPV 压力特性测试前，首先通过改变相应电子放大器放大倍数的方法调节电机转角电反馈系数 k_{fl}，找到使 RDDPV 在所有工作点都能稳定工作的电反馈参数。

输入频率为 0.05 Hz、幅值为 7.5 mA 的三角波信号，得到 RDDPV 样机的压力特性试验曲线,如图 9-18 所示。当电机转角电反馈系数 k_{f1} 取 0.2 V/(°)时,RDDPV 输出压力存在振荡现象,且试验得到的压力振荡工作点与理论结果吻合;理论得到的负载压力波动频率和幅值大于试验结果,是由于数学模型中非线性摩擦力、阻尼系数等与整阀稳定性相关的软参量与实际情况有偏差而造成的。而当电机转角电反馈系数 k_{f1} 取 0.4 V/(°)时,旋转直驱式压力伺服阀 RDDPV 整阀刚度提升,伺服阀可输出稳定的负载压力。

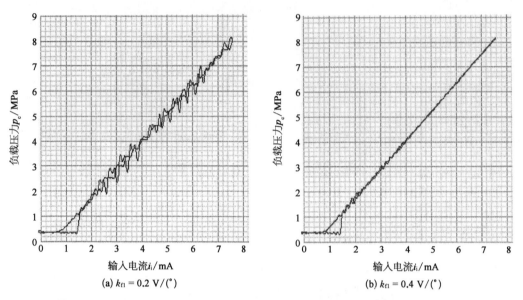

(a) k_{f1} = 0.2 V/(°)　　　　　　　　　　(b) k_{f1} = 0.4 V/(°)

图 9-18　RDDPV 样机的压力特性试验曲线(k_{f2}=0.4 V/MPa, K_P=1.2, K_I=70)

9.5.2.2　样机的静态特性

电反馈参数调定后,得到旋转直驱式压力伺服阀 RDDPV 样机的压力特性曲线,如图 9-18b 所示。由于合理地设计了偏心小球与圆柱孔的配合间隙,图中负载压力在零位以外的工作点无明显突跳。由于零位(低压时)的压力突跳对伺服阀正常工作性能影响较小,在计算其线性度和滞环等性能时,通常去除负载压力小于 1.2 MPa 的数据点。试验结果表明,由于采用了电机转角和负载压力的双闭环电反馈控制,旋转直接驱动压力伺服阀具有较好的线性度(0.3%)和较小的滞环(1%);其零位电流(0.96 mA)可通过控制器按需求进行调节。

9.5.2.3　样机的阶跃响应特性

输入幅值为 75% 额定电流的方波信号,得到旋转直驱式压力伺服阀样机的阶跃响应试验曲线,如图 9-19 所示;图 9-19a 为电机转角的阶跃响应曲线,零指令时,在偏置弹簧力作用下,力矩电机被推至负角度,此时进油口存在较大的正遮盖量,可有效避免环境加速度、电磁干扰等造成的阀口意外开启,保护系统安全。图 9-19b 为负载压力的阶跃响应曲线,该阀开启的负载压力上升时间(负载压力从稳态值的 10% 上升到稳态值 90% 所需的时间)为 7.9 ms,调整时间(2%)为 35 ms;从开启状态到负载压力稳定为回油压力需要 14 ms。

可见,该阀具有良好的动静态特性;从性能上看,已可以应用于飞机防滑刹车等稳准快性能要求较高的压力伺服控制系统。

本章提出并介绍所研制的一种紧凑型旋转直驱式压力伺服阀(RDDPV);该阀采用偏心驱动机构将力矩电机旋转运动转化为功率阀芯的直线运动,进而改变进回油窗口节流面积比,输

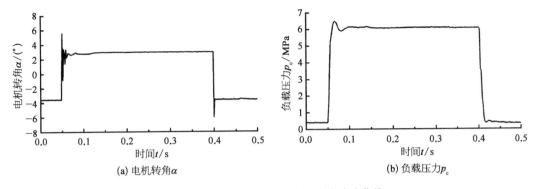

(a) 电机转角 α

(b) 负载压力 p_c

图 9-19　RDDPV 样机的阶跃响应试验曲线

出相应负载压力;对电机转角和输出压力进行双级电反馈闭环控制。具有尺寸小、结构简单、抗污染能力强、环境适应性强(温漂压漂小)等优点。主要结论如下:

(1) 介绍了所建立的旋转直接驱动电液压力伺服阀偏心驱动机构的非线性数学模型,得到了偏心驱动机构结构参数选取原则。为提高响应速度,偏心距 e 取 1.0~1.5 mm;为增加力矩电机转角范围,提高分辨率和控制精度,偏心距 e 应在适当范围内取较小值;增加小球直径可以增大球体与柱面的接触面积,从而降低接触应力,延长偏心驱动机构的有效工作寿命;减小偏心小球和圆柱孔的配合间隙能够有效减小伺服阀工作过程中的压力突跳,可根据使用要求、加工能力及经济成本并结合图 9-14 选择合理的配合间隙。

(2) 提出了旋转直驱式压力伺服阀稳定性判据与参数匹配设计方法,明确电机转角内闭环对稳定性的重要作用。当阀芯位于中位附近,稳态液动力刚度为负,表现为阀芯位移的正反馈作用,伺服阀稳定性差。理论和试验结果表明,增大内闭环电机转角电反馈系数 k_{f1} 可提高整阀刚度,有效抑制了旋转直驱式压力伺服阀的负载压力振荡。

(3) 所制造的旋转直驱式压力伺服阀样机试验结果表明,该阀具有良好的动静态特性:线性度为 0.3%,滞环为 1%,上升时间为 7.9 ms(75%额定电流),调整时间(2%)为 35 ms(75%额定电流);旋转直驱式压力伺服阀可作为极端环境下压力伺服控制的一种新型核心基础元件。

参 考 文 献

[1]　阮耀保,原佳阳,方向.一种凸轮式的旋转直接驱动电液压力伺服阀:201611051799.2[P].2017-05-31.
[2]　阮耀保,原佳阳.旋转直接驱动电液压力伺服阀数学模型及特性仿真分析报告[R].上海:同济大学,TJME-15-200,2015.
[3]　阮耀保,原佳阳.极端环境下旋转直接驱动电液压力伺服阀工作机理和基本服役性能分析报告[R].上海:同济大学,TJME-15-400,2015.
[4]　阮耀保.高端液压元件理论与实践[M].上海:上海科学技术出版社,2017.
[5]　阮耀保.极端环境下的电液伺服控制理论与应用技术[M].上海:上海科学技术出版社,2012.
[6]　郭生荣,阮耀保.先进流体动力控制[M].上海:上海科学技术出版社,2017.
[7]　方向,原佳阳,阮耀保,等.电反馈式伺服阀控制参数半物理整定方法[J].液压气动与密封,2018(2):68-71.
[8]　原佳阳,阮耀保,陆亮,等.旋转直接驱动电液压力伺服阀稳定性分析[J].同济大学学报(自然科学版),2018,

46(2)：235 - 240.

[9]　原佳阳,闫耀保,陆亮,等.旋转直接驱动式电液压力伺服阀机理及特性分析[J].机械工程学报,2018,54(16)：186 - 194.

[10]　原佳阳.极端环境下高端液压阀性能及其演变的基础研究[D].上海：同济大学,2019.

[11]　夏飞燕.旋转直驱式压力伺服阀关键技术研究[D].上海：同济大学,2018.

[12]　YUAN J Y, YIN Y B, GUO S R. Numerical prediction of erosion wear for hydraulic spool valve[C]//The 10th JFPS International Symposium on Fluid Power. Fukuoka, 2017.

[13]　YIN Y B, YUAN J Y, LI J, et al. Characteristics of compacted two stage relief valve with damping orifice between main valve and pilot valve[C]//KSFC 2015 Autumn Conference on Drive & Control. Busan, 2015.

[14]　YIN Y B, ZHANG Z H, YUAN J Y. Fatigue prediction and optimization of the hydraulic actuator[C]// Proceedings of 22nd International Conference on Mechatronics Technology. Jeju Island, 2018, Paper ID 16： 1 - 6.

[15]　BOYAR R E, JOHNSON B A, SCHMID L. Hydraulic servo control valves (part 1 a summary of the present state of the art of electrohydraulic servo valves)[R]. Aeronautical Research Laboratory, 1955.

[16]　Moog Inc. Deflectable free jet stream-type two-stage servo valve：US3612103[P]. 1971.

[17]　MISHIMA T. Magnetic properties of iron-nickel-aluminum alloys[J]. Ohm(Tokyo), 1932.

[18]　MOOG JR WILLIAM C. Electrohydraulic servo valve：US2767689 [P]. 1956 - 10 - 23.

[19]　Askania Regulator Company. Ejector for use in a jet-type hydraulic relay regulator：US3011505 [P]. 1961 - 12 - 05.

[20]　SENTE P A, LABRIQUE F M, ALEXANDRE P J. Efficient control of a piezoelectric linear actuator embedded into a servo-valve for aeronautic applications[J]. IEEE Transactions on Industrial Electronics, 2012, 59(4)： 1971 - 1979.

[21]　SUGIMOTO S. Current status and recent topics of rare-earth permanent magnets[J]. Journal of Physics D： Applied Physics, 2011, 44(6)：064001.

[22]　ALLEYNE A, LIU R. A simplified approach to force control for electro-hydraulic systems[J]. Control Engineering Practice, 2000, 8(12)：1347 - 1356.

[23]　OSDER S. Practical view of redundancy management application and theory[J]. Journal of Guidance, Control and Dynamics, 1999, 22(1)：12 - 21.

[24]　OBOE R, MARCASSA F, MAIOCCHI G. Hard disk drive with voltage-driven voice coil motor and model-based control[J]. IEEE Transactions on Magnetics, 2005, 41(2)：784 - 790.

[25]　阮健,裴翔,李胜.2D电液数字换向阀[J].机械工程学报,2000,36(3)：86 - 89.

[26]　VANDERLAAN R D, MEULENDYK J W. Direct drive valve-ball drive mechanism：US4672992[P]. 1987 - 06 - 16.

[27]　HAYNES L E, LUCAS L L. Direct drive servo valve：US4793377[P]. 1988 - 12 - 27.

第 10 章
极端小尺寸双级溢流阀

溢流阀发明至今,已有近八十年的历史。未来深空探测、航空航天、移动装备极端环境和极端尺寸下,往往对液压系统质量和体积的要求越来越苛刻,液压元件的小型化、轻量化、集成化已成为必须解决的关键基础问题。双级溢流阀作为液压系统压力控制的核心元件,必须做到能够在有限空间内实现大流量时的压力精确控制,且能与其他液压元件一起采取整体集成式结构方式。然而,随着空间尺寸的减小,尤其是先导阀采用目前能加工的最小尺寸如通径3 mm 时,集成式双级溢流阀在工作过程中仍然出现持续的振荡和啸叫,导致液压系统无法完成必需的服役性能,甚至产生故障或失效。

本章以双级溢流阀为案例,提出极端小尺寸液压阀结构参数匹配设计方法。建立双级溢流阀数学模型取得先导阀与主阀的稳定性判据和结构参数匹配设计方法,阐明极端小尺寸双级溢流阀面临的稳定性问题;提出一种在先导阀前腔串加阻尼小孔的新型双级溢流阀,可在极端小尺寸下稳定工作。结合工程案例,介绍实践中碰到的理论和实际问题的解决途径。

10.1 概　　述

溢流阀是电液伺服系统中调节压力的关键元件。1936 年,美国 Vickers 发明了采用差动式压力控制原理的双级溢流阀,与单级溢流阀相比,双级溢流阀控制流量大,压力流量特性好,已广泛应用于高压大流量的液压回路。国内外学者研究溢流阀阀芯结构、液阻和液容的优化设计方法,包括美国 Merrit 采用阻尼节流器和液容来改善单级溢流阀的性能;日本 Hayashi 研究双级溢流阀的振动和稳定性等非线性现象;也有通过改变液阻分布,采用 π 桥溢流阀来降低双级溢流阀的稳态调压偏差;研究双溢流阀在振动环境下的数学模型与特性。

目前,国内外关于极端小尺寸集成式双级溢流阀结构尺寸与稳定性的分析较为少见,空间尺寸存在限制情况下双级溢流阀主阀与先导阀结构参数的匹配关系尚不明确。

10.2 双级溢流阀及其失稳现象

某飞行器液压伺服系统由于空间尺寸的限制,伺服机构采用小尺寸集成式双级溢流阀。

图 10-1 为该集成式双级溢流阀结构图,相比普通双级溢流阀,大幅缩减主阀弹簧腔容积,减小主阀尺寸,且先导阀阀芯采用目前能加工的最小尺寸即通径 3 mm,质量 1 g;其额定压力 25 MPa,额定流量 90 L/min。

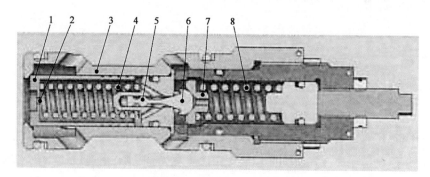

1—主阀芯;2—主阀芯节流孔;3—阀体;4—主阀弹簧;5—先导阀平衡活塞;
6—先导阀芯;7—球面弹簧座;8—先导阀弹簧

图 10-1 集成式双级溢流阀结构图

图 10-2 为双级溢流阀压力流量特性试验台的原理图,工作介质为 8284 航天煤油,试验时油液温度约为 30℃;流量计记录被测双级溢流阀的溢流量,压力传感器记录双级溢流阀的控制压力;通过调节节流阀的开度改变双级溢流阀的溢流量,记录不同溢流量对应的控制压力,得到如图 10-3 所示的某小尺寸集成式双级溢流阀压力流量特性试验结果。试验过程中,试验台置于单独的封闭房间,在距离液压试验台 1 m 处采用手持式噪声仪检测溢流阀工作时的试验台工作噪声。试验结果表明:采用该小尺寸集成式双级溢流阀时,试验台工作噪声较大,为 90 dB;且双级溢流阀开启后出现压力流量波动,特别是溢流量的波动幅度非常大,溢流阀不能稳定工作。

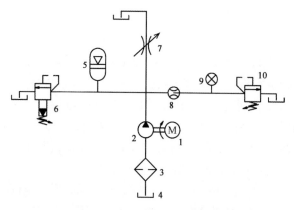

1—电机;2—液压泵;3—过滤器;4—油箱;5—蓄能器;6—安全阀;
7—节流阀;8—流量计;9—压力传感器;10—被测双级溢流阀

图 10-2 双级溢流阀压力流量特性试验台原理图

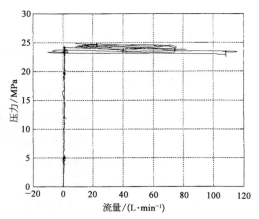

图 10-3 某小尺寸集成式双级溢流阀压力流量特性试验结果

10.3　稳定性判据与参数匹配设计方法

针对小尺寸集成式双级溢流阀容易失稳的问题,本节研究极端小尺寸下先导阀与主阀的稳定性判据,建立双级溢流阀主阀与先导阀的尺寸匹配关系。

10.3.1　数学模型

图 10-4 为该集成式双级溢流阀原理图。工作过程中,液压泵油液流入主阀前腔(A 腔)V_1,通过主阀芯上的阻尼小孔进入主阀弹簧腔(B 腔)V_2,然后经由主阀与先导阀间流道流入先导阀入口容腔(C 腔)V_3,并通过先导阀平衡活塞间隙进入先导阀压力感受腔(D 腔)V_4。由于油液压缩性导致先导阀压力感受腔压力 p_4 增大,当足以克服先导阀弹簧预压力时,先导阀开启并产生溢流量 Q_c。此时,由于主阀前腔与弹簧腔之间的薄壁小孔节流作用而产生压差 $p_s - p_2$,当该压差足以克服主阀弹簧预压力时,主阀开启并产生主溢流量 Q_v。图 10-4 中容腔 B 和容腔 C 之间没有液阻,因此两腔中油液压力总是相同(即 $p_2 \equiv p_3$),共同构成了一个整体容腔(即先导阀前腔),其容积 $V = V_2 + V_3$,结构上有 $V_2 \gg V_3$,$V_2 \gg V_4$。

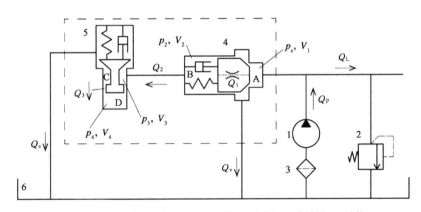

1—液压泵;2—高压安全阀;3—过滤器;4—主阀;5—先导阀;6—油箱

图 10-4　集成式双级溢流阀原理图

双级溢流阀的工作过程可分为先导阀开启前,先导阀开启后到主阀开启前及正常工作(主阀开启后)三个重要阶段。

10.3.1.1　先导阀开启前的数学模型

先导阀开启之前,先导阀和主阀均处于关闭状态,液压泵供给的油液与容腔内的压缩性流量相等。此时,先导阀芯运动组件(先导阀平衡活塞+先导阀芯+球面弹簧座)的力平衡方程为

$$p_4 A_c + F_c - k_c x_{c0} = 0 \tag{10-1}$$

式中　A_c——先导阀口面积;

　　　k_c——先导阀弹簧刚度;

　　　x_{c0}——先导阀弹簧预压缩量;

F_c ——先导阀芯与阀座的作用力。

此时主阀没有开启,有 $p_s = p_2 = p_3 = p_4$;主阀前腔、主阀弹簧腔和先导阀入口容腔的流量连续性方程为

$$Q_P - Q_L = \frac{V_1 + V_2 + V_3 + V_4}{E} \frac{\mathrm{d}p_s}{\mathrm{d}t} \tag{10-2}$$

式中 E ——油液体积弹性模量。

10.3.1.2 先导阀开启、主阀关闭时的数学模型

随着油液流入先导阀入口容腔,先导阀芯与阀座之间的作用力 F_c 随先导阀压力感受腔压力 p_4 的增加而减小。当先导阀压力感受腔压力 p_4 等于先导阀开启压力 p_{c0}($p_{c0} = k_c x_{c0}/A_c$)时,$F_c = 0$,此后先导阀将开启溢流;先导阀芯开启后,阀芯运动组件的力平衡方程为

$$p_4 A_c = m_c \frac{\mathrm{d}^2 x_c}{\mathrm{d}t^2} + (B_c + B_{cn}) \frac{\mathrm{d}x_c}{\mathrm{d}t} + k_c(x_c + x_{c0}) + k_{cn} x_c \tag{10-3}$$

$$B_{cn} = \rho l_c C_3 \pi D_c \sin \alpha_c \sqrt{\frac{2p_3}{\rho}} \tag{10-4}$$

$$k_{cn} = C_3 \pi D_c p_3 \sin 2\alpha_c \tag{10-5}$$

式中 x_c ——先导阀芯开度;

B_c ——黏性阻尼系数;

B_{cn} ——先导阀瞬态液动力阻尼系数;

ρ ——油液密度;

D_c ——先导阀口直径;

α_c ——先导阀芯半角;

C_3 ——先导锥阀阀口流量系数;

k_{cn} ——先导阀稳态液动力刚度;

m_c ——先导阀芯运动组件的质量;

l_c ——先导阀的等效阻尼长度。

先导阀口处流量方程为

$$Q_c = C_3 \pi D_c \sin \alpha_c x_c \sqrt{\frac{2p_3}{\rho}} \tag{10-6}$$

先导阀平衡活塞间隙处的流量方程为

$$Q_3 = \frac{\pi D_c h^3 (p_4 - p_3)}{12 \mu L} \tag{10-7}$$

式中 h ——先导阀平衡活塞间隙值;

L ——先导阀平衡活塞间隙长度;

μ ——油液动力黏度。

先导阀入口容腔 V_3 和主阀弹簧腔 V_2 之间没有压力损失,是一个整体容腔(先导阀前腔),其流量连续性方程为

$$Q_1 - Q_c - Q_3 = \frac{V_2 + V_3}{E} \frac{\mathrm{d}p_2}{\mathrm{d}t} \tag{10-8}$$

由于先导阀压力感受腔容积 V_4 较小,忽略先导阀压力感受腔油液压缩性对先导阀平衡活塞间隙流量的影响,则有

$$Q_3 = A_c \frac{\mathrm{d}x_c}{\mathrm{d}t} \tag{10-9}$$

将式(10-7)和式(10-9)代入式(10-3)中,则先导阀芯组件的力平衡方程修改为

$$p_3 A_c = m_c \frac{\mathrm{d}^2 x_c}{\mathrm{d}t^2} + (B_c + B_{cn} + B_{cp}) \frac{\mathrm{d}x_c}{\mathrm{d}t} + k_c(x_c + x_{c0}) + k_{cn}x_c \tag{10-10}$$

$$B_{cp} = \frac{A_c^2 12\mu L}{\pi D_c h^3} \tag{10-11}$$

式(10-10)中将先导阀平衡活塞部分等效为先导阀芯组件运动的阻尼力,其阻尼系数为 B_{cp}。主阀芯上的阻尼孔为薄壁小孔,其流量方程为

$$Q_1 = C_2 \frac{\pi}{4} D_1^2 \sqrt{\frac{2(p_s - p_2)}{\rho}} \tag{10-12}$$

式中 C_2——主阀芯节流孔流量系数;

D_1——主阀芯节流孔直径。

当先导溢流,且主阀芯节流孔两侧油液压差不足以克服主阀弹簧预压力,主阀尚未开启,主阀芯的力平衡方程为

$$(p_s - p_2)A_v + F_v - k_v x_{v0} = 0 \tag{10-13}$$

式中 A_v ——主阀阀口面积;

F_v ——主阀阀芯与阀座的作用力;

k_v ——主阀弹簧刚度;

x_{v0} ——主阀弹簧预压缩量。

主阀前腔流量连续性方程为

$$Q_P - Q_L - Q_1 = \frac{V_1}{E} \frac{\mathrm{d}p_s}{\mathrm{d}t} \tag{10-14}$$

10.3.1.3   先导阀开启、主阀开启后的数学模型

主阀芯节流孔流量 Q_1 随先导阀溢流量 Q_c 的增加而增大,此时主阀前后的压差 $p_s - p_2$ 随之增加,主阀阀芯和阀座之间的机械压紧力 F_v 逐渐减小。当 $F_v = 0$,即主阀前后压差 $p_s - p_2$ 等于主阀开启压差 $p_{v0}(p_{v0} = k_v x_{v0}/A_v)$ 时,主阀开启,双级溢流阀正常工作。主阀开启后,主阀芯的力平衡方程为

$$(p_s - p_2)A_v = m_v \frac{\mathrm{d}^2 x_v}{\mathrm{d}t^2} + (B_v + B_{vn}) \frac{\mathrm{d}x_v}{\mathrm{d}t} + k_v(x_v + x_{v0}) + k_{vn}x_v \tag{10-15}$$

$$B_{vn} = \rho l_v C_1 \pi D_v \sin \alpha_v \sqrt{\frac{2p_s}{\rho}} \tag{10-16}$$

$$k_{vn} = C_1 \pi D_v p_s \sin 2\alpha_v \tag{10-17}$$

式中 x_v ——主阀芯开度；

B_v ——主阀阻尼系数；

B_{vn} ——主阀瞬态液动力阻尼系数；

k_{vn} ——主阀稳态液动力刚度；

D_v ——主阀口直径；

α_v ——主阀芯半角；

C_1 ——主阀阀口流量系数；

m_v ——主阀芯质量；

l_v ——主阀的等效阻尼长度。

主阀前腔流量连续性方程为

$$Q_P - Q_L - Q_v - Q_1 - A_v \frac{\mathrm{d}x_v}{\mathrm{d}t} = \frac{V_1}{E} \frac{\mathrm{d}p_s}{\mathrm{d}t} \tag{10-18}$$

主阀口节流方程为

$$Q_v = C_1 \pi D_v \sin \alpha_v x_v \sqrt{\frac{2p_s}{\rho}} \tag{10-19}$$

先导阀前腔的流量连续性方程修改为

$$Q_1 - Q_c - A_c \frac{\mathrm{d}x_c}{\mathrm{d}t} + A_v \frac{\mathrm{d}x_v}{\mathrm{d}t} = \frac{V_2 + V_3}{E} \frac{\mathrm{d}p_2}{\mathrm{d}t} \tag{10-20}$$

10.3.1.4 线性化模型

由式(10-6)，先导阀口流量的线性化方程为

$$\frac{\mathrm{d}Q_c}{\mathrm{d}t} = k_{cx} \frac{\mathrm{d}x_c}{\mathrm{d}t} + k_{cp} \frac{\mathrm{d}p_2}{\mathrm{d}t} \tag{10-21}$$

$$k_{cx} = \frac{\partial Q_c}{\partial x_c}\bigg|_{x_c = x_{cx},\, p_2 = p_{cx}} = C_3 \pi D_c \sin \alpha_c \sqrt{\frac{2p_{cx}}{\rho}} \tag{10-22}$$

$$k_{cp} = \frac{\partial Q_c}{\partial p_2}\bigg|_{x_c = x_{cx},\, p_2 = p_{cx}} = C_3 \pi D_c \sin \alpha_c x_{cx} \sqrt{\frac{1}{2\rho p_{cx}}} \tag{10-23}$$

式中 k_{cx} ——先导阀口流量增益；

k_{cp} ——先导阀口流量压力增益；

x_{cx} ——某一工作点时先导阀芯开度；

p_{cx} ——某一工作点时先导阀前腔压力。

由式(10-12)，主阀芯上阻尼孔节流流量的线性化方程为

$$\frac{\mathrm{d}Q_1}{\mathrm{d}t} = k_{1p} \frac{\mathrm{d}(p_s - p_2)}{\mathrm{d}t} \tag{10-24}$$

$$k_{1p} = \frac{\partial Q_1}{\partial (p_s - p_2)}\bigg|_{p_s = p_{vx},\, p_2 = p_{cx}} = C_2 \frac{\pi}{4} D_1^2 \sqrt{\frac{1}{2\rho(p_{vx} - p_{cx})}} \tag{10-25}$$

式中 p_{vx}——某一工作点时主阀前腔压力。

由式(10 - 19)，主阀口流量的线性化方程为

$$\frac{\mathrm{d}Q_v}{\mathrm{d}t} = k_{vx}\frac{\mathrm{d}x_v}{\mathrm{d}t} + k_{vp}\frac{\mathrm{d}p_s}{\mathrm{d}t} \qquad (10 - 26)$$

$$k_{vx} = \frac{\partial Q_v}{\partial x_v}\bigg|_{x_v=x_{vx},\, p_s=p_{vx}} = C_1\pi D_v\sin\alpha_v\sqrt{\frac{2p_{vx}}{\rho}} \qquad (10 - 27)$$

$$k_{vp} = \frac{\partial Q_v}{\partial p_s}\bigg|_{x_v=x_{vx},\, p_s=p_{vx}} = C_1\pi D_v\sin\alpha_v x_{vx}\sqrt{\frac{1}{2\rho p_{vx}}} \qquad (10 - 28)$$

式中 k_{vx}——主阀口流量增益；

   k_{vp}——主阀口流量压力增益；

   x_{vx}——某一工作点时主阀芯开度。

另外，式(10 - 18)和式(10 - 20)中 $A_c\mathrm{d}x_c/\mathrm{d}t$ 表示先导阀芯组件运动对应的流量，$A_v\mathrm{d}x_v/\mathrm{d}t$ 表示主阀芯运动对应的流量；这两个流量相对于式中的其他流量项较小，可忽略不计。

综上，由式(10 - 10)、式(10 - 14)、式(10 - 15)、式(10 - 18)及式(10 - 20)~式(10 - 28)，可得到在工作点附近线性化后的双级溢流阀模型框图，如图 10 - 5 所示。

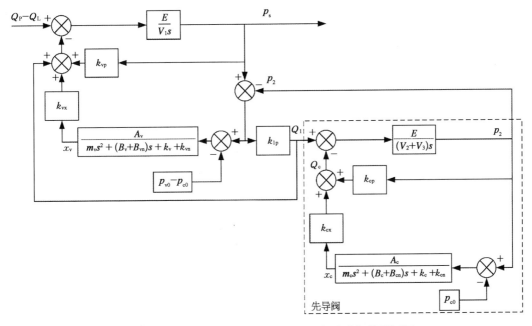

图 10 - 5 在工作点附近线性化后的双级溢流阀模型框图

10.3.2 先导阀的稳定性判据

先导阀作为主阀压力的控制元件，其稳定性对整阀的稳定工作至关重要；本节首先分析先导阀稳定性的影响因素。根据溢流阀结构参数进行的理论计算表明，先导阀响应的过渡时间远小于主阀(主阀控制压力上升时间约为 10 ms；而先导阀控制压力上升时间小于 1 ms)，因此

可认为主阀处于某一静止状态而对先导阀的稳定性进行单独分析。以先导阀输入流量 Q_1 为输入，先导阀控制压力 p_2（或 p_3）为输出；根据图 10-5，可得到先导阀闭环传递函数为

$$G_c(s) = \frac{b_{c0}s^2 + b_{c1}s + b_{c2}}{a_{c0}s^3 + a_{c1}s^2 + a_{c2}s + a_{c3}} \tag{10-29}$$

其中，$b_{c0} = m_c E$，$b_{c1} = (B_c + B_{cn} + B_{cp})E$，$b_{c2} = (k_c + k_{cn})E$，$a_{c0} = m_c V_2$，$a_{c1} = (B_c + B_{cn} + B_{cp})V_2$，$a_{c2} = (k_c + k_{cn})V_2$，$a_{c3} = A_c E C_3 \pi D_c \sin \alpha_c \sqrt{2/\rho}(1.5\sqrt{p_{cx}} - 0.5 p_{c0}/\sqrt{p_{cx}})$。

根据劳斯（Routh）稳定判据，上述三阶系统稳定的充要条件为 $a_{c1}a_{c2} > a_{c0}a_{c3}$；将相应参数代入可得

$$k_c + k_{cn} > k_{c\min} = \frac{m_c A_c E C_3 \pi D_c \sin \alpha_c \sqrt{\dfrac{2p_{cx}}{\rho}}\left(1.5 - \dfrac{p_{c0}}{2p_{cx}}\right)}{(B_c + B_{cn} + B_{cp})V_2} \tag{10-30}$$

通过式（10-30），可以得到结构参数与先导阀稳定性的关系，但在分析稳定性的同时，还需要兼顾先导阀的其他性能指标不变动（或在一定范围内），这些性能指标包括：

（1）先导阀开启压力 p_{c0}。

（2）先导阀的静态压力超调率 δ_{pc}：

$$\delta_{pc} = \frac{p_{cT} - p_{c0}}{p_{cT}} \tag{10-31}$$

式中　p_{cT}——先导阀额定压力。

（3）先导阀额定溢流量 Q_{cT}：

$$Q_{cT} = C_3 \pi D_c \sin \alpha_c x_{cT} \sqrt{\frac{2p_{cT}}{\rho}} \tag{10-32}$$

式中　x_{cT}——先导阀控制压力为额定压力时对应的先导阀芯开度。

（4）先导阀控制压力 p_2 对额定流量阶跃输入响应的动态超调量 σ_{Mc}。

根据式（10-31）和式（10-32），先导阀在某一工作点（p_{cx}，x_{cx}）附近的稳定性判据简化为

$$p_{c0} > C(n_c)\frac{Q_{cT}m_c}{V_2} \tag{10-33}$$

$$C_c(n_c) = \left(1.5 - \frac{1 - \delta_{pc}}{2n_c}\right)\frac{(1 - \delta_{pc})E}{\delta_{pc}(B_c + B_{cn} + B_{cp})} \tag{10-34}$$

式中　$C_c(n_c)$——先导阀匹配系数，是先导阀工作点及各项性能指标的函数；

　　　　n_c——先导阀工作点，$n_c = p_{cx}/p_{cT}$。

为了保证先导阀工作过程中始终稳定，式（10-33）应在任何工作点成立。匹配系数 $C(n_c)$ 表达式中，先导阀工作点 n_c 的最大值 $n_{c\max}$ 为 $1 + \sigma_{Mc}$；则先导阀匹配系数 $C_c(n_c)$ 的最大值为

$$C_{c\max} = C_c(n_{c\max}) = \left[1.5 - \frac{1 - \delta_{pc}}{2(1 + \sigma_{Mc})}\right]\frac{(1 - \delta_{pc})E}{\delta_{pc}(B_c + B_{cn} + B_{cp})} \tag{10-35}$$

由此,可以得到先导阀在任意工作点保持稳定的必要条件为

$$p_{c0} > C_{cmax}\frac{Q_{cT}m_c}{V_2} \tag{10-36}$$

式(10-36)表明,当先导阀额定流量、开启压力等动静态特性指标确定时,先导阀的稳定性由主阀弹簧腔容积 V_2 和先导阀芯组件质量 m_c 决定;过大的先导阀芯组件质量 m_c 或过小的主阀弹簧腔容积 V_2 将导致先导阀失稳,造成先导阀控制压力 p_2 的大范围持续波动。图 10-5 中,先导阀控制压力 p_2 通过主阀芯力平衡方程控制主阀芯位移 x_v,进而影响主阀溢流量 Q_v 和主阀入口压力 p_s;因此,先导阀控制压力 p_2 的失稳,将造成主阀芯持续振荡和主阀控制压力的不稳定。

10.3.3　主阀的稳定性判据

由于双级溢流阀的控制压力由主阀调节,因此即使先导阀能够保持稳定,若主阀无法稳定工作,仍然无法保证整阀控制压力的稳定;本部分在先导阀稳定的前提下,分析主阀稳定性。

由于先导阀芯组件质量小,先导阀响应的过渡时间远小于主阀,因此在分析主阀时,忽略先导阀的响应过程,认为先导阀时刻处于稳态,则先导阀闭环传递函数可修改为比例环节,即

$$G'_c(s) = \frac{1}{C_3\pi D_c x_{cx}\sin\alpha_c\sqrt{\frac{2p_{cx}}{\rho}}\left(\frac{1}{2p_{cx}}+\frac{1}{p_{cx}-p_{c0}}\right)} \tag{10-37}$$

此外,由于忽略了先导阀的响应过程,通过主阀芯阻尼孔的流量 Q_1 等于先导溢流量 Q_c,即

$$Q_1 = Q_c \tag{10-38}$$

根据式(10-37)和式(10-38),并结合图 10-5 的双级溢流阀框图,可以得到主阀前腔压力 p_s 与主阀前后腔压差 p_s-p_2 的关系:

$$K_p = \frac{p_s(s)}{(p_s-p_2)(s)} = \frac{1}{1+G'_c(s)k_{1p}} = \frac{1}{1+\frac{p_{cx}(p_{cx}-p_{c0})}{(p_{vx}-p_{cx})(3p_{cx}-p_{c0})}} \tag{10-39}$$

因此,可得到在工作点附近线性化后的主阀框图,如图 10-6 所示。则主阀以 Q_P-Q_L 为输入,以主阀控制压力 p_s 为输出的闭环传递函数为

$$G_v(s) = \frac{b_{v0}s^2+b_{v1}s+b_{v2}}{a_{v0}s^3+a_{v1}s^2+a_{v2}s+a_{v3}} \tag{10-40}$$

其中,$b_{v0}=m_v E$,$b_{v1}=(B_v+B_{vn})E$,$b_{v2}=(k_v+k_{vn})E$,$a_{v0}=m_v V_1$,$a_{v1}=(B_v+B_{vn})V_1$,$a_{v2}=(k_v+k_{vn})V_1$,$a_{v3}=A_v E C_1\pi D_v\sin\alpha_v\sqrt{2/\rho}\left[(0.5+K_p)\sqrt{p_{vx}}-0.5(p_{cx}+p_{v0}-p_{c0})/\sqrt{p_{vx}}\right]$。

根据劳斯(Routh)稳定判据,上述三阶系统稳定的充要条件为 $a_{v1}a_{v2}>a_{v0}a_{v3}$;将相应参数代入可得

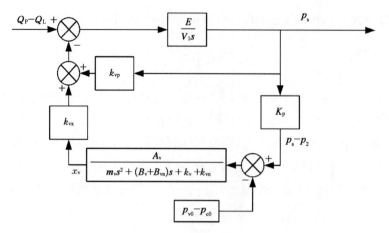

$$\text{图 10-6 在工作点附近线性化后的主阀框图}$$

$$k_v + k_{vn} > k_{vmin} = \frac{m_v A_v E C_1 \pi D_v \sin \alpha_v \sqrt{\dfrac{2p_{vx}}{\rho}} \left(\dfrac{1}{2} + K_p - \dfrac{p_{cx} + p_{v0} - p_{c0}}{2p_{vx}} \right)}{(B_v + B_{vn}) V_1}$$

$$(10-41)$$

同样，对于主阀的稳定性分析，也需要兼顾其他的静态性能指标不变动（或在一定范围内）。这些性能指标包括：

(1) 主阀开启压力 p_{v0}。

(2) 主阀的静态压力超调率 δ_{pv}：

$$\delta_{pv} = \frac{p_{vT} - p_{v0}}{p_{vT}} \tag{10-42}$$

式中 p_{vT}——主阀额定压力。

(3) 主阀额定溢流量 Q_{vT}：

$$Q_{vT} = C_1 \pi D_v \sin \alpha_v x_{vT} \sqrt{\frac{2p_{vT}}{\rho}} \tag{10-43}$$

式中 x_{vT}——主阀额定压力对应的主阀开度。

(4) 主阀控制压力 p_s 对额定流量阶跃输入响应的动态超调量 σ_{Mv}。

定义主阀前后腔压差 $p_s - p_2$ 的静态超调率 δ_{pcv} 为

$$\delta_{pcv} = \frac{(p_{vT} - p_{cT}) - (p_{v0} - p_{c0})}{p_{vT} - p_{cT}} \tag{10-44}$$

根据式(10-42)和式(10-43)，主阀在某一工作点 (p_{vx}, x_{vx}) 附近的稳定性判据整理为

$$p_{v0} > C_v(n_c, n_v) \frac{Q_{vT} m_v}{V_1} \tag{10-45}$$

$$C_v(n_c, n_v) = \frac{E}{B_v + B_{vn}} \left[\frac{(w + u - 1)(1 - \delta_{pv})}{2w n_v} + \frac{(3n_c + \delta_{pc} - 1)(1 - \delta_{pc})}{(3n_c + \delta_{pc} - 1)(1 - \delta_{pc})w + u n_c(n_c + \delta_{pc} - 1)} \right]$$

$$(10-46)$$

$$u = \frac{\dfrac{1}{1-\delta_{pv}} - \dfrac{1}{1-\delta_{pcv}}}{\dfrac{1}{1-\delta_{pc}} - \dfrac{1}{1-\delta_{pcv}}}, \quad w = \frac{n_v}{1-\delta_{pv}} - \frac{n_c}{1-\delta_{pc}}u \tag{10-47}$$

式中　$C_v(n_c, n_v)$——主阀匹配系数,是主阀工作点及各项性能指标的函数;

$\quad\quad n_v$——主阀工作点,$n_v = p_{vx}/p_{vT}$。

为了保证主阀工作过程中始终稳定,式(10-45)应在任何工作点成立。主阀开启时,先导阀必然开启,先导阀工作点 n_c 的取值范围为 $(1-\delta_{pc}, 1]$,而主阀工作点 n_v 的取值范围为 $(1-\delta_{pv}, \sigma_{Mv}]$;在这一区间范围内,当 $n_c=1$,$n_v=\sigma_{Mv}$ 时,$C_v(n_c, n_v)$ 取到最大值 C_{vmax};因此,主阀在任意工作点保持稳定的必要条件为

$$p_{v0} > C_{vmax}\frac{Q_{vT}m_v}{V_1} \tag{10-48}$$

可见,同样为锥阀,主阀的稳定性判据与先导阀相似;主阀的稳定性与主阀芯质量 m_v 和主阀前腔容积 V_1 相关。

10.3.4　基于稳定工作的双级溢流阀结构参数匹配设计方法

综上,为了保证双级溢流阀稳定工作,结构参数必须同时满足式(10-36)和式(10-48)的先导阀和主阀的稳定性判据;图 10-7 为根据稳定性判据得到的双级溢流阀稳定工作的结构参数匹配关系,图中:

$$K_{cs} = \frac{C_{cmax}Q_{cT}}{p_{c0}} \tag{10-49}$$

$$K_{vs} = \frac{C_{vmax}Q_{vT}}{p_{v0}} \tag{10-50}$$

式中　K_{cs}、K_{vs}——先导阀和主阀稳定工作的结构参数匹配阈值(以下简称稳定阈值)。

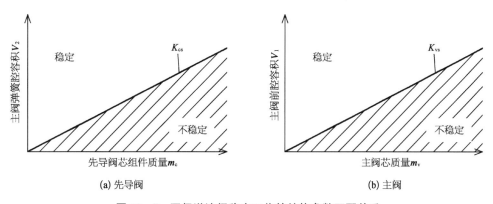

图 10-7　双级溢流阀稳定工作的结构参数匹配关系

图 10-7 中,以稳定阈值为斜率的直线划分了参数匹配的稳定和不稳定区域。稳定阈值与开启压力、额定溢流量、控制压力的动静态超调率等设计指标相关;对于某一双级溢流阀,设

计指标确定后,即可求得其先导阀和主阀的稳定阈值。额定溢流量越大、开启压力越小,稳定阈值越高,图 10-7 中对应的不稳定区域就越大。

已知先导阀和主阀的稳定阈值后,在双级溢流阀结构参数设计,特别是先导阀和主阀参数匹配时,需要满足如下条件:

$$\frac{V_2}{m_c} > K_{cs} \text{ 且 } \frac{V_1}{m_v} > K_{vs} \tag{10-51}$$

可见,双级溢流阀的主阀尺寸和先导阀存在匹配关系;即对于性能指标确定的双级溢流阀,主阀弹簧腔容积 V_2 和先导阀芯组件质量 m_c 的比值必须大于先导阀稳定阈值 K_{cs},主阀前置容腔容腔 V_1 与主阀阀芯质量 m_v 的比值必须大于主阀稳定阈值 K_{vs},才能保证双级溢流阀的稳定工作。

10.3.5 稳定性问题

当空间结构尺寸有限时,考虑结构紧凑性,双级溢流阀的主阀和先导阀往往做成集成式结构,甚至采用极端小尺寸结构。某小尺寸集成式双级溢流阀结构参数见表 10-1,先导阀和主阀的设计要求见表 10-2。

表 10-1 某集成式双级溢流阀结构参数

物 理 量	参数值	物 理 量	参数值
m_c/g	18	m_c/g	1
$k_v/(kN \cdot m^{-1})$	20	$k_c/(kN \cdot m^{-1})$	40
D_v/mm	14	D_c/mm	3
x_{v0}/mm	3.8	x_{c0}/mm	3.6
α_v/rad	$\pi/6$	α_c/rad	$\pi/12$
V_1/ml	500	C_1、C_3	0.8
V_2/ml	1.905	C_2	0.61
V_3/ml	0.0388	E/MPa	690
h/mm	1	D_1/mm	1.8
$L/\mu m$	35	$\rho/(kg \cdot m^{-3})$	883
l_c/mm	2.4	l_v/mm	7.8

表 10-2 某集成式双级溢流阀先导级和主阀的设计要求

指　标		要求值
先导阀	开启压力 p_{c0}/MPa	16.5
	静态压力超调率 $\delta_{pc}/\%$	<15
	动态压力超调率 σ_{Mc}	<1.1
	额定溢流量 $Q_{cT}/(L \cdot min^{-1})$	4.1

指　标	要求值
开启压力 p_{v0}/MPa	21
静态压力超调率 δ_{pv}/%	<20
动态压力超调率 σ_{Mv}	<1.1
额定溢流量 Q_{vT}/(L·min^{-1})	90

（主阀）

根据式(10-35)和式(10-49)可以得到,在现有设计要求下,先导阀的稳定阈值 $K_{cs}=$ 4.98 ml/g,绘制如图 10-8 所示的先导阀稳定工作的结构参数匹配关系。根据现有加工条件,先导阀的最小可加工尺寸为通径 $D_c=3$ mm,组件质量 $m_c=1$ g;则根据图 10-8,主阀弹簧腔容积 V_2 应大于 4.98 ml,才能保证先导阀稳定工作。但由于空间尺寸限制,该集成式双级溢流阀主阀弹簧腔容积 V_2 仅约为 1.92 ml,现实中无法实现,即

$$\frac{V_2}{m_c}=1.92 \text{ ml/g} < K_{cs}=4.98 \text{ ml/g} \tag{10-52}$$

因此,该先导阀不稳定,双级溢流阀无法正常工作。

可见,集成式双级溢流阀面临极端小尺寸与稳定工作的矛盾:一方面,由于加工工艺制约,先导阀芯存在最小加工尺寸及最小的组件质量,根据式(10-51),为保证先导阀稳定工作,主阀弹簧腔容积需大于某一临界值;另一方面,主阀弹簧腔占据双级溢流阀大量空间(图 10-1),在小型化过程中,需要大幅减小主阀弹簧腔容积,然而过小的主阀弹簧腔容积将导致先导阀失稳、整阀控制压力振荡。

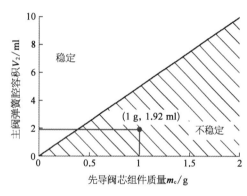

图 10-8　先导阀结构参数的匹配关系

10.4　先导阀前腔串加阻尼孔的极端小尺寸集成式双级溢流阀

10.4.1　先导阀前腔串加阻尼孔的双级溢流阀

为了解决极端小尺寸与先导阀稳定工作的矛盾,本书提出一种先导阀前腔串加阻尼孔的双级溢流阀(图 10-9),其与图 10-4 的普通双级溢流阀相比,在原先导阀入口容腔和主阀弹簧腔之间串加了一个阻尼小孔。

对于前腔串加阻尼小孔的先导阀,主阀弹簧腔 B 流量连续性方程为

$$Q_1 - Q_2 + A_v\frac{\mathrm{d}x_v}{\mathrm{d}t} = \frac{V_2}{E}\frac{\mathrm{d}p_2}{\mathrm{d}t} \tag{10-53}$$

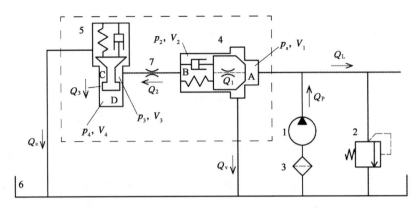

1—液压泵；2—高压安全阀；3—过滤器；4—主阀；5—先导阀；6—油箱；7—串联阻尼孔

图 10-9　先导阀前腔串加阻尼孔的双级溢流阀原理图

先导阀入口容腔 C 流量连续性方程为

$$Q_2 - Q_c - A_c \frac{\mathrm{d}x_c}{\mathrm{d}t} = \frac{V_3}{E}\frac{\mathrm{d}p_3}{\mathrm{d}t} \tag{10-54}$$

先导阀前腔串联阻尼孔为细长孔（$l/d > 4$），其节流方程为

$$Q_2 = \frac{\pi d^4}{128\mu l}(p_2 - p_3) \tag{10-55}$$

式中　d——阻尼小孔直径；

　　　l——细长孔孔深；

　　　μ——油液动力黏度。

结合图 10-4 和式(10-53)～式(10-55)，可得前腔串加阻尼孔先导阀框图，如图 10-10 所示。

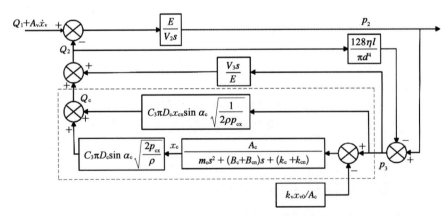

图 10-10　前腔串加阻尼孔先导阀框图

10.4.2　新型集成式双级溢流阀的稳定性

由于先导阀入口容腔容积 V_3 较小，忽略式(10-54)中先导阀入口容腔油液压缩性的影响。以先导阀输入流量 $Q_1 + A_v \dot{x}_v$ 为输入，先导阀控制压力 p_2 为输出，可得到前腔串加阻尼

孔先导阀的闭环传递函数为

$$G_c(s) = \frac{b_{c0}s^2 + b_{c1}s + b_{c2}}{a_{c0}s^3 + a_{c1}s^2 + a_{c2}s + a_{c3}} \tag{10-56}$$

其中，$b_{c0} = m_c E$，$b_{c1} = (B_c + B_{cn})E$，$a_{c0} = m_c V_2$，$a_{c1} = (B_c + B_{cn})V_2$，$b_{c2} = (k_c + k_{cn})E + EC_3\pi D_c \sin\alpha_c \sqrt{2/\rho}\,(1.5\sqrt{p_{cx}} - 0.5p_{c0}/\sqrt{p_{cx}})(128\mu l/\pi d^4)$，$a_{c2} = V_2(k_c + k_{cn}) + V_2 C_3\pi D_c \sin\alpha_c \sqrt{2/\rho}\,(1.5\sqrt{p_{cx}} - 0.5p_{c0}/\sqrt{p_{cx}})(128\mu l/\pi d^4)$，$a_{c3} = A_c EC_3\pi D_c \sin\alpha_c \sqrt{2/\rho}\,(1.5\sqrt{p_{cx}} - 0.5p_{c0}/\sqrt{p_{cx}})$。

　　根据劳斯(Routh)稳定判据，上述三阶系统稳定的充要条件为 $a_{c1}a_{c2} > a_{c0}a_{c3}$；将相应参数代入，可得到前腔串加阻尼孔先导阀的稳定性判据为

$$k_c + k_{cn} > \frac{A_c EC_3\pi D_c \sin\alpha_c \sqrt{\dfrac{2}{\rho}}\left[1.5\sqrt{p_{cx}} - \dfrac{p_{c0}}{2\sqrt{p_{cx}}}\right]}{(B_c + B_{cn})V_2}\left[m_c - \frac{128\mu l(B_c + B_{cn})V_2}{\pi d^4 A_c E}\right] \tag{10-57}$$

　　将式(10-57)中的结构参数替换为先导阀性能指标，得到前腔串加阻尼孔先导阀在任意工作点稳定的判据：

$$\left.\begin{array}{ll}\dfrac{|c_v|V_2}{m_c} > \dfrac{|c_v|}{c_v}K_{cs} = \dfrac{|c_v|}{c_v}C_{c\max}\dfrac{Q_{cT}}{p_{c0}}, & c_v \neq 0 \\[3mm] k_c + k_{cn} > 0, & c_v = 0\end{array}\right\} \tag{10-58}$$

$$C_{c\max} = C(n_{c\max}) = \left(1.5 - \frac{1 - \delta_{pc}}{2\sigma_{Mc}}\right)\frac{(1 - \delta_{pc})E}{\delta_{pc}(B_c + B_{cn} + B_{cp})} \tag{10-59}$$

$$c_v = \frac{1}{1 - \dfrac{128\mu l}{\pi d^4}\dfrac{(B_c + B_{cn})V_2}{A_c Em_c}} \tag{10-60}$$

式中　c_v——串加阻尼孔后的主阀弹簧腔容积系数（以下简称容积系数）。

　　当阻尼孔直径 d 非常大时，阻尼孔无节流效果，容积系数 $c_v \to 1$，此时的稳定性判据与式(10-36)完全相同；随着阻尼孔直径 d 的减小，节流效果变得明显，容积系数 $c_v > 1$，主阀弹簧腔等效容积 $|c_v|V$ 变大，且阻尼孔直径 d 越小，主阀弹簧腔等效容积越大；必然存在临界值 d_t，当阻尼孔直径 $d < d_t$ 时，式(10-58)中主阀弹簧腔等效容积 $|c_v|V$ 与先导阀芯组件质量 m_c 的比值大于先导阀的稳定阈值 K_{cs}；进一步减小串联阻尼孔直径，则式(10-58)中大于号右侧的值为非正数，先导阀的稳定性判据依然成立。

　　这样，可以在不增加主阀弹簧腔容积或减小先导阀芯组件质量的情况下，仅在先导阀入口容腔和主阀弹簧腔之间串联一个孔径足够小的阻尼孔，即可使得先导阀稳定工作，解决了双级溢流阀极端小尺寸与稳定性之间的矛盾。现有串联阻尼孔参数为直径 $d = 1.4$ mm，孔深 $l = 8$ mm，代入式(10-58)中，可以发现稳定性判据成立，前腔串加阻尼孔的先导阀可以稳定工作。

　　串联阻尼孔后，主阀的结构和相关参数不变，根据表 10-2 的性能指标，得到主阀稳定工

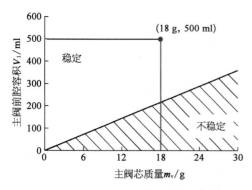

图 10-11　主阀结构参数的匹配关系

作的结构参数匹配阈值 $K_{vs}=11.97$ ml/g，绘制如图 10-11 所示的主阀稳定工作的结构参数匹配关系，根据表 10-1 中的结构参数，有

$$\frac{V_1}{m_v}=27.78 \text{ ml/g} > K_{vs}=11.97 \text{ ml/g}$$

$$(10-61)$$

可见，该双级溢流阀的主阀也可稳定。综上，先导阀前腔串加阻尼孔的双级溢流阀可以稳定工作。

10.4.3　普通集成式双级溢流阀与新型集成式双级溢流阀的稳定性对比

使用 Matlab，通过四阶 Runge-Kutta 算法对式(10-1)～式(10-20)求解，可得改进前普通集成式双级溢流阀仿真结果；对式(10-1)～式(10-7)、式(10-9)～式(10-19)和式(10-53)～式(10-55)求解，可得改进后新型集成式双级溢流阀仿真结果，新型集成式双级溢流阀在其先导阀前腔串加一个直径 $d=1.4$ mm、孔深 $l=8$ mm 的细长孔。

图 10-12 为串加阻尼孔前后先导阀芯位移动态特性。图 10-12 中，串联阻尼孔之前，由于主阀与先导阀不匹配，先导阀的稳定性判据无法满足，造成先导阀芯持续振荡；而前腔串加阻尼孔后，先导阀芯的运动趋于稳定。

图 10-13 为串加阻尼孔前后双级溢流阀入口压力动态特性，双级溢流阀入口流量为

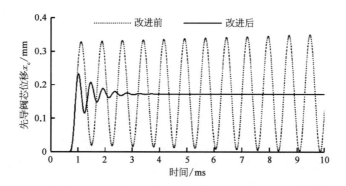

图 10-12　串加阻尼孔前后先导阀芯位移动态特性曲线

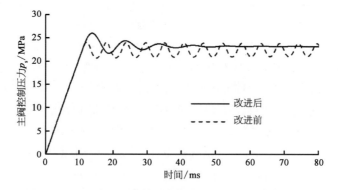

图 10-13　串加阻尼孔前后双级溢流阀入口压力动态特性曲线

90 L/min。由于先导阀无法稳定工作,先导控制压力 p_2 的波动导致主阀入口压力的持续波动,因此改进前的双级溢流阀无法正常溢流。而新型集成式双级溢流阀的控制压力趋于稳定。

综上所述,集成式双级溢流阀先导级的前腔采用带串联阻尼小孔结构,可以增强先导阀稳定性,解决了空间尺寸限制时集成式溢流阀先导级稳定性差的问题。

10.5　实践试验

试验在双级溢流阀压力流量特性试验台上进行。图 10-14 为所研制的新型集成式双级溢流阀压力流量特性试验结果。可见,改进后的新型集成式双级溢流阀具有稳定的压力流量特性;且试验结果表明,采取新型集成式双级溢流阀时,试验台工作噪声减少至 62 dB,说明双级溢流阀的阀芯振荡得到了抑制,主阀入口的压力流量较为稳定。

本章针对极端小尺寸双级溢流阀失稳的问题,建立了双级溢流阀数学模型,在工作点附近对数学模型进行了线性化,推导了主阀和先导阀的传递函数;得到了双级溢流阀稳定性判据和结构参数匹配设计方法;提出了一种在先导阀前腔串加阻尼小孔的新型集成式双级溢流阀。主要结论如下:

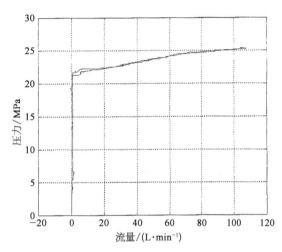

图 10-14　新型集成式双级溢流阀压力流量特性试验结果

(1)在保证开启压力、额定溢流量、静态超调率、动态响应超调量等性能指标不变的前提下,得到了双级溢流阀主阀和先导阀的稳定性判据及结构参数匹配阈值[式(10-49)和式(10-50)];主阀弹簧腔容积和先导阀芯组件质量的比值必须大于先导阀稳定阈值,且主阀前腔容积与主阀阀芯质量的比值必须大于主阀稳定阈值,才能保证双级溢流阀在任意工作点稳定工作。

(2)集成式双级溢流阀面临极端小尺寸与稳定性的矛盾:一方面,由于加工工艺制约,先导阀芯存在最小加工尺寸(通径 3 mm)和最小组件质量(1 g),根据式(10-51)的稳定性判据,为保证先导阀稳定工作,主阀弹簧腔容积需大于某一临界值;另一方面,主阀弹簧腔占据双级溢流阀大量空间,在小型化过程中,需要大幅减小主阀弹簧腔容积,然而过小的主阀弹簧腔容积将导致先导阀失稳、整阀控制压力振荡。

(3)提出了一种极端小尺寸的新型集成式双级溢流阀方案,该阀采用在先导阀前腔中串加了一个阻尼孔的新结构。理论与试验结果表明,串联阻尼小孔加大了主阀弹簧腔的等效容积,使得先导阀和主阀可以稳定工作;该改进方案在不增加溢流阀尺寸的前提下,解决了极端小尺寸时集成式双级溢流阀先导级稳定控制问题。

参 考 文 献

［1］　阎耀保,原佳阳,傅俊勇.先导阀前腔串加阻尼孔的新型双级溢流阀特性分析[J].吉林大学学报,2017,47(1)：129-136.

［2］　阎耀保,张晓琪,刘洪宇.双级溢流阀先导阀供油流道布局分析[J].液压气动与密封,2014,34(2)：27-30.

［3］　阎耀保,李洪娟.液压调速阀流场分析[J].流体传动与控制,2013(5)：1-4,12.

［4］　阎耀保,张晓琪.振动环境下飞行器溢流阀特性分析方法研究[C]//第七届全国流体传动与控制学术会议论文集.长春,2012：69-74.

［5］　阎耀保,张晓琪,刘洪宇,等.舰载伺服机构双级溢流阀动态优化设计方法[C]//第六届上海航天科技论坛暨上海市宇航学会2011学术年会优秀论文集.上海,2012：1-5.

［6］　阎耀保.飞行器舵机系统关键基础理论研究[R].上海市浦江人才计划(A类)总结报告(06PJ14092),2008.

［7］　阎耀保.溢流阀工作点对导弹电液能源系统频率特性影响的研究[J].自动驾驶仪与红外技术,1996(82)：38-43.

［8］　阎耀保.带平衡活塞固定节流器单级溢流阀机理与特性分析[J].上海航天,1995,12(3)：14-17.

［9］　阎耀保,陈振华.液压舵机系统功率匹配设计[J].自动驾驶仪与红外技术,1995(80)：37-41.

［10］　阎耀保,陈振华.导弹液压控制系统单级溢流阀特性分析[J].自动驾驶仪与红外技术,1994(75)：7-14.

［11］　阎耀保,赵艳培.带液阻液容反馈的溢流阀：ZL200910121621.4[P].2009-06-12.

［12］　阎耀保,郑毓鹏.一种负压开启插装式补油阀：202110362591.7[P].2021-07-23.

［13］　YIN Y B, YUAN J Y, LI J, et al. Characteristics of compacted two stage relief valve with damping orifice between main valve and pilot valve[C]//Proceedings of 2015 Autumn Conference on Drive and Control. The Korean Society for Fluid Power & Construction Equipment，2015：75-80.

［14］　YIN Y B, WANG F, ZHAO Y P, et al. Characteristics of a hydraulic relief valve with a special compensation poppet[C]//Proceedings of the 2007 International Conference on Advances in Construction Machinery and Vehicle Engineering，2007：3-8.

［15］　YIN Y B, LIU H, LI J, et al. Analysis of a hydraulic pressure reducing valve with a fixed orifice and a pressure sensing chamber[C]//Proceedings of the Fifth International Symposium on Fluid Power Transmission and Control(ISFP 2007). Beidaihe，2007：209-214.

［16］　YIN Y B. Analysis and modeling of a compact hydraulic poppet valve with a circular balance piston[C]//Proceedings of the SICE Annual Conference，SICE 2005 Annual Conference in Okayama，Society of Instrument and Control Engineers (SICE). Tokyo，2005：189-194.

［17］　刘洪宇,张晓琪,阎耀保.振动环境下双级溢流阀的建模与分析[J].北京理工大学学报,2015,35(1)：13-18.

［18］　刘敏鑫,李双路,王东,等.一种供油源自动切换的螺纹插装换向阀：ZL202011103620.X[P].2021-10-08.

［19］　荒木献次,阎耀保,陈剑波.Development of a new type of relief valve in hydraulic servosystem(油圧サーボシステム用の新しいリリーフ弁)[C]//Proceedings of Dynamic and Design Conference 1996,日本機械学会,D&D 1996,機械力学・計測制御講演論文集,Vol A,No 96-5Ⅰ.福岡,1996：231-234.

［20］　肖其新,李晶,阎耀保.具有液阻和液容的双级溢流阀特性分析[J].液压气动与密封,2009,12(2)：45-48.

［21］　汤何胜,阎耀保,杜广杰.带螺纹插装式溢流阀的液压马达特性及试验研究[J].中南大学学报(自然科学报),2014,45(1)：77-84.

［22］　原佳阳.极端环境下高端液压阀性能及其演变的基础研究[D].上海：同济大学,2019.

［23］　阎耀保.高端液压元件理论与实践[M].上海：上海科学技术出版社,2017.

［24］　阎耀保.极端环境下的电液伺服控制理论与应用技术[M].上海：上海科学技术出版社,2012.

［25］　MERRIT H E. Hydraulic control systems [M]. New York：John Willy & Sons Inc, 1967.

［26］　HAYASHI S. Stability and nonlinear behavior of poppet valve circuits[C]//Proceedings of Fifth Triennial International Symposium on Fluid Control，Measurement and Visualization，FLUCOME 1997，Hayama，1997：13-20.

第 11 章
振动环境下的极端小尺寸减压阀

减压阀作为液压系统的压力控制阀,尤其是在飞行器、移动装备等整机的振动环境下必须维持必需的服役性能。

本章以某飞行器用极端小尺寸减压阀为例,介绍整体集成式减压阀结构和机理,将压力感受腔油液等效为液压弹簧,与调压弹簧、阀芯与压力感受腔油液一起构成典型的质量-弹簧(机械弹簧和液压弹簧)-阻尼系统,分别建立了整机无振动时与整机振动时的减压阀分析方法和数学模型。研究结果表明:整机无振动时调压弹簧刚度越大,阀共振频率越高;压力感受腔容积越大,阀共振频率越低。整机振动环境影响减压阀的工作性能,可以恰当地设计减压阀的通径、弹簧刚度、压力感受腔尺寸等参数,使得减压阀在整机振动环境下完成必需的工作特性。理论结果和试验结果基本一致。所建立的振动环境下液压阀的分析方法和数学模型,为整机振动时液压元件的性能预测和评估提供了一种有效的途径。

11.1   概   述

现代工业和国防工业常采用小型化、轻量化和高可靠性的液压阀。液压系统必须能够承受得起各种环境条件的考核,如振动、冲击、加速和温度等特殊环境。小型化的液压元件广泛应用于飞行器、移动设备等重大装备,其可以满足较大功率质量比的要求。减压阀作为重要的压力控制阀,在工业、飞行器等领域应用颇多,其功用是为液压系统提供不同压力等级的液压能源。液压阀稳定性研究可追溯至 20 世纪 50 年代,包括分析流量与液压阀振动的关系;研究节流口形状,认为三角形形状节流口可扩大阀芯的调节范围使流量控制更加精确;分析节流口台阶倾角和下游腔体体积与流体旋涡振动的关系;将溢流阀先导阀做成平衡活塞防振尾端结构,起减振、消声和稳压作用,建立了振动环境下双级溢流阀的分析方法和数学模型;通过增加限流圈来减小减压阀的压力超调;分析减压阀入口压力与高频噪声的关系。

振动是飞行器、移动装备等整机必须承受的重要环境因素之一。例如,飞行器发动机点火、关机、稳态等状态产生的推力及动力系统与箭体结构产生的耦合振动等都是飞行器必须经受的载荷环境,移动装备的能源装置和环境工况常常造成整机振动。飞行器对一定幅值、频率的微振动环境也极其敏感,飞行器飞行过程中元件的振动与冲击问题显著。减压阀作为飞行器、移动装备等整机液压系统的重要元件,其在振动环境下的性能直接影响分系统或系统的服役特性。

本章介绍具有固定节流器和压力感受腔的小型滑阀式减压阀在振动环境下的建模与分析

方法,考虑整机振动即阀体振动,建立阀体、弹簧、阀芯、各容腔液体之间的相对运动方程,分析减压阀动力学特性,阐述外界激振条件下减压阀特性的变化规律。

11.2　结构与工作原理

图 11-1 为极端小尺寸减压阀结构与原理图。该减压阀由阀体、阀芯、调压弹簧、压力控制腔、压力感受腔、固定阻尼孔等部件组成。供油高压液体从进油口 p_s 经过阀芯与阀体组成的压力控制腔 V_2 后减压至 p_L 输出,同时出口液压油又经过固定阻尼孔进入阀芯下端压力感受腔 V_1 并产生液压力,该力与弹簧力相比较并决定节流口开度的大小,起到减压作用。

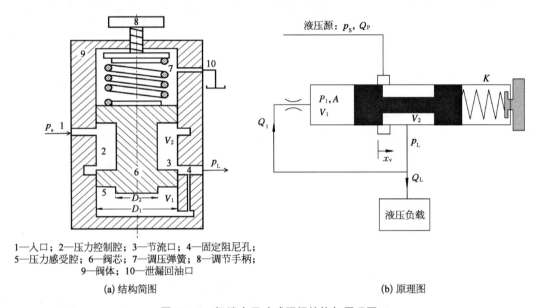

1—入口;2—压力控制腔;3—节流口;4—固定阻尼孔;
5—压力感受腔;6—阀芯;7—调压弹簧;8—调节手柄;
9—阀体;10—泄漏回油口

(a) 结构简图　　　　　　　　　　(b) 原理图

图 11-1　极端小尺寸减压阀结构与原理图

极端小尺寸滑阀式减压阀采用特殊结构,该液压阀为定值输出型减压阀。阀套上开有圆形配流窗口,圆柱形阀芯和阀套发生轴向相对移动时,通过配流窗口控制油液的节流口面积。液压阀的内部结构上有一个限制器来限制阀芯的最大位移,从而使阀芯的位移控制在零到配流圆形窗孔的半径值的范围内,其基本结构参数见表 11-1。图 11-2 为减压阀节流口截面图,其节流口的数量为 4 个,该节流口面积为

$$A(x_v) = n\left[R^2 \cos^{-1}\left(\frac{x_v}{R}\right) - x_v\sqrt{R^2 - x_v^2}\right] \tag{11-1}$$

式中　n——节流口的数量,$n=4$;

　　　R——圆形配流窗口的半径;

　　　x_v——阀芯的位移量。

该控制节流口面积的最大值和最小值分别为:如果 $x_v=0$,则有 $A(x_v)=A_{\max}$;如果 $x_v=R$,则有 $A(x_v)=0$。

表 11 - 1　极端小尺寸减压阀基本参数

名　　　称	参 数 值
入口压力/MPa	21
出口压力/MPa	14.5～14.7
滑阀直径/mm	3
阀杆直径/mm	2

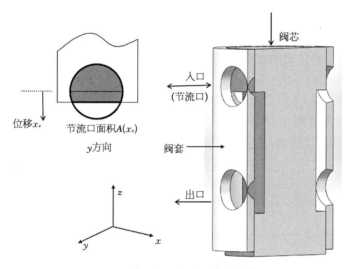

图 11 - 2　减压阀开启过程节流口截面图

该减压阀的特殊形状能够改变流体流动出口方向和动量,补偿部分液动力。阀芯端部做成凹球面,且通过一个球和弹簧座与弹簧连接,弹簧与阀芯的不同轴度产生的力由弹簧座自动调节,起平衡作用。

11.3　数 学 模 型

减压阀在液压系统中的工作过程主要包括三个阶段:① 阀芯移动前;② 阀芯在工作压力下的启动过程;③ 阀芯在工作压力下稳定减压过程。其中阀芯移动前和稳定减压阶段,阀芯均保持静止。考虑油液压缩性,压力感受腔油液可等效为液压弹簧。在整机振动环境下,假设减压阀阀体随整机如做简谐运动,可建立减压阀各部件的动力学模型。

11.3.1　整机无振动时的数学模型

11.3.1.1　阀芯移动前的动态特性

减压阀采用特殊结构,内部有一个限制器用来限制阀芯位移,阀芯的位移控制在零到配流圆形窗孔的半径值的范围内。当阀开始工作前,阀处于最大位移处,此时阀开口面积最大。

减压阀入口供给的液压油逐渐增多时,减压阀压力控制腔内的油液的压缩性导致减压阀压力逐渐上升。减压阀到达设置压力之前,假定控制压力从零到设置压力,阀具有最大位移,固定节流器面积不变。控制压力由负载决定,并且假定具有最大负载时,阀流量为零,有

$$x_v = 0 \text{ 且 } A(x_v) = A_{\max}, \ Q_L = 0 \tag{11-2}$$

减压阀阀芯移动之前,阀芯的动力学方程为

$$kx_0 - p_1 A = F_b \tag{11-3}$$

式中　x_0——弹簧与压缩量;

　　　k——弹簧刚度;

　　　p_1——压力感受腔的压力;

　　　F_b——阀芯与阀体之间的机械作用力;

　　　Q_L——负载流量;

　　　A——液压力作用在阀芯上的有效端面积;

　　　D_1、D_2——滑阀直径和前端直径。

当液体流入压力感受腔和压力控制腔时,压力感受腔的感应压力 p_1 增加,阀芯和阀体之间的机械作用力 F_b 随之减少。当压力感受腔的压力等于弹簧的预压缩力时,阀芯和阀体之间的机械作用力 F_b 为零,此时减压阀的出口控制压力达到事先设定的出口控制压力 p_{10}。

当阀芯开始移动时,出口压力达到减压阀的初始设定压力 p_{10},设定出口压力值为

$$p_{10} = kx_0/A \tag{11-4}$$

当阀芯移动之前,减压阀的出口压力之满足

$$p_1 \leqslant p_{10} \text{ 或 } p_1 A \leqslant kx_0 \tag{11-5}$$

考虑到减压阀的压力控制腔和压力感受腔内的流体的压缩性,两个容腔内的流体连续方程分别为

$$Q_p - Q_L - \frac{V_2}{\beta} \cdot \frac{\mathrm{d}p_L}{\mathrm{d}t} - Q_1 = 0 \tag{11-6}$$

$$Q_1 = \frac{V_1}{\beta} \cdot \frac{\mathrm{d}p_1}{\mathrm{d}t} \tag{11-7}$$

式中　V_1——压力感受腔体积;

　　　V_2——压力控制腔体积;

　　　Q_1——压力控制腔的流量;

　　　t——时间;

　　　Q_p——液压系统流量;

　　　p_L——液压负载压力;

　　　β——液压油的体积弹性模量。

通过固定节流孔的流量方程式为

$$Q_1 = \frac{\pi d^4}{128\mu L_{eq}} \cdot (p_L - p_1) \tag{11-8}$$

式中　d——固定节流孔的直径；

　　　L_{eq}——固定节流孔的长度；

　　　μ——液压油的黏度。

当减压阀出口压力达到初始设定压力 p_{10} 之前，可以从式(11-1)～式(11-8)得到负载压力和压力感受腔压力随时间的动态变化过程，即动态压力特性。负载压力和压力感受腔压力的变化过程基本相同，即 $dP_1=dP_L$。减压阀阀芯移动之前，压力感受腔压力从零开始达到初始设定压力 p_{10} 的时间，即压力延迟时间可近似表达为

$$\tau = \frac{V_1+V_2}{\beta} \cdot \frac{p_{10}}{Q_p-Q_L} = \frac{V_1+V_2}{\beta} \cdot \frac{kx_0/A}{Q_p-Q_L} \tag{11-9}$$

可见，减压阀的压力延迟时间与压力感受腔体积、压力控制腔的体积及弹簧刚度和与压缩量有关，还和液压油的体积弹性模量、减压阀通径及减压阀输入流量有关。减压阀的延迟时间受到压力控制腔和压力感受腔的体积、初始设定压力的影响；动态压力也受到压力感应腔的固定节流孔和阀节流口尺寸的影响。

11.3.1.2　工作压力下的动态特性

减压阀阀芯移动后，阀芯与阀体之间的机械作用力 F_b 为零。此时，减压阀在工作压力下阀芯的运动方程为

$$p_1A-kx_0 = m\ddot{x}_v+B\dot{x}_v+kx_v-F_{\beta1}-F_{\beta2} \tag{11-10}$$

$$F_{\beta1} = 2C_dC_vw\cos\theta \cdot (p_s-p_L) \cdot (R-x_v) \tag{11-11}$$

$$F_{\beta2} = -LC_dw\sqrt{2\rho} \cdot \sqrt{p_s-p_L} \cdot \dot{x}_v \tag{11-12}$$

$$p_1 \geqslant p_{10} \tag{11-13}$$

式中　B——阀芯运动的黏性阻尼系数；

　　　C_v——节流口的流体速度系数，取 0.98；

　　　C_d——节流口的流体流量系数，取 0.61；

　　　$F_{\beta1}$——阀口的稳态液动力；

　　　$F_{\beta2}$——阀口的瞬态液动力；

　　　L——阀内控制腔的等效阻尼长度；

　　　m——阀芯的质量；

　　　ρ——液压油的密度，取 890 kg/m³；

　　　θ——阀口流体出流时和阀芯轴线的夹角，取 69°；

　　　p_s——供油压力。

通过减压阀的流量为

$$Q_p = C_dA(x_v)\sqrt{\frac{2(p_s-p_L)}{\rho}} \tag{11-14}$$

通过固定节流器的流量 Q_1 为

$$Q_1 = \frac{\pi d^4}{128\mu L_{eq}} \cdot (p_L-p_1) \tag{11-15}$$

考虑到压力控制腔和压力感受腔内流体的压缩性,两容腔内流体的连续性方程分别为

$$Q_p - Q_L - \frac{V_2}{\beta} \cdot \frac{dp_L}{dt} - Q_1 = 0 \tag{11-16}$$

$$Q_1 = \frac{V_1}{\beta} \cdot \frac{dp_1}{dt} + A \cdot \dot{x}_v \tag{11-17}$$

上述方程式为液压减压阀液压系统的非线性数学模型。输入信号为减压阀入口压力(p_S)或供油流量(Q_p),输出信号为减压阀出口压力(p_L)和阀芯位移。可以通过数值仿真进行动态特性的分析和计算。

11.3.1.3 减压阀的工作点

当减压阀处于稳定状态时,稳态工作点的压力为 $p_{L0}=p_1$。阀芯的上述运动方程为

$$\ddot{x}_v = 0, \ \dot{x}_v = 0 \tag{11-18}$$

$$p_1 = p_{L0}, \ dp_L/dt = dp_1/dt = 0 \tag{11-19}$$

$$p_{L0}A - kx_0 = kx_{v0} - F_{\beta1} \tag{11-20}$$

$$F_{\beta1} = 2C_dC_vw\cos\theta \cdot (p_S - p_{L0}) \cdot (R - x_{v0}) \tag{11-21}$$

由式(11-20)和式(11-21),可得到稳定状态下减压阀出口压力和阀芯位移分别为

$$p_{L0} = \frac{k(x_0 + x_{v0}) - 2C_dC_vw\cos\theta \cdot p_s(R - x_{v0})}{A - 2C_dC_vw\cos\theta \cdot (R - x_{v0})} \tag{11-22}$$

$$x_{v0} = \frac{p_{L0}A - kx_0 + 2C_dC_vw\cos\theta \cdot (p_S - p_{L0})R}{k + 2C_dC_vw\cos\theta \cdot (p_S - p_{L0})} = R - \frac{k(R + x_0) - p_{L0}A}{k + 2C_dC_vw\cos\theta \cdot (p_S - p_{L0})} \tag{11-23}$$

减压阀输出至负载的名义流量为

$$Q_{L0} = C_dA(x_{v0})\sqrt{\frac{2(p_s - p_{L0})}{\rho}} \tag{11-24}$$

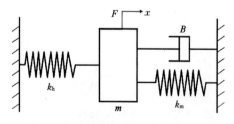

图 11-3 减压阀的等效质量弹簧阻尼系统

减压阀可以看作机械弹簧和液压弹簧组成的弹性系统。如图 11-1b 所示,压力感受腔 V_1 中油液的可压缩性可等效为液压弹簧。如图 11-3 所示,减压阀可动部分可等效为质量-弹簧-阻尼系统。由胡克定律,可得

$$k_h = \frac{F_h}{x} = \frac{\Delta p_1 A_1}{x} \tag{11-25}$$

油液有效体积弹性模量为

$$\beta = \frac{\Delta p_1}{\Delta V_1/V_1} \tag{11-26}$$

由式(11-25)、式(11-26),可得

$$k_h = \frac{\beta A_1^2}{V_1} \tag{11-27}$$

式中　K_h——压力感受腔液压弹簧刚度；

　　　F_h——压力感受腔产生的液压弹簧力；

　　　x——位移；

　　　ΔP_1——压力感受腔的压力变化；

　　　ΔV_1——压力感受腔的体积变化。

减压阀在压力感受腔压力与调压弹簧力作用下，与合外力 F 达到力平衡，控制阀开度输出阀位移 x。阀芯的等效动力学模型为

$$M\ddot{x} + B\dot{x} + k_m x + k_h x = F \tag{11-28}$$

上式进行拉氏变换，得到

$$\frac{x(s)}{F(s)} = \frac{1}{Ms^2 + Bs + k_m + k_h} \tag{11-29}$$

式中　M——阀芯组件可动部分的等效质量。

11.3.2　整机振动时的数学模型

整机振动时，减压阀阀体随整机而同步振动，假设阀体做简谐运动。阀体随整机的基础运动动方程为

$$y = Y_0 \sin w_1 t \tag{11-30}$$

式中　Y_0——简谐运动的振幅；

　　　W_1——简谐振动的频率。

（1）当减压阀阀体（或阀套）与阀芯产生相对运动之前，阀体与阀芯一起运动，具有相同的位移、速度和加速度，即

$$x_v = y, \quad \dot{x}_v = \dot{y}, \quad \ddot{x}_v = \ddot{y} \tag{11-31}$$

根据牛顿第二定律，阀芯的运动方程为

$$m\ddot{x}_v = p_1 A + F_b - kx_0 \tag{11-32}$$

阀芯产生相对移动条件为

$$F_b > 0 \tag{11-33}$$

即

$$m\ddot{x}_v - p_1 A + kx_0 > 0$$

减压阀阀芯与阀体产生相对移动前的开启压力为

$$p_{10} = \frac{kx_0 + m\ddot{x}_v}{A} \tag{11-34}$$

阀芯产生相对位移之前，即 $p_1 \leqslant p_{10}$，考虑到减压阀的压力控制腔和压力感受腔内流体的压缩性，两个容腔内的流体连续性方程分别为

$$Q_\text{p} - Q_\text{L} - \frac{V_2}{\beta} \cdot \frac{\mathrm{d}p_\text{L}}{\mathrm{d}t} - Q_1 = 0 \tag{11-35}$$

$$Q_1 = \frac{V_1}{\beta} \cdot \frac{\mathrm{d}p_1}{\mathrm{d}t} \tag{11-36}$$

减压阀阀芯移动之前,压力感受腔压力由零到达初始设定压力 p_{10} 之前的压力延迟时间为

$$\tau = \frac{V_1 + V_2}{\beta} \cdot \frac{p_{10}}{Q_\text{p} - Q_\text{L}} = \frac{V_1 + V_2}{\beta} \cdot \frac{(kx_0 + m\ddot{x}_\text{v})/A}{Q_\text{p} - Q_\text{L}} \tag{11-37}$$

(2) 当阀芯与阀体产生相对位移,阀体受振动作用下位移为 y,由于液压油具有压缩性,阀芯节流口的开口量减小为 $x_\text{v} - y$,同样弹簧的压缩量减小为 $x_\text{v} - y$。减压阀开始减压后的阀芯运动方程为

$$p_1 A - kx_0 = m\ddot{x}_\text{v} + B(\dot{x}_\text{v} - \dot{y}) + k(x_\text{v} - y) - F_{\beta 1} - F_{\beta 2} \tag{11-38}$$

$$F_{\beta 1} = 2C_\text{d}C_\text{v}w\cos\theta \cdot (p_\text{s} - p_\text{L}) \cdot (R - x_\text{v}) \tag{11-39}$$

$$F_{\beta 2} = -LC_\text{d}w\sqrt{2\rho} \cdot \sqrt{p_\text{s} - p_\text{L}} \cdot (\dot{x}_\text{v} - \dot{y}) \tag{11-40}$$

$$p_1 \geqslant p_{10} \tag{11-41}$$

通过减压阀的流量为

$$Q_\text{p} = C_\text{d}A(x_\text{v} - y)\sqrt{\frac{2(p_\text{s} - p_\text{L})}{\rho}} \tag{11-42}$$

考虑到压力控制腔和压力感受腔内流体的压缩性,两容腔内流体的连续性方程分别为

$$Q_\text{p} - Q_\text{L} - \frac{V_2}{\beta} \cdot \frac{\mathrm{d}p_\text{L}}{\mathrm{d}t} - Q_1 = 0 \tag{11-43}$$

$$Q_1 = \frac{V_1}{\beta} \cdot \frac{\mathrm{d}p_1}{\mathrm{d}t} + A \cdot (\dot{x}_\text{v} - \dot{y}) \tag{11-44}$$

11.4 理论特性

减压阀随整机振动时,当所受激励的频率与减压阀某阶固有频率相接近时,共振振幅将显著增大。阀芯位移、速度、加速度与能量都有可能与整机产生共振。上述四种共振发生的频率条件可能有所不同。在整机无振动的环境下,减压阀主要承受外部油液的压力。在整机振动的环境下,减压阀同时承受外部油液的压力和环境振动所产生的激振力。结合上述数学模型,可以分析弹簧刚度、压力感受腔体积及整机激振频率等参数对减压阀出口压力等特性的影响。

11.4.1 整机无振动时弹簧刚度对特性的影响

如图 11-4 所示,液压油进入减压阀时,压力感受腔的假象冲液使得压力感受腔压力 p_1

逐渐上升,阀芯移动前,存在延迟时间,即延迟时间内阀芯位移为零。当压力感受腔压力达到设定的弹簧预压缩力时,阀芯才开始移动。如图 11 - 4a 所示,阀芯大约在延迟时间 0.08 s 时开始移动,延迟时间与式(11 - 9)计算结果相吻合。其中,图 11 - 4b 的曲线 OA 段,主要是由于油液进入压力感受腔,首先作用于阀芯端面的有效端面积 A_1,此时阀芯保持静止状态。AB 段则为阀芯产生运动时的出口压力曲线,此时压力感受腔油液作用于阀芯端面面积 A_2。弹簧刚度越大,阀位移波动越小,出口压力稳定时间越短。阀芯位移最终稳定在 0.33 mm 位置处,出口压力约为 14.5 MPa。图 11 - 5 为以机械弹簧、阀芯和压力感受腔油液组成的振动系统的伯德图,该系统固有频率约为 40 Hz。机械弹簧刚度越大,其幅值峰值点对应的频率越大。

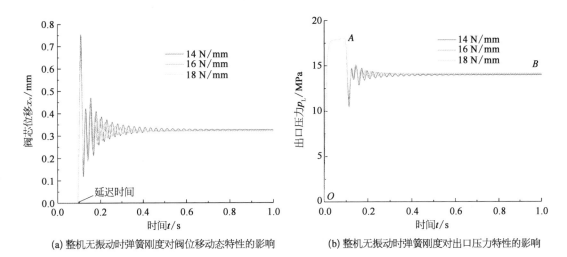

(a) 整机无振动时弹簧刚度对阀位移动态特性的影响　　(b) 整机无振动时弹簧刚度对出口压力特性的影响

图 11 - 4　弹簧刚度对阀特性的影响

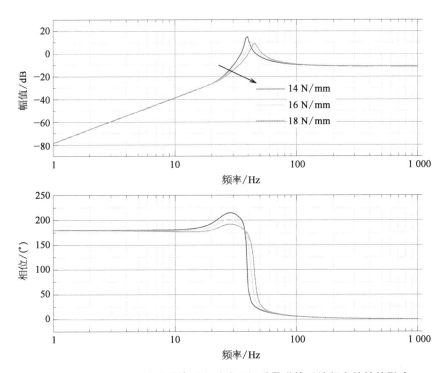

图 11 - 5　整机无振动时弹簧刚度对减压阀质量弹簧系统频率特性的影响

11.4.2 整机无振动时压力感受腔容积对特性的影响

图 11-6 是压力感受腔容积对减压阀阀芯运动与出口压力特性的影响曲线。由图 11-6a 可以看出，当压力感受腔的容积为 7 mm³ 时，其阀芯延迟时间最短约为 0.08 s。随着容积的增大，延迟时间越大，与式(11-9)结果一致。压力感受腔容积越大，阀芯位移与出口压力波动越小。由式(11-27)可知压力感受腔容积越大，液压弹簧的刚度越小，导致阀芯位移的超调量越小，出口压力波动越小。图 11-7 为该振动系统的波德图，频率约为 40 Hz，且压力感受腔容积越大，频率越低。由式(11-27)，压力感受腔容积越大，液压弹簧刚度越小，系统固有频率越低。

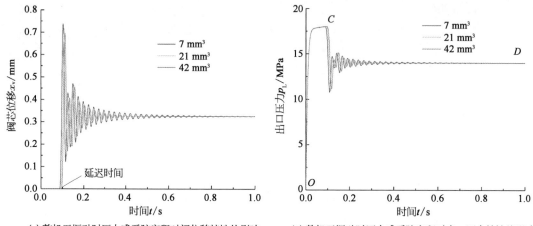

(a) 整机无振动时压力感受腔容积对阀位移特性的影响   (b) 整机无振动时压力感受腔容积对出口压力特性的影响

图 11-6　压力感受腔容积对阀特性的影响

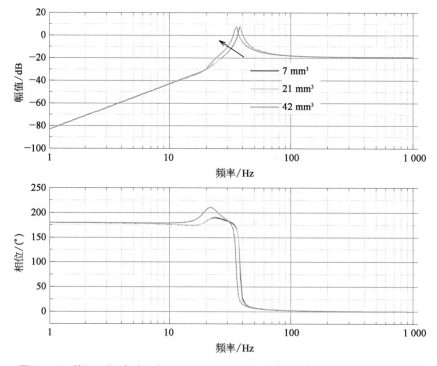

图 11-7　整机无振动时压力感受腔容积对减压阀质量弹簧系统频率特性的影响

11.4.3　整机振动时振动频率和幅值对特性的影响

整机振动时,阀体随整机而振动。图 11-8a 为减压阀出口压力和阀开度的动态响应曲线,其中简谐振动的频率为 20 Hz。图 11-8b 为减压阀输出压力波动值和阀开度与整机振动频率之间的关系图。整机振动频率范围为 0~100 Hz,当整机振动频率为 40 Hz 时,出口压力波动幅值最大。根据减压阀的性能要求,其出口压力偏差值不得大于 10%。由图 11-8b 可知:当整机振幅为 0.1 mm,频率在 28~56 Hz 时,减压阀不能正常工作;当整机振幅为 0.05 mm,频率在 32~48 Hz 时,减压阀不能正常工作。可以根据所建立的数学模型和仿真结果,对减压阀在整机振动环境下的输出压力超调量和稳定性进行预测和评估。

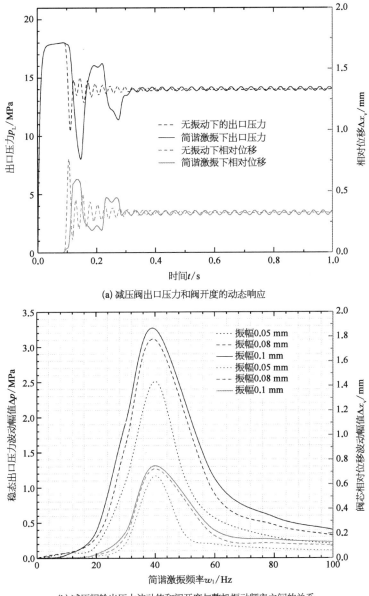

(a) 减压阀出口压力和阀开度的动态响应

(b) 减压阀输出压力波动值和阀开度与整机振动频率之间的关系

图 11-8　整机振动时振动频率对减压阀特性的影响

11.5 实 践 试 验

图 11‐9 为所批量生产的减压阀结构示意图及其测试原理图。通过节流阀调节减压阀负载压力,通过流量计测试经过减压阀的流量,通过压力传感器或压力表测量减压阀入口和出口压力。

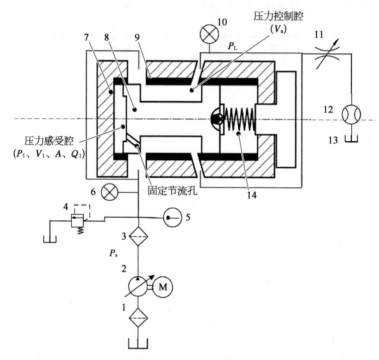

1、3—过滤器;2—液压泵;4—溢流阀;5—温度计;6、10—压力表;7—阀体;
8—阀芯;9—阀套;11—节流阀;12—流量计;13—油箱;14—调压弹簧

图 11‐9 减压阀结构示意图及其测试原理图

图 11‐10 为某小尺寸减压阀压力特性的试验结果和理论计算结果。理论结果和试验结果的趋势基本一致。其中减压阀在未达到其设计的设定压力前,减压阀阀芯保持静止,出口压力随入口压力的增大而增大,如图 11‐10b 所示。当到达其设定压力时,阀芯产生位移并伴有一定的波动,导致其出口压力有一定的波动。阀芯稳定后,开度一定,减压阀输出压力保持一定值。

(1)通过引入相对运动的分析方法,建立减压阀在整机无振动时和整机振动时的数学模型。可以将减压阀压力感受腔油液等效为液压弹簧,减压阀可看作以机械弹簧、液压弹簧和阀芯组成的振动系统。整机无振动时,机械弹簧刚度越大,或压力感受腔的容积越小,减压系统的共振频率越高。

(2)整机振动环境影响减压阀的工作性能。可以通过本章所建立的基于相对运动的减压阀数学模型,恰当地设计减压阀的通径、弹簧刚度、压力感受腔尺寸等参数,使得减压阀在整机

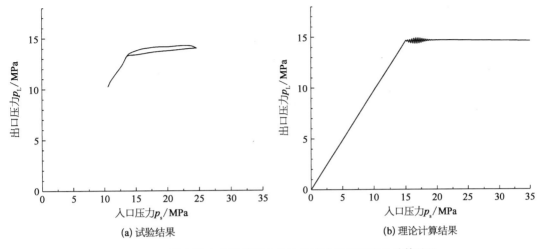

图 11 - 10　某小尺寸减压阀压力特性的试验结果与理论计算结果

振动环境下实现必需的工作特性。理论结果和试验结果基本一致。可以根据所建立的数学模型和数字仿真,对减压阀在整机振动环境下的输出压力特性进行预测和评估。

参 考 文 献

[1]　阎耀保,邹为宏,刘洪宇.振动环境下小尺寸减压阀的建模与分析[J].飞控与探测,2019(6):74 - 81.

[2]　阎耀保,张丽,李玲,等.车载高压气动减压阀压力场与速度场研究[J].中国工程机械学报,2011,9(1):1 - 6.

[3]　阎耀保,赵艳培,PHAMXUAN H.锥形阀芯的高压气动减压阀设计分析[J].流体传动与控制,2011(2):1 - 5.

[4]　阎耀保,沈力,赵艳培,等.基于CFD的车载高压气动减压阀流场分析[J].流体机械,2010,38(1):23 - 26.

[5]　阎耀保,沈力,傅俊勇,等.氢能源汽车车载气动减压阀出口温度特性研究[J].中国工程机械学报,2009,7(4):11 - 15.

[6]　阎耀保,陈洁萍,罗九阳,等.氢能源汽车车载超高压气动减压阀的机理与特性分析[J].中国工程机械学报,2008,6(3):310 - 315.

[7]　阎耀保,张丽,傅俊勇.一种高压气动减压阀:ZL201110011195.6[P].2014 - 03 - 05.

[8]　阎耀保,黄伟达.平衡活塞感应式气动减压阀:ZL201020232292.9[P].2011 - 01 - 19.

[9]　YIN Y B, YUAN J Y, LI J, et al. Characteristics of compacted two stage relief valve with damping orifice between main valve and pilot valve[C]//Proceedings of 2015 Autumn Conference on Drive and Control. The Korean Society for Fluid Power & Construction Equipment,2015:75 - 80.

[10]　YIN Y B, LI H J, LI C M. Modeling and analysis of hydraulic speed regulating valve[C]//Proceedings of the 2013 International Conference on Advances in Construction Machinery and Vehicle Engineering (ICACMVE 2013). Jilin, 2013:108 - 216.

[11]　YIN Y B, LIU H, LI J, et al. Analysis of a hydraulic pressure reducing valve with a fixed orifice and a pressure sensing chamber[C]//Proceedings of the Fifth International Symposium on Fluid Power Transmission and Control(ISFP 2007). Beidaihe, 2007:209 - 214.

[12]　YIN Y B. Analysis and modeling of a compact hydraulic poppet valve with a circular balance piston[C]// Proceedings of the SICE Annual Conference, SICE 2005 Annual Conference in Okayama, Society of Instrument and Control Engineers (SICE). Tokyo, 2005:189 - 194.

[13]　JIA P, YIN Y B, ZHANG P. Analysis of the resistance loss of multi-directional control valve in hydraulic forklift[C]//Proceedings of the 2013 International Conference on Advances in Construction Machinery and Vehicle Engineering (ICACMVE 2013). Jilin, 2013:9 - 16.

［14］ 邹为宏.集成式减压阀的建模与振动噪声特性研究［D］.上海：同济大学,2020.

［15］ 郭生荣,阎耀保.先进流体动力控制［M］.上海：上海科学技术出版社,2017.

［16］ 阎耀保.高端液压元件理论与实践［M］.上海：上海科学技术出版社,2017.

［17］ 阎耀保.极端环境下的电液伺服控制理论与应用技术［M］.上海：上海科学技术出版社,2012.

［18］ MERRIT H E. Hydraulic control systems［M］. New York：John Wiley & Sons Inc, 1967.

［19］ 严金坤.液压动力控制［M］.上海：上海交通大学出版社,1986.

［20］ 毛玉明,林剑锋,刘靖华,等.基于动态质量分析的飞行器结构振动试验载荷与环境条件分析［J］.振动与冲击,2016,35(16)：1-5.

第 12 章
液压伺服作动器

伺服作动器应用于航空航天、火箭、战斗机、导弹、雷达等领域,实现飞行器轨迹调整、姿态切换、舵面调平、负载提升和保持等功能,具有重载、高速、长续航能力、高可靠性、可回收等特点,这对作动器故障状态下生存和自救能力提出了更高的要求,如位移传感反馈控制、电气与液压冗余、应急回中、锁紧保持、故障诊断与隔离等。

本章结合伺服作动器推力矢量控制系统,介绍并联双杆液压作动器、故障状态下的回中锁紧功能、能源配置、作动器用换向阀的几何尺寸链与卡滞特性等。

12.1 概　　述

电液伺服作动器由电液伺服阀和伺服作动器构成。随着航空航天工业的发展,飞行器矢量控制系统执行机构对液压作动器和电液伺服元件的集成化、轻量化要求越来越高。采用各种新结构及复合材料的各种集成阀块、集成式作动器如电静液作动器相继出现。与传统液压作动器相比,电液伺服作动器具有功重比高、响应快、效率高等特点。航空航天伺服作动器需要在有限的安装空间内实现大推力,即在满足发动机或其他整机部件的空间布局条件下能够实现要求的推力,同时由于分配给作动器的空间尺寸有限,要求尽可能地高度集成。在控制系统发生故障时,作动器要能够将被控对象锁定在稳定的工作状态从而使飞行器处于安全姿态。

12.1.1 推力矢量控制技术

推力矢量控制技术被广泛应用于火箭、导弹、飞行器、战斗机和航天领域,与之配套的系统包括涡轮发动机、矢量喷管、伺服控制作动器、综合控制系统。矢量喷管是涡轮发动机燃气喷射和排放出口,提供飞行反向推力,承担主动力的装置。伺服控制作动器调整矢量喷管的方向,调整喷管与飞行器轴向夹角,将主推力部分转化为俯仰平面和偏航平面的转动力矩,进一步改变喷管喉部收敛-扩展面积,调节喷管排气速度,从而调整飞行方向、运动轨迹和动力运行状态。图 12-1 为某战斗机矢量喷管控制系统。

通过推力矢量控制,可以提高机动性、过失速机动,提高垂直起降能力,增强隐身性能,超音速巡航能力。如美国战斗机 F15、F16、F119、F110、F22、B2、F35 等机型,AIM-9X 导弹,土星Ⅰ/Ⅴ、AresⅠ、AtlasⅤ、Ariane5 等飞行器,俄罗斯战斗机 Cy-37、Cy-30MK、T50 等机型,R-73 导弹等均采用推力矢量控制技术。推力矢量喷管经历了从折流板式、逐步向二元式矢

图 12‑1　战斗机矢量喷管控制系统

量喷管和轴对称式矢量喷管技术过渡。运载火箭推力矢量控制系统可分为电液伺服系统、电动伺服系统和电动静液伺服系统。矢量喷管伺服控制作动器承受高温、高压、振动、离心、冲击、污染环境考核，必须考虑伺服控制作动器在故障或者失控状态下的自救或失效安全能力，出现故障的原因可能在伺服阀阀芯卡滞、电控单元失电或过流、位移传感器损坏等。图 12‑2 为矢量喷管控制系统航空作动器。

图 12‑2　矢量喷管控制系统航空作动器

　　推力矢量伺服控制系统中的位移传感器用于检测阀芯位移、活塞位移和执行机构位移，将检测信号反馈至控制器，形成闭环控制系统，可以提升控制系统的控制精度和稳定性。伺服反馈系统常用的位移传感器，主要有电位计式(CLP)、差动变压器式(LVDT)两种。电位计式属于电阻电刷接触型，差动变压器式属于铁芯初次级感应线圈非接触型，差动变压器式具备灵敏度高、可靠性好、磨损小等优点，在航空作动器位移检测中应用广泛。随着传感感知技术的进步，一些新传感器如磁致伸缩式、涡流式、超声波式也相继出现。位移传感器的选择要综合考虑组件复杂程度、测量范围、精度、分辨率、响应速度、寿命、生存能力、受干扰能力。位移传感器技术不再局限于高性能、高强度上，也扩展至传感器安装位置布局优化、多余度、冷却散热性能和隔离防护等。

　　新一代作战飞机需要具备短距起降、高马赫超声速巡航、灵活战场适应性及工作可靠性等特点,这依赖于先进的航空发动机及其控制技术。近年来,轴对称矢量喷管采用内冷和外冷冷却技术降低红外辐射强度,大多采用360°可偏转的轴对称矢量喷管,实现发动机排气控制。图 12‑3 为某轴对称矢量喷管矢量喷口的简化模型。

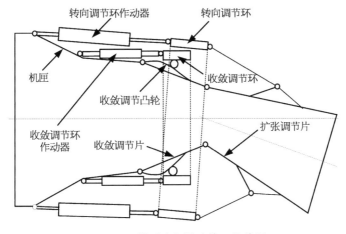

图 12‑3　轴对称矢量喷管工作装置

为解决伺服控制作动器的故障问题,目前多采用冗余度技术的方案:

(1) 余度伺服阀技术,即采用多伺服阀控单作动器技术,利用"多数表决,故障吸收"原理隔离排除单个伺服阀故障,整套推力矢量控制系统仍能正常运转。如美国"土星Ⅴ"运载器和我国新型载人运载火箭 TVC 系统均采用三余度伺服阀技术,美国航天飞机固体助推器 TVC 系统采用四余度伺服作动器。

(2) 动力冗余技术,即采用冗余发动机替代故障发动机,提高可靠性。考虑到发动机因为各种原因如推力矢量控制系统故障、管道破裂、颗粒物和废弃物冲击、散热不均、振动过高导致被迫停机,利用冗余发动机来补充动力上不足,使得运载器仍能正常执行任务,如 N‑1 火箭、土星系列、法尔肯 9 火箭均采用动力冗余技术。

(3) 余度液压能源技术。电静液作动器作为功率电传作动系统(power by wire actuator,PBWA),无须使用飞机中心液压源,具备独立液压源、液压泵、液压阀组、作动器、检测元件和控制器。电静液作动器与传统电液作动器组合形成双余度电备份液压作动器(EBHA),拥有飞机中心液压源和电静液作动器独立液压源两个油源,正常工况下电液作动器工作,故障工况下电静液作动器接替工作。

12.1.2　功能结构

12.1.2.1　位置检测

航空航天技术对安装空间要求高,液压元件多采用轻量化和集成化设计。图 12‑4 为美国专利提出的一种内置差动变压器进行活塞杆位置检测的液压作动器,活塞杆运动时位置变化引起导磁部分的位置变化,进而使变压器线圈信号变化,将活塞杆位置信号转换为线圈信号从而实现位置的检测。

有文献研究阀控非对称液压伺服作动器换向时的压力突跳现象,以及非对称液压伺服作动器的负载匹配特性问题,得出了活塞的非对称度与液压伺服作动器压力突跳的数学关系。

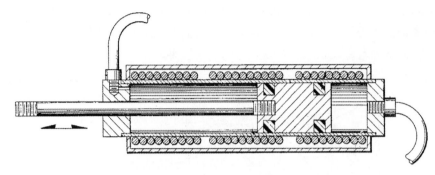

图 12 - 4   内置活塞杆位置检测装置的液压作动器

图 12 - 5   荷兰道尔夫大学的单出杆对称
液压伺服作动器飞行模拟器

提出利用非对称阀控制非对称缸的系统可以从根本上消除液压伺服作动器换向时的压力突跳现象。如图 12 - 5 所示,荷兰道尔夫大学分析了单出杆对称液压伺服作动器的动力学特性及非线性问题,并应用于飞行模拟器。目前关于飞行控制系统发生故障后的自动回中液压作动器的开发设计的相关研究不多。

12.1.2.2　断电复位功能

液压伺服作动器具有断电故障时的复位功能。图 12 - 6 为美国专利提出的一种机械反馈式作动器断电复位系统。活塞杆 14 的运动带动从动件 24、25 运动,凸轮结构 24、25 与连杆 26 共同组成凸轮连杆机构。当伺服阀断电时,当活塞杆 14 起初按原来的方式运动,连杆 26 上下移动,使

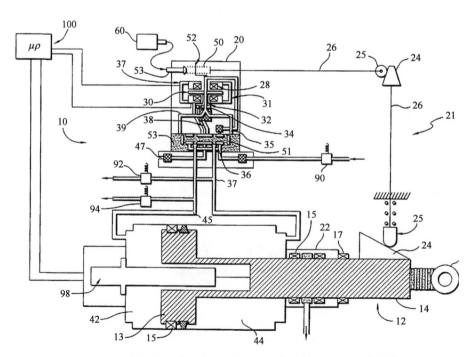

图 12 - 6   机械反馈式断电复位作动器(美国专利:US5899064A)

其另一端的凸轮 25 产生左右位移带动水平连杆 26 水平移动,连杆 26 通过某种方式与射流管 32 连接,最终将活塞杆 14 的位移通过联动机构反馈到伺服阀射流管上,使其产生一定的角度偏转,改变阀芯两腔压力,从而调节进入作动器的流量使活塞杆运动至预定位置。图 12 - 7 为一种具有故障复位功能的机电液作动器。正常工作时油液经单向阀 11,导杆 4 由油孔 23 进入活塞工作腔,压力升高推动两侧活塞向外运动,齿轮齿条机构 22、26 运动向外输出转矩。当发生断电故障时,电磁阀 29、31 断电开启,活塞工作腔卸荷,在复位弹簧的作用下,活塞被推至锁定位置。图 12 - 8 为一种作动器应急复位的液压系统。45、46 为接入主液压系统的通道,控制器控制伺服阀 44 的开度使作动筒 27 作动,当压力传感器检测到系统压力低于设定阈值时,控制器接收到故障信号,其通过指令使电机 42 驱动辅助液压泵 41 工作,使伺服阀前的压力保持在可接受范围内,控制器发出故障指令控制伺服阀开度将信号调节作动器锁定在应急位置。该专利用于非断电条件下,辅助泵源不需切换油路即可在故障发生时并入主液压系统,节省了时间。

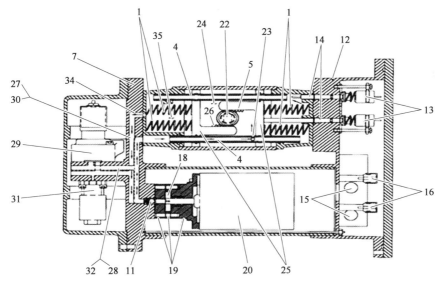

图 12 - 7　具有故障复位功能的机电液作动器(美国专利:US5950427)

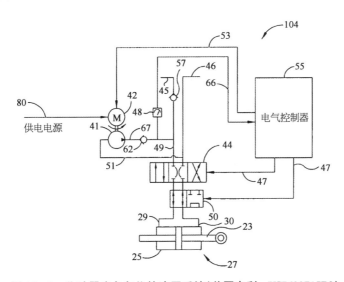

图 12 - 8　作动器应急复位的液压系统(美国专利:US7600715B2)

12.1.2.3 应急回中功能

液压伺服作动器设计时,一般应具有应急回中功能。图 12-9 为南京机电液压中心的中国专利,提出了一种双余度舵机液压回中锁紧装置。其包含两个活塞,第一活塞的左腔与第二活塞的右腔连通,两腔压力为 P3,第一活塞的右腔与第二活塞左腔连通,两腔压力为 P2,另有作动腔 4,其压力为 P1。当舵机两个系统发生电气故障时,所示的 P1、P2、P3 口均通入高压油,由于两个活塞的设计面积不同,使两活塞被推至两边,反馈摇臂 9 被夹紧,此时飞机舵面通过反馈摇臂 9 和主控阀形成机械负反馈,在液压力作用下可自动回到中位。图 12-10 为沈阳发动机设计研究所的中国专利,提出了一种应急回中液压作动筒。其包含两个活塞,一个为工作活塞另一个为应急活塞。两活塞将作动筒分为 A、B、C、D 四腔,B、D 两腔通过应急活塞中间孔连通。发生故障时,通过作动器 C 腔和 A 腔供油,B 腔卸油,应急活塞 3 将主动活塞 2 推到固定位置,其位置限定通过应急活塞 3 上的凸台实现。

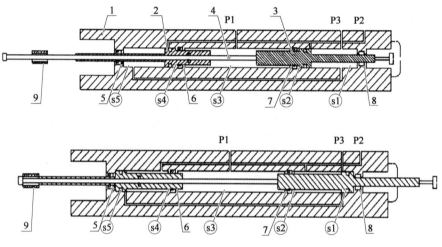

图 12-9 双余度舵机液压回中锁紧装置(中国专利:CN103029829A)

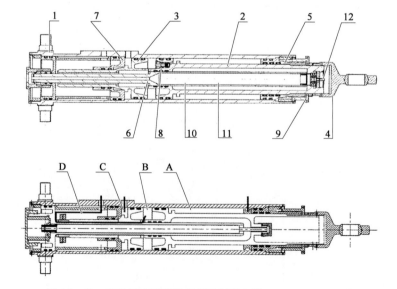

图 12-10 应急回中液压作动筒(中国专利:CN103029829A)

12.1.2.4　自锁结构

1）自锁环式液压自锁结构

图 12-11 是一种液压自锁环式自锁结构,利用环形收缩构件 15 与锁紧环 16 的配合锥面在外界作用下发生锁紧配合,抱紧活塞杆 4,完成自锁。18 为弹簧装置,可以通过调节螺母 20 在螺栓 9 上的位置来改变弹簧 18 的预紧力。通过液压控制腔 14 和弹簧 18 来完成自锁动作。液压流体通过管道 22 供给液压室 14,液压室 14 内的实际压力由控制装置 24 控制。紧急情况时,可通过控制装置 24 迅速减小腔室 14 中的压力,环形收缩构件 15 右移,与锁紧环 16 配合形成自锁。向液压室 14 施加压力,可以抵消弹簧 18 的力,锁紧环 16 解除抱紧活塞杆,液压伺服作动器自锁解除。

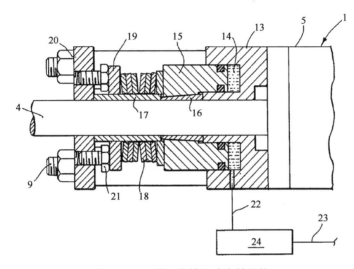

图 12-11　液压自锁环式自锁结构

2）摩擦衬垫式液压自锁结构

图 12-12 为一种用于双作用液压或气动缸活塞的摩擦衬垫式自锁结构。可弹性膨胀的衬套 9 外侧设置有摩擦衬垫 10,并且内侧有锥面 11,其安装在活塞杆 1 的凹槽 4 中。环形活塞 13 外侧和内侧分别设有密封件 14,防止由油口 16 进入的液压油泄漏到 13 左侧,12 是位于环形活塞上外锥面,用于和内锥面 11 的配合。环形活塞 13 通过弹簧 17 被推离衬套 9。该结构通过进油口 16 的压力大小,实现活塞杆在缸内任意位置的锁定。

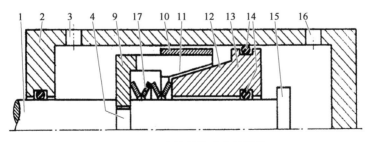

图 12-12　摩擦衬垫式自锁结构

3）机械与液压结合式自锁结构

图 12-13 为机械与液压结合式液压伺服作动器的右侧的自锁结构示意图。当活塞杆运动到最右侧时可以其进行锁定,该装置也可以实现液压伺服作动器在左、右两侧进行锁

定。其由活塞杆4、活塞3、缸体2、机械装置9和液压装置8等部件组成。机械装置9和液压装置8都直接作用在螺柱构件12上,螺柱构件12固定在活塞3上,可在螺柱孔13内移动。机械装置9主要由机械弹簧21及柱塞17组成,当活塞3运动到最右侧时,柱塞17与凹槽16结合即完成锁定。液压装置8主要由两个单向阀25和26组成,其通路方向相反。28是液压装置的供油口,其主要在解除锁定时提供液压油。其工作原理为:活塞杆向右运动时,螺柱构件12逐渐进入密闭的螺柱孔13内,螺柱孔13内的油液压力逐渐升高,单向阀25处于关闭状态,螺柱孔内压力逐渐升高至单向阀26的开启压力,该压力也是液压伺服作动器发生自锁前螺柱孔13内的最高压力,该压力可减小或基本抵消作用在柱塞17和螺柱部分12之间的摩擦力效果。当活塞杆运动最右侧时,柱塞17与凹槽16结合,液压伺服作动器完成锁定。为了解除锁定,从供油口28通入液压油,液压油充满流道29、30、31,当腔内压力大于单向阀25的开启压力时,高压油进入螺柱孔13中,在压力升高到单向阀26的开启压力之前,螺柱孔13内的压力将逐渐升高,该流体压力作用在柱塞17上,使其脱离与支柱构件12的凹槽部分的结合,从而解除锁定。该结构很好地克服了机械自锁易磨损和液压自锁易泄漏的缺点,但其结构复杂,只能在特定位置(完全伸出和缩回)进行锁定。

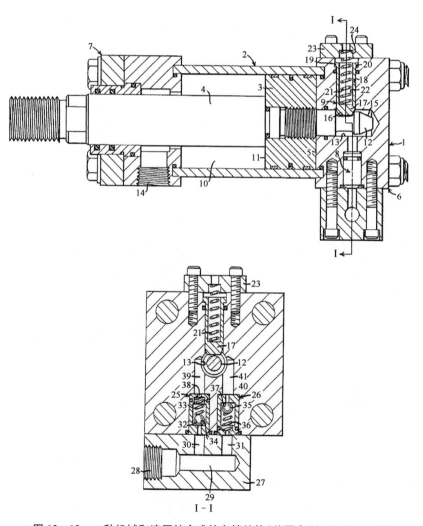

图12-13 一种机械和液压结合式的自锁结构(美国专利:US4524676)

4）作动器断电自锁方式

在发动机工作期间,有可能因部件失灵或损伤而导致喷管的液压作动系统在某一个或多个不同的工作模式失效,如作动系统的供油中断或控制信号中断。为避免飞机不受控制,喷管作动系统一般都设置应急复位装置。在系统出现断电故障时,将作动筒维持在活塞全程伸出和全程缩回之间的中立位置,这时喷管处于非矢量状态,从而使飞机可控。2012 年,美国空军X-51A 导弹发射后,在振动环境下控制舵作动器出现异常解锁,引发了作动器"盘旋飞行",最终导致飞行器坠毁。因此,极端环境、突发状况下,关键舵面、矢量发动机作动器在指定位置的可靠锁定,对整机安全至关重要。

图 12-14 为美国通用电气公司提出的一种用于轴对称矢量喷嘴的故障安全制动器。该制动器 70 由矢量电子控制器(VEC)控制,用于在喷嘴系统的故障期间,启动保护模式,将每个襟翼

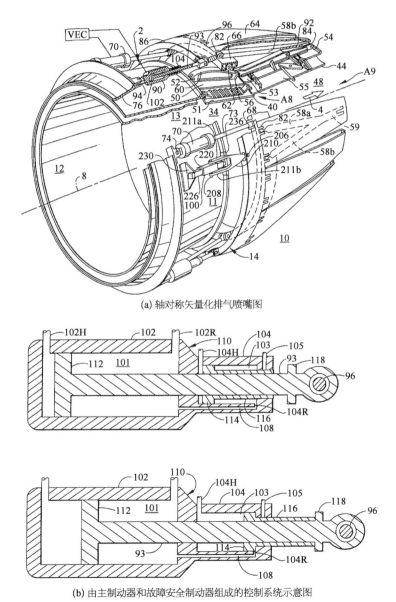

(a) 轴对称矢量化排气喷嘴图

(b) 由主制动器和故障安全制动器组成的控制系统示意图

图 12-14　一种用于轴对称矢量喷嘴的故障安全制动器(2000 年美国专利：US6142416)

的姿态设定为故障保护姿态,即将主活塞杆 93 限制在行程中的某一位置。图 12 - 14b 为制动器在活塞杆完全伸出和缩回的两个状态。当控制系统发生故障即主制动器 102 失效时,启动故障安全制动器 104 使每个襟翼的姿态设定为故障保护姿态,具体操所方式为:当主制动器 102 无供油时,启动故障安全制动器,即在端口 104H 通入压力油,推动故障安全活塞 114 向右作用,限制主活塞杆 93 向左的缩回运动,使与 96 相连的襟翼进入安全保护状态,避免安全事故的发生;若要使系统转回到正常模式时,由端口 102R 处通入压力油,且压力设定为大于故障保护头端口 104H 处的压力,使故障保护活塞 114 缩回使主活塞 112 具备完全行进能力。

12.1.3　国外先进作动器材料及表面处理技术

1) 先进作动器材料

普通液压缸的生产工艺是先将锻造件进行切削加工,去除不需要的部分,然后进行热处理,并对部件的安装配合部分进行最终的机加工。有时还要进行表面处理和喷丸硬化处理以提高抗疲劳特性。另外,还进行检查和处理,如去除造成应力集中的微小缺陷和残余应力等。普通液压缸材质主要为高强度低合金钢即超高抗拉强度钢。低合金钢往往采用控制熔炼环境的真空电弧重炼等熔炼后进行锻造成形,以尽量减少造非金属夹杂物杂质,最后通过淬火处理提高钢的强度,并在低温下进行回火处理提高钢的韧性。派克公司采用复合材料(由于碳纤维、玻璃、芳纶纤维及树脂材料)制作液压缸(图 12 - 15),最高压力可达 70 MPa,密度低至 1.4 g/m³,材料的抗拉强度极限达到 1 000 MPa,具有优异的抗疲劳性能和耐腐蚀性能,抗振性能好,使用寿命长。同时,也定制钛合金液压缸。NASA 科技报告报道了钛基复合材料(TMC),用于制造 Pratt & Whitney F119 发动机的发散式排气喷嘴执行器中的活塞(图 12 - 16)及 GE F110 发动机的两个排气喷嘴执行器连杆。重量减少 35%～45%。低密度的钛基复合材料(10%低钛)由于存在 SiC 纤维,其抗蠕变性比整体钛显著增强,在关注的温度范围内不会发生蠕变。

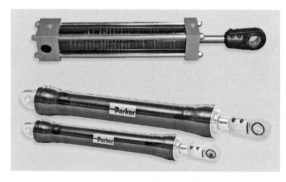

图 12 - 15　派克公司的 Lightraulics 系列液压缸

图 12 - 16　FMW Composite Systems 开发的 F119 发动机喷管作动器活塞

2) 钛合金材料表面处理技术

钛合金材料表面处理是通过表面改性以提高硬度和降低摩擦系数,从而提高钛合金摩擦学性能尤其是耐磨性。钛合金材料表面处理主要包括以下几种方法:

(1) 电镀和化学镀。在钛合金表面镀 Ni、Ni - Cr 合金、Ni - P 合金提高其耐磨性,常用的电镀工艺流程为除油→清洗→浸蚀→清洗→镀前处理→清洗→电镀→热处理。

（2）热扩散。热扩散在钛合金表面处理中的应用主要是包埋法。包埋法是将前处理后的试样埋在包埋粉料中并放在真空炉中升温至 1 200℃ 灼烧，取出冷却即可在试样表面得到包覆涂层，此法最大特点是可以对复杂形状的零件进行处理，得到厚度均匀且与基体与涂层间不存在明显界面、结合强度高的化合物层。

（3）微弧氧化。微弧氧化是一种在基体金属表面原位生长陶瓷膜的新技术，通过微弧氧化处理能有效地改善钛合金在苛刻环境中的耐磨、耐蚀和抗高温氧性能。

（4）等离子喷涂。等离子喷涂是利用离子枪产生的等离子流将生物陶瓷粉料高温（高于 1 000℃）加热熔融或接近熔融状态高速喷射到预处理之后的钛合金得到涂层，该法是制备功能梯度材料的重要方法之一。

（5）离子注入。把离子种源 B、C、N、O 向钛合金注入时，相应产生钛的硼化物、碳化物、氮化物和氧化物的硬质沉淀相，该膜层与基体结合力良好，可提高合金表面硬度和耐磨性。

（6）气相沉积。在钛合金表面沉积 TiC、TiN、TiCN、TiB2、ZrB2、DLC 等膜层，提高基体耐磨性。为此，近年来发展一种离子束辅助增强沉积技术解决气相沉积的一些缺陷，如很高的沉积温度，膜层与基体间存在明显的界面等。

（7）激光表面合金化和激光熔覆。钛合金表面激光强化主要集中在 TiN 涂层、TiC 涂层、Ti5 - Si3 耐磨相的制备上。激光熔覆陶瓷涂层是提高钛合金表面耐磨性能的有效手段，因其熔覆层与基体具有冶金结合，局部加热对工作热影响小，厚度可控等特点。

（8）加弧辉光离子渗镀与双层辉光离子渗镀技术。加弧辉光离子渗金属技术、双层辉光离子渗金属技术是近几年发展起来的金属材料表面改性技术。辉光离子渗镀是在基体表面直接形成具有特殊物理、化学性能的表面渗镀结合层，用该技术处理的钛合金表面具有各种性能，如内柔外刚、外刚内柔、耐强腐蚀和耐强摩擦等。

（9）表面纳米化技术。利用物理或化学方法将材料的表层晶粒细化至纳米量级，制备出具有纳米晶结构的表层，而基体仍保持原有的粗晶状态以提高材料的表面性能如疲劳强度、抗蚀性等。

（10）液相沉积。在适当的反应液中浸入基片，在基片上沉积出氧化物或氢氧化物均一致密的薄膜。

（11）离子轰击。利用低真空稀薄气体辉光放电所产生的离子来轰击金属或合金表面，使工件加热至所需温度，并将一种或多种元素渗入工件表面并扩散至内部，实现工件表层化学成分和组织的改变，从而赋予工件表面耐磨损、耐疲劳、耐腐蚀等特殊性能。

（12）等离子渗氮与喷丸处理。利用直流脉冲等离子电源装置对 Ti - 6Al - 4V 合金表面渗氮处理，采用喷丸形变强化对渗氮层进行后处理，在钛合金表面获得由 TiN、Ti2N、TiAlN 组成的渗氮层。该改性层能够显著提高钛合金耐常规磨损和微动磨损的能力，但降低了基材的耐微动疲劳（FF）的能力。

（13）搪瓷涂层。搪瓷涂层在高温下具有较高的化学稳定性，与基体合金具有相近的热膨胀系数，可提高 Ti - 60 在 700～800℃ 下的抗氧化能力。

12.1.4　极端温度下燃油动密封材料、密封形式和防尘方法

1）航空燃油/航天煤油与各种橡胶的相容性

煤油与各种橡胶的相容性见表 12 - 1。

表 12‑1　航空燃油/航天煤油与各种橡胶的相容性

相容性级别(数字越小, 耐燃油介质性能越好)	橡 胶 种 类
1	氟橡胶(价格昂贵,多在高温或重要部件中使用,如 PTFE 聚四氟乙烯、FKM 等)、氟硅橡胶
2	丙烯酸橡胶、丁腈橡胶(价格低廉,生产量大;可加入聚硫橡胶、氯丁橡胶、聚酰胺树脂或氯化聚醚等改善其耐寒性能)、聚硫橡胶
3	氯丁橡胶、聚氨酯橡胶
4	天然橡胶、丁苯橡胶、丁基橡胶、聚异丁烯橡胶、乙丙橡胶、硅橡胶、氯磺化聚乙烯橡胶、顺丁橡胶

2) 极端温度下的密封和防尘产品

国际上密封件企业主要有德国科德宝(Freudenberg)、美国派克汉尼汾(Parker Hannifin)、瑞典特瑞堡(Trelleborg)、德国德克迈特德氏封(Dichtomatik)、英国赫莱特(Hallite)和日本 NOK 等。

3) 极端温度条件下的介质密封和防尘专利

图 12‑17 为美国发明专利的一种适用于温度环境高达 500℃的密封结构示意图。该结构

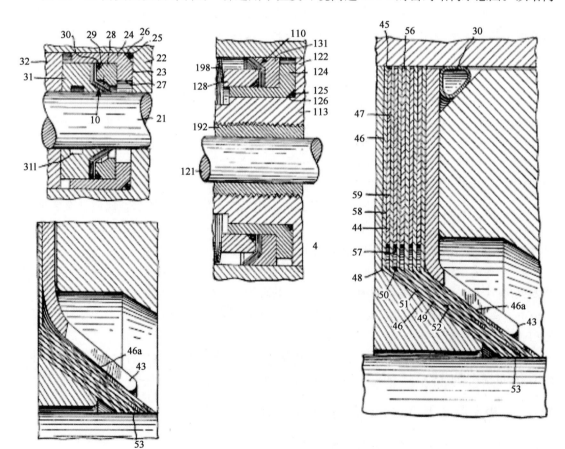

图 12‑17　一种适用于温度环境高达 500℃的密封结构(美国专利:US3049370A)

分别用于杆和导向套的密封及导向套和缸筒的密封,结构上主要有压力环 30、簧片 43 和数量不等的垫圈 35、37、39、41 等由合金钢组成。为了提供更为紧密的接触表面,所述垫圈的一面镀有金或者银等耐热金属。该专利已在航空航天领域进行过相关试验,适合在飞机和导弹上使用。

图 12-18 为一种柱塞式或活塞式泵用密封环结构图。该密封环可在 −56℃下保持对压缩液氧、液氮等介质的有效密封,主要原理是应用低温环境下材料的热收缩系数不同实现密封,多个密封组件 15 围绕活塞,每个密封组件包括环形非金属环 17,部分位于非金属环内的金属环 19。非金属环 17 由刚性材料形成,该材料具有低的摩擦系数并且具有比腔壁 23 的材料和活塞的材料更大的热收缩系数而且具有在环境温度下在压力下冷流动的能力,优选聚四氟乙烯。金属环 19 由不锈钢的金属形成,具有小于腔壁 23 和活塞 13 的材料的热收缩系数。

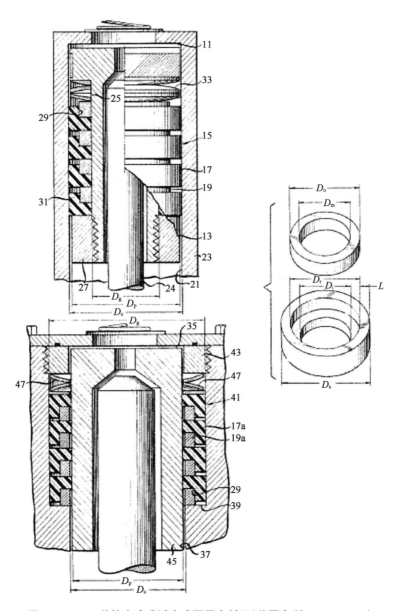

图 12-18　一种柱塞式或活塞式泵用密封环(美国专利: US3277797)

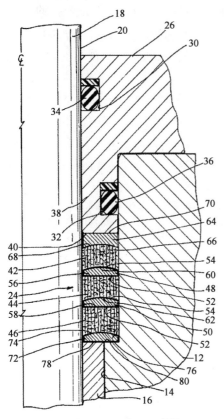

图 12 - 19 一种适用于高温环境活塞杆密封结构(美国专利:US4394023A)

在非金属环 17 和活塞槽 25 的圆柱形壁之间提供静态压缩密封,并且在非金属环的外表面和表面 21 之间提供滑动密封。通过多个密封组件 15,可以进一步改善密封的有效性。

图 12 - 19 为美国专利的一种适用于高温环境活塞杆密封结构图,高温密封组件包括多个石墨密封环 42、44、46,所述石墨密封环由螺旋盘绕的石墨带和金属填料转接环组成。金属填料转环 48、50 插入相应的石墨密封环之间。结构上,金属环和石墨密封环具有对应的凹凸曲面或者平面,为密封提供膨胀能力。金属填料转接环可以引起石墨环的端面部分的结构变形,从而弥补石墨密封环使用期间的磨损而保持密封能力。由于石墨具有较好的热稳定性,因此适用于高温环境下活塞杆的密封。

图 12 - 20 为一种杆用动密封结构,可用压力 50 MPa,温度 232℃的环境。如图 12 - 20a 所示,该结构采用了两组 V 形密封环,每组包含五个 V 形环,包括顶部母环 22a,三个相同的中环 22b,底部凸环 22c,两侧各有防尘圈。两组 V 形密封环之间用导向环 44 和衬垫隔开,V 形密封环 22 的材料是由 TFE(四氟乙烯-合成树脂聚合物),试验证明该结构可在上述环境下使用一年

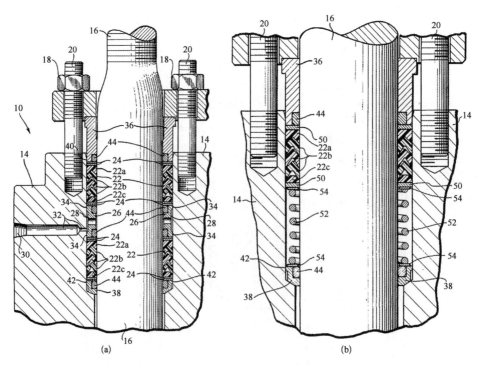

图 12 - 20 一种杆用动密封结构(美国专利:US4886241)

之久。该专利还提供了另外一种实例,图 12 - 20b 只采用一组 V 形密封环,但是两端的防尘圈的厚度增大,同时采用弹簧 52 和金属垫圈 54 以提供牢固的基础。

图 12 - 21 为一种可用于低温环境的 O 形密封圈。O 形环外部是常规的弹性体 16,内部具有中空的中心 17,其填充有流体 18 形成液芯。选择负膨胀系数的流体作为液芯,如水或者乙二醇,在低温环境下,液芯膨胀以保持良好的密封特性。液体 18 可由注射器等常规方式注入,并通过黏合剂密封。

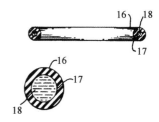

图 12 - 21　一种可用于低温环境下的 O 形密封圈(1994 年美国专利:US5294133A)

图 12 - 22 为一种用于在极低温度下运行的滑动装置的密封环。如图 12 - 22a 所示,密封环包括数层石墨基材料层和至少一层支撑环构成,支撑环的材料优先选择不锈钢或者镍材料,支撑环的厚度仅为 0.01~0.03 mm,石墨基材料层的厚度应远大于支撑环厚度。由于采用石墨基材料使得密封的摩擦系数降低,提高了密封的耐用性和尺寸稳定性,适用于非常低的温度环境。

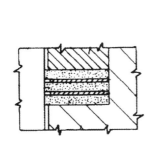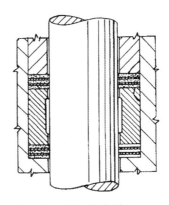

图 12 - 22　一种用于在极低温度下运行的滑动装置的密封环
(1998 年美国专利:US5791653A)

图 12 - 23 为日本 NOK 的一种适用于 120℃下的杆密封结构图。该杆密封系统包括缓冲环、杆密封件和防尘密封件。缓冲环使用具有显著耐热性和耐磨性的聚氨酯作为材料。杆密封件使用具有显著的耐热性、耐寒性、耐油性和跟随偏心率的 NBR 或氢化 NBR 作为材料。关于防尘密封件,使用带有粘接到外周的环的开口槽型唇形密封件和通用聚氨酯作为材料。该密封结构可满足一定的偏心结构,并在 120℃环境下有较长的使用寿命。

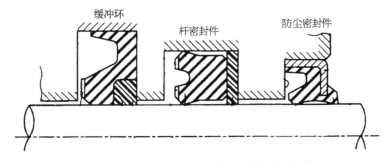

图 12 - 23　一种适用于 120℃下的杆密封结构
(2011 年美国专利:US8056903B2)

　　图 12-24 为一种高温动密封结构,主要用于旋转密封。该动密封结构具有固定环 18 和旋转环组件 20,两者通过密封环 42 分开,密封环具有数个臂构件,图中具有 4 个,用于限制固定环和旋转环的运动,材料为碳、石墨或碳化硅等,固定环与壳体固定在一起,旋转环 20 包括内旋转环 24 和外旋转环 26,内旋转环固定在旋转轴上,54 和 58 为高温密封件,由不锈钢材料制成。该结构应用于变速箱等旋转密封。

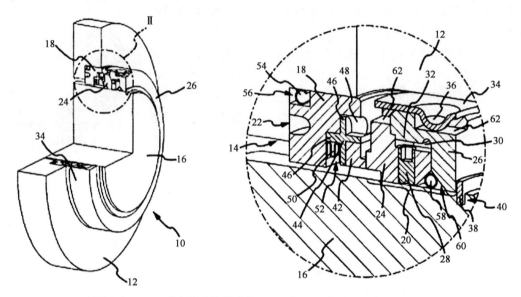

图 12-24　一种高温动密封结构(2011 年美国专利:US8006982B2)

12.2　并联双杆液压伺服作动器偏载力和径向力

　　航空发动机矢量控制系统及飞行器舵面控制系统为了满足在有限空间内实现大推力的任务需要,空间布局和结构上可采用一种双杆并联机械同步液压伺服作动器,该液压伺服作动器缸体包含两个缸筒,两个活塞杆通过连接块实现机械同步,通过缸体上的串联孔实现两个液压伺服作动器的油路连通(图 12-25)。该结构实现了液压伺服作动器的扁平化设计,同时满足了安装空间的需求,但在试验中发现该液压伺服作动器尚存在如下问题:一是液压伺服作动器的导向套处和活塞上存在着不均匀磨损;二是活塞杆在运动到终点时存在抖动现象。上述问题影响到液压伺服作动器的运行寿命和可靠性,不利于伺服控制系统的安全。为了提高电液伺服系统的可靠性,保障飞行器飞行安全,对该类液压伺服作动器的分析集中在降低液压伺服作动器的磨损和抖动。液压伺服作动器活塞杆运动到终点抖动问题是由于两活塞杆的运动不同步造成的,在传统的双缸独立控制中研究较多,可以通过各种控制策略提高两活塞杆的同步性;液压伺服作动器承受的径向力是导向套和活塞的不均匀磨损的原因。研究表明,液压伺服作动器导向环上 5% 的磨损会使液压伺服作动器的承载能力降低约 10%。为了提高液压伺服作动器抗径向负载能力,静压支撑等非接触密封形式在液压伺服作动器得到了广泛的应用。

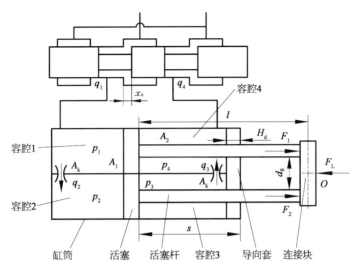

图 12‑25　并联双杆液压伺服作动器结构示意图

为解决并联双杆液压伺服作动器中的偏载力和径向力问题并拓展并联双杆液压伺服作动器实用化,建立液压伺服作动器的数学模型和超静定力学模型,探讨影响液压伺服作动器偏载力和径向力的关键结构参数,降低工作中的径向力和偏载力,提高液压伺服作动器的适用性和可靠性。针对矢量喷管发动机采用的并联双杆液压伺服作动器存在不均匀磨损和运动抖动的问题,建立了液压伺服作动器数学模型和等效静力学模型,研究不同负载、不同阀口开度下偏载力,以及活塞与缸筒、活塞杆与导向套之间的径向力变化情况。研究发现:外负载一定时,偏载力与阀口开度近似呈二次函数关系,阀口开度一定时,偏载力与外负载呈线性关系;空载条件下偏载会对两活塞杆的运动顺序产生影响。在外负载作用下并联结构的形变导致径向力;两活塞杆的轴向偏载对径向力影响较小,活塞与缸筒之间的径向力随活塞杆伸出长度而增大,活塞杆与导向套之间的径向力随活塞杆伸出长度先减小再增大。并联液压伺服作动器之间的串联孔面积越大两活塞杆的轴向偏载力越小;采用增大连接块厚度或者采用高弹性模量的材料可以有效降低液压伺服作动器的径向力。

12.2.1　数学模型

图 12‑25 为并联双杆液压伺服作动器的结构示意图,受限于工作空间的限制,采用液压伺服作动器单侧供油,油液通过阀口和无杆腔的薄壁孔依次进入液压伺服作动器的上无杆腔和下无杆腔推动活塞杆运动,下有杆腔的油液通过两缸之间的薄壁孔从上有杆腔回油。此结构减少了管路连接,工艺性好,集成度高,安装尺寸小。由于其结构和油路特点,需要研究并联双杆液压伺服作动器存在的如下现象:

(1)受液压伺服作动器结构和工艺限制,两缸之间的串联孔个数和尺寸受到限制,串联孔的节流作用使得活塞杆在运动过程中两个无杆腔及有杆腔之间存在压差,从而使得两个活塞杆承受的负载力大小不一致而产生偏载,液压伺服作动器两活塞杆在运动时不完全同步,在运动到终点时存在抖动现象。

(2)由于连接块受到的外负载力与两个活塞杆对其作用力不共线,会导致连接块和活塞杆发生变形,使得塞杆与导向套、活塞与缸筒之间存在着很大的径向力,加剧了密封结构的不均匀磨损。

假设不计液压阀和液压伺服作动器之间的压降及液压伺服作动器的泄漏,由并联液压伺服作动器的工作原理,可以得到并联双杆液压伺服作动器的数学模型。

当液压伺服作动器活塞杆伸出时,液压阀两个节流口的流量方程为

$$q_1 = C_{d1} w x_v \sqrt{2(p_s - p_1)/\rho} \tag{12-1}$$

$$q_4 = C_{d1} w x \sqrt{2(p_4 - p_0)/\rho} \tag{12-2}$$

上、下两缸之间两个薄壁串联孔的流量方程为

$$q_2 = C_{d2} A_k \sqrt{2(p_1 - p_2)/\rho} \tag{12-3}$$

$$q_3 = C_{d2} A_k \sqrt{2(p_3 - p_4)/\rho} \tag{12-4}$$

式中 p_s——供油压力;

     p_0——回油压力;

     p_1、p_2、p_3、p_4——各腔的压力;

     w——阀口面积梯度;

     x_v——阀口开度;

     C_{d1}、C_{d2}——滑阀节流口流量系数和薄壁串联孔流量系数,为了后文计算偏载力方便,取两者相等,记为 C_d;

     ρ——油液的密度;

     A_k——上、下两缸之间串联孔通流面积。

容腔 1、2、3、4 的流量连续性方程分别为

$$q_1 = A_1 \dot{x} + q_2 \tag{12-5}$$

$$q_2 = A_1 \dot{x} \tag{12-6}$$

$$q_3 = A_2 \dot{x} \tag{12-7}$$

$$q_4 = q_3 + A_2 \dot{x} \tag{12-8}$$

式中 A_1——活塞杆无杆腔面积;

     A_2——活塞杆有杆腔面积;

     $\dot{x}$——活塞杆运动速度。

忽略活塞杆运动时的摩擦力,根据牛顿运动定律,上、下活塞杆及连接块的轴向受力平衡方程为

$$p_1 A_1 - p_4 A_2 = F_1 \tag{12-9}$$

$$p_2 A_1 - p_3 A_2 = F_2 \tag{12-10}$$

$$F_L = F_1 + F_2 \tag{12-11}$$

式中 F_1、F_2——活塞杆 1 和活塞杆 2 承受的负载力;

     F_L——连接块承受的外负载。

同理可以得到活塞杆在缩回时的数学模型,采用数值求解方法研究并联双杆液压伺服作动器的偏载力和径向力,模型中的主要参数见表 12-2。

表 12-2 某型阀控缸主要参数

参　数	数　值	参　数	数　值
供油压力 p_s/Pa	21×10^6	油液密度 ρ/(kg·m^{-3})	777.1
回油压力 p_0/Pa	0.4×10^6	阀芯面积梯度 w/m	25.1×10^{-3}
无杆腔面积 A_1/m^2	2.92×10^{-3}	有杆腔面积 A_2/m^2	2.21×10^{-3}
流量系数 C_d	0.61	串联孔面积 A_k/m^2	5.03×10^{-5}
导向套厚度 H_d/m	0.03	活塞行程 L/m	0.118

12.2.2 偏载力和径向力

12.2.2.1 液压伺服作动器偏载力

如图 12-25 所示,定义外负载 F_L 的作用线与连接块的质心交点为 O 点,由于两活塞杆承受的负载力不一致会产生绕 O 点的偏载力矩,偏载力矩大小可用两活塞杆承受的轴向负载力差值衡量,定义两活塞杆的轴向负载力差值为偏载力,即

$$\Delta F = F_1 - F_2 \tag{12-12}$$

由式(12-5)~式(12-8)可以得到:

$$q_2 = \frac{q_1}{2},\ q_3 = \frac{A_2}{2A_1}q_1,\ q_4 = \frac{A_2}{A_1}q_1 \tag{12-13}$$

由式(12-9)、式(12-10)、式(12-12)可知:

$$\Delta F = (p_1 - p_2)A_1 + (p_3 - p_4)A_2 \tag{12-14}$$

结合式(12-6)、式(12-7)、式(12-13),可得活塞杆伸出时偏载力与阀口供油流量 q_1 的关系为

$$\Delta F = \frac{\rho}{8C_d^2}A_1(1+n^3)q_1^2\frac{1}{A_k^2} \tag{12-15}$$

式中 n——液压伺服作动器的不对称系数,$n = A_2/A_1$,n 越小,表示不对称度越大。

通过式(12-1)~式(12-10),可以进一步得到无杆腔流量与外负载大小及阀口开度的关系为

$$q_1 = \sqrt{\frac{8C_d^2 w^2 x_v^2 A_k^2[2(p_s A_1 - p_0 A_2) - F_L]}{\rho A_1(w^2 x_v^2 + 8A_k^2)(1+n^3)}} \tag{12-16}$$

将上式代入式(12-15),可得当活塞杆伸出时偏载力的表达式为

$$\Delta F = \frac{[2(p_s A_1 - p_0 A_2) - F_L]w^2 x_v^2}{w^2 x_v^2 + 8A_k^2} \tag{12-17}$$

同理可得活塞杆处于缩回状态下的偏载力表达式为

$$\Delta F = \frac{[2(p_0 A_1 - p_s A_2) - F_L]w^2 x_v^2}{w^2 x_v^2 + 8A_k^2} \tag{12-18}$$

由式(12-17)和式(12-18)可以发现,增大串联孔的通流面积可以有效地降低偏载力。且由于阀口的通流面积远远小于串联孔的通流面积,式(12-18)分母中的第一项可以忽略,则偏载力和阀口开度大小近似呈现二次函数关系。不同负载下偏载力随阀口开度的变换情况如图 12-26 所示。从图 12-26 中可以看出,同样大小的负载下,阀口开度大小越大,偏载力越大,阀口开度为正时,活塞杆伸出,上活塞杆承受的负载力更大,阀口开度为负时,活塞杆缩回,此时下活塞杆承受的负载力更大。

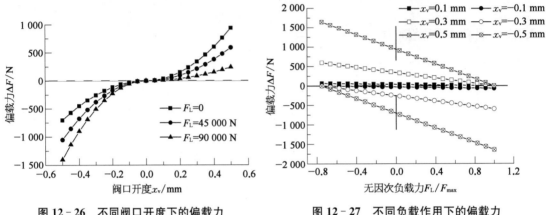

图 12-26 不同阀口开度下的偏载力   图 12-27 不同负载作用下的偏载力

当阀口开度固定时,偏载力和外负载力的关系如图 12-27 所示,将外负载以最大额定负载为标准值无因次化,最小额定负载和最大额定负载通过下式计算:

$$F_{\max} = 2p_s A_1 - 2p_0 A_2 \tag{12-19}$$

$$F_{\min} = 2p_0 A_1 - 2p_s A_2 \tag{12-20}$$

从图中可以发现,偏载力和负载呈线性关系,在阀口开度为正时,随着负载力从最小额定负载逐渐增大,缸的流量减小,串联孔两侧的压差减小,偏载力逐渐减小;在阀口开度为负时,随着负载力从零逐渐增大,缸的流量逐渐增大,串联孔两侧的压差也逐渐增大,偏载力大小从零逐渐增加。

以下逐一分析偏载力对活塞杆运动顺序的影响。在液压伺服作动器启动时,偏载力会影响两个活塞杆运动的顺序。仅考虑两个活塞杆受到的液压力和最大静摩擦力。不安装连接块时,由液压伺服作动器的工作原理可知:

(1) 由于油液先流入上液压伺服作动器,当下活塞杆运动时,上活塞杆受到的液压力始终大于下活塞杆受到的液压力,$F_1 > F_2$。

(2) 当下活塞杆不运动时,上、下两腔之间无压差,此时两个活塞杆受到的液压力相同,此时 $F_1 = F_2$。

若上活塞杆受到的液压力 F_1 能够克服其受到最大静摩擦力 F_{f1} 而下活塞杆受到的液压力 F_2 小于其受到的最大静摩擦力 F_{f2} 时,则上面活塞杆会先运动,即

$$F_1 \geqslant F_{f1}, \ F_2 < F_{f2} \tag{12-21}$$

可得

$$F_1 - F_2 > F_{f1} - F_{f2} \tag{12-22}$$

定义上、下两个活塞杆受到的最大静摩擦力之差，$\Delta f = F_{f1} - F_{f2}$，则上活塞杆先运动的条件是

$$\Delta F > \Delta f \tag{12-23}$$

当下活塞杆受到的液压力 F_2 能够克服其受到的最大静摩擦力 F_{f2} 而上活塞杆受到的液压力 F_1 小于其受到的最大静摩擦力 F_{f1} 时，则下活塞杆会先运动，即

$$F_1 < F_{f1}, \ F_2 \geqslant F_{f2} \tag{12-24}$$

因此下活塞杆先运动时，偏载力和最大静摩擦力之差需要满足的条件是

$$\Delta F < \Delta f \tag{12-25}$$

当上活塞杆受到的摩擦力小于下活塞杆的摩擦力时，即 $F_{f1} < F_{f2}$，结合事实（1）可知活塞杆的受力满足式（12-23），上活塞杆先运动，由于上活塞运动后，其受到的滑动摩擦力比最大静摩擦力小，因此上活塞杆将运动到底后下活塞杆才开始运动。

当 $F_{f1} \geqslant F_{f2}$ 时，若满足式（12-25），则下活塞杆先开始运动，并由于运动后的滑动摩擦力小于最大静摩擦力，因此下活塞杆将运动到底后下活塞杆才开始运动；若不满足式（12-25），假设此时上活塞杆先运动但下活塞杆还没运动，由事实（2）可知，此时 $F_1 = F_2$，由条件式（12-21）得 $F_{f1} < F_1 = F_2 < F_{f2}$，与 $F_{f1} \geqslant F_{f2}$ 矛盾，因此此时两个活塞杆将同时运动。

由上述分析可得两个活塞杆运动顺序发生变化的临界条件为 $\Delta F = \Delta f$，此时下活塞杆运动，而上活塞杆处于临界状态，有

$$q_2 = q_1, \ q_3 = \frac{A_2}{A_1} q_1, \ q_4 = \frac{A_2}{A_1} q_1 \tag{12-26}$$

结合式（12-1）～式（12-4）、式（12-9）、式（12-10）、式（12-12），可得引起下活塞杆先运动的无杆腔流量的临界值 q_{1L} 与两活塞杆摩擦力之差 Δf 的关系为

$$q_{1L} = \sqrt{\frac{2C_d^2 A_k^2}{\rho A_1 (1 + n^3)} \Delta f} \tag{12-27}$$

当下活塞杆伸出时，q_1 与阀口开度 x_v 等存在如下关系：

$$q_1^2 = \frac{2C_d^2 w^2 x_v^2 A_k^2 [2p_s A_1 - 2p_0 A_2 - (F_{f1} + F_{f2})]}{\rho A_1 (w^2 x_v^2 + 2A_k^2)(1 + n^3)} \tag{12-28}$$

因此可得下活塞杆先运动时阀口开度的临界值为

$$x_{vL} = \sqrt{\frac{2A_k^2 \Delta f}{w^2 \{[2p_s A_1 - 2p_0 A_2 - (F_{f1} + F_{f2})] - \Delta f\}}} \tag{12-29}$$

由于 $F_{f1} + F_{f2}$ 和 Δf 远小于 $2p_s A_1 - 2p_0 A_2$，因此式（12-29）可简化为

$$x_{vL} = \sqrt{\frac{A_k^2 \Delta f}{w^2 (p_s A_1 - p_0 A_2)}} \tag{12-30}$$

同理，活塞杆缩回时，可得引起下活塞杆先运动的临界阀口开度大小为

$$x_{vL} = \sqrt{\frac{A_k^2 \Delta f}{w^2 \mid p_0 A_1 - p_s A_2 \mid}} \tag{12-31}$$

由式(12-30)和式(12-31)可以发现，在同样的系统参数下，由于无杆腔面积 A_1 大于有杆腔面积 A_2，活塞杆处于缩回状态时的临界阀口开度比活塞杆处于伸出时的临界阀口开度略大。无连接块时，若上活塞杆的最大静摩擦力大于下活塞杆最大静摩擦力，当阀口开度大于临界值，两个活塞杆同时运动，当阀口开度小于临界值，下活塞杆先运动，而若上活塞杆的最大静摩擦力小于下活塞杆最大静摩擦力，无论阀口开度大小，都是上活塞杆先运动。而当两个活塞杆被连接块连接时，两个活塞杆的先后运动会造成一个活塞杆通过连接块拖动另一个活塞杆运动，考虑到两个活塞杆和缸筒及导向套之间的配合间隙，当两个活塞端面先后与导向套接触时则会导致活塞杆抖动。产生这类抖动现象的原因正是由于偏载力与两个活塞杆受到的最大静摩擦力不匹配所致。

12.2.2.2　液压伺服作动器径向力

并联双杆液压伺服作动器的两个液压伺服作动器结构上供油有先后顺序。考虑油液压缩性和建压过程，两个液压伺服作动器活塞存在轴向力的不平衡状态。同时，由于两个活塞杆刚性连接，该轴向力的不平衡状态势必造成液压伺服作动器承受不平衡的径向力。由于活塞杆匀速运动时受力平衡，活塞杆和缸筒之间相对运动，可视活塞杆静止，缸筒在活塞杆上滑动，因此缸筒和活塞之间的约束关系可视为固定铰支座，活塞杆和导向套的约束关系可视为活动铰支座，可得到如图12-28所示的活塞杆受力简化模型。图中，F_A、F_B、F_C、F_D 分别表示两活塞与缸筒及导向套之间的径向力，F_1 和 F_2 是两活塞杆承受的负载力，s 为活塞杆端面至导向套外端面的距离，在活塞杆缩回时，s 逐渐增大，M 是由于偏载产生的弯矩。

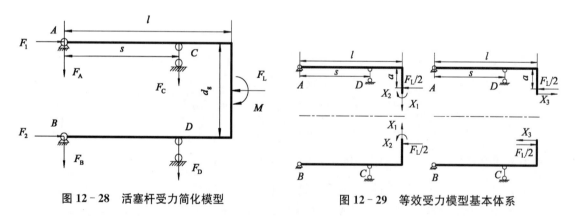

图 12-28　活塞杆受力简化模型　　　　图 12-29　等效受力模型基本体系

该结构为三次超静定结构，可用力法求解各处内力，由于该系统结构对称，在选取基本体系时可将杆件从对称轴处截断，进行对称处理，集中力 F_L 和弯矩 M 分解为一对称力和反对称力的综合作用，原结构等效为图12-29的基本体系，且有

$$M = \frac{F_L}{2}(d_g - 2a) \tag{12-32}$$

式中　d_g——等效模型中连接块的长度；

a——力矩等效作用在上活塞杆的力臂长度。

对上述结构列变形协调方程：

$$\left.\begin{array}{l} \delta_{11}X_1 + \delta_{12}X_2 + \Delta_{1p} = 0 \\ \delta_{21}X_1 + \delta_{22}X_2 + \Delta_{2p} = 0 \\ \delta_{33}X_3 + \Delta_{3p} = 0 \end{array}\right\} \tag{12-33}$$

式中　$\delta_{ij}(j=1,2,3)$——单位力 $X_j(j=1,2,3)$ 在 X_i 处沿着 X_i 方向上的位移；

　　　$\Delta_{ip}(i=1,2,3)$——外载荷 p 在 X_i 处沿着 X_i 方向上的位移。

δ_{ij} 和 Δ_{ip} 可通过图乘法得出，其中用到的活塞杆和连接块的惯性矩分别为

$$I_{z1} = \frac{\pi d^4}{64}, \quad I_{z2} = \frac{hb^3}{12} \tag{12-34}$$

式中　d——活塞杆直径；

　　　h——连接块矩形截面高度；

　　　b——连接块厚度。

A、B 两点处于力矩平衡状态，对称结构的上、下部分在水平和竖直方向上处于力平衡状态，有

$$\left.\begin{array}{l} F_L a + X_1 l + X_2 - X_3 d_g/2 + F_C s = 0 \\ F_D s - X_1 l - X_2 - X_3 d_g/2 = 0 \\ F_2 = X_2 \\ F_1 = F_L - X_2 \\ F_A + F_C + X_1 = 0 \\ F_B + F_D - X_1 = 0 \end{array}\right\} \tag{12-35}$$

利用式(12-32)～式(12-35)和图乘法可以联立求解出各位置的径向力。由图 12-27 结果可知，当外负载为 90 000 N，阀口开度为 -0.5 mm 时，此时偏载力最大为 -1 400 N，结合图 12-25 及表 12-2 中的数据可得各径向力与 s 的关系如图 12-30 所示，可以发现：

(1) 径向力 F_A 与 F_B、F_C 与 F_D 大小基本相等，方向相反。活塞与缸筒之间的最大径向

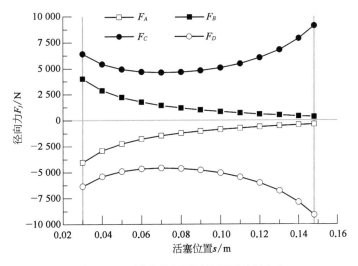

图 12-30　活塞处于不同位置下的径向力

力 F_A、F_B 约为单活塞杆承受的轴向负载力(45 000 N)的 8%,活塞杆与导向套之间的最大径向力 F_C、F_D 最高时超过了轴向负载力的 20%。

(2) 活塞杆在缩回过程中,活塞与缸筒之间的径向力逐渐减小,活塞杆与导向套之间的径向力先减小再增大,当活塞杆处于液压伺服作动器的中部位置附近时,径向力总体较小。由此可见,增加导向套的厚度可以减少活塞和缸筒之间的径向力,对于并联双杆液压伺服作动器,其工作行程不宜过长。

由于 F_A 与 F_B、F_C 与 F_D 大小基本相等,下面仅以径向力影响因素 F_B 和 F_C 为例说明偏载力 ΔF、连接块的厚度及连接块材料对径向力的影响。

1) ΔF 对径向力的影响

分别求出在 $\Delta F = 0$ N 和 $\Delta F = -1\,400$ N 时不同位置状态下各处径向力的大小。如图 12-31 所示,通过对比可以发现,活塞杆负载差值从 $-1\,400$ N 变化到 0 N,径向力几乎没有发生任何变化,因此减小偏载力对降低径向力没有明显作用。

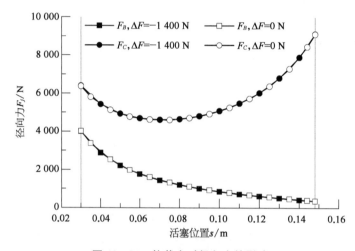

图 12-31 偏载力对径向力的影响

2) 连接块厚度对径向力的影响

图 12-32 是连接块材料为钛合金,厚度分别为 20 mm、30 mm 和 40 mm 时活塞杆处于不同位置下各处径向力,结果表明,连接块厚度对径向力的影响显著,当厚度增加到 40 mm 时,缸筒和活塞之间的径向力下降到轴向力的 2% 以下,而活塞杆和导向套之间的径向力下降到轴向力的 7% 以下。

3) 连接块材料对径向力的影响

图 12-33 是在连接块厚度为 20 mm 时,材料分别为钛合金及不锈钢时,不同位置下各处径向力的大小。结果表明,通过使用体积弹性模量大的材料可以有效降低活塞和缸筒及活塞杆和导向套之间的径向力。

液压伺服作动器受到的径向力亦可以通过有限元仿真进行计算。如图 12-34 所示,缸筒铰链连接处设置为固定约束,通过上文分析可知,径向力主要由于结构所致,与两活塞杆的轴向偏载力关系很小,因此在连接块的轴端轴承组件施加 90 000 N 的外负载,两个活塞处施加相同大小 45 000 N 的轴向载荷,为了加快仿真收敛,除活塞与缸筒、导向套与活塞杆之间设置为摩擦系数为 0.001 的有摩擦约束外,其余配合约束皆为固定约束。

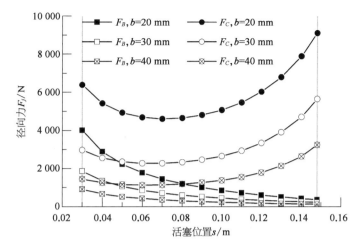

图 12‑32　连接块厚度对径向力的影响

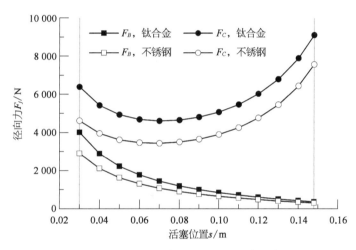

图 12‑33　连接块材料对径向力的影响

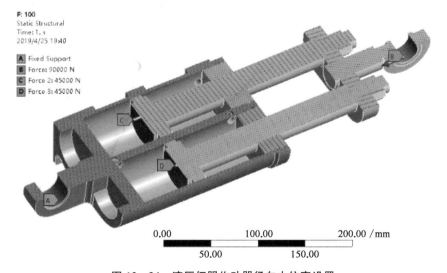

图 12‑34　液压伺服作动器径向力仿真设置

如图 12-35 所示,通过对比仿真得到的径向力与简化模型的计算结果可以发现,仿真计算的导向套和活塞杆处的径向力比简化模型计算结果更大,而活塞与导向套之间的径向力的仿真结果则与简化模型计算结果非常接近。两者的误差是由于简化模型忽略了诸多细节因素,模型中物理量的选取也难以完全反映实际,但活塞杆在不同位置下的简化模型计算结果和仿真结果展现了相同的变化趋势。该简化模型可以为工程设计提供依据。

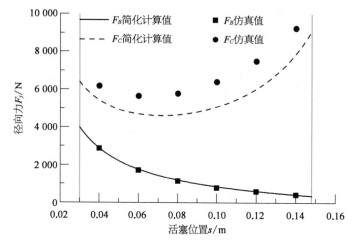

图 12-35 径向力简化模型和仿真结果对比

12.2.3 实践试验

在系统供油压力为 5 MPa,使用 RP3 燃油作为传动介质,分别按照图 12-36a、b 的原理图进行不同阀信号电流下的液压伺服作动器在有无连接块下的试验,试验所用伺服阀为某型射流管伺服阀,液压伺服作动器自研,缸筒材料为钛合金,活塞杆材料为不锈钢,主要结构参数见表 12-2。当不安装连接块时,控制阀信号电流小于 6 mA 时,下活塞杆先伸出到底,上活塞杆再伸出,当信号反向时,下活塞杆先缩回到底,上活塞杆再运动。当阀信号电流为 7 mA、15 mA、40 mA 时,两个活塞杆同时运动;当安装上连接块后,阀信号电流较小时可以观测到活塞杆在伸出到底时有轻微的抖动现象,当信号电流较大时,抖动现象比较明显。取下连接块并重新调整安装活塞杆后,再在供油压力 5 MPa 下进行了试验,发现阀信号电流为 5 mA、7 mA、15 mA、40 mA 时都是两个活塞杆同时启动。调整安装之后的试验现场如图 12-37 所示。其中左侧为活塞杆处于伸出状态,右图为活塞杆处于缩回状态。

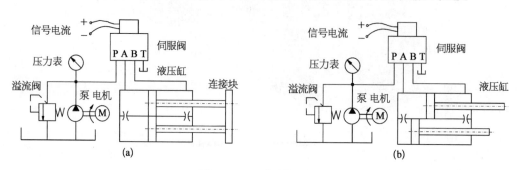

图 12-36 试验原理图

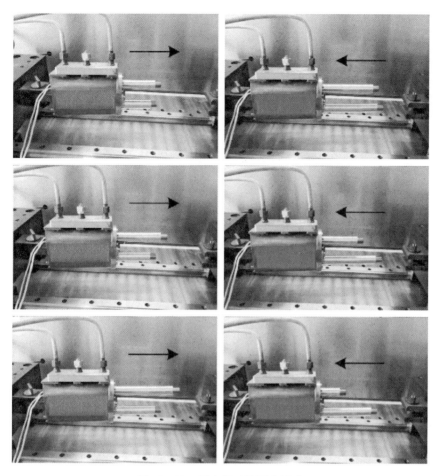

图 12-37 活塞杆动作同步试验

上述试验现象表明,在取下活塞杆重新安装之前,上活塞杆受到的最大静摩擦力更大,且两个活塞杆的最大静摩擦力相差较大,因此阀信号电流较小时,下活塞杆先运动,阀信号电流增大到一定值时才能使两活塞杆同时运动;重新装配后,两个活塞杆受到的最大静摩擦力的差异得以减小,但上活塞杆的最大静摩擦力依旧比下活塞杆受到的最大静摩擦力略大,因此在 5 mA 的小信号电流下依旧是两个活塞杆同时运动。该试验现象与上述偏载力对活塞杆运动顺序影响的理论分析结果一致:

(1)推导了液压伺服作动器两个活塞杆承受的偏载力表达式。当负载力一定时,偏载力大小近似为阀口开度大小二次函数;当阀口开度一定时,偏载力与负载力呈线性关系。活塞杆伸出时负载越大偏载力越大,活塞杆缩回时时负载越大偏载力越小,增大串联孔孔径可以有效降低偏载力。

(2)发现了活塞杆运动到终点产生抖动现象的原因是两活塞杆的偏载力与受到的最大静摩擦力不匹配。当上活塞杆的最大静摩擦力小时,总是上活塞杆先动作,而当下活塞杆的最大静摩擦力小且阀口开度低于临界开度时,则下活塞杆先动作。安装连接块后,两活塞杆运动得不一致会导致活塞杆在运动终点产生抖动现象。

(3)随着活塞杆的伸出,活塞与缸筒之间的径向力逐渐增大,而活塞杆与导向套之间的径向力先减小再增大。通过增加连接块的厚度及采用弹性模量更大的材料可以使径向力得到有效减小,径向力与液压伺服作动器的偏载关系很小。

本节研究结果拓展了液压伺服作动器在有限空间中的结构布局,为并联双杆液压伺服作动器实用化提供基础理论支撑。

12.3 集成式伺服作动器能源配置与压力损失

针对集成式伺服作动器液压回路特点和选择切换功能,分析能源切换原理、选择活门压力损失规律及其对作动器活塞运动速度影响。电磁阀通过控制选择活门阀芯位置以实现不同能源切换。分析了选择活门压力损失成因分布与特征,发现流道结构突变处局部损失占比最大,沿程损失可忽略不计,得出选择活门压力损失与流入流量平方呈比例关系,并拟合出活塞伸出运动和收缩运动时压力损失经验系数。建立作动器左、右腔流量、压力和活塞动力学模型,发现某型选择活门压力损失使作动器活塞伸出速度下降 4.9%,收缩速度下降 5.2%。由于活塞速度与负载力关系恒定,选择活门压力损失使活塞速度呈比例下降,速度下降百分比与负载力无关;阀芯开度越大,流经流量越大,流体与流道撞击强度和频率增加,选择活门压力损失更严重,速度下降百分比越大。

航空作动器伺服控制系统由于组成复杂、工况多变和工作环境恶劣,伺服控制系统出现故障的概率较大。万一发生故障时为提高伺服作动器的生存能力和安全可控性,通常采用一种具备能源切换的集成式伺服作动器,在主驱动油源基础上增加备份驱动油源,在液压系统中增设主备份伺服阀、选择电磁阀、选择活门切换组件及连接阀体。主备份伺服阀分别控制主备份油源,选择电磁阀控制选择活门阀芯位置以实现能源切换。选择活门作为一种工况切换、故障备份和冗余控制的重要元件,常应用于航空发动机叶片和推力矢量喷管伺服控制系统。由于选择活门组件及连接阀体的存在,液压回路中阀体内部流道与腔室分布异常复杂,如弯管、直/斜角折管、T 形管、沉割槽、刀尖角、选择活门阀芯阀套各节流腔等不规则和突变结构。加剧选择活门组件阀体内部流体的紊乱程度,流体与壁面冲击频率和强度增大,回路压力损失增加,系统驱动负载能力下降,作动器活塞运动速度和控制精度下降。国内外学者对液压系统压力损失研究集中在多路阀、插装阀、定制阀体和液压系统管路上,研究流道曲线形状、结构尺寸、元件组成和加工工艺对液压系统压力损失的影响。有文献基于采用增材制造的液压阀块流道过渡区曲线开展研究,发现大圆弧和 B 样条曲线过渡流道均能明显改善流体流动特性。

本节介绍集成式伺服作动器能源切换原理,研究压力损失特性及不同负载力、伺服阀阀芯开度对选择活门压力损失与作动器活塞运动速度影响。

12.3.1 能源配置

图 12 - 38 为所提出的集成式伺服作动器控制系统能源配置图,其由主伺服阀 1、备份伺服阀 2、选择电磁阀、作动器、选择活门、LVDT 传感器、电插座和管接头等组成。作动器可由主伺服阀 1 控制的主油源和备份伺服阀 2 控制的备份油源单独驱动,主伺服阀 1 和备份伺服阀 2 分别由主控电信号和备份电信号控制,选择电信号控制选择电磁阀,选择电磁阀控制油路决定选择活门阀芯位置和状态,选择活门阀芯位置切换决定主伺服阀 1 控制主油源和备份伺服阀 2 控制备份油源的能源切换。

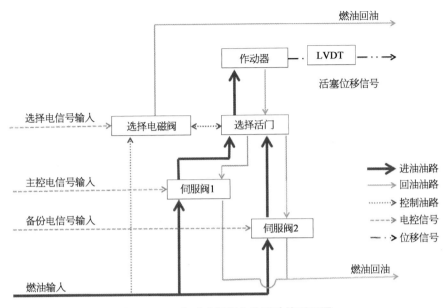

图 12‒38 集成式伺服作动器功能原理图

　　主备份油源的切换过程主要依赖于选择活门组件,选择活门组件由阀芯、阀套和阀体组成,阀芯、阀套和阀体构成多个独立腔室,各腔室分别与主伺服阀 1、备份伺服阀 2 的 A/B 控制口和作动器左、右腔保持连通,选择活门阀芯位置决定主备份伺服阀 A/B 控制口与作动器左、右腔连通状态。主伺服阀 1 和备份伺服阀 2 控制油源切换由选择电磁阀控制,选择电磁阀控制选择活门左腔油液压力状态。如图 12‒39a 所示,当选择电磁阀关闭时,选择活门左侧油液压力为回油状态,选择活门阀芯在右侧回复弹簧作用下,阀芯向左运动处于左位,主伺服阀 1‒A 口与 1‒B 口通过选择活门阀芯阀套腔与作动器左腔入口和右腔入口连通,伺服阀 1 控制油液控制作动器左腔和右腔油液压力驱动活塞运动。如图 12‒39b 所示,当选择电磁阀开启时,选择活门左侧油液与油源连通,选择活门左腔油液处于高压状态,选择活门阀芯在左

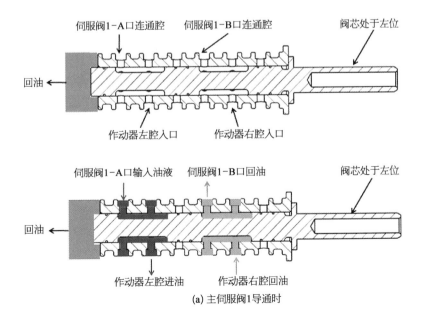

(a) 主伺服阀1导通时

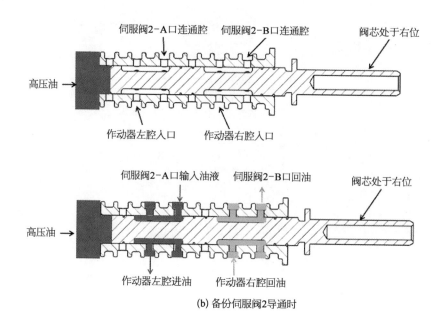

图 12‑39 能源切换时选择活门阀芯阀套油液导通情况

侧高压油推动下,阀芯处于右位,备份伺服阀 2‑A 口与 2‑B 口通过选择活门阀芯阀套腔与作动器左腔入口和右腔入口连通,伺服阀 2 控制油路控制作动器左腔和右腔油液压力驱动活塞运动。综上分析,选择活门组件是主备份伺服阀控油源切换的关键元件,其流道组成复杂度、压力损失特性将很大程度影响作动器运动特性。

12.3.2 选择活门及其压力损失

12.3.2.1 能源配置选择活门流道结构

图 12‑40a 提取了某型选择活门装置整体流道,流道组成包括伺服阀 A/B 口输出连接管道,选择活门阀芯阀套节流腔,选择活门与作动器连接管道和作动器左、右腔。由于作动器左、右腔油液不连通,油液状态不连续,故将整体流道划分为无杆侧流道和有杆侧流道,各侧流量与活塞左、右侧面积呈比例关系。

根据流道结构特征和压力损失类型可将无杆侧流道和有杆侧流道分成 6 个部位,如图 12‑40b 所示以无杆侧流道为例。部位 1 为伺服阀 A/B 口至选择活门切换液压装置管道,为沿程损失;部位 2 为伺服阀输出管道至选择活门阀体腔斜管,为局部损失;部位 3、4 为选择活门装置阀芯阀套进出口节流腔,为节流损失;部位 5 为选择活门切换装置连接至作动器无杆腔直角折管,为局部损失;部位 6 为切换装置至作动器无杆腔 T 形三通管,为局部损失。

12.3.2.2 压力损失

针对集成式伺服作动器系统中选择活门切换装置中复杂管路压力损失,采用 Fluent 仿真辅助理论计算,探究复杂管路中各结构处的压力损失情况,理清压力损失规律特性和主次要因素。经过核算,油路中油液呈紊流状态,选取 k‑epsilon(2eqn) Standard 湍流计算模型,采用 Simple 算法,迭代次数为 2 000 次。以 RP3 燃油作为传动介质,密度为 800 kg/m³,动力黏度是 0.001 2 Pa·s。入口边界条件为流量入口,出口边界条件为压力出口。

网格划分采用 ICEM 方式,采用局部加密方式,对比上述 5 组尺寸数据以验证网格独立

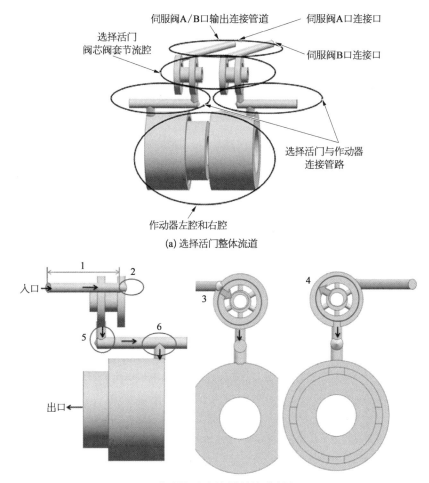

(a) 选择活门整体流道

(b) 作动器无杆侧流道关键部位划分

图 12 - 40　选择活门内部流道分布

性,各组数据各区域尺寸均呈比例。如图 12 - 41 所示,发现组别 3 的计算网格精度和计算速度合适,全局网格最大尺寸为 1 mm,加密区 1 最大尺寸为 0.8 mm,加密区 2 最大尺寸为 0.6 mm,网格数量 214 万,接近 90% 的网格质量超过 0.8。

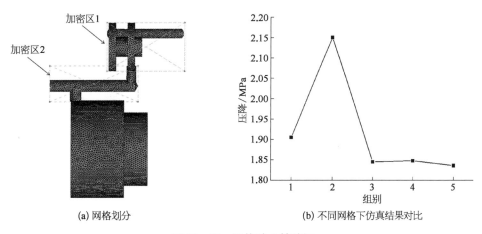

(a) 网格划分

(b) 不同网格下仿真结果对比

图 12 - 41　网格独立性验证

将选择活门流道各部位压力损失仿真值与理论值进行比对,对比分析了在不同压力出口下的仿真和理论值差异情况。图 12-42 展示了作动器无杆侧流道入口流量为 20 L/min、出口压力为 10 MPa 时各部位压力损失分布,发现流道各部位压力损失大小不一,损失原因各异。为探究选择活门压力损失规律和成因分布,分析不同出口压力、入口流量下各部位压力损失占比情况。

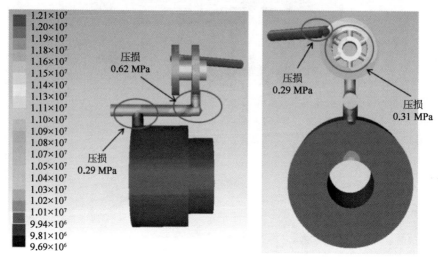

图 12-42　作动器无杆侧流道压力分布(入口流量为 20 L/min,出口压力为 10 MPa)

1) 出口压力对压力损失的影响

表 12-3　作动器无杆侧出口压力不同时各部位压力损失分布　　　　　　　单位：MPa

部位代号	设置出口压力/MPa			
	8	10	12	平均值
1	0.047	0.049	0.048	0.048
2	0.26	0.25	0.24	0.25
3	0.33	0.31	0.33	0.32
4	0.33	0.31	0.33	0.32
5	0.58	0.62	0.62	0.61
6	0.28	0.29	0.29	0.29
总压损失	1.83	1.83	1.85	1.84

据表 12-3 可知,部位 1 压力损失类型为伺服阀 A/B 口至选择活门切换液压装置管道的沿程损失,表 12-3 的 Fluent 仿真结果表明其平均值为 0.048 MPa。其沿程损失理论推导过程如下,在流量为 20 L/min 时的雷诺数为

$$Re = \frac{VD}{\nu} = \frac{4q_{\text{v}}}{\pi D \nu} = 7.4\text{e}^4 \qquad (12-36)$$

式中　Re——雷诺数;

　　　V——油液运动平均速度;

D——管道水力直径；

ν——油液运动黏度；

q_v——管道流经流量。

沿程阻力系数 λ 为

$$\lambda = \frac{0.316\,4}{Re^{0.25}} = 0.019\,2 \tag{12-37}$$

$$\Delta P_1 = \rho g h_f = \lambda \frac{8\rho q_v^2}{\pi^2} \frac{l}{d^5} = 0.052 \text{ MPa} \tag{12-38}$$

式中　ΔP_1——部位 1 压力损失大小；

ρ——油液密度；

g——重力加速度；

h_f——压头损失；

l——管道长度。

将部位 1 理论计算值与仿真结果比较，发现两者非常接近，误差仅为 7.6%。

部位 3、4 为选择活门切换装置阀芯阀套进出口节流损失，Fluent 仿真平均值为 0.32 MPa，其理论计算如下：

$$\Delta P_3 = \frac{\rho}{2} \left(\frac{q_v}{C_q A} \right)^2 = 0.325 \text{ MPa} \tag{12-39}$$

式中　ΔP_3——部位 3 压力损失大小；

C_q——薄壁孔流量系数；

A——选择活门阀芯阀套节流口总面积。

将部位 3、4 的阀芯阀套节流损失理论数值与仿真数据对比，其误差仅为 1.5%。

通过部位 1 的沿程损失，部位 3、4 处的节流损失理论计算与仿真结果对比分析，证实 Fluent 仿真结果具有很高的可信性。同时表明，流道各部位压力损失数值与出口压力无关。

2）入口流量对压力损失的影响

据图 12-43 可得，各部位压力损失占比几乎恒定。作动器无杆侧的沿程损失占比为 3%，节流损失占比为 33%，局部损失占比为 64%。有杆侧的沿程损失占比为 3%，节流损失占比为 24%，局部损失占比为 73%。得出结论，选择活门切换装置整体流道压力损失最为严重的部位是流道结构突变处（直角折管、T 形三通管、斜管）处局部损失，其次是选择活门阀芯阀套腔处节流损失，沿程损失可忽略不计。

设置多组入口流量和出口压力组合仿真案例，理论和仿真结果表明，流道中油液呈紊流状态，选择活门装置压力损失中局部损失和节流损失占比最大，沿程损失可忽略不计，得出压力损失与流量平方基本成正比。如图 12-44 所示，根据仿真数据可从理论上拟合得到作动器伸出运动及收缩运动时集成式伺服作动器无杆侧与有杆侧压力损失的经验系数。

$$\left. \begin{array}{l} \Delta P_L = k_L q^2, \ k_L = 1.66 \times 10^{13} \\ \Delta P_R = k_R q^2, \ k_R = 1.19 \times 10^{13} \\ \Delta P'_L = k'_L q^2, \ k'_L = 3.15 \times 10^{13} \\ \Delta P'_R = k'_R q^2, \ k'_R = 1.77 \times 10^{13} \end{array} \right\} \tag{12-40}$$

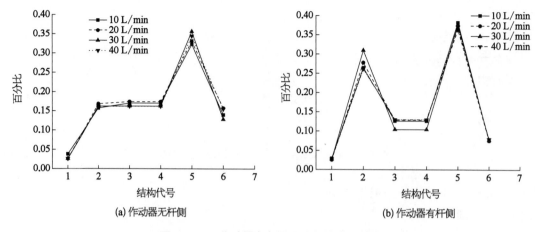

图 12‑43 作动器各部位压力损失占比情况

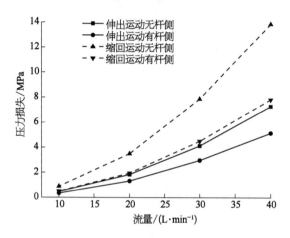

图 12‑44 作动器各工况下压力损失与流入流量关系

式中 ΔP_L——作动器伸出运动时无杆侧压力损失；

ΔP_R——作动器伸出运动时有杆侧压力损失；

$\Delta P_L'$——作动器收缩运动时无杆侧压力损失；

$\Delta P_R'$——作动器收缩运动有杆侧压力损失；

k_L、k_R、k_L'、k_R'——各压力损失与流量平方系数$[P_a/(m^3 \cdot s^{-1})^2]$。

12.3.3 压力损失对作动器活塞速度的影响

12.3.3.1 常规伺服作动器

常规伺服作动器系统相对于本章研究集成式伺服作动器系统而言，液压回路组成元件少，流道相对规则，液压回路如图 12‑45 所示。其可作为研究选择活门压力损失对作动器活塞运动速度影响的对照组，对比分析选择活门装置压力损失对作动器活塞运动速度影响趋势和程度。

作动器活塞平稳运动时受力平衡方程为

$$P_L A_L - P_R A_R - f - F_L = 0 \tag{12-41}$$

式中 P_L、P_R——伺服作动器做伸出运动时左腔、右腔的压力；

A_L、A_R——作动器左、右侧面积；

f——活塞摩擦力。

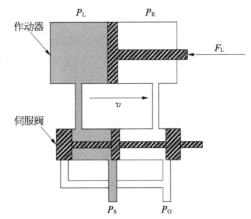

图 12 – 45 常规伺服作动器系统
伸出运动液压回路

活塞负载力 F_L 以向左为正方向，即以压负载为正方向，如下分析均以压负载为正方向。

作动器左、右腔进出油节流方程为

$$Q_L = C_d \pi d x \sqrt{\dfrac{2(P_S - P_L)}{\rho}} \left.\vphantom{\sqrt{\dfrac{2(P_S - P_L)}{\rho}}}\right\} \quad (12-42)$$
$$Q_R = C_d \pi d x \sqrt{\dfrac{2(P_R - P_O)}{\rho}}$$

式中 Q_L——流入作动器左腔的流量；

$\quad\quad Q_R$——流出作动器右腔的流量；

$\quad\quad C_d$——流量系数；

$\quad\quad P_S$——油源压力；

$\quad\quad P_O$——油箱压力；

$\quad\quad d$——伺服阀阀芯直径；

$\quad\quad x$——阀芯开度。

作动器左、右腔油液连续性方程为

$$Q_L = A_L v + C_e P_L + C_i (P_L - P_R) + \dfrac{V_L}{\beta} \dfrac{\mathrm{d}P_L}{\mathrm{d}t} \left.\vphantom{\dfrac{V_L}{\beta}}\right\}$$
$$Q_R = A_R v + C_e P_R - C_i (P_L - P_R) - \dfrac{V_R}{\beta} \dfrac{\mathrm{d}P_R}{\mathrm{d}t} \quad (12-43)$$

式中 v——活塞运动速度；

$\quad\quad C_e$——活塞外泄漏系数；

$\quad\quad C_i$——活塞内泄漏系数；

$\quad\quad V_L$——作动器左腔容积；

$\quad\quad \beta$——油液体积弹性模量；

$\quad\quad V_R$——作动器右腔容积。

理想条件下，即伺服阀是绝对零开口，忽略活塞内泄漏、外泄漏、油液压缩性。可得伸出运动时作动器左、右腔压力 P_L、P_R，流量 Q_L，作动器活塞稳定运动速度 v 分别为

$$\alpha = \dfrac{A_L}{A_R} \quad (12-44)$$

$$P_L = \dfrac{(P_S + P_O \alpha^2) A_R + (F_L + f) \alpha^2}{A_L \alpha^2 + A_R} \quad (12-45)$$

$$P_R = \dfrac{(P_S + P_O \alpha^2) A_L - F_L - f}{A_L \alpha^2 + A_R} \quad (12-46)$$

$$Q_L = C_d \pi d x \sqrt{\dfrac{2(P_S A_L - P_O A_R - F_L - f) \alpha^2}{\rho (A_L \alpha^2 + A_R)}} \quad (12-47)$$

$$v = \frac{Q_L}{A_L} \tag{12-48}$$

同理,可得单伺服阀控作动器系统收缩运动时左腔压力 P'_L、流量 Q'_L 分别为

$$P'_L = \frac{(P_O + P_S \alpha^2)A_R + (F_L - f)\alpha^2}{A_L \alpha^2 + A_R} \tag{12-49}$$

$$Q'_L = C_d \pi dx \sqrt{\frac{2(P_S A_R - P_O A_L + F_L - f)\alpha^2}{\rho(A_L \alpha^2 + A_R)}} \tag{12-50}$$

12.3.3.2 集成式伺服作动器

所研究的集成式伺服作动器系统在液压回路中特殊之处在于主伺服阀1、备份伺服阀2可由选择活门装置进行切换。选择活门装置由阀芯、阀套和阀体、回复弹簧组成,流道结构和各腔室异常复杂,液压回路压力损失严重,其液压回路如图12-46所示。

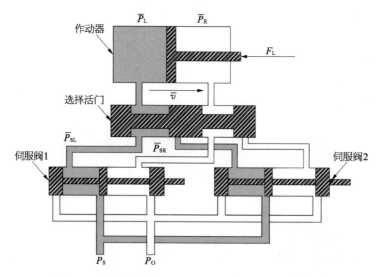

图 12 - 46 集成式伺服作动器系统伸出运动液压回路

选择活门组件的压力损失存在于伺服阀 A/B 出口至作动器左、右腔室之间。以作动器伸出运动为例,作动器左、右侧压力损失为

$$\left.\begin{array}{l} \Delta P_L = \bar{P}_{SL} - \bar{P}_L \\ \Delta P_R = \bar{P}_R - \bar{P}_{SR} \end{array}\right\} \tag{12-51}$$

P_L 与 P_R 均表示考虑选择活门压力损失的作动器左、右腔的压力,下述含义均相同。据上分析可知,作动器左、右侧的压力损失与流量平方成正比,且压力损失流量平方系数按照拟合经验公式可得

$$\left.\begin{array}{l} \Delta P_L = k_L \bar{Q}_L^2 \\ \Delta P_R = k_R \bar{Q}_L^2 \end{array}\right\} \tag{12-52}$$

式中 k_L——作动器伸出运动时左腔压力损失流量平方系数;

$\quad\quad k_R$——作动器伸出运动时右腔压力损失流量平方系数。

联立式(12 - 41)~式(12 - 43)、式(12 - 51)、式(12 - 52),可得考虑选择活门压力损失的航空作动器伸出运动时左、右腔压力、流量和活塞运动速度为

$$n = \frac{(\rho + 2k_{\mathrm{L}}C_{\mathrm{d}}^2 \pi^2 d^2 x^2)\alpha^2}{\rho + 2k_{\mathrm{R}}\alpha^2 C_{\mathrm{d}}^2 \pi^2 d^2 x^2} \tag{12 - 53}$$

$$\overline{P}_{\mathrm{L}} = \frac{(P_{\mathrm{S}} + nP_{\mathrm{O}})A_{\mathrm{R}} + n(F_{\mathrm{L}} + f)}{nA_{\mathrm{L}} + A_{\mathrm{R}}} \tag{12 - 54}$$

$$\overline{P}_{\mathrm{R}} = \frac{(P_{\mathrm{S}} + nP_{\mathrm{O}})A_{\mathrm{L}} - n(F_{\mathrm{L}} + f)}{nA_{\mathrm{L}} + A_{\mathrm{R}}} \tag{12 - 55}$$

$$\overline{Q}_{\mathrm{L}} = C_{\mathrm{d}}\pi dx \sqrt{\frac{2n(P_{\mathrm{S}}A_{\mathrm{L}} - P_{\mathrm{O}}A_{\mathrm{R}} - F_{\mathrm{L}} - f)}{(nA_{\mathrm{L}} + A_{\mathrm{R}})(\rho + 2k_{\mathrm{L}}C_{\mathrm{d}}^2 \pi^2 d^2 x^2)}} \tag{12 - 56}$$

$$\overline{v} = \frac{\overline{Q}_{\mathrm{L}}}{A_{\mathrm{L}}} \tag{12 - 57}$$

同理,可得集成式伺服作动器系统收缩运动时左腔压力、流量分别为

$$m = \frac{\rho\alpha^2 + 2k'_{\mathrm{L}}C_{\mathrm{d}}^2 \pi^2 d^2 x^2}{\rho + 2k'_{\mathrm{R}}C_{\mathrm{d}}^2 \pi^2 d^2 x^2} \tag{12 - 58}$$

$$\overline{P}'_{\mathrm{L}} = \frac{(P_{\mathrm{O}} + mP_{\mathrm{S}})A_{\mathrm{R}} + m(F_{\mathrm{L}} - f)}{mA_{\mathrm{L}} + A_{\mathrm{R}}} \tag{12 - 59}$$

$$\overline{Q}'_{\mathrm{L}} = C_{\mathrm{d}}\pi dx\alpha \sqrt{\frac{2m(P_{\mathrm{S}}A_{\mathrm{R}} - P_{\mathrm{O}}A_{\mathrm{L}} + F_{\mathrm{L}} - f)}{(mA_{\mathrm{L}} + A_{\mathrm{R}})(\rho\alpha^2 + 2k'_{\mathrm{L}}C_{\mathrm{d}}^2 \pi^2 d^2 x^2)}} \tag{12 - 60}$$

12.3.3.3　压力损失对活塞运动速度影响

将上述考虑选择活门压力损失的集成式伺服作动器系统与常规伺服作动器系统的活塞运动速度理论模型进行对比,探究不同负载作用,阀芯开度下的影响趋势和程度。

1) 负载作用

据图 12 - 47 可得,以压负载力为正方向时,正方向负载力为伸出运动阻力,收缩运动推力。负载力越大,伸出运动速度越慢,收缩运动速度越快。由于选择活门装置处压力损失致使集成式伺服作动器系统活塞运动速度小于常规伺服作动器系统。当伺服阀阀芯开度为 0.1 mm 时,伸出运动时活塞运动速度降低 4.9%,收缩运动时活塞运动速度降低 5.2%。由于常规伺服作动器系统与集成式伺服作动器系统中活塞受力关系一致,活塞速度与负载力关系恒定,选择活门压力损失使活塞速度呈比例下降,活塞速度下降百分比恒定,不随负载力变化,仅与作动器结构参数有关。

2) 伺服阀阀芯开度

伺服阀阀芯开度将直接影响伺服阀节流面积,影响进入作动器左、右腔流量和压力,进而影响作动器的运动速度。据图 12 - 48 可得,当阀芯开度在 0.085~0.115 mm 变化时,选择活门装置压力损失使伸出运动速度下降范围为 3.6%~6.4%,收缩运动速度下降范围为 3.9%~6.7%。阀芯开度越大,流经流量越大,流体与流道撞击强度和频率增加,选择活门压力损失更为严重活塞速度下降百分比越大。

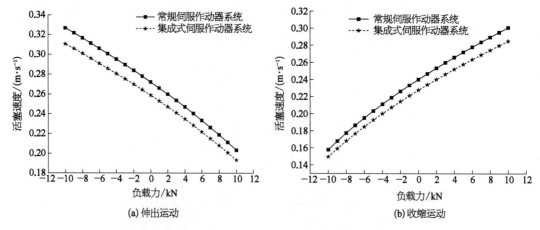

图 12‑47　作动器在不同负载下活塞速度(阀芯开度为 0.1 mm)

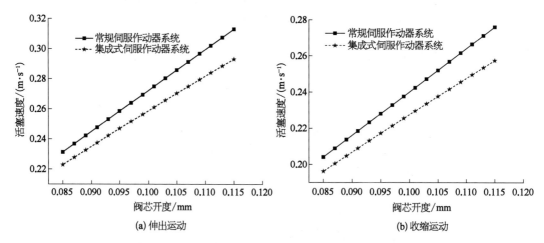

图 12‑48　作动器在不同阀芯开度下活塞速度(空载)

集成式伺服作动器采用主备份能源,通过能源切换阀即选择活门进行能源切换。选择活门的压力损失影响作动器活塞的运动速度:

(1)主备份能源切换的关键在于选择活门装置,主备份伺服阀 A/B 控制端口均与选择活门阀体形成的各独立腔室保持连通。选择电磁阀控制选择活门阀芯处于左位或右位,阀芯左、右位的切换改变阀体各腔室与作动器左、右腔连通情况,从而实现主备份能源的切换。

(2)通过简化数学模型的理论和 CFD 仿真结果及样机试验现象比对,验证了 CFD 仿真结果的可信性。研究发现某型选择活门装置中结构突变处(直角折管、T 形三通管、斜管)局部压力损失占比最大,其次是选择活门阀芯阀套腔处节流损失,沿程损失可忽略不计,据此得出选择活门组件压力损失大小与流入流量呈平方关系,与出口压力无关。通过数据拟合得出活塞伸出运动、收缩运动时选择活门压力损失与入口流量平方的关系系数。

(3)建立集成式伺服作动器系统和常规伺服作动器系统流量、压力和活塞动力学模型理论模型。发现某型选择活门装置压力损失使集成式伺服作动器系统伸出运动速度下降 4.9%,收缩运动速度下降 5.2%。由于活塞速度与负载力关系恒定,选择活门压力损失使活塞速度呈比例下降,速度下降百分比与负载力无关;阀芯开度越大,流经流量越大,流体与流道撞击强度和频率增加,选择活门压力损失更严重,速度下降百分比越大。

12.4　自动回中与锁紧协同

　　针对某飞行器液压作动器在服役工况下的自动回中、锁紧功能需要,分析了作动器动作次序、工作机理、液体回路及锁紧部件间的协同作用机制。液压作动器各部件油液连通耦合、运动相对独立,分别建立锁紧部件力学模型、作动器活塞和锁紧销的数学模型,通过理论仿真求解运动部件的动态响应。对比动态响应幅值、速度,结合装置内部空间结构及参数范围,评估故障锁紧过程中锁紧杆和锁紧销协同作用的可行性及空间干涉问题。为保证锁紧可靠性和稳定性,提出了结构尺寸优化方案。优化结果表明:某型液压作动器在 1 800 N 压、拉负载作用下,锁紧销与锁紧杆分别经过 78 ms、38 ms 的相对运动后,可实现可靠锁紧。所建立的数学模型可为液压作动器性能可靠性和安全性提供一定理论和技术支持。

　　飞行器由于驱动负载大、工作空间有限,其执行状态、操作和姿态变化均采用液压作动器作为执行元件,工作时需要多个作动器协同作用完成指定动作。但考虑到飞行器工况复杂、外界环境多变、组成部件可靠性等因素会影响操控系统的内部状态改变,如电控系统断电、液压系统断油等,很大程度上会影响作动器的有效控制,进而干扰到整个飞行器的有效控制和安全操作。因此,本节研究在极端环境(断电和断油)下,液压作动器的应急回中与协同锁紧特性,增强作动器的可控性和安全性。Shek Michael 发明了一种采用楔块凸轮机械传动系统作为作动器位置反馈的回中装置,反馈调节伺服阀喷管,驱动作动器回到预定义位置。Paul 发明了一种采用两级内部流道的阀执行器装置,在阀失效后能借助外部机械传动控制阀工作。Gen Matusi 发明了一套用于飞行控制的局部液压备份系统,极大改善静液压作动器的可靠性差和多作动器力纷争问题。任潇哲发明了一种采用两级活塞驱动的应急回中液压作动筒,应急活塞推动主动活塞至固定位置。芮亮发明了一种单弹簧快速回中液压活塞组件,在活塞一侧布置双向弹簧驱动活塞回中。孟东发明了一种双余度舵机回中锁紧装置,各液压作动腔分别与舵机液压系统连通,当两系统出现电气或液压故障,回中锁紧装置上锁。杨斌发明了一种利用电磁阀驱动变量缸从而控制斜盘倾角的闭式泵紧急回中安全装置。牛宝锋基于 AMESim 分析了一种中部开孔作动器的自动回中特性,验证了活塞处于多位置时的可实现性,实现回中孔开度和孔径的匹配。朱康武借助液压网络原理分析壁孔回中作动器机理,通过试验与仿真对比两种孔形的回中性能,并分析各参数对回中特性的影响趋势,并对中部孔导致活塞密封性减低的问题提出解决方案。满春雷分析了具备回中功能的矢量喷管作动器温度分布情况,对内部传感器受热提出改进措施。锁紧油缸的锁紧形式可分为机械式锁紧和液压回路式锁紧。机械式锁紧有内胀式、卡块卡齿式、棘轮棘爪式、碟簧式。液压回路式锁紧有液控单向阀、双向液压锁式、换向阀式。

　　本节研究一种中部开孔的自动回中机械式锁紧液压作动器,其无须额外控制器和外部驱动力控制,借助自身结构设计自动完成回中、靠锁紧销完成锁紧功能,增强作动器在极限工况下的可控性和安全性。

12.4.1　自动回中功能与锁紧功能

　　图 12-49 所介绍的液压作动器与一般液压作动器在结构上存在较大差别,主要体现在作动

筒中部左右对称处开设有径向孔、设计了锁紧装置。当系统出现故障后,往作动器左、右两腔通入高压油,油液通过径向孔卸荷,活塞在液压力作用下能自动回到中位,无须外部施加负载,完成应急回中。回中后,系统断油,锁紧销插入锁紧杆中,完成锁紧,保证液压系统和执行装置的安全可靠性。

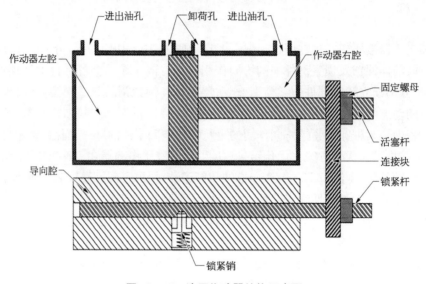

图 12‑49　液压作动器结构示意图

图 12‑50 为作动器自动回中及锁紧液压回路图。在回中工况下(图 12‑50a),电磁阀断电,状态转换活门左侧高压腔卸荷,切换至左位,伺服阀进出油腔被活门凸肩堵住,液压泵输出高压油通过单向阀、转换活门进入作动器左、右两腔,作动器借助中部径向回油孔卸荷,回到中位。

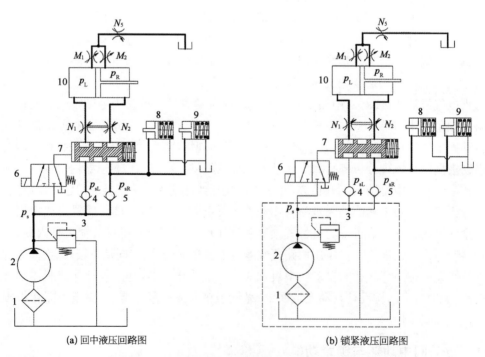

(a) 回中液压回路图　　　　　(b) 锁紧液压回路图

1—滤油器;2—液压泵;3—溢流阀;4、5—单向截止阀;6—电磁阀;7—状态转换活门;8、9—锁紧销;10—液压作动器

图 12‑50　作动器自动回中及锁紧液压回路图

在锁紧工况下(图 12 - 50b),当作动器回到中位时,液压系统断油,即图中虚线边框液压部分停止供油。锁紧销高压腔油液通过转换活门、作动器回油孔卸荷。锁紧销弹簧推动锁紧销向前伸出,同时固结在活塞上的锁紧杆在负载力作用、油液压力作用下沿作动器轴向运动,两者同时相对运动,在一定时间、空间范围内,协同配合完成锁紧功能。

12.4.2　锁紧机构结构与力学模型

12.4.2.1　力学模型

据上述原理和功能分析可知,锁紧部件主要包括锁紧销和锁紧杆(固结在活塞上),锁紧销须准确插入锁紧杆的梯形斜槽中,完成锁紧。某目标工况指出临界锁紧力为 1 800 N,锁紧杆和锁紧销的材料均为无锈钢。锁紧部件的受力情况如图 12 - 51 所示。

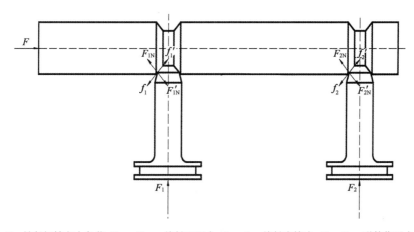

F—锁紧杆轴向力负载;F_{1N}、F_{2N}—接触正压力;f_1、f_2—接触摩擦力;F_1、F_2—弹簧作用力

图 12 - 51　临界工况锁紧部件受力图

假设两个锁紧销的受力相同,锁紧销与锁紧杆接触的左、右两处均匀受力。但在临界状态下,两者即将脱离,锁紧销和锁紧杆的接触点只有一侧,另一侧处于分离悬空。

接触时摩擦系数为 μ,则对应摩擦力 f_1、f_2 为

$$f_1 = F_{1N}\mu \tag{12-61}$$

锁紧杆的横向和纵向受力平衡方程为

$$F_{1N}\sin\theta + f_1\cos\theta = F/2 \tag{12-62}$$

$$F_{1N}\sin\theta + f_1\sin\theta = F_1 \tag{12-63}$$

式中　θ——锁紧杆梯形槽的斜面倾角。

根据式(12 - 61)~式(12 - 63),可得锁紧弹簧作用力 F_1、F_2 关于轴向力负载 F、斜槽倾角 θ 与摩擦系数 μ 的关系为

$$F_1 = \frac{F(\cos\theta - \mu\sin\theta)}{2(\sin\theta + \mu\cos\theta)} \tag{12-64}$$

表 12 - 4 为对现有方案(斜面倾角为 45°)进行分析表明某锁紧部件能实现的锁紧力仅为

507 N/577 N,无法满足目标临界负载的锁紧。在保证弹簧参数不变的前提下,增大斜面倾角 θ,可增加锁紧部件的临界锁紧力。数值计算表明,当斜面倾角为 67.4°时,能达到 1 826 N/1 916 N 的锁紧力,满足设计要求。

表 12 - 4　锁紧部件改进参数

方　案	斜面倾角/(°)	负载力方向	锁紧时弹簧力/N	临界轴向锁紧力/N
现方案	45	压负载	169	507
		拉负载	192	577
改进方案	67.4	压负载	182	1 826
		拉负载	192	1 916

12.4.2.2　锁紧判断条件

锁紧弹簧需满足的关于自身弹簧刚度 k、预压缩量 x_0、锁紧销轴向位移 l 的方程为

$$F_1 = k(x_0 - l) \tag{12-65}$$

锁紧时,锁紧销与锁紧杆的几何空间关系如图 12 - 52 所示,其中 $|y_x|$ 表示锁紧杆偏离中位距离,h 为锁紧槽深度,l_0 为初始锁紧销端面距锁紧杆外表面距离,b 为锁紧销端面半径,s 为锁紧杆梯形槽半宽。锁紧销位移 l 和活塞偏离中位距离 $|y_x|$ 的几何关系式为

$$l = l_0 + \left[\frac{h}{\tan\theta} - (b - s + |y_x|) \right] \tan\theta \tag{12-66}$$

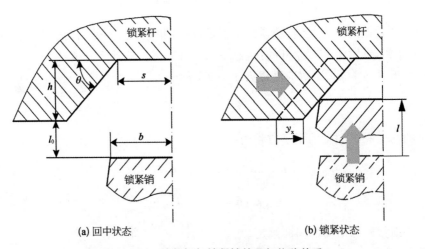

(a) 回中状态　　　　　　　　　　(b) 锁紧状态

图 12 - 52　锁紧杆与锁紧销的几何位移关系

据以上分析可知,锁紧销与锁紧杆能实现锁紧的判断条件为

$$|y_x| < s + \frac{h}{\tan\theta} - b \tag{12-67}$$

12.4.2.3　锁紧动作

1）锁紧销动力学模型

$$P_0 \frac{\pi}{4} D_{\mathrm{s}}^2 - P_{\mathrm{sp}} \frac{\pi}{4} (D_{\mathrm{S}}^2 - d_{\mathrm{S}}^2) + k_{\mathrm{S}} (x_{\mathrm{S0}} - x_{\mathrm{S}}) = m_{\mathrm{s}} \frac{\mathrm{d}^2 x_{\mathrm{S}}}{\mathrm{d}^2 t} + B_{\mathrm{S}} \frac{\mathrm{d} x_{\mathrm{S}}}{\mathrm{d} t} \qquad (12-68)$$

式中　P_0——回油腔压力；

　　　P_{sp}——锁紧销控制腔压力；

　　　k_{S}——锁紧弹簧刚度；

　　　x_{S0}——锁紧弹簧预压缩量；

　　　x_{S}——锁紧销位移；

　　　m_{s}——锁紧销质量；

　　　B_{S}——锁紧销黏性阻尼系数；

　　　D_{S}——弹簧腔端面直径；

　　　d_{S}——锁紧销端面直径。

2）作动器活塞数学模型

作动器活塞的动力学方程为

$$P_{\mathrm{L}} A_{\mathrm{L}} - P_{\mathrm{R}} A_{\mathrm{R}} = m_{\mathrm{V}} \frac{\mathrm{d}^2 y}{\mathrm{d}^2 t} + B_{\mathrm{V}} \frac{\mathrm{d} y}{\mathrm{d} t} + f + F_{\mathrm{L}} \qquad (12-69)$$

式中　P_{L}——左腔压力；

　　　P_{R}——右腔压力；

　　　A_{L}——左腔作用面积；

　　　A_{R}——右腔作用面积；

　　　m_{V}——活塞与锁紧杆整体质量；

　　　B_{V}——黏性阻尼；

　　　f——活塞摩擦力；

　　　F_{L}——负载作用力；

　　　y——作动器活塞位移。

作动器左腔流量连续方程为

$$\frac{V_{\mathrm{L}}}{\beta} \frac{\mathrm{d} P_{\mathrm{L}}}{\mathrm{d} t} = -Q_{\mathrm{C}} - Q_{\mathrm{M1}} - Q_{\mathrm{eL}} - A_{\mathrm{L}} \frac{\mathrm{d} y}{\mathrm{d} t} \qquad (12-70)$$

作动器右腔流量连续性方程为

$$\frac{V_{\mathrm{R}}}{\beta} \frac{\mathrm{d} P_{\mathrm{R}}}{\mathrm{d} t} = +Q_{\mathrm{C}} - Q_{\mathrm{M2}} - Q_{\mathrm{eR}} + A_{\mathrm{R}} \frac{\mathrm{d} y}{\mathrm{d} t} \qquad (12-71)$$

式中　V_{L}——左腔容积；

　　　V_{R}——右腔容积；

　　　β——油液体积模量；

　　　Q_{C}——左、右腔冷却流量；

Q_{M1}、Q_{M2} ——作动器中部卸荷孔卸荷流量；

Q_{eL}、Q_{eR} ——泄漏流量。

$$Q_C = \frac{\pi d_c^4}{128ul}(P_L - P_R) \qquad (12-72)$$

$$Q_{M1} = C_V A_{M1} \sqrt{\frac{2\,|\,P_L - P_0\,|}{\rho}} \cdot sgn(P_L - P_0) \qquad (12-73)$$

$$Q_{M2} = C_V A_{M2} \sqrt{\frac{2\,|\,P_R - P_0\,|}{\rho}} \cdot sgn(P_R - P_0) \qquad (12-74)$$

式中　d_c ——冷却孔直径；

　　　l ——冷却孔长度；

　　　C_V ——流量系数；

　　　A_{M1}、A_{M2} ——左、右腔中部卸荷面积；

　　　A_{M1}、A_{M2} ——随活塞位移而有不同的开度。

卸荷面积与活塞位移关系如图 12-53a、b 所示，是关于活塞位移的切割圆面积的分段函数。

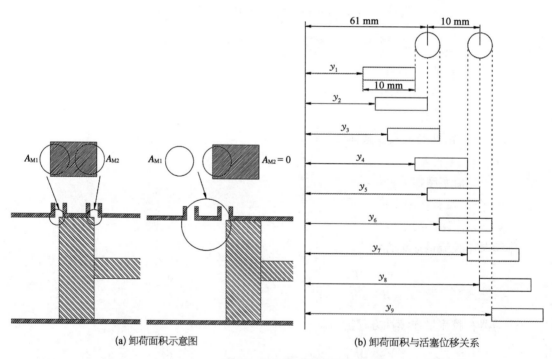

(a) 卸荷面积示意图　　　　　　　(b) 卸荷面积与活塞位移关系

图 12-53　卸油面积

在 Matlab/Simulink 中编写锁紧动作执行过程的数值计算程序，将锁紧销和活塞（锁紧杆）的数学模型联立求解，得到断油后锁紧过程中作动器活塞（锁紧杆）和锁紧销的运动关系，判断基于斜槽倾角为 67.4°时的锁紧情况。

（1）仿真参数设置。据上述搭建的数学模型中涉及的参数信息见表 12-5。

表 12 - 5　某锁紧机构参数设置

参 数 名 称	数 值
弹簧腔端面面积 D_s/m	2.5×10^{-2}
锁紧销端面面积 d_s/m	1.5×10^{-2}
活塞左侧面积 A_L/m^3	5.8×10^{-3}
活塞右侧面积 A_R/m^3	4.4×10^{-3}
活塞摩擦力 f/N	200
负载作用力 F_L/N	1 800
冷却孔直径 d_c/m	1.8×10^{-4}
冷却孔长度 l/m	1.2×10^{-3}
回油压力 P_0/MPa	0.3
卸荷半径 r/m	1.0×10^{-3}
活塞位移 y_1/m	5×10^{-2}
活塞位移 y_2/m	5.1×10^{-2}
活塞位移 y_3/m	5.2×10^{-2}
活塞位移 y_4/m	6.0×10^{-2}
活塞位移 y_5/m	6.1×10^{-2}
活塞位移 y_6/m	6.2×10^{-2}
活塞位移 y_7/m	7.0×10^{-2}
活塞位移 y_8/m	7.1×10^{-2}
活塞位移 y_9/m	7.2×10^{-2}

（2）仿真结果。

① 压负载工况。当作动器承受 1 800 N 压负载时,断油后锁紧销伸出且活塞在压负载力作用下向左移动,锁紧销和活塞的位移运动关系如图 12 - 54 所示。

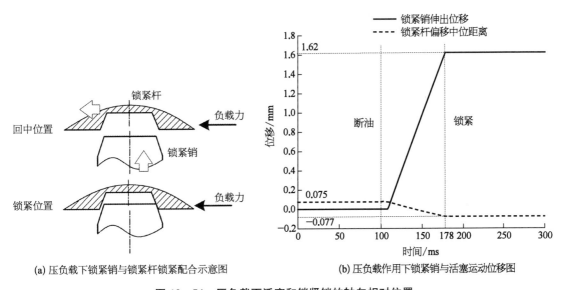

(a) 压负载下锁紧销与锁紧杆锁紧配合示意图　　　(b) 压负载作用下锁紧销与活塞运动位移图

图 12 - 54　压负载下活塞和锁紧销的轴向相对位置

从图 12‑54 中可以看出,在 100 ms 时开始断油,经过 78 ms 的运动后,锁紧销和锁紧杆接触锁紧,此时锁紧销中心轴线与锁紧杆梯形槽中心截面的距离为 0.077 mm,根据锁紧判断条件式(12‑67),可得锁紧杆允许最大偏移中位距离 $|y_x|_{max}$ 为

$$|y_x|_{max} = s + \frac{h}{\tan\theta} - b = 0.55 \text{ mm} \tag{12-75}$$

$$0.077 \text{ mm} < |y_x|_{max} \tag{12-76}$$

② 拉负载工况。

当作动器承受 1 800 N 拉负载时,断油后锁紧销伸出且活塞在拉负载力作用下向右移动,锁紧销和活塞的位移运动关系如图 12‑55 所示。

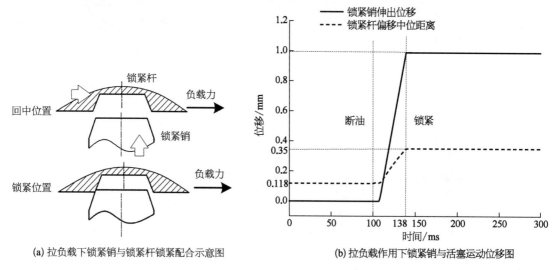

(a) 拉负载下锁紧销与锁紧杆锁紧配合示意图　　(b) 拉负载作用下锁紧销与活塞运动位移图

图 12‑55　拉负载下活塞和锁紧销的轴向相对位置

从图 12‑55 可以看出,在 100 ms 时开始断油,经过 38 ms 的运动后,锁紧销和锁紧杆接触锁紧,此时锁紧销中心轴线与锁紧杆梯形槽中心截面的距离为 0.35 mm,根据锁紧判断条件式可得

$$0.35 \text{ mm} < |y_x|_{max} \tag{12-77}$$

因此,据上分析,在 1 800 N 目标工况下的压、拉载荷作用下,锁紧部件均能实现锁紧功能。

12.4.3　自动回中功能与锁紧结构设计

基于伺服作动器在应急工况下活塞回到中位后,系统断油,研究作动器的锁紧功能特性。分析了回中及锁紧工况下的液压原理和各锁紧部件之间的协同动作机理。为实现目标负载的可靠锁紧,优化锁紧部件的结构参数。建立锁紧销和活塞(锁紧杆)的液压回路数学模型,仿真分析其在时间、空间上的相对运动关系,结果表明均能实现可靠锁紧。自动回中功能及锁紧结构设计结论如下:

(1) 搭建锁紧机构力学模型,得到了锁紧销弹簧力与锁紧杆临界锁紧力及其他因素的映射关系。为实现 1 800 N 临界锁紧力工况下的锁紧,改进梯形槽斜面倾角为 67.4°。建立锁紧

销和锁紧杆接触时其各自位移关系式,得到了能实现锁紧功能的判断条件。

（2）构建锁紧销和锁紧杆的液压回路动力学模型,用于评估锁紧部件的可行性和可靠性。数值分析结果表明,在 1 800 N 的压负载和拉负载下,锁紧销和锁紧杆分别经过 78 ms 和 38 ms 的相对运动后实现锁紧,锁紧杆偏离中位 0.077 mm 和 0.35 mm,满足锁紧条件,锁紧销均可以插入锁紧杆梯形槽完成锁紧动作。

（3）试验和理论表明所提出的一种新型液压作动器能实现自动回中和可靠锁紧,可为开发新一代智能液压伺服作动器提供技术支撑。

12.5　宽温域下三位四通电磁液动换向阀的几何尺寸链与卡滞特性

针对某型飞机服役环境中滑阀出现卡滞和动作延迟等现象,在分析滑阀机理的基础上,发现按常温设计的滑阀副配合间隙在服役环境下会发生较大变化,飞行器极端温度环境、精密偶件加工残余应力等容易造成滑阀卡滞。利用弹性力学和热变形理论,考虑残余应力的影响,推导了滑阀副径向尺寸链的数学表达式。以某型滑阀副为例,计算了 $-50℃$、$100℃$ 和 $150℃$ 下滑阀副的变形量,通径 13 mm 的滑阀,径向尺寸最大变形量为 2.9 μm。采用有限元方法仿真分析了油液压力引起的阀套变形量,最大变形量为 2.19 μm。配合间隙最小值应不小于总变形量 5.09 μm,考虑到计算误差和加工精度,可取为 5 μm。计算了不同配合间隙时的内泄漏量,泄漏量应满足要求 0.035 L/min,对应的最大配合间隙为 7.7 μm,可近似取为 8 μm。本节所提出的分析方法和尺寸链计算模型,对滑阀设计具有一定的参考意义。

滑阀是液压阀的一种重要结构形式,其通过滑阀副中的阀芯和阀套（或阀体）之间的相对运动改变节流口的面积,进而控制液压系统的流量或压力。由于结构简单、加工制造方便、原理清晰,在实际装备中应用十分广泛。但是正是由于滑阀应用的广泛性,一些在航空航天高温、高压、高污染环境下服役的滑阀可能会出现卡滞、卡紧、动作延迟等问题,降低了整机工作的可靠性和稳定性。随着服役时间的延长,阀芯阀套配合质量下降,控制性能降低引起压力脉动。卡滞问题引起了国内外许多学者和工程技术人员的关注。

阀芯卡紧的一个重要原因是驱动力不足。有文献建立了电磁换向阀阀芯工作过程的动态响应数学模型,发现弹簧老化刚度降低后会产生振动,不利于液压系统的安全性。引起滑阀卡滞的另一个原因是油液污染,导致颗粒物进入配合间隙,极大地增加了运动阻力。可对颗粒物进行受力分析,计算颗粒物的卡紧阻力,进一步可得到滑阀配合间隙的敏感尺寸。利用滤饼过滤理论,引入颗粒分布参数影响因子,可建立滑阀滤饼及滤饼卡紧力模型,并预测滑阀污染卡紧力。由于滑阀结构不规整,对于温度引起的热变形,可采用多物理场耦合仿真方法研究。阀开度、槽口深度和宽度等均可影响液压滑阀的温度场分布和滑阀副变形量。从优化控制的角度,利用传感器检测阀芯动力学行为和卡滞的关系,根据这种关系校正控制器控制特性从而避免卡滞,在仿真案例已验证了此方法的有效性。有文献则详细讨论了卡滞的定义、建模方法和检测技术。

滑阀的阀芯和阀套是间隙配合,此间隙保证了滑阀副的平稳运动。滑阀副的平稳运动与泄漏是一对矛盾,平稳运动要求配合间隙大,但大的间隙导致泄漏量较大;反之亦然。虽然配合间隙是滑阀的重要参数,但在滑阀的设计中间隙值往往根据经验确定,缺乏定性分析依据和定量分析理论。考虑到滑阀工作环境的复杂性,在航空环境的高温高压工况下配合间隙往往发生变化,从而引起大的泄漏量或运动卡滞。目前的文献中对滑阀泄漏和卡滞的综合考虑尚不完备。因此本节以某型飞机运行环境下的滑阀作为研究对象,分析温度、残余应力和油液压力引起滑阀副配合间隙变化量,并结合对泄漏量的要求,确定合理的滑阀副配合间隙尺寸。

12.5.1　滑阀结构与工作原理

图 12-56 为滑阀的三维图,由阀套、阀芯、小阀套组成。阀套固定在阀体上,阀套上的通油孔与阀体上的通油孔相连。阀芯两端接控制腔,两端油液压力通过电磁铁控制。根据功能和结构划分,此滑阀是三位四通电磁液动换向阀。滑阀有三个工作位置,分别为中位、左位和右位。图 12-57 和图 12-58 是滑阀工作在中位和左位时的阀芯位置和油压分布,其中深灰色表示高压油液,浅灰色表示低压油液。由于右位时的工作状态和左位是一致的,因此本节仅分析左位情况。

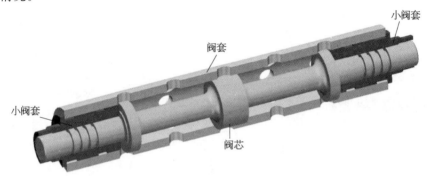

图 12-56　滑阀结构三维模型

滑阀有四个通油口：P(高压油源)、A 和 B(负载)、T(油箱)。滑阀工作在中位时,阀芯两端的控制腔均为高压,阀芯处于中间位置,如图 12-57 所示。由于阀芯凸肩的阻隔作用,P 口高压油液无法进入 A、B 两个负载端。且 A、B 负载端均与回油口 T 相连,故负载均为低压。当阀芯左端的控制腔由高压变为低压后,阀芯向左移动工作在左位,如图 12-58 所示。在阀芯移动的过程中,右边的小阀套被阀套挡住不会跟着移动,但左边的小阀套则会被阀芯推着向左移动。此时,P 口高压油液进入 B 负载端,驱动负载运动。在左边控制腔再次变为高压后,虽然两个控制腔均为高压,但是右边小阀套和阀芯之间是低压,因此阀芯左端受力大于右端。阀芯向右运动直至回到中位时,两端受力达到均衡,阀芯停止运动。

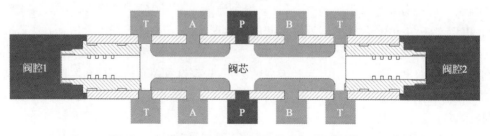

图 12-57　滑阀工作在中位时的阀芯位置和油液分布

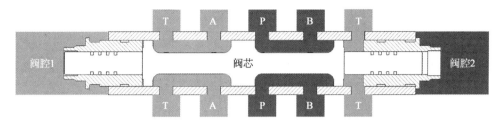

图 12-58 滑阀工作在左位时的阀芯位置和油液分布

根据对此滑阀运动过程的分析可以发现,小阀套的存在使滑阀可以从左位移动到中位,但同时增大了结构复杂性。一般滑阀仅含有一个滑阀副(一个配合面),而此滑阀则含有三个滑阀副(三个配合面),分别为阀芯和小阀套接触面(配合面 1)、小阀套和阀套接触面(配合面 2)、阀芯和阀套接触面(配合面 3)。较多的配合面增大了内泄漏量,提升了运动的复杂度和加工难度。在实际工作环境中,此滑阀出现了卡滞和动作延迟的现象,导致可靠性和稳定性降低,无法满足工作要求。为了解决滑阀卡滞问题,本节从温度和油液压力引起的滑阀副尺寸变形两个角度进行了分析。

12.5.2 温度和残余应力对滑阀副尺寸链和配合间隙的影响

12.5.2.1 残余应力下滑阀副的热变形机理

由于热胀冷缩效应,不同温度下滑阀副的几何尺寸也发生相应变化。为了使问题简化,将滑阀工作环境视为稳态均匀温度场,即温度随空间和时间不变。根据热弹性力学可知,温度引起的变形量可表示为

$$\varepsilon_r = \varepsilon_\theta = \varepsilon_z = \alpha T \tag{12-78}$$

式中 ε_r、ε_θ、ε_z——在径向、切向和轴向上的线性应变分量;

α——金属线膨胀系数;

T——温度场的变化量。

滑阀副一般采用多种冷热加工方法加工而成,制造过程不可避免地会产生加工应力。如果没有消除残余应力的措施或残余应力消除不完全,则残余应力会对滑阀副尺寸产生一定影响。对于处于弹性变形范围内的金属材料,其应力应变关系符合广义胡克定律:

$$\left.\begin{array}{l} \varepsilon_r = [\sigma_r - \mu(\sigma_\theta + \sigma_z)]/E \\ \varepsilon_\theta = [\sigma_\theta - \mu(\sigma_z + \sigma_r)]/E \\ \varepsilon_z = [\sigma_z - \mu(\sigma_r + \sigma_\theta)]/E \end{array}\right\} \tag{12-79}$$

式中 E——材料的弹性模量;

σ_r、σ_θ、σ_z——物体微单元在径向、切向、轴向上的应力分量;

μ——材料的泊松比。

其中弹性模量 E 不是恒值,其随温度变化的规律为

$$E_{T'} = E_{T_0}[1 + \eta(T' - T_0)] \tag{12-80}$$

式中 E_{T_0}、$E_{T'}$——温度为 T_0、T' 时材料的弹性模量;

η——材料弹性模量的温度系数。

根据方程(12-78)～式(12-80)可知,温度引起滑阀副尺寸变形存在两种机理,一个是热胀冷缩效应,另一个是改变滑阀副弹性模量进而改变应力变形量。这两种机理引起的滑阀副变形量都是微小的,适用叠加关系,从而得到

$$
\left.
\begin{aligned}
\varepsilon_r &= \frac{[\sigma_r - \mu(\sigma_\theta + \sigma_z)]}{E_{T'}} + \alpha T \\
\varepsilon_\theta &= \frac{[\sigma_\theta - \mu(\sigma_z + \sigma_r)]}{E_{T'}} + \alpha T \\
\varepsilon_z &= \frac{[\sigma_z - \mu(\sigma_r + \sigma_\theta)]}{E_{T'}} + \alpha T
\end{aligned}
\right\}
\tag{12-81}
$$

因为要研究滑阀副配合间隙的变形,因此仅关注阀芯阀套的径向变形,忽略轴向和切向变形。阀套上有通油孔、倒角等细小结构,为了简化分析,忽略掉这些细小结构,将阀套简化为具有同心孔的金属圆筒,如图 12-59 所示。同样,忽略掉阀芯上的凸肩和均压槽等细小结构,将阀芯简化为金属圆柱,如图 12-60 所示。

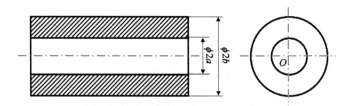

图 12-59 同心金属圆筒

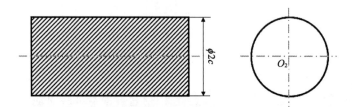

图 12-60 实心金属圆柱

根据式(12-81),利用微积分方法,可推导出具有同心孔的金属圆筒的径向变化量和金属圆柱的径向变化量,用公式表示为

$$
\left.
\begin{aligned}
u_{\Delta T_1} &= \left[\alpha - \frac{(1-\mu)(b^2\sigma_{\theta b} - a^2\sigma_{\theta a})}{(b^2 - a^2)E_{T_0}(1 + \eta\Delta T)}\eta\right]\Delta Tr + \frac{(1+\mu)(\sigma_{\theta b} - \sigma_{\theta a})a^2b^2}{(b^2 - a^2)E_{T_0}(1 + \eta\Delta T)}\frac{\eta\Delta T}{r} \\
u_{\Delta T_2} &= \left[\alpha - \frac{(1-\mu)\sigma_{\theta c}\eta}{E_{T_0}(1 + \eta\Delta T)}\eta\right]\Delta Tr
\end{aligned}
\right\}
\tag{12-82}
$$

式中 $u_{\Delta T_1}$——圆筒半径为 r 处的径向变形量;

$\quad\quad\ u_{\Delta T_2}$——圆柱半径为 r 处的径向变形量;

$\quad\quad\ a$、b、c——圆筒的内外半径和圆柱半径;

$\quad\quad\ \Delta T$——温度变化量;

$\sigma_{\theta a}$、$\sigma_{\theta b}$、$\sigma_{\theta c}$——表面 a、b、c 处的残余应力值。

12.5.2.2　滑阀径向配合间隙重构

滑阀材料一般为 9Cr18，其主要物理性能如下：平均热膨胀系数 $\alpha=17\times10^{-6}\,℃^{-1}$，泊松比 $\mu=0.3$，弹性模量的温度系数 $\eta=-25\times10^{-5}\,℃^{-1}$，20℃时的弹性模量 $E=2\times10^{5}$ MPa。阀芯和阀套在加工和热处理过程中不可避免地会产生残余应力，有文献介绍了各种加工工艺下的残余应力值。阀套一般采用淬火半精磨等加工工艺，残余应力值约为 450 MPa，方向指向圆心。阀套内孔一般采用精磨珩磨等加工工艺，残余应力值约为 900 MPa，方向背离圆心。但是由于阀套内孔空间狭小，磨削时散热较差容易发生烧伤(非正常磨削)而产生相变应力，此时残余应力值约为 1 200 MPa，方向指向圆心。阀芯外圆一般采用淬火精磨等加工工艺，残余应力值约为 850 MPa，方向指向圆心。但是磨削时在砂轮变钝、进给量过大或冷却液不足等条件下(非正常磨削)，会发生烧伤而产生相变应力，此时残余应力值约为 1 200 MPa，方向背离圆心。阀芯凸肩、阀套内圆、小阀套外圆公称直径为 13 mm，阀芯芯轴和小阀套内圆公称直径为 6.5 mm，阀套外圆公称直径为 17.8 mm。将阀芯阀套的几何尺寸和材料的物理性能数据代入式(12-82)，得出-55℃、100℃和 150℃下的阀芯阀套径向尺寸及间隙相对 20℃时的变化量，见表 12-6。

表 12-6　不同温度下阀芯阀套径向尺寸及间隙变化量

温度/℃	加工方式	阀套内孔半径/μm	小阀套内孔半径/μm	小阀套外圆半径/μm	阀芯凸肩半径/μm	阀芯轴半径/μm	配合面1/μm	配合面2/μm	配合面3/μm
-55	正常加工	-9.7	-4.6	-8.3	-7.9	-4.0	-0.7	-1.4	-1.8
	非正常磨削	-7.2	-3.3	-8.5	-8.8	-4.4	1.1	1.3	1.6
100	正常加工	10.4	5.0	8.8	8.4	4.2	0.8	1.6	2.0
	非正常磨削	7.6	3.9	9.1	9.4	4.7	-0.8	-1.5	-1.8
150	正常加工	16.9	8.1	14.3	13.7	6.8	1.3	2.6	3.2
	非正常磨削	12.3	5.7	14.7	15.3	7.6	-1.9	-2.3	-2.9

从表 12-6 中可以看出，在高温环境下，由于热胀效应，尺寸总是增大的，只是增大的量不同；低温环境下，由于冷缩效应，尺寸总是减小的，只是减小的量不同。因此残余应力并没有从根本上改变热胀冷缩效应。由于配合面的残余应力不一致，导致变形量不等，从而改变了配合间隙的大小。高温时正常加工的残余应力会增大配合间隙，如果加工不当，残余应力则会减小配合间隙；低温时，正常加工的残余应力会减小配合间隙，如果加工不当，残余应力则会增大配合间隙。而且在同一温度下，配合面 3 的变形量总是最大的。其中 150℃时配合面 3 的减小幅度最大，达到了 2.9 μm。

12.5.3　不均匀油液压力对滑阀副配合间隙的影响

阀套与阀体、阀套与阀芯之间存在密封关系。当通入压力油时，阀套内孔和外圆表面承受的液压力分布不均匀。在不均匀液压力作用下，阀套发生微小变形，会影响到阀芯与阀套的配合间隙。如图 12-57 和图 12-58 所示,阀体供油口处的高压油液作用在阀套外圆表面。而由于滑阀阀芯与阀套的间隙密封,供油口位置对应的阀套内孔表面液压力较低。此时阀套在液压力作用下发生轴对称的径向变形,导致间隙缩小,进而可能造成滑阀卡滞故障。为了分析这种由油液压力引起的阀套变形,直接计算是困难的,因此采用有限元方法进行数值计算。有限元方法是计算零件变形的一种可靠手段,采用有限元法对飞轮转子及护套的压应力和热膨胀量进行了数值计算,计算结果与试验基本一致。下面对阀芯处于中位和左位两种状态分析。

为便于进行滑阀阀套不均匀变形尺寸的有限元分析,在图 12-56 中阀套三维模型的基础上划分网格。静力学结构仿真对网格要求不高,因此网格类型选用非结构网格,网格尺寸为 5×10^{-4} m,划分结果如图 12-61 所示。

图 12-61　网格划分结果

阀芯处于中位时阀套受到的液压力如图 12-62 所示。在油液入口处,阀套外侧受到高压油液作用(深灰色表示)。在阀套和阀芯的间隙处,油液处于层流状态。在同心环形缝隙流动中,油液压力均匀线性下降(渐变色表示)。油液从配合间隙流出后进入 A、B 两个负载口,均为低压(浅灰色表示)。

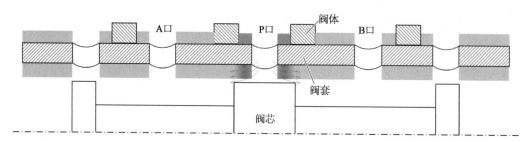

图 12-62　阀芯中位时阀套受力示意图

阀芯处于左位时阀套受到的液压力如图 12-63 所示。同样在油液入口处,阀套外侧受到高压油液作用。油液进入阀套后,在阀芯两个凸肩内的油液仍是高压。在阀套和阀芯的间隙处,油液压力均匀线性下降。油液从配合间隙流出后,变为低压。

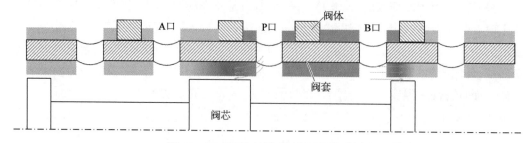

图 12-63　阀芯左位时阀套受力示意图

采用 ANSYS Wokbench 的静力学结构模块(Static Structural)作为数值仿真平台,油源压力为 21 MPa,回油压力为 0.6 MPa,阀套的两个端面为固定支撑面。仿真结果以变形量显示。图 12‑64 是阀芯中位时的变形图。从中可以看出,油液入口处阀套变形最大,沿径向变形(指向中心)约为 $2.19~\mu m$。图 12‑65 是阀芯左位时的变形图。从中可以看出,阀套最大径向变形量为 $1.1~\mu m$,发生在 P 口和 B 口之间,但该处的变形方向背离圆心即该处阀套向外膨胀。而阀套最大的压扁变形同样发生在油液入口处,约为 $0.5~\mu m$。可以看出,不论阀芯处于中位还是左位,阀芯与阀套间的最小间隙都在减小,只是中位时的减少量更大。

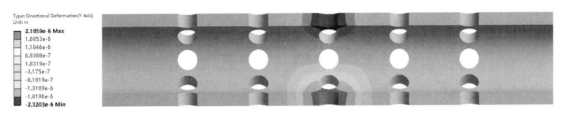

图 12‑64　阀芯中位时阀套径向变形云图

图 12‑65　阀芯左位时阀套径向变形云图

12.5.4　滑阀卡滞及其解决措施

在设计滑阀副时,需要考虑径向尺寸链重构,其配合间隙应不小于滑阀副的径向变形量,否则间隙配合变成过盈配合,易引起卡滞和动作延迟等不利现象。对于本节所研究的滑阀,由温度和残余应力引起的最大变形发生在配合面 3,变形量为 $2.9~\mu m$。由油液压力引起的最大变形同样发生在配合面 3,变形量为 $2.19~\mu m$。配合面 1 和配合面 2 仅受到温度和残余应力的影响,最大变形量为 $2.3~\mu m$。综合考虑温度、残余应力、油液压力三者的影响,配合面 3 的最大变形量为 $5.09~\mu m$,因此在设计配合间隙时,考虑到计算误差和加工精度,配合面 3 的配合间隙可取为 $5~\mu m$,配合面 1 和配合面 2 的配合间隙应在 $3~\mu m$ 以上。配合间隙最大值应根据泄漏量确定。

滑阀副配合间隙为环形缝隙,因此泄漏类型为圆柱环形缝隙流动,流量泄漏公式为

$$Q = \frac{\pi d \delta^3 \Delta p}{12 \mu l} \tag{12-83}$$

式中　μ——流体的动力黏度;

　　　l——环形缝隙的长度;

　　　d——环形缝隙的直径(由于缝隙非常小,所以内径或外径均可以,本节中取公称直径作为环形缝隙直径);

　　　δ——缝隙大小;

　　　Δp——缝隙两端的压差。

此滑阀总共有三个配合面,因此存在三处泄漏。但考虑到配合面 1 和配合面 2 的配合长

度较长、存在节流槽,经实际计算后,发现配合面 1 和配合面 2 处的泄漏量比配合面 3 处的泄漏量小了一个数量级。因此仅以配合面 3 的泄漏量作为确定配合间隙范围的参考值。阀芯中位和左位时的油液泄漏位置和流向可参考图 12-62 和图 12-63。泄漏量受到油液黏度的影响,同时黏度又是温度的函数。不同温度下的油液黏度值根据相关文献确定。图 12-66 显示了泄漏量在不同温度下随配合间隙的变化。从图中可以看出,中位时的泄漏量比左位泄漏量大。因为最大泄漏量要小于要求的泄漏量,因此根据中位泄漏量即可确定最大配合间隙。本节所研究滑阀的泄漏量要求是不超过 0.035 L/min。

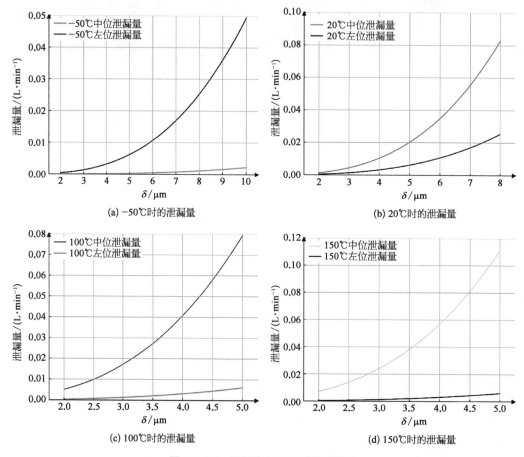

图 12-66　滑阀不同间隙时的泄漏量

图 12-66 中,对应泄漏量为 0.035 L/min 的间隙分别约为 8.7 μm、6.0 μm、3.7 μm、3.4 μm。从图 12-66 中得到的间隙为实际间隙(即将油压和温度引起的变形考虑在内),实际间隙减去温度和油压引起的配合面变形量即可得到设计的间隙值。对应的变形量分别为 -0.6 μm、-2.2 μm、-4.2 μm、-5.1 μm,对应的设计间隙分别为 9.3 μm、8.2 μm、7.7 μm、8.5 μm,因此设计间隙可取最小值 7.7 μm。但是考虑到加工精度,最终设计间隙可以近似定为 8 μm。从配合面 1 和配合面 2 泄漏的油液较少,因此最大间隙可根据加工方法确定。

针对某飞机服役环境中的滑阀出现卡滞和动作延迟的问题,研究温度、残余应力和油液压力引起的滑阀副变形和尺寸链重构特征,得出如下结论:

(1) 某型三位四通电磁液动换向阀,共有三个滑阀副。滑阀副运动较为复杂,如果配合间隙设计不合理,容易引起卡滞、动作延迟等现象。

(2) 滑阀加工中不可避免地会出现残余应力。滑阀在较大温度范围内工作时,残余应力的释放明显引起了滑阀副阀芯阀套的不均等变形。提出了基于热变形理论和弹性力学建立滑阀副径向尺寸变形量的计算方法,其既考虑了温度的热胀冷缩现象,又考虑了温度变化时残余应力释放引起的滑阀副尺寸变形。针对所研究滑阀及其服役环境,计算结果表明:在高温环境下,某型滑阀正常加工造成的残余应力会增大滑阀副配合间隙;如果磨削时发生烧伤,残余应力则会减小配合间隙。在低温环境下,则出现相反的效果。径向尺寸最大变形发生在150℃时阀芯与阀套配合面上,引起配合间隙减小 2.9 μm。

(3) 阀套内外表面受到的油液压力不等时,基于有限元方法的静力学结构分析结果表明:阀套在中位时变形最大,变形量为 2.19 μm。泄漏主要发生在阀套与阀芯凸肩的配合面处,并计算了不同温度时不同配合间隙下的泄漏量,计算结果表明中位时的泄漏量远大于左位时的泄漏量。

(4) 综合考虑温度、残余应力和油液压力对配合间隙的影响,结合对泄漏量的要求,对于工作在极端温度(-50℃和150℃之间)、材料为9Cr18、阀芯公称直径13 mm的滑阀,提出阀芯阀套配合面的径向配合间隙大于 5 μm 时可避免卡滞,小于 8 μm 时可满足泄漏量要求,小阀套与阀套的配合面、小阀套与阀芯的配合面的最小配合间隙为 3 μm,最大配合间隙可根据加工方法确定。

参 考 文 献

[1] 阎耀保,张小伟,徐杨,等.液压作动器回中锁紧协同作用特性分析[J].液压与气动,2021,45(5):44-49.
[2] 阎耀保,李双路,陆畅,等.并联双杆液压缸偏载力和径向力分析[J].中南大学学报(自然科学版),2020,51(6):1509-1517.
[3] 阎耀保,张小伟,陆畅,等.集成式伺服作动器压力损失特性及其影响因素[J].飞控与探测,2021(3):58-66.
[4] 阎耀保,谢帅虎,原佳阳,等.宽温域下三位四通电磁液动换向阀的几何尺寸链与卡滞特性[J].飞控与探测,2019,2(3):95-102.
[5] 阎耀保,梁俊哲,原佳阳,等.气动伺服机构特性的影响因素分析[J].华南理工大学学报(自然科学版),2019,47(12):17-24.
[6] 阎耀保,李磊,原佳阳,等.喷嘴挡板式三通气动阀控缸特性分析[J].飞控与探测,2018,1(2):44-48.
[7] 阎耀保,张阳.悬挂摆式波能发电装置聚波口的优化设计[J].中国工程机械学报,2016,14(5):414-420.
[8] 阎耀保,陶陶,朱康武,等.抗偏载液压缸静压支承特性研究[J].流体传动与控制,2016(6):12-18.
[9] 阎耀保,付嘉华,王智勇,等.点吸收式振荡浮子海洋波浪发电船[J].中国工程机械学报,2015,13(2):183-188.
[10] 阎耀保,岑斌,郭传新.大直径气动潜孔锤冲击器动力学过程分析[J].流体传动与控制,2015(1):9-14.
[11] 阎耀保,赵燕,刘华,等.正开口气动伺服阀控缸匀速运动时的负载特性[J].流体传动与控制,2013(2):1-4.
[12] 阎耀保,王康景,陈昀,等.大型船舶调距桨液压系统温度控制分析[J].流体传动与控制,2013(4):1-5.
[13] 阎耀保,李洪娟.液压调速阀流场分析[J].流体传动与控制,2013(5):1-4,12.
[14] 阎耀保,陈梁洁,李晶,等.飞机用千斤顶的试验装置分析[J].液压气动与密封,2012(3):47-52.
[15] 章志恒,阎耀保,李双路,等.液压作动器工作点自动回中特性分析[J].哈尔滨工程大学学报,2021,42(9):1380-1386,1394.
[16] 郭文康,阎耀保.永磁弹簧与永磁弹簧机构研究进展综述[J].液压与气动,2018(10):1-7.
[17] 梁俊哲,原佳阳,阎耀保.气动单喷嘴挡板阀特性分析[J].液压气动与密封,2018,38(8):13-17.
[18] YIN Y B, LI W Y, LI S L, et al. Simulation and analysis of aeronautical servo actuator[C]//Proceedings of 2021 4th World Conference on Mechanical Engineering and Intelligent Manufacturing (WCMEIM 2021), 2021:1-5.

[19] YIN Y B, ZHANG Z H, YUAN J Y. Fatigue prediction and optimization of the hydraulic actuator[C]// Proceedings of 22nd International Conference on Mechatronics Technology, ICMT 2018, Paper ID 16. Korea, 2018: 1 - 6.

[20] YIN Y B, LI H J, LI C M. Modeling and analysis of hydraulic speed regulating valve[C]//Proceedings of the 2013 International Conference on Advances in Construction Machinery and Vehicle Engineering (ICACMVE 2013). Jilin, 2013: 108 - 216.

[21] 阎耀保,俞凌霏,张慧颖,等.液压气动复合打桩锤:ZL201010601616.6[P].2016 - 04 - 20.

[22] 阎耀保,章志恒,李双路,等.一种液压回中锁紧作动缸结构:ZL201911190343.8[P].2020 - 11 - 27.

[23] 阎耀保,李双路.一种液压缸位移传感器冷却流量控制装置:ZL201910555488.7[P].2020 - 07 - 07.

[24] 刘敏鑫,李双路,王东,等.一种供油源自动切换的螺纹插装换向阀:ZL202011103620.X[P].2021 - 10 - 08.

[25] 徐扬,陆畅,李双路,等.一种双筒双杆机械同步液压缸:ZL201811455637.4[P].2019 - 01 - 18.

[26] 閻耀保,荒木献次,石野裕二,等.ピストンの位置と左右有効面積のシリンダ固有周波数に及ばす影響[C]// 日本油空圧学会・日本機械学会.平成9年春季油空圧講演会講演論文集.東京,1997: 77 - 80.

[27] 阎耀保.极端环境下的电液伺服控制理论及应用技术[M].上海:上海科学技术出版社,2012.

[28] BARAGETTI S, TERRANOVA A. Limit load evaluation of hydraulic actuators[J]. International Journal of Materials and Product Technology, 1999, 14(1): 50 - 73.

[29] GAMEZ-MONTERO P J, SALAZAR E, CASTILLA R, et al. Misalignment effects on the load capacity of a hydraulic cylinder[J]. International Journal of Mechanical Sciences, 2009, 51(2): 105 - 113.

[30] LATHAM R P. Hydraulic cylinder with lateral support: US5172625[P]. 1992 - 12 - 22.

[31] 朱康武,房成,纪宝亮,等.壁孔回中式液压作动器机理与应用研究[J].机械工程学报,2018,54(10): 225 - 232.

[32] 牛宝锋,袁杰,逢海军.基于AMESim的带自动回中功能液压系统研究[J].液压与气动,2019(10): 64 - 70.

[33] 满春雷,贾涛,陆畅,等.基于Fluent的矢量喷管作动器温度场仿真[J].液压与气动,2020(7): 9 - 15.

[34] 王玉新.喷气发动机轴对称推力矢量喷管[M].北京:国防工业出版社,2006.

[35] SHEK M C. Servo-actuator with fail safe means: US5899064[P].1999 - 05 - 04.

[36] PAUL D. Fail-safe electric hydraulic actuator: US5950427[P].1999 - 09 - 14.

[37] GEN M. Local backup hydraulic actuator for aircraft control systems: US7600715[P]. 2009 - 10 - 13.

[38] 任潽哲.一种应急回中液压作动筒:CN101451556A[P].2009 - 06 - 10.

[39] 芮良.一种快速回中的液压活塞组件:CN105605026[P].2016 - 05 - 25.

[40] 孟东.一种双余度舵机液压回中锁紧装置:CN103029829[P].2013 - 04 - 10.

[41] 杨斌.一种闭式泵紧急回中安全装置及闭式泵:CN207437500[P].2018 - 06 - 01.

[42] 李长明,阎耀保,汪明月,等.高温环境对射流管伺服阀偶件配合及特性的影响[J].机械工程学报,2018, 54(20): 251 - 261.

[43] 朱忠惠,陈孟荤.推力矢量控制伺服系统[M].北京:中国宇航出版社,1995.

[44] 任光融,张振华,周永强.电液伺服阀制造工艺[M].北京:中国宇航出版社,1988.

[45] 吴人俊,李书敬,赵祖佑.电液伺服机构制造技术[M].北京:中国宇航出版社,1992.

[46] 方博武.金属冷热加工的残余应力[M].北京:高等教育出版社,1991.

[47] 费业泰,等.机械热变形理论及其应用[M].北京:国防工业出版社,2009.

附录 工作介质

不同用途的电液伺服系统为适应不同整机的服役环境而采用不同的工作介质,电液伺服阀、作动器、传感器等部件通过工作介质完成必要的服役性能。如飞行器液压系统往往采用储气瓶储存气体,发射或飞行时通过电爆活门接通,给增压油箱气腔或蓄能器供气;导弹控制舱舵机系统采用燃气涡轮泵液压能源系统,采用缓燃火药作为能源,燃烧后产生约 1 200℃的高温燃气介质,通过燃气调节阀控制燃气的压力和流量,从而实现稳定的燃气涡轮液压泵液压能源和电源供给。附录部分着重介绍液压系统、气动系统包括燃气系统的工作介质。根据整机的功能与环境要求,液压与气动系统主要使用的工作介质分为液压油、磷酸酯液压油、航空煤油即喷气燃料(燃油)、航天煤油、自然水(淡水与海水)、压缩空气、燃气发生剂。

1. 液 压 油

航空液压油和抗磨液压油是目前液压系统广泛使用的液压介质。

1) 主要牌号

我国生产和使用的航空液压油主要有三个牌号:10 号航空液压油、12 号航空液压油和 15 号航空液压油。其中 10 号航空液压油是 20 世纪 60 年代初参照苏联的航空液压油研制的,在飞机上使用较多,使用成熟;12 号航空液压油生产困难,目前已经较少使用;15 号航空液压油应用于飞机发动机液压系统、导弹与火箭的舵机和电液伺服机构。

2) 工作介质性能

(1) 10 号航空液压油(SH 0358—1995)工作介质性能(附表 1)。

附表 1　10 号航空液压油工作介质性能

参　　数		数　　值
工作温度/℃		−55～125
密度(25℃)/(kg · m⁻³)		≤850
运动黏度/(mm² · s⁻¹)	50℃	≥10
	−50℃	≤1 250

参　　　数	数　　值
闪点(闭口)/℃	≥92
凝点/℃	≤−70
酸值/(mgKOH·g⁻¹)	≤0.05
水分/(mg·kg⁻¹)	≤60

（2）12 号航空液压油（Q/XJ 2007—1987）工作介质性能（附表 2）。

附表 2　12 号航空液压油工作介质性能

参　　　数		数　　值
工作温度/℃		−55～125
密度(25℃)/(kg·m⁻³)		≤850
运动黏度/(mm²·s⁻¹)	150℃	≥3
	50℃	≥12
	−40℃	≤600
	−54℃	≤3 000
闪点(闭口)/℃		≥100
凝点/℃		≤−65
酸值/(mgKOH·g⁻¹)		≤0.05

（3）15 号航空液压油（GJB 1177—1991）工作介质性能（附表 3）。

附表 3　15 号航空液压油工作介质性能

参　　　数		数　　值
工作温度/℃		−55～120
密度(25℃)/(kg·m⁻³)		833.3
运动黏度/(mm²·s⁻¹)	100℃	5.54
	40℃	14.2
	−40℃	369.5
	−54℃	1 344

续　表

参　　数		数　　值
闪点(闭口)/℃		83
凝点/℃		−74
固体颗粒污染物/(个・100 ml⁻¹)	5～15	872
	16～25	126
	26～50	10
	51～100	0
	＞100	0
水分质量分数/10^{-6}		44

（4）YB‑N 68 号抗磨液压油(GB 2512—1981)工作介质性能(附表 4)。

附表 4　YB‑N 68 号抗磨液压油工作介质性能

参　　数		数　　值
工作温度/℃		−55～120
密度(25℃)/(kg・m⁻³)		833.3
运动黏度(cSt)	50℃	37～43
	40℃	61.2～74.8
闪点(开口)/℃		＞170
凝点/℃		＜−25

（5）L‑HM 46 号抗磨液压油(ISO 11158,GB 11118.1—2011)工作介质性能(附表 5)。

附表 5　L‑HM 46 号抗磨液压油工作介质性能

参　　数	数　　值
工作温度/℃	−55～120
密度(25℃)/(kg・m⁻³)	833.3
运动黏度(cSt,40℃)	41.4～50.6
黏度指数	≥95
闪点(开口)/℃	≥185
倾点/℃	≥−9

3）特点与应用

（1）主要特点。

① 黏度大。在零上温度时，黏度随温度变化变化率较大，即黏-温特性较差，对伺服阀的喷挡特性、射流特性、节流特性影响较大。航空液压油黏-温特性较好。

② 低温下黏度较高，易增加伺服阀滑阀副等运动件阻力。

③ 润滑性好。

④ 剪切安定性较好。

⑤ 密度值较大。

（2）应用。冶金和塑料行业等地面设备液压伺服系统、各类工程机械液压伺服系统上采用抗磨液压油和普通矿物质液压油；各类飞行器液压系统上电液伺服阀一般采用 15 号航空液压油等液压油作为工作介质。

（3）使用注意事项。因与液压油相容性问题，液压元件及管道内密封件胶料不能使用乙丙橡胶、丁基橡胶。

2. 磷酸酯液压油

1）主要牌号

磷酸酯液压油主要牌号有 Skydrol LD-4(SAE as 1241)、4611、4613-1、4614。

2）工作介质性能（附表 6）

附表 6 磷酸酯液压油工作介质性能

参　　数		数　　值
工作温度/℃		−55～120 （4614 磷酸酯液压油可在较高温度下使用）
密度(25℃)/(kg·m^{-3})		1.000 9
运动黏度/(mm^2·s^{-1})	38℃	11.42
	100℃	3.93
	4613-1(cSt,50℃)	14.23
	4614(cSt,50℃)	22.14
闪点/℃		171
着火点/℃		182
弹性模量/MPa		2.65×10^3

3）特点与应用

（1）主要特点。

① 抗燃性好。

② 氧化安全性好。

③ 润滑性好。

④ 密度大。

⑤ 黏度较大。在零上温度下,黏度随温度变化变化率较大,即黏-温特性较差,这对伺服阀的喷挡特性、射流特性、节流特性影响较大。

⑥ 抗燃性好。

（2）应用。民用飞机、地面燃气轮机液压系统上电液伺服系统采用磷酸酯液压油作为工作介质。

（3）使用注意事项。因与磷酸酯液压油相容性问题,液压元件及管道内密封件胶料目前应选取 8350、8360-1、8370-1、8380-1、H8901 三元乙丙橡胶,以及氟、硅等橡胶,不能使用丁腈橡胶、氯丁橡胶。

3. 航空煤油：喷气燃料（燃油）

航空发动机燃油的输送与控制,常常采用液压阀、电液伺服阀、伺服作动器。喷气燃料(jet fuel),即航空涡轮燃料(aviation turbine fuel,ATF),是一种应用于航空飞行器(包括商业飞机、军机和导弹等)燃气涡轮发动机(gas-turbine engines)的航空燃料,通常由煤油或煤油与汽油混合而成,俗称航空煤油。航空煤油燃烧用氧取自周围的大气,燃烧温度一般不超过 2 000℃。

航空煤油(aviation kerosene)是石油产品之一,别名无臭煤油,用作航空涡轮发动机的燃料,主要由不同馏分的烃类化合物组成。

航空煤油密度适宜、热值高、燃烧性能好,能迅速、稳定、连续、完全燃烧,且燃烧区域小,积碳量少,不易结焦;低温流动性好,能满足寒冷低温地区和高空飞行对油品流动性的要求;热安定性和抗氧化安定性好,可以满足超音速高空飞行的需要;洁净度高,无机械杂质及水分等有害物质,硫含量尤其是硫醇性硫含量低,对机件腐蚀小。

航空煤油适用于燃气涡轮发动机和冲压发动机使用,用于超音速飞行器没有低饱和蒸气压与良好的热安定性。此外,因为煤油不易蒸发、燃点较高,燃气涡轮发动机起动时多用汽油,航空燃油中也加有多种添加剂,以改善燃油的某些使用性能。

航空煤油多采用一次通过部分转化的工艺,加工过程中采用共凝胶型催化剂,催化剂量装填多,分子筛含量少,芳烃饱和能力强,油品具有密度大、燃点高、热值高、芳烃低的特点。除航空煤油外,各国还在研究合成烃燃料和其他高能燃料,但尚未获得广泛使用。

1）主要牌号

（1）典型美国牌号。

① Jet A/Jet A-1(煤油型喷气燃料)/ASTM specification D1655。自 20 世纪 50 年代以来,Jet A 型喷气燃料就在美国和部分加拿大机场使用,但世界上的其他国家(除苏联采用本国

TS-1 标准以外)均采用 Jet A-1 标准。Jet A-1 标准是由 12 家石油公司依据英国国防部标准 DEFSTAN 91-91 和美国试验材料协会标准 ASTM specification D1655(即 Jet A 标准)为蓝本而制定的联合油库技术规范指南。

② Jet B(宽馏分型喷气燃料)/ASTM specification D6615-15a。相比 Jet A 喷气燃料,Jet B(由约 30%煤油和 70%汽油组成)在煤油中添加了石脑油(naphtha),增加了其低温时的工作性能(凝点不大于−60℃),常用于极端低温环境下。

③ JP-5(军用煤油型喷气燃料,高闪点)/MIL-DTL-5624 a 和 British Defence Standard 91-86。最早于 1952 年应用于航空母舰舰载机上;由烷烃、环烷烃和芳香烃等碳氢化合物构成。

④ JP-8(军用通用型喷气燃料)/MIL-DTL-83133 和 British Defence Standard 91-87。于 1978 年由北大西洋公约组织(NATO)提出(NATO 代号 F-34),现在广泛应用于美国军方(飞机、加热器、坦克、地面战术车辆及发电机等)。JP-8 与商业航空燃料 Jet A-1 类似,但其中添加了腐蚀抑制剂和防冻添加剂。

(2) 国内牌号。

① RP-3(3 号喷气燃料,煤油型)/GB 6537—2006。中国的 3 号喷气燃料是于 20 世纪 70 年代为了出口任务和国际通航的需要而开始生产的,产品标准也有当初的石油部标准 SY 1008,它于 1986 年被参照采用 ASTM D1655 标准(即 Jet A-1 标准)制定的国家强制标准 GB 6537—1986 所替代。中国的 3 号喷气燃料与国际市场上通用的喷气燃料 Jet A-1 都属于民用煤油型涡轮喷气燃料。

② RP-5(5 号喷气燃料,普通型或专用试验型)/GJB 560A—1997。中国石油炼制公司出口用高闪点航空涡轮燃料,性质与美国 JP-5 类似,闪点不低于 60℃,适应舰艇环境的要求,主要用于海军舰载飞机;但其实际使用性能不如 RP-3。

③ RP-6(6 号喷气燃料,重煤油型)/GJB 1603—1993。其是一种高密度型优质喷气燃料,主要用来满足军用飞机的特殊要求。

2) 工作介质性能

(1) Jet A/Jet A-1(美国煤油型喷气燃料)工作介质性能(附表 7)。

附表 7　Jet A/Jet A-1 工作介质性能

参　　数	数　　值
密度(15℃)/(kg·m^{-3})	820/804
运动黏度(−20℃)/(mm^2·s^{-1})	≤8
冰点/℃	−40/−47
闪点/℃	38
比能/(MJ·kg^{-1})	43.02/42.80
能量密度/(MJ·L^{-1})	35.3/34.7
最大绝热燃烧温度/℃	2 230(空气中燃烧 1 030)

(2) JP-5(美国军用煤油型高闪点喷气燃料)工作介质性能(附表 8)。

附表 8　JP-5 工作介质性能

参　　数	数　　值
密度(15℃)/(kg·m⁻³)	788~845
运动黏度(−20℃)/(mm²·s⁻¹)	≤8.5
冰点/℃	−46
闪点/℃	≥60
比能/(MJ/kg⁻¹)	42.6

(3) 中国 RP-3(3 号喷气燃料,煤油型)工作介质性能(附表 9)。

附表 9　中国 RP-3 工作介质性能

参　　数		数　　值
密度(20℃)/(kg·m⁻³)		786.6
运动黏度/(mm²·s⁻¹)	20℃	1.55
	−20℃	3.58
冰点/℃		−47
闪点/℃		45
腐蚀性(铜片腐蚀,100℃,2 h/级)		1a 级占 84%
固体颗粒污染物/(mg·L⁻¹)		0.31

3) 特点与应用

(1) 主要特点。

① 黏度小。

② 润滑性差。

③ 热安定性较差,易受铜合金的催化作用对材料带来热稳定性不利影响,增加油液的恶化率。

④ 有一定的腐蚀性,易腐蚀与燃油接触的铜合金、镀镉层等。

⑤ 冰点较高,低温下易出现絮状物。

(2) 应用。各型亚音速和超音速飞机、直升机、舰载机发动机及辅助动力、导弹、地面燃气轮机、坦克、地面发电机等的电液伺服系统采用喷气燃料作为工作介质。

（3）使用注意事项。

① 以喷气燃料（煤油）为工作介质的液压系统，其内部与燃油接触的零件不得采用铜、青铜、黄铜等铜合金。

② 与燃油接触的零件不得采用镀镉、镀镍等镀层工艺。

③ 与燃油接触的运动副零部件不宜采用钛合金。

④ 考虑黏度小特点，电液伺服系统动静态试验测试设备中应采用适合燃油介质的流量测试计或频率测试油缸。

4. 航 天 煤 油

航天煤油是一种液态火箭推进剂（liquid rocket propellant），与航空煤油外观相似，但组成和性质不同。航空煤油适用于在大气中飞行的各类航空发动机，其燃烧用氧取自周围的大气，燃烧温度不超过 2 000℃。航天煤油则适用于在大气层外飞行的火箭发动机，其氧化剂（通常为液氧）同燃烧剂一样系由火箭本身携带，燃烧温度可达 3 600℃。

我国新一代运载火箭助推级采用大推力液氧煤油发动机与伺服系统组成的推力矢量控制系统。针对液氧煤油运载火箭对箭上设备高功重比的苛刻要求，我国采用液动机引流式伺服机构的能源系统方案，研制了火箭发动机高压煤油驱动的伺服机构，包括限流阀、溢流阀、液控单向阀、单向阀、油滤、电液伺服阀、零位锁、作动器、反馈电位器等，减少了原来单独配置的航空液压油介质的液压泵能源。煤油介质直接引流伺服机构，配合伺服控制器实现火箭的姿态稳定与控制，其采用了先进的恒压恒流控制技术，直接引自发动机涡轮泵后的高压煤油进行工作，伺服阀、反馈电位器采用三冗余设计，作动器采用了先进的组合密封技术，设计的液压锁具有任意位置锁定功能。与常规发动机相比，采用引流式液氧煤油伺服机构，具有高可靠、连续工作时间长、无毒、低污染等优点，液氧和煤油都是环保燃料，而且易于存储和运输，可重复使用和多次试车。

1）主要牌号

美国航天煤油牌号有美国 RP-1（火箭液体推进剂）/MIL-P-25576A。

RP-1 是美国专为液体火箭发动机生产的一种煤油，它不是单一化合物，而是符合美国军用规格（MIL-P-25576A）要求的精馏分，其中芳香烃和不饱和烃含量很低，馏程范围在 195～275℃，有优良的燃烧性能和热稳定性，是液体火箭中应用很广的一种液体燃料；Saturn Ⅴ、Atlas Ⅴ 和 Falcon、the Russian Soyuz、Ukrainian Zenit 及长征 6 号等火箭均采用 RP-1 煤油作为第一级燃料。

我国近年来研制高密度、低凝点、高品质的大型火箭发动机用煤油，目前尚未制定国家标准，还没有相应牌号。

2）工作介质性能（附表 10）

附表 10 美国 RP‐1 工作介质性能

参 数		数 值
密度（25℃）/（kg·m^{-3}）		790～820
运动黏度/（mm^2·s^{-1}）	−34℃	16.5
	20℃	2.17
	100℃	0.77
闪点/℃		43
冰点/℃		−38
颗粒物/（mg·L^{-1}）		≤1.5
弹性模量理论值/MPa		1 400～1 800

3）特点与应用

（1）主要特点。

① 黏度很低，渗透性强，容易泄漏，造成液压系统容积损失增加。

② 润滑性差，支撑能力不强，容易导致相对运动表面材料的直接接触，造成混合摩擦甚至干摩擦。

③ 闪点低，摩擦过程中对于静电防爆等要求要特殊考虑。

④ 有一定的腐蚀性，易腐蚀与燃油接触的铜合金、镀铬层等。

（2）应用。火箭推力矢量控制液压系统中的工作介质。直接采用加压的燃油进入液压伺服机构，不再配备电机泵等能源装置。

（3）使用注意事项。

① 航天煤油能与一些金属材料发生氧化还原反应，这些材料包括碳钢、不锈钢、铝、铜、镍、钛等金属及其合金；而钒、钼、镁等金属对煤油的氧化有抑制作用。

② 液压元件及管路中的密封元件应选用氟橡胶、氟硅橡胶、丙烯酸酯橡胶、丁腈橡胶和聚硫橡胶等耐煤油介质性能较好的材料；避免选用丁苯橡胶、丁基橡胶、聚异丁烯橡胶、乙丙橡胶、硅橡胶和顺丁橡胶等在煤油中易老化的材料。

③ 考虑黏度小特点，电液燃油伺服阀动静态试验测试设备中应采用适合煤油介质的流量测试计或频率测试油缸。

④ 航天煤油闪点较低，暴露在空气中可能产生燃烧爆炸，采用煤油作为介质时，所有液压设备和管道均应良好密封；同时贮罐、容器、管道和设备均应接地，接地电阻不超过 25 Ω。

5. 自然水（淡水与海水）

以矿物油作为液压传动介质的传统液压行业受到了环境保护的制约，而以自然水（含淡水和海水）作为工作介质的新型液压行业具有无污染、安全和绿色等优点，可以很好地解决环境问题。

1）工作介质性能

（1）淡水工作介质性能（附表 11）。

附表 11　淡水工作介质性能

参　　　数		数　　值
工作温度/℃		3～50
密度（25℃）/（kg·m^{-3}）		1 000
运动黏度/（mm^2·s^{-1}）	5℃	1.52
	25℃	0.80
	50℃	0.55
	90℃	0.32
闪点（闭口）/℃		
冰点/℃		0
弹性模量/MPa		2 400
比热/[kJ·（kg·℃）$^{-1}$]		约 4.2

（2）海水工作介质性能（附表 12）。海水主要盐分见附表 13。

附表 12　海水工作介质性能

参　　　数	数　　值
工作温度/℃	3～50
密度（25℃）/（kg·m^{-3}）	1 025
运动黏度（50℃）/（mm^2·s^{-1}）	约 0.6
闪点（闭口）/℃	
冰点/℃	−1.332～0
弹性模量/MPa	2 430

附表 13　海水主要盐分

盐类组成成分	每千克海水中的克数/g	百分比/%
氯化钠	27.2	77.7
氯化镁	3.8	10.86
硫酸镁	1.7	4.86
硫酸钙	1.2	3.5
硫酸钾	0.9	2.5
硫酸钙	0.1	0.29
溴化镁及其他	0.1	0.29
总　　计	35	100

2) 特点与应用

(1) 主要特点。

① 价格低廉,来源广泛,无须运输仓储。

② 无环境污染。

③ 阻燃性、安全性好。

④ 黏-温、黏-压系数小。

⑤ 黏度低、润滑性差。

⑥ 导电性强,能引起绝大多数金属材料的电化学腐蚀和大多数高分子材料的化学老化,使液压元件的材料受到破坏。

⑦ 汽化压力高,易诱发水汽化,导致气蚀。

(2) 应用。水下作业工具及机械手;潜器的浮力调节,以及舰艇、海洋钻井平台和石油机械的液压传动;海水淡化处理及盐业生产;冶金、玻璃工业、原子能动力厂、化工生产、采煤、消防等安全性高的环境;食品、医药、电子、造纸、包装等要求无污染的工业部门。

(3) 使用注意事项。水液压系统中,摩擦副对偶面上液体润滑条件差、电化学腐蚀严重(特别是海水中大量的电解质加速了电化学腐蚀速度);为提高液压元件使用寿命,相对运动表面应进行喷涂陶瓷材料、镀耐磨金属材料(铬、镍等)、激光熔覆等处理。水压传动无法在低于零度的环境下工作。

6. 压缩气体(空气、氮气、惰性气体)

1) 工作介质性能

(1) 空气工作介质性能(附表 14)。

附表 14　空气工作介质性能

参　数		数　值
密度/(kg·m^{-3})	0℃,0.101 3 MPa,不含水分（基准状态）	1.29
	20℃,0.1 MPa,相对湿度 65%（标准状态）	1.185
动力黏度（受压力影响较小)/(10^{-6} Pa·s)	−50℃	14.6
	0℃	17.2
	100℃	21.9
	500℃	36.2
液化		临界温度为−140.5℃，临界压力为 3.766 MPa
比热/[kJ·(kg·℃)$^{-1}$]		约 1.01
导热系数/[W·(m·℃)$^{-1}$]		2.593(20℃)

（2）氮气工作介质性能（附表 15）。

附表 15　氮气工作介质性能

参　数		数　值
密度/(kg·m^{-3})	0℃,0.101 3 MPa,不含水分（基准状态）	1.251
	20℃,0.1 MPa,相对湿度 65%（标准状态）	1.14
动力黏度（受压力影响较小)/(10^{-6} Pa·s)	0℃	16.6
	50℃	18.9
	100℃	21.1
液化		临界温度为−146.9℃，临界压力为 3.39 MPa

2）特点与应用

（1）主要特点。

① 可随意获取,且无须回收储存。

② 黏度小,适于远距离输送。

③ 对工作环境适应性广,无易燃易爆的安全隐患。

④ 具有可压缩性。

⑤ 压缩气体中的水分、油污和杂质不易完全排除干净,对元件损害较大。

(2) 应用。石油加工、气体加工、化工、肥料、有色金属冶炼和食品工业中具有管道生产流程的比例调节控制系统和程序控制系统;交通运输中,列车制动闸、货物包装与装卸、仓库管理和车辆门窗的开闭等。

(3) 使用注意事项。压缩气体不具有润滑能力,在气动元件使用前后应当注入气动润滑油,以提高其使用寿命。压缩机出口应当加装冷却器、油水分离器、干燥器、过滤器等净化装置,以减少压缩气体中的水分和杂质对气动元件的损害。

7. 燃 气 发 生 剂

燃气发生器中的"燃气发生剂"点火燃烧后,产生高温高压的燃气;通过某种装置例如燃气涡轮、推力喷管、涡轮及螺杆机构、叶片马达等,将燃气的能量直接转变成机械能输出。

1) 工作介质性能

在固体推进剂中,一般将燃温低于 $1\,900\,℃$、燃速小于 $19\,mm/s$ 的低温缓燃推进剂称为"燃气发生剂"。20 世纪 40 年代以来,国外首先研制了双基气体发生剂,随后研制了硝酸铵(AN)型气体发生剂;70 年代还开发了 5-氨基四唑硝酸盐(5-ATN)型气体发生剂和含硫酸铵(AS)的对加速力不敏感推进剂;80 年代以来,出现了具有更高性能的气体发生剂,它们比过去的燃气发生剂更清洁,残渣更少,燃速调节范围更宽,如无氯"清洁"复合气体发生剂(如硝酸铵 ANS-HTPB 推进剂)、平台气体发生剂、聚叠氮缩水甘油醚(GAP)高性能气体发生剂等。典型燃气发生剂的优缺点见附表 16。

附表 16　典型燃气发生剂的优缺点

气体发生剂类型	优　点	缺　点
硝酸铵(AN)型	残渣很少,燃烧产物无腐蚀性,燃温低(约 $1\,200\,℃$)	燃速低($6.89\,MPa$ 下约 $2.54\,mm/s$),不能很快产生大量气体,达到所需压力,吸湿性大
5-氨基四唑硝酸盐(5-ATN)型	残渣少,燃速可调范围大($6.89\,MPa$ 下 $9\sim20\,mm/s$),燃温低	
平台型	压强指数低,$n\leqslant0$,对加速力不敏感	燃烧产物有腐蚀性气体 HCl
聚叠氮缩水甘油醚(GAP)	比冲高,燃温适中	压强指数高

2) 特点与应用

(1) 主要特点。

① 功率-质量比大,固体推进剂单位质量含较高的能量。

② 储存期间(固态形式)安全、无泄漏。

③ 相对于普通气动系统,工作状态的燃气温度较高、压力较大。

(2) 应用。适用于一次性、短时间内工作的飞行器装置(如导弹、火箭)姿态控制,如各种军用作战飞机(如 B-52 轰炸机)和飞机的应急系统(如紧急脱险滑门、紧急充气系统)、导弹上的服机构、MX 导弹各级上的燃气涡轮、弹体滚控用的燃气活门及发射车的竖立装置等。

(3) 使用注意事项。燃气中存在固体火药和燃烧残渣,因此燃气介质的伺服控制系统应采用抗污染能力强的射流管阀。考虑到导弹、火箭等飞行器携带的燃料质量受到严格限制,需选用耗气量小的膨胀型燃气叶片马达作为执行机构。由于燃气温度极高,气动元件(包括密封件)应采用耐高温材料。